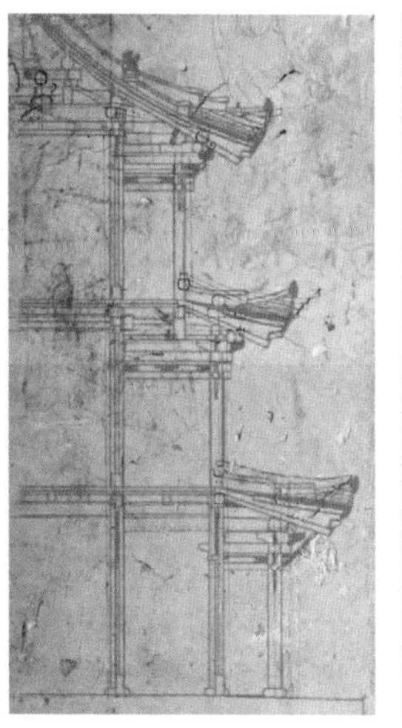

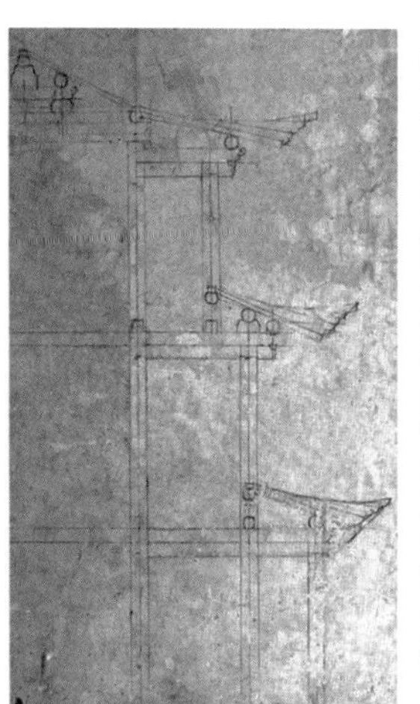

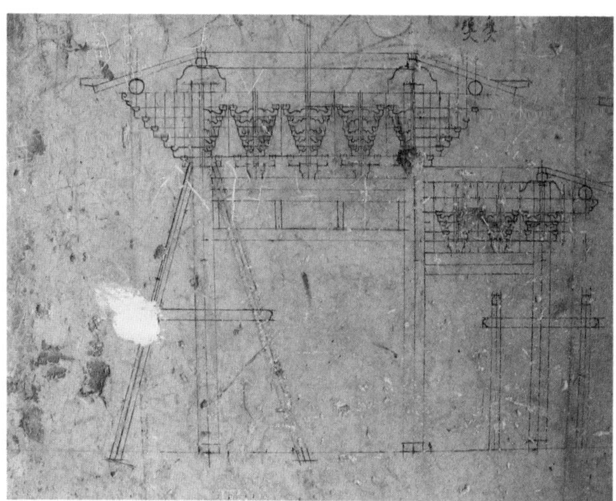

“画宫于堵”的点草架实例

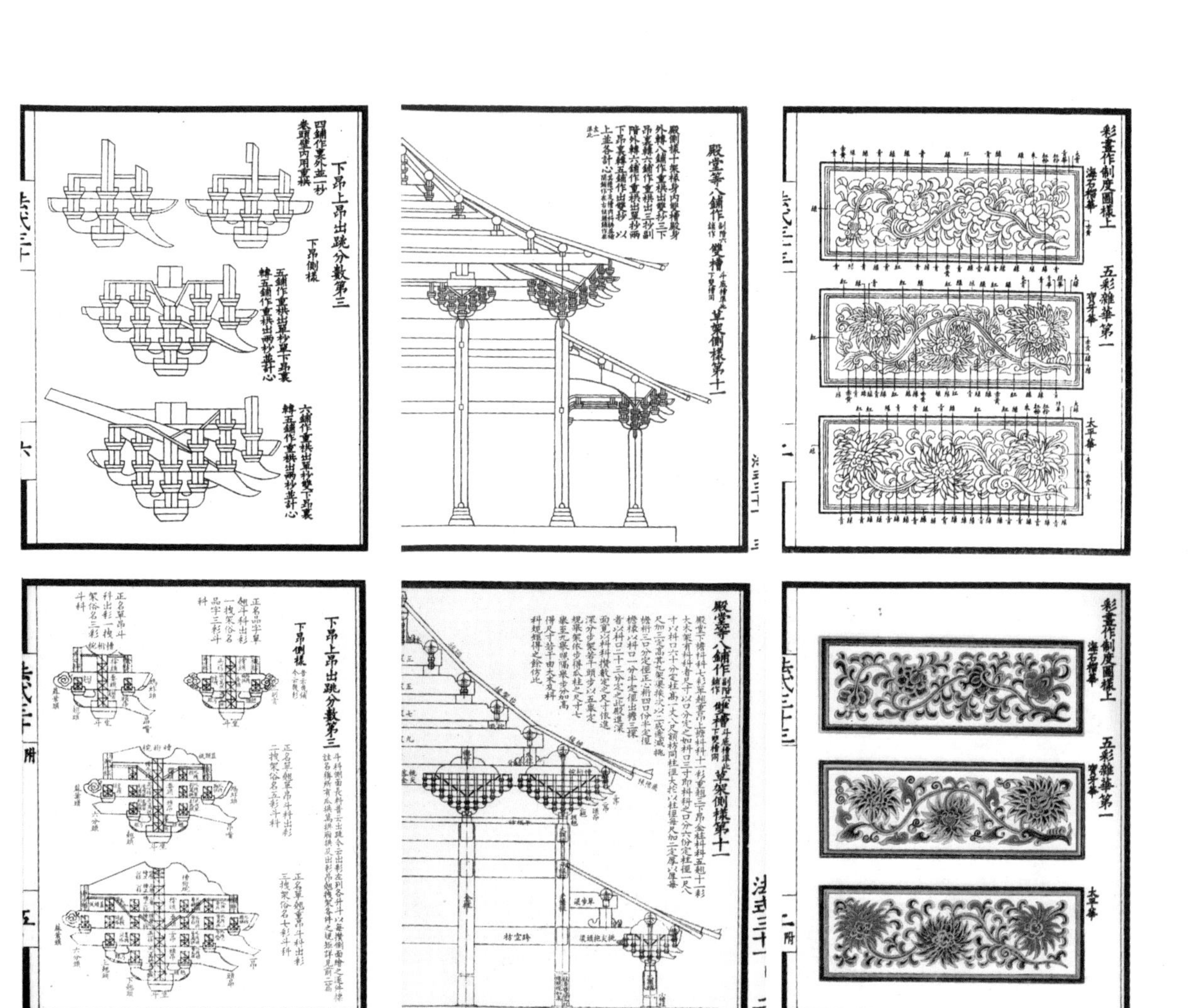

“陶本”《营造法式》补图及填色彩画书影

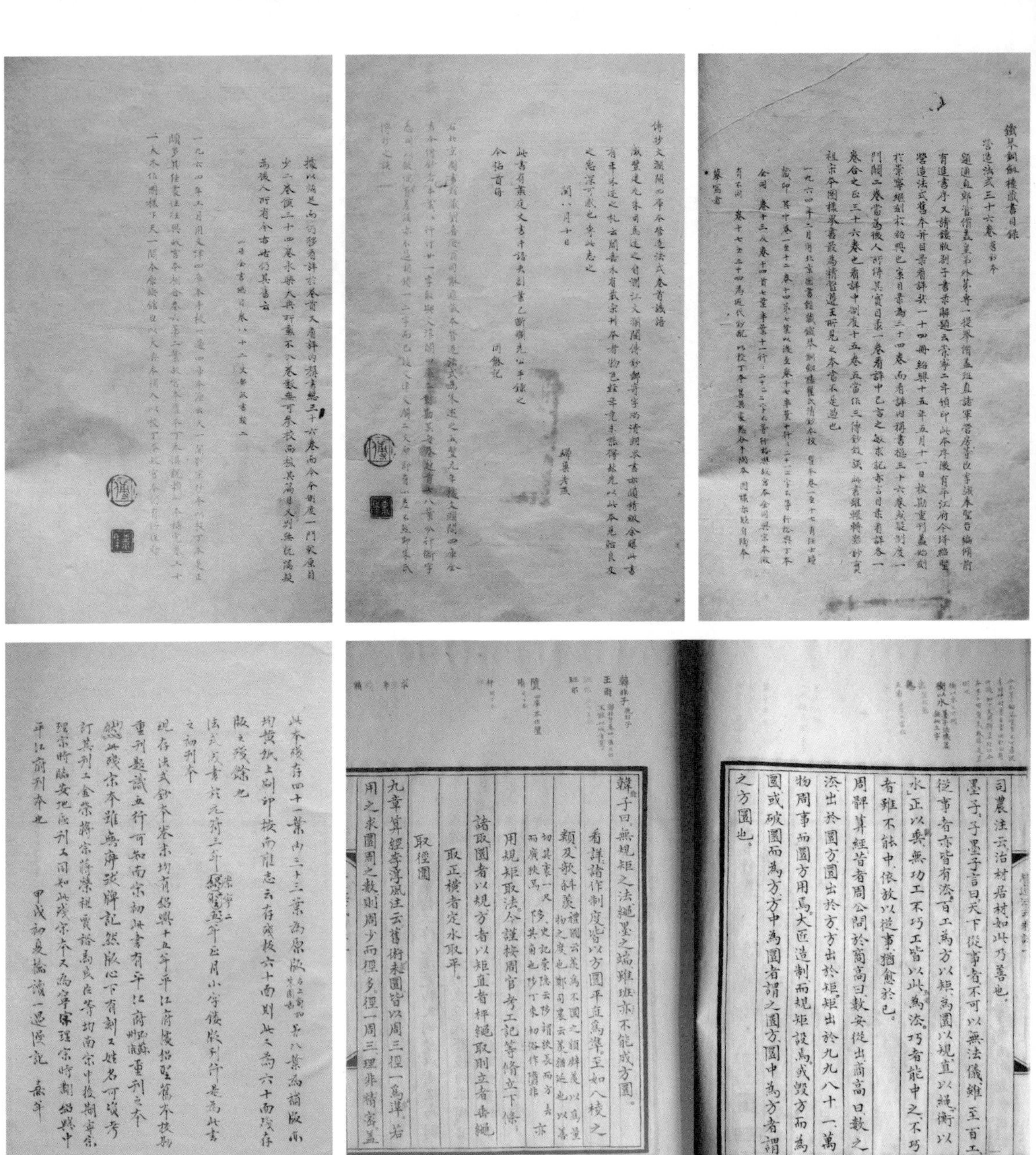

傅熹年《营造法式》题识及批注

《中国营造学社汇刊》第一卷第一册封面（左上）

陈明达《营造法式》图样研究手稿（左下）

陈明达《营造法式》批注本节录《图画见闻志》相关内容（右上）

刘敦桢 1933 年校勘题识（右下）

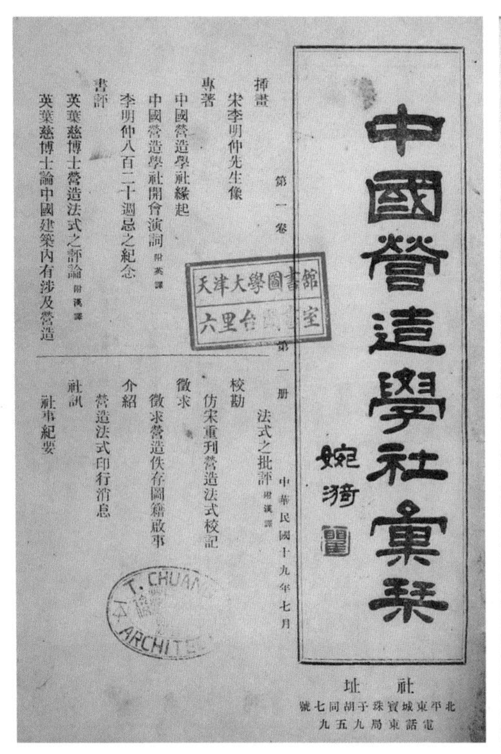

中國營造學社彙刊

婉漪

第一卷 第一册

中華民國十九年七月

插畫

宋李明仲先生像

專著

中國營造學社緣起

中國營造學社開會演詞 附英譯

李明仲八百二十週忌之紀念

書評

英葉慈博士營造法式之評論 附漢譯

英葉慈博士論中國建築內有涉及營造法式之批評 附漢譯

校勘

仿宋重刊營造法式校記

徵求

徵求營造佚存圖籍啟事

介紹

營造法式印行消息

社訊

社事紀要

社址 北平東城寶珠子胡同七號 電話東局九五九

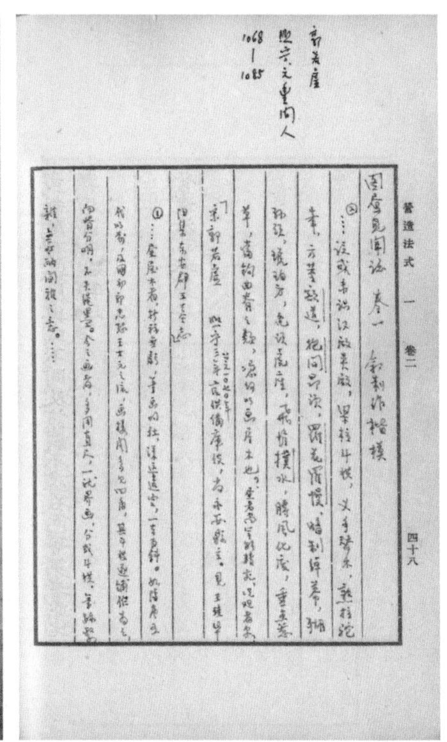

營造法式 一 卷二

四十八

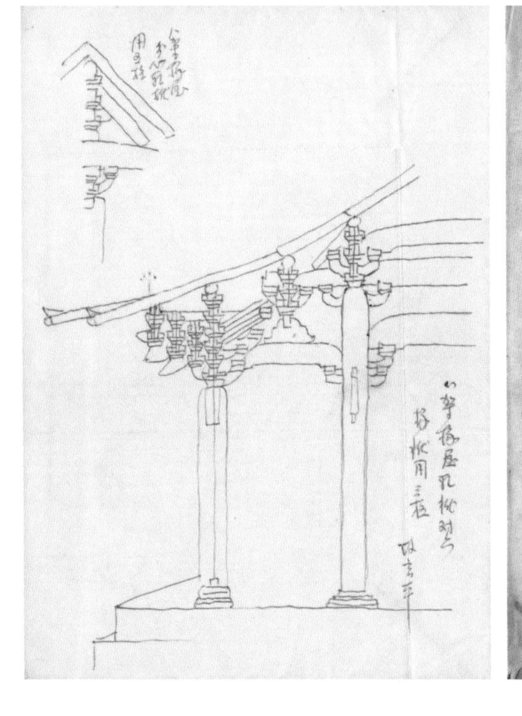

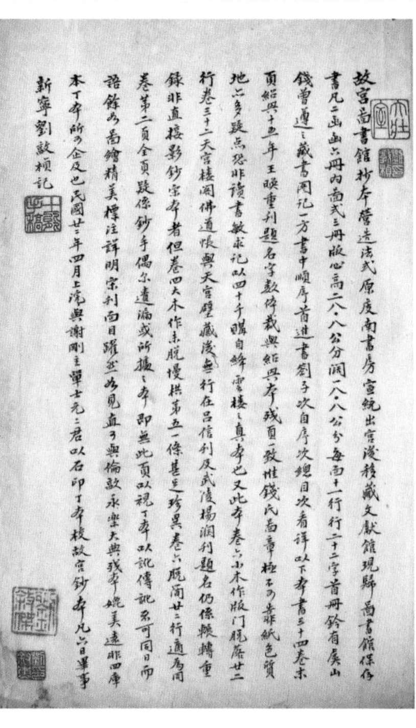

故宮圖書館抄本營造法式原庋南書房宣統出宮後移藏文獻館現歸圖書館保存書凡二函函六冊內圖式三冊版心高二八·八公分闊一八·八公分每面十一行行二十二字首冊鈐有虞山錢曾遵王藏書周記一方書中順序首進書劄子次自序次總目次看詳以下本書三十四卷末頁紹興十五年王晚重刊題名字數體裁與紹興本殘頁一致惟錢氏圖章極不可靠紙色質地亦多疑點恐非讀書敏求記所云千頃自絳雲樓之真本也又此本卷六小木作版門脫落廿二行卷三十二天宮樓閣佛道帳與天宮壁藏後無行在呂信刊及武陵楊潤刊題名仍係輾轉重錄非直接影鈔宋本者但卷四大木作束脫慢栱第五一條甚足珍異卷六脫簡廿二行適爲同卷第二頁全頁疑係鈔手偶爾遺漏或所據之本即無此頁以視丁本以訛傳訛者可同日而語歟至圖繪精美標注詳明宋刊面目躍然如見直可與倫敦永樂大典殘本媲美遠非四庫本丁本所可企及也民國廿二年四月上浣與謝剛主單士元二君以石印丁本校故宮鈔本凡六日畢事

新寧劉敦楨記

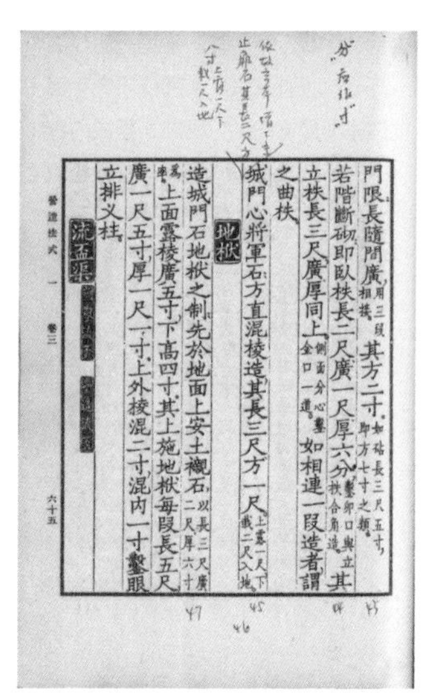
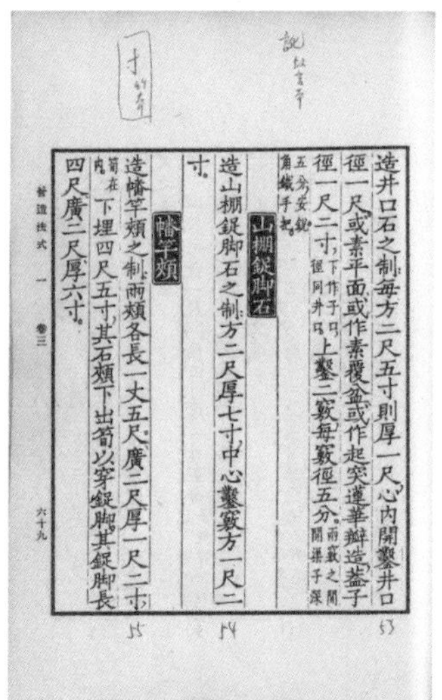
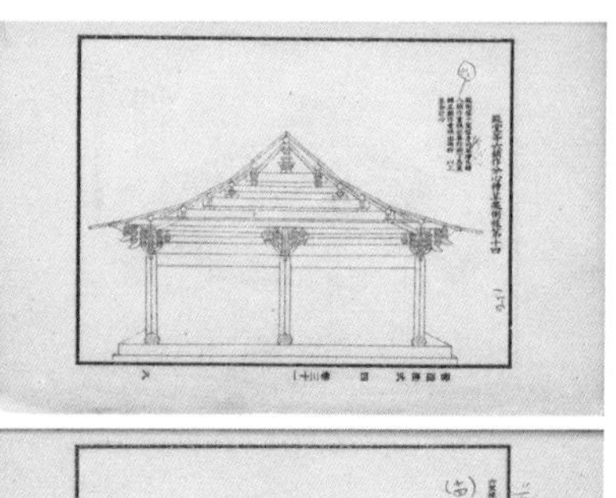
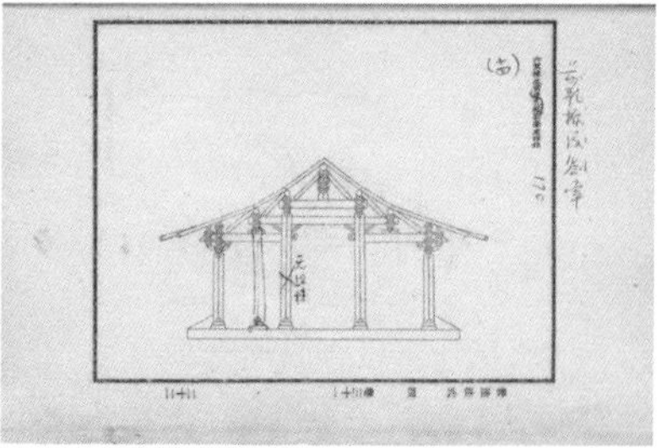

陈明达《营造法式》批注本 -1

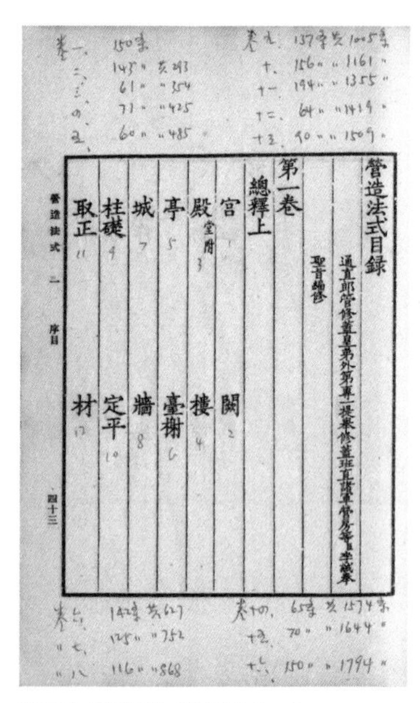
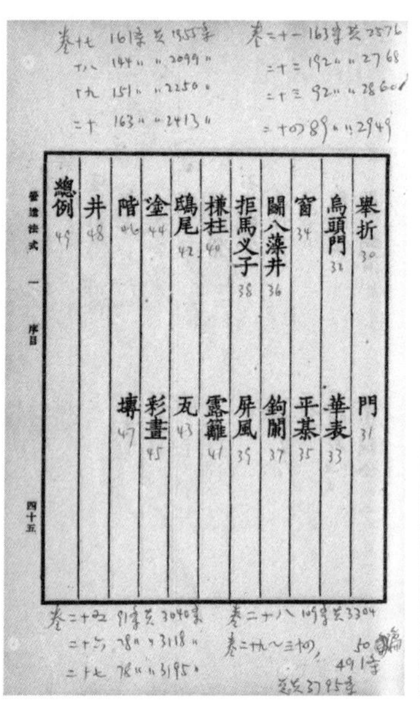
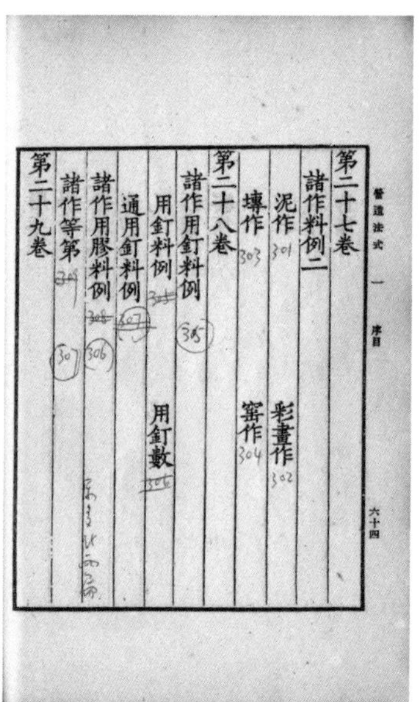

陈明达《营造法式》批注本 -2

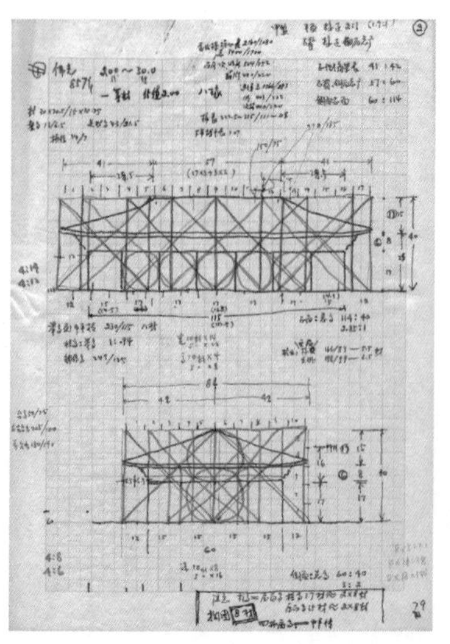
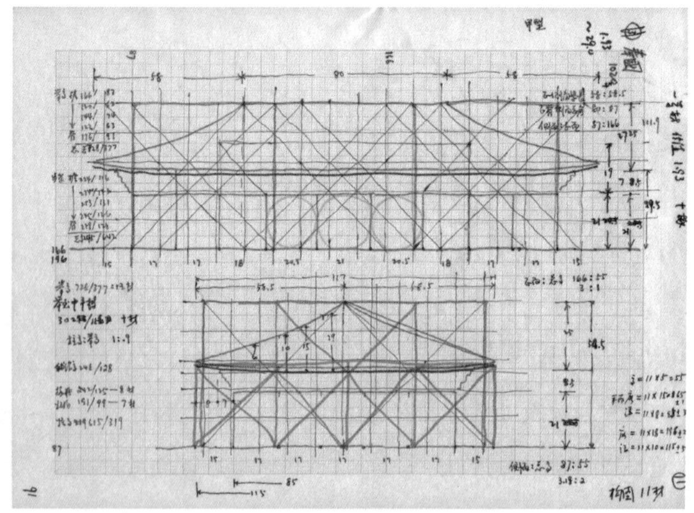

陈明达绘制的分析草图

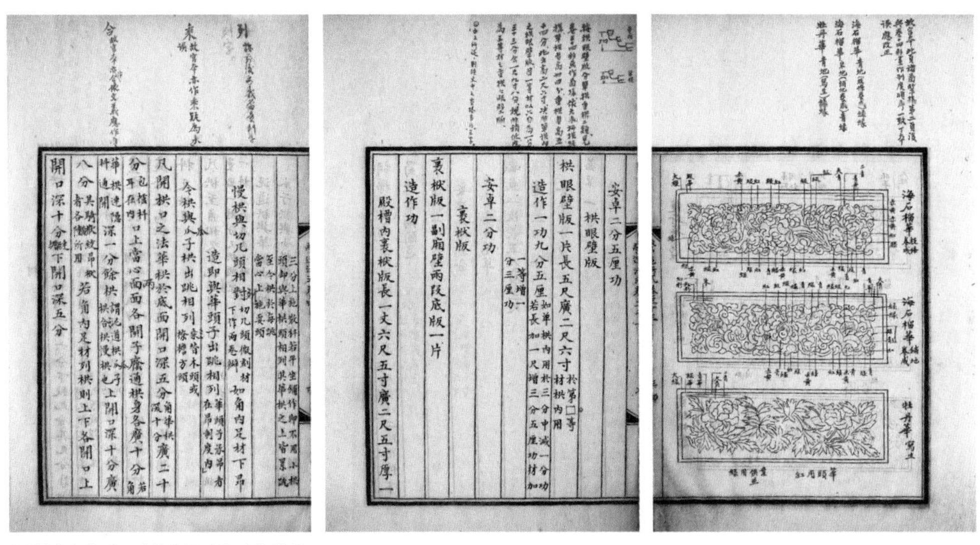

刘敦桢自藏“丁本”《营造法式》批注

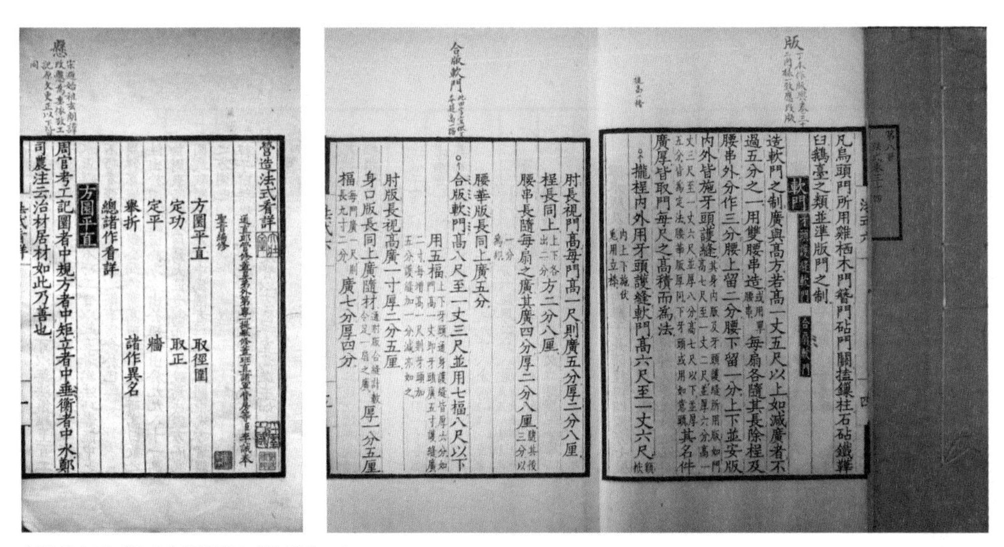

刘敦桢自藏“陶本”《营造法式》批注 -1

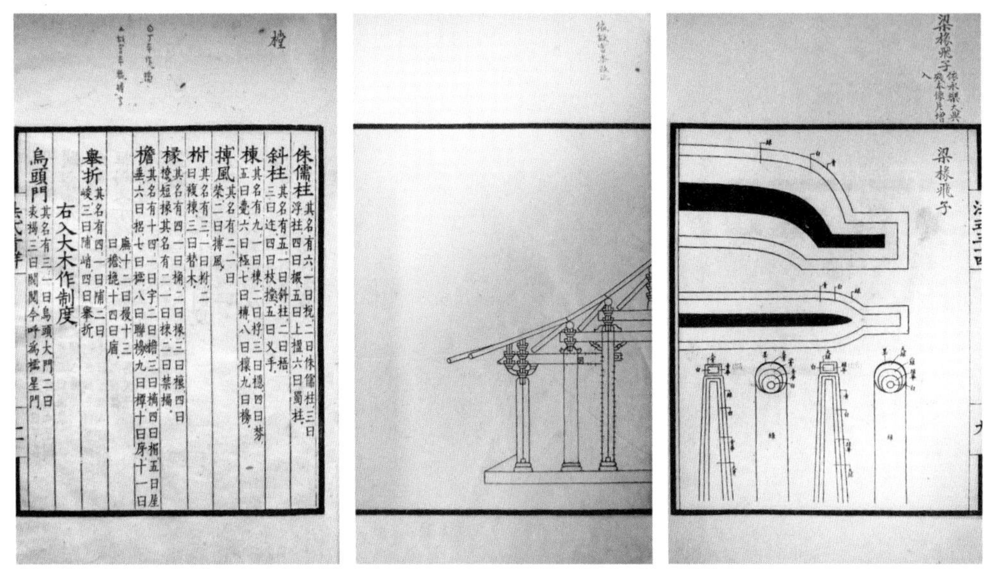

刘敦桢自藏“陶本”《营造法式》批注 -2

間六椽正脊高二十七層 其高不得過廳如殿門者依殿制
廊屋若四椽正脊高九層
常行散屋若六椽用大當溝瓦者正脊高七層用小當溝瓦者高五層
營房屋若兩椽脊高三層
凡壘屋脊每增兩間或兩椽則正脊加兩層 殿閣加至三十七層止廳堂二十五層止門樓一十九層止廊屋一十一層止常行散屋大當溝者九層止小當溝者七層止營屋五層止
正脊於線道瓦上厚一尺至八寸垂脊減正脊二寸 正脊十分中上收二分垂脊上收一分
線道瓦在當溝瓦之上脊之下殿閣等露三寸五分堂屋等三寸廊屋以下並二寸五分其壘脊瓦

瓦須先就屋上拽勘隴行修斫口縫令密再揭起方用灰結瓦 瓦畢先用
大當溝以次用線道瓦然後壘脊
二曰瓪瓦施之於廳堂及常行屋舍等其結瓦之法兩合瓦相去隨所用合瓦廣之半先用當溝等壘脊畢乃自上而至下勻拽隴行 其仰瓦並小頭向下合瓦小頭在上
凡結瓦至出檐仰瓦之下小連檐之上用鷰頷版華廢之下用狼牙版 若殿宇七間以上鷰頷版廣三寸厚八分餘屋並廣二寸厚五分為率每長二尺用釘一枚狼牙版同其轉角合版處用鐵葉裹釘 其當檐所出華頭瓪瓦身內用蔥臺釘 下入小連檐勿令透 若六椽以上屋勢緊峻者於正脊下第四瓪瓦及第八瓪瓦背當中用著蓋腰釘 先於栈笆或箔上約度腰釘遠近橫

宋本《营造法式》“溝”字避宋高宗赵構名讳缺笔不一

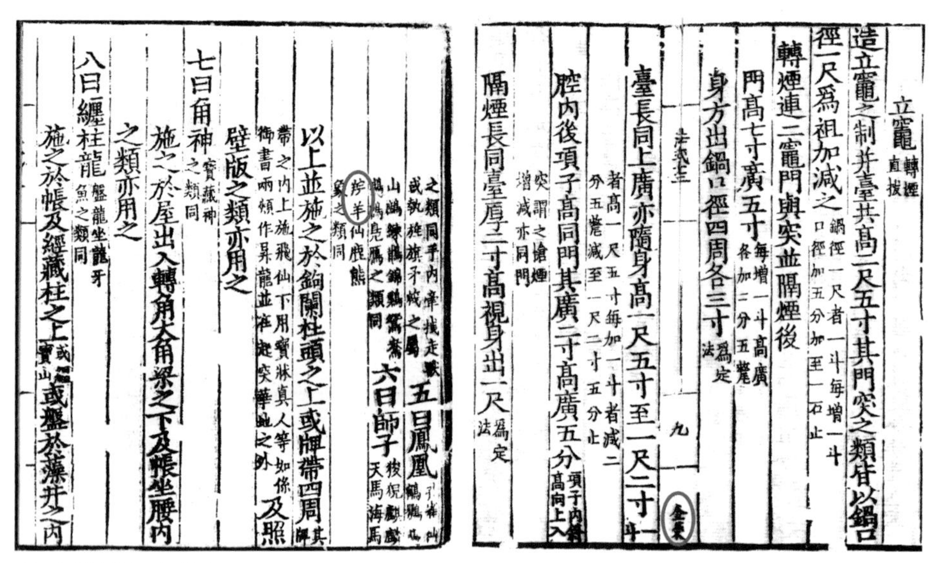
立竈 轉煙直拔
造立竈之制并臺共高一尺五寸其門突之類皆以鍋口徑一尺為祖加減之 鍋徑一尺者一斗每增一斗口徑加五分加至一石止
轉煙連二竈門與突並隔煙後
門高七寸廣五寸 每增一斗高廣各加二分五釐
身方出鍋口徑四周各三寸 為定法
臺長同上廣亦隨身高一尺五寸至一尺二寸 一斗者高一尺五寸每加一斗者減二分五釐減至一尺二寸五分止
腔內後項子高同門其廣二寸高廣五分 項子內斜高向上入
突 謂之峻煙 增減亦同門
隔煙長同臺厚二寸高視身出一尺 為定法
法式十三 九

之類同手內牽拽走獸 五曰鳳凰 孔雀仙鶴鸚鵡山鷓練鵲錦雞鴛鴦鵝鴨鳧鴈之類同 六曰師子 狻猊麒麟天馬海馬羚羊仙鹿熊象之類同
以上並施之於鈎闌柱頭之上或牌帶四周 其牌帶之內上施飛仙下用寶牀真人等如係御書兩頰作昇龍並在起突華地之外 及照壁版之類亦用之
七曰角神 寶藏神之類同
施之於屋出入轉角大角梁之下及帳坐腰內之類亦用之
八曰纏柱龍 盤龍坐龍牙魚之類同
施之於帳及經藏柱之上 或纏寶山 或盤於藻井之內

宋刊本《营造法式》书影

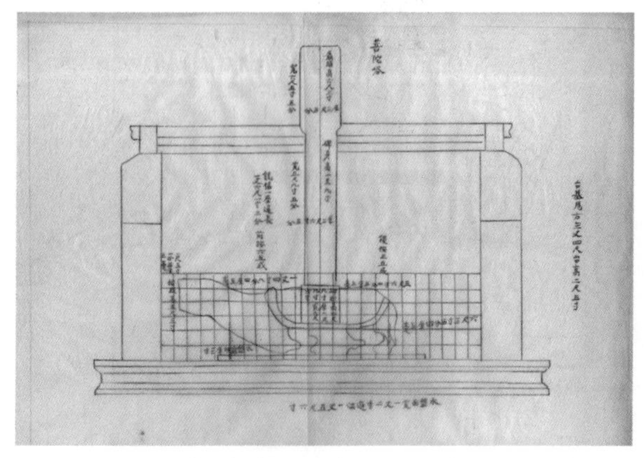

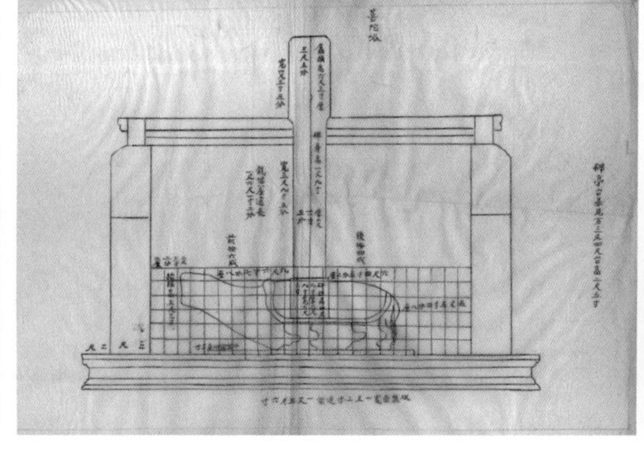

1984 年 3 月王其亨摹绘给陈明达的“普陀峪万年吉地龙蝠碑立样”比较方案底图

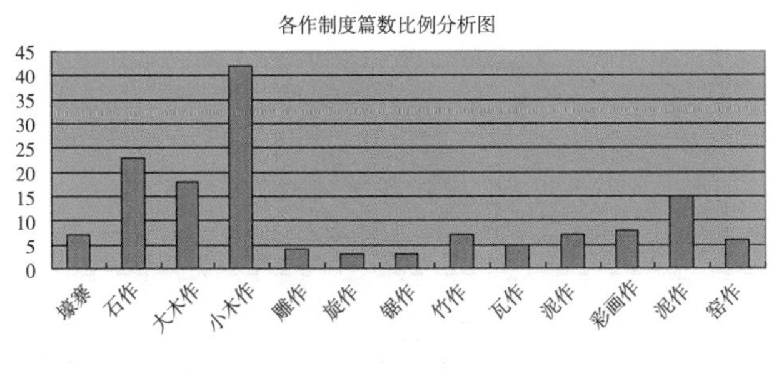

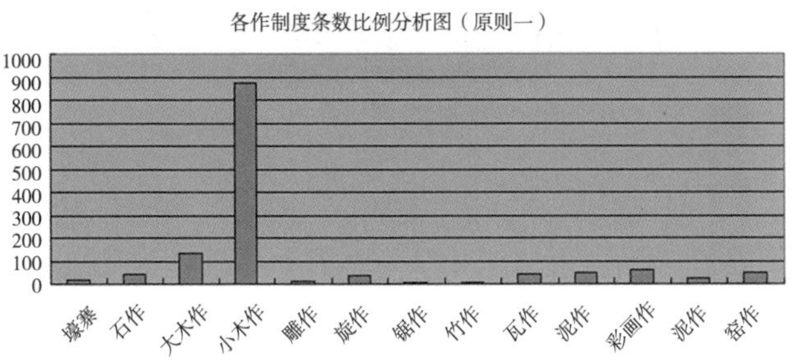

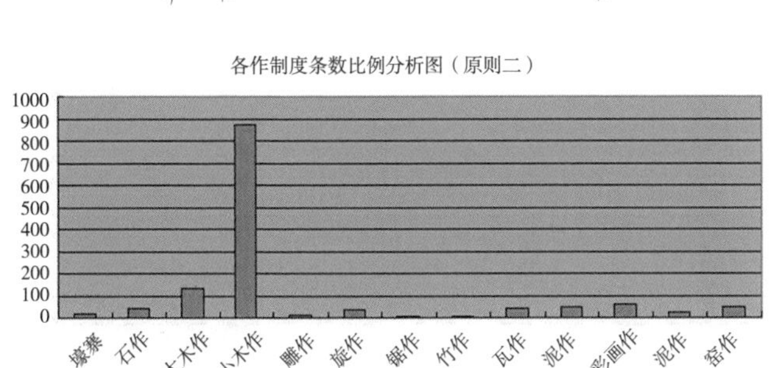

《营造法式》各作制度篇、条数所占比例分析图

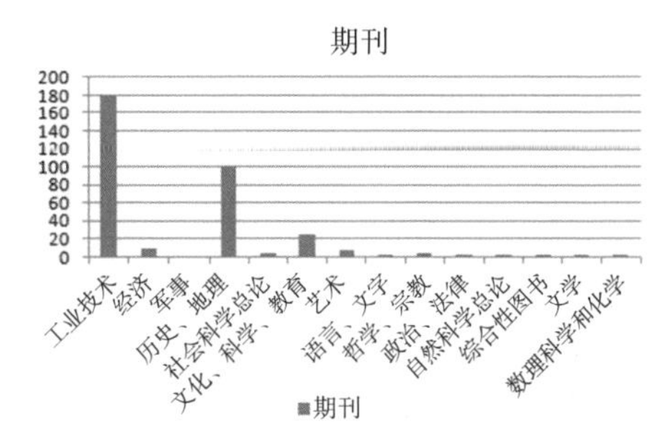

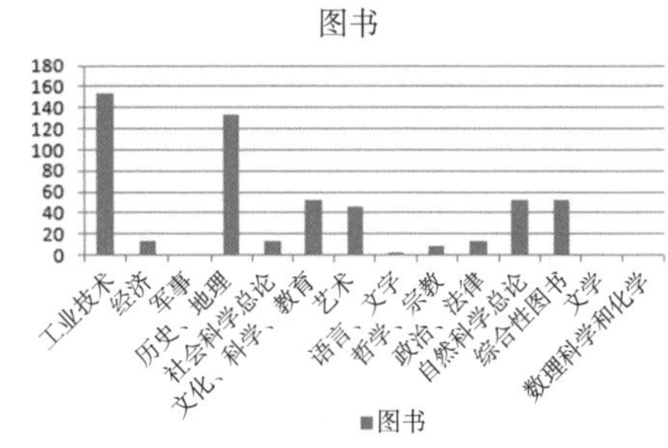

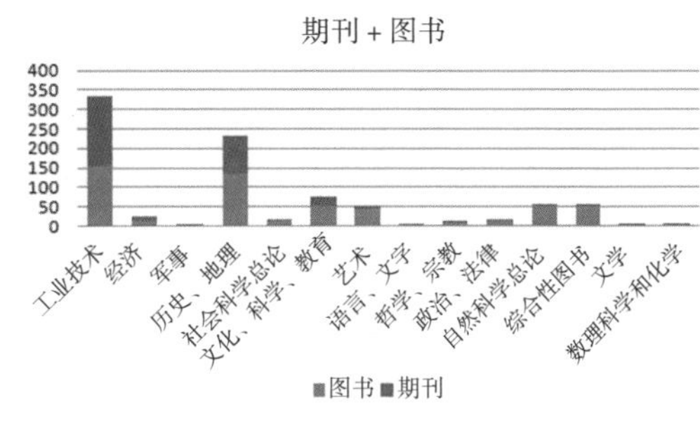

《营造法式》相关文献涉及学科门类分析图表

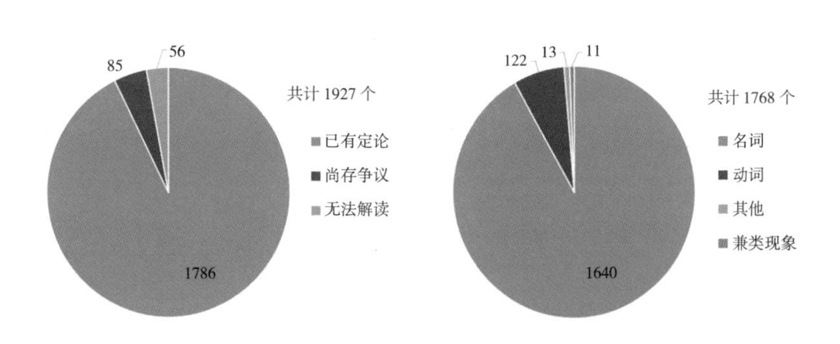

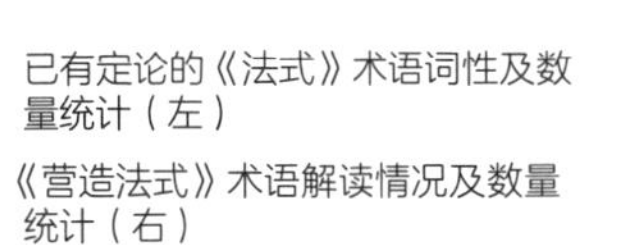
已有定论的《法式》术语词性及数量统计（左）

《营造法式》术语解读情况及数量统计（右）

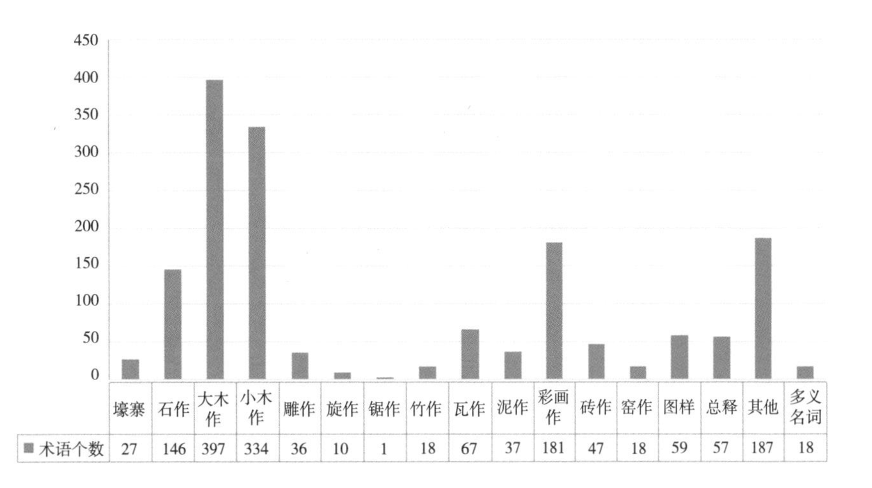

	壕寨	石作	大木作	小木作	雕作	旋作	锯作	竹作	瓦作	泥作	彩画作	砖作	窑作	图样	总释	其他	多义名词
■ 术语个数	27	146	397	334	36	10	1	18	67	37	181	47	18	59	57	187	18

已有定论的名词性术语在《法式》中首次出现的位置及数量统计

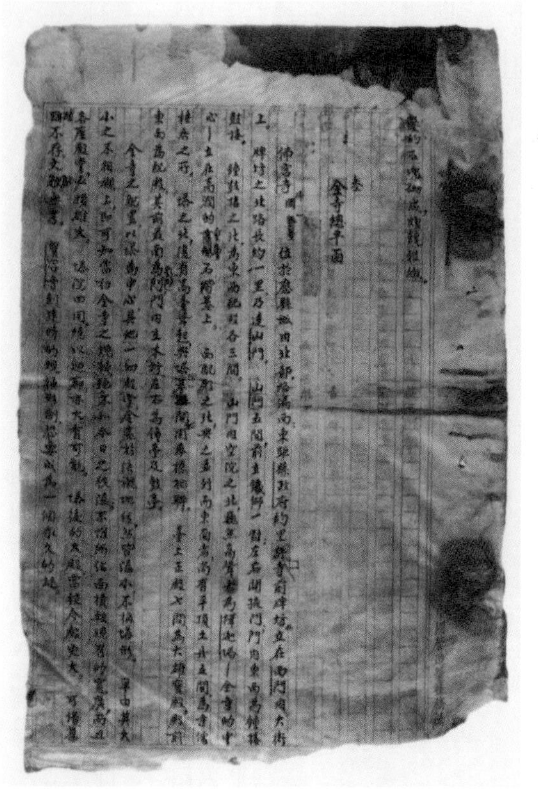

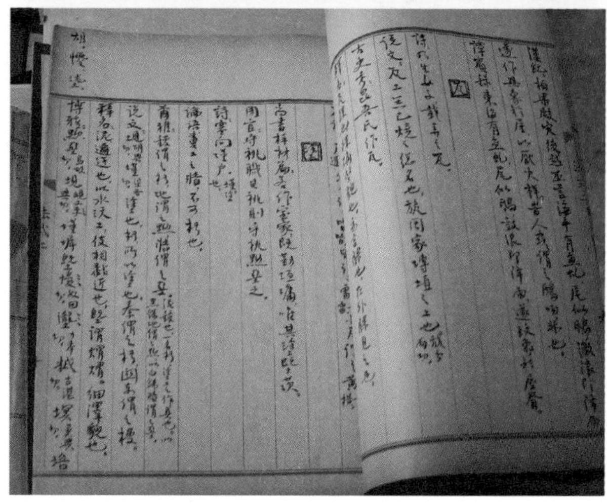

面、正面、側面）乃至五面（另加背面、断面）投影把它們画出来。

（二）凡是原来有类似透视图的，我們就用透视图或等角投影（isometric drawing）画出来。

（三）文字中說得明确清楚，可以画出图来而《法式》图样中沒有的，我們就补画，使能更形象地表达出来。

（四）凡原图比例不正确的，則按各作“制度”的規定予以改正。

（五）凡是用絕对尺寸定比例的，我們在图上附加以尺、寸为单位的縮尺；凡是以“材栔”定比例的，則附以“材、栔”为单位的縮尺。但是还有一些图，如大木作殿堂側样（断面图），則須替它选定“材”的等第，并假設面闊、进深、柱高、……等的絕对尺寸（这一切原图既未註明，“制度”中也沒有絕对規定），同时附以尺寸縮尺和“材栔”縮尺。

（六）在所有的图上，我們都加上必要的尺寸和文字說明，主要是摘录諸作“制度”中文字的說明。

（七）在一些图中，凡是按《法式》制度画出来就发生問題或无法交代的，（例如有些殿堂側样中的梁栿的大小，或如角梁和槫枋的交接点等等），我們就把这部分“虛”掉，并加“？”号，且註明問題的癥結所在。我們不敢强不知以为知，“創造性”地替它解决、硬拚上去。

（八）我們制图的总原則是，根据《法式》的总的精神，只繪制各种构件或部件（《法式》中称为“名物”）的比例、形式和結构，或一些“法式”、“做法”，而不企图超出《法式》原書范围之外，去为它“創造”一些完整的建筑物的全貌图（例如完整的立面图等），因为我們只是註释《营造法式》，而不是全面介紹宋代建筑。

到目前为止，我們只完成了“壕寨制度”、“石作制度”和“大木作制度”的图样，先行付印。其余諸作图样，主要是“小木作”和“彩画作”，工作才刚刚开始。随着工作的进展，必然会遭遇更多的問題。关于这些，我們拟留俟全部工作完成后，再向讀者彙报。

諸作制度中有許多东西的等第、尺寸、比例等，凡是可以排列成表格的，我們就采取这一形式，以醒眉目，以便核查。

《营造法式》中大量的专門术語和名詞，我們拟按笔画順序把它們編成辞彙，附于書尾。对于术語、名詞的解释，除文字外，我們将尽量用小图插入說明，并把它們与清代（乃至外国的）名詞相对照。

我們的工作虽然告一段落了，但是限于我們的水平，鑽研欠深，还留下不少問題未能解决。正因为这样，所以我們才敢于把这些在我們力所能及的努力下做出来的一些“夹生飯”端出来請教于高明。希望不吝賜予批評，指正！

一九六三年八月，梁思成序于清华大学土木建筑系。

· 10 ·

梁思成《山西应县佛宫寺辽释迦木塔》手稿（左上）

陈明达《营造法式》手抄本（右上）

梁思成对《宋〈营造法式〉注释·序》（未定稿）的修改稿（下）

中国建筑史学史丛书

中国建筑史学史丛书

宋《营造法式》研究史

成丽　王其亨　著

中国建筑工业出版社

图书在版编目（CIP）数据

宋《营造法式》研究史 / 成丽，王其亨著. —北京：中国建筑工业出版社，2017.10
（中国建筑史学史丛书）
ISBN 978-7-112-21134-0

Ⅰ.①宋… Ⅱ.①成… ②王… Ⅲ.①建筑史－中国－宋代
Ⅳ.①TU-092.44

中国版本图书馆CIP数据核字（2017）第207132号

《营造法式》是北宋崇宁二年（1103年）钦准颁行全国的一部侧重于估工算料的建筑营造技术法规。自1919年初朱启钤发现《营造法式》钞本后，数代学者赓续不辍地开展研究，既开启了中国建筑史学的大门，更曾多方位、多层次地推进了该学科的深化发展。

本书细致梳理现代以来《营造法式》的研究历程，从版本研究、实物测绘、术语解读、理论探索、多元化取向等多个层面，对相关论著及其研究动因、方法、成就和影响等予以系统分析和归纳，以揭橥并彰显各时期典型的学术思想和研究方法，探讨其利钝得失和今后努力的方向，期能裨益于《营造法式》研究的持续深入乃至取得新的突破，为充实和完善中国建筑史学作出贡献。

丛书策划
天津大学建筑学院　王其亨
中国建筑工业出版社　王莉慧

责任编辑：李　婧
书籍设计：付金红
责任校对：李欣慰

中国建筑史学史丛书
宋《营造法式》研究史
成　丽　王其亨　著
*
中国建筑工业出版社出版、发行（北京海淀三里河路9号）
各地新华书店、建筑书店经销
北京嘉泰利德公司制版
北京中科印刷有限公司印刷
*
开本：787×1092 毫米　1/16　印张：30　字数：602千字
2017 年 12 月第一版　2017 年 12 月第一次印刷
定价：99.00元
ISBN 978-7-112-21134-0
（30777）

总序

王其亨

史学，即历史的科学，包含了人类的一切文化知识，也是这些文化知识进一步传播的重要载体。历史是现实的一面镜子，以史为鉴，能够认识现实，预见未来。在这一前瞻性的基本功能和价值背后，史学其实还蕴涵有更本质、更深刻、更重要的核心功能或价值。典型如恩格斯在《自然辩证法》中强调指出的：

> 一个民族想要站在科学的最高峰，就一刻也不能没有理论思维。而理论思维从本质上讲，则正是历史的科学：理论思维作为一种天赋的才能，在后天的发展中只有向历史上已经存在的辩证思维形态学习。
>
> 熟知人的思维的历史发展过程，熟知各个不同时代所出现的关于外在世界的普遍联系的见解，这对理论科学来说是必要的。
>
> 每一个时代的理论思维，从而我们的理论思维，都是一种历史的产物，在不同的时代具有非常不同的形式，并因而具有非常不同的内容。因为，关于思维的科学，和其他任何科学一样，是一种历史的科学，关于人的思维的历史发展的科学。

这就是说，史学更本质的核心功能或价值，就在于它是促成人们发展理论思维能力，甚而站在科学高峰，前瞻未来的必由之路！

从这一视角出发，凡是读过《梁思成全集》有关中外建筑，尤其是城市发展史的论述，就不难理解，当初梁思成能够站在时代前沿，预见首都北京的未来，正在于他比旁人更深入地洞悉中外建筑历史，进而更深刻地认识到城市发展的必然趋势。

这样看来，在当下中国城市化激剧发展的大好历史际遇中，建筑史学研究的丰硕成果也理当被我国建筑界珍重为发展理论思维的重要资源，予以借鉴和发展。更进一层，重视历史，重视建筑史学，重视其前瞻功能和对发展理论思维和创新思维的价值，也无疑应当成为我国建筑界的共识，唯此，才能促成当代中国的建筑实践、理论和人才，真正光耀世界。

事实上，这一要求更直观地反映在学术成果的评价体系中。追溯前人的研究历史和思考方式，建立鉴往知来的历史意识，是学术研究的基本之功。研究是否位于学科前沿，是否熟悉既有研究成果，在此基础上，能否在方法、理论上创新，是研究需要解决的核心问题，在评审标准当中占有极大比例的权重。就建筑学科而言，这一标准实际上彰显了建筑史学的价值和意义，并且表明，建筑史学的发展，势必需要史学史的建构——揭示史学发展的进程及其规律，为后续研究提供方法论上开拓性、前瞻性的指导。如史学大师白寿彝指出：

> 从学科结构上讲，史学只是研究历史，史学史要研究人们如何研究历史，它比一般的史学工作要高一个层次，它是从总结一般史学工作而产生的。

以中国营造学社为发轫，以梁思成、刘敦桢先生为先导，中国建筑的研究和保护已经走过近一个世纪的历程，相关方法、理论渐臻完善，成果层出不穷。今日建筑史研究保护的繁荣和多元，与百年前梁、刘二公的筚路蓝缕实难相较。然而，在疾步前行中回看过去的足迹，对把握未来的发展方向无疑是极有必要的，学术史研究的价值也正在于此。然而，由于对方法论研究之意义和价值的认识不足，学界始终缺乏系统的、学术史性质的、针对研究方法和学术思想的全面分析和归纳。长此以往，建筑史学的研究方向势必漶漫不清，难于把握。因此，亟需对中国建筑史学史进行深入梳理，审视因果，探寻得失，明晰当前存在的问题和今后可以深入的方向。

顺应这一史学发展的必然趋势和现实需求，自1990年代以来，天津大学建筑学院建筑历史研究所的师生们，在国家自然科学基金、国家社会科学基金的支持下，对建筑遗产保护在内的建筑史学各个相关领域，持续展开了系统的调查研究。为获得丰富的历史信息，相关研究人员抢救性地走访1930年代以来就投身这一事业的学者及相关人物与机构，深入挖掘并梳理有关论著，尤其是原始档案与文献，汲取并拓展此前建筑界较零散的相关成果，在此基础上形成的体系化专题研究，系统梳理了近代以来中国建筑研究、保护在各个领域的发展历程，全面考察了各个历史时期的重要事件、理论发展、技术路线等方面，总结了不同历史阶段的发展脉络。

现在，奉献在读者面前的这套得到国家出版基金资助的“中国建筑史学史丛书”，就是天津大学建筑学院建筑历史研究所的师生们多年努力的部分成果，其中包括：对中国建筑史学史的整体回溯；对《营造法式》研究历史的系统考察；对中国建筑史学文献学研究和文献利用历程的细致梳理；对中国建筑遗产保护理念和实践发展脉络的总体归纳；对中国建筑遗产测绘实践与理念发展进程的全面回顾；对清代样式雷世家及其图档研究历史的系统整理，等等。

衷心期望“中国建筑史学史丛书”的出版有助于建筑界同仁深入了解中国建筑史学和遗产保护近百年来的非凡历程，理解和明晰数代学者对继承和保护传统建筑文化付出的心血以及未实现的理想，从而自发地关注和呵护我国建筑史学的发展。更冀望有助于建筑史学发展的后备力量——硕士、博士研究生借此选择研究课题，发现并弥补已有研究成果的缺陷、误区尤其是缺环和盲区，推进建筑历史与理论的发展，服务于中国特色的建筑创作和建筑遗产保护事业的伟大实践。同时，囿于研究者自身的局限性，难免挂一漏万，尚有待进一步完善，祈望得到阅览这套丛书的读者的批评和建议。

目 录

总　序／王其亨

导　言 001

一、为什么要研究宋《营造法式》研究史 002

二、研究现状评述 004

三、研究的主要内容 006

四、本书的主体结构 009

五、收获与展望 010

第一章　《营造法式》版本研究 013

一、“丁本”与“陶本” 014

二、学社期间的版本研究 027

三、宋本《营造法式》的发现与辨识 035

四、《营造法式》版本后续研究举略 044

小结 062

第二章　《营造法式》与实物遗存的互证研究 067

一、互证研究的前奏 068

二、互证研究的初期实践 084

三、互证研究的价值与意义 104

四、互证研究的继承与发展 118
小结 133

第三章 《营造法式》术语及文本解读 137
一、学社前期的相关研究 138
二、梁思成《〈营造法式〉注释》 145
三、徐伯安、郭黛姮《宋〈营造法式〉术语汇释》 156
四、陈明达《〈营造法式〉辞解》《〈营造法式〉研究札记》 161
五、潘谷西、何建中《〈营造法式〉解读》 165
六、其他相关研究 167
小结 185

第四章 《营造法式》与中国古代设计理念的探索 191
一、梁思成、刘敦桢的相关思路 192
二、开创性的探索与示范——陈明达的研究 197
三、围绕《营造法式》"以材为祖"设计规律的研究 235
四、以《营造法式》为参照的复原研究与设计创新 248
小结 253

第五章　《营造法式》多元化研究　257

一、古代建筑通史中的相关研究　258

二、《营造法式》专项研究　269

三、跨学科、多视角的研究　285

四、数字化时代的研究　303

小结　308

附　录　313

附录一　《营造法式》版本概况　314

附录二　《营造法式》相关记载及评述　333

附录三　《营造法式》研究论著目录　396

附录四　国内早期木构建筑概况及研究文献　430

参考文献　454

导言

《营造法式》是北宋崇宁二年（1103年）钦准颁行全国的一部侧重于估工算料的建筑营造技术法规。自1919年初，朱启钤在江南图书馆发现《营造法式》钞本并付印后，数代学者持续不辍地开展有关《营造法式》的研究，既开启了中国建筑史学的大门，更曾多方位、多层次地推进了该学科的深化发展，取得了数量可观的学术成果。

本书细致梳理现代以来《营造法式》已有的研究和成果，全面考察相关研究主体和学术流派，尝试从版本研究、实物测绘、术语解读、理论探索、多元化取向等多个层面，对《营造法式》的研究历程、学术发展理路进行系统分析和归纳，尽可能在总结研究目的、方法、成就和影响的基础上，彰显各个时期典型的学术思想和研究方法，审视因果，探寻得失，明晰当前存在的问题和今后可以深入的方向，为相关研究提供参考和借鉴，进而探索新的研究方法和理路，促进《营造法式》研究的继续深入以至获得新的突破，为充实和完善中国建筑史学作出贡献。

一、为什么要研究宋《营造法式》研究史

针对历史研究，我国著名历史学家吴于廑指出：

> 任何一个历史学家，不论他们成就或大或小，都是历史学这门学科发展链条上的环节。关于这点，不一定每个从事历史学习或研究的人都很清醒地意识到，但是不论怎样，他总不得不受这门学科已有发展的影响，他的先行者的影响。[①]

① 吴于廑．世界史学科前景杂说．见：吴于廑．吴于廑文选．武汉：武汉大学出版社，2007：24。本书内容涉及诸多前辈学者，为文章简便起见，均省略敬语而直用名字，祈予谅解。

事实上，在每一项学术研究开始之前，认真梳理相关学术渊源，了解研究现状和水平，追溯前人研究的历史和思考问题的方式，辨析个体研究在学术史中的位置，建立鉴往知来的历史意识和眼光，是极为重要的先决条件。只有熟知每个阶段主要成果并妥善利用，发现并寻找新的研究方向和方法，才能避免盲目重复和低水平研究，才能开拓创新，推进学术发展。而有意识地对学科研究状况进行梳理和总结，由此形成相关的史学史和学术史研究，是研究成熟和层次提升的表现，相关成果还可以提供基于方法论上的指导和启示。[①]

以史学史的眼界审视中国建筑史学的发展，几乎成为学界共识的是，1919年以来有关宋《营造法式》的研究，对我国的古建筑调查、保护和建筑史学的创立，以至与之密切关联的文化遗产保护事业的发展，都有着举足轻重的意义。

从1925年创立“营造学会”到1929年的“中国营造学社”（以下除引文外，均简称“学社”），正如其创始人朱启钤强调，就直接缘于发现李诫编著的《营造法式》“而发生寻求全部营造史之途径”[②]。不久，梁思成、刘敦桢等精英入社，为破解这部难读的“天书”，践行李诫“沟通儒匠”的精神，拜师晚清工匠，研究北京故宫等古建筑，释读清工部《工程做法》和《营造算例》等籍本，形成《清式营造则例》这一中国建筑史学研究奠基性的学术经典。继而从1932年至1937年，以蓟县独乐寺的测绘研究为契机，对宋、辽、金以至更早的建筑遗存展开大规模调查，同《营造法式》相互印证，揭开了其中的大量奥秘，由此掀开了中国学者以现代科学方法自主研究《营造法式》以及中国古代建筑文化的华章，华夏古建筑的众多瑰宝及其保护的理念也由此被世人重视，为中国建筑史学以至文化遗产保护事业的发展打下坚实基础。往后，对《营造法式》这部作为解读华夏建筑意匠的重要“文法课本”，学者们展开了更为深入的探索，形成丰硕成果，略如梁思成《〈营造法式〉注释》，陈明达《〈营造法式〉大木作研究》[③]，堪称杰出典范。

《营造法式》的独特价值和魅力，使其成为探索中国古代营造学一向被倚重的经典，对它的研究在建筑史学领域中或为显学。由此引发的实物测绘和理论探索等研究，几乎在中国建筑史学发展的各个阶段，都展现出主体性的价值。因此，

---

① “史学史的产生是人类认识历史的更高阶段，目的是揭示史学发展的进程及其演变规律，不但可以加深对人类历史发展的认识，而且可以给以历史问题为研究对象的史学工作提供理论指导。”引自罗炳良．研究历史应当兼顾史学史．光明日报，2002-12-17.

② 朱启钤．中国营造学会开会演词．中国营造学社汇刊，1930，1（1）：3.

③ 梁思成．《营造法式》注释．见：梁思成．梁思成全集（第七卷）．北京：中国建筑工业出版社，2001；陈明达．《营造法式》大木作研究（上、下）．北京：文物出版社，1981.

对《营造法式》研究历史的梳理，必然是中国建筑史学史研究系列课题中的重要组成部分，中国建筑史学的发展历程及其方法、成就和历史局限性，也可以由此显现出来，对未来的史学发展有重要的借鉴意义。

二、研究现状评述

回顾历史，自 1930 年代中期以来，学者们的反思始终伴随着《营造法式》研究的各个阶段，散见于各相关论著。

1940 至 1960 年代，梁思成在《中国建筑史》、《中国建筑之两部“文法”课本》、《〈营造法式〉注释·序》和涉及中国建筑史学发展的一系列文章中，都涵有对《营造法式》研究历程的回顾以及对研究方法的追溯和反思。[①] 此后，刘敦桢、陈明达等学者在研究过程中也都作有相应的回顾和总结，如刘敦桢在 1965 年曾就中国营造学社对《营造法式》的研究作出简要叙述。[②]

1980 年代，陈明达在《〈营造法式〉大木作研究》绪论中，针对大木作解读的一些误区，指出以往研究的弊端。[③]1982 年，他又明确提出应当重视的发展方向，强调：“对《营造法式》进行研究，应当有个总体的、系统的看法。在我看来，第一就是研究的目的或方向；第二是选择研究题目；第三是研究方法；第四就是怎样利用现有成果。”[④] 此外，陈明达晚年已有系统梳理中国建筑史学史的研究计划，并写就“中国建筑史学史”提纲，涉及《营造法式》研究的历史，但终因年

---

① “中国营造学社成立，十余年来，从事于是书之研究，先自清代术书着手，加以实物之发展与研究，其书始渐可读。”引自梁思成．中国建筑史．天津：百花文艺出版社，1998：26；“在学读宋《营造法式》之初，只能根据着对清式则例已有的了解逐渐注释宋书术语；将宋清两书互相比较，以今证古，承古启今，后来再以旅行调查的工作，借若干有年代确凿的宋代建筑物，来与宋《营造法式》中所叙述者互相印证。换言之亦即以实物来解释《法式》，《法式》中许多无法解释的规定，常赖实物而得明了。”引自梁思成．中国建筑之两部“文法”课本．中国营造学社汇刊，1945，7（2）：4；“我首先拜老木匠杨文起老师傅和彩画匠祖鹤州老师傅为师，以故宫和北京的许多其他建筑为教材、“标本”，总算把工部《工程做法》多少搞懂了。对于清工部《工程做法》的理解，对进一步追溯上去研究宋《营造法式》打下了初步基础，创造了条件。……但是，要研究《营造法式》，条件就困难得多了。老师傅是没有的，只能从宋代的实例中去学习，这就必须去寻找。”引自梁思成．《营造法式》注释·序．见：梁思成．梁思成全集（第七卷）．北京：中国建筑工业出版社，2001：10–11.

② 刘敦桢．宋《营造法式》版本介绍（作于 1965 年 11 月 10 日）：“朱启钤先生最初也曾参加，后以内容过于专业，未继续进行。1933 年 4 月，刘敦桢与谢刚主、单士元曾以石印丁本对故宫本进行校核。以后梁思成、刘敦桢、刘致平、莫宗江、陈明达都先后对《法式》作了研究。解放前后，刘敦桢对故宫本、丁本、陶本再作多次校核。……解放后，梁思成和清华对《法式》进行了较长期的研究，并写出了《营造法式注释》（上），其他各地亦有研究。”见：刘敦桢．刘敦桢全集（第六卷）．北京：中国建筑工业出版社，2007：229.

③ 陈明达．《营造法式》大木作研究（上）·绪论．北京：文物出版社，1981：2–5.

④ 陈明达．关于《营造法式》的研究．建筑史论文集，1999（11）：44。该文由王其亨根据 1982 年（11 月 19 日、12 月 16 日、17 日）听陈明达讲授《营造法式》专题课程时的记录整理而成。

迈未遑全部完成。①

1980年代以后，众多学者针对几十年来中国建筑史学的研究，展开了一系列学术史意义上的反思，试图通过评估发展历程中的经验教训，寻求新的出路。其中涌现出数量众多的有关中国建筑学术史的探索性文章，涉及建筑史学的学科定位、基本理论与方法、研究范式、与其他学科的关系，等等。②这些文献虽非专门针对《营造法式》研究，但作为研究基础仍具有重要的启示作用。

21世纪以来，不少年轻学者投身《营造法式》的专项研究，也每每涉及相关领域的回顾，典型如肖旻对材份制、乔迅翔对功限料例以及李路珂对彩画作研究的综述；此外，邹其昌和项隆元的研究对此也有所涉及。但这些综述性研究都未系统化。③

此外，2003年至2016年间，与《营造法式》关系密切的几次研讨会和纪念活动，引出数量可观的研究成果，也从一定程度上推动了对既有研究的反思。④

---

① 陈明达．中国建筑史学史（提纲）．建筑史，2009（24）：148–151.

② 相关研究可参见：单士元．中国建筑史扩大研究课题意见的商榷——中国建筑学会建筑历史学术委员会1979年度年会上的发言．建筑历史与理论，1981（1）：17–23；陈明达．古代建筑史研究的基础和发展．文物，1981（5）：69–74；陈明达．纪念梁思成八十五诞辰．建筑学报，1986（9）：14–16；郭湖生．中国古建筑学科的发展概况．见：山西省古建筑保护研究所编．中国古建筑学术讲座文集．北京：中国展望出版社，1986：1–5；陈薇．中国建筑史研究领域中的前导性突破——近年来中国建筑史研究评述．华中建筑，1989（4）：32–37；朱光亚．方法论与中国建筑传统与理论研究．建筑师，1990（37）：25–29；王其亨．探骊折札——中国建筑传统及理论研究杂感．建筑师，1990（37）：10–15；杨鸿勋．中国建筑史学的现实意义及其研究的新阶段．建筑学报，1993（12）：8–11；陈薇．关于中国古代建筑史框架体系的思考．建筑师，1993（3）：19–22；王其亨．深化中国建筑历史研究与教学的思考．建筑学报，1995（8）：26–28；王贵祥．关于建筑史学研究的几点思考．建筑师，1996（2）：69–72；常青．世纪末的中国建筑史学研究．建筑师，1996（2）：72–73；张十庆．建筑历史研究的深化与提高．建筑师，1996（2）：77–79；陈薇．天籁疑难辨，历史谁可分——90年代中国建筑史研究谈．建筑师，1996（2）：79–82；吴良镛．关于中国古建筑理论研究的几个问题．建筑学报，1999（4）：38–40；杨鸿勋．中国建筑史学史概说．建筑史论文集，1999（11）：192–200；顾孟潮．21世纪的中国建筑史学——"建筑史学发展回顾与前景展望"座谈会上的发言．建筑学报，2000（3）：14–15；王贵祥．建筑历史研究方法论问题刍议．建筑史论文集，2001（14）221–228；傅熹年．对建筑历史研究工作的认识．见：樊康主编．中国建筑设计研究院成立五十周年纪念丛书（1952–2002论文篇）．北京：清华大学出版社，2002：320–325；王贵祥．中国建筑史研究仍然有相当广阔的拓展空间．建筑学报，2002（6）：57–58；彭怒．关于建筑历史、历史学理论中几个基本问题的思考．建筑学报，2002（6）：54–56；吴庆洲．中国建筑史学近20年的发展及今后展望．华中建筑，2005（3）：126–133；徐苏斌．近代中国建筑学的诞生．天津：天津大学出版社，2010；东南大学建筑历史与理论研究所编．中国建筑研究室口述史（1953–1965）．南京：东南大学出版社，2013；王贵祥，李菁．中国建筑史研究概说及近5年中国建筑史研究简况．中国建筑史论汇刊，2015（12）：21–39.

③ 肖旻．唐宋古建筑尺度规律研究．广州：华南理工大学，2003；乔迅翔．宋代建筑营造技术基础研究．南京：东南大学，2005；李路珂．《营造法式》彩画研究．北京：清华大学．2006；邹其昌．《营造法式》艺术设计思想研究论纲．北京：清华大学，2005；项隆元．《营造法式》与江南建筑．杭州：浙江大学出版社，2009.

④ 参见：纪念宋《营造法式》颁行900周年暨李诫墓园整修工程奠基仪式．郑州，2003；纪念宋《营造法式》刊行900周年暨宁波保国寺大殿建成990周年国际学术讨论会．宁波，2003；中国营造学社的学术之路——纪念中国营造学社成立80周年学术讨论会．北京，2009；纪念李诫逝世900周年学术研讨会．郑州，2010；宁波保国寺大殿建成1000周年学术研讨会暨中国建筑史学分会2013年会．宁波，2013；中国《营造法式》国际学术研讨会．福州，2016。其中不乏新见，略如2016年福州会议赵辰发表的《"天书"与"文法"——〈营造法式〉研究在中国建筑学术体系中的意义》，简略回顾了《营造法式》的研究历程和研究方法，并关注到国外学者的进展，该文后在《建筑学报》发表。参见赵辰．"天书"与"文法"——《营造法式》研究在中国建筑学术体系中的意义．建筑学报，2017（1）：30–34.

其中郭黛姮《〈营造法式〉研究回顾与展望》一文，将《营造法式》研究分为“营造学社”（1931—1945 年）、“新中国”（1962—1966 年）和“科学的春天”（1980 年代以后）三个阶段，首次按照时间顺序系统综述了 1930 年学社成立以来《营造法式》研究的基本情况和特点[①]。不过，这种以时间分段的回顾，虽然能够较清晰地展现《营造法式》研究的进展，却因篇幅所限，未能全面反映更实质性的内容，即研究方法和学术思想的发展。

事实上，通观《营造法式》研究史的既有成果，非但远未臻于全面，针对研究方法和学术思想的全面分析和归纳更为匮缺，很难帮助后继者获得认识论和方法论的收益，往往导致方向不明的盲目研究，低水平的重复或泛谈的应景之作，更是泥沙俱下，成为《营造法式》研究继续进取的桎梏，也不可避免地影响到中国建筑史学的纵深发展。由此，站在探索研究方法和学术思想的层面，对《营造法式》研究史进行全面、系统而深入的回顾和总结，实事求是地揭示研究的历史、存在的问题和可持续发展的方向，显然已经成为十分紧迫的任务。

三、研究的主要内容

1. 对已有研究的系统梳理

《营造法式》研究以中国大陆学者为主体，自是不争的事实。客观而论，诸如法国的德密那维尔（Paul Demieville）[②]、英国的叶慈（Walter Perceval Yetts）[③] 和

---

① 郭黛姮 .《营造法式》研究回顾与展望 . 建筑史论文集，2004（20）：1-11。该文首次发表于 2003 年 8 月浙江宁波举行的“纪念宋《营造法式》刊行 900 周年暨宁波保国寺大殿建成 990 周年国际学术讨论会”。

② 1925 年，德密那维尔曾以“丁本”《营造法式》为底本，在《越南远东学院丛刊》上发表《评宋李明仲〈营造法式〉》。作者以较为深厚的汉学功底，在文中首先回顾了中国营造学的研究成果和相关典籍；介绍编者李诫、《营造法式》版本流布和书中的基本内容；与相关文献、实例相对照，附有部分词解和评论，但主要集中于“雕作制度”的装饰方面，“大木作制度”仅简要略过。参见法人德密那维尔评宋李明仲《营造法式》. 中国营造学社汇刊，1931，2（2）：1-36.

③ 1925 年“陶本”《营造法式》出版后，英国学者叶慈曾撰多文对该书详加评述，如《〈营造法式〉之评论》、《论中国建筑》（内有涉及《营造法式》的相关评论，指出该书与中国古代其他志记相较，“极为研究建筑学者所珍贵”，还有对《营造法式》版本流传概况的介绍）、《以永乐大典本〈营造法式〉花草图式与仿宋重刊本互校之评论》，这些文章都曾被翻译并登载于《中国营造学社汇刊》上。参见英叶慈博士《营造法式》之评论 . 中国营造学社汇刊，1930，1（1）：1-2；英叶慈博士论中国建筑（内有涉及《营造法式》之批评）. 中国营造学社汇刊，1930，1（1）：1-14；英叶慈博士以永乐大典本《营造法式》花草图式与仿宋重刊本互校之评论 . 中国营造学社汇刊，1930，1（2）：1-6.

李约瑟（Joseph Needham）[①]、日本的竹岛卓一[②]、丹麦的顾迩素（Else Glahn）[③] 等域外学者，以及我国港澳台地区相关学者的研究和成果，无疑都是《营造法式》研究史的重要组成。不过，这些研究既多以综述为主，缺少实物印证，也较为零散，系统地搜集与评介十分困难。因此，本书更侧重于实质性、主体性的大陆学者的研究成果，以截至 2017 年 2 月公开发表和出版的有关《营造法式》研究的中文论著为主[④]。

此外，不少学者在研究中提出一些疑问和想法，尽管暂未得到解决和证实，却堪为今后研究以启示，因此也为本书吸纳并予以分析。对于一些有争议的问题，也尽量收集各家论述，陈列事实，虽然未必得出定论，却企望借以助益学术进步。

1990 年代以来，新生研究力量和相关研究成果猛增，难在短期内逐一析读。为避免挂漏，裨益今后研究的深入，也尽可能收入本书"附录三《营造法式》研究论著目录"，俾资学界检阅。另外，诸多成果属性多样，分类和归位困难，本书原则上以引据文献相对突出、别具特点的内容作为分类依据。很多论著兼有多重属性，则被多次提及，旨在尽可能充分地展现《营造法式》研究成果所涉门类、采用的方法、相关结论以及对将来工作的启示。必须指出的是，每个阶段的研究成果，都是时代的积累和学者个人学力的反映，并非所有成果与方法都处在当下学术前沿，有的研究是近年推出的重要成果，有些则是前一时期的前沿性研究，曾为学术界提供了新的知识与方法，也构成了现在的认识基础。当研究者以后学的眼光审视学术史上的因果联断时，这些成果就有了超出前辈学者研究意图之外的史料意义。因此，成果的非终结性即延续性，也是本书的一个基本着眼点。

---

① 英国著名科学技术史学家李约瑟所著《中国科学技术史》，对现代中西文化交流影响深远，对中国文化的研究作出重要贡献。《中国科学技术史》将《营造法式》纳入科学技术史的范畴，并给予高度评价，引起国际学术界对这部宋代营造术书的重视。参见 Joseph Needham.Science and Civilization in China.The Part 3 of Volume IV（Building Technology）.Cambridge University Press，1971；中译本参见：李约瑟 . 中国科学技术史（第四卷），物理学及相关技术 . 第 3 分册 . 土木工程与航海技术 . 北京：科学出版社，2008.

② 1970—1972 年，竹岛卓一将数十年对《营造法式》的研究成果整理为《〈营造法式〉の研究》一书出版。此外，还曾发表若干《营造法式》研究论文，例如《〈营造法式〉通解》（《建筑史》1940 年第 5 期）、《宋代に于ける方位の决定と水盛法》（《建筑史》1940 年第 2 期）、《宋代の頭と秤肘について》（《古建筑》1953 年第 8 期）、《中国之建筑技法》（《古建筑》1953 年第 9 期）、《〈营造法式〉と工程做法（世界建筑全集）》（东京：平凡社，1961 年）、《〈营造法式〉の价值》（《建筑杂志》1969 年第 1 期）。参见竹岛卓一 .《营造法式》の研究（第 1–3 册）. 东京：中央公论美术出版社，1970–1972；徐苏斌 . 日本对中国城市与建筑的研究 . 北京：中国水利水电出版社，1999：185–189.

③ 丹麦学者顾迩素（Else Glahn）在 1981 年第 5 期的《科学美国人》上发表《十二世纪的中国建筑规范》，将宋《营造法式》推向国际正统的科学研究领域，影响甚大。参见 Else Glahn.Chinese Building Standards in the 12th Century.Scientific American，1981（5）；中译本参见：Else Glahn. 十二世纪的中国建筑规范 . 科学，1981（9）：85–95.

④ 因诸多研究成果一般先投送会议论文，后又见刊于各类期刊。为便于读者查阅，此类成果的文献出处以公开出版的期刊索引为主。

2. 对研究者学术境域的追索

任何学术研究主体的思想感情、意识形态，都必然浸染一定的时代色彩，而处于不同的学术发展水平和文化类型，学者汲取的知识以及由此形成的知识结构、思维方式，也必然存在巨大的差异，这些差异反过来又会影响他们对信息的摄取和过滤。这正如恩格斯强调：

> 我们只能在我们时代的条件下进行认识，而且这些条件达到什么程度，我们便认识到什么程度。[①]

每个人都难以超脱时代的羁绊，后人在学术前行的过程中，也会不同程度地逐渐发现前辈学者某些研究的局限性，一些观点和结论在今天看来甚至已经明显过时乃至谬误。

然而，如亚圣公孟子云："颂其诗，读其书，不知其人，可乎？是以论其世也。"[②]中国史学史大家白寿彝也指出，不同历史人物的行为特点应该从其所处的时代中寻找原因。[③]因此，深入实质的探讨，对研究主体及其"社会境域"即政治因素、社会结构、文化心理等方面的追索，也不可回避，绝不能以今天的眼光苛求前人。对于严谨求实的学术研究来说，必须结合前人生活的社会文化和学术背景，将他们的研究置于其所处时代加以考察，挖掘研究主体的学术背景、思维方式、研究动因和目的，才能客观看待和正确理解他们所获得的成果和所采用的方法，进而认知其工作的意义和价值。

鉴于此，本书在分析各阶段《营造法式》研究的同时，力图把握研究主体学术思想形成的来龙去脉或前因后果，以还原学术史一个有时空、人物、事件的历史过程，同时选取曾在《营造法式》研究史上作出卓杰贡献和取得重要成果的核心人物，通过对其研究目的、形式和成果等方面的分析归纳，纵横对比，以突出其研究特点和借鉴意义。

3. 对学术思想和研究方法的辨析

近百年来对《营造法式》的研究，其意义已经远远超越了该书作为中国古代

---

① 恩格斯．自然辩证法．中共中央马克思、恩格斯、列宁、斯大林著作编译局译．北京：人民出版社，1971：219.
② 杨伯峻译注．孟子译注（上）．北京：中华书局，1960：251.
③ 白寿彝．谈谈近代中国的史学．见：白寿彝．中国史学史论集．北京：中华书局，1999：304.

营造典籍本身的重要性；研究过程中所反映出的方法和思路，也常常出众于研究成果本身。解说和利用《营造法式》的方法林林总总，日趋多元化，它几乎变成了中国建筑史学发展历程中探索和磨砺方法论的最重要的实践场地。

朱光亚曾指出“方法有时比结论更重要，方法的突破能导致结论的突破”[①]。研究方法的进步就是学术的进步，对学术史的反思，其重点也正在于对方法论的探讨和总结。犹如登高览景，站得越高越利于对前进方向和方法的正确把握。[②]无论什么学科，何种研究范式，越往深度、广度层面发展，就越需要方法论的指导。清醒认识既有研究历史，对既有研究方法持续不辍地深入探讨，将是一个学科得以继续前进的不二门径和阶梯。

因此，对《营造法式》学术史的梳理而言，最有价值的部分就是对学术思想和研究方法的探析。是故本书的研究不止于对研究历程或成果的简单综述，而是在解析《营造法式》学术史全貌的基础上，力图站在方法论层面，辨析相关研究的学术价值和意义，探求研究历程中具有鲜明时代特色、尤其是富有借鉴意义的观念、思路和方法。

同时，回溯历史，以往研究存在的问题，诸如空白、缺环、盲区、弱项、误区等等，既不容忽视或回避，本书也尽可能予以揭示和分析，以利明晰今后可以拓展的方向，为相关研究提供参考和借鉴，探索新的研究方法和理路，促进《营造法式》研究的持续深入，在不断充实和完善的过程中，达到更高的学术境地。

四、本书的主体结构

通过梳理《营造法式》的研究历程，可以明确，近百年来学者们主要在版本研究、实物测绘、术语解读、理论探索和多元化研究几个方面，持续不辍地展开探索并逐渐引向深入。为了突出《营造法式》在研究历程中所呈现出的学术特点，本书没有按照史学史一般以时间为序的叙述方式，也没有按照通常对中国建筑史

① 朱光亚．方法论与中国建筑传统与理论研究．建筑师，1990（37）：25.

② 1920年代，李大钊在《史学要论》中指出：“过去一段的历史，恰如‘时’在人生世界上建筑起来的一座高楼，里边一层一层的陈列着我们人类累代相传下来的家珍国宝。这一座高楼，只有生长成熟、踏践实地的健足，才能拾级而升，把凡所经过的层级所陈的珍宝，一览无遗，然后登上绝顶，登楼四望，无限的将来的远景，不尽的人生的大观，才能比较的眺望清楚。在这种光景中，可以认识出来人生前进的大路。我们登这过去的崇楼登的愈高，愈能把未来人生的光景及其道路认识的愈清。”李大钊．史学要论．上海：上海古籍出版社，2014：41.

学的普遍共识分期，而是在时序的基础上，以贯穿《营造法式》研究历程中所使用的核心方法进行划分，从版本研究、实物互证、术语解读、理论探索、多元化几个层面展开论述，以保存其独特性，同时对每种主导研究及其后继研究也一并叙述，以保证其完整性和递承性，将更有利于对问题的系统分析。

需要指出的是，由于《营造法式》研究历史是多种手段、方法交织进行并互相促进的过程，所以书中各章节都会出现彼此交叉的部分。虽然尽可能围绕既定结构拆解相关资料，仍难免存在拆解失当和遗漏的地方，敬请读者谅解。

全书主体共分 5 章，重在突出相关研究的历程及其特点、方法和意义：第一章围绕《营造法式》研究历程中最早涉及的版本研究展开；第二章论及为《营造法式》乃至中国建筑史学研究带来重要突破的实物与文献相结合的研究；第三章针对《营造法式》文本和术语解读历史进行系统梳理；第四章探讨了由《营造法式》引发的对中国古代设计理念的系列研究；第五章对《营造法式》研究多元化的趋势和方法作出综述。

五、收获与展望

本书汇集大量基础资料[①]，在梳理和消化的过程中，从多个方面证明《营造法式》确实带动了中国建筑史学的研究，对前辈学者的研究理路有了较为系统的把握，同时对未来的研究方向也有了较明晰的认识。在书稿写作的过程中，曾得到中国建筑设计院建筑历史研究所傅熹年先生、东南大学建筑学院刘叙杰先生、中国艺术研究院殷力欣先生、故宫博物院王军先生提供的资料和指导，谨此一并致谢！

然而，尽管近百年来对《营造法式》的主流研究基本集中在中国大陆地区，但我国的台湾、香港、澳门地区以及国外的研究，也应当是《营造法式》研究史

① （1）尽可能收集《营造法式》自北宋刊行以来相关的版本信息、史料记载和评述，力图呈现一个较为客观的文献背景，为后续研究提供史料基础（参见附录一“《营造法式》版本概况”、附录二“《营造法式》相关记载及评述”）；（2）系统梳理《营造法式》已有研究成果，按照文献类型，以时间为序整理《营造法式》研究论著目录，在展示研究总况的同时，显现各历史阶段学术发展的轨迹、特点和热点（参见附录三“《营造法式》研究论著目录”）；（3）早期建筑实物一直为《营造法式》研究所倚重，每个新发现的唐、宋、辽、金建筑也需要基于已有成果展开研究。因此，本书着重整理并汇集了我国已知 139 个唐、五代、宋、辽、金木构的基本情况和既有学术成果，为后续研究提供文献参考（参见附录四“国内早期木构建筑概况及研究文献”）。凡见于本书正文和注释的相关文献，统一在附录三、四及“参考文献”部分列出。

上的重要补充。通过比较和借鉴域外学者的研究成果、思路和方法，从而冷静、客观地看待自己的研究和历史，无疑具有重要的启发和参考意义。但是，限于资料流通和获取的困难，未能对 20 世纪这些地区和国家的研究做学术史性质的全面梳理，是本文最大的缺憾，也是今后计划继续开展的工作。

附录所收《营造法式》研究论著的资料索引，虽已经尽力搜集，但个人视野与精力毕竟有限，不能确保研究材料的完备，而对材料的呈现和甄别，则期望能对《营造法式》的研究有所裨益。对早期建筑[①]基本情况的列述，以及相关研究资料的搜集，也并未穷尽，有待今后持续补充、完善。

本书旨在回溯历史，抛砖引玉，期望《营造法式》能够得到更多的关注和研究上的投入。在梳理《营造法式》研究历史的过程中，仿佛穿梭于百年的时空，时而与前辈“对话”，感受他们的投入与坚守，时而与时间“讨论”，思考学术的因果与联系。书稿的完成，既是一个阶段的结束，又是一个新的开始。由于笔者精力和水平所限，书中难免存在疏漏之处，敬祈包涵、指正。

① 本书所用“早期建筑”一词，如无特别说明，均指我国唐、五代、宋、辽、金时期的建筑。

第一章 《营造法式》版本研究

一、“丁本”与“陶本”

（一）丁氏钞本的发现与石印刊行

1918 年 12 月 29 日，朱启钤[①]（图 1–1）受北洋政府总统徐世昌委托，以北方总代表的身份离京南下，拟出席翌年 2 月 20 日在上海开幕的“南北议和会议”。朱启钤自清末到民国初从政期间长期董理北京市政建设的管理经验以及长年嗜好学术研究的素养，促成他“以是蓄意，再求故书”[②]，在途经南京、浏览江南图书馆（今南京图书馆）庋藏旧籍时，发现了晚清学者丁丙“八千卷楼”所藏钞本《营造法式》（图 1–2）。[③]

朱启钤发现该钞本后，旋与江苏省省长齐耀琳[④]协商缩付小本石印共 7 册；转年上海商务印书馆又依原书版式，石印为大本共 8 册。[⑤]这两种石印本，学界简称“丁本”，或“石印本”、“朱氏印本”，成为南宋以来首部公开发行的《营造法式》印本（图 1–3）。

---

① 朱启钤（1872—1964 年）：谱名启纶，字桂辛，一字老辣，晚年别署蠖公，贵州紫江（今开阳县）人，是中国近现代著名实业家、建筑史学家、文物收藏家。1919 年开始致力中国古建筑、文物的专门研究。1929 年创办中国营造学社，开我国传统营造学研究之先河，出版了众多高水平学术论著。朱启钤及下涉学者生平，均参见《中国大百科全书》总编委会 . 中国大百科全书 .2 版 . 北京：中国大百科全书出版社，2009；杨永生，王莉慧编 . 建筑史解码人 . 北京：中国建筑工业出版社，2006.

② 朱启钤 . 中国营造学社开会演词 . 中国营造学社汇刊，1930，1（1）：2。众多相关论著常用“偶然”来评介丁氏钞本《营造法式》的发现；然而，朱启钤的《中国营造学社开会演词》却道白了偶然中的必然：“顾一生经历，所以引起营造研究之兴会，而居然忝窃识途老马之虚名者，度亦诸君所欣然愿闻者也。溯前清光绪末叶，创办京师警察，于宫殿苑囿城阙衙署，一切有形无形之故迹，一一周览而谨识之。……民国以后，滥竽内部，兼督市政，稍稍有所凭借，则志欲举历朝建置，宏伟精丽之观，恢张而显示之。先后从事于殿坛之开放，古物陈列所之布置，正阳门及其他市街之改造，此时耳目所触，愈有欲举吾国营造之瑰宝，公之世界之意。然兴一工举一事，辄感载籍之间缺，咨访之无从。以是蓄意，再求故书，博征名匠。民国七年，过南京。入阅书馆，浏览所及，得睹宋本《营造法式》一书，于是始知吾国营造名家，尚有李诚其人者，留书以诒世。顾其书若存若佚，将及千年，迄无人为之表彰。遂使欲研究吾国建筑美术者，莫知问津。”显而易见，所谓“蓄意”，无疑“得益于其之前深厚的学术研究修养和广博的文献阅读经验，得益于其对中国建筑的研究的背景以及他对中国古代建筑理论体系的信心。”参见孔志伟 . 冉冉流芳惊绝代——朱启钤先生学术思想研究 . 天津：天津大学，2007：59–62.

③《营造法式》各钞本及刊印本概况详见附录一“《营造法式》版本概况”。

④ 齐耀琳（1863 年—？）：字震岩，吉林伊通人。1916 年任江苏省省长。

⑤ 参见朱启钤 . 石印《营造法式》序 . 见：李诫编修 .“丁本”营造法式 . 南京：江南图书馆，1919；陶湘 . 识语 . 见：李诫编修 .“陶本”营造法式，1925；柳和成 .《营造法式》版本及其流布述略 . 图书馆杂志，2005（6）：75.

图 1-1　朱启钤
[资料来源：中国营造学社汇刊，1930，3（1）]

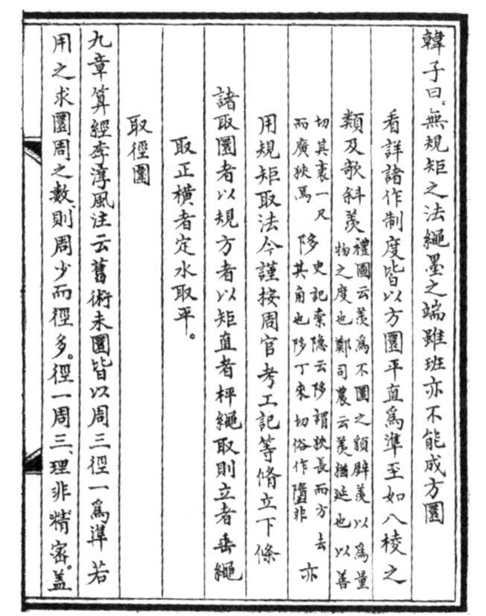

韓子曰：無規矩之法繩墨之端雖班亦不能成方圜

看詳諸作制度皆以方圜平直爲準至如八棱之類及欹斜羨（禮圖云羨爲不圜之貌璧羨以爲量物之度也鄭司農云羨猶延也以善切其袤一尺而廣狹焉）陊（史記索隱云陊謂狹長而方去其角也陊丁果切俗作隳非）亦用規矩取法今謹按周官考工記等脩立下條

諸取圜者以規方者以矩直者㮮繩取則立者垂繩取正橫者定水取平。

取徑圍

九章算經李淳風注云舊術求圜皆以周三徑一爲率若用之求圜周之數，則周少而徑多。徑一周三，理非精密。蓋

图 1-2 《梁思成全集》第七卷所引“丁丙钞本”
[资料来源：梁思成．梁思成全集（第七卷）．北京：中国建筑工业出版社，2001：521]

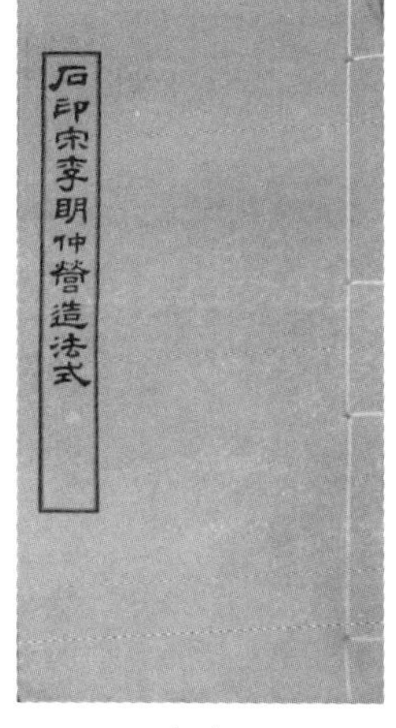

（a）　（b）　（c）

图 1-3　石印“丁本”《营造法式》书影
（a）封面；（b）朱启钤《石印〈营造法式〉·序》；（c）“丁本”石印牌记
（资料来源：李诫编修．“丁本”营造法式．南京：江南图书馆，1919）

与此前历代重刊、重抄和收藏的内在动因明显不同的是，“丁本”刊印反映出现代学者对《营造法式》价值的再认识。发现丁氏钞本《营造法式》的1919年，恰好是中国现代史的开端，时间上的巧合，却是时代发展的必然；看似简单的旧籍影印，却担负着深永的历史重任。朱启钤和齐耀琳为“丁本”作序，都曾以一种民族危机感和爱国情结寄厚望于《营造法式》的刊行，如朱启钤指出：

> 自欧风东渐，国人趋尚西式，弃旧制，若土苴不复措意，乃欧美来游中土者，睹宫阙之轮奂，栋宇之翚飞，惊为杰构。于是群起研究，以求所谓东方式者。如飞瓦复檐，蝌斗藻井诸式，以为其结构之精奇美丽，迥出西法之上。竞相则仿，特苦无专门图籍可资考证，询之工匠亦识其当然而不知其所以然。夫以数千年之专门绝学，乃至不能为外人道，不惟匠氏之羞，抑亦士夫之责也。……自宋迄今，虽形势不无变革，然大辂椎轮模范俱在，洵匠氏之准绳、考工之秘笈也。爰商之震岩省长，缩付石印，以广其传，世有同好者，倘于斯编之外旁求博采，补所未备，参互考证，俾一线绝学发挥光大。蕲至泰西作者之林，尤所忻慕焉。[①]

齐耀琳言亦如是：

> 海通以来，高闳大厦，竞袭欧风，厌故喜新，轻訾旧制；诚恐殷质周文，倕工般巧之所留，贻后将有莫能善其事者。夫伎术宜图嬗进，规矩难弃高曾，古今中外形式虽有不同，法守并无或异，是则此书之传之，尤不容缓也。[②]

《营造法式》的适时再现，不仅证明了中国古代营造学生命力的强大，也表现出中国传统文化的深厚根基。梁思成[③]认为，朱启钤重刊《营造法式》“在研究中国建筑的路程上立下一个极重要的标识”[④]。就个人而言，《营造法式》的浮出，也使朱启钤“治营造学之趣味乃愈增，希望乃愈大，发见亦渐多”[⑤]，进一步激发了他研究中国营造学的宏愿。

朱启钤在序言中还指出此次出版“惜系钞本，影绘原图，不甚精审”，期望“若能再得宋时原刻校正，或益以近今界画比例之法，重加彩绘，当必更有可观”。惟此，经多年辗转传抄，“丁本”文字、图样舛误甚多的显著缺陷，也直接促成了嗣后《营

---

① 朱启钤．石印《营造法式》序．见：李诚编修．“丁本”营造法式．南京：江南图书馆，1919.

② 齐耀琳．石印《营造法式》序．见：李诚编修．“丁本”营造法式．南京：江南图书馆，1919.

③ 梁思成（1901—1972年）：广东新会人。为中国古代建筑研究作出开创性贡献，在建筑教育、城市规划、学术研究团体的组织与管理方面均有独到建树。1931~1946年任学社法式部主任，和学社成员一道以现代科学方法对《营造法式》和古建筑实例展开研究，发表《蓟县独乐寺观音阁山门考》等专文10多篇。1944年写成第一部系统论述中国古建筑特征及发展历程的《中国建筑史》。1960年代完成对《营造法式》的注释工作。

④ 梁思成．营造算例·初版序（作于1932年）．见：梁思成．梁思成全集（第六卷）．北京：中国建筑工业出版社，2001：123.

⑤ 朱启钤．中国营造学社开会演词．中国营造学社汇刊，1930，1（1）：2.

造法式》版本研究的持续、深入开展。

与此同时，现代印刷术也使《营造法式》在国内外得到远较以往广泛的流传，更多学者有缘获见此书，促进了社会各界对《营造法式》的关注，并据以进行研究。如1925年法国学者德密那维尔（P.Demieville）研读“丁本”后，在《越南远东学院丛刊》发表《评宋李明仲〈营造法式〉》。其颇具参考价值的评论和解说，反映了西方学者在异于东方文化的社会和学术背景下对《营造法式》的认识和理解。文中还提出了汇校建议：

> 似此由来之书[①]，欲求其无疵可指，自不可能，其书讹字甚多，有脱落全句（如卷一目录内第一页后幅下方全段，卷三第十页前幅二行，卷十三第十三页后幅三行），漏列全节（卷三第十一页后幅）之处，其图亦不完善（卷三十三卷三十四内用以显色各线勾画未全）。夫以此书稀见之字难解之语之多，如欲取译，须先校正原文。查《营造法式》异本，至少尚存其三：一在奉天《四库全书》内，其书如南京本，亦由一宋代古本之重刊本录出，故非全书。惟闻其图较南京本为优，一为十九世纪中叶山西杨氏所刊丛书内本（见《四库简明目录》标注卷八第十六页），一为常熟瞿氏藏书内手钞本，是本可备参考，若更就录入《说郛》及《续谈助》内之一鳞半爪观之，已可得异文不可少矣。[②]

事实上，早在德密那维尔提出这一建议之前，以朱启钤为首的一批优秀的中国学者，就已系统展开了对《营造法式》的校雠工作。

（二）学术团队型的版本研究及“陶本”的刊行

继“丁本”刊行后，朱启钤随即以“前影印丁本，未臻完善”，委托著名版本学家陶湘[③]“搜集诸家传本，详校付梓”[④]。1919年，陶湘遵照朱启钤嘱托，鸠集

① 指“丁本”《法式》。

② 法人德密纳维尔评宋李明仲《营造法式》. 中国营造学社汇刊，1931，2（2）：10。该文刊出后，曾得到英国建筑史学家叶慈的高度评价：“德国德米维尼君M.P.Demieville所写之评论，即系以此石印本为背景。该项评论，可谓西方著作家对于中国建筑学惟一有文学上价值之贡献，因其所作之《营造法式》概论实能与文学史书并驾齐驱也。”引自英叶慈博士《营造法式》之评论. 中国营造学社汇刊，1930，1（1）：2；“法国之德米维尼君M.P.Demieville曾著《法式》评论一书，该书可谓为欧美著作家，对于中国建筑学，最有价值之贡献。然直到今日，此种关于建筑之著述，较之关于他种中国学术者，量质均远不能及。”引自英叶慈博士论中国建筑（内有涉及《营造法式》之批评）. 中国营造学社汇刊，1930，1（1）：5.

③ 陶湘（1871—1940年）：字兰泉，号涉园，江苏武进人。著名藏书家、出版家。藏书处名“涉园”，藏书三十万卷。刻印古籍极多，总计约250种。目录学著作有《词籍总目提要》、《故宫殿本书库现存目》、《清代殿板书目》、《武英殿聚珍板书目》、《明毛氏汲古阁刻书目录》等十余种。下涉藏书家、目录学家生平，均参见申畅等编. 中国目录学家辞典. 郑州：河南人民出版社，1988；李玉安，陈传艺编. 中国藏书家辞典. 武汉：湖北教育出版社，1989。

④ 陶湘. 识语. 见：李诚编修.“陶本”营造法式，1925.

傅增湘[①]、罗振玉[②]、祝书元[③]、郭葆昌[④]、吴昌绶[⑤]、章钰[⑥]、陶珙[⑦]等当时版本研究方面的众多权威，以及吕铸、阚铎[⑧]、陶湘弟陶洙、姪陶毅等学者，裒集当时所知道的各种公私版本，包括清宫《四库全书》本[⑨]，北宋晁载之、南宋庄绰、元末陶宗仪、明代唐顺之等摘录文字，蒋汝藻密韵楼藏钞本以及“丁本”等，以中国传统文献学方法，“时阅七年，稿经十易”[⑩]，严谨细致地展开了《营造法式》研究史上一次规模最大、历时最长的专业性版本考证和校勘。

---

① 傅增湘（1872—1949 年）：字润沅，后改字沅叔，别署双鉴楼主人，藏园居士等，四川江安人。著名藏书家和版本目录学家。光绪二十四年（1898 年）进士，选翰林院庶吉士，1909 年任直隶提学使，辛亥革命后，曾任北洋政府教育总长，1927 年任故宫博物院图书馆馆长。

② 罗振玉（1866—1940 年）：字叔蕴，一字叔言，号雪堂，浙江上虞人。近代考古学家、藏书家。收集古书甚富，1922 年购原历史博物馆卖出旧书 9000 袋 15 万斤大内文书，建“库书楼”，并收藏有《永乐大典》残本数册。

③ 祝书元（1882 年—？）：字读楼，河北大兴人（今属北京）。擅诗文。

④ 郭葆昌（1867—1940 年）：字世五，别号觯斋，河北定兴人。著名书画收藏家、制瓷家、鉴赏家。

⑤ 吴昌绶（1867—1924 年）：字伯宛，号甘遁，又号词山、印丞、晚号松邻。浙江仁和（今杭州）人。工诗词，善书法，好刻书。撰有目录学著作《宋金元词集现存卷目》一卷、《宋元人词目》一卷，另与傅增湘在缪荃孙原稿基础上，增补编辑了《嘉业堂藏书志》。

⑥ 章钰（1864—1934 年）：字式之，号茗簃，江苏长洲（今苏州）人。近代藏书家、校勘学家。辛亥革命后久寓天津，以收藏、校书、著述为业，世称校勘精审。家有藏书处“四当斋”，储书万册。著有《四当斋集》、《钱遵王读书敏求记校正》、《胡刻通鉴正文校字记》等书。

⑦ 陶珙（1868—1932 年）：字裔如，又字希泉，陶湘兄，江苏武进人。好藏书，积书数万卷，精校刻，每得善本，必钩稽参校，旁证博考，并较早使用西法，影印《辍耕录》等书。

⑧ 阚铎（1875—1934 年）：字霍初，号无水，安徽合肥人。1930 年加入学社，学社成立之时任常务，为编纂兼日文译述。后曾任文献部主任。1930 年 4 月受朱启钤委托，将“陶本”与“四库本”、“丁本”重新校对，写就《仿宋重刊〈营造法式〉校记》。“九·一八”事变后退出学社。

⑨ “陶本”汇校参照的“四库本”即《四库全书》收录的《营造法式》，陶湘《识语》自述有“文渊、文溯、文津”三种；1930 年阚铎《仿宋重刊〈营造法式〉校记》亦云“民国乙丑，重刊《营造法式》，曾由武进陶君湘，以石印丁氏钞本，与文渊、文溯、文津三本互勘”；1933 年谢国桢《〈营造法式〉版本源流考》却说“(朱启钤)爰属武进陶兰泉先生湘取文溯本……互相勘校”，故“陶本”校对时是否有“文渊、文津”本？存疑。不过，陶本曾补苴丁本遗阙卷三“水槽子”条，也表明当时起码参照了文溯本（按：《四库全书》文溯本现藏甘肃省图书馆，暂未公开；但据竹岛卓一《〈営造法式〉の研究》，其校勘底本之一的“东大本”，即 1905 年伊东忠太在奉天手抄文溯本《营造法式》，就确有“水槽子”条。不无重要的是，恰在伊东忠太之后，1919 年奉天督军段芝贵为拥戴袁世凯登基，将文溯阁藏本运抵北京，存故宫保和殿，嗣后直至 1925 年运回沈阳，也正为“陶本”汇校提供了莫大方便！）。另一方面，文渊、文津本《营造法式》现均有公开出版物，卷四“五曰慢栱”及卷三“止扉石”条俱存；“东大本”亦然。然而，“陶本”却留下沿袭“丁本”遗漏这两条的憾事，也说明当时审校未细；直到 1933 年发现“故宫本”《营造法式》，并再度集体校勘，有赖于建筑专才刘敦桢等学者的职业敏感，借“故宫本”才得以弥补“陶本”之憾。需要指出的是，“陶本”出版后，陶湘又以文溯阁本与之相较，校勘记录发表于 1934 年的《国立奉天图书馆季刊》上，明确标出文溯阁本有卷四“五曰慢栱”及卷三“止扉石”条。参见陶湘．识语．见：李诫编修．“陶本”营造法式，1925；阚铎．仿宋重刊《营造法式》校记．中国营造学社汇刊，1930，1（1）：1，12；谢国桢．《营造法式》版本源流考．中国营造学社汇刊，1933，4（1）：10；陶湘．《营造法式》校勘记．国立奉天图书馆季刊，1934（1）：57–70；竹岛卓一．《営造法式》の研究：第 1 册．东京：中央公论美术出版社，1970：182–183，218–221，250–251；杜仙洲．宋《营造法式》勘误记．中国营造学研究，2005（1）：85；傅熹年．《营造法式》合校本（未刊本），2016：86。阚铎复校《营造法式》、“故宫本”及傅熹年“合校本”概况详见后文。

⑩ 朱启钤在《重刊〈营造法式〉后序》中曾记：“庚辛（1921 年）之际远涉欧美……还国以来，搜集公私传本，重校付梓”；在自传年谱中记：“民国十二年（1923 年）癸亥，前年与陶兰泉校印李明仲《营造法式》，今始告成”，故按朱启钤所记，“陶本”汇较始于 1921 年。而陶湘在写于 1925 年的《识语》中记“时阅七年，稿经十易”；且 1930 年 7 月《汇刊》第一卷第一册登载的《〈营造法式〉印行消息》亦言“历时七载而后观成……民国十四年（1925 年）书成”。按此推算，“陶本”汇校应始于 1919 年。陶湘后人陶宗震也指出，在 1919 年“丁本”发现后陶湘就邀集众多当时顶级名家开始校勘，历时 7 年至 1925 年完成，故本文以 1919 年为“陶本”汇校起始时间为信。参见朱启钤．重刊《营造法式》后序．见：李诫编修．“陶本”营造法式，1925；朱启钤自传年谱．见：北京市政协文史资料研究委员会，中共河北省秦皇岛市委统战部编．蠖公纪事——朱启钤先生生平记实．北京：中国文史出版社，1991：6；陶湘．识语．见：李诫编修．“陶本”营造法式，1925；陶宗震．研究中国传统建筑的重要文献——陶本《营造法式》校勘出版末记．南方建筑，1993（4）：22–25. 另见陶宗震．陶本《营造法式》校勘出版始末．中国建设报，2015–01–16（专题四版）．

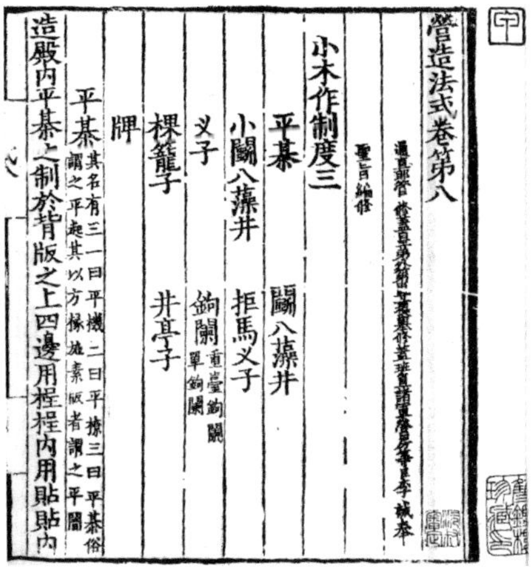

图 1-4 1920 年傅增湘发现宋本《营造法式》第八卷残页（资料来源：古逸丛书三编之四十三影印宋本《营造法式》. 北京：中华书局，1992）

校勘甫始，即 1920 年左右，《营造法式》的参校者之一，时任北洋政府教育总长的著名藏书家和版本目录学家傅增湘以其学术敏感，在清宫内阁大库发现了宋刊本《营造法式》第八卷首页前半和第五全页（图 1-4）①。嗣后，精心仿照这一宋本版式，1925 年陶湘将汇校最终成果付梓，冠名为“仿宋重刊本李明仲《营造法式》”，世称“陶本”，又称“陶氏仿宋刊本”或“仿宋本”，是为现代第二种《营造法式》印行本②。

“陶本”共 8 册，附朱启钤《重刊〈营造法式〉后序》、阚铎《李诫补传》、《宋故中散大夫李公墓志铭》、1920 年发现的宋刊本第八卷首页前半、“绍兴本”重刊题记、《营造法式》历代相关记载和评述 22 则、齐耀琳《石印〈营造法式〉序》、

① 涉及此事，陶湘《识语》提到“江安傅沅叔氏曾于散出废纸堆中检得《法式》第八卷首叶之前半，又八卷内第五全页”，却未言该发现的确切时间。谢国桢《〈营造法式〉版本源流考》有谓“越六年，既发现内阁大库宋本残叶”，据此推算，时间应在 1925 年，恐有歧义。陈仲篪《〈营造法式〉初探》指出“在 1920 年前后，傅沅叔先生曾在散出的故纸堆中检得《营造法式》第八卷首页的前半页和第五全页”。故本文暂以 1920 年前后检得宋本残页为信，具体时间尚待详细考察。此外，陶湘和陈仲篪均指出傅增湘检得第八卷首叶前半和该卷第五全页”；傅增湘记“余收得卷八首叶前半，为宋刊。别见残叶三数番，为补刊叶，均明时黄纸印”;《古逸丛书三编》之《影印宋本〈营造法式〉说明》指出其所收残页包括“北京图书馆存三卷零四叶（卷十末四叶、卷十一至十三），中华书局搜得书影二叶（卷八首叶、卷十第八叶）”。目前各家论著均未见卷八第五全页的图像资料。参见陶湘 . 识语 . 见:李诫编修 . “陶本”营造法式，1925;谢国桢 .《营造法式》版本源流考 . 中国营造学社汇刊，1933，4（1）: 10；陈仲篪 .《营造法式》初探 . 文物，1962（2）: 16；莫友芝撰 . 傅增湘订补 . 傅熹年整理 . 藏园订补郘亭知见传本书目：第 1 册，北京：中华书局，2009：440；李致忠 . 影印宋本《营造法式》说明 . 见：古逸丛书三编之四十三影印宋本《营造法式》. 北京：中华书局，1992.

② “陶本”一出，建筑工程界即有相关的推介和评论。参见宣颖 . 工程书籍绍介与批评——宋本李明仲《营造法式》. 工程（中国工程学会会刊），1925（4）。庸责在《〈营造法式〉陶刻本》一文中梳理了陶本出版后的相关信息“《中华图书馆协会会报》1925 年第 2 期《新书介绍》称，《营造法式》由‘天津传经书社发行，价六十五元’，并率先披露陶湘《识语》。第 3 期《影印善本书出版预告》又载为‘《朱氏仿宋本〈营造法式〉》（七十元）’。可见定价曾有纠结。《胡适日记》载，1926 年 12 月 3 日其在英国为汉学家耶茨（叶慈）口译陶湘《识语》，9 日改译时，对《营造法式》版本兴趣盎然，连夜绘制沿革表。梁启超则比胡适早一年获赠陶本，他 1925 年 11 月 13 日在扉页题记……陶湘等传布陶本，力谋完善。先是 1927 年 5 月 7 日《内务部批（第二五一号）》载，陶湘呈送‘朱氏创制设色详释重刊李明仲《营造法式》，请注册给照’。内务部收到‘样本一份、注册费银五元’后，‘核与《著作权法》第二十二条之规定尚属相符’。内务总长胡惟德遂准注册给照，因对陶本爱不释手，特请补送样本一份。1929 年 2 月 1 日，商务印书馆董事长张元济函陶湘：‘蒙商将所存《营造法式》壹佰部，让归敝公司流通，并属每部加价叁元。当经转达在事诸君，勉如尊命……以前此书在北京内务部注册，所领执照，务祈检出，一并交与天津敝分馆寄下。’商务印书馆后刷印陶本，1933 年收入《万有文库》。叶恭绰《矩园遗墨·〈营造法式〉再跋》载，陶湘‘后见内阁大库，发现绍兴本零叶，始知其缺漏，于是据以重刊，卷四第三叶至第十一叶且加抽换，但已分散发行者已无从追换……此又读此书者所宜知也。’陶湘精益求精，追求尽善，可谓‘学问之道，日进无穷’。”参见庸责 .《营造法式》陶刻本 . 今晚报，2016-09-05（16）.

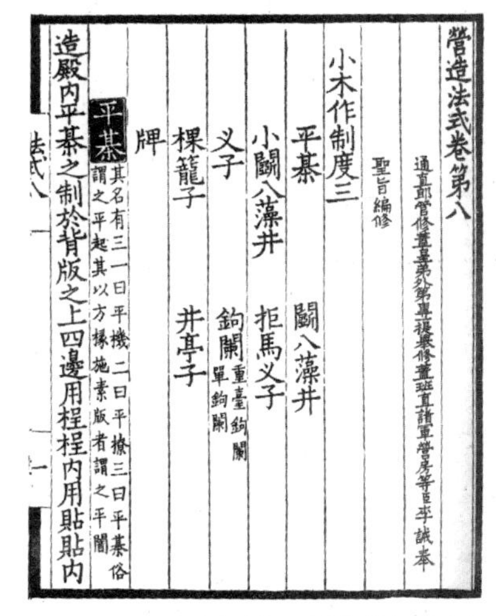
營造法式卷第八
通直郎管修蓋皇弟外第專一提舉修蓋班直諸軍營房等臣李誡奉
聖旨編修
小木作制度三
平棊　鬭八藻井
小鬭八藻井　拒馬叉子
叉子　鉤闌重臺鉤闌單鉤闌
棵籠子　井亭子
牌
平棊其名有三一曰平機二曰平橑三曰平棊俗謂之平起其以方椽施素版者謂之平闇
造殿内平棊之制於背版之上四邊用桯桯内用貼貼内
法式八　一

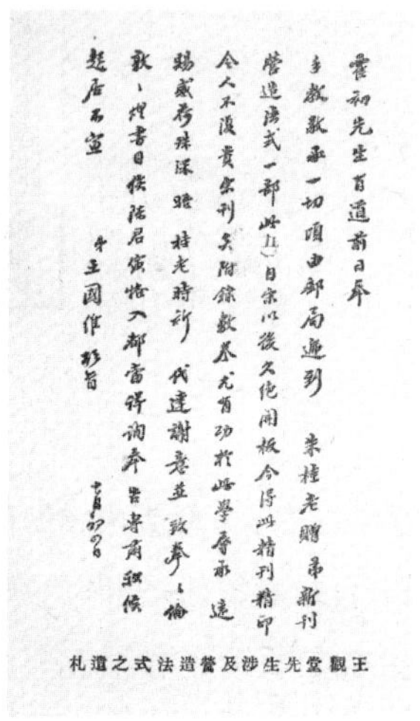
霍初先生有道前日奉
手教敬承一切頃由郵局遞到　朱桂老贈弟新刊
營造法式一部此書自宋以後久絕開板今得此精刊精印
令人不復貴宋刊矣附錄數卷尤有功於此學辱承遠
賜感荷殊深晤桂老時祈　代達謝意並致拳拳倫
敦敦煌書目俟陳君寅恪入都當詳詢奉告專肅敬候
起居不宣
弟王國維頓首
十月初四日
王觀堂先生涉及營造法式之遺札

图 1-5　1925 年陶湘仿宋重刊《营造法式》书影
[资料来源：李诫编修．新印陶湘仿宋刻本《营造法式》(8 册)．北京：中国建筑工业出版社，2006]

图 1-6　王国维、梁启超《营造法式》题识
[资料来源：中国营造学社汇刊，1930，1(2)：插画；中国营造学社汇刊，1931，2(3)：插画]

朱启钤《石印〈营造法式〉前序》、陶湘《识语》等(图 1-5)。该本对史料的汇集，远较以往丰富和系统，为梳理《营造法式》的流传脉络提供了可信的文献依据。

"陶本"问世后，迅即取代"丁本"，使《营造法式》以更精审的面貌再次亮相海内外，博得更多学者关注。例如英国学者叶慈就曾评价"陶本"为"著书之大成者，此书因印刷之精，制订之美，及批评之佳，故得风行一时也"。[①] 朱启钤为扩大影响，还将该刊本赠予当时的学界名人。中国现代著名思想家、政治家梁启超和国学大师王国维收到赠书后，均作有相关记录和评论(图 1-6)。[②] 梁启超还特意将此书寄与尚在美国学习建筑学的次子梁思成，激发了梁思成研究《营造法式》和中国古代建筑的强烈兴趣。[③]

---

① 英叶慈博士论中国建筑(内有涉及《营造法式》之批评)．中国营造学社汇刊，1930，1(1)：5.

② "霍初先生有道前日奉：手教敬承一切顷由邮局递到。朱桂老赠弟新刊《营造法式》一部，此书自宋以后久绝开板，今得此精刊精印，令人不复贵宋刊矣，附录数卷尤有功于此学。辱承远赐，感荷殊深，晤桂老时祈，代达谢意，并致拳拳。伦敦敦煌书目俟陈君寅恪入都，当详询奉告专肃致候起居不宣。弟王国维顿首。十月初四日。"引自王观堂先生涉及《营造法式》之遗札．中国营造学社汇刊，1930，1(2)：插画。梁启超收到赠书后，遂写下题识并寄与尚在美国读书的梁思成："李明仲，诚，卒于宋徽宗大观四年，即西历一千一百一十年。明仲博闻强记，精通小学，善书画，所著《续山海经》十卷、《续同姓名录》二卷、《琵琶录》三卷、《马经》三卷、《六博经》三卷、《古篆说文》十卷，今皆佚。独此《营造法式》三十六卷岿然尚存，其书义例至精，图样之完美，在古籍中更无。与此一千年前有此杰作，可为吾族文化之光宠也已。朱桂辛校印甫竣，赠我此本，遂以寄思成、徽因俾永宝之。民国十四年十一月十三日任公记。"引自梁任公先生题识《营造法式》之墨迹．中国营造学社汇刊，1931，2(3)：插画．

③ 对此，梁思成后来回忆道："公元 1925 年'陶本'刊行的时候，我还在美国的一所大学的建筑系做学生。虽然书出版后不久，我就得到一部，但当时在一阵惊喜之后，随着就给我带来了莫大的失望和苦恼——因为这部漂亮精美的巨著，竟如天书一样，无法看得懂。"引自梁思成．《营造法式》注释·序．见：梁思成．梁思成全集(第七卷)．北京：中国建筑工业出版社，2001：10.

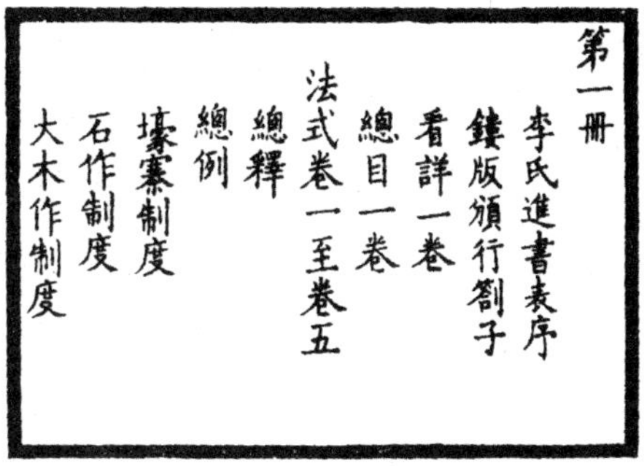

第一册
李氏進書表序
鏤版頒行劄子
看詳一卷
總目一卷
法式卷一至卷五
總釋
總例
壕寨制度
石作制度
大木作制度

图 1-7 “陶本”《营造法式》第一册目录
[资料来源：李诫编修. 营造法式（8 册）. 北京：中国书店，1989]

对于 20 世纪初期的中国来说，“陶本”的意义远不止于学术价值。可称道的是，它向海内外人士展现了中国传统文化的魅力，赢得学界广泛欢迎，为《营造法式》的传承作出了卓越贡献，成为后来相关研究的坚实基础，对中国建筑史学来说，更有开创之功。后经多次影印发行，“陶本”成为《营造法式》在国内外流传最为广泛的版本。

陶湘组织的这次由众多权威版本学家共同完成的《营造法式》版本研究，汇集了当时所能获见的各种公、私传本。在一系列考证、勘误工作的基础上，作为综合性研究成果，最终推出的“陶本”，与此前“丁本”已有本质不同，在诸多方面都有突出成就和贡献：

第一，参与这次版本研究的学者，很多都成为后来学社[①]的基本成员，继续为学社的文献研究作出贡献。其中，参与“陶本”大木作图样影绘工作的刘南策在学社成立初期曾担任测绘负责人，并导引中央大学建筑系刘敦桢[②]等测绘北平智化寺。

第二，全面汇集《营造法式》传世以来历代相关记载和评述，在信息量和认知程度上都远超往昔。例如，对《营造法式》的卷、篇结构做出了更为坚实的考证，厘定了篇章目次（图 1–7）。其中，将《看详》作为独立一卷的辨识，较《四

① 1929 年，在“中华文化基金董事会”和“中英庚款董事会”的赞助下，朱启钤创办中国营造学社并任社长。学社是当时我国第一个专门研究中国传统营造学的学术机构，社址初设朱启钤宅内（北平宝珠子胡同 7 号），1932 年迁至北平天安门内西朝房。学社由专门从事古建筑研究的专业人员和社会各界人士组成。1937 年日军侵占北平后迁往内地；1938 年春在昆明恢复工作；1940 年冬迁至四川南溪县李庄。抗日战争胜利后，于 1946 年停止工作。参见陈明达．“中国营造学社”词条．见：中国大百科全书总编辑委员会本卷编辑委员会，中国大百科全书出版社编辑部编．中国大百科全书（建筑・园林・城市规划卷）．北京：中国大百科全书出版社，1988：586.

② 刘敦桢（1897—1968 年）：字士能，湖南新宁县人。毕生致力于中国建筑史以及东方建筑史的研究，是我国建筑史学和现代建筑教育的开拓者和奠基人之一。1932 年 7 月出任学社文献部主任，与梁思成等学者一道开创了中国建筑史学的研究。1943 年，受聘于中央大学，离开学社。1959 年起，主持编写《中国古代建筑史》，1964 年完成第八稿，为当时的国内外学术界提供了一部资料最翔实、内容最丰富的中国古建筑史料。

库全书》将《看详》作为“补遗”卷移置书末的认知更为客观全面，表现出现代学者严谨的治学态度和学术的进步。①

应当指出的是，陶湘等学者在汇集、梳理当时所掌握全部文献的基础上，对《营造法式》作者名为“李诫”也作出了可信的判断；阚铎在李诫《墓志铭》和其他史料基础上写就的《李诫补传》列于“陶本”正文之前，更强调了李诫的才华、贡献和地位，为后来对李诫及《营造法式》时代背景的相关研究打下了坚实基础。

第三，陶湘为总结这次版本研究工作，曾写就《识语》一篇，附于“陶本”之末。该文对《营造法式》传世钞本作了简要表述，初步厘清了版本源流，并概括说明了这次校勘工作的起因、过程和方法，以及精心雕版付印等情节，具有重要的史料价值。

第四，聘请当时老工匠贺新赓、秦渭滨等②，以清式做法按《营造法式》大木作两卷（卷三十、三十一）重绘图样，注以清代术语，以比较宋、清大木构架的变化和名词的沿革，这种做法尽管在后人看来尚存弊端，却表现出整理者探索宋、清建筑之结构、术语沿革变化的研究意图，开创《营造法式》术语解读之先河，十分可贵。③此外，彩画两卷（卷三十三、三十四）也均由老工匠吕茂林、贾瑞龄按图案旁所注颜色填色，虽有失精准，却也较为直观地展现出彩画的特点，便于识读（图 1-8）。④

---

① 不过，“陶本”的这一洞见并未引起学界的足够重视，典型如 1933 年商务印书馆缩印陶本收入“万有文库”时，曾去掉原版心中缝所题书名和卷数，并将《序》、《札子》、《看详》、《目录》统归为《序目》。这不仅是对原书结构的严重误读，违背了“陶本”保存文献原貌的严谨求真的校勘精神，也造成混淆，误导了读者（2006 年中国书店出版的 16 开平装“陶本”《营造法式》亦如是）。

② 在“陶本”卷三十一（附）末页左下角，刻有“深州贺新赓、秦渭滨图说，武进刘南策影绘，黄冈饶星舫缮写”；卷三十四末页左下角，刻有“缮写黄冈饶星舫，绘图任邱吕茂林、大兴贾瑞龄”。

③ 有学者曾撰专文回溯当时的研究背景，分析“陶本”《营造法式》补绘的大木图样，探讨朱启钤提出的“以匠为师”、“沟通儒匠”的思想和图样所反映的木构技术及其在建筑史学发展中的重要意义。参见刘瑜，张凤梧．陶本《营造法式》大木作制度图样补图小议．建筑学报，2012（S1）：61–65.

④ 对《法式》补图一事，陶湘《识语》有记：“惟图式缺如，无凭实验，爰倩京都承办官工之全匠师贺新赓等，就现今之图样，按《法式》第三十、三十一两卷大木作制度名目详绘，增坿并注今名于上。俾与原图对勘，觇其同异，观其会通，既可作依仿之模型，且以证名词之沿革。又《法式》第三十三、三十四两卷为彩画作制度图样，原书仅注色名，深浅向背，学者瞢焉。今按注填色五彩套印少者四五版，多者十余版。”朱启钤在《重刊〈营造法式〉后序》中也指出：“图样各卷所以发凡举证，而操觚之士仍以隅反为难，或谓原书简略，应设补图，或因变化所生，宜增新样。例如大木作制度图样为匠氏绳墨所寄，钞本易有毫厘千里之差，爰就现存宫阙之间架结构附撰今释，又彩画作制度图样繁缛恢诡，仅注色名，恐滋谬误。兹复按注敷采，以符原书，晕素相宣，深浅随宜之旨，盈尺之堵，后素之绘，瞭如视掌，一旦豁然。”后来在《中国营造学社缘起》中又提到：“曩年于李书图样付印之际，就现存宫阙之间架结构，附撰今样，一并印行。”参见陶湘．识语．见:李诫编修．“陶本”营造法式，1925；朱启钤．重刊《营造法式》后序．见：李诫编修．“陶本”营造法式，1925；朱启钤．中国营造学社缘起．中国营造学社汇刊，1930，1（1）：2。傅熹年认为“大木作两卷是陶湘请当时老工匠按清式做法重绘，以比较宋、清两代大木构架的变化。彩画两卷是按图案旁所注颜色填色，但并不准确。”参见傅熹年．新印陶湘仿宋刻本《营造法式》介绍．见：李诫编修．新印陶湘仿宋刻本《营造法式》．北京：中国建筑工业出版社，2006.

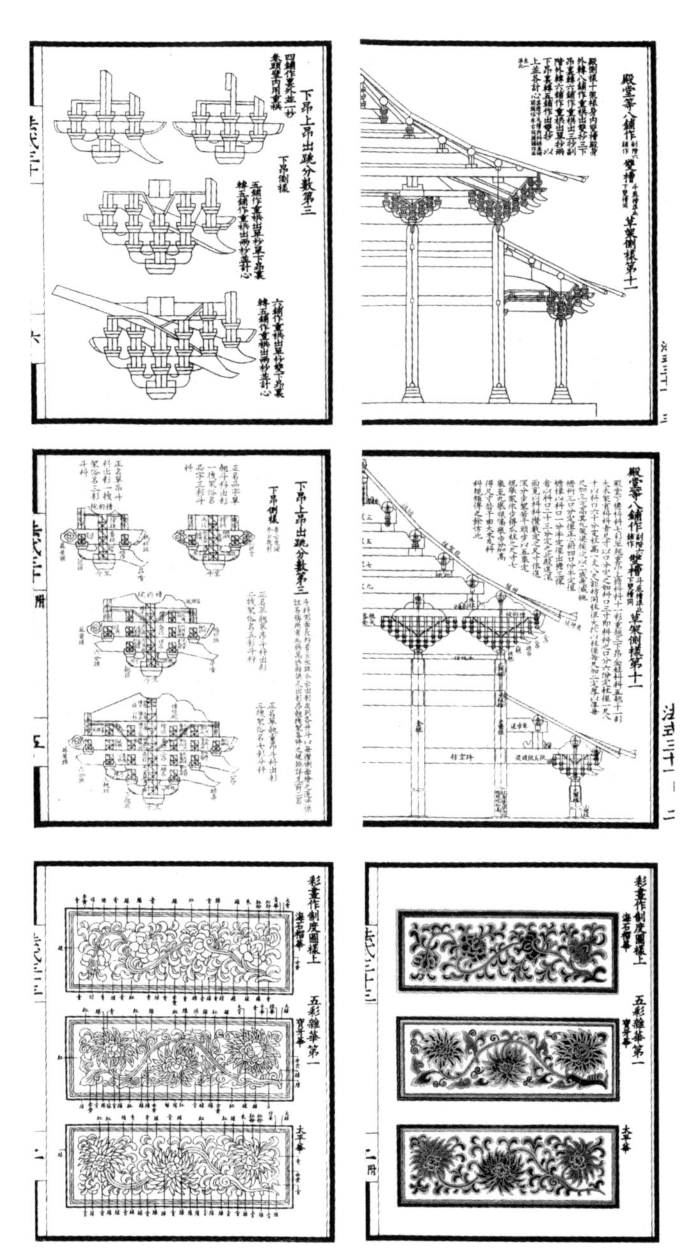

图 1-8 “陶本”《营造法式》补图及填色彩画书影 [资料来源：李诫编修．营造法式（8 册）．北京：中国书店，1989]

第五，陶湘素以讲求版本、校订精良、装帧考究且纸、墨、行款务求尽善尽美而闻名当世，经其整修过的古书被誉为“陶装”。[①] 如前所述，“陶本”《营造法式》还参照了当时已知最早的宋本残页为版式（版框尺寸、版心中缝所题书名和卷数等），篇目刊阴文以清眉目，尽力再现《营造法式》宋版原貌，并将宋刊本残页及绍兴重刊题记均影印附后，以存宋本之真。[②] 后来 1956 年发现南宋重刻“绍定本”《营造法式》残卷（详见后文），也充分证明了陶湘在厘定“陶本”版式方面的远见卓识。

与此同时，陶湘还聘请当时刻版书写名家饶星舫摹写宋本[③]，采用传统雕版与现代石印技术，并结合中国人自主发明的闽纸改良瑜版五彩套印。[④] 故傅熹年评价其代表了中国现代木刻版书籍和版画的最高水平，大字清朗，图样细致精美（图 1–9）。[⑤]

第六，“陶本”的出版再次激发了学界对《营造法式》的研究，影响深远。例如英国学者叶慈以英国汉学家泰勒（C.H.Brewitt–Taylor）所藏《永乐大典》残本《营造法式》图样校对“陶本”、“丁本”，印证宋代建筑实例，认为“永乐大典本”彩画图样所绘花草图式较接近宋代样式。[⑥] 这一判断得到学界认同，为后续研究提供了新的重要线索（图 1–10）。此外，“陶本”还成为梁思成矢志研究中国建筑史的重要动力，甚至在很大程度上影响了丹麦建筑师伍重（Jorn Utzon）于 1950 年代设计澳大利亚悉尼歌剧院时的构思。[⑦]

寄托着民族复兴愿景的“陶本”印行止一千部。为满足社会慕求，1929 年原版转归商务印书馆续印发售，《中国营造学社汇刊》（以下除引文外，均简称《汇刊》）创刊号——第一卷第一册特地刊布《〈营造法式〉印行消息》，此后还连续刊载《商务印书馆印行仿宋刊李明仲〈营造法式〉发售简章》。然而 1932 年 1 月 29 日商务

---

① 参见李玉安，陈传艺编 . 中国藏书家辞典 . 武汉：湖北教育出版社，1989：313.

② 参见陶湘 . 识语 . 见：李诫编修 .“陶本”营造法式，1925.

③ 饶星舫：一作香舫，湖北黄冈人，为民国初年刻版书写的名家。1920 至 1930 年间曾为陶湘摹写宋本《儒学警悟》与宋咸淳本《百川学海》等书。陶湘在《百川学海》序言中提到饶星舫时曾指出：“全书为黄岗饶星舫一手影模。星舫曩客艺风，多识古籍，与湘游亦十稔，所刻诸书皆出其手，《儒学警悟》亦其一也。而于此用力尤勤，不图杀青未竟，遽归永夜。”参见魏隐儒编 . 中国古籍印刷史 . 北京：印刷工业出版社，1984：202.

④ “定兴郭世五（郭葆昌）氏夙娴艺术于颜料纸质，覃精极思，尤有心得，董督斯役殆尽能事（近年来彩印工艺，精益求精，而合色之外，端赖纸料。我国产纸之区泾宣最著，然棉连夹贡，屡受机轴之研压，则伸缩参差，套色不能整齐。频经石印之浸润，则纤维黏脱，再版即将破碎，所以彩印图本鲜有用我国纸者。是书选闽纸中改良瑜版，质坚理密，印次愈多，纸质转练着色不浮渹，我国美术精进之一端，为郭君初次发明者，特坿识之）。”引自陶湘 . 识语 . 见：李诫编修 .“陶本”营造法式 .1925.

⑤ 傅熹年 . 新印陶湘仿宋刻本《营造法式》介绍 . 见：李诫编修 . 新印陶湘仿宋刻本《营造法式》. 北京：中国建筑工业出版社，2006.

⑥ 英叶慈博士以永乐大典本《营造法式》花草图式与仿宋重刊本互校之评论 . 中国营造学社汇刊，1930，1（2）：6.

⑦ 详见本书第四章。

李明仲營造法式三十六卷

依據影鈔紹興本撫崇寧本格式校刻並坿大木作制度圖樣合肆二卷彩畫作制度圖樣填色二卷附錄一卷鋟木影石

進新修營造法式序

臣聞上棟下宇易爲大壯之時正位辨方禮實太平之典共工命於舜日大匠始於漢朝各有司存按爲功緒況神畿之千里加禁闕之九重內財宮寢之宜外定廟朝之次蟬聯庶府棊列百司櫼櫨枅柱之相枝規矩準繩之先治五材並用百堵皆興惟時鳩僝之工遂考翬飛之室而斲輪之手巧或失真董役之官才非兼技不知以材而定分乃或倍斗而取長弊積因循法疎檢察非有治三宮之精識豈能新一代之成規

图 1-9 “陶本”《营造法式》书影 [资料来源：李诫编修．营造法式（8 册）．北京：中国书店，1989]

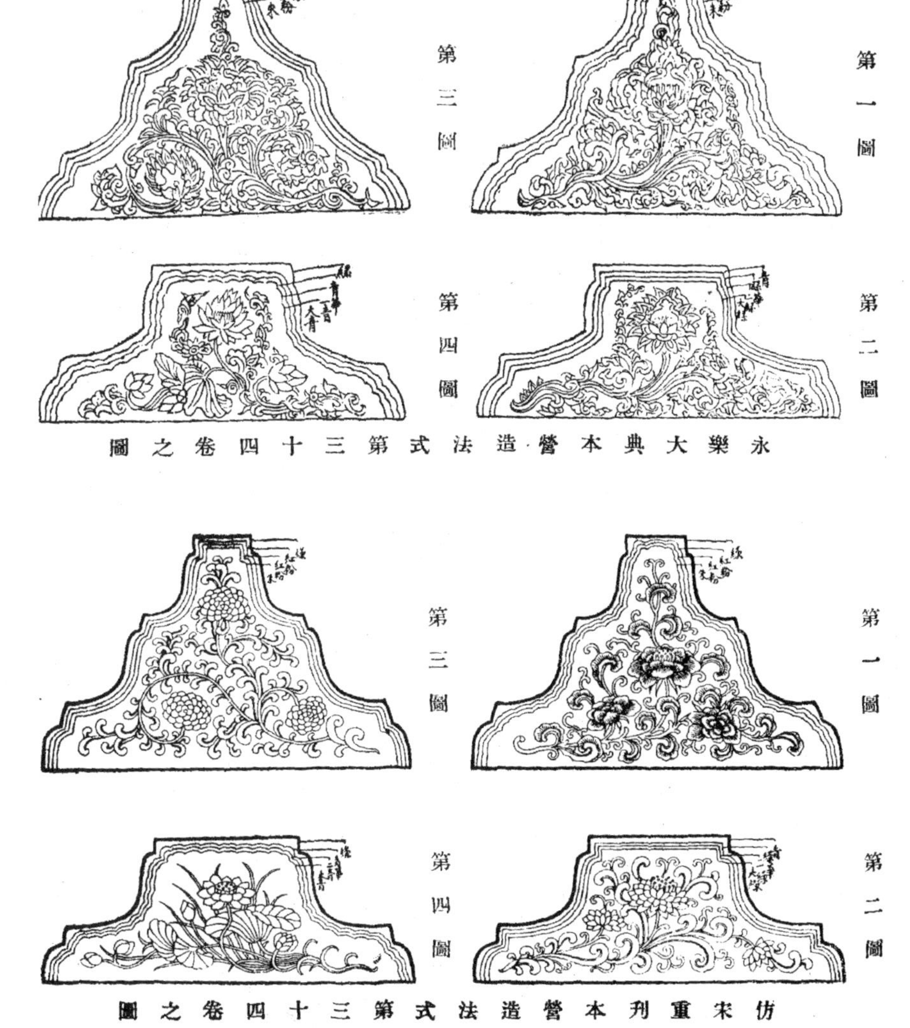

图 1-10 《英叶慈博士以永乐大典本〈营造法式〉花草图式与仿宋重刊本互校之评论》插图
[资料来源：中国营造学社汇刊，1930，1（2）]

(a)　　(b)　　(c)

图 1-11　万有文库《营造法式》书影
(a)商务印书馆 1933 年缩印“陶本”《营造法式》编入万有文库[资料来源：李诫编修. 营造法式(万有文库本，8 册). 上海：商务印书馆，1933]；(b)、(c)1954 年用万有文库版重印普及本[资料来源：李诫编修. 营造法式(万有文库本缩印普及本，4 册). 上海：商务印书馆，1954]

印书馆惨遭日寇轰炸，原版煨烬，《汇刊》第三卷第一期曾特意刊发《〈营造法式〉板本之一大刦》愤怒控诉。① 随后，商务印书馆只得缩印前曾印行的“陶本”，编入“万有文库”②，1933 年 12 月出版，成为流传最广的《营造法式》现代版本（图 1-11）。③

应指出的是，“陶本”虽是众多著名版本学家依托大量史料协作完成的集大成之作，但在相关史料的收集方面仍有缺失，后经阚铎和谢国桢④ 等学者逐渐补充完善；而就《营造法式》与建筑密切相关的特点来看，仅凭中国传统文献学方法而缺少建筑专才的参与，也会产生无法避免的缺陷，典型如 1933 年以“故宫本”校订《营造法式》时，梁思成、刘敦桢凭借建筑学专业素养，在建筑实物测绘研究的基础上，就曾发现众多“陶本”文字和图样上的错漏。

---

① “陶本”经陶湘“涉园”初印发行一千部，因流布有限，无法满足需求。为广流传，刻版于 1929 年售与商务印书馆，如《汇刊》第一卷第一册《〈营造法式〉印行消息》所记：“本社创立以来，中外同志纷纷以购求《营造法式》相属，苦无以应。顷者，上海商务印书馆发表广告，并印行《营造法式》缘起及发售简章，附印样本，兹特转录如左。甲印行缘起：……此本广征诸家藏本，借勘三阁官书，依‘崇宁本’行字校写，镂木准‘绍兴本’，注色图样摹绘十五色套彩石板，以实测科学方法校订翻傅。绳墨规矩，丝毫不爽，较宋槧尤为精善，其校字、图绘、制板并出中外学者之手，历时七载而后观成。盖于存古之中，并寓阐明吾国古代建筑学之意，原为武进陶氏家刊，民国十四年书成。……板权今归本馆（按：指商务印书馆）兹照原板印行以广流传，诚营造家至有价值之图籍也。乙发售简章：全书六百五十页（内单色图一百二十七页，双色图四十六页，彩色图四十五页）分订八册合装一函，用上等瑜版纸木版石版精印。”柳和成在《〈营造法式〉版本及其流布述略》中也述及此事：“1929 年 2 月，陶湘将《营造法式》版权及余书一百部让归商务印书馆。张元济 1929 年 2 月至 4 月间致陶湘的数通信，即为商谈书款交割、注册执照过户和印花税事宜。”但该刻版不久即毁于 1932 年上海的“一·二八”事变，如《汇刊》第三卷第一期《〈营造法式〉板本之一大刦》所记：“此次上海之变，商务印书馆突被兵火。所有历年苦心搜集之珍异图书，悉成煨烬。其为文化上之大刦，较之董卓西行，梁元失守，尤为奇痛。本社所尤为郑重致其哀悼者，李氏《营造法式》一书，崇宁雕板后甫二十三年，经靖康之乱，汴京文物，为女真所焚，此书板本亦因之而毁。绍兴重刊之板，则自南宋亡后亦复无存。今乙丑（一九二五）本乃荟集许多遗本，以最新科学艺术模印而成，精美名贵，久为中外人士所称赏。此板陶氏涉园初印发行止一千部，随即以板归该馆，续印经售。正在通告发行之中，今兹遂付一炬，何啻将亡而复存之希世名著，更成绝版邪？追想靖康德祐之前事，真不胜感慨系之。”据此可知，商务印书馆后来所印“陶本”《营造法式》应为影印本。参见《营造法式》印行消息. 中国营造学社汇刊，1930，1（1）：1-2；柳和成.《营造法式》版本及其流布述略. 图书馆杂志，2005（6）：75；《营造法式》板本之一大刦. 中国营造学社汇刊，1932，3（1）.

② 1929 至 1937 年商务印书馆出版的《万有文库》，由王云五主编，收书 1721 种、4000 册，旨在“使得任何一个个人或者家庭乃至新建的图书馆，都可以通过最经济、最系统的方式，方便地建立其基本收藏”，实际成为 20 世纪上半叶最有影响力的大型现代丛书。

③ 除 1933 年《万有文库》版，1954 年 12 月商务印书馆曾用《万有文库》版重印《营造法式》普及本。1980 年代以后，数家出版社又以各种版式多次印行“陶本”《营造法式》，详见附录一“《营造法式》版本概况”。

④ 谢国桢（1901—1982 年）：号刚主，河南安阳人。1932 年加入学社，主要担任《营造法式》的校订工作。“七七事变”后赴长沙西南联大图书馆任职，1938 年任北京大学史学系教授，1949 年至天津南开大学任教，1957 年至历史研究所工作。

二、学社期间的版本研究

（一）阚铎再次校订《营造法式》

1930年4月，学社创立伊始，曾与朱启钤一道长期从事营造文献研究的阚铎，受托将“陶本”与“四库校本”、“丁本”重新校对一遍：

顷承紫江朱先生之命，讲求李书读法，乃以仿宋刊本，与四库校本及丁本重校一过，斧落徽引，爬罗剔抉，于当日检校疏漏者，一一标出。引用之书，证以原本，本书前后互见者，参酌订正，间有疑义，折衷图算。其字体不同，如閒之为间、叚之为段、徧之为遍之类，人所习知，一目瞭然者，仍不列举。又陶君附录，于焦竑《经籍志》、周亮工《书影》二事，未及采录，今为补述，《宋史·艺文志》著录李氏新集《木经》，曾以本书互校，兹并附录于后。[①]

这次工作的突出贡献在于，将详细的校勘记录整理为《仿宋重刊〈营造法式〉校记》，于1930年7月在《汇刊》第一卷第一册发表，使后人能够清楚了解当时校勘、取舍的原则和方法。

此外，该文还补述了“陶本”附录未收的明代焦竑《经籍志》和周亮工《因树屋书影》有关《营造法式》的记载。文末附《古今图书集成·考工典》所引《木经》以及同典所引《营造法式》与“陶本”斠较的记录。通过考证，推断《宋史·艺文志》著录李诫《新集木书》[②]即《木经》，已包含在《营造法式》中；而北宋应有预浩、李诫两种《木经》并存（图1-12）。

随后，英国学者锡寇克（Arnold Silcock）在其《介绍〈中国营造学社汇刊〉第一卷第一期》中特别指出，此次勘误工作是“陶本”的重要补充：

至于一九二五版《营造法式》勘误表，对于有该书者，助莫大焉。[③]

由阚铎独立完成的这次校勘，是学社初期开展文献研究工作的重要组成，同时也反映出学社对待这项工作的一贯重视和严谨治学态度。但由于此时学社尚未引进建筑专才，校勘基本上仍以中国传统文献学方法为主，缺少新的突破，不少重要缺漏依然未被发现。

---

① 阚铎．仿宋重刊《营造法式》校记．中国营造学社汇刊，1930，1（1）：1。该文涉及“四库校本”，但未明示底本为哪部（按：文溯阁本1925年已运回沈阳故宫）。

②《宋史·艺文六》卷二零七记：“李诫《新集木书》一卷。”本书引举古籍文献未另外注明出处者，均出自天津大学图书馆《四库全书》数据库（《文渊阁〈四库全书〉内联网版》）。

③ 参见锡寇克（Arnold Silcock）．介绍《中国营造学社汇刊》第一卷第一期．中国营造学社汇刊，1931，2（1）：1.

（二）以“故宫本”校对《营造法式》

陶湘在主持校勘出版“陶本”后，始终关注并搜寻《营造法式》版本以求完善。他于1926年受聘主持编写北平故宫庋藏殿本书目，又于1933年春发现清初影钞宋本《营造法式》——后被学界简称为“故宫本”（图1-13）。该本凡二函，函六册，内图式三册。首为《札子》、次《序》、《目录》、《看详》并正文三十四卷，卷末附“绍兴本”重刊题记。[①]重要的是，其行款格式既与1920年前后傅增湘检得宋本残页相同，各相关版面涉及作者也皆为“李诫”。陶湘欣喜万分，“亟以相告，惊为奇迹”。[②]

基于这一重要发现，学社遂即组织刘敦桢、梁思成、谢国桢、单士元[③]等人[④]以“故宫本”与“文津阁四库本”、“丁本”、“陶本”、晁载之《续谈助》节录内容及《永乐大典》残本互校，并完成句读工作。这次是继“陶本”之后又一次团队协作型的校勘。1933年3月刊登在《汇刊》第四卷第一期上的《本社纪事》和谢国桢的《〈营造法式〉版本源流考》，以及刘敦桢同年4月写于自藏“丁本”扉页上的识语，对此事均有记述（图1-14）。[⑤]

---

① 参见刘敦桢．故宫钞本《营造法式》校勘记．科技史文集・建筑史专辑（1），1979（2）：8；傅熹年．介绍故宫博物院藏钞本《营造法式》．见：傅熹年．傅熹年建筑史论文选．天津：天津百花文艺出版社，2009：492.

② 参见谢国桢．《营造法式》版本源流考．中国营造学社汇刊，1933，4（1）：10.

③ 单士元（1907—1998年）：北京人。1925年就读于北京大学历史系，并在北京故宫博物院任职。1929年考入北京大学研究所国学门，研究历史及金石之学。1930年底入学社，纂有《明代建筑大事年表》、《明代营造史料》、《清代建筑大事年表》及《明代宫苑考》等。1949年以后，任职中国建筑科学院建筑历史与理论研究室，负责撰写《中国古代建筑史》初稿之明代至鸦片战争时期。其后曾长期担任故宫博物院主管业务副院长等职，主持故宫古建筑维修和保护项目。

④《汇刊》第四卷第一期《本社纪事》记此次校勘参与人员为“刘敦桢、谢国桢、单士元、林炽田四人”，谢国桢在《〈营造法式〉版本源流考》中记为“刘敦桢、梁思成、单士元诸先生及桢等”，刘敦桢在《故宫钞本〈营造法式〉校勘记》中记为“与谢刚主（即谢国桢）、单士元二君”，故《汇刊》四卷一期《本社纪事》及刘敦桢《故宫钞本〈营造法式〉校勘记》，皆未提及梁思成；陶宗震存梁思成《〈营造法式〉注释・序》1965年清样改稿：“故宫本……由中国营造学社刘敦桢、~~梁思成~~等……”，也将“梁思成”的名字划去（修改稿由王军提供复印件）；傅熹年在“《营造法式》合校本”有记“①刘校故宫本：丁本脱此条，据故宫本补入。②熹年谨按：张蓉镜本、瞿本、陶本均脱慢栱条，然四库本、故宫本此条均不脱。刘敦桢先生于故宫本发现慢栱条后，陶湘曾据故宫本补刻此条，惜流传不广。”参见本社纪事・校勘故宫本及文津阁本《营造法式》．中国营造学社汇刊，1933，4（1）：148-149；谢国桢．《营造法式》版本源流考．中国营造学社汇刊，1933，4（1）：10；刘敦桢．故宫钞本《营造法式》校勘记．科技史文集・建筑史专辑（1），1979（2）：8；傅熹年《营造法式》合校本（未刊本）2016：92。由《梁思成年谱》可知，梁思成在1932—1934年间先后任北京大学和清华大学教授并授课，且1933年3月曾外出调查河北正定古建筑。参见林洙，楼庆西，王军．梁思成年谱．见：梁思成．梁思成全集（第九卷）．北京：中国建筑工业出版社，2001：103。结合以上记述，梁思成很可能当时因他务未参与“故宫本”的最初校勘，但是其结合实物研究对《营造法式》文本内容缺漏、讹误的判断，为这次校勘提供了重要的线索。而谢国桢在撰写《〈营造法式〉版本源流考》时，也着重吸取了梁思成的相关研究和成果。

⑤“校勘故宫本及文津阁本《营造法式》：本社整理《营造法式》一书，除前述调查实例另绘新图外，于版本校雠，亦未忽视。本岁三月，陶兰泉先生于故宫图书馆发见抄本《营造法式》一部，原庋南书房，行数字数体裁，与宋绍兴本残页像片一致，除卷六小木作制度，脱第二页全页外，其大木作‘慢栱第五’一条，全文俱在，大木间架诸图，与彩画花纹颜色标注等，异常精审，能与书中原则大体符合，当为抄本中最善之一部。又热河文津阁四库全书，抄录最晚，校勘最精，现藏国立北平图书馆，所收《营造法式》一书，脱简与讹误较少，卷三十二天宫楼阁佛道帐，及天宫壁藏二页后，复有‘行在吕信刊’与‘武林杨润刊’题名各一行，疑当时直接录自绍兴本，惜所用宣纸过厚，致各图临摹失真，颇为遗憾。以上二书，经刘敦桢、谢国桢、单士元、林炽田四人详校二遍，于丁本、陶本文字，厘正多处。”引自本社纪事・校勘故宫本及文津阁本《营造法式》．中国营造学社汇刊，1933，4（1）：148-149。刘敦桢于同年4月写于自藏“丁本”扉页上的识语曾冠名《故宫钞本〈营造法式〉校勘记》发表，参见刘敦桢．故宫钞本《营造法式》校勘记．科技史文集・建筑史专辑（1），1979（2）：8。该识语所在“丁本”《营造法式》有刘敦桢以朱砂批注的汇校记录。刘敦桢对《营造法式》的研究批注可参见刘敦桢批注．刘叙杰整理．宋・李明仲《营造法式》校勘记录，见：刘敦桢．刘敦桢全集（第十卷）．北京：中国建筑工业出版社，2007：1-84.

仿宋重刊營造法式校記

民國乙丑　重刊營造法式　曾由武進陶君湘　以石印丁氏鈔本　與文淵文溯文津三本互勘　復以晁莊陶唐摘刊本　蔣氏密韻樓鈔本對校　補缺正誤　其各本相同者　明知爲誤　不敢臆改　疑以傳疑　誠哉愼之又愼　頃承　紫江朱先生之命　講求李書讀法　乃以仿宋刊本　與四庫校本及丁本重校一過　斧落徵引　爬羅剔抉　於當日檢校疏漏者　一一標出　引用之書　證以原本　本書前後互見者　參酌訂正　間有疑義　折衷圖算　其字體不同　如閒之爲間　叚之爲段　徧之爲遍之類　人所習知　一目瞭然者　仍不列舉
又陶君附錄　於焦竑經籍志周亮工書影二事　未及采錄　今爲補遗　宋史藝文志著錄李氏新集木經　曾以本書互校　兹并附錄於後　民國十九年四月合肥闞鐸

甲　校記

劄子　第一頁第八行第三格　看當作差
依四庫本丁本改
看詳　第一頁第十行第十七格　垂當作懸
立者中垂　考工記垂作懸　此是避宋始祖玄朗之諱　見紹興禮部韻略　所載紹興重修

仿宋重刊營造法式校記　一

又　第三格　證當作正
匡謬正俗　唐顏師古撰　四庫總目　稱宋人賭家書目　多作刊謬正俗　或作糾謬正俗
蓋避太祖之諱　證乃正之誤　下文舉折條　總釋取正條　皆已改
又　第五頁第五行第十三格　垂當作懸
又　第六行第三格　垂當作懸
又　第五頁第十六行第六格　禮當作官
又　第八頁第四行第一格　刊當作匡
又　第十一頁第二行小注　撐當作欂　遺
又　第十七行小注　落當作[illegible]
後文法式六　露籬小注　落　四庫本作[illegible]　今據改
式目　第六頁第八行第二格　瓦作當作宽作
又　第九行第四格　結瓦當作結宽
又
四庫本丁本　瓦作　結瓦　用瓦　壘瓦　瓦畢　施瓦之瓦　皆作宽　玉篇　宽　五化切　泥瓦屋也　按宽爲宽之俗字　李書宽作　結瓦　施瓦　瓦畢　皆應依四庫及丁本作宽　餘仍作瓦　下同

仿宋重刊營造法式校記　三

仿宋重刊營造法式校記　二〇

又　依目錄改
又　第五頁　殿堂下奪等字
依目錄增
又　第六頁小注　八鋪作當作六鋪作
法式三十二　第十頁　第三之二當作二
依目錄改
法式三十三　第四頁　鬭科寶照藻井椿　科當作枓四附彩圖同
又　第十二頁　杵當作枓　附彩圖同
又　第十六頁　枓當作科　附彩圖同
依丁本改
又　第二十一頁　圖科　科當作枓　附彩圖同
法式附錄　墓誌銘第一頁第一行第十六格　士當作事
又　第十八行第十七格　二當作三
法式後序　第一頁第十四行第十三格　姓當作名
補遺

图 1-12　阚铎《仿宋重刊〈营造法式〉校记》[资料来源：中国营造学社汇刊，1930，1（1）：1，3，20]

營造法式看詳

通直郎管修蓋皇弟外第專一提舉修蓋班直諸軍營房等臣李誠奉
聖旨編修

方圜平直　取徑圍
定功　取正
定平　墻
舉折　諸作異名
總諸作看詳

方圜平直

周官考工記圜者中規方者中矩立者中垂衡者中水鄭司農注云治材居材如此乃善也

法式看詳　一

墨子子墨子言曰天下從事者不可以無法儀雖至百工從事者亦皆有法百工爲方以矩爲圜以規直以繩衡以水正以垂無巧工不巧工皆以此爲法巧者能中之不巧者雖不能中依放以從事猶愈於已

周髀算經昔者周公問於商高曰數安從出商高曰數之法出於圓方圓出於方〻出於矩〻出於九〻八十一萬物周事而圜方用焉大匠造制而規矩設焉或毀方而爲圜或破圜而爲方方中爲圜者謂之圜方圜中爲方者謂之方圜也

韓子曰無規矩之法繩墨之端雖班尓不能成方圓

看詳諸作制度皆以方圜平直爲準至如八棱之

图 1-13　“故宫本”《营造法式》书影 [资料来源：李诫编修，故宫博物院编．故宫藏钞本《营造法式》(13 册)．北京：紫禁城出版社，2009]

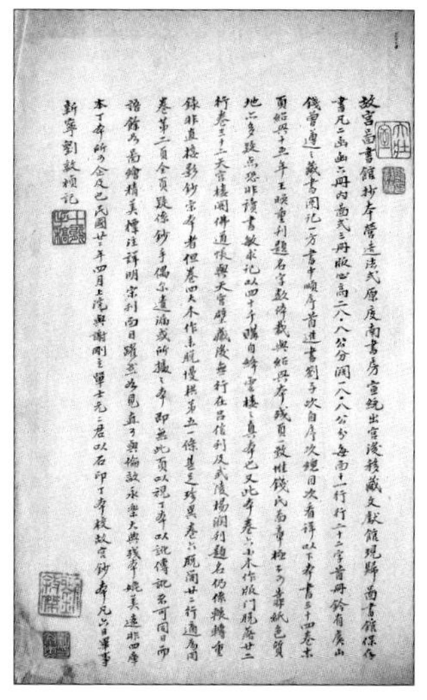

图 1-14　刘敦桢于 1933 年校勘题识
（资料来源：刘叙杰提供）

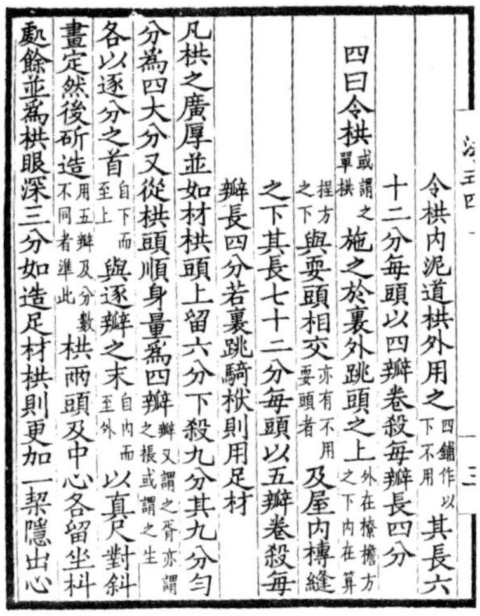

令栱内泥道栱外用之（四鋪作以下不用）其長六
十二分每頭以四瓣卷殺每瓣長四分
四曰令栱（或謂之單栱）施之於裏外跳頭之上（外在橑檐方之下內在算
桯方之下）與耍頭相交（亦有不用耍頭者）及屋內槫縫
之下其長七十二分每頭以五瓣卷殺每
瓣長四分若裏跳騎栿則用足材
凡栱之廣厚並如材栱頭上留六分下殺九分其九分匀
分爲四大分又從栱頭順身量爲四瓣（瓣又謂之胥亦謂之棖或謂之生）
各以逐分之首（自下而至上）與逐瓣之末（自內而至外）以真尺對斜
畫定然後斫造（用五瓣及分數不同者準此）栱兩頭及中心各留坐枓
處餘並爲栱眼深三分如造足材栱則更加一栔隱出心

（a）

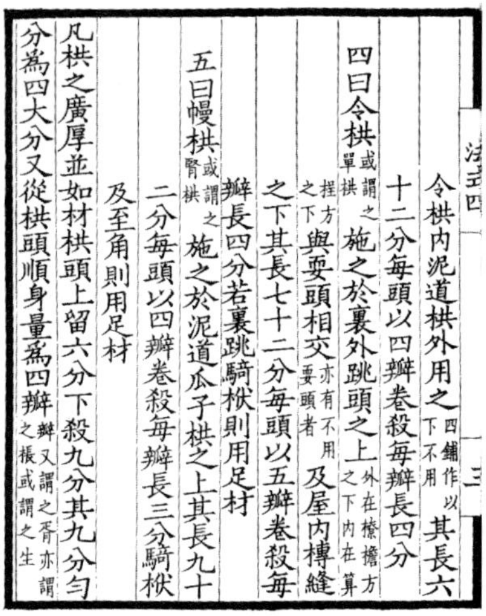

令栱内泥道栱外用之（四鋪作以下不用）其長六
十二分每頭以四瓣卷殺每瓣長四分
四曰令栱（或謂之單栱）施之於裏外跳頭之上（外在橑檐方之下內在算
桯方之下）與耍頭相交（亦有不用耍頭者）及屋內槫縫
之下其長七十二分每頭以五瓣卷殺每
瓣長四分若裏跳騎栿則用足材
五曰幔栱（或謂之胥栱）施之於泥道瓜子栱之上其長九十
二分每頭以四瓣卷殺每瓣長三分騎栿
及至角則用足材
凡栱之廣厚並如材栱頭上留六分下殺九分其九分匀
分爲四大分又從栱頭順身量爲四瓣（瓣又謂之胥亦謂之棖或謂之生）

（b）

图 1-15　以“故宫本”校勘“陶本”成果之一。
（a）“陶本”卷四（资料来源：李诫编修.“陶本”营造法式，1925）；（b）1933 年补刻卷四“五曰幔栱”[①]
（资料来源：李诫编修．新印陶湘仿宋刻本《营造法式》．北京：中国建筑工业出版社，2006）

这次校勘以学界普遍看好的“故宫本”为基础，既厘正了“丁本”、“陶本”中的多处错漏[②]，还以梁思成、刘敦桢等建筑专业人才的加入带来研究方法的突破，意义尤为重大。

其一，1931 年至 1932 年，梁思成、刘敦桢相继加入学社（详见本书第二章），在清代建筑实例与文本对照研究的基础上，展开早期建筑遗物测绘与《营造法式》文本互证的相关研究[③]，对早期建筑结构和《营造法式》都有了一定的理解。他们以新的视野和方法解读《营造法式》，自然可以很敏感地发现一些版本学家和文人学者难以觉察的问题。略如在“故宫本”发现之前，即 1932 年梁思成在独乐寺的测绘研究中，就曾指出《营造法式·大木作制度》中缺“慢栱”一条：

① 1933 年补刻的“五曰幔栱”与梁思成《〈营造法式〉注释》“五曰慢栱”有“幔”“慢”二字之差，本文暂以目前学界通用的“慢栱”为准。

② 由“故宫本”弥补了卷三“石作制度”中“门砧限”内“城门将军石”之后的 21 个字：“止扉石：其长二尺，高八寸（上露一尺，下栽一尺入地）”以及同卷“水槽子”条，卷六补版门条二十二行，卷二十三补壁藏十行等多处。参见陈明达．读《〈营造法式〉注释》（卷上）札记．建筑史论文集，2000（12）：27；傅熹年．介绍故宫博物院藏钞本《营造法式》．见：傅熹年．傅熹年建筑史论文选．天津：天津百花文艺出版社，2009：494-495.

③ 此时刘敦桢已有北平智化寺的测绘研究（1931 年暑期）；梁思成已有对独乐寺观音阁及山门（1932 年 4 月）、广济寺三大士殿（1932 年 6 月）的测绘研究。

> 上述泥道栱，即今之正心瓜栱。其长栱殆即《营造法式》所谓“慢栱”是。《营造法式》卷四有各栱名释，谓“造栱之制有五”，而所释只四。同卷中又见“慢栱”之名，慢栱盖即第五种栱而为李所遗者。但卷三十大木作图样中，又有慢栱图，其形颇长。清式建筑中，与之为止相同者称“万栱”，南语慢万同音，故其名称无可疑也。①

虽然当时疑为李诫编书时的遗漏，却由此形成热点，促成他与学社成员在1933年以“故宫本”校勘《营造法式》时，十分敏感地发现了“陶本”袭自“丁本”的这一缺漏（图1-15）。② 此外，梁思成、刘敦桢还查出很多大木作图样传抄错误③，使校勘工作有了本质的飞越（图1-16）。

同1925年“陶本”的汇校工作比较，此次校勘最突出的特点是基于实物研究而深化了版本研究，与基于文献学方法的版本研究有着本质不同。这也正是学社刻意吸收建筑专才开展实物调查在《营造法式》版本研究方面的一个重要收获。实物研究作为校勘《营造法式》的重要补充手段，使校榷工作更具客观依据，而

---

① 梁思成．蓟县独乐寺观音阁山门考．中国营造学社汇刊，1932，3（2）：33-34.

② 参校人员谢国桢、梁思成、刘敦桢对此事均有记录，参见谢国桢．《营造法式》版本源流考．中国营造学社汇刊，1933，4（1）：11；刘敦桢．故宫钞本《营造法式》校勘记．科技史文集·建筑史专辑（1），1979（2）：8；梁思成．《营造法式》注释·序．见：梁思成全集（第七卷）．北京：中国建筑工业出版社，2001：9-10。为此，朱启钤后来还与陶湘商酌，特地重刻“陶本”卷四第三至十一页，补入“幔栱”一条三行。惟书版此前已售与商务印书馆，故现在通行的各种“陶本”均缺此条。2006年中国建筑工业出版社设法收集到陶湘补刻的九页，替换原本缺文部分，出版新印“陶本”《营造法式》。此版是1925年“陶本”的补充完善之本，彰显了陶湘、朱启钤等学者严谨的治学态度。参见傅熹年．新印陶湘仿宋刻本《营造法式》介绍．见：李诫编修．新印陶湘仿宋刻本《营造法式》．北京：中国建筑工业出版社，2006；庸责．《营造法式》陶刻本．今晚报，2016-09-05（16）。

③ 如谢国桢在《〈营造法式〉版本源流考》中记“（一）大木作　丁本大木作制度，据梁思成先生研究，间架构造，误者不少，与故宫本相校，如卷三十一第五页，殿堂等五铺作、本四柱，丁本乃多而成五柱，其谬殊甚。卷三十一，十三，八架椽屋乳栿对六椽，少一柱；又第二十页六架椽屋，错画安柱地位，少差分毫，其事即不可应之于用。文津阁四库本图，似较丁本为胜，大木作间架亦不误然，其书为厚宣纸抄本，细部已失其本来面目矣。（二）彩画作　彩画之制，其事极为细微，已经传抄，则尤不易辨识。丁本卷三十三卷三十四彩画制度，与书中原则多不一致，其谬甚繁，可以与丁本相校者，除故宫本外，尚有《永乐大典》所存《营造法式》第三十四卷残本像片可以取校。今按彩画之制，其地分青绿红金白五色；通用者多为青红绿三色，金则用之于极贵重之处，白则用之于极溥通之处，其用甚鲜，均为例外，如彩画全用白地，则已失去本书之旨。且也建筑彩画等事，一时代有一时代之风气，如宋代之建筑而用清代之制以推测之，则已非本来面目矣。丁本界画不明，故难以揣测。标示颜色之线，又失去其指定地位标准，故难以设色。故宫本之线，部位较明，如与此图相校，则可知其指定其地为大青，其花为赤黄，其叶为绿，其瓣为红，其边为大绿，则部位自明，易于设色矣。又丁本卷三十四第三页，五彩装净地锦，颜色浑乱，与《永乐大典》本相校，其地为青，其瓣为红，其边为绿，则其疑自解矣。故《永乐大典》本，可以补正斯书彩画之误者，甚多”；傅熹年在《新印陶湘仿宋刻本〈营造法式〉介绍》中提到：“刘敦桢先生用‘故宫本’校勘陶本时，发现除文字尚有少量夺误外，在图样上也有一些错误。最明显处是卷三十一大木作图样部分中四幅图有误。其一是图五多画了一根内柱；其二是图十三标题‘八架椽屋乳栿对六椽栿用二柱’的‘二柱’为‘三柱’之误，图上少画了一根内柱；其三是图十九标题‘六架椽屋乳栿对四椽栿用四柱’的‘四柱’为‘三柱’之误，图上也多画了一根内柱；其四是图二十图中的左内柱应向外移一步架。……这些错误在梁思成先生的《营造法式注释》、刘敦桢先生校故宫本和陈明达先生的《营造法式大木作制度研究》的相应图中均已按故宫本及四库全书本改正制图”；还在《介绍故宫博物院藏钞本〈营造法式〉》中指出此次校勘“在图纸部分对殿堂中单槽草架侧样，厅堂中八架椽屋用三柱、六架椽屋用三柱、六架椽屋用四柱等侧样图和装饰图案纹样方面也都有重要校正”。参见谢国桢．《营造法式》版本源流考．中国营造学社汇刊，1933，4（1）：13-14；傅熹年．新印陶湘仿宋刻本《营造法式》介绍．见：李诫编修．新印陶湘仿宋刻本《营造法式》．北京：中国建筑工业出版社，2006；傅熹年．介绍故宫博物院藏钞本《营造法式》．见：傅熹年．傅熹年建筑史论文选．天津：天津百花文艺出版社，2009：494.

十二分每頭以四瓣卷殺每瓣長四分

四曰令栱或謂之單栱施之於裏外跳頭之上外在撩檐方之下內在算桯方之下與耍頭相交亦有不用耍頭者及屋內槫縫之下其長七十二分每頭以五瓣卷殺每瓣長四分若裏跳騎栿則用足材

五曰慢栱或謂之肾栱施之於泥道瓜子栱之上其長九十二分每頭以四瓣卷殺每瓣長三分騎栿及至角則用足材

凡栱之廣厚並如材栱頭上留六分下殺九分其九分勻分為四大分又從栱頭順身量為四瓣瓣又謂之胥亦謂之棖或謂之生各以逐分之首自下而至上與逐瓣之末自內而至外以直尺對斜

(a)

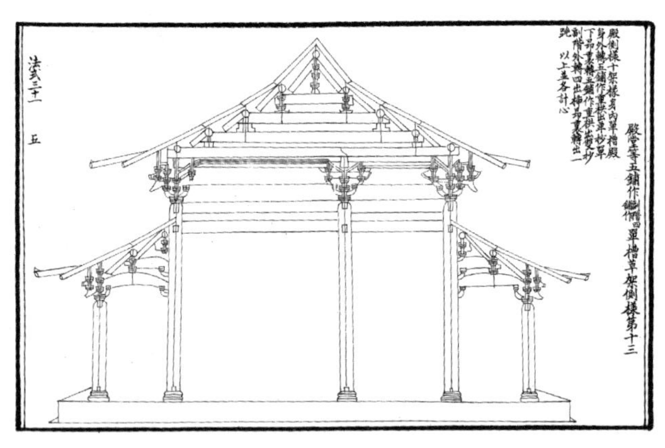

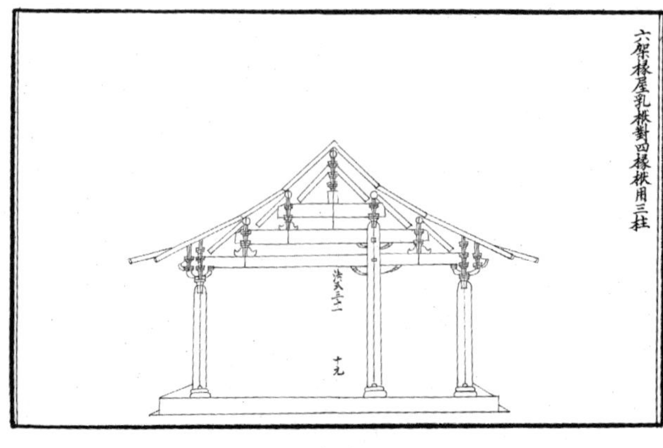

(b)

图 1-16 “故宫本”《营造法式》书影

（a）“故宫本”《营造法式》卷四“五曰幔栱”条；（b）“故宫本”《营造法式》图样

[资料来源：李诚编修，故宫博物院编．故宫藏钞本《营造法式》（13 册）．北京：紫禁城出版社，2009]

图 1–17 单士元（右二）1930 年整理清代档案
[资料来源：单士元 . 单士元集（第一卷）. 北京：紫禁城出版社，2009：3]

不仅仅停留于书面，充分表现出建筑学专才研究《营造法式》所具备的独特优势。

其二，在这次校勘工作基础上，谢国桢发表《〈营造法式〉版本源流考》，不仅对《营造法式》版本源流做了更详细的梳理考证，补充了若干“陶本”未知的相关史料，还综合以往工作，特别总结了“以数学校《营造法式》”、“以本书校本书”、“以它书校本书”、“贯通本文”四种可称道的校勘方法。其中第一条“以数学校《营造法式》”，就是以现代数学计算方法应用于版本校勘的实践，为此前传统校勘方法所罕见，也成为这次工作的突出亮点。①

值得指出的是，学社组织这次版本校勘，除谢国桢外，还大胆启用并历练了青年才俊。嗣后梁思成、刘敦桢均在中国建筑史学领域取得突出成就，参校成员单士元后来也成为文献研究和文物保护研究兼得的大家，尤其在清代档案文献研究方面作出了奠基性的贡献（图 1–17）。

① 参见谢国桢 .《营造法式》版本源流考 . 中国营造学社汇刊，1933，4（1）：11–12。傅熹年也曾指出刘敦桢以故宫藏清初钞本《营造法式》校勘“陶本”，校补了很多内容，在尺寸数据核对验算方面尤为突出，为后人进一步研究《营造法式》提供了重要参考。参见傅熹年 . 博大精深 高山仰止——学习《刘敦桢文集》的体会 . 见：傅熹年 . 傅熹年建筑史论文集，北京：文物出版社，1998：441.

经国务院批准，故宫博物院藏清初影宋抄本《营造法式三十四卷》，入选第一批《国家珍贵古籍名录》（编号01625）。

特颁此证。

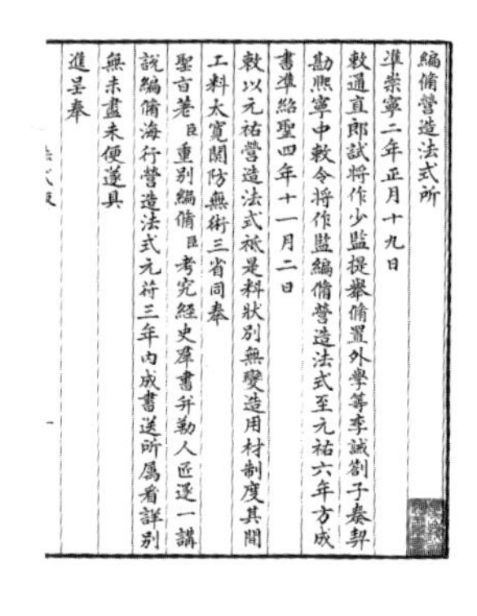

編脩營造法式所

準崇寧二年正月十九日

敕通直郎試將作少監提舉脩置外學等李誡劄子奏契

勘熙寧中敕令將作監編脩營造法式至元祐六年方成

書準紹聖四年十一月二日

敕以元祐營造法式祗是料狀別無變造用材制度其間

工料太寬關防無術三省同奉

聖旨著臣重別編脩臣考究經史羣書幷勒人匠逐一講

說編脩海行營造法式元符三年內成書送所屬看詳別

無未盡未便遂具

進呈奉

图 1-18　故宫博物院编“故宫藏钞本”《营造法式》书影
[资料来源：李诫编修，故宫博物院编．故宫藏钞本《营造法式》（13 册）．北京：紫禁城出版社，2009]

在版本校勘之外，学者们对“故宫本”的源流关系也先后做了很多探讨。① 经过其后几十年的研究，学者们一致认为，与现存《营造法式》其他各传本相比较，“故宫本”不论从传抄次数、行款格式还是图绘质量等各个方面，都具有重要价值。例如刘敦桢曾评价其“图绘精美，标注详明，宋刊面目，跃然如见，直可与伦敦《永乐大典》残本媲美，远非四库本、丁本所可企及也”。② 傅熹年指出，“故宫本”是现存版本中传抄次数较少的一部，行格版式保持宋本原貌，具备版本和学术两方面的价值。③ 李路珂在研究《营造法式》彩画的基础上，评价其图绘质量与“永乐大典本”不相上下，仅某些细节之生动、流畅程度略逊，但整体上保持了很高的完整性与清晰度，与《营造法式》的文字规定最相符合。④

2008 年，“故宫本”被列入首批国家珍贵古籍保护名录，其历史和文化价值受到充分肯定。2009 年，适逢“丁本”以现代印刷方式出版九十周年，学社成立八十周年，为纪念并赓续先贤开创的事业，故宫博物院以“善本再造”的方式

① 参见刘敦桢．故宫钞本《营造法式》校勘记．科技史文集·建筑史专辑（1），1979（2）:8;刘敦桢．宋《营造法式》版本介绍．见:刘敦桢．刘敦桢全集（第六卷），北京:中国建筑工业出版社，2007:229;莫友芝撰．傅增湘订补．傅熹年整理．藏园订补郘亭知见传本书目:第 1 册，北京:中华书局，2009:440;傅熹年．介绍故宫博物院藏钞本《营造法式》．见：傅熹年．傅熹年建筑史论文选．天津：天津百花文艺出版社，2009：493.

② 刘敦桢．故宫钞本《营造法式》校勘记．科技史文集 · 建筑史专辑（1），1979（2）：8.

③ “虽然现存‘永乐大典本’、‘四库全书本’和‘故宫本’都源于南宋‘绍定本’，但‘四库本’改变了行款版式，而‘故宫本’则保留宋本版式，这是‘故宫本’在版本方面的重要价值。源于述古堂的‘故宫本’较传世其他钞本为优，这是它在学术方面的重要价值。”引自傅熹年．介绍故宫博物院藏钞本《营造法式》．见：傅熹年．傅熹年建筑史论文选，天津：天津百花文艺出版社，2009：494.

④ 参见李路珂．《营造法式》彩画研究．南京：东南大学出版社，2011：38–39.

将其影印出版（图 1–18）。[1]

就学社对《营造法式》的版本研究而言，在 1933 年的校勘工作之后，通过更多的古建筑实物调查，对《营造法式》的认识有了质的飞跃。1935 年，学社又决定以“陶本”为底，汇集四库文溯、文渊、文津本及“故宫本”、《永乐大典》残本，结合多年实物研究所获，再次校勘，编造《仿宋〈营造法式〉校勘表》，计划于 1935 年内出版[2]，但终未阙功。

三、宋本《营造法式》的发现与辨识

（一）宋本残页——傅增湘的重要发现

前文述及，1920 年前后，傅增湘在清内阁大库废纸堆中检得宋本《营造法式》残页，陶湘等人甚至曾惊叹其或为“崇宁本”[3]再现，并据此残页定为“陶本”版式。1933 年，谢国桢在《〈营造法式〉版本源流考》一文中曾推断此残页可能为南宋绍兴十五年（1145 年）依“崇宁本”校勘重刻的“绍兴本”[4]，而非“崇宁本”：

> 自清季以还，迁内阁大库之书于国子监南学，由南学展转迁徙于午门及京师图书馆等处，即此残存数卷已荡然无遗。幸于其中发见《法式》第八卷首页之前半页，……说者遂谓崇宁真本复现于世。然吾窃疑清代内阁大库，承明之旧，明代内阁所藏监本，多因宋元之旧，《法式》为官修之书，则亦与监本为同类之书。……是书当于是时进呈内府，虽非钱氏原本，然必由钱氏原本影抄而出者，故所钞皆较他本为工，因此可知昔人以“绍兴本”为十

---

① 参见故宫博物院编．故宫藏钞本《营造法式》．北京：紫禁城出版社，2009.

② “《仿宋〈营造法式〉校勘表》:《营造法式》一书，自本社朱桂辛、陶兰泉二先生印行仿宋本以来，经近岁实物调查，及《永乐大典》残本与故宫本之发现，可以厘正之处颇多。现本社以仿宋本为标准，网罗四库文溯、文渊、文津及故宫本、永乐大典残本所载，并酌实物研究所得，编造校勘表，定其正误。现全书进行三分之一，预定今年内出版。”引自本社纪事·仿宋《营造法式》校勘表．中国营造学社汇刊，1935，5（3）：156.

③ “江安傅沅叔氏曾于散出废纸堆中检得《法式》第八卷首叶之前半（李诫衔命具在，诚字之误更不待辨）又八卷内第五全叶，宋椠宋印每叶二十二行，行二十二字，小字双行，字数同，殆即崇宁本欤？”引自陶湘．识语．见：李诫编修．“陶本”营造法式，1925。所谓“崇宁本”，即北宋崇宁年间镂版海行的《营造法式》。关于《营造法式》在北宋海行颁降的确切年份，有学者曾提出异议，有别于目前学界公认的北宋崇宁二年（1103 年）。参见李致忠．影印宋本《营造法式》说明．见：古逸丛书三编之四十三影印宋本《营造法式》．北京：中华书局，1992：7–8；徐怡涛．对北宋李明仲《营造法式》镂版时间的再认识．2016 年中国《营造法式》国际学术研讨会论文集．福州，2016.

④ 南宋绍兴十五年（1145 年），王�曾在平江府（今苏州）校勘“崇宁本”《营造法式》并重刊，学界简称“绍兴本”或“平江本”。关于这次重刊，有“丁本”和“故宫本”《营造法式》附录的题记为证。

行本为误，则昔人所谓“崇宁本”者，殆即所谓“绍兴本”欤？自张氏爱日精庐影钞《法式》以后，若丽宋楼陆氏铁琴铜剑楼瞿氏，皆有影钞本；安得合众本而一校之，或再能重发现有绍兴年号之宋本残片，则“崇宁本”与“绍兴本”之疑问，不难自见也。①

与此同时，傅增湘则以雕工风气初步判断其检得残页或是南宋中期所刊：

宋刊本，十一行二十二字，白口，左右双栏。余收得卷八首叶前半，为宋刊。别见残叶三数番，为补刊叶，均明时黄纸印。陶湘重刊此书，即据以定版式，乃侈言崇宁刊本，则未敢许也。以雕工风气考之，或是南宋中期所刊。②

（二）宋刻《营造法式》残卷——陈仲篪的相关研究

延至 1956 年，在北京图书馆藏书中，又发现宋刻《营造法式》残本，没有藏书家的图章和题识，存卷十第六、七、九、十共四页并卷十一至十三凡三卷，作者皆署“李诫”。左右双边，细黑口，下口有刻工“徐珙、金荣、蒋安？③、蒋荣祖、蒋宗、马良臣、贾裕、□祖”④ 等人名。其中凡刊有刻工姓名的书页，字体比较正齐，但也有漫漶的，另有些书页的字体则很粗劣。⑤

1960 年北京图书馆编印《中国版刻图录》第二册图版曾收录此残本卷十三《瓦作制度》第一至二页（图 1-19），编者在目录中对此残卷作如下说明：

《营造法式》宋李诫撰　宋刻元修本　苏州

匡高二一·三厘米，广一七·七厘米，十一行，行二十一字、二十二字不等，细黑口，左右双边。刻工金荣、蒋宗、贾裕、蒋荣祖、马良臣等又刻绍定《吴郡志》、《碛砂藏》等书，因推知此书当是南宋后期平江府官版。平江府即今苏州。存卷十一至十三，凡三卷又四叶。⑥

宿白发表于《文物》1962 年第一期的《南宋的雕版印刷》，曾引用宋刻《营

---

① 谢国桢.《营造法式》版本源流考. 中国营造学社汇刊，1933，4（1）：7-8.

② 莫友芝撰. 傅增湘订补. 傅熹年整理. 藏园订补郘亭知见传本书目：第 1 册，北京：中华书局，2009：440。需要指出的是，1912 年，傅增湘在苏州购得清末钞本《郘亭书目》，携之南北访书，有见即录，数年间在眉上行间加了大量批注，逐渐形成自为一书的规模。此后，这个批本逐渐流传于外，王重民、孙楷第、谢国桢、邵锐诸人都有过录之本。参见傅熹年. 藏园订补郘亭知见传本书目・整理说明. 见：藏园订补郘亭知见传本书目：第 1 册，北京：中华书局，2009：2-3。由此，谢国桢对宋本残页的判断是否与傅增湘有所关联，存疑待考。

③ 原文如此。

④ 原文如此。

⑤ 参见陈仲篪.《营造法式》初探. 文物，1962（2）：16.

⑥ 北京图书馆编. 中国版刻图录：第 1 册. 北京：文物出版社，1960：27.

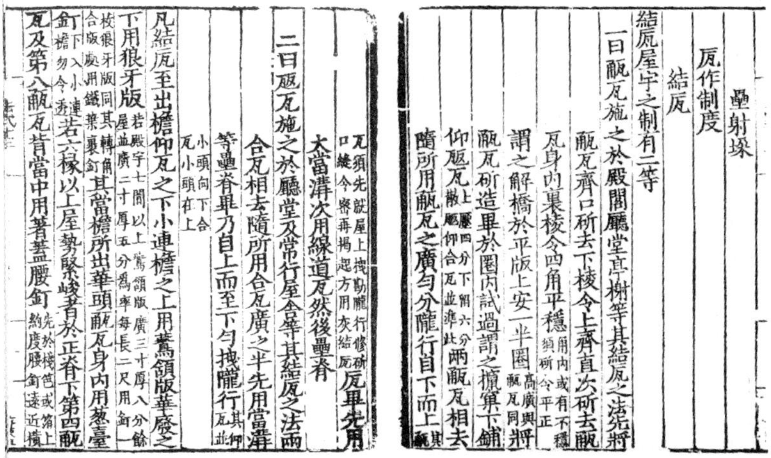
疊射垜
瓦作制度
結瓦
結瓦屋宇之制有二等
一曰甋瓦施之於殿閣廳堂亭榭等其結瓦之法先將
甋瓦齊口斫去下棱令上齊直次斫去甋
瓦身內裏棱令四角平穩（角內或有不穩須斫令平正）
謂之解橋於平版上安一半圈（高廣與甋瓦同）將
甋瓦斫造畢於圈內試過謂之𢮝窠下鋪
仰瓪瓦（上壓四分下留六分散瓪仰合瓦並準此）兩甋瓦相去
隨所用甋瓦之廣勻分壠行自下而上（其甋
瓦須先就屋上拽勘壠行修斫口縫令密再揭起方用灰結瓦）瓦畢先用
大當溝次用線道瓦然後壘脊
二曰瓪瓦施之於廳堂及常行屋舍等其結瓦之法兩
合瓦相去隨所用合瓦廣之半先用當溝
等壘脊畢乃自上而至下勻拽壠行（其仰瓦並
小頭向下合瓦小頭在上）
凡結瓦至出檐仰瓦之下小連檐之上用鷰頷版華廢之
下用狼牙版（若殿宇七間以上鷰頷版廣三寸厚八分餘屋並廣二寸厚五分為率每長二尺用釘一枚狼牙版同其轉角合版處用鐵葉裹釘）其當檐所出華頭甋瓦身內用葱臺
釘（下入小連檐勿令透）若六椽以上屋勢緊峻者於正脊下第四甋
瓦及第八甋瓦背當中用著蓋腰釘（先於棧笆或箔上約度腰釘遠近橫

图 1-19　1960 年《中国版刻图录》第 2 册刊布新发现南宋本《营造法式·卷十三：瓦作制度》第一至二页
（资料来源：北京图书馆编．中国版刻图录：第 1 册．北京：文物出版社，1960：图版 112-113）

造法式》卷十三第一页书影。随后，曾为学社成员、时任职北京图书馆的陈仲篪[①]，在同年《文物》第二期发表《〈营造法式〉初探》，梳理《营造法式》版本及源流，推断 1956 年发现的三卷残本可能为清内阁大库遗物，或与前述傅增湘检得残页出自同本《营造法式》：

> 清朝内阁大库的存书，在辛亥革命以后又屡经迁徙。在 1920 年前后，傅沅叔先生曾在散出的故纸堆中捡得《营造法式》第八卷卷首前半页和第五全页，是元明清三朝内府的遗物，当时惊为崇宁本残页，陶氏据以仿刊附于刻本之末。当时学术界推想必有全本，但遍求无所获。今天这个本子颇疑即为清内阁大库的遗物。[②]

他还从版式、行款、刻工[③]、字体、避讳等方面，对残卷为“南宋后期平江府官版”的刊刻年代作出更细致的论证（图 1-20），指出其字体粗劣的版片当为元代补修，所见原书应是补修后印刷的：

---

① 陈仲篪：约在 1933 年前后加入学社文献组，1935—1937 年为研究生。1949 年以后任职于北京图书馆。

② 陈仲篪．《营造法式》初探．文物，1962（2）：16-17.

③ 李致忠曾对古籍雕版刻工及刊刻年代的情况作出介绍：“刻工指古代的刻字工人，他们都是个体手工工匠，有时虽然也三五成群，成帮结伙的共同完成一部书或几部书的雕版任务，但组织松散，集散无时。而且远近佣工，地区变换，这就决定了对他们的责任要求就十分严格，于是便出现了刻工于版口下方镌刻姓名的现象，以及版口上方镌刊本版大小字数的习惯。镌刊姓名，大概是刻字工人内部为了查核责任和计量付酬，而让刻字工人自行镌刊的记号。故刻工姓名镌刊的极不一致，有的只镌一姓，有的只镌一名，有的姓名俱镌，有的在姓名上还镌刊籍贯。若有一书有明确的刊刻年代，版口下方又明确镌刊着一批刻工姓名，那么在别的书口下方再见到若干相同的刻工姓名时，则后一书的刊刻时代，与前一书的刊刻时代相去总不会很远。”引自李致忠．古书版本学概论．北京：北京图书馆出版社，1990：151-152；“宋刻本书很多在书口处（指上鱼尾以上部分）镌刊本版大小字数，下鱼尾以下的部分镌刊刻工姓名。”引自李致忠．中国古代书籍史话．北京：商务印书馆，1996：98.

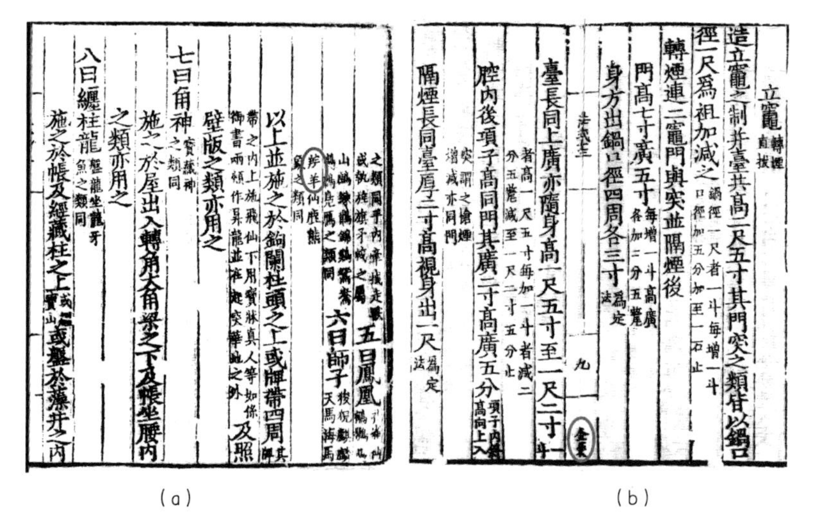

之類同 手內牽拽走獸或執旌旗矛戟之屬 五曰鳳凰 孔雀仙鶴鸚鵡山鷓練鵲錦雞鴛鴦鵝鴨鳧鴈之類同 六曰師子 狻猊麒麟天馬海馬羜羊仙鹿熊象之類同
以上並施之於鉤闌柱頭之上或牌帶四周 其牌帶之內上施飛仙下用寶牀真人等如係御書兩頰作昇龍並流盤雲華盛之外 及照壁版之類亦用之
七曰角神 寶藏神之類同
施之於屋出入轉角大角梁之下及帳坐腰內之類亦用之
八曰纏柱龍 盤龍坐龍牙魚之類同
施之於帳及經藏柱之上 或纏寶山 或盤於藻井之內

（a）

立竈 轉煙直拔
造立竈之制并臺共高二尺五寸其門突之類皆以鍋徑一尺為祖加減之 鍋徑一尺者一斗每增一斗口徑加五分加至一石止
轉煙連二竈門與突並隔煙後
門高七寸廣五寸 每增一斗高廣各加二分五釐
身方出鍋口徑四周各三寸 為定法
法式十二 九 金榮
臺長同上廣亦隨身高一尺五寸至一尺二寸 一斗者高一尺五寸每加一斗者減二分五釐減至一尺二寸五分止
腔內後項子高同門其廣二寸高廣五分 項子內斜高向上入突謂之搶煙增減亦同門
隔煙長同臺厚二寸高視身出一尺 為定法

（b）

图 1-20 宋刊本《营造法式》书影
（a）卷十二书影（“羦”字缺末笔）；（b）版心中缝“金荣”等刻工姓名说明该刊本为南宋后期平江府官版
（资料来源：古逸丛书三编之四十三影印宋本《营造法式》. 北京：中华书局，1992）

从其本文用字方面，可以考知其刊刻年代的显著例子，有如卷十二“雕作制度”内“混作”条“六曰师子”的注：“狻猊、麒麟、天马、海马、羜羊、仙鹿、熊、象之类。”其中“羜”字，原应作“羦”。这是因避宋钦宗赵桓嫌名的兼讳字（即与桓字的同音字），故羦字阙了末笔作羜。这个“羜”字，文津阁本作“羗”，丁本作“羜”。陶刻本出于丁本，但曾据文津本校过，故也作“羜”。朱绪曾和瞿氏本又都是作“羜”，究以那个字为正呢？且看李诫在“劄子”和“看详”中一再谈到他在编修时是考究经史群书而拟定了名数制度，用字必有根据。按后汉书马融传注：“完羝、野羊也，字书作羦，音户官反，与完字通。”又按诗小雅鹿鸣之什伐木篇：“既有肥羜”，传：“羜、未成羊也。”陈奂疏引尔雅释畜：“未成羊羜”。又引说文：“羜、五月生羔也。”根据这几种书的解释，知道“羦羊”是野羊，“羜羊”则是尚未成形的五月羔羊。李诫既考究经史群书拟定名数制度，岂能把尚未成形的“羜羊”，列与麒麟海马之类为伍，定为石雕和彩画的纹样。同时还可以从《营造法式》卷三十一彩画作图样中，看到羦羊那种奔突奋搏的形象。因此可以肯定说“羦羊”是正确的。丁本作“羗羊”，文津本作“羜羊”都是因为原书的“羦”字缺了末笔，影钞人的疏忽而写成为“羗”和“羜”字。从这一个“羦”字，不但校正了其他诸本之误，还可设想这个本子的书版，其字体较整齐的和某些较模糊的，最早是绍

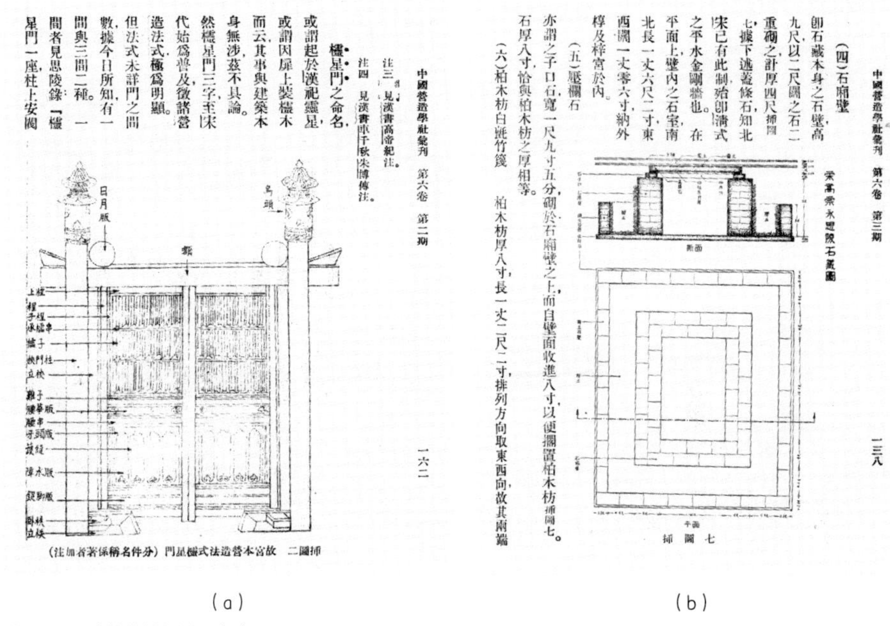

中國營造學社彙刊 第六卷 第二期

注三 見漢書高帝紀注。
注四 見漢書車千秋朱博傳注。

櫺星門之命名

或謂起於漢祀靈星，或謂因屏上裝櫺木而云，其事與建築本身無涉，茲不具論。然櫺星門三字，至宋代始爲普及，徵諸營造法式，極爲明顯。但法式未詳門之間數，據今日所知，有一間與三間二種。一間者見思陵錄：「櫺星門一座，柱上安闊

插圖二 故宮本營造法式櫺星門（分件名稱係著者加注）

一六二

中國營造學社彙刊 第六卷 第三期

（四）石扉壁

即石藏本身之石壁，高九尺，以二尺闊之石二重砌之，計厚四尺（插圖七）。據下述蓋條石，知北宋已有此制，殆即清式之平水金剛牆也。在平面上，壁內之石室，南北長一丈六尺二寸，東西闊一丈零六寸，納外槨及梓宮於內。

（五）壓欄石

亦謂之子口石，寬一尺九寸五分，砌於石扉壁之上，而自壁面收進八寸，以便擱置柏木枋（插圖七）。石厚八寸，恰與柏木枋之厚相等。

（六）柏木枋白氈竹篾

柏木枋厚八寸，長一丈二尺二寸，排列方向取東西向，故其兩端

插圖七

一三八

（a）　　　　（b）

图 1-21　陈仲篪的相关研究成果
（a）《营造法式》小木作研究 [资料来源：陈仲篪 . 识小录 . 中国营造学社汇刊，1935，6（2）：162]；
（b）宋陵研究 [资料来源：陈仲篪 . 宋永思陵平面及石藏子之初步研究 . 中国营造学社汇刊，1936，6（3）：138]

兴年或绍兴以后的原版。北京图书馆最近编印的《中国版刻图录》收入了此书的书影，从它的刻工金荣等又刻过绍定《吴郡志》、《碛沙藏》等书，因推知此书是南宋后期平江府官版。[①]

需要指出的是，陈仲篪对宋刻《营造法式》的辨识也与之前在学社的研究经历相关。他自 1933 年入学社后，一直关注《营造法式》的研究，涉及实物、文本解读和版本研究等方面。早在 1935 年学社主流研究集中于大木结构的时候，他就曾以此前学社的实物调查为基础，以《营造法式》、文献加实例互证详解为方法，展开对《营造法式》小木作门饰和门制部分的探讨，相关成果冠名《识小录》连载于《汇刊》第五卷第三、四期和第六卷第二期；后来发表于《汇刊》第六卷第三期《宋永思陵平面及石藏子之初步研究》一文，则是以文献（周必大《思陵录》）探索宋陵实例的重要成果（图 1-21）。[②]1949 年就职北京图书馆后，陈仲篪更为关注《营造法式》的版本研究，其对《营造法式》版本的诸多认知和辨识集

① 陈仲篪 .《营造法式》初探 . 文物，1962（2）：16-17.
② 陈仲篪 . 宋永思陵平面及石藏子之初步研究 . 中国营造学社汇刊，1936，6（3）：121-147.

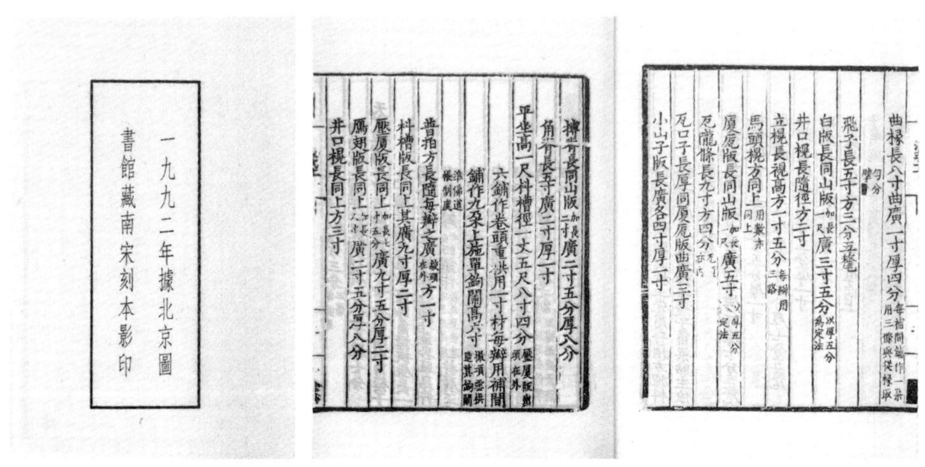
一九九二年據北京圖書館藏南宋刻本影印

搏脊長同山版（加長二寸）廣二寸五分厚八分
角脊長五寸廣二寸厚一寸
平坐高一尺枓槽徑一丈五尺八寸四分（壓厦版出頭在外）
六鋪作卷頭重栱用一寸材每瓣用補間
鋪作九朵上施單鉤闌高六寸
（準佛道帳制度）
普拍方長隨每瓣之廣（絞頭在外）方一寸
枓槽版長同上其廣九寸厚二寸
壓厦版長同上（加長七寸五分）廣九寸五分厚二寸
鴈翅版長同上（加長八寸）廣二寸五分厚八分
井口榥長同上方三寸

曲椽長八寸曲廣一寸厚四分
飛子長五寸方三分五氂
白版長同山版（加長一尺）廣三寸五分（以厚五分為定法）
井口榥長隨徑方二寸
立榥長視高方一寸五分（每瓣用三路）
馬頭榥方同上（用數亦同上）
厦瓦版長同山版（加長一尺）廣五寸（以厚五分為定法）
瓦朧條長九寸方四分
瓦口子長厚同厦瓦版曲廣三寸
小山子版長廣各四寸厚一寸

图 1-22　1992 年按原件缩小影印收入《古逸丛书三编》的宋本《营造法式》书影
（资料来源：古逸丛书三编之四十三影印宋本《营造法式》. 北京：中华书局，1992）

中反映在上述《〈营造法式〉初探》一文中。该文不仅利用文献学研究方法，根据刻工、用字和字义[①]等信息，对 1956 年发现宋刻残卷为南宋绍定年间所刊的事实做出了严谨的论述，还再次细致梳理了《营造法式》版本源流等情况，为《营造法式》的研究作出了重要贡献。

（三）收入《古逸丛书三编》公开出版——李致忠的相关研究

1992 年，该残本按原件缩小影印，收入《古逸丛书三编》系列丛书（图 1-22），含中华书局收藏的卷八首叶、卷八第十叶，以及国家图书馆的三卷零四页。北京图书馆李致忠[②]在出版说明中指出，该残本虽然不是"绍兴本"，但很可能源于此本，或者说是以此本为底本的重刻本。随后，他对残本刻工予以更详细的说明，并明

---

① 陈仲篪在《识小录》中利用史料文献对《营造法式》"地栿"的考证也是根据字义进行校勘的一个实例："地栿：《法式》近地横材，皆谓为地栿。本节所载者，则指门限而言，即清之下槛也，按门限古谓之柣，亦曰阈，见尔推'柣谓之阈'，注'阈门限也'。邢疏曰'柣者，孙炎云门限也，经传诸注皆以阈为门限，谓门下横木以为内外之限，也俗谓之地栿，一名阈'。基此，甚疑地栿二字，应为地柣之误。盖栿字不载《说文》，至《广韵》始著录之。而栿之为义梁也。《法式》乳栿三椽栿诸名，皆架空之梁，不近地面，与《广韵》同。其近地者，似应作柎。《说文》'柎阑足也'。《急就篇》颜师古注曰'柎谓下施足也'。宋贾昌朝《群经音辨》'柎足也'，柎柣音同，而栿柣形近，传钞笔误，似为事所难免。即以《法式》言，陶本作'地栿版'者，故宫文渊文津丁氏诸本，胥作'地柣板'，别条柣字，亦有误为抶、扶之例，而《法式》复载有立柣卧柣之制，凡此皆足为误柣为栿之证。至以二书年代言，则邢昺《尔雅疏》之完成，先乎崇宁刊本《法式》约百年，似邢说较为可信。"引自陈仲篪 . 识小录 . 中国营造学社汇刊，1935，5（4）：158.

② 李致忠：北京昌平区人，1965 年毕业于北京大学中文系古典文献专业。同年，供职于国家图书馆，长期从事古籍整理、版本考订、目录编制、书史研究和业务管理工作。先后发表论文 170 余篇，出版《中国古代书籍史》、《中国古代书籍史话》、《古书版本鉴定》、《典籍志》、《古代版印通论》、《肩朴集》等专著。

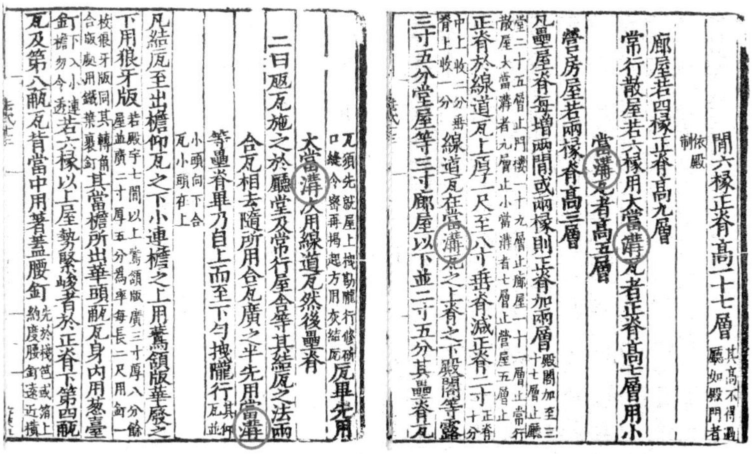
間六椽正脊高一十七層其高不得過廳如殿門者依殿制
廊屋若四椽正脊高九層
常行散屋若六椽用大當溝瓦者正脊高七層用小當溝瓦者高五層
營房屋若兩椽脊高三層
凡壘屋脊每增兩間或兩椽則正脊加兩層殿閣加至三十七層止廳堂二十五層止門樓一十九層止廊屋一十一層止常行散屋大當溝者九層止小當溝者七層止營屋五層止
正脊於線道瓦上厚一尺至八寸垂脊減正脊二寸正脊十分中上收二分垂脊上收一分
線道瓦在當溝瓦之上脊之下殿閣等露
三寸五分堂屋等三寸廊屋以下並二寸五分其壘脊瓦

瓦須先就屋上拽勘隴行修斫口縫令密再揭起方用灰結瓦瓦畢先用
大當溝瓦次用線道瓦然後壘脊
二曰甋瓦施之於廳堂及常行屋舍等其結瓦之法兩
合瓦相去隨所用合瓦廣之半先用當溝
等壘脊畢乃自上而至下勻拽隴行其仰瓦並小頭向下合瓦小頭在上
凡結瓦至出檐仰瓦之下小連檐之上用鷰頷版華廢之
下用狼牙版若殿宇七間以上鷰頷版廣三寸厚八分餘屋並廣二寸厚五分為率每長二尺用釘一枚狼牙版同其轉角合版處用鐵葉裹釘其當檐所出華頭甋瓦身內用葱臺
釘下入小連檐勿令透若六椽以上屋勢緊峻者於正脊下第四甋
瓦及第八甋瓦背當中用著蓋腰釘先於棧笆或箔上約度腰釘遠近橫

图 1–23　宋刊本《营造法式》“溝”字避宋高宗赵構名讳缺笔不一
（资料来源：古逸丛书三编之四十三影印宋本《营造法式》. 北京：中华书局，1992）

确指出该残本《营造法式》当是来自清内阁大库，可能是历代官书：

北图所藏残宋本刻工有金荣、蒋宗、贾裕、蒋荣祖、马良臣等。其中金荣是南宋中后期杭州地区的良工，曾参与南宋初期杭州所刊《经典释文》的补版工作……可见金荣是一位南宋中后期活跃在杭州、宁波以及江苏苏州一带的良工。蒋宗也参与过《吴郡志》和《碛砂藏》的镌板工作。还参与过北宋本《汉书》的补版工作。蒋荣祖也是南宋中叶以后杭州地区的刻工，参与刻过宋杭州本《冲虚至德真经》及平江本《吴郡志》、《碛砂藏》。贾裕、马良臣也都参与过绍定《吴郡志》和平江府官版《碛砂藏》的开雕工作。这些南宋后期云集在平江府的刻工，同时又出现在北图藏本的《营造法式》上，表明北图藏本的《营造法式》，当也是南宋后期平江府官版。北图所藏残宋本《营造法式》，来自清朝的内阁大库，可见此本在清朝乃是政府藏书。清朝内阁大库的旧藏，有一部分是明代文渊阁的遗籍。而明代文渊阁的藏书又有一部分来自元代的翰林国史院。此本由于首尾残缺，既未见公藏关防，也未见私人藏书印记。但最大的可能它是历代官书。①

1994 年，李致忠还在《宋版书叙录》中分析该残本中的用字避讳，进一步论证了其在南宋理宗绍定年间（1228—1233 年）重刻的可能性（图 1–23）：

绍兴十五年知平江军府事王�曾翻刊崇宁本《营造法式》于苏州。八十

① 参见李致忠．影印宋本《营造法式》说明．见：古逸丛书三编之四十三影印宋本《营造法式》．北京：中华书局，1992：9–10.

余年后，平江府又根据这个本子再次重刊于本府。这在情理上是容易理解的。且此本避讳亦可反映出这种轨迹。如卷十一[①]“先用大当沟，次用线道瓦，然后垒脊”；“先用大当沟，次用线道瓦”；“先用当沟，等垒脊毕，乃自上而至下匀拽陇行”；“若六椽用大当沟瓦者”等句中“当沟”的“沟”字，均缺末笔，这显然是绍兴十五年《营造法式》的固有现象。因为绍兴十五年时的皇帝，正是南宋首帝高宗赵构。按宋时讳法，行文、刻书凡遇皇帝御名，照例都要回避。而回避的方式有三：一是改字讳；一是另书“今上御名”；但最常见的还是缺笔讳。“沟”字末缺笔，显然是回避高宗赵构的御名。而南宋后期苏州府重刻的《营造法式》，仍然回避“构”字，表明重刊时依据的祖本是本府绍兴十五年的刻本。然同是卷十一中的另些句子，如“当沟瓦者高五层”，“线道瓦在当沟瓦之上”；“其当沟所压甋瓦”；“当沟瓦相衔”；“当沟瓦之下垂铁索”等句中的“沟”[②]字却又不缺笔，也就是不避讳。这可能是在两种情况下发生的现象。一是南宋后期重刻此书时，距高宗赵构御极已近百年，回避他的御名已不那么谨严。书手在依据绍兴本书写板样时已随意性比较大，想起来就缺笔，想不起来就不缺笔。这正说明北图藏本确是南宋后期的重刻本了。二是此本业经元时修补，修补时已无需回避宋讳，故有的“沟”字不缺笔。[③]

综合以上研究，2006年，傅熹年在《新印陶湘仿宋刻本〈营造法式〉介绍》一文中对《营造法式》版本情况和源流作出考证，拾遗补缺，厘清诸多版本问题，明确指出在宋代《营造法式》至少印行过三次，1956年发现的残卷为南宋“绍定本”：

在《营造法式》编定后，宋代至少印行过三次。据书前《劄子》所载，在北宋崇宁二年（一一零三年）已批准刻成小字本颁行全国，是为此书的第一次印行，世称“崇宁本”。在南宋建立后，已知曾经二次重刻《营造法式》，第一次是绍兴十五年（一一四五年）在平江府（今苏州市）重刻，此事见于现存各本后的平江府重刊题记，世称“绍兴本”。第二次重刻之事史籍不载，是据上世纪在清内阁大库残档中发现的宋刻本《营造法式》残卷、残叶上的刻工名字推定的（宋代刻书大都在版心刻有刻工的名字，既表明责任，也用以计工费）。这些刻工人名又大都见于南宋绍定间（一二二八—一二三三年）平江府所刻其他书中，因知这些残卷、残叶是南宋绍定间平江府的第二次重

① 原文如此，应为卷十三。
② 指繁体“溝”字。
③ 李致忠．宋版书叙录．北京：北京图书馆出版社，1994：321–322.

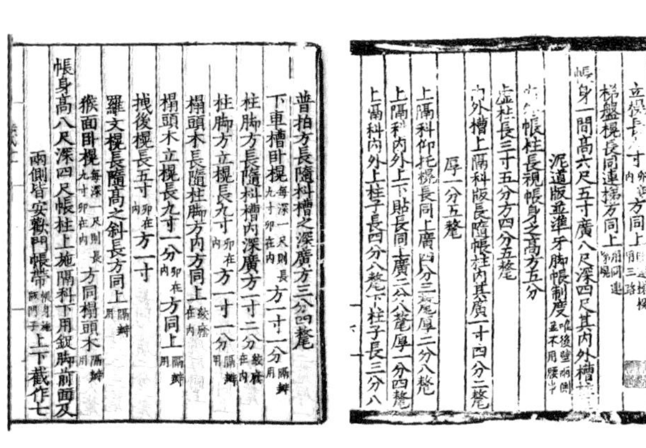
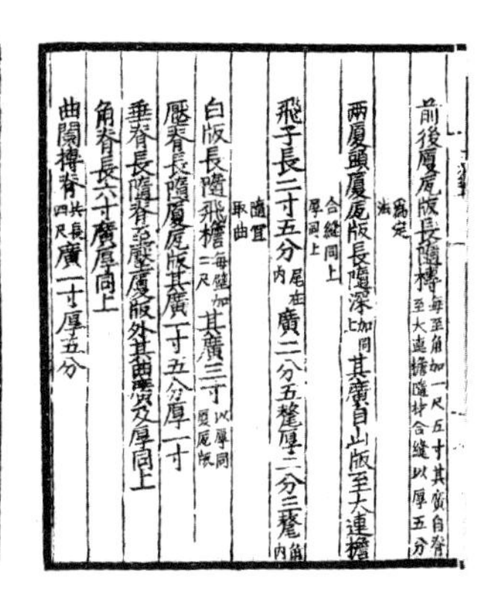

图 1-24 “绍定本”残卷中有字体工整和较为粗劣的两种版片
（资料来源：古逸丛书三编之四十三影印宋本《营造法式》. 北京：中华书局，1992）

刻本，上距第一次重刻已有八十几年，世称“绍定本”。[①]

他还指出现存“绍定本”《营造法式》是以明代补刻版刷印的，与前述陈仲篪“元代补修”的观点略有不同（图 1-24）：

> “崇宁本”和“绍兴本”现均不传，“绍定本”是目前仅存的《营造法式》宋刻本。……宋代《营造法式》的残版明代中期在南京国子监中尚存有六十面，其中杂有明代补刻版，现存的绍定本《营造法式》就是明代用此版刷印的。[②]

此外，傅熹年还通过见载于其他钞本的刻工姓名，推断现存“永乐大典本”、“四库全书本”和“故宫本”《营造法式》均源于“绍定本”：

> 文津阁《四库全书》在卷二十九“殿内斗八第三”图左下有刻工金荣名，“风字流杯渠”图左下有刻工马良二字。在卷三十一“殿堂等八铺作双槽草架侧样第十一”图中缝下有刻工马良臣名。这二刻工都见于绍定本《营造法式》。据《四库全书总目》，《四库全书》本源于范氏天一阁藏本，但其中卷三十一天一阁本缺，用《永乐大典》本补入。据刻工名相同可知，范氏天一阁藏本和《永乐大典》本都出于宋绍定本。遍检故宫本全书，只在卷三十第九页一处有金荣之名，其余各卷均无。可知原钞写体例是省去刻工名，金荣之名是因在图之下方而偶然留下的。据此可知，现存《永乐大典》本，《四

① 傅熹年 . 新印陶湘仿宋刻本《营造法式》介绍 . 见：李诫编修 . 新印陶湘仿宋刻本《营造法式》. 北京：中国建筑工业出版社，2006.

② 傅熹年 . 新印陶湘仿宋刻本《营造法式》介绍 . 见：李诫编修 . 新印陶湘仿宋刻本《营造法式》. 北京：中国建筑工业出版社，2006. 另见傅熹年自藏《古逸丛书三编》之四十三《营造法式》题识：“此本残存四十一叶，内三十三叶为原版，另八叶为补版，亦均黄纸上刷印。按《南雍志》云：存残版六十面。则此又为六十面残存版纸残余也。”

库全书》本和故宫本都源于宋代第三次所刊的绍定本。[①]

如果说上述1933年以“故宫本”校勘《营造法式》因梁思成、刘敦桢等建筑学专才的加入，使版本研究有了本质的飞跃，傅增湘、陶湘、谢国桢、陈仲篪、李致忠、傅熹年等学者以版本学、文献学方法对“绍定本”展开的辨识，又再次证实了充分的版本研究必将是建筑学和版本文献学等学科交互作用的结果。

四、《营造法式》版本后续研究举略

自1919年发现丁氏钞本至今，朱启钤[②]、陶湘、阚铎、谢国桢、梁思成、刘敦桢、陈明达[③]、陈仲篪、傅熹年、李致忠等学者，都曾涉及《营造法式》版本的相关研究，基本厘清了《营造法式》版本的来龙去脉，并获得大量校勘成果。

(一)梁思成的研究

1960年代，梁思成完成《〈营造法式〉注释》卷上，在序言中以《八百余年来〈营造法式〉的版本》介绍了《营造法式》的版本源流，惟梁思成当时尚不知有南宋“绍定本”一事，仍指宋代仅有“崇宁”、“绍兴”两种版本；到2001年，《〈营造法式〉注释》收入《梁思成全集》第七卷时，始由傅熹年补注纠正[④]。

《〈营造法式〉注释》收入前述1930年阚铎[⑤]及1933年学社基于“故宫本”的校勘成果。结合数十年实物调查测绘研究，梁思成及其助手徐伯安、郭黛姮等运用“本校”、“理校”等版本校勘学方法[⑥]，又对《营造法式》文本做有大量

① 傅熹年．介绍故宫博物院藏钞本《营造法式》．见：傅熹年．傅熹年建筑史论文选．天津：天津百花文艺出版社，2009：495.

② 据傅熹年回忆，他曾见过王世襄过录的朱启钤在《营造法式》上的批注，其中必定含有很多朱启钤对《营造法式》校勘、研究和认识，但此本目前下落不明。(据笔者2009年4月24日对傅熹年院士的访谈)。

③ 陈明达(1914—1997年)：湖南祁阳人。1932年加入学社，协助梁思成、刘敦桢调查研究古代建筑，担任测量和绘图工作。1953—1960年在国家文物局工作期间，担任古代建筑保护、管理、修缮等技术工作，编写《应县木塔》和《巩县石窟》两部专著。1976年至中国建筑技术研究院建筑历史研究所工作，撰成《〈营造法式〉大木作研究》。晚年撰写《独乐寺观音阁、山门的大木制度》，并留有大量《营造法式》研究遗稿。

④ 梁思成．《营造法式》注释·序．见：梁思成．梁思成全集(第七卷)，北京：中国建筑工业出版社，2001：9.

⑤ 1930年阚铎的这次校勘详细记录以《仿宋重刊〈营造法式〉校记》一文发表在《汇刊》第一卷第一册上。经笔者比对，梁思成《〈营造法式〉注释》与阚铎《仿宋重刊〈营造法式〉校记》的校勘记录多有相同，由此推知《〈营造法式〉注释》吸收了这次校勘成果。

⑥ 陈垣在《校勘学释例》将校勘学方法分为“对校”、“本校”、“他校”、“理校”四种。参见陈垣．校勘学释例．北京：中国书店，2004：129-133.

深入细致的补正。惟因“这是一部科学技术著作，重要在于搞清楚它的科学、技术内容，不准备让版本文字的校勘细节分散读者的注意力”[①]，故而《〈营造法式〉注释》一书并没有遵循传统校证逐字点出并加以说明的形式，而是以历次积累的最终成果呈献出来，未保留校勘细节。后来徐伯安等学者在整理和校补梁思成《〈营造法式〉注释》的过程中，继续对《营造法式》原文的疏漏讹脱进行校勘。2001年出版的《梁思成全集》第七卷收入的《〈营造法式〉注释》，还将其中与“陶本”不一致的地方用小注标出：

> 徐伯安注：本书《营造法式》原文以“陶本”为底本，在此基础上进行标点、注释，“注释本”对“陶本”多有订正。这次编校凡两种版本不一致的地方，我们都尽力用小注形标注出来，并指明“陶本”的正、误与否，以利读者查阅。[②]

尽管《〈营造法式〉注释》仍存在一些遗憾，而且梁思成也一再指出《〈营造法式〉注释》主要是用今天一般工程技术人员读得懂的文字和看得清楚的、准确的、科学的图样将《营造法式》加以注释，而不重在版本的考证、校勘之学[③]，但在已知的相关出版物中，它依然是汇集《营造法式》校勘成果最多且最系统的著作。

（二）刘敦桢的研究

刘敦桢参与1933年学社组织的集体校勘工作后，还对《营造法式》做过多次校核。[④]在其自藏校对本[⑤]中，就有红朱砂、蓝钢笔、圆珠笔和铅笔等不同时期的批注字迹，说明他在版本校勘方面的工作一直持续未辍（图1-25）。[⑥]这些批注文字，后被刘叙杰摘录至《刘敦桢全集》第十卷《宋·李明仲〈营造法式〉校勘记录》中。[⑦]此外，东南大学建筑学院现藏一部“陶本”，其中也有刘敦桢当年根据“故宫本”、“四库本”等参校后转抄的校勘记录[⑧]，2005年由潘谷西收入

---

① 梁思成.《营造法式》注释·序.见：梁思成.梁思成全集（第七卷）.北京：中国建筑工业出版社，2001：13.
② 梁思成.《营造法式》注释·序.见：梁思成.梁思成全集（第七卷）.北京：中国建筑工业出版社，2001：12.
③ 梁思成.《营造法式》注释·序.见：梁思成.梁思成全集（第七卷）.北京：中国建筑工业出版社，2001：10.
④ 参见刘敦桢.宋《营造法式》版本介绍.见：刘敦桢.刘敦桢全集（第六卷），北京：中国建筑工业出版社，2007：229.
⑤ 底本有“丁本”、“陶本”两种。
⑥ 据刘叙杰回忆，刘敦桢1950年代在南京工学院任课时仍不断以授课所得进行批注（据笔者2008年10月9日对刘叙杰的访谈）。
⑦ 刘敦桢批注.刘叙杰整理.宋·李明仲《营造法式》校勘记录，见：刘敦桢.刘敦桢全集（第十卷）.北京：中国建筑工业出版社，2007：1-84.
⑧ 参见陈薇.贴近历史真实的解读——《〈营造法式〉解读》书评.建筑师，2006（4）：93.

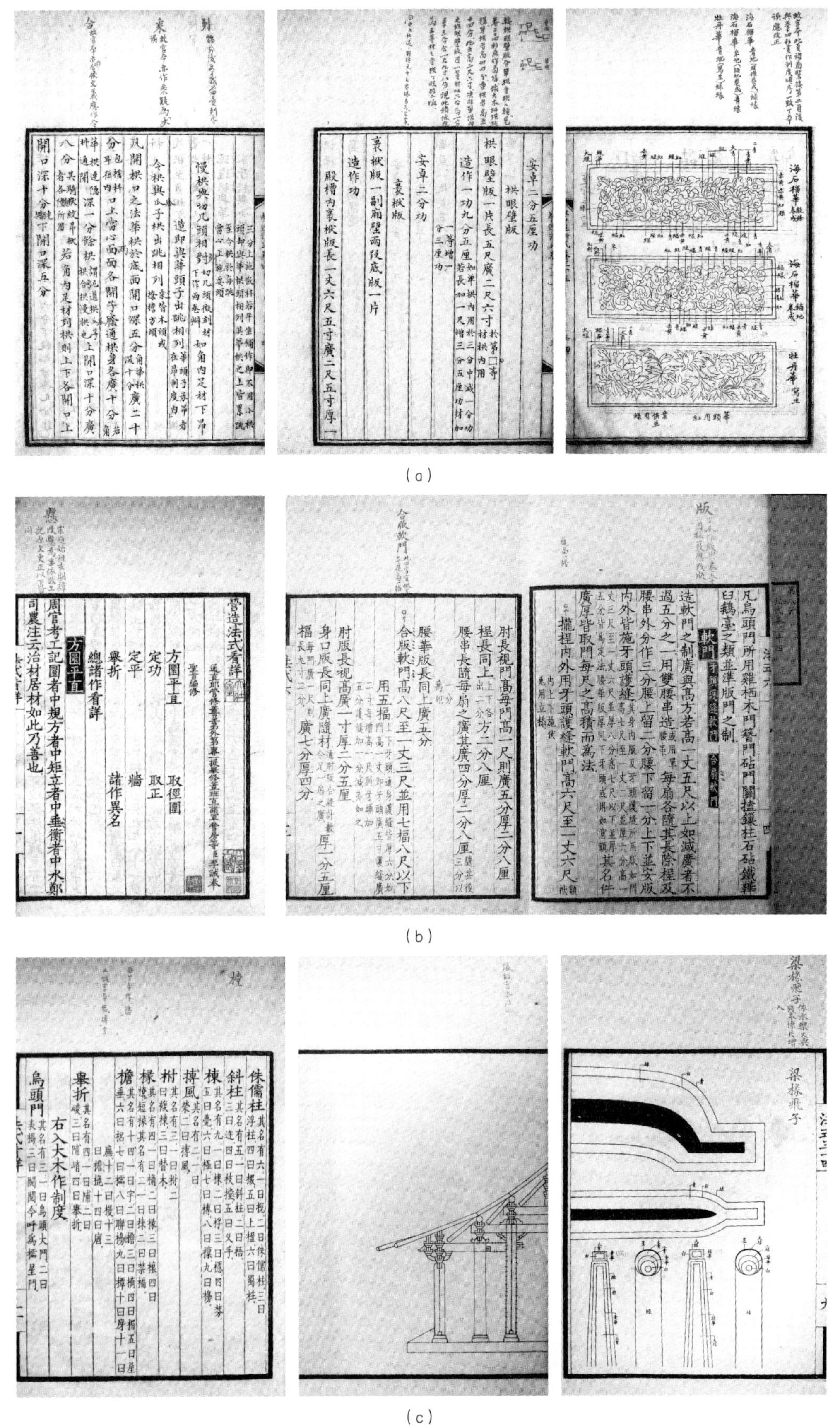

（a）

（b）

（c）

图 1-25　刘敦桢自藏《营造法式》刊印本批注
（a）为刘敦桢自藏“丁本”批注；（b）、（c）为刘敦桢自藏“陶本”批注（资料来源：刘叙杰提供）

《〈营造法式〉解读》一书[①]。

1962年，刘敦桢在多年研究基础上，简要梳理了《营造法式》的版本情况，写成《宋〈营造法式〉版本介绍》手稿[②]。1963年，傅熹年等参与刘敦桢主编《中国古代建筑史》的工作，刘敦桢曾把自己校勘"故宫本"时的手批本借予傅熹年，并慨然允许其过录一本[③]；1965年侯幼彬、喻维国也曾抄录过刘敦桢的校勘本《营造法式》，其秉承营造学社"学术乃天下公器"的无私气度可见一斑：

> 他有一部亲自校勘的《营造法式》，是1933年用石印丁本校故宫钞本所做的标点、订误、批注。这是他付出很大心血的研究成果。为便于我们以后查用和研究，刘先生竟主动把这部校勘本交给喻维国转录，而且也同意我转录。我当即从上海购买了一部"万有文库"重印本的《营造法式》，和喻维国一起抄录。刘先生看着我们转录，高兴的说："这样很好，这不仅便于你们研究，也有利于校勘本的保存。有了几套校勘本，就不至于丢失淹没了。"[④]

（三）陈明达的研究

长期致力于《营造法式》大木作研究的陈明达，在版本方面也有很多研究（图1–26）。他留下的《营造法式》抄本和批注本均有不同时期的校勘记录[⑤]。据陈明达外甥殷力欣回忆，陈明达在学社时期苦读《营造法式》，诸多疑问难以释怀，便用毛笔将"陶本"抄绘一遍（图1–27）。

在研究过程中，陈明达还曾参考日本学者竹岛卓一《〈营造法式〉の研究》（其批注本称"竹本"）的校勘成果[⑥]，较先前其他学者在研究材料方面有了进一步的扩充。他留下的批注本中录有"四库本"、"故宫本"、"丁本"和"竹本"四种，其中以"丁本"、"竹本"为多，还有若干独立订正的部分和一些研究心得。

① 参见陶本《营造法式》校勘表．见：潘谷西，何建中．《〈营造法式〉解读》．南京：东南大学出版社，2005：234–241.

② 刘敦桢．宋《营造法式》版本介绍．见：刘敦桢．刘敦桢全集（第六卷），北京：中国建筑工业出版社，2007：229.

③ 据笔者2009年4月24日对傅熹年院士的访谈。

④ 侯幼彬．难忘的1965．见：杨永生编．建筑百家回忆录，北京：中国建筑工业出版社，2000：152.

⑤ "手抄本"为1932年陈明达以"陶本"为底，手抄的全本《营造法式》，包括文字和图样。"批注本"底本为1954年"万有文库本"《营造法式》缩印普及本，内附陈明达不同时期批注。

⑥ 日本学者竹岛卓一曾在"陶本"基础上，取"石印本"（即"丁本"）、"静嘉堂本"、"东大本"互校，独立完成了校勘、句读和注释的工作，参见竹岛卓一．《营造法式》の研究：第1–3册，东京：中央公论美术出版社，1970–1972.

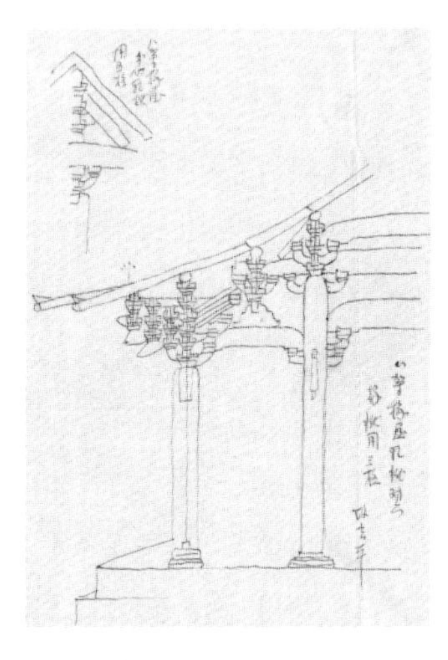

图 1-26　陈明达《营造法式》图样研究手稿（资料来源：王其亨提供）

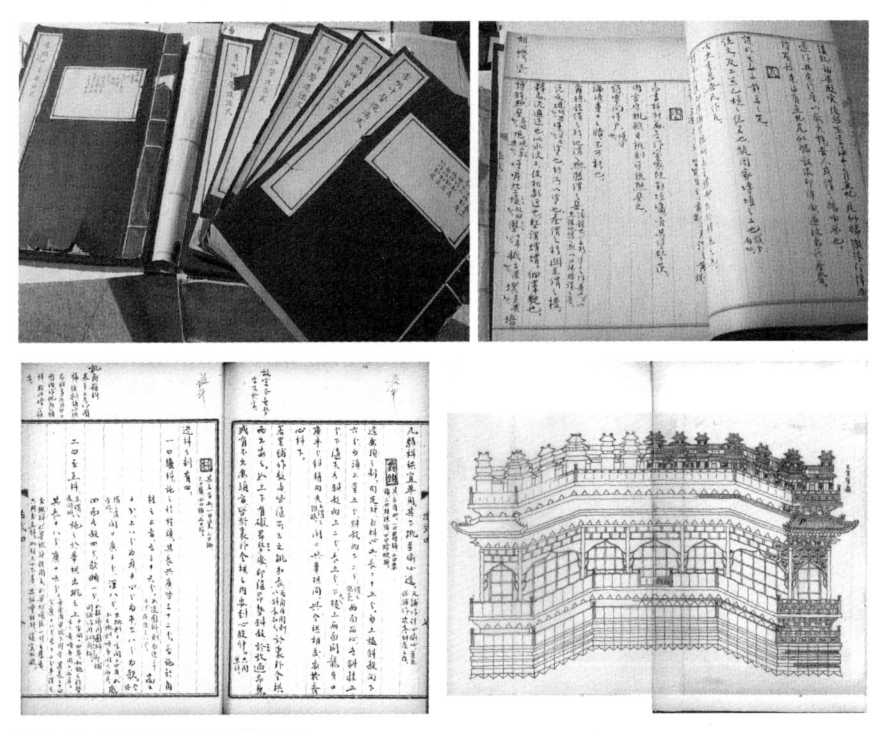

图 1-27　陈明达《营造法式》手抄本（资料来源：殷力欣提供）

笔者以陈明达《营造法式》手抄本、批注本与刘敦桢批注本核对，发现多有相同之处。以他曾师从刘敦桢的经历，其中相同的部分很可能也源自刘敦桢的藏本（图 1–28）。

陈明达留下的批注本中，还有对《营造法式》全文条目的详细清点，相关批注更透现了一个重要思路：为揭示传世《营造法式》的完整性，除了逻辑结构的研判，还必须由宏观走向微观，按其实质内容详细统计篇、条数目。

（四）傅熹年的研究

自 1960 年代开始，傅熹年就在《营造法式》版本研究上倾入了大量心血，至今未辍。他时刻注意收集版本信息，从其自藏“丁本”上以不同颜色区分来源的各种批注，就可见一斑。①1964 年，傅熹年还以文津阁“四库本”手校“丁本”一遍，是正颇多（图 1–29）。② 此外，傅熹年在其他相关研究中，涉及《营造法式》，也多有校勘工作的体现。③

2006 年，由傅熹年、王贵祥指导李路珂完成的博士论文《〈营造法式〉彩画研究》④，建立在已知最佳《营造法式》古本的基础上，不仅补正了之前彩画作研究在版本问题上的不足，也获得了更为客观的研究成果。

同年，中国建筑工业出版社新印“陶本”《营造法式》，傅熹年在为其所作的说明中再次提纲挈领地梳理了《营造法式》的版本源流⑤；2008 年，为配合故宫博物院出版影印“故宫本”的计划，他写就《介绍故宫博物院藏钞本〈营造法式〉》一文，又从多个方面论述了“故宫本”在版本和学术上的重要价值。⑥

近年来，傅熹年以极其扎实的文献功底和持续半个多世纪的不懈努力，在系统汇集《营造法式》重要传世善本、节录本以及诸多前辈大师的批注记录的基

---

① 其中，红色为过录刘敦桢的批注，绿色为刘敦桢校“故宫本”的批注，蓝色为朱启钤的批注，赭石色和粉红色则分别为校瞿氏铁琴铜剑楼藏钞本和国家图书馆的“文津阁”“四库本”的记录。（据笔者 2009 年 4 月 24 日对傅熹年院士的访谈）。

② “一九六四年三月用文津四库本手校一过，四库本原出天一阁影宋抄本，以校丁本是正颇多。其佳处往往与故宫本相合。卷六第二叶故宫本、瞿本、丁本俱脱，赖此本补完。卷三十一大木作图样下天一阁本原缺，馆臣以大典本补入，以校丁本、故宫本仍有所匡助。”引自傅熹年自藏“丁本”《营造法式》题识。

③ 参见傅熹年．唐长安大明宫玄武门及重玄门复原研究．考古学报，1977（2）：136.

④ 李路珂．《营造法式》彩画研究．北京：清华大学，2006.

⑤ 傅熹年．新印陶湘仿宋刻本《营造法式》介绍．见：李诫编修．新印陶湘仿宋刻本《营造法式》．北京：中国建筑工业出版社，2006；另见傅熹年．《营造法式》的流传历程．中国图书商报，2007–06–19（A03）.

⑥ 傅熹年．介绍故宫博物院藏钞本《营造法式》．见：傅熹年．傅熹年建筑史论文选．天津：天津百花文艺出版社，2009：494–495.

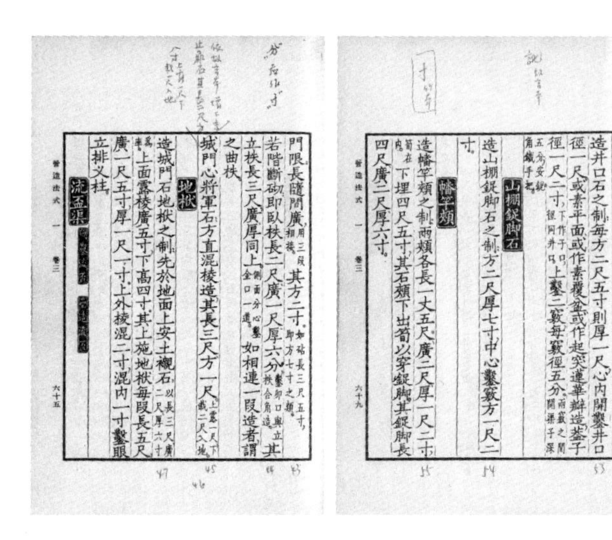

門限長隨間廣（用三段相接）其方二寸。（如砧長三尺五寸，即方七寸之類。）若階斷砌，即臥柣長二尺，廣一尺，厚六分。（鑿卯口與立柣合角造。）其立柣長三尺，廣厚同上。（側面分心鑿金口一道。）如相連一段造者，謂之曲柣。

城門心將軍石方直混稜造，其長三尺，方一尺。（上露一尺，下栽二尺入地。）

地栿

造城門石地栿之制：先於地面上安土襯石，（以長三尺，廣二尺，厚六寸為率。）上面露稜廣五寸，下高四寸，其上施地栿，每段長五尺，廣一尺五寸，厚一尺一寸；上外稜混二寸；混內一寸鑿眼立排叉柱。

流盃渠（剜鑿流盃 壘造流盃）

營造法式 一 卷三 六十五

造井口石之制：每方二尺五寸，則厚一尺，心內開鑿井口，徑一尺；或素平面，或作素覆盆，或作起突蓮華瓣造。蓋子徑一尺二寸，（下作子口，徑同井口。）上鑿二竅，每竅徑五分。（兩竅之間開渠子，深五分，安鐵手把。）

山棚鋜脚石

造山棚鋜脚石之制：方二尺，厚七寸；中心鑿竅，方一尺二寸。

幡竿頰

造幡竿頰之制：兩頰各長一丈五尺，廣二尺，厚一尺二寸，（筍在內。）下埋四尺五寸。其石頰下出筍，以穿鋜脚。其鋜脚長四尺，廣二尺，厚六寸。

營造法式 一 卷三 六十九

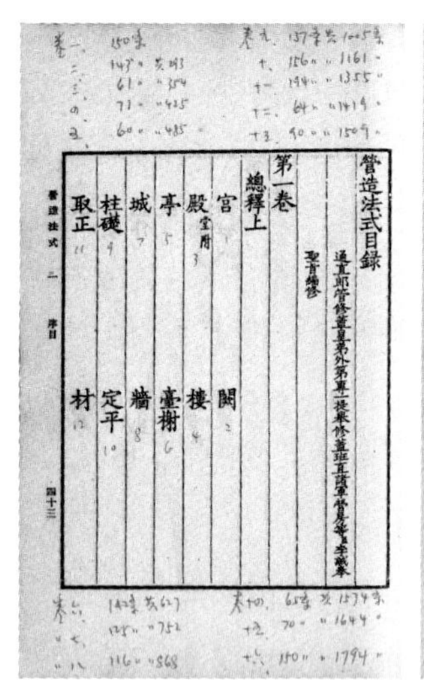

營造法式目錄

通直郎管修蓋皇弟外第專一提舉修蓋班直諸軍營房等臣李誡奉

聖旨編修

第一卷

總釋上

宮 闕

殿（堂附） 樓

亭 臺榭

城 牆

柱礎 定平

取正 材

營造法式 一 序目 四十三

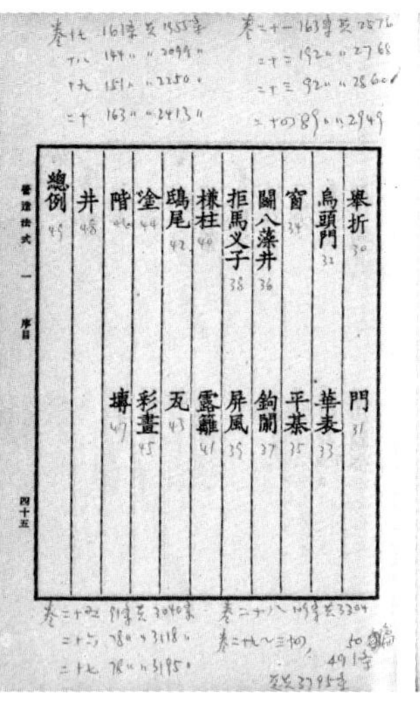

舉折 門

烏頭門 華表

窗 平棊

鬬八藻井 鉤闌

拒馬叉子 屏風

棟柱 露籬

鴟尾 瓦

塗 彩畫

階 塼

井

總例

營造法式 一 序目 四十五

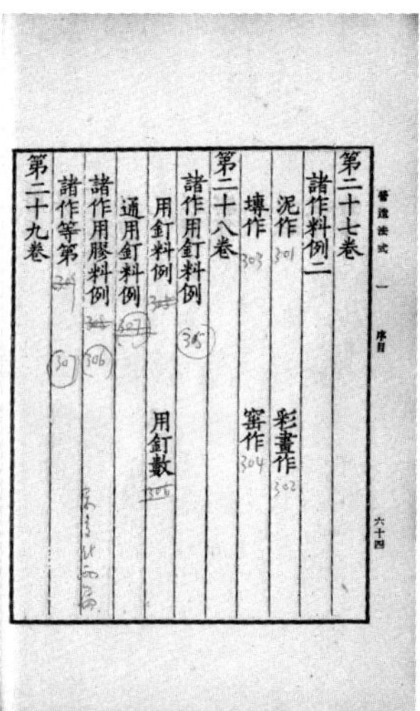

第二十七卷

諸作料例二

泥作 彩畫作

塼作 窰作

第二十八卷

諸作用釘料例

用釘料例 用釘數

通用釘料例

諸作用膠料例

諸作等第

第二十九卷

營造法式 一 序目 六十四

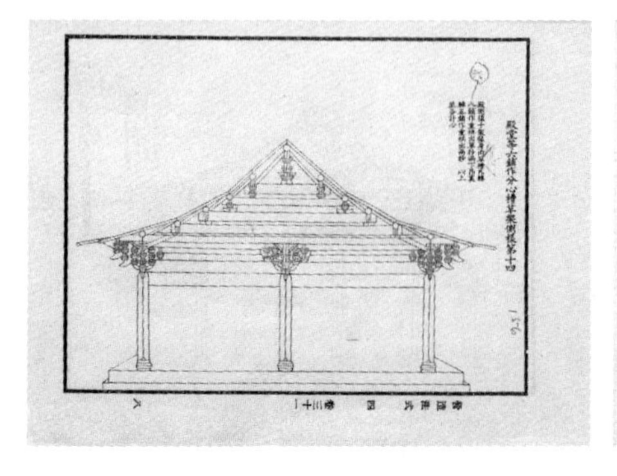

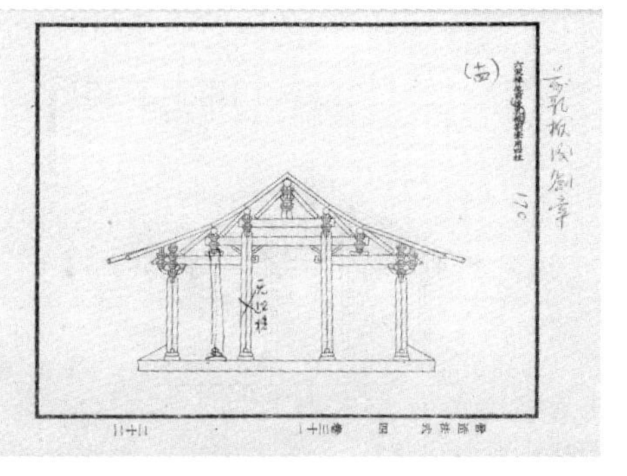

图 1-28 陈明达《营造法式》批注本（资料来源：殷力欣提供）

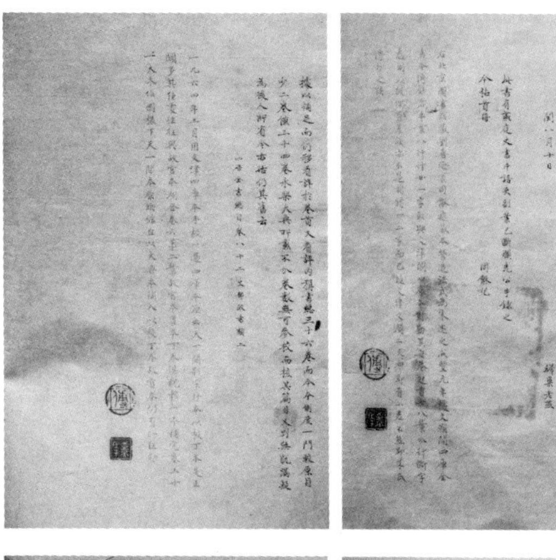

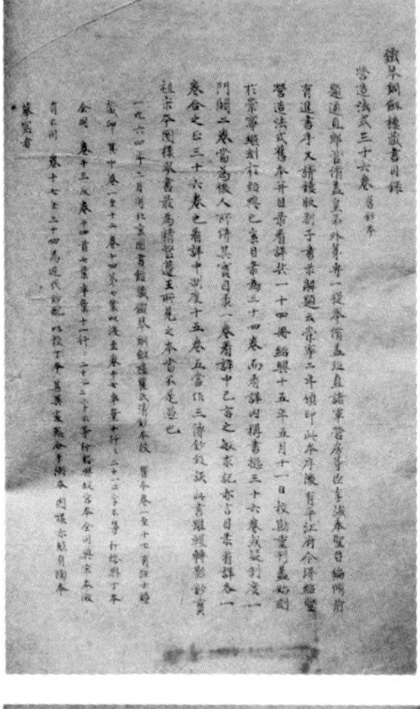

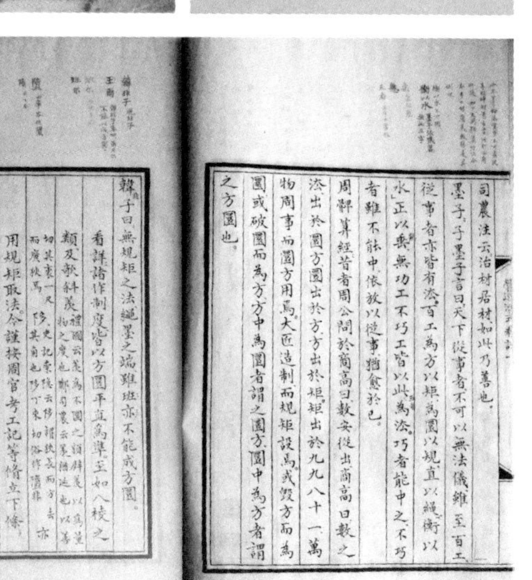

司農注云治材居材如此乃善也。
墨子子墨子言曰天下從事者不可以無法儀雖至百工從事者亦皆有法百工為方以矩為圓以規直以繩衡以水正以垂無功工不巧工皆以此為法巧者能中之不巧者雖不能中依放以從事猶愈於已。
周髀算經昔者周公問於商高曰數安從出商高曰數之法出於圓方圓出於方方出於矩矩出於九九八十一萬物周事而圓方用焉大匠造制而規矩設焉或毀方而為圓或破圓而為方方中為圓者謂之圓方圓中為方者謂之方圓也。

韓子曰無規矩之法繩墨之端雖班亦不能成方圓。
看詳諸作制度皆以方圓平直為準至如八棱之類及欹斜羨[illegible]
用規矩取法今謹按周官考工記等修立下條。
諸取圜者以規方者以矩直者抨繩取則立者垂繩取正橫者定水取平。
取徑圍
九章算經李淳風注云舊術求圜皆以周三徑一為率若用之求圜周之數則周少而徑多徑一周三理非精密蓋

图1-29 傅熹年《营造法式》题识及批注（资料来源：傅熹年提供）

础上[①]，经过缜密校雠，细致注释，证误补缺，编成《〈营造法式〉合校本》。该项工作不仅展现了诸多前辈大师和傅熹年本人严谨治学的风范，更可为后继相关研究提供客观坚实可信的文本基础，弥补了该领域多年以来的重大缺憾。《〈营造法式〉合校本》附录还对所选善本概况及版本源流等展开分析，也为《营造法式》的版本持续研究提供了不可多得的参考和指导。目前该书稿已交付出版社，即将面世。[②]

纵观几十年来《营造法式》研究的历程，可以说，傅熹年是自学社之后在《营造法式》版本研究领域坚持时间最长，贡献最突出的学者。

（五）其他相关研究

1. 文本校勘

潘谷西在其所著《〈营造法式〉解读》中附有“《营造法式》的版本、校勘与内容检索”，其中“《营造法式》的版本”是据“陶本”附录、陈仲篪《〈营造法式〉初探》等论著及近世《营造法式》的发行情况，对版本所做的简要介绍。“陶本《营造法式》校勘表”除收录前述刘敦桢相关批注外，亦含潘谷西在研读与作图过程中的部分校勘成果。校勘表依卷次排序，共 263 条。[③]

2005 年，杜仙洲应河南大学古建园林研究院委托，以“丁本”、“四库本”、“万有文库本”（1954 年重印四册本）、“故宫本”进行逐页逐行勘误核对，从第一册序目十七页至第四册卷三十一之二十五页止，订正错误 262 条，提高了该书的可读性，校勘记录形成《宋〈营造法式〉勘误记》一文，发表在《中国营造学研

① “《营造法式》合校本”据以校勘的《营造法式》相关版本和材料有：“①国家图书馆藏南宋绍定间刊本残卷（简称‘宋本’，据 1992 年古逸丛书影印本）；②故宫博物院藏清代传钞钱曾述古堂藏钞本（简称‘故宫本’，据 2009 年故宫博物院影印本）；③上海图书馆藏清道光元年张蓉镜影写本（简称‘张本’，据上海图书馆提供电子版）；④国家图书馆藏文津阁四库全书本（简称‘四库本’，据商务印书馆影印本）；⑤国家图书馆藏瞿氏铁琴铜剑楼旧藏清中期钞本（简称‘瞿本’，据熹年 1964 年校本）；⑥刘敦桢先生批陶湘刻本（简称‘刘批陶本’，据熹年 1963 年过录本）；⑦刘敦桢先生校故宫本批注（批在南京图书馆藏八千卷楼丁氏钞本上，简称‘刘校故宫本’，间有涉及对丁本之校改。据熹年 1963 年过录本，简称‘刘批陶本’）；⑧朱启钤先生批注陶湘刻本（简称‘朱批陶本’，据熹年 1964 年转录王世襄先生过录本）；⑨梁思成先生撰《营造法式注释》（据《梁思成全集卷 7》）；⑩国家图书馆藏明姚咨传钞南宋刊晁载之《续谈助》中所摘钞的北宋崇宁本的内容（简称‘续谈助本’，据国家图书馆提供电子版）。”引自傅熹年 .《营造法式》合校本（未刊本）.2016：11–12.

② 该研究为中国建筑设计院有限公司建筑历史研究所申报，经中国建设科技集团批准开展的项目。

③《营造法式》的版本、校勘与内容检索 . 见：潘谷西，何建中著 .《〈营造法式〉解读》. 南京：东南大学出版社，2005：232–240。但此表内未明确标示何为刘敦桢批注，何为编者批注。

究》第一辑中。[①]

2006年，邹其昌基于其博士后出站报告《〈营造法式〉艺术设计思想研究论纲》，点校出版了文渊阁《钦定四库全书·营造法式》。[②]正文以横排版随文批注的方式，以文渊阁“四库本”为底，勘校梁思成《〈营造法式〉注释》，并依现代汉语标点使用规范句读。[③]

2011年8月出版的《〈营造法式〉译解》为解读《营造法式》文本的成果。注译者王海燕以文渊阁四库全书本《营造法式》（台北商务印书馆影印本第六七三册）为底，校勘梁思成的《〈营造法式〉注释》，在对原文加以注释和翻译的基础上，还对书中难解之处和相关内容进行了解说。[④]

此外，还有很多散见于各专项研究中有关《营造法式》版本校勘的成果，诚可注意。如李路珂《〈营造法式〉彩画研究》除了对《营造法式》彩画的专门研究外，还有在梁思成《〈营造法式〉注释》基础上，对《营造法式》彩画作部分原文展开的进一步校勘。其按照古籍注释的惯例，注出不同版本的相异之处，对10余处文字和标点提出了修改和商榷意见，共补充“校注”80余条，为彩画作的研究提供了文本基础。[⑤]

2014年至2016年间，笔者在所获台湾地区收藏的两部《营造法式》钞本的基础上[⑥]，指导硕士研究生结合现存学术价值较高的7个《营造法式》版本[⑦]，运用中国古典文献学中的版本学、校勘学方法和建筑学相关专业知识，以大木

---

① 杜仙洲．宋《营造法式》勘误记．中国营造学研究，2005（1）：83–90。该文涉及“四库本”，未明示具体为哪部，但据文中校勘记录，曾提及“文渊、文津、文溯”阁本，可推断杜仙洲所说“四库本”应含这三部。且文中多次出现以“故宫本”校勘的记录，还提及“续谈助”等历史文献，但均未说明出处。

② 该书后经修改完善，2011年由人民出版社再次出版，参见李诫撰．《营造法式》·文渊阁《钦定四库全书》．北京：人民出版社，2011.

③ 参见邹其昌．文渊阁本《四库全书》·《营造法式》校勘说明．见：李诫编修．邹其昌点校．文渊阁《钦定四库全书》·《营造法式》．北京：人民出版社，2006。该书保持文渊阁四库全书本《营造法式》原书次序：即按照《札子》、《序》，正文三十四卷及补遗一卷（《看详》卷）等编排。原四库本《营造法式》并无“目录”，依梁思成《〈营造法式〉注释》等添加。还将四库全书“提要”收入置于目录前。此本《营造法式》卷三十四图样“刷饰制度图样”部分，比“陶本”少“黄土刷饰黑缘道”、“丹粉刷饰栱眼壁”、“黄土刷饰栱眼壁”几项。文中以“( )”内的字表示《〈营造法式〉注释》本用字，“〈 〉”表示《〈营造法式〉注释》本没有的字，“[ ]”表示“四库本”没有的字，并对《〈营造法式〉注释》本脱漏文字进行说明。

④ 李诫撰，王海燕注译，袁牧审定．《营造法式》译解．武汉：华中科技大学出版社，2011.

⑤ 李路珂．《营造法式》彩画研究．南京：东南大学出版社，2011：55–72.

⑥ 上海图书馆的陈先行曾指出上图所藏“张蓉镜本”一出，便有多部传钞本产生，除“朱学勤结一庐本”外，今藏南京图书馆与台湾图书馆（台北）的钞本皆从此本而来。由此获知台湾地区也收藏有《营造法式》钞本。。参见陈先行．打开金匮石室之门——古籍善本．上海：上海文艺出版社，2003：250–252。关于台湾地区两部《营造法式》概况，参见成丽，李梦思．台湾地区馆藏两部宋《营造法式》钞本考略.2016年中国《营造法式》国际学术研讨会论文集．福州，2016.

⑦ 这7个版本包括：“绍定本”、“永乐大典本”、“文渊阁本”、“故宫本”、“陶本”、“梁思成《〈营造法式〉注释》本”、“竹岛卓《〈営造法式〉の研究》点校本”。

作为例，分别从文字与图样两部分展开比较研究。[②] 对传世版本的现状和特点有了较为客观和系统的认知。进而结合研究成果，对相关传世版本的源流关系做出判断，以期为今后《营造法式》的相关研究提供文本辨别和版本取舍方面的参考。[③]

此外，1980 年代以来，学者们对《营造法式》中单字正误的研究，是从更为细致和微观的层面展开的探索，如陈明达《抄？杪？》、曹汛《〈营造法式〉的一个字误》、徐怡涛《"抄"、"杪"辨》、李灿《"杪栱""抄栱"探析》等；[④] 还有散见于《营造法式》其他相关研究中的校勘工作，如钟晓青对《营造法式》小木作制度中一处条文可能存在文字前后错置的辨析[⑤]，郑珠、郑晓祎对"堂厅"、"柱项"等个别字词正误或脱漏的考释[⑥]，亦是十分重要的文本校勘成果。

2. 版本源流

很多学者在研究《营造法式》的过程中，对版本源流也进行了梳理和考证。除上述已经提及的文献外，还有林洙、郭黛姮、崔勇、王英姿、柳和成、项隆元等学者的相关研究（图 1–30）：

林洙在《中国营造学社史略》一书中以"《营造法式》编修及版本"一章对《营造法式》版本源流及学社的相关研究做出简述。文后附"《营造法式》版本流传校订图示"及"绍定本"、"永乐大典本"、"故宫本"、"丁丙钞本"等《营造法式》书影。[⑦]

郭黛姮在《中国古代建筑史》第三卷第十章中的"《营造法式》评介"部分，除了对《营造法式》性质、特点、工种制度等做出介绍外，还涉及编者李诫生平和简略的《营造法式》版本流传情况。文后附据竹岛卓一《〈营造法式〉の研究》、

---

① 因台湾地区馆藏的这两部《营造法式》版本信息有待考订，本文为指代清晰起见，暂根据其图书馆索书号"04882"及"04883"，简称为"台湾 4882 本"及"台湾 4883 本"。

② 文字部分以"陶本"《营造法式》为底本，校勘其他各版本的异同，从异体字、避讳字、传抄问题三个方面进行阐述；图样部分以各相关版本间的平行比较为主，以梁思成《〈营造法式〉注释》和竹岛卓一《〈营造法式〉の研究》为参考，分别从图样认知、图样脱衍、图样表达准确度三个方面进行阐述。

③ 李梦思．宋《营造法式》传世版本比较研究（大木作部分）．厦门：华侨大学，2016.

④ 参见陈明达．抄？杪？．建筑学报，1986（9）：65；曹汛．《营造法式》的一个字误．建筑史论文集，1988（9）：54–57；徐怡涛．"抄"、"杪"辨．建筑史论文集，2003（17）：30–39；李灿．"杪栱""抄栱"探析．古建园林技术，2004（4）：10–12.

⑤ 钟晓青．《营造法式》研读笔记二则．建筑史，2013（31）：17–19.

⑥ 郑珠，郑晓祎．《营造法式》读后杂谈．古建园林技术，2014（3）：50–51.

⑦ 该书 1995 初版对各版本书影标注尚存疏漏，如误认"绍定本"为"崇宁本"，2008 年新版已得到更正，可见学术进步。参见林洙《营造法式》编修及版本．见：林洙．叩开鲁班的大门——中国营造学社史略．北京：中国建筑工业出版社，1995：40–51；林洙．中国营造学社史略．天津：百花文艺出版社，2008：72–83.

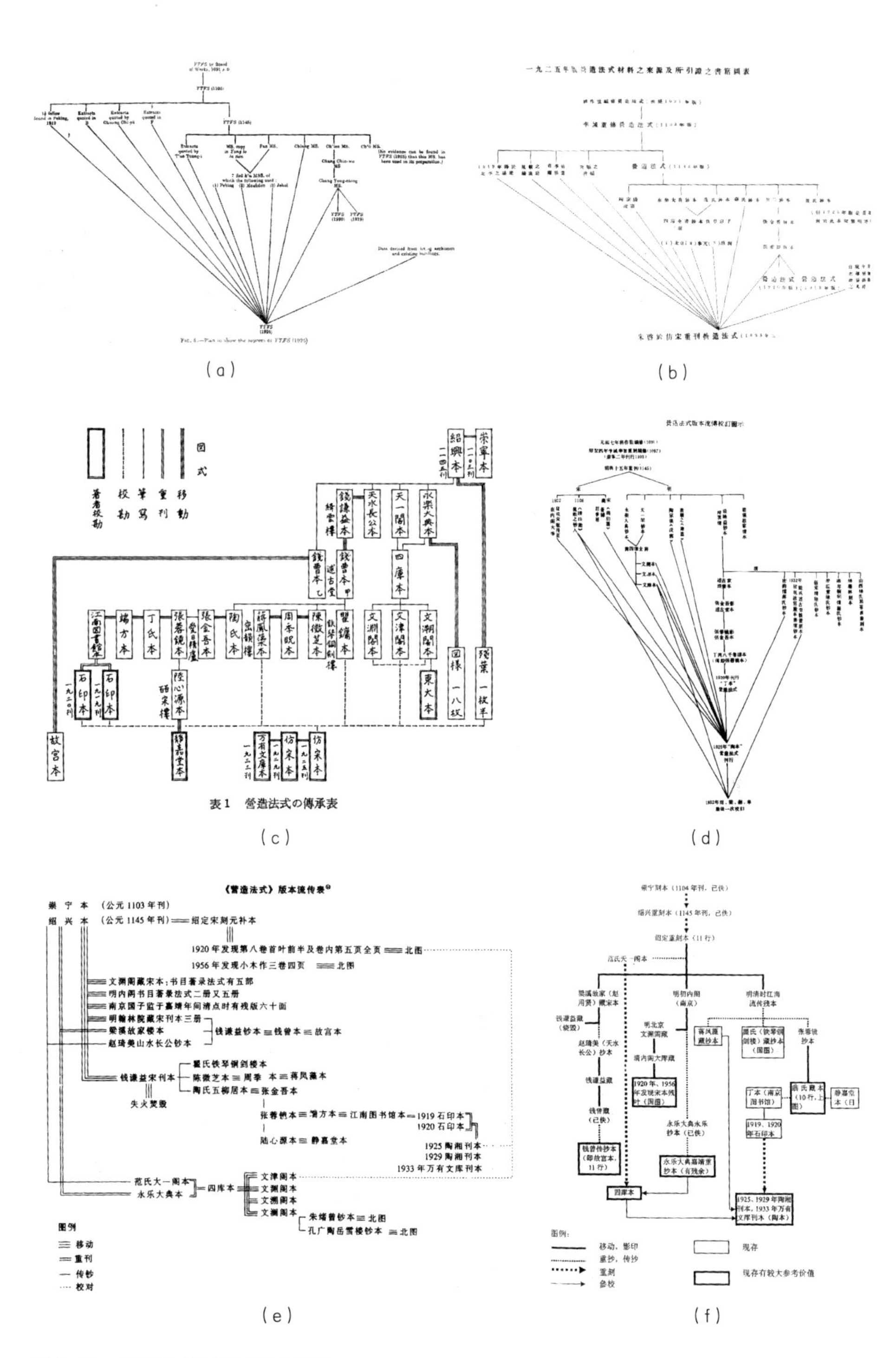

图 1-30 《营造法式》版本源流示意图
（a）、（b）资料来源：英叶慈博士《营造法式》之评论．中国营造学社汇刊，1930，1（1）：491，3
（c）资料来源：竹岛卓一．《营造法式》の研究：第 1 册，东京：中央公论美术出版社，1970：22.
（d）资料来源：林洙．叩开鲁班的大门——中国营造学社史略．北京：中国建筑工业出版社，1995：43.
（e）资料来源：郭黛姮．中国古代建筑史（第三卷），北京：中国建筑工业出版社，2003：730.
（f）资料来源：李路珂．《营造法式》彩画研究．南京：东南大学出版社，2011：37.

谢国桢《〈营造法式〉版本源流考》和陈仲篪《〈营造法式〉初探》整理的"《营造法式》版本流传表"。[①]

崔勇所著《中国营造学社研究》在论及朱启钤 1919 年发现"丁氏钞本"《营造法式》时，为了便于读者理解《营造法式》对于中国建筑史学研究的意义，以林洙《中国营造学社史略》中相关论述为基础，结合一些文献资料，就《营造法式》版本源流问题也做出了一些补充说明。[②]

项隆元在《〈营造法式〉与江南建筑》中结合以往成果和自己的研究心得，从"宋代刻本"、"元明清时期的宋刻本与抄本收藏"、"当代《营造法式》版本"三个方面对《营造法式》版本流传做出了较为详细的解说。[③]

此外，还有柳和成在《〈营造法式〉版本及其流布述略》中结合史料，从刻本、钞本、近现代刊本和"梁思成《〈营造法式〉注释》本"四个方面，对《营造法式》的版本和流布情况做出的梳理和综述；以及王英姿在《南京图书馆馆藏清抄本〈营造法式〉考略》中对清"丁丙钞本"《营造法式》传承源流的介绍[④]，等等。

3. 史料补充

徐怡涛通过对明人唐顺之《稗编》和南宋程大昌《演繁露》所言"屋楹数"的考证，以及"屋楹数"与《营造法式・看详》行文风格的差异，证明《稗编》中的"屋楹数"是抄自《演繁露》，而非《营造法式・看详》中的内容。这一研究也是对《营造法式》相关史料记载和版本方面问题的有益论证。[⑤]

王其亨在爬梳史籍的过程中发现，基于金大定廿四年（1184 年）毕履道《图解校正地理新书》的明昌三年（1192 年）张谦《重校正地理新书》[⑥]，曾载引《营

---

① 参见郭黛姮．中国古代建筑史（第三卷），北京：中国建筑工业出版社，2003：729–730.

② 参见崔勇．中国营造学社研究．南京：东南大学出版社，2004：54–57.

③ 参见项隆元．《营造法式》与江南建筑．杭州：浙江大学出版社，2009：52–60.

④ 参见柳和成．《营造法式》版本及其流布述略．图书馆杂志，2005（6）：73–76；王英姿．南京图书馆馆藏清抄本《营造法式》考略．河南图书馆学刊，2005（5）：81–83；杨永生．《营造法式》的重要版本——《营造法式》出版 900 年系列谈之四．中国建设报，2003-11-21.

⑤ 参见徐怡涛．"屋楹数"与《营造法式》关系考．华中建筑，2002（6）：97–98.

⑥ 金章宗明昌三年（1192 年）张谦刊本《重校正地理新书》，是此前王洙在宋仁宗嘉祐元年（1056 年）奉敕修成《地理新书》的基础上增补而成，为研究当时墓葬所遵风水理论、丧葬习俗和民间信仰的重要文献。现知其传世共两部刻本和三部钞本，相关的源流关系和版本概况参见王洙编撰．毕履道，张谦校正．金身佳整理．地理新书校理・前言．湘潭：湘潭大学出版社，2012：9–11；刘未．宋元时期的五音地理书——《地理新书》与《茔元总录》．见：中国人民大学北方民族考古研究所，中国人民大学历史学院考古文博系编．北方民族考古：第 1 辑，北京：科学出版社，2014：259–263.

造法式》中“取正”和“定平”之法1600余字，并附图样（图1-31）。按宋、金的文化传承，该书摘引宋《营造法式》，足可说明其对金代的营造实践仍具指导意义[①]；更重要的是，它很可能源自“崇宁本”，堪为《营造法式》版本研究提供新的重要参考。[②]这一发现也可说明，对于《营造法式》版本研究，相关史料的发掘仍有极大潜力，尚待学界进一步努力。[③]

4. 编者姓名

就《营造法式》研究本身来说，目前虽然成果颇丰，却依旧存在一些问题和缺环，典型如《营造法式》作者名为“李诫”还是“李诚”的置疑。[④]对这个问题的讨论由来已久，清《四库全书》就曾有相关考证。现代著名古文献学家、目

① 金1126年攻下汴京灭亡北宋后，掳得大量文物、图书和工匠，其典章制度、宫室器用多是北宋余波。金代修筑都城和官式建筑也基本沿袭宋制，使用北宋工匠开展营造活动，也在很大程度上吸收了北宋官式建筑的养分。如《金图经》载“亮（完颜亮）欲都燕，遣画工写京师宫室制度，至于阔狭修短，曲尽其数，授之左相张浩辈，按图以修之”（《三朝北盟会编·炎兴下帙》卷二百四十四）。因此，《营造法式》很可能直接影响了北方金国的营造之事，对金代的营造实践仍具指导意义，故而也使得这个时期的建筑成为《营造法式》研究的重要实物证据。1937年梁思成凭形制样式误判佛光寺中的金建文殊殿为宋建，也从另一个侧面说明金代建筑恰与《营造法式》规定多有相符。后来梁思成在1954年油印本《中国建筑史·前言》中对误判之事作出了更正说明。参见梁思成．记五台山佛光寺建筑续．中国营造学社汇刊，1945，7（2）：1；梁思成．中国建筑史．天津：百花文艺出版社，1998：359。有学者认为与宋并存的辽、金、西夏诸国，其社会文化包括建筑都在不同时期和不同程度上受到中原汉族的影响。虽然未曾颁布过类似《营造法式》的规范，但各类建筑特别是官式建筑的兴造都甚为频繁，而且大多通过中原建筑精华的传播加以吸收，《营造法式》对他们的影响是间接的。参见刘叙杰．哲匠薪传千秋宝笈——纪念宋〈营造法式〉颁行九百周年．纪念宋《营造法式》刊行900周年暨宁波保国寺大殿建成990周年国际学术研讨会论文集．宁波，2003：23.

② 金人张谦刻印《重校正地理新书》在明昌三年（1192）年，其所见《营造法式》应不是“绍定本”。虽张谦刻书之前已有“绍兴本”，但以宋、金的历史渊源关系，南宋刊本传入金国的可能性极小，张谦所见《营造法式》应当也不是“绍兴本”。极有可能的是，金国攻入北宋后曾掠去“崇宁本”，张谦据此摘录。因此，《重校正地理新书》所录《营造法式》采自原刊本——“崇宁本”的概率极高，其对于《营造法式》版本校勘研究的意义也由此展现出来。笔者曾将《重校正地理新书》所引《营造法式》内容与“陶本”相校，发现二者有二十余处文字或语句相异，详见王其亨，成丽．金刻《重校正地理新书》所引宋《营造法式》刍议．宁波保国寺大殿建成1000周年学术研讨会暨中国建筑史学分会2013年会论文集．宁波，2013：395-403。

③ 例如，北宋晁载之在崇宁五年（1106年）即《营造法式》钦准刊行仅三年，就曾节录该书卷一至卷十五所载名物制度于其所撰《续谈助》，就目前所知，这是崇宁本首刊后的最早记载，在一定程度上也反映了《营造法式》祖本的面貌，对确认今传《营造法式》卷数和是否完本，具有重要价值。经笔者与“陶本”校对，不仅发现二者存在诸多异处，还可校补若干“陶本”之缺，其对于版本校勘的意义亦不可小觑（校勘记录见附录二“《营造法式》相关记载及评述”）。

④ 李诫，字明仲，生年不详，出身于官吏世家。元丰八年(1085年)，其父李南公趁哲宗登位大典“恩遇”，为李诫荫补郊社斋郎的职位；元祐七年(1092年)，以承奉郎为将作监主簿；绍圣三年(1096年)，以承事郎为将作监丞；绍圣四年(1097年)，奉旨重修《营造法式》；元符三年(1100年)，《营造法式》书成；崇宁元年(1102年)，以宣德郎为将作少监；崇宁二年(1103年)，申请《营造法式》镂版海行；崇宁三年(1104年)，迁将作监；大观四年(1110年)，卒于虢州。任职期间曾主管兴建五王邸、辟雍、尚书省、龙德宫、朱雀门、景龙门、九成殿、开封府廨、太庙、钦慈太后佛寺、明堂、营房等多项工程项目。参见朱启钤．李明仲八百二十周忌之纪念．中国营造学社汇刊，1930，1（1）：1-24；李明仲先生墓志铭．中国营造学社汇刊，1930，1（1）：1-3；阚铎．李明仲先生补传．中国营造学社汇刊，1930，1（1）：4-6；梁思成．《营造法式》注释·序．见：梁思成．梁思成全集（第七卷）．北京：中国建筑工业出版社，2001：7-8；曹汛．《营造法式》崇宁本——为纪念李诫《营造法式》刊行九百周年而作．建筑师．2004（2）：100-105；左满常．有关《营造法式》及其作者的几个史实辨析．见左满常．有关《营造法式》及其作者的几个史实辨析．中国营造学研究，2005（1）：91-97.

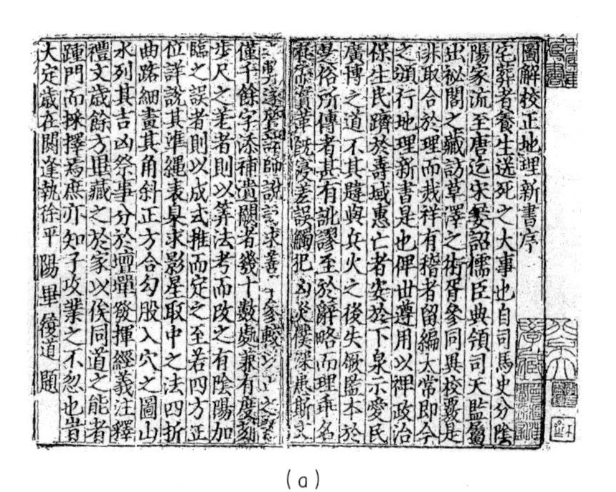

（a）

（b）

（c）

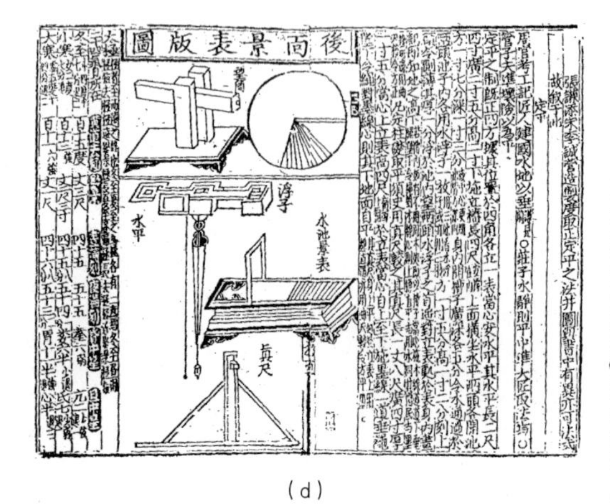

（d）

图 1-31　北京大学图书馆藏金元刻本《重校正地理新书》相关书影

（a）金明昌三年（1192 年）张谦《重校正地理新书·序》之大定廿四年（1184 年）毕履道《图解校正地理新书序》（第一页）；（b）金明昌三年（1192 年）张谦《重校正地理新书·序》之张谦《精加校正补完地理新书·启》（第一页）；（c）《重校正地理新书》引《营造法式》“取正”文字（第八页）；（d）《重校正地理新书》引《营造法式》中图样（第九页）[资料来源：重校正地理新书：卷 1.《续修四库全书》编纂委员会 编 . 续修四库全书（第 1054 册·子部·术数类）. 上海：上海古籍出版社，2002]

录学家余嘉锡在《四库提要辨证》中对《四库全书》的判断又稍做分析。[①]1925年，陶湘也基本认同《四库全书》对《营造法式》作者名的判断，并在为“陶本”所写的《识语》中做出申明。[②] 1930年，朱启钤在《李明仲八百二十周忌之纪念》一文中也指出:“次即明仲先生也,名不见于宋史列传。据《四库总目》,陆友仁《研北新志》云:‘诫，字明仲，而书其名作诫字’。然范氏天一阁影抄本及《宋史·艺文志》、《文献通考》俱作诫字，既见程俱《北山小集》，有为傅冲益作先生墓志，确为诫字。”[③]

虽然其后大多数学者采信以上观点[④]，但目前仍有个别异议。如建筑历史学家曹汛几十年来一直关注《营造法式》作者名的问题，多次从史源学、年代学考证方法入手，针对此事做出辨析，其坚持不懈的思考和执着敬业的治学态度，值得后学钦佩。其中,发表于1996年的《中国建筑史基础史学与史源学真谛》一文，曾列出宋元时期9种相关文献，加之“《礼记·中庸》‘诚则明矣’一语，名与字正义有连属”等依据，判断《营造法式》作者名为“李诚”。[⑤] 2003年，在《〈营造法式〉崇宁本——为纪念李诫〈营造法式〉刊行九百周年而作》一文中再次详加论述。[⑥] 2010年，时值《营造法式》作者李明仲逝世900周年，曹汛集多年研究所得，又补入6种文献[⑦]，加之前述9种共计15种文献，系统辨证《营造法式》作者名为“李诫”而非“李诫”,成文《李诫本名考正》发表于《中国建筑史论汇刊》第叁辑“纪念李诫逝世九百周年”专栏[⑧]。

随后,《中国建筑史论汇刊》第肆辑又增设“宋《营造法式》版本研究专栏：纪念李明仲逝世九百周年（续）”，荟集国内新老相关研究论文数篇，对《营造法式》作者名再次展开考辨。除梁思成、陶湘、傅熹年、李致忠等学者的五篇旧文外，还包括笔者从笔画结构、汉字书写习惯、古本源流等方面，对“绍定本”

---

① 余嘉锡．四库提要辨证（上）．昆明：云南人民出版社，2004：411.

② 陶湘．识语．见：李诫编修．“陶本”营造法式，1925.

③ 朱启钤．李明仲八百二十周忌之纪念．中国营造学社汇刊，1930，1（1）：4.

④ 项隆元在《〈营造法式〉与江南建筑》一书中也对“李诫”名字做了相关考证分析。参见项隆元．《营造法式》与江南建筑．杭州：浙江大学出版社，2009：29–30.

⑤ 曹汛．中国建筑史基础史学与史源学真谛．建筑师，1996（2）：63–69。九种文献为：北宋晁载之《续谈助》、北宋赵明诚《金石录》别本、北宋晁公武《郡斋读书志》、南宋李焘《续资治通鉴长编》、南宋王应麟《玉海》、南宋陈振孙《直斋书录解题》、南宋杨忠良《皇朝通鉴长编纪事本末》、元马临端《文献通考》、元陆友仁《研北杂志》。

⑥ 曹汛．《营造法式》崇宁本——为纪念李诫《营造法式》刊行九百周年而作．建筑师，2004（2）：100–105.

⑦ 补入的六种文献为:北宋刘跂《暇日记》、南宋程大昌《演繁露》、金张谦《重校正地理新书》、南宋“绍定本”《营造法式》、北宋陈櫄《负暄野录》、明方以智《通雅》。

⑧ 参见曹汛．李诫本名考正．中国建筑史论汇刊，2010（3）：4–37. 曹汛在《中国建筑史论汇刊》第叁辑“纪念李诫逝世九百周年”专栏共发表三篇文章以示纪念，除《李诫本名考正》外，还有《李诫〈五马图〉考定》和《李诫研究》两篇。参见曹汛．李诫《五马图》考定．中国建筑史论汇刊，2010（3）：38–64；曹汛．李诫研究．中国建筑史论汇刊.2010（3）：65–94.

所刻作者名应为“李诫”的辨析[①]（图 1-32，图 1-33）；以及李路珂以现存宋本残卷和两宋时期涉及《营造法式》的摘录及著录为基础，对《营造法式》作者名的讨论。

笔者认为，关于《营造法式》作者名为“李诫”还是“李诫”的问题，尚缺乏有力的资料和实物证据。目前可见的所有史料均非第一手材料，若非见到“崇宁”祖本《营造法式》或李诫墓碑，当前的推测都难以为凭。但是在尊重前辈研究成果的基础上，不断进行思考、质疑和改进，将研究持续推向深入，对学术发展仍是有益的。对于学术研究中怎样称呼《营造法式》作者的问题，或可采用折中的办法，以其字“李明仲”称之，或仍以现存最早宋本——“绍定本”《营造法式》所云“李诫”为准。[②]

5. 是否完本

自 1925 年至今广泛刊行且最为普及的“陶本”含《目录》、《看详》各一卷，加上正文三十四卷，共三十六卷。在《营造法式》总说明或凡例性的《看详》卷中，李诫曾以“总诸作看详”概括了该书编修的缘由、宗旨、原则、方法、体例及内容，提到“今编修到海行《营造法式》，总释并总例共二卷，制度一十五卷，功限一十卷，料例并工作等第共三卷，图样六卷，《目录》一卷，总三十六卷”。全书仅在此明确言及卷数，却存在明显问题。[③] 这些问题曾引发传世《营造法式》是否完本的疑惑。

① 参见成丽．李诫？李诫？——南宋“绍定本”《营造法式》所刻作者名辨析．中国建筑史论汇刊，2011（4）：23-30；李路珂．传世两宋时期《营造法式》的残卷、摘录及著录钩沉——兼谈《营造法式》的作者姓名．中国建筑史论汇刊，2011（4）：31-46. 笔者在 2009 年 4 月采访我国著名建筑史学家傅熹年时，曾就《营造法式》作者名问题求教，傅熹年取其所藏《古逸丛书三编》中所收《营造法式》残卷见示，明确指出“绍定本”所刻作者名为“李诫”。

② 此外，还有学者对李诫生平做出研究，例如顾迩素对《营造法式》成书时间和编者的评介；左满常通过梳理学界已有的叙述和研究，根据宋代的官职制度，推测李诫生年或为 1064 年，并依照万年历校正了其卒年的具体日期；指出学界广泛采用的李诫供职将作监 13 年的说法有误，实为 16 年；刘叙杰在李诫逝世的 900 周年之际，撰写《纪念李诫 缅怀先哲》一文，对李诫的家世、生平经历、编修《营造法式》的情况做出细致梳理和讨论，兼论将作监的职司范围、李诫的生卒年月及其在将作监数次离任的情况；亓艳芝依据相关记载，对李诫的家世、仕途及营造项目进行概括总结，并从宋代的荫官制度入手，对李诫的生年及其他相关问题展开研究。参见顾迩素．《营造法式》成书时间及其编者（英文）．营造，2001（1）：185-192；参见左满常．有关《营造法式》及其作者的几个史实辨析．中国营造学研究，2005（1）：91-97；刘叙杰．纪念李诫 缅怀先哲．古建园林技术，2011（1）：5-8；亓艳芝．李诫考略．文物建筑，2012（5）：199-203.

③ 第一，按“总释”、“总例”、“制度”、“功限”、“料例”、“等第”、“图样”及《目录》等各卷数相加与其所谓“总三十六卷”显然抵牾；第二，重要的是，其所谓“制度一十五卷”，按《目录》及诸作“制度”正文核计，实皆 13 卷，为什么会相差两卷，是否有缺失？第三，所列卷数未包括《看详》，换言之，《看详》是否计为一卷？

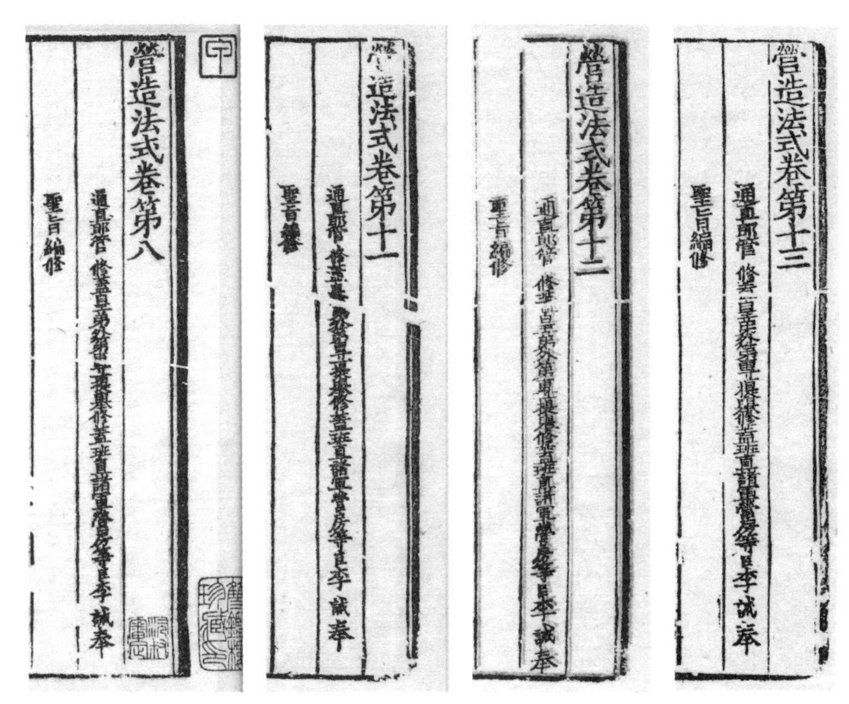

图 1-32 “绍定本”《营造法式》残本各卷首页局部
（资料来源：古逸丛书三编之四十三影印宋本《营造法式》. 北京：中华书局，1992）

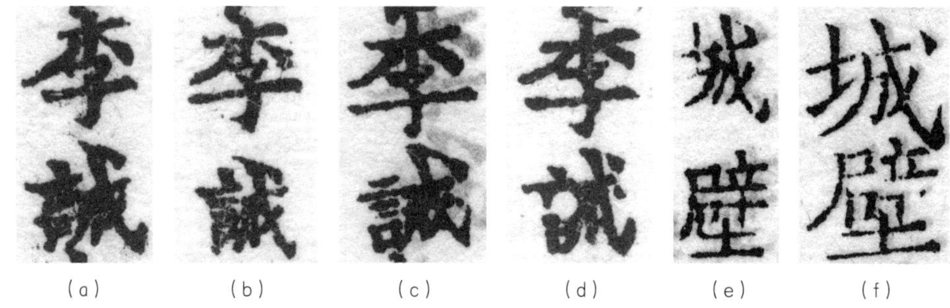

图 1-33 “绍定本”《营造法式》残卷“诫”与“城”字形比对
（a）卷八首页；（b）卷十一首页；（c）卷十二首页；（d）卷十三首页；（e）卷十三[①]；（f）卷十三[②]
（资料来源：古逸丛书三编之四十三影印宋本《营造法式》. 北京：中华书局，1992）

---

① 《营造法式》卷十三“泥作制度·用泥·细泥：一重（作灰衬用）。方一丈，用麦𪌉一十五斤（城壁增一倍，麤泥同）。”引自李诫编修. “陶本”营造法式，1925.

② 《营造法式》卷十三“泥作制度 · 用泥 · 麤细泥：施之城壁及散屋内外，先用麤泥，次用细泥，收压两遍。”引自李诫编修. “陶本”营造法式，1925.

就目前所知，最先注意到这些问题并展开研讨的，是清乾隆朝编纂《四库全书》的学者们。[①] 到现代，自 1919 年“丁本”《营造法式》刊行后，经学社创始人朱启钤大力倡导，著名版本学家陶湘等“搜集诸家传本，详校付梓”，并汇总了《营造法式》传世以来的历代相关记载和评述。这些成果及嗣后相关研究表明，现存版本“与《看详》所载相符，并无残缺并省”。[②]

随着《营造法式》研究的深入，自陶湘以来，不少学者如梁思成、钟晓青、潘谷西等都曾做过探讨[③]，涉及卷数、篇目，但未成系统，尤其未细化到全部条目[④]。因此，在当今的相关研究中，传世《营造法式》是否完本，“制度”是否缺失，依然没有得到彻底解决[⑤]。长期以来，学界未就《营造法式》实质内容展开更深入细致的分析研究，导致有关其完整性的论证力度不足，是造成这种疑惑的重要原因。笔者梳理宋代以来有关述评，继承既有研究成果而考辨《营造法式》的卷数和篇数，并按陈明达的探索性思路核计书中实质性的全部条目，确证今传《营造法式》虽经历代重刻、传抄却并无重要缺佚，仍是与初刻本体例相符而卷、篇、条目齐全的完本。[⑥]

小结

就中国建筑史学的发展而言，对《营造法式》的研究最早起源于相关版本的校勘。自 1919 年朱启钤在江南图书馆发现丁丙钞本《营造法式》并石印刊行后，

① 如《四库全书总目》提到：“《营造法式》三十四卷……又《看详》内称书总三十六卷，而今本‘制度’一门较原目少二卷，仅三十四卷。《永乐大典》所载不分卷数，无可参校。而核其前后篇目，又别无脱漏，疑为后人所并省，今亦姑仍其旧云。”

② 参见陶湘 . 识语 . 见：李诫编修 .“陶本”营造法式，1925.

③ 参见陶湘 . 识语 . 见：李诫编修 .“陶本”营造法式，1925；梁思成 .《营造法式》注释 . 见：梁思成全集（第七卷）. 北京：中国建筑工业出版社，2001：15；钟晓青 .《营造法式》篇目探讨 . 建筑史论文集，2003（19）：149；潘谷西，何建中 .《〈营造法式〉解读》. 南京：东南大学出版社，2005：240-241.

④《〈营造法式〉解读》对图样部分做出条目统计，参见潘谷西，何建中 .《〈营造法式〉解读》. 南京：东南大学出版社，2005：241；《〈营造法式〉彩画研究》对有关彩画作的文本（13 篇，96 条）和图样（18 篇，271 条）部分做了条目统计，参见李路珂 .《营造法式》彩画研究 . 南京：东南大学出版社，2011：41-48.

⑤ 钟晓青结合图样内容和修订、海行的时间差以及古人的相关记述，推测《营造法式》在崇宁二年刊行时可能作了部分删节，惟《看详》依然保留了说明的原文，删节内容为“第五卷‘大木作制度三’和第六卷‘大木作制度四’两卷”，结合有关建筑平面规制（殿堂地盘分槽、厅堂间缝用梁柱）与梁柱构架形式等内容，认为该书制度应为 15 卷，不是现在的 13 卷。参见钟晓青 .《营造法式》研读札记 . 见：宁波保国寺大殿建成 1000 周年学术研讨会暨中国建筑史学分会 2013 年会论文集 . 宁波，2013：1-4.

⑥ 参见王其亨，成丽 . 传世宋《营造法式》是否完本？——《营造法式》卷、篇、条目考辨 . 建筑师 .2009（3）：106-114。重要的是，《营造法式》的主体内容、内在结构同该书编修宗旨、体例及方法的一致性，以及隶属于《营造法式》全书三十六卷之一的《看详》卷的重要意义，也由此彰显出来。基于此，笔者还汇集了有关“看详”一词的现代诠释，为建筑史界有关《营造法式》“看详”的释绎寻觅更翔实的文献依据，同时立足于宋代的法制背景，剖析其主要内容及意义，强化了对《营造法式》的整体认知。相关成果参见成丽，王其亨 .《营造法式》“看详”的意义 . 建筑师，2012（4）：66-69.

陶湘等版本学家利用文献学方法，首先展开以版本校勘、源流考订为特征的相关研究，为后人奠筑了坚实的文本基础。1933年学社以"故宫本"再次校勘《营造法式》，结合梁思成、刘敦桢等学者业已开展的实物测绘研究，在研究方法上较诸传统版本校勘有了新的突破和质的飞跃。1960年代，学者们以避讳、刻工姓名等线索，鉴别宋本残卷刊刻年代，进一步完善了《营造法式》的版本研究。此后诸多学人不懈努力，从文本校勘、版本源流、史料补充、编者姓名、是否完本等多个方面，将《营造法式》版本的研究不断向前推进。近百年来，已取得了丰硕的成果，基本廓清了《营造法式》的流传过程，也不断推进了中国建筑史学的发展。

"丁本"是首次将《营造法式》作为营造学专业术书公开刊行的古籍文献，从认识上与古人有了极大的不同，已经具备了学术自觉的意味。随后，以"丁本"讹误较多和宋刻残页的发现为契机而开展的大规模版本校勘和文献梳理，并推出"陶本"作为首个综合学术研究成果，更代表了中国近现代在版本研究方面的高水平。在这个过程中，以朱启钤、陶湘等为首的文人学者继承清代乾嘉以来的文献学传统，发挥绝对的汉学优势，以深厚的功底为《营造法式》乃至中国建筑史学的研究奠定了基础。然而，古籍版本研究是一种全方位、多学科、长时期的综合性考订工作。其中，版本校勘是对文本真实面目的还原，良好的文献底本是各种研究得以开展的关键和基础。

《营造法式》屡经重刻传抄，现存版本质量不一。文字、图样在重刻和传抄过程的中难免渗入抄、刻者的主观判断，常常混淆原本已经存在的错漏和经后人改动的讹误，对还原《营造法式》真实面目造成障碍。[①] 学者们还指出，在流传过程中，画匠受时代风格和个人认知的影响，很可能把宋本风格改变成明、清样

① "校勘之学起于文件传写的不易避免错误。文件越古，传写的次数越多，错误的机会也越多。校勘学的任务是要改正这些传写的错误，恢复一个文件的本来面目，或使他和原本相差最微。校勘学的工作有三个主要的成分：一是发见错误，二是改正，三是证明所改不误。发见错误有主观的，有客观的。我们读一个文件，到不可解之处，或可疑之处，因此认为文字有错误，这是主观的发见错误。因几种'本子'的异同，而发现某种本子有错误，这是客观的。主观的疑难往往可以引起'本子'的搜索与比较，但读者去作者的时代既远，偶然的不解也许是由于后人不能理会作者的原意，而未必真由于传本的错误。况且错误之处未必都可以引起疑难，若必待疑难而后发见错误，而后搜求善本，正误的机会就太少了。况且传写的本子往往经'通人'整理过，若非重要经籍，往往经人凭己意增删改削，成为文从字顺的本子了。不学的写手的本子的错误是容易发见的，'通人'整理过的传本的错误是不容易发见的。"引自胡适．元典章校补释例序．见：陈垣．校勘学释例．北京：中国书店，2004.

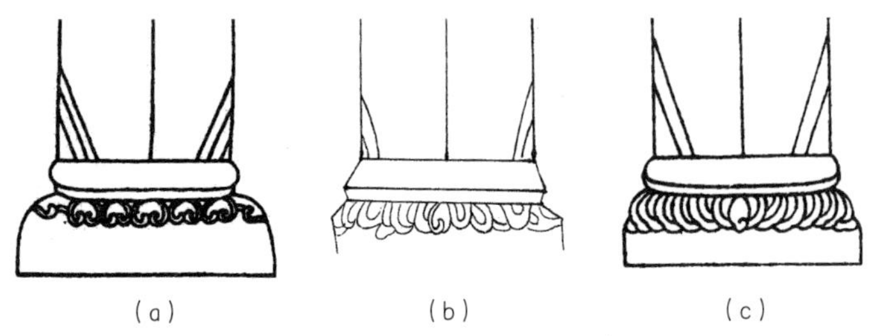

图 1-34 《营造法式》卷三十梭柱局部放大。(a)"文渊阁本"[资料来源:李诫撰. 营造法式(景印文渊阁四库全书:第六七三册). 台北:台湾商务印书馆,1983];(b)"故宫本"[资料来源:李诫编修,故宫博物院编. 故宫藏钞本《营造法式》(13 册). 北京:紫禁城出版社,2009];(c)"陶本"[资料来源:李诫编修. 营造法式(8 册). 北京:中国书店,1989]

式。[①] 因此，最容易走样缺失原始信息的就是图样(图 1-34)。可见图样相较于文字，校勘工作的难度极大，梁思成对此深有感触：

> 同样是抄写临摹的差错，但就其性质来说，在文字和图样中，它们是很不同的。文字中的差错，可以从校勘中得到改正……一经确定是正确的，就是绝对正确的。但是图样的错误，特别是风格上的变换，是难以校勘的……何况在明、清以来辗转传摹，已经大大走了样的基础上进行"校勘"，事实上变成了模拟创造一些略带宋风格的图样，确实有些近乎狂妄。[②]

前文述及，英国学者叶慈指出《永乐大典》所绘图样更近原貌。李路珂通过对各版本彩画图样绘制品质的比较，也认为"永乐大典本"质量较高；"故宫本"最为完整和清晰，某些方面略逊于"永乐大典本"；"丁本"细节存在脱漏且整体不够清晰；"四库本"图案语汇已不同；至"陶本"图样，因民国期间仅有的"丁本"和"四库本"的限制，纹样走样最大[③]。现代学者对《营造法式》图样的研究多以发行量最大的"陶本"为基础，而"陶本"图样又恰恰不是质量最佳的一部。因此，为了保证研究的质量，目前亟需汇集现存各传世版本，结合实物、文献对

① "关于传说之花纹色彩，必随时代而变更，至于写手，无论如何，忠于所事，终不免于无意中，受其时代潮流，及个人风范之影响，以致不能传其实也。"引自英叶慈博士以永乐大典本《营造法式》花草图式与仿宋重刊本互校之评论.中国营造学社汇刊，1930，1(2)：3；"由于当时绘图的科学和技术水平的局限，原图的准确性和精密性本来就不够的；加之以刻板以及许多抄本之辗转传抄、影摹，必然每次都要多少走离原样，以讹传讹，由渐而远，差错层层积累，必然越离越远。此外还可以推想，各抄本图样之摹绘，无论是出自博学多能，工书善画的文人之手，或出自一般'抄胥'或画匠之手(如'陶本')，由于他们大多对建筑缺乏专业知识，只能'依样画葫芦'，而结果则其所'画葫芦'未必真正'依样'。至于各种雕饰花纹图样，问题就更大了：假使由职业画匠摹绘，更难免受其职业训练中的时代风格的影响，再加上他个人的风格其结果就必然把'崇宁本'，'绍兴本'的风格，把宋代的风格，完全改变成明、清的风格。这种风格问题，在石作、小木作、雕作和彩画作的雕饰纹样中都十分严重。"引自梁思成.《营造法式》注释·序.见：梁思成全集(第七卷).北京：中国建筑工业出版社，2001：13.

② 梁思成.《营造法式》注释·序.见：梁思成.梁思成全集(第七卷)，北京：中国建筑工业出版社，2001：11.

③ 参见李路珂.《营造法式》彩画研究.南京：东南大学出版社，2011：38-39.

《营造法式》图样做更细致的校勘和复原。[①]

陈仲篪早在1962年就曾指出："若汇集众本，互校其异同，析释其名义，参证遗物，测定此例，精绘图式，厘为新编，以资民族建筑形式之考镜，发扬祖国文化之光辉，这样的伟举，只有在我们的时代才能完成。"[②]当前，《营造法式》的版本研究工作已开展近百年。在往复的研究中，虽然逐渐加深了对该书的认识，也获得了大量的成果，但多以文字比对和校勘为主，对版本间的具体差异还没有系统的梳理和展现。至今仍未见汇集所有现存传世版本及海内外相关成果的综合研究，也没有一部更为系统的、真正意义上的"善本"《营造法式》，相关研究多数仍以1920年代"陶本"和1960年代梁思成的《〈营造法式〉注释》为基础。因此，汇集现有版本研究成果（诸如版本源流考订和相关校勘成果以及各名家学者的《营造法式》批注本），尽快编纂一部集最新成果于一身、可信的新版汇校本《营造法式》，为今后的研究提供更客观坚实的文本基础，已经成为当前亟待解决的问题。正可谓"吾人不得崇宁原本，仍不得为校勘之止境也"[③]。

此外，很多校榷方面的问题仅凭实物或其他文献仍难定论，随着研究的深入，相关问题也会不断浮出。按照版本学研究的主要内容和一般过程来看[④]，《营造法式》在该领域的研究还有很大的扩展空间。而且结合此书在建筑营造领域的特殊价值，也仍有值得深入研究的方向和可借鉴的方法。

---

① 天津大学建筑学院丁垚在全面理解《营造法式》内容的基础上，带领本科生以几种古钞本《营造法式》为主要材料（包括文渊阁、文津阁"四库本"、"张蓉镜本"、"丁本"，以及《永乐大典》摘录部分图样、金刊本《重校正地理新书》、明刊本《武经总要》等与之有关的图样），与现存大量唐、宋、辽、金等时期的建筑、绘画等文物遗存进行系统比较研究，得到文渊阁"四库本"《营造法式》是最优版本的初步结论，同时，尝试对图样内容及样式进行解释和还原，对各钞本的源流脉络及传抄关系略加推测。

② 陈仲篪.《营造法式》初探.文物，1962（2）：17.

③ 英叶慈博士以永乐大典本《营造法式》花草图式与仿宋重刊本互校之评论·按语.中国营造学社汇刊，1930，1(2)：5.

④ 版本学脱胎于校勘学，借身于目录学，表明校勘、版本、目录三者之间不可分割的关系。通称为校雠学。版本学的研究内容包括从书名的命意、卷数的厘定、写作的要旨、编撰的体例、成书的经过；作者的行实、科第爵里；版刻的时地、版本的源流、名人的批校题跋、递藏关系等诸方面加以揭示和著录。借用校勘断出版本的优劣，理出版本的系统源流；再运用史实考出版刻时地、主刻之人及刻书缘起，再进一步理出不同版本间的篇卷分合、内容增损等，是版本研究的一般过程。参见李致忠.古书版本学概论.北京：北京图书馆出版社，1990：5.

第二章

《营造法式》与实物遗存的互证研究

一、互证研究的前奏

（一）构建研究平台

1. 中国营造学社的创立

从 1919 年到 1925 年，在发现宋《营造法式》并不断详加校榷的同时，朱启钤曾指出，“我国历算绵邈，事物繁赜，数典恐贻忘祖之羞，问礼更滋求野之惧。正宜及时理董，刻意搜罗，庶俾文质之源流秩然不紊，而营造之沿革，乃能阐扬发挥前民而利用。”① 在“陶本”出版同年即 1925 年，朱启钤以私人名义成立了以研究中国古代营造学为目标的学术团体“营造学会”，专门从事相关文献的整理研究工作，并继续深入解读《营造法式》。②

1929 年春，因“中美文化方面，时以完成中国营造学之研究，来相劝勉”③，朱启钤感到“顾以平生志学所存，内外知交属望之切，亟应及时组织团体，自励互助”，于是发表《中国营造学社缘起》（图 2-1）④，3 月下旬在北平中山公园展览图籍及营造学相关资料，得到诸多友人支持。6 月初，向中华教育文化基金董事会提出继续研究中国营造学计划。至六月末，经该会第五次年会议决补助费用，确定将来研究所得成果及相关材料一并交于北海图书馆。朱启钤当时“适因旅游

① 朱启钤 . 重刊《营造法式》后序 . 见 ：李诫编修 .“陶本”营造法式，1925.

② 朱启钤 . 朱启钤自撰年谱 . 见 :北京市政协文史资料研究委员会，中共河北省秦皇岛市委统战部编 . 蠖公纪事——朱启钤先生生平记实 . 北京 ：中国文史出版社，1991 ：6.

③“中美文化方面”即指中华教育文化基金董事会，1924 年成立于北京，由中美两国文化教育界知名人士蔡元培、杜威等人组成，负责保管、分配和监督美国退还的庚子赔款用于中国的文化教育事业，如资助学校、学术团体和科研机构、选派留学生、交流出版物等，1949 年以后撤销。

④ 张驭寰将所发现的《中国营造学研究计画书》与《中国营造学社缘起》一文比对，可知《中国营造学社缘起》有三分之一内容取自《中国营造学研究计画书》。参见张驭寰 . 近年新发现的朱启钤先生手稿——《中国营造学研究计画书》. 建筑史论文集，2003（17）：189-192.

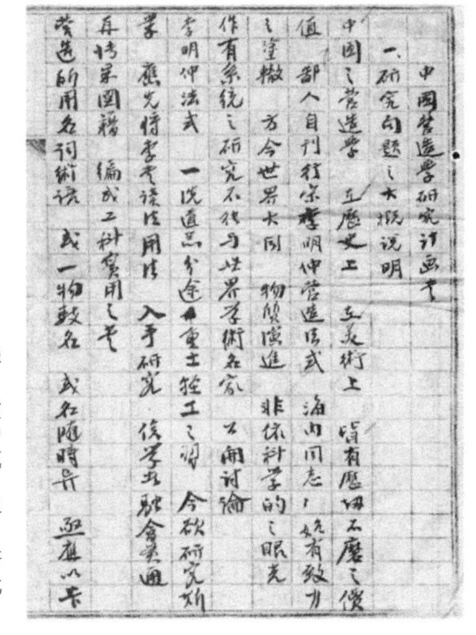
中国营造学研究计画书
一、研究问题之大概说明
中国之营造学 在历史上 在美术上 皆有历劫不磨之价
值。前人自刊行宋李明仲营造法式 海内同志 始有致力
之涂辙。方今世界大同 物质演进 非依科学的之眼光
作有系统之研究 不能与世界学术名家 公开讨论。今欲研究斯
李明仲法式 [illegible]
学 应先将李书读法用法 入手研究 後学者融会贯通
再将宋图样 编成工科实用之书
营造所用名词术语 或一物数名 或名随时异 亟应入手

图 2-1　朱启钤《中国营造学研究计画书》手稿（左）
[资料来源：张驭寰．近年新发现的朱启钤先生手稿——《中国营造学研究计画书》．建筑史论文集，2003（17）：189]
图 2-2　朱启钤为学社成立手书对联①（右）
（资料来源：中国文物研究所编．中国文物研究所七十年．北京：文物出版社，2005：196）

辽宁，未克即到平。迭次函商，迄於年岁杪，始租定北平宝珠子胡同七号一屋，由津移住，於十九年一月一日，开始工作”②。

在中华教育文化基金董事会的资助下，朱启钤将“营造学会”更名为“中国营造学社”，于 1930 年初开始工作③，由此掀开了《营造法式》研究的全新篇章，更拉开了中国建筑史学以及文化遗产保护事业的大幕（图 2-2）。

对于学社的工作目标，朱启钤在《中国营造学社开会演词》中指出将以《营造法式》为导引，进而寻求全部中国营造史。他还高瞻远瞩地强调，“因全部营造史之寻求，而益感于全部文化史之必须作一鸟瞰”。并概括说明了研究“全部文化史”的必要性，指出“研求营造学，非通全部文化史不可。而欲通文化史，非研求实质之营造不可”④。从这一立场出发，还进一步强调“营造”比

① 上联“是断是度是寻是尺”来自《李诫·墓志铭》。
② 参见社事纪要．中国营造学社汇刊，1930，1（1）：1.
③ 关于学社的成立时间有 1929 年和 1930 年两种说法。参见林洙．叩开鲁班的大门——中国营造学社史略．北京：中国建筑工业出版社，1995：19；崔勇．中国营造学社研究．南京：东南大学出版社，2004：63-64。朱启钤《中国营造学社缘起》写于 1929 年 5 月 3 日（农历 3 月 24 日）；《中国营造学社开会演词》写于 1930 年 3 月 15 日（农历 2 月 16 日）。朱启钤在自撰年谱中曾记：“民国十九年庚午（1930 年 1 月 20 日）僦居北平，组织中国营造学社，得中华教育文化基金会之补助，纠集同志从事研究。”参见朱启钤．朱启钤自撰年谱．见：北京市政协文史资料研究委员会，中共河北省秦皇岛市委统战部编．蠖公纪事——朱启钤先生生平记实．北京：中国文史出版社，1991：7。另据日本建筑学会机关杂志《建筑杂志》1929 年 4 月刊登“中国营造学会创立”的情况，从其细列学社使命数条来看，此处所述“中国营造学会”当为“中国营造学社”，而非 1925 年朱启钤成立的“营造学会”。参见徐苏斌．日本对中国城市与建筑的研究．北京：中国水利水电出版社，1999：102。综上及《汇刊》第一卷第一册《社事纪要》所述，学社计划成立应在 1929 年，正式开始工作在 1930 年。
④ 朱启钤．中国营造学社开会演词．中国营造学社汇刊，1930，1（1）：4.

"建筑"的内涵更为广博、深邃：

> 本社命名之初，本拟为中国建筑学社。顾以建筑本身，虽为吾人所欲研究者，最重要之一端，然若专限于建筑本身，则其于全部文化之关系，仍不能彰显。故打破此范围，而名以营造学社，则凡属实质的艺术，无不包括。由是以言，凡彩绘、雕塑、染织、髹漆、铸冶、抟埴、一切考工之事，皆本社所有之事。推而极之，凡信仰、传说、仪文、乐歌，一切无形之思想背景，属于民俗学家之事，亦皆本社所应旁搜远绍者。[①]

学社取名"营造"二字不仅基于上述认识，还有继承《营造法式》传统、益张先哲精神之意。[②] 由此，学社以研究中国营造学乃至文化史为己任，以《营造法式》为"键钥"，尊奉其编者李明仲为先师，举行纪念会以志景仰；同时，为了推广学术成果，扩大影响，促进国内外学术交流，不久即创办《中国营造学社汇刊》，创刊第一卷第一册以纪念李明仲的专文和《营造法式》研究为中心（图 2-3）。[③]

此后，对于学社研究的目标，朱启钤又强调了多次。[④] 他所倡导的研究范畴，是个包容广泛且相互关联的系统，涉及现在所谓的文化遗产和非物质文化遗产。[⑤] 他所提出的"有纵断之法，以究时代之升降；有横断之法，以究地域之交通。综

---

① 朱启钤．中国营造学社开会演词．中国营造学社汇刊，1930，1(1)：8–9。1946 年，梁思成回到清华大学创办建筑系，为此专门到美国对当代建筑教育进行考察。回国后，将建筑系改名为"营建系"（1952 年院系调整又改回"建筑系"一名），拟包括建筑学和市镇计划学两个学科，期望把建筑系办成融城市规划、园林景观、建筑设计、工艺美术与工业设计于一体的综合环境设计专业。参见梁思成．代梅贻琦拟呈教育部代电文稿．见：梁思成．梁思成全集（第五卷），北京：中国建筑工业出版社，2001：5；梁思成．清华大学营建学系学制及学程计划草案．见：梁思成．梁思成全集（第五卷），北京：中国建筑工业出版社，2001：46–54。对此，傅熹年指出："他在清华大学办系，不取通用的'建筑系'而称'营建系'，就是因为'建筑'二字非我国原有名词，是从日本'汉字'借用的，而'营'字取《周礼·考工记》'匠人营国'之义，其中包含都市规划、宫室布置及规制和若干建筑技术问题，是大范围的'建筑'"。引自傅熹年．纪念梁思成先生百年诞辰．见：傅熹年．傅熹年建筑史论文选．天津：天津百花文艺出版社，2009：471–473。可见梁思成的理解与朱启钤所倡导的营造观一以贯之。

② "先生之书，重刊广布，亦越十年。而中国营造学社，始克成立，社中同人，类皆于先生之书，治之勤而嗜之笃。慨念先生，筚路蓝缕，以启山林，虽类列未宏，而端绪已具。本社之职思，庶几能探赜索隐，穷神知化，以益张我先哲之精神，故特取'营造'二字，为本社之称号，以志不忘导夫先路之人，奉兹典型，传于勿替。"引自朱启钤．李明仲八百二十周忌之纪念．中国营造学社汇刊，1930，1（1）：20.

③ "李明仲之纪念会：本年三月二十一日，为李明仲先生八百二十周忌，本社发起纪念会，又刊行出版物，名曰李明仲之纪念，以志景仰；发行《中国营造学社汇刊》：……第一期，以李明仲纪念为中心，故以《营造法式》校记及英人叶慈氏论中国建筑内有涉及李书诸篇译文等附刊，以见李书之流播欧美，中国营造发皇之影响，而社事影响亦附及之。"引自社事纪要·李明仲之纪念会．中国营造学社汇刊，1930，1（2）：4–5.

④ 参见本社纪事·本社致英庚款董事会函．中国营造学社汇刊，1931，2（3）：19；本社纪事·呈请教育部立案文．中国营造学社汇刊，1931，3（3）：178–179；朱启钤．存素堂入藏图书河渠之部目录·缘起．中国营造学社汇刊，1934，5（1）：98.

⑤ "非物质文化遗产指被各社区、群体，有时是个人，视为其文化遗产组成部分的各种社会实践、观念表述、表现形式、知识、技能以及相关的工具、实物、手工艺品和文化场所。这种非物质文化遗产世代相传，在各社区和群体适应周围环境以及与自然和历史的互动中，被不断地再创造，为这些社区和群体提供认同感和持续感，从而增强对文化多样性和人类创造力的尊重。包括以下方面：1. 口头传统和表现形式，包括作为非物质文化遗产媒介的语言；2. 表演艺术；3. 社会实践、仪式、节庆活动；4. 有关自然界和宇宙的知识和实践；5. 传统手工艺。"引自保护非物质文化遗产公约．见：文化部对外文化联络局编．联合国教科文组织《保护非物质文化遗产公约》基础文件汇编．北京：外文出版社，2012：9–10.

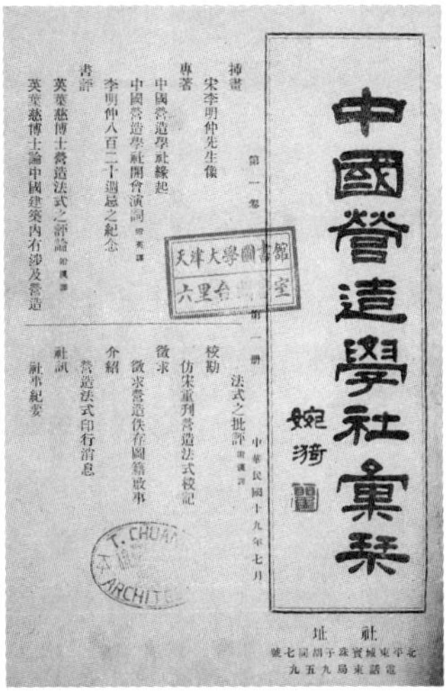

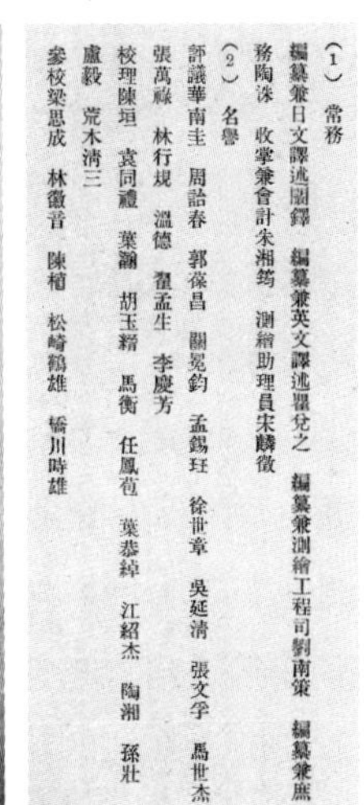

（1）常務

編纂兼日文譯述闞鐸　編纂兼英文譯述瞿兌之　編纂兼測繪工程司劉南策　編纂兼庶務陶洙　收掌兼會計朱湘筠　測繪助理員宋麟徵

（2）名譽

評議華南圭　周詒春　郭葆昌　關冕鈞　孟錫珏　徐世章　吳延清　張文孚　馬世杰　張萬祿　林行規　溫德　翟孟生　李慶芳　校理陳垣　袁同禮　葉瀚　胡玉縉　馬衡　任鳳苞　葉恭綽　江紹杰　陶湘　孫壯　盧毅　荒木清三　參校梁思成　林徽音　陳植　松崎鶴雄　橋川時雄

图 2-3 《中国营造学社汇刊》第一卷第一册封面书影（左）
图 2-4 《中国营造学社汇刊》第一卷第一册常务及名誉人员名单（右）
[资料来源：社事纪要 . 中国营造学社汇刊，1930，1（1）：8]

斯二者以观，而其全庶乎可窥矣”[①]的时空纵横贯通的研究方法，即使在今日也是超前的。

在对营造学和全部文化史关联性的宏观体认下，朱启钤为学社制定了周密的研究计划，其中最主要的思路就是以文献研究为基础，进而开展实物调查，最终达到研究中国营造学乃至文化史的目的。除文献研究外，对于实物考察，朱启钤早在学社成立之前就曾策划并亲力实施，略如 1929 年 11 月致中华教育文化基金董事会函中所述：

> 然个人旅行中之踏查辽金遗物及同志分担之采集资料，于事实上、精神上之进行，固未尝或辍。[②]

在学社构建时，朱启钤也十分明确地表达了实物测绘研究的思路。从《汇刊》第一卷第一册《社事纪要》所列常务名单可见，此时已有测绘工作的安排并设置了专职人员，如“编纂兼测绘工程司刘南策[③]、测绘助理员宋麟徵[④]”等;并力图

① 朱启钤 . 中国营造学社开会演词 . 中国营造学社汇刊，1930，1（1）：8.
② 社事纪要 . 中国营造学社汇刊，1930，1（1）：7.
③ 刘南策：江苏常州人。北洋大学土木系毕业，留学日本。陶湘女婿，1925 年参与“陶本”大木作图样影绘工作。曾任北平政府技正。敌伪时期任华北行政委员会建筑总署处长，任职期间做了一些保护北平古建筑的工作，曾与基泰公司合作主持测绘北平故宫。参见林洙 . 叩开鲁班的大门——中国营造学社史略 . 北京：中国建筑工业出版社，1995：30.
④ 宋麟徵：早年在青岛德国建筑师事务所工作。后随朱启钤从事工程方面工作。参与朱启钤对《元大都宫苑考》的研究，与高密共同完成了宫苑考的全部图纸。1949 年后历任机械工业部、故宫博物院、建筑科学研究院工程师。参见林洙 . 叩开鲁班的大门——中国营造学社史略 . 北京：中国建筑工业出版社，1995：34.

引进建筑专才，如梁思成、林徽因[①]、陈植[②]被邀为学社“参校”，也充分反映了这一苦心（图 2-4）。

2. 从文献到实物研究的技术路线

学社成立后，朱启钤首先确立了由清代到古代、由清工部《工程做法》和匠籍《营造算例》到宋《营造法式》、由文献到实物的技术路线：即以《营造法式》“沟通儒匠”为榜样，以实物遗存和对应文献最为丰富、而且各作匠师众多的清代官式建筑研究为起点，以匠为师，参照实物和文献释读清代建筑，进而以充足的文献研究为基础展开实物调查，上溯至《营造法式》及宋、唐建筑，直至探及整个中国营造学体系和文化背景。

朱启钤最初聚集了一批以历史学、文献学为主体的学者，首先开展文献研究。从收集、整理、校勘、考证与营造相关的文献开始，征集营造图籍，编纂“营造词汇”，再次校订《营造法式》，译介国外汉学研究成果，整理出版重要的古代建筑书籍，编订营造书目并撰写提要，编订营造丛刊目录，采辑营造四千年大事表，编辑中国建筑史料，整理编订《营造算例》，保护收集珍贵的建筑文物和历史记载，举办文物展览，等等。[③]

此时，尚未到社工作的刘敦桢、梁思成也做了一些文献研究性质的基础工作，并在朱启钤的关注下，借助学社这一学术平台，将初期成果发表在《汇刊》上。如 1931 年 12 月刘敦桢翻译了日本学者滨田耕作《法隆寺与汉六朝建筑式样之关

---

① 林徽因（1904—1955 年）：原名林徽音，1935 年改为此名，福建闽侯人。1924 年与梁思成赴美国宾夕法尼亚大学美术学院学习。1931 年加入学社，期间与梁思成等人一道调查古建筑数十处，撰写专著、论文暨调查报告多篇。1937 年 6 月与梁思成赴山西考查，凭着敏锐的专业嗅觉发现了佛光寺大殿为唐建的直接证据。1943 年，参与梁思成编写《中国建筑史》的工作，除查阅大量文献资料外，还撰写了其中的第六章——宋、辽、金部分。在梁思成的学术生涯中，不能忽视其妻子林徽因所起到的重要作用。林徽因可以说是梁思成在开创中国古代建筑研究事业上的最有力的合作者，梁思成在《蓟县独乐寺观音阁山门考》绪言中曾特别指出：“归来研究，得内子林徽音在考证及分析上，不辞劳，不惮烦，与以协作”。1954 年梁思成在油印本《中国建筑史·前言》中也指出林徽因在他编写该书的过程中助力尤多：“林徽因同志除了对辽、宋的文献部分负责搜集资料并执笔外，全稿都经过她校阅补充”。林徽因基于广博而深厚的中、西学功底，敏锐而准确的洞察力，前沿性的整体思维，为中国建筑学术作出了基础性和方向性的重大贡献。相关研究可参见林宣．林徽因先生的才华与年华．见：杨永生编．建筑百家回忆录．北京：中国建筑工业出版社，2000：48；赵辰．作为中国建筑学术先行者的林徽因．建筑史论文集，2005(21)：1-12；陈学勇．关于才女的种种说法——林徽因传记述评．新文学史料，2006（2）：132-140；赖德霖．梁思成、林徽因中国建筑史写作表微．见：赖德霖．中国近代建筑史研究．北京：清华大学出版社，2007：314-315；曹汛．林徽音先生年谱．中国建筑史论汇刊，2009（1）：343-379.

② 陈植（1902—2002 年），字直生，浙江杭州人。建筑师。1923 年毕业于清华学校，1927 年获美国宾夕法尼亚大学建筑学硕士学位。1929 年回国后，任东北大学建筑系教授。1931—1952 年同建筑师赵深、童寯在上海合组华盖建筑师事务所。1949 年以后历任之江大学建筑系主任、华东建筑设计公司总工程师、上海市规划建筑管理局副局长兼总建筑师等职务。

③ 参见刘江峰．中国建筑史学的文献学传统研究．天津：天津大学，2007：116-130.

系》及田边泰《玉虫厨子之建筑价值》二文，发表于《汇刊》第三卷第一期。刘敦桢以既有的古建筑知识和《营造法式》等文献为工具，在译文中做了详细的订正和补充。[①]但此时尚处研究的初始阶段，仅对清官式术语有所了解，而《营造法式》未谙亦较少涉及，以致表现出宋、清术语混用的状态：

迨元符间李氏《营造法式》所收，乃为纯粹辅间平身枓科矣。[②]

同期《汇刊》刊载的《我们所知道的唐代佛寺与宫殿》一文，是梁思成在我国唐代实例尚未发现之前，通过敦煌壁画和诸多文献建构起唐代建筑形象和规模的尝试。该文也存在着宋、清术语混用的情况，间有与《营造法式》的少量比对。可见，梁思成、刘敦桢入社之前，对清代建筑尚未完全认知，对宋《营造法式》更是一片茫然。

同时，以学社为研究平台，朱启钤开始筹集经费[③]，动员并组织测绘力量，有条不紊地展开对中国古代营造史的研究和构建。1932 年 3 月，确定了而后将以实物研究为主的工作计划，并明确指出，实物研究的开展正是初期文献研究“自然之结果”：

至于来年工作大纲将以实物之研究为主，测绘、摄影则为其研究之方途，此项工作须分作若干次之旅行。关于南方实物之研究，则拟与中央大学建筑系合作，此实为三年文献研究所产生自然之结果。[④]

他还充满信心地预言“此种研究法，在本社为工作方针之重新认定，而其成绩则将为我国学术界空前之贡献。”[⑤]值得指出的是，此时对蓟县独乐寺建筑等实物的测绘研究还尚未实施。

3. 引进建筑专才

学社成立时，其成员主要由两部分组成：一为职员，专职从事研究工作，最初只有陶洙、阚铎和宋麟徵三人；一为社员，主要由财界、政界、社会名流、学术界、文化界、建筑界人士以及营造厂商等古建专家和外籍学者组成。其中，财

---

① 刘敦桢．法隆寺与汉六朝建筑式样之关系．中国营造学社汇刊，1930，3（1）：1–59；刘敦桢．玉虫厨子之建筑价值．中国营造学社汇刊，1930，3（1）：61–74。刘敦桢在《法隆寺与汉六朝建筑式样之关系》补注中，以唐代中日两国遗物为主，辅以辽代寺塔，就东汉诸例，较详细地论述了斗栱的发展变迁，具有很高的学术价值。

② 此文描述古代建筑多用清式术语，1982 年收入《刘敦桢文集》第一卷后更改为《法式》术语，如将“辅间平身枓科”改为“补间铺作”等，可见学术进步。参见刘敦桢．刘敦桢文集（第一卷）．北京：中国建筑工业出版社，1982：45.

③ 本社纪事·本社二十年度之变更组织及预算．中国营造学社汇刊，1931，2（3）：16–17.

④ 本社纪事·致中华教育文化基金会董事会继续补助本社经费函．中国营造学社汇刊，1932，3（2）：162.

⑤ 本社纪事·致中华教育文化基金会董事会继续补助本社经费函．中国营造学社汇刊，1932，3（2）：162–163.

界、政界、社会名流直接从经费或行政上支持学社工作，学术界、文化界人士藉以提高学社声望，建筑界人士则有鲍鼎、庄俊、华南圭、关颂声、杨廷宝、赵深、陈植、彭济群、汪申、徐敬直、夏昌世、林志可、卢树森、关祖章等当时著名的建筑师。①

在学术研究渐次展开的同时，朱启钤在学社成员构建方面也煞费苦心，一直关注并积极网罗专业人才。如前文所述，梁思成、林徽因在学社成立之初，也以参校的身份出现在《汇刊》第一卷第一册《社事纪要》学社成员名单上；刘敦桢则以校理的身份出现在《汇刊》第一卷第二册的学社成员名单上。由此，进一步明确了朱启钤研究中国营造学的专业取向。学社职员的安排和组织也反映了研究路线的变化，即从文献走向与实测研究相结合，建筑专才也逐渐由配角走向主导（图 2-5）。

由此，学社的人员组成在经济支持、社会声望、专业人才等各个方面都具备了一定的基础。朱启钤在积极网罗优秀建筑专才的同时，也为致力于中国营造学研究的有志之士提供了难得的契机和平台。对此，傅熹年评价道：

> 把研究中国古代建筑作为一项专门学术并建立在现代建筑学、美术史学和文献学的基础上，中外学术界公认是自中国营造学社始，也代表了当时的最高水平，而中国营造学社正是朱桂辛先生创立并自任社长的。桂辛先生对营造学社工作的卓越领导主要体现在他制定研究工作的指导方针和选拔优秀人才两个方面。而这正是一位杰出领导人的最重要的品质和最关键的工作。②

（二）梁思成、刘敦桢入社主持工作

1. 日本学界的刺激

19 世纪末至 20 世纪初，受“西方文化中心论”的深刻影响，西方学者对东方建筑的评价充斥着各种偏见③，刺激日本学者首先树立起东方人自主创建建筑史学的信念。由于中、日两国文化的历史渊源，日本学者引进西方近代观念与方法，

---

① 参见林洙 . 叩开鲁班的大门——中国营造学社史略 . 北京：中国建筑工业出版社，1995：19-20.

② 傅熹年 . 朱启钤先生——研究中国古代建筑的倡导者和引路人 . 见：傅熹年 . 傅熹年建筑史论文选 . 天津：天津百花文艺出版社，2009：465.

③ “十九世纪末以至二十世纪初的时候，在欧洲人的心目中，世界的‘中心’和科技历史的‘主流’在欧洲，自然，世界建筑的中心和历史的主流也在于西方建筑。他们笔下的建筑史称西方建筑为‘历史传统的’，东方建筑为‘非历史传统的’。日本的建筑学者曾经提出过这些问题，说这是由于欧洲人对东方文化艺术的‘无知’。”引自李允鉌 . 华夏意匠——中国古典建筑设计原理分析 . 天津：天津大学出版社，2005：11.

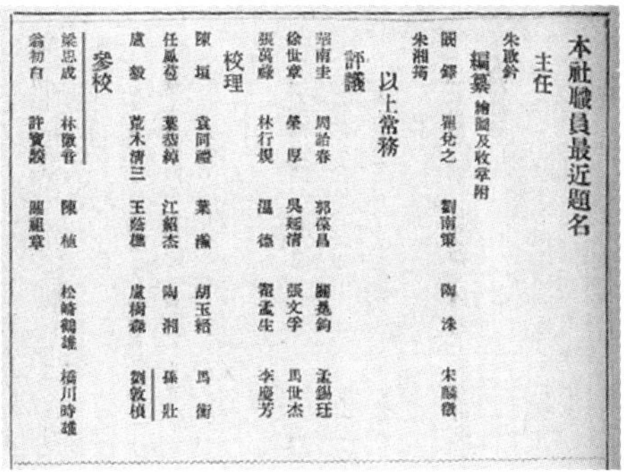

（a）

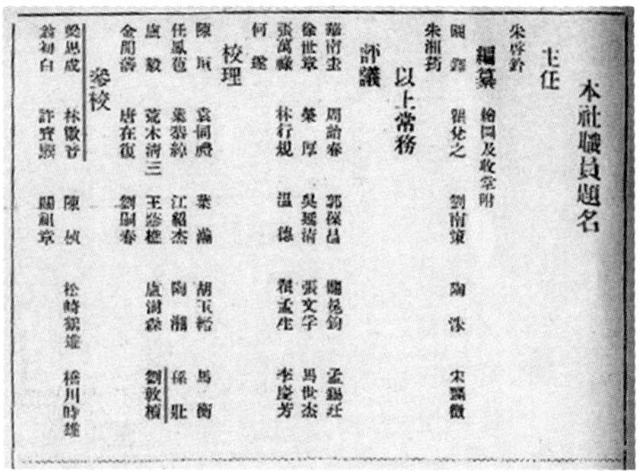

（b）

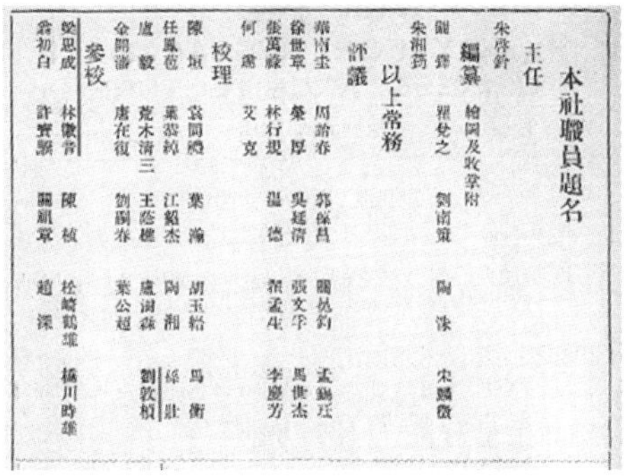

（c）

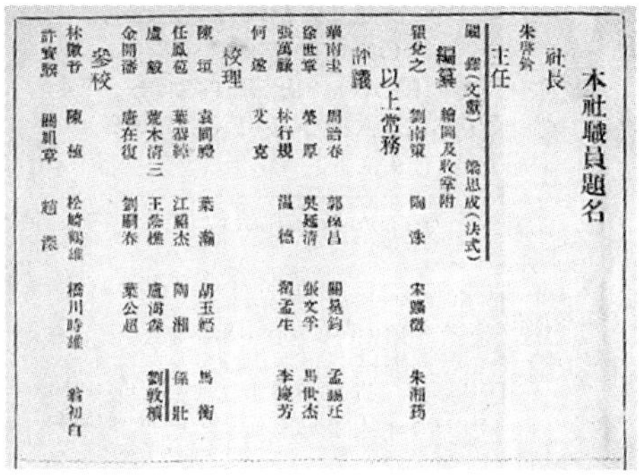

（d）

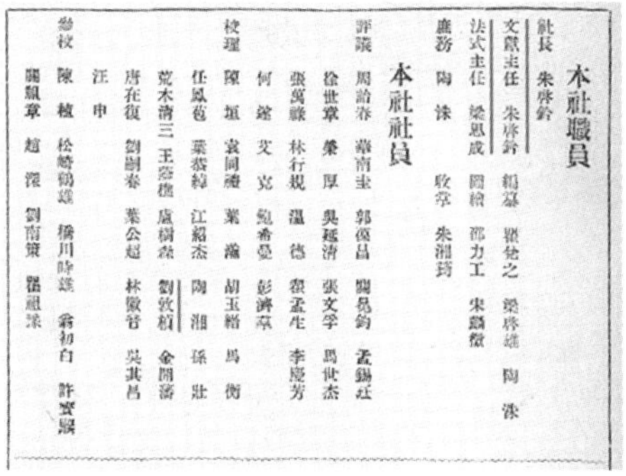

（e）

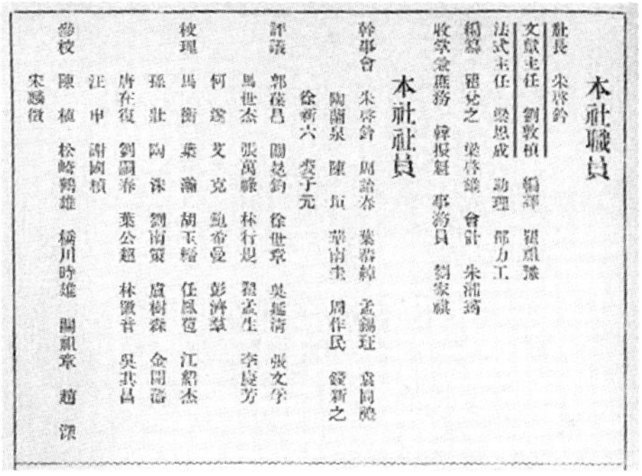

（f）

图 2-5　《汇刊》所登学社职员名单。（a）第一卷第二册（1930 年 12 月）；（b）第二卷第一册（1931 年 4 月）；（c）第二卷第二册（1931 年 9 月）；（d）第二卷第三册（1931 年 11 月）；（e）第三卷第一期（1932 年 3 月）；（f）第三卷第二期（1932 年 6 月）

重新审视东方文化的独特价值，随之引发了对中国文化的浓厚兴趣，展开了寻根探源性地大规模实地考察和研究，积累了极其丰富的调查资料。① 20世纪初，伊东忠太（1867—1954年）对中国建筑进行了大规模的实地考察。② 1925年整理完成《中国建筑史》。③ 1930年6月，已经声名显赫的伊东忠太受邀在学社演讲，指出对中国建筑的研究应当有充分的文献和实物调查。同时，又特别提出由日方负责实物调查、中方负责文献考证的主张：

> 至其具体方法，据鄙人所见：在中国方面，以调查文献为主；日本方面，以研究遗物为主，不知适当否？在古来尊重文献，精通文献之中国学者诸氏，调查文献绝非难事。对于遗物，如科学的之调查，为之实测制图，作秩序的之整理诸端，日本方面虽亦未为熟练，敢效犬马之劳也。④

1931年5月，与伊东忠太几乎同龄的建筑史学家关野贞（1868—1935年）和助手竹岛卓一对中国进行了第六次考察。此间不仅发现了蓟县独乐寺，还与大同华严寺比较，很快推断其为辽代建筑。⑤随后关野贞来京与朱启钤商讨合作事宜，示以独乐寺观音阁与应县木塔的照片，在盛赞这些建筑的同时，也提出由学社负责文献研究，日方负责测绘，甚至说恐只有日方才有能力和经验进行如此巨大的测绘和研究工作。⑥

伊东忠太与关野贞等认定中国古代建筑的测绘研究只能由日本人来完成的狂

---

① 参见徐苏斌．日本对中国城市与建筑的研究．北京：中国水利水电出版社，1999：5，37.

② 1930年6月18日，伊东忠太在学社演讲，曾申明其研究初衷："鄙人毕业日本东京帝国大学之建筑学科，即注意于日本建筑之研究。以为研究日本建筑者，首须究其历史，既悟日本建筑之发达，所得于中国系建筑者，至非浅鲜；遂又转入中国建筑之研究。……又尝涉猎欧美诸家所为考察支那建筑之图书：数十年前，其说极秘樨，往往足喷饭，近渐进步，不无足观，然甚异乎吾辈所见者，犹不在少，固然，未可概以我见皆是而若辈皆非也。纵其语有可疑，所谓他山之石，弃而勿顾，非忠于为学之道也。"引自日本伊东忠太博士讲演支那建筑之研究．中国营造学社汇刊，1930，1（2）：1-2.

③ 该书是日本第一部较为全面的中国建筑通史，完全不同于西方对中国建筑的看法。但遗憾的是该书只写到伊东忠太认为可以达到寻根目的的六朝时期，未及标志着中国建筑进入理论性阶段的重要文献——《营造法式》，因此这部建筑史不能称之为完整的通史。后来由陈清泉译补时，附加"《营造法式》摘录"一节，指出"惟此书仅述至六朝为止，虽所采图样，有出于现代者；其绪言第六节《史的分类》，亦遍论唐宋以至今日，但征实究有未备。……。盖宋人此书，上承有唐，下启近代，适可补助伊东著作之不及，故摘录附于末。"参见伊东忠太．中国建筑史．陈清泉译补．上海：上海书店，1984：261。此外，1929年出版伊藤清造所写的《中国的建筑》，系统性虽不如伊东忠太的强，但是论及了《营造法式》的内容。参见徐苏斌．日本对中国城市与建筑的研究．北京：中国水利水电出版社，1999：54-55.

④ 日本伊东忠太博士讲演中国建筑之研究．中国营造学社汇刊，1930，1（2）：9.

⑤ 参见徐苏斌．日本对中国城市与建筑的研究．北京：中国水利水电出版社，1999：111。李乾朗在《林徽因与中国古代研究》一文中也曾提到"1931年5月，关野贞与竹岛卓一两位学者到河北调查清东陵，路过蓟县时偶然发现独乐寺观音阁，他们将研究成果刊载第二年八月的《美术研究》上。"转引自郭黛姮．建筑史解码人·梁思成．见：杨永生，王莉慧．建筑史解码人．北京：中国建筑工业出版社，2006：24.

⑥ 参见傅熹年．建筑史解码人·朱启钤．见：杨永生，王莉慧编．建筑史解码人．北京：中国建筑工业出版社，2006：2-3.

图 2-6　梁思成（左）
[资料来源：梁思成 . 梁思成全集（第一卷）. 北京：中国建筑工业出版社，2001：3]
图 2-7　刘敦桢（右）
[资料来源：刘敦桢 . 刘敦桢全集（第十卷）. 北京：中国建筑工业出版社，2007：285]

妄自诩[①]，深深刺激了朱启钤，以至 1934 年他在设法化解学社经费困难、上书中华教育文化基金董事会的时候，仍对此耿耿于怀，并由此强调了中国人自主研究营造史的决心：

> 窃念敝社为我国学术界研究中国建筑唯一之机关，数年来对于中国建筑界亦有相当之贡献，而欧美考古专家引为同调者，发疑问难，及探索材料、交换刊物，莫不认本社为标的。假使一旦停闭，则非但使国内青年研究斯学者感觉参考材料之断绝，而且使国际上自诩包办东方文化者所快意，此敝社同人所惴惴不甘者也。[②]

也正是由于这样的刺激，朱启钤深感传统文献学研究方法不能给学社带来学术上的本质性飞跃，只有尽快引入建筑学专才和现代科学研究方法，才是未来发展的方向，才能把中国古代建筑研究纳入明确的科学体系中。同时，为了争夺中国人研究中国建筑的话语权，在相关文献研究尚未达到预想阶段之时，他决心加快引进建筑学专才的步伐，迅速展开实物调查及测绘研究。

2. 力邀梁思成、刘敦桢入职

曾受过国外现代建筑学教育并具有深厚国学根底的梁思成（图 2-6）、刘敦桢（图 2-7），在正式入职学社之前都已开始了对古建筑的研究，并有相关成果

① "研究广大之中国，不论艺术，不论历史，以日本人当之皆较适当。"参见伊东忠太 . 中国建筑史 . 陈清泉译补 . 上海：上海书店，1984：3。"通览日本的中国研究文献就会发现，在梁思成、刘敦桢等开始研究中国建筑之前，日本研究者伊东忠太和关野贞都曾提到过东方建筑史的研究只能由日本人来完成。"引自徐苏斌 . 日本对中国城市与建筑的研究 . 北京：中国水利水电出版社，1999：7.
② 本社纪事 · 函请中华教育文化基金董事会继续补助本社经费 . 中国营造学社汇刊，1934，5（2）：128.

图 2-8　梁思成、林徽因画像
（资料来源：周晋.《营造法式》考——梁思成·林徽因.见：刘大为，冯远主编；中华人民共和国文化部，中国美术家协会编.第十届全国美术作品展览获奖作品集.北京：人民美术出版社，2004：324）

见诸于世。[①] 如梁思成在赴美留学期间，就曾用英文写就《一个汉代的三层楼陶制明器》；1929 年与同在东北大学任教的妻子林徽因测绘沈阳北陵（图 2-8）[②]；1930 年完成《中国雕塑史》提纲。刘敦桢早在 1928 年《科学》杂志第十三卷第四期就发表了《佛教对于中国建筑之影响》，其中也涉及《营造法式》相关内容；1930 年与卢树森对南京栖霞寺舍利塔进行维修，开创了我国以现代科学方法修葺古建筑的首个案例。[③]

以上事实引起了朱启钤的高度重视。1931 年 6 月，梁思成在学社的力邀下离开东北大学成为专职社员[④]；7 月，学社改组聘请其为法式部主任[⑤]，表明了开展

① 梁思成.A HAN TERRA - COTTA MODEL OF A THREE STOREY HOUSE. 中译文：一个汉代的三层楼陶制明器.英若聪译.见：梁思成.梁思成全集（第一卷）.北京：中国建筑工业出版社，2001：1-12.

② 曹汛.林徽音先生年谱.中国建筑史论汇刊，2009（1）：351.

③ "（栖霞寺舍利塔）至民国十九年重修……开我国修葺古建未有之佳例。其计划人乃中国营造学社社员，中央大学建筑系卢树森、刘敦桢二教授也。"引自梁思成.中国建筑史.天津：百花文艺出版社，1998：202-203.

④ 林洙在《建筑师梁思成》一书中记述了当时学社邀请梁思成入社工作的情形。参见林洙.建筑师梁思成.天津：天津科学技术出版社，1996：29-30.

⑤ "改组：本年度七月依照改组计划，分为文献、法式两组，聘定社员梁思成君为法式主任，于九月一日开始工作，选定测绘助理邵力工、宋麟徵。适东北大学建筑系学生因九·一八之难来平，本社酌量收容高级生中成绩较优者数人，在梁君指导之下，从事辅助绘图工作。文献主任由社员阚蘀初君充任，十月，阚君辞职，由社长朱启钤先生兼任。"引自本社纪事·改组.中国营造学社汇刊，1932，3（1）：183.

实物研究的决心。[①]是年夏天，学社又与时任中央大学教授的刘敦桢拟定了赴大同、太原、蓟州、正定等处实地调查的计划，因时局未能成行，后由学社派出技师刘南策，带领中大建筑系学生实测北平智化寺的明代建筑，初涉宋、清过渡实例。[②]与此同时，朱启钤也迅速安排已经入社的梁思成着手实物测绘，计划当年11月开展平东辽代建筑调查，后碍于时局延后至次年春进行：

> 去年秋季，法式组本有平东旅行之计划，藉以搜求并研究辽代木建筑遗物数事。于预定出发前两日，天津便衣队暴动[③]，北平谣言甚盛，故未果行。俟时局稍定，而天已严寒，不便工作。平东之行遂亦中止。现春又归来，法式组拟于下月再求计划之实现，甚望不致再因时局而中止也。[④]

1932年3月，学社特地聘请刘敦桢兼任文献部主任。7月，他辞去中大教职，前往学社专门从事中国古代建筑研究。[⑤]此后，法式、文献两组分别由梁思成和刘敦桢担纲，文献组承袭学社原有的文献研究工作，负责资料的搜集、整理，同时编辑《汇刊》；法式组主要负责对建筑实例的调查、测绘和研究（图2–9）。

朱启钤作为学社的领导者，在赏识梁、刘两位年轻学者才学的同时更委以重任，如1932年3月在《本社纪事》中强调：

> 本社进行宗旨于积极方面，固有待时会之来，而物色专攻之人材以作小规模之试验，亦未尝稍懈。曾于本年度改正预算函中奉达贵会，于社内分作两组，法式一部，聘定前东北大学建筑系主任教授梁思成君为主任，

---

① 关于梁思成1931年正式入学社工作的具体月份目前有四种说法：（1）如前注《本社纪事·改组》所记，以及朱启钤写于1932年3月的《汇刊》第三卷第二期《本社纪事》指出“梁君到社八月，成绩昭然”，由此推断梁思成入社时间当为1931年7月间；（2）梁思成在《〈营造法式〉注释》中自述为1931年秋季入学社工作；（3）梁思成遗孀林洙记为1931年9月；（4）曹汛在《林徽音先生年谱》中记“1931年6月，梁思成受朱启钤之邀到学社担任法式部主任，6月25日梁家在北总布胡同3号定居”。综上，可以确认梁思成是1931年6月定居北京，学社于7月改组，遂聘梁思成为法式部主任。当然，对其入社时间的认知，或也有公历、农历时间表述上的差异。参见本社纪事·改组．中国营造学社汇刊，1932，3（1）：183；本社纪事．中国营造学社汇刊，1932，3（2）：161–162；梁思成．《营造法式》注释·序．见：梁思成．梁思成全集（第七卷）．北京：中国建筑工业出版社，2001：10；林洙．建筑师梁思成．天津：天津科学技术出版社，1996：30；梁思成年谱．见：梁思成．梁思成全集（第十卷）．北京：中国建筑工业出版社，2001：102；曹汛．林徽音先生年谱．中国建筑史论汇刊，2009（1）：35.

② 参见本社纪事．中国营造学社汇刊，1932，3（1）：187. 翌年刘敦桢入社后，完成了他的首篇古建筑调查报告《北平智化寺如来殿调查记》，该文以宋《营造法式》、清工部《工程做法》为代表的官式做法为首尾，突出明代特征，为明代建筑的研究树立范式。文中还指出“至测量、绘图、摄影、彩画余项，赖梁思成、刘南策二先生匡助之力居多，而本社邵力工、宋麟徵、王先泽、莫宗江，中大濮齐材、张至刚、戴志昂诸君，皆身预其役，不辞劳瘁，协力合作。稿成后复承社长朱先生是正多处。”参见刘敦桢．北平智化寺如来殿调查记．中国营造学社汇刊，1932，3（3）：2–3.

③ 1931年11月8日、26日，日本侵略者两次策划指挥了天津“便衣队暴乱”，均被东北军组成的天津保安队击溃。按梁思成在《蓟县独乐寺观音阁山门考》中所记：“廿年秋，遂有赴蓟计划。行装甫竣，津变爆发，遂作罢。至廿一年四月，始克成行”，以及1932年3月《汇刊》第三卷第一期《本社纪事》记“于预定出发前两日，天津便衣队暴动”推算，梁思成计划出行的日期当在1931年11月10日。

④ 本社纪事·旅行未果．中国营造学社汇刊，1932，3（1）：185.

⑤ 参见本社纪事．中国营造学社汇刊，1932，3（3）：162–163；刘敦桢先生生平纪事年表．见：刘敦桢．刘敦桢全集（第十卷）．北京：中国建筑工业出版社，2007：212.

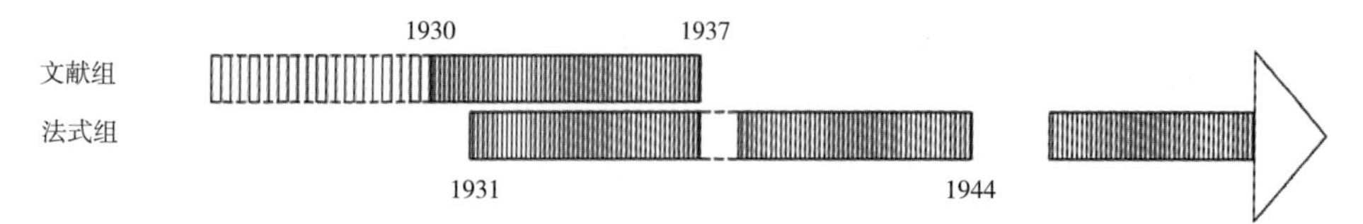

图 2-9 学社文献组与法式组时间关系图示
（资料来源：刘江峰．辨章学术，考镜源流——中国建筑史学的文献学传统研究．天津：天津大学，2007：138）

> 文献一部则拟聘中央大学建筑系教授刘敦桢君兼领。梁君到社八月，成绩昭然，所编各书，正在印行。刘君亦常通函报告其所得，并撰文刊布。两君皆青年建筑师，历主讲席，嗜古知新，各有根底。就鄙人闻见所及，精心研究中国营造，足任吾社衣钵之传者。南北得此二人，此可欣然报告于诸君者也。①

而此时梁思成调查独乐寺尚未成行，更无相关研究成果，刘敦桢亦然。但是朱启钤的信任和扶持，为二人后来的研究提供了极为可贵的条件，梁、刘也一直对朱启钤提携后进的大师风范心怀感激。② 二位建筑英才不孚朱启钤厚望，以高度的敬业精神与卓杰的才华，使《营造法式》和中国建筑史学的研究得以大大向前推进。

（三）“前理解”性的清代官式建筑研究

如前所述，梁思成入社主持法式部工作后，由于时局动荡未遑展开实物测绘，在朱启钤的指导下，转而投入研究清代建筑。按朱启钤的规划，对清代建筑的研究主要也是为了上溯至明、元、宋、唐，解读《营造法式》，为构建对中国建筑史框架做准备：

> 然中国建筑在时间上包括上下四千余年，在空间上东自日本，西达葱岭，

---

① 本社纪事．中国营造学社汇刊，1932，3（2）：161-162.

② 如梁思成在《蓟县独乐寺观音阁山门考》绪言中指出“而此次调查旅行之可能，厥为社长朱先生之鼓励及指导是赖，微先生之力不及此，尤思成所至感者也”。引自梁思成．蓟县独乐寺观音阁山门考．中国营造学社汇刊，1932，3（2）：9-10；1934 年 1 月在《清式营造则例·序》中又特别提到“我在这里要向中国营造学社社长朱桂辛先生表示我诚恳的谢意，若没有先生给我研究的机会和便利，并将他多年收集的许多材料供我采用，这书的完成即使幸能实现，恐怕也要推延到许多年月以后。”引自梁思成．清式营造则例·序．北京：中国建筑工业出版社，1981：2。刘敦桢在 1961 年致朱启钤的祝寿信中追述并强调“先生发现《营造法式》抄本，遂究心宋《法式》与清《做法》。进而组织营造学社，以完成中国建筑史，又勉励后进，培养人材。……当年先生筚路蓝缕之功，固亦垂诸不朽。敦桢亲聆教益三十余年于兹，受惠之深，楮墨难罄。”引自刘敦桢．贺朱启钤老先生九十大寿函．见：刘敦桢．刘敦桢全集（第十卷）．北京：中国建筑工业出版社，2007：204.

南起交趾，北绝大漠，在此时间与空间内之建筑，完全属于一个系统之下。本社最高最后之目标，即完成此建筑系统之历史是也。……为工作便利计，先自研究清式宫殿建筑始。俟清式既有相当了解，然后追溯明、元，进求宋、唐，以期迎刃而决。[①]

1. 以匠为师，沟通儒匠

长期从事国家工程事务管理的经历，使朱启钤对中国古代营造学和“匠作传统”有着深刻的体认和发自内心的尊重。[②] 比照中、西方营造传统，他深感我国传统工程做法在世界建筑史中独具特色[③]，并意识到古代文献与工匠相结合对研究中国古代营造学的重要性。加之当时西学东渐之风日炽，朱启钤深惧“西学”冲击中国传统营造学，致使失传，遂即勉力寻访营造匠师，搜集匠师口耳相传的珍贵经验与工程籍本，以求保存中国营造传统：

同人等深惧更历岁时，图籍散亡，遗构倾毁，工师失传，斯学益无由研讨。不揣棉薄，除由启钤等访觅宋李明仲《营造法式》，精刊即行，并加诠释外，复搜集明清大工之图绘册籍，及工师秘本等等，以为研究之资。[④]

朱启钤还注意到，《营造法式》编者李明仲通过梳理历史文献并以“稽参众智”、“勒人匠逐一讲说”的方式编修该书，在整理匠作技术的同时，建立了堪称科学

---

① 朱启钤．中国营造学社概况．见：北京市志稿（六）·文教志（下）．北京：燕山出版社，1990：189. 后来，林徽因在《清式营造则例·绪论》也指出解读清式建筑是研究中国建筑史的第一步：“不研究中国建筑则已，如果认真研究，则非对清代则例相当熟识不可。在年代上既不太远，术书遗物又最完全，先着手研究清代，是势所必然。有一近代建筑知识作根底，研究古代建筑时，在比较上便不至茫然无所依傍，所以研究清式则例，也是研究中国建筑史者所必须经过的第一步”；梁思成在《〈营造法式〉注释·序》中回顾道：“我认为在这种技术科学性的研究上，要了解古代，应从现代和近代开始；要研究宋《法式》，应从清工部《工程做法》开始；要读懂这些巨著，应从求教于本行业的活人——老匠师开始。……对于清工部《工程做法》的理解，对进一步追溯上去研究宋《营造法式》打下了初步基础，创造了条件。”对此，陈明达在回忆《营造法式》及中国建筑史研究的历史时，也曾提到：“那时候，研究从哪里开始？甚至中国古建筑的名词术语怎么个叫法？都是谁也不懂，学习和研究成了一个分不开的过程。这个过程，不得不先从清代建筑入手，因为清代建筑实例既多，还有不少老工人，当时就已六七十岁的许多老匠师，请他们指着实物讲说，然后进行测绘，又对照清代的工部《工程作法则例》来加深认识，才总算入了门。”参见林徽因．清式营造则例·绪论．见：梁思成．梁思成全集（第六卷）．北京：中国建筑工业出版社，2001：16；梁思成．《营造法式》注释·序．见：梁思成．梁思成全集（第七卷）．北京：中国建筑工业出版社，2001：10；陈明达．关于《营造法式》的研究．建筑史论文集，1999（11）：43.

② “以司隶之官，兼将作之役，所与往还者，颇有坊巷编氓，匠师耆宿，聆其所说。”引自朱启钤．中国营造学社开会演词．中国营造学社汇刊，1930，1（1）：1.

③ “我中华古国宫室之制，数千年来踵事增华。递演递进，蔚为大观。溯厥原始，要不外两大派：黄河以北，土厚水深，质性坚凝，大率因土为屋，由穴居进而为今日之砖石建筑。迄今山陕之民，犹有太古遗风者，是也。长江流域上古洪水为灾，地势卑湿，人民多栖息于木树之上，由巢居进而为今日之楼榭建筑。故中国营造之法，实兼土、木、石三者之原质而成。泰西建筑则以砖石为主，以木为骨干者绝稀。此与我国不同之点也。”引自朱启钤．石印《营造法式》序．见：李诫编修．“丁本”法式．南京：江南图书馆，1919.

④ 本社纪事·本社致英庚款董事会函．中国营造学社汇刊，1931，2（3）：18.

的营造体系。受此启发，他为学社确立了“沟通儒匠，浚发智巧”的使命，以访问清末北方大木匠师作为认识古代建筑的途径之一，同时记录传统技术和工艺；还聘请老匠师绘制大木结构详图、彩画图样。朱启钤还意识到“挽近以来，兵戈不戢，遗物摧毁，匠师笃老，薪火不传。吾人析疑问奇，已感竭蹶，若再濡滞，不逮数年，阙失弥甚”，因此设想尽可能利用摄影、留声机等手段记录匠师行为，保存匠作工艺传统。①

纵观朱启钤的研究理路，可见“以匠为师”不仅是他对《营造法式》“稽参众智”理念的继承，也是其一向重视理论与实践相结合、尊重匠作传统等既有思路的体现。②

2. 对清代建筑文本的研究

梁思成入社后，在本书第一章所述朱启钤已有大量相关研究的基础上（略如1919—1925年陶本《营造法式》中，宋、清做法及相关术语图文结合的比对），由工匠指导③，参证北京明、清建筑，从梳理清工部《工程做法》和匠人抄本《营造算例》④入手，利用现代投影方法绘制构造图，释读清代营造术语，迅速取得大量成果。⑤研究中除了对清式营造法的解释外，还多有与《营造法式》的比对。

① 朱启钤．中国营造学社缘起．中国营造学社汇刊，1930，1（1）：2-3.

② “向者已云营造学之精要，几有不能求之书册，而必须求之口耳相传之技术者。然以历来文学，与技术相离之辽远，此两界殆终不能相接触。于是得其术者，不得其原，知其文字者，不知其形象。自李氏书出，吾人然后知尚有居乎两端之中，为之沟通媒介者在，然后知吾人平日，所得于工师，视为若可解若不可解者，固犹有书册可证。吾人幸获有此凭藉，则宜举今日口耳相传，不可长恃者，一一勒之于书。使如留声摄影之机，存其真状，以待后人之研索。非然者，今日灵光仅存之工师，类已踯躅穷途，沈沦暮景，人既不存，业将终坠，岂尚有公于世之一日哉。”引自朱启钤．中国营造学社开会演词．中国营造学社汇刊，1930，1（1）：2.

③ “直至书将成印，我尚时时由老年匠师处得到新的智识；……我得感谢两位老法的匠师，大木作内栱头昂嘴等部的做法乃匠师杨文起所指示，彩画作的规矩全亏匠师祖鹤洲为我详细解释。”引自梁思成．清式营造则例·序．北京：中国建筑工业出版社，1981：2.“莫宗江回忆梁思成的工作时说‘《清式营造则例》就是他一边学工部工程做法则例，一边向老工匠学，学的过程就把图画出来，只二十几天就画了一大摞’。”引自林洙．叩开鲁班的大门——中国营造学社史略．北京：中国建筑工业出版社，1995：60.

④ 通过与清工部《工程做法》的比较，朱启钤对反映“匠作传统”手抄小册的价值及其形成有深切的判断，并推测这种抄本很可能也是《营造法式》的形成源头之一，突出了匠传抄本的重要性：“此种手抄小册，乃真有工程做法之价值。彼工部官书，注重则例，于‘做法’二字，似有名不副实之嫌……自此种抄本小册之发见，始憬然工部官书标题中之‘做法’二字，近于衍文。彼李明仲《营造法式》，亦合诸种原稿而成，故于看详、总释、制度、功限，各自为类，而以‘法式’命名。清代工部《工程做法则例》，当日如有此类算例在内，价值更当增重也。”参见朱启钤．营造算例印行缘起．中国营造学社汇刊，1931，2（1）:1-2。这些见地也深刻影响了梁思成，可参见其《清式营造则例》序文。

⑤《营造算例》经梁思成整理后，于1931年陆续发表在《汇刊》第二卷第一、二、三册上。1932年3月基本完成《清式营造则例》的图释工作。继后，梁思成又将清工部《工程做法》、实例、匠师口述经验和之前整理的《营造算例》综括为《清式营造则例》一书，于1934年正式出版。1932年学社出版单行本《营造算例》，1934年补入《牌楼算例》，作为《清式营造则例》辅刊付梓。具体情况参见《汇刊》第三卷第一期（1932年3月）、第四卷第三、四期合刊本（1933年12月）、第五卷第二期（1934年12月）、第五卷第三期（1935年3月）中的《本社纪事》。

也正是通过这种比对，梁思成发现宋、清建筑存在很大差别[①]，并逐渐明确了调查、测绘明清以前建筑实例的紧迫性。

与此同时，清代建筑研究成果还有刘敦桢负责整理的《牌楼算例》[②]，王璞子[③]编纂的《清官式石桥作法》[④]，等等。梁思成入社前就早已开展的清工部《工程做法补图》工作，也改由法式组进行修改、更新和扩展。[⑤]

这一系列的学术研究成果，展示了清代建筑工程古籍术书等方面的研究作为中国建筑史学基础的重大价值和意义，为后来大量展开的实物测绘提供了必要的“前理解”。在朱启钤指导下的相关研究，形成了一种以工匠传统结合文献和实物共同解读古建筑的研究方法。[⑥]按照中国传统营造学的特点，采用这种研究路线和方法，在当时既是必然的选择，到现在也仍是一种行之有效的途径。[⑦]

① 陈明达后来指出，这一阶段在学术上的重要突破是在上述工作中明确了清代则例，并初步与《营造法式》对照，逐渐发现宋代建筑与清代建筑有很大的差别，开始纠正历来的错误观点。正是由于有了这样的认识，确立调查、测绘明清以前的建筑实例为当前最急迫的工作任务。参见陈明达 . 中国建筑史学史（提纲）. 建筑史论文集，2009（24）：149.

② 刘敦桢 . 牌楼算例 . 中国营造学社汇刊，1933，4（1）：39–81。1935 年学社出版单行本《牌楼算例》。

③ 王璞子（1909—1988 年），原名王璧文，字璞子，后以字为名。河北正定人，1929 年考入中法大学，1933 年入学社，1945 年后供职于北平市政府工务局文整处。长期从事中国建筑史的研究。主要论著有《中国建筑》、《清官式石桥做法》、《元大都城坊考》、《凤凰咀土城》、《燕王府与紫禁城》等。

④ 王璧文 . 清官式石桥作法 . 中国营造学社汇刊，1935，5（4）：56–136.

⑤ 参见本社纪事·工程做法补图 . 中国营造学社汇刊，1932，3（1）：183；本社纪事·工程做法则例 . 中国营造学社汇刊，1935，5（3）：156。这项工作因 1932 年以后的大规模测绘而暂置，直至 1950 年代，王璞子继承学社的研究目标，开始对清工部《工程做法》进行注释，由王金榜和张中义绘制补充插图，1980 年完成全部注释工作，1995 年《工程作法注释》正式出版。参见王璞子 . 工程作法注释 . 北京：中国建筑工业出版社，1995. 此后，2006 年 8 月，清华大学出版社刊印了梁思成的遗著《清工部〈工程做法则例〉图解》。书中由梁思成指导、邵力工绘制的近两百幅图纸，把相关文献、工匠实践的梳理同建筑实物测绘密切结合起来，凝聚并延展了学社的共识性研究成果。其中涉及拱券做法，既汲取了前述《清官式石桥做法》的成果，又增补了多座北京城楼拱门的案例，皆为双心圆券形，并悉数标明了双心券的圆心、偏心距和半径，彰示了其数理机制。

⑥ 清代官式建筑体系是在清代工官制度背景下，以官方《工程做法》为文本范宪，以样式雷图档为设计图档，以各类官式建筑为实体，以工匠的操作为基础，围绕建筑营造业各个环节而形成的。近 30 年来，对这一建筑体系自营造学会尤其是营造学社以来的研究历程、方法和成果，天津大学建筑学院建筑历史与理论研究所曾进行全面梳理、细致分析和归纳，并予以继承和弘扬，以令人鼓舞的大量新成果，有力推进了这一研究方向的深度发展。参见王其亨 . 清代样券坑方法的研究及收获 . 古建园林技术，1988（1）：19–21；王其亨，王西京 . 清代陵寝牌楼门制度与做法（上）. 古建园林技术，1992（3）：3–11；王其亨，王西京 . 清代陵寝牌楼门制度与做法（下）. 古建园林技术，1992（4）：6–13；王其亨 . 清代陵寝建筑工程小夯灰土做法 . 故宫博物院院刊，1993（3）：48–51；史箴，何蓓洁 . 高瞻远瞩的开拓，历久弥新的启示：清代样式雷世家及其建筑图档早期研究历程回溯 . 建筑师，2012（1）：50–59；王其亨 . 双心圆：清代拱券券形的基本形式 . 古建园林技术，2013（1）：3–12；王其亨 . 清代建筑工程籍本的研究利用 . 中国建筑史论汇刊，2014（10）：147–187；王其亨 . 清代陵寝工程的兴修次序和施工礼仪 . 见：王其亨 . 当代中国建筑史家十书 · 王其亨中国建筑史论选集 . 沈阳：辽宁美术出版社，2014：80–89；王其亨 . 清代陵寝建筑样式雷图档的整理研究 . 见：王其亨 . 当代中国建筑史家十书 · 王其亨中国建筑史论选集 . 沈阳：辽宁美术出版社，2014：578–604；王其亨，王方捷 . 中国古建筑设计的典型个案——清代定陵设计解析 . 中国建筑史论汇刊，2015（12）：215–266；常清华 . 清代官式建筑研究史初探 . 天津：天津大学，2012；刘瑜 . 北京地区清代官式建筑工匠传统研究 . 天津：天津大学，2013.

⑦ 如张十庆指导乔迅翔完成的博士论文“宋代建筑营造技术基础研究”，就是继承了这种“由今知古”的研究方法，探讨宋代营造技术。参见乔迅翔 . 宋代建筑营造技术基础研究 . 南京：东南大学，2005.

二、互证研究的初期实践

在上述各方面因素的准备和促进下，学社具备了实地考察的条件，确立了以调查、测绘明清以前的建筑实例为主要目标，研究工作从单纯研究文献迅速指向与实物测绘相结合的模式，实现了从闻到见、从间接到直接的根本性转变。

（一）独乐寺观音阁、山门[①]调查——研究方法的初步确立

1932年4月，梁思成带领其弟梁思达、社员邵力工赴蓟县测绘独乐寺观音阁及山门。他们运用现代研究手段，获得很多单靠文本解读无法获得的认识，如对古代木材尺寸标准化的重要特点和《营造法式》“材栔”的深刻理解：

> 此次独乐寺辽物研究中，因梁枋斗栱分析而获得之最大结果，则木材尺寸之标准化是也。清式用材，其尺寸以“斗口”为单位，制至繁而计算难。而观音阁全部结构，梁枋千百，其结构用材（Structural members），则只六种，其标准化可谓已达极点……此（材、栔）乃宋式营造之标准单位，固极明显。然而“材”、“栔”之定义，并未见于书中；虽知其大小比例，而难知其应用法，及其应用之可能度。今见独乐寺，然后知其应用及其对于设计及施工所予之便利及经济。[②]

可贵的是，此言虽未涉及后来所认知的“模数”，但对材份制度的价值、意义已经深刻触及。同时，这次的工作也充分证明实物与《营造法式》相结合的研究方法对于解读该书的重要性，成为中国学者运用现代科学方法研究《营造法式》的里程碑。

梁思成在随后写就的《蓟县独乐寺观音阁山门考》，从总论、寺史、现状、山门、观音阁、今后之保护6个方面[③]，归纳了这次研究的经历、方法与成果。该文集科学的研究方法、精确的测绘图[④]和严密的考证于一身（图2-10），借助《营造法式》深度分析了两座当时所知年代最早的中国建筑。更可称道的是，梁思成还采用现

① 独乐寺建于辽统和二年（984年），位于蓟县城内，寺中现存辽代建筑有观音阁和山门。

② 梁思成．蓟县独乐寺观音阁山门考．中国营造学社汇刊，1932，3（2）：77-78.

③ 山门部分从外观、平面、台基及阶、柱及柱础、斗栱、梁枋、角梁、举折、椽瓦、砖墙、装修、彩画、塑像、画像、匾十六个方面展开，观音阁则以外观、平面、台基及月台、柱及柱础、斗栱、天花、梁枋、角梁、举折、椽及檐、两际、瓦、墙壁、门窗、地板、栏干、楼梯、彩画、塑像及须弥坛、匾20个方面展开。

④ 采用西方现代科学体系制图标准绘制的测绘图是这次调查报告中的一个突出亮点，每张图纸都尽可能表达更多的信息（如剖面图前檐绘制柱头铺作，后檐则绘制补间铺作），同时为了表示建筑物轮廓及色彩等特征，还绘制了若干彩色透视图（或鸟瞰图）。一改以往仅以文字描绘的状况，对研究和认识中国古代建筑文化具有非常重大的意义。时至今日，调查报告中的测绘图仍是不可或缺的重要部分。

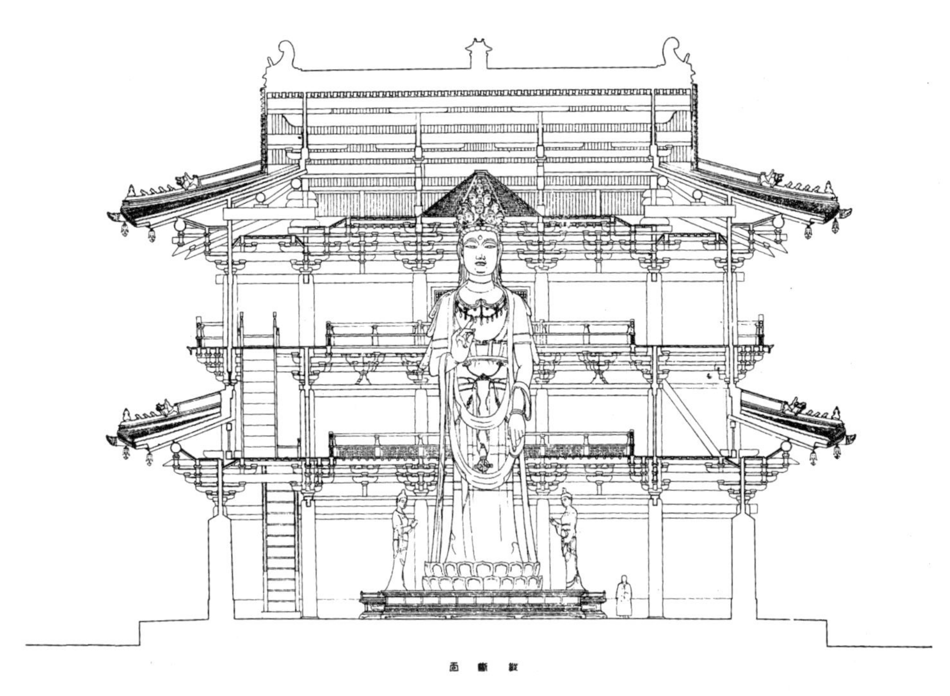

图 2-10　独乐寺观音阁纵剖面图
[资料来源：梁思成 . 蓟县独乐寺观音阁山门考 . 中国营造学社汇刊，1932，3（2）：卷首图五]

代力学分析方法解释梁架的受力情况，特地与美国麻省理工学院的高材生蔡方荫合作，对观音阁做了结构力学的验算，使结论更具说服力，对木结构的理解也更深入。

该文把各部件与《营造法式》所载相对照，对构件名称、构架特点、细部做法、艺术手法、发展脉络等方面逐一进行名词考订，并对材份数字作分析比较，既深化了对《营造法式》的认识，也开始发现宋、辽建筑间的差异，为之后调查实测和研究古建筑提供了范式[①]，梁思成针对这两座建筑所采用的结构理性主义的评价标准，还奠定了新的中国建筑美学的理论基础。[②]

这次独乐寺的测绘与研究充分证明了“中国学者的研究实力，使中国人增强了民族自信心，也削弱了日本人的气焰”[③]。此后再也看不到实物调查需由他们来完成的狂妄，日本学者也开始引用中国人的研究成果。学社的研究全面超越了最

① 参见傅熹年 . 建筑史解码人·朱启钤 . 见：杨永生，王莉慧 . 建筑史解码人 . 北京：中国建筑工业出版社，2006：3.
② 参见赖德霖 . 梁思成、林徽因：中国建筑史写作表微 . 见：赖德霖 . 中国近代建筑史研究 . 北京：清华大学出版社，2007：314.
③ 郭黛姮 . 建筑史解码人·梁思成 . 见：杨永生，王莉慧 . 建筑史解码人 . 北京：中国建筑工业出版社，2006：24.

先进入中国建筑史学研究领域的西方和日本。①

选择独乐寺辽代建筑作为研究对象，无疑使《营造法式》与实物相结合的研究方法从一开始就站在了高起点之上。辽代建筑上承唐、五代，下启金、元，具有特殊的时空地位和文化背景，是衔接唐以前和宋以后建筑文化的重要组成部分。因此，在梁思成等学者的眼中，独乐寺辽构在很多方面都具有相当重要的价值。②

独乐寺的研究过程，表现出在之前清代建筑研究"前理解"的基础上，实物与文献相结合的极大优势。③但是，由于此前对《营造法式》的解读有限，理解未深，此次测绘研究也存在一定的问题，例如"角柱生起"这个重要特征就曾被忽略。④此事也让梁思成一直不能释怀，后来他在1933年调查正定隆兴寺就特别注意了这个问题⑤，自此，"角柱生起"在早期建筑的研究中开始受到重视（图2-11，图2-12）。这个事例也切实证明了深刻的文本解读对实物研究的重要指导作用，而古建筑测绘也并非一蹴而就，难免错漏缺憾，更需要不断的反复研究才能获得真知。

除了"前理解"不足而导致的上述问题外，"前理解"中的既有偏见，也需警惕防范。如陈明达后来的相关评述：

> 独乐寺是当时开始实测的第一处辽宋建筑物，那时所熟悉的是明清时期的建筑，对早期实例缺乏具体的认识；《法式》的研究也刚刚开始，对材份的概念还不明确。因此，测量是按照对明清建筑的理解进行的，即以斗口为度量的标准，并且认为同一座房屋的斗口必定是一致的，这就不可避免的

① 对此，傅熹年曾多次述及《蓟县独乐寺观音阁山门考》一文"不仅一举超过了当时欧美和日本人研究中国建筑的水平，而且就透过形式深入探讨古代建筑设计规律而言，也超过了日本人当时对日本建筑研究的深度。"引自傅熹年．一代宗师，垂范后学——学习《梁思成文集》的体会．见：傅熹年建筑史论文集．北京：文物出版社，1998：437-438；"就实物与理论、文献的结合而言，此文已经超过了当时日本方面对其本国古建筑研究的深度。此文发表后，日本方面即不再提双方合作由他们负责实物调查研究的建议了。"引自傅熹年．建筑史解码人·朱启钤．见：杨永生，王莉慧．建筑史解码人．北京：中国建筑工业出版社，2006：3.

② 1984年，陈明达在《独乐寺观音阁、山门建筑构图分析》中评价独乐寺的两座辽构按中国现存古代建筑年代排列，位居第七，但若论技术之精湛，艺术之品第，则应推为第一。他还指出独乐寺对于中国建筑史学研究的价值，不仅仅在于它自身的完美，还在于它曾打开了学者们的眼界，从无知逐步走向有所知。参见陈明达．独乐寺观音阁、山门建筑构图分析．见：文物出版社编辑部．文物与考古论集．北京：文物出版社，1986：344-345。约六年后，陈明达在晚年完成了重要学术著作——《独乐寺观音阁、山门的大木作制度》，此文不仅再次证明了独乐寺的价值，还开启了古代建筑研究及方法的新天地，详见本书第四章。

③ 如前文所述，梁思成根据《营造法式》、实物及宋、清术语的传承关系，发现《营造法式》缺卷四"大木作制度"中的"五曰慢栱"条，并在1933年以"故宫本"校勘该书时十分敏感地发现"陶本"沿"丁本"之误所缺的这一条。

④ 刘敦桢后来回忆道："在对河北蓟县独乐寺观音阁的初测中，就未绘出生起，经朱启钤老先生根据《法式》提出，后来我和莫宗江等五人再去测绘才予以修正。"引自刘敦桢．中国木结构建筑造型略述．见：刘敦桢．刘敦桢全集（第六卷）．北京：中国建筑工业出版社，2007：227.

⑤ "我们若再细看，则见各面的檐柱，四角的都较居中的高，檐角的翘起线，在柱头上的阑额，也很和谐的响应一下，《营造法式》所谓'角柱生起'此是一实证。在蓟县独乐寺及宝坻广济寺也有同样的做法，惜去年研究时竟疏忽未特别加以注意，至今心中仍耿耿。"引自梁思成．正定调查纪略．中国营造学社汇刊，1933，4（2）：18.

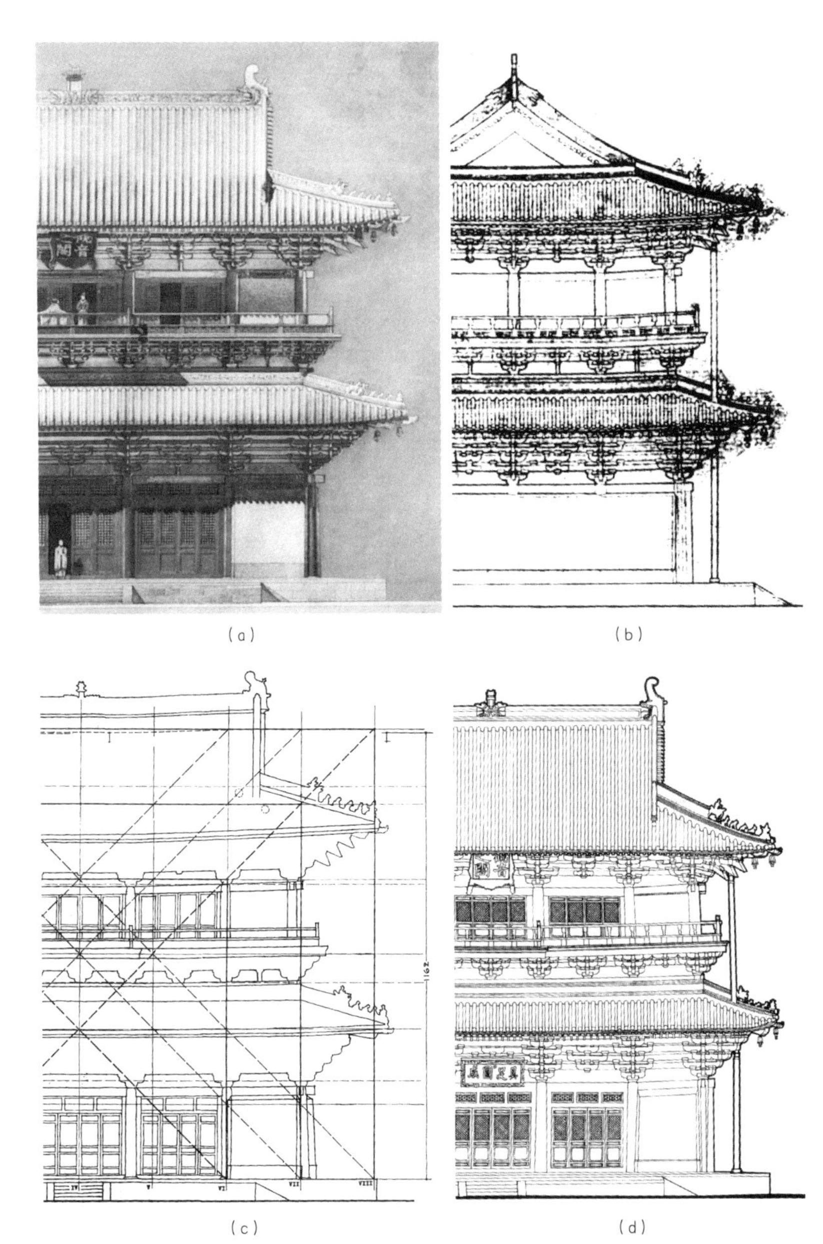

图 2-11 对“角柱生起”的认识（一）。(a) 1932 年学社绘制的独乐寺观音阁立面图无“角柱生起”[资料来源：梁思成．蓟县独乐寺观音阁山门考．中国营造学社汇刊，1932，3(2)：卷首图二]；(b) 1960—1970 年代古代建筑修整所绘制的观音阁侧立面图 [资料来源：陈明达．蓟县独乐寺．天津：天津大学出版社，2007：59]；(c) 陈明达绘制的观音阁正立面图 [资料来源：陈明达．独乐寺观音阁、山门的大木作制度（下）．建筑史论文集，2002(16)：13]；(d) 20 世纪 90 年代初天津大学建筑系绘制的观音阁正立面残损现状图（资料来源：天津大学建筑学院提供）

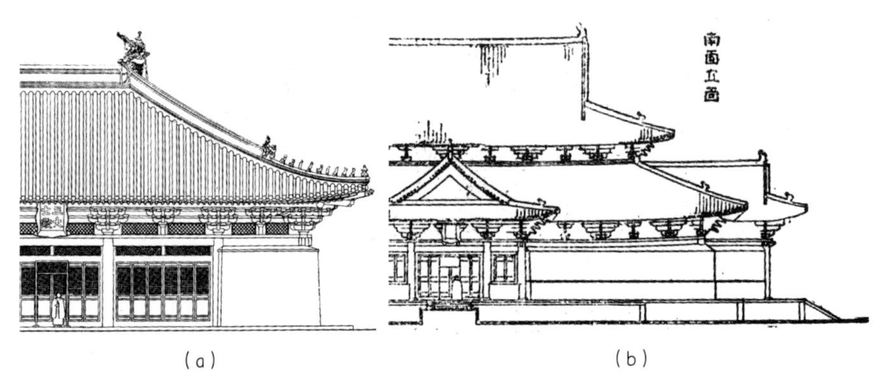

(a)　　　　(b)

图 2-12　对“角柱生起”的认识（二）。(a) 1932 年学社绘制的宝坻广济寺三大士殿无“角柱生起”[资料来源：梁思成. 宝坻县广济寺三大士殿. 中国营造学社汇刊，1932，3（4）：卷首图三]；(b) 1933 年绘制的隆兴寺摩尼殿测绘图首次出现“角柱生起”[资料来源：梁思成. 正定调查纪略. 中国营造学社汇刊，1933，4（2）：17]

产生了一些缺点和疏忽之处。加以观音阁本身的现实条件最便于测量平坐，在下层屋面上、在平坐暗层内，无需脚手架即可仔细测量各个部位。以致用材的数据都来自平坐，没有注意到上屋、下屋用材都大于平坐。直到次年为了要制造模型，需补充一些详细数据，再去补测时，仍未发现这一错误。所以，我们制造的第一个古代建筑模型——独乐寺观音阁的材份数是不正确的，同时，也还不知道柱子有生起。[①]

（二）广济寺三大士殿[②]调查——对辽代建筑形制认识的强化

在完成独乐寺测绘后不久，同年 6 月，梁思成等学社成员又测绘了建筑年代稍晚于独乐寺观音阁及山门的另一座辽构——河北宝坻县广济寺三大士殿[③]。这个建筑的发现可以说是梁思成在蓟县测绘独乐寺时的意外收获。也正是因为有了对独乐寺辽代建筑的初步认识，才能够依据照片对三大士殿进行形制鉴别，再赴实地展开测绘，从而减省了路途的劳顿和时间的消耗。在广济寺的调查过程中，三大士殿精美的内部结构不仅使梁思成顿悟“彻上露明造”，还对其结构意义有了更为深刻的认识：

在三大士殿全部结构中，无论殿内殿外的斗栱和梁架，我们可以大胆

---

① 陈明达. 独乐寺观音阁、山门的大木作制度（上）. 建筑史论文集，2002（15）：73.
② 宝坻广济寺俗称西大寺，位于宝坻城内西街，寺内三大士殿建于辽圣宗太平五年（1025 年）。
③ 本社纪事・调查辽代寺刹. 中国营造学社汇刊，1932，3（2）：164–165.

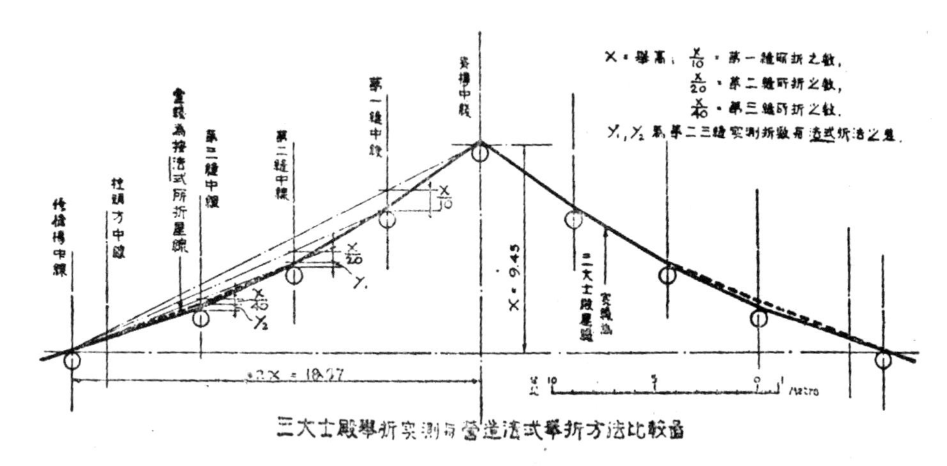

图 2-13　三大士殿与《营造法式》举折比较图
[资料来源：梁思成 . 宝坻县广济寺三大士殿 . 中国营造学社汇刊，1932，3 (4)：41]

> 的说，没有一块木头不含有结构的机能和意义的。在殿内抬头看上面的梁架，就像看一张 X 光线照片，内部的骨干，一目了然，这是三大士殿最善最美处。……但在这一座辽代遗物中，尤其是内部，斗栱与梁枋构架，完全织成一体，不能分离。①

梁思成在这次测绘基础上写就《宝坻县广济寺三大士殿》，形成了初步的构架观，进一步加深了对古代建筑设计、结构标准化的认识，以及对《营造法式》和辽构“材栔”的理解：

> 在大殿大木用材上，有一个主要的特征，就是木材之标准化。这里取材之单位，如蓟县独乐寺所见，及《营造法式》所述，就是“材”与“栔”。……这材就是结构上所用的基本度量单位。全建筑的各木材皆以这“材”之倍数或其分数“栔”定大小。《法式》所谓“皆以所用材之分，以为制度焉”，就是指此。②

并从不同的细节探索构件和做法的发展源流（图 2-13），最后仍提及三大士殿的保护问题，还进一步明确了古建筑研究分析的方法和比较的范围，对辽代建筑构架的整体性有了更为客观的认识：

> 至于分析的方法，则以三大士殿与我们所知道的各时代各地方的建筑比较，所以《营造法式》与《工部工程做法》，还是我们主要的比较资料。

---

① 梁思成 . 宝坻县广济寺三大士殿 . 中国营造学社汇刊，1932，3（4）：24.
② 梁思成 . 宝坻县广济寺三大士殿 . 中国营造学社汇刊，1932，3（4）：37–38.

此外河北山西已发现的辽代建筑，也可以互相佐证。[①]

遗憾的是，这座中国古代建筑的杰作，却在中华人民共和国成立初期被拆除。当梁思成得知将拆除三大士殿时，曾向河北省当局反映，希望保留这座辽代的古建筑，但最终未能阻止。[②] 当初学社调研和测绘的资料成为最后的记录，尤显珍贵。

（三）正定古建筑调查——初涉北宋木构

1933 年 4 月，梁思成、莫宗江[③] 等人对河北正定古建筑展开考察，首次涉及隆兴寺北宋木构和阳和楼、开元寺钟楼等早期建筑（图 2-14）[④]。不仅“高兴到发狂”地发现了众多与《营造法式》“完全相同”的构造做法[⑤]，而且在比对《营造法式》文本和此前几处早期建筑研究的基础上，探讨结构构件的发展源流，进行精准的形制断代[⑥]，也使以往不够客观的认识得以更正。[⑦]

此时，对《营造法式》和实物的理解研究均有深入，在术语使用方面也更显娴熟，还颇富诗意地将古建筑梁架组合喻为交响乐。

另外，梁思成之前曾借助文献探讨唐代建筑[⑧]，对唐构特征已经有了一定的认识，因此在这次的研究中，可以根据形制和用料推断正定开元寺钟楼的建造年代为宋初或更古：

钟楼的上层外檐已非原形，但是下檐的斗栱和内部的构架，赫然是宋

---

① 梁思成 . 宝坻县广济寺三大士殿 . 中国营造学社汇刊，1932，3（4）：20.

② 林洙 . 叩开鲁班的大门——中国营造学社史略 . 北京：中国建筑工业出版社，1995：60.

③ 莫宗江（1916—1999 年）：广东新会人。1931 年底加入学社，师从梁思成，先后为绘图员研究生、副研究员。1946—1999 年在清华大学任教，历任副教授、教授，培养大量专业人才。

④ “河北省境内古建筑，经本社与省政府及各县政府合作调查，得知宋辽以来遗物颇多，本年四月，本社法式组主任梁思成君，赴正定调查宋隆兴寺，开元寺，阳和楼，关帝庙，天宁寺木塔，广济寺花塔，临济寺青塔，开元寺砖塔及钟楼，府文庙前殿，县文庙大成殿等，重要遗物大小十余座，先于本期披露大要，其详细结构情状，当另以专刊发表，他如易州，赵州，栾城等处，亦将陆续调查。”引自本社纪事 · 河北省境内古建筑之调查 . 中国营造学社汇刊，1933，4（2）：156.

⑤ “（转轮藏殿）上部的结构，有精巧的构架，与《营造法式》完全相同的斗栱，和许多许多精美奇特的构造使我们高兴到发狂。……（摩尼殿 · 断面）：梁架的结构较清式的轻巧，而各架交叠处的结构，叉手，驼峰，襻间等等的分配多与《营造法式》符合。内外金柱斗栱之上有双步梁（宋称乳栿）。外金柱与檐柱间有下檐一周，即《法式》所称副阶。”引自梁思成 . 正定调查纪略 . 中国营造学社汇刊，1933，4（2）：7，16，18.

⑥ 由于当时没有在文献中找到摩尼殿的建造年代，梁思成根据形制判断其最晚为北宋所建。1978 年摩尼殿大修时，在阑额及斗栱构件上发现多处题记，确证此殿建于北宋皇佑四年（1052 年）。参见河北省正定隆兴寺摩尼殿修缮委员会 . 河北正定隆兴寺摩尼殿发现宋皇祐四年题记 . 文物，1980（3）：94.

⑦ “（转轮藏）此外角梁头的蝉肚（与清式霸王拳不同），椽子的卷杀，扁阔的普拍方（清式称平板枋）和卷杀的柱头，无一不与《营造法式》符合。不知关野先生何所根据而说它是清代所造？（见中国建筑上卷解说第六十一页）……（慈氏阁 · 斗栱）下昂的做法，乃如明清式的昂，并不将后尾挑起，而是平置的华栱（清式称翘），在外斫成昂嘴形。这种做法，我一向以为是明清以后才有的，但由慈氏阁所见看来，其权衡雄大，布置疏朗，似宋代物，难道这就是明清式假昂的始祖？”引自梁思成 . 正定调查纪略 . 中国营造学社汇刊，1933，4（2）：23-24，26.

⑧ 参见梁思成 . 我们所知道的唐代佛寺与宫殿 . 中国营造学社汇刊，1932，3（1）：75-114.

(a)

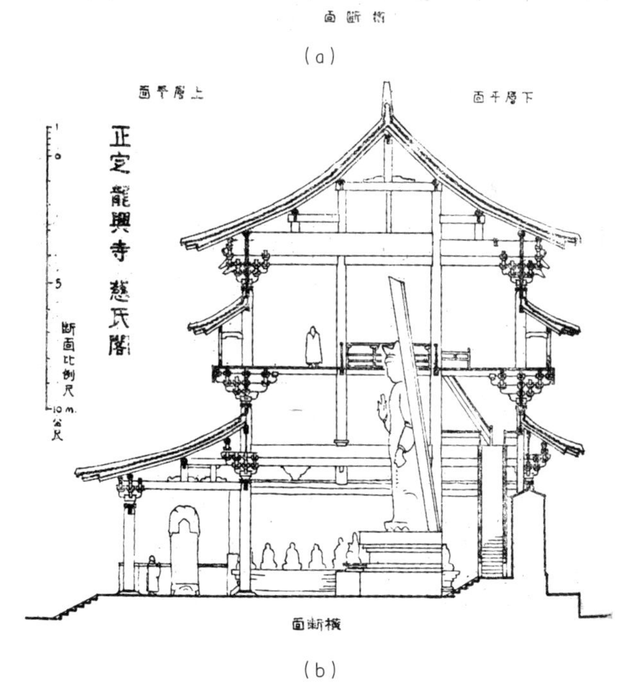

(b)

图 2-14　学社绘制的正定隆兴寺测绘图。(a) 正定隆兴寺转轮藏殿横断面图；(b) 正定隆兴寺慈氏阁横断面图
[资料来源：梁思成 . 正定调查纪略 . 中国营造学社汇刊，1933，4 (2)：21，25]

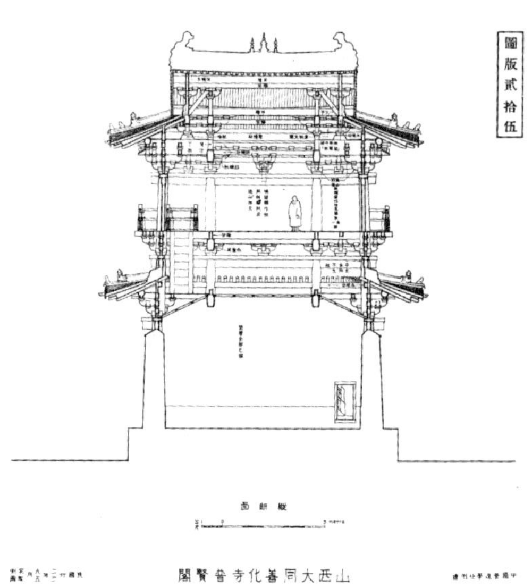

图 2-15　学社绘制的山西大同善化寺普贤阁立面水彩渲染图与剖面图
[资料来源：梁思成，刘敦桢 . 大同古建筑调查报告 . 中国营造学社汇刊，1933，4（3、4）：图版二十二，图版二十五]

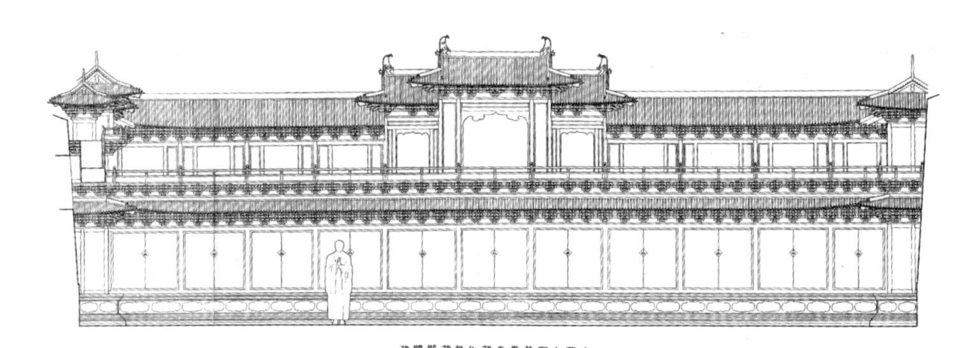

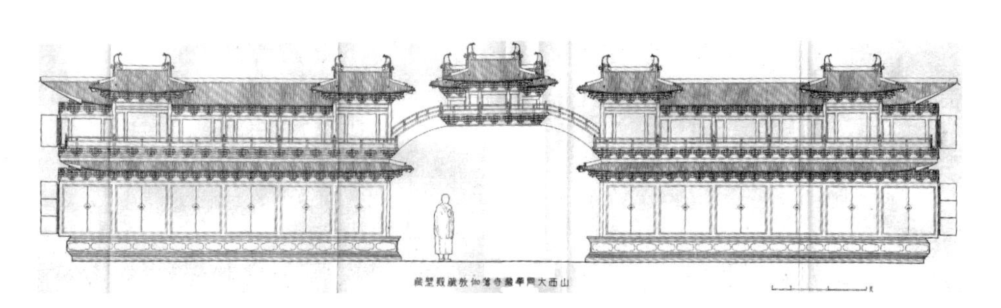

图 2-16　华严寺薄伽教藏殿壁藏和天宫楼阁测绘图
[资料来源：梁思成，刘敦桢 . 大同古建筑调查报告 . 中国营造学社汇刊，1933，4（3、4）：图版六、图版八]

初（或更古！）遗物。……钟《志》称唐物，但是钟上的字已完全磨去，无以为证。钟楼三间正方形，上层外部为后世重修，但内部及下层的雄大的斗栱，若说它是唐构，我也不能否认。①

后来梁思成对佛光寺唐代建筑东大殿的辨识工作，显然可以由此看到伏笔。

同年6月，梁思成在《汇刊》发表《正定调查纪略》;11月，梁思成、林徽因、莫宗江又做了二次补充考察，以弥补疏漏。②

（四）大同古建筑调查——对宋、辽、金建筑认识的系统化

1933年9月，梁思成、刘敦桢、林徽因、莫宗江等人前往山西大同调查测绘华严寺及善化寺古建筑。期间，梁思成、刘敦桢、莫宗江还赴应县调查佛宫寺并详测木塔。③其后又复派莫宗江、陈明达二人赴大同补测普贤阁及华严寺薄伽教藏殿壁藏遗漏数据（图2-15）。前后共20余日，调查或测绘诸多早期建筑。④

同年末，梁思成、刘敦桢在《汇刊》上共同发表《大同古建筑调查报告》。该文在研究对象和撰写内容等多方面都达到了一个新的高峰：除了对大同的两座辽、金佛寺进行论述之外，还第一次对与宋关系密切的辽、金建筑特征、时代性、地域性、传播影响进行探讨和归纳，并将梁思成研究独乐寺时发现的宋、辽建筑间的差异进一步系统化；其后又在研究金代建筑的基础上，理出金代建筑特征，扩充了中国建筑史研究的框架。这次调查还有一个很重要的收获，就是首次发现并详细测绘了契合《营造法式》小木作的精美实例——华严寺薄伽教藏殿壁藏和天宫楼阁，并以此作为建筑实体的断代佐证，起到大木作、小木作互证的作用（图2-16）。⑤

最后，通过对大同主要辽金建筑特征的比较分析，结合先前的相关研究，文

---

① 梁思成．正定调查纪略．中国营造学社汇刊，1933，4（2）:10，37。梁思成后来在1944年完成的《中国建筑史》中再次强调："开元寺钟楼已大经后世修改。其外貌已全非原形。外檐下层似为金元样式，上层则清代所修，内部四柱则极壮大，其上斗栱雄伟，月梁短而大，以形制论，大有唐代遗构之可能。"参见梁思成．中国建筑史．天津：百花文艺出版社，1998：106.

② 本社纪事·二次调查正定．中国营造学社汇刊，1933，4（3、4）：340.

③ 1935年，梁思成、莫宗江又对应县木塔进行补测，至年底完成图纸和调查报告，后因战乱未及出版，2006年由《建筑创作》首次刊出。参见梁思成．山西应县佛宫寺辽释迦木塔（作于1935年）．建筑创作，2006（4）：152-167；林洙．编者的话．见：梁思成．梁思成全集（第十卷）．北京：中国建筑工业出版社，2007.

④ 具体事项参见本社启事·实物之调查．中国营造学社汇刊，1933，4（3、4）：340-341.

⑤ 梁思成，刘敦桢．大同古建筑调查报告．中国营造学社汇刊，1933，4（3、4）：1-168。学社对薄伽教藏殿小木作的研究，不仅弥补了以往的缺憾，还在研究方法和细致程度上超越了最先发现华严寺的日本学者，对后世产生了深远的影响。参见刘翔宇．大同华严寺及薄伽教藏殿建筑研究．天津：天津大学，2015：38-41.

章初步归纳出辽、金结构变迁的情况，与《营造法式》的关联和受其影响的部分；进而涉及唐、宋、辽、金、元、明、清建筑的嬗变，中国古代建筑各期的基本特征也随之浮现。《大同古建筑调查报告》对学术史的另一个重要意义在于分析方法上的变化，即不再对照清官式建筑做法分析，而更重视在早期建筑已知实例之间的比照。

值得指出的是，文中图版[①]的绘制和名称标注方式也反映了学社在研究过程中取得的进步。《蓟县独乐寺观音阁山门考》的图版中尚未标注构件或部位名称，至《大同古建筑调查报告》，断面图上已较为详细地标出构件名称和《营造法式》相关做法，判断、疑问和说明尽现图中，生动地记录了认知的过程（图 2-17）。[②]

自大同辽、金建筑研究之后，学社加深了对《营造法式》的编修目的、应用范围、应用方式与实例的异同等问题的认识；逐渐明确了测绘调查、年代判断、分析总结和行文体例等方面的研究理路，形成了科学系统的工作程序，也成为其后中国建筑史学研究的“标准范式”。

（五）密集高效的大规模实物调查

大同古建筑调查研究后，至 1937 年 6 月，学社在梁思成和刘敦桢的带领下，开展了大规模的实物调查测绘，涉及山西、山东、河北、河南、陕西、浙江、江苏等省，主要如下：

1. 1934 年，梁思成、林徽因、费正清夫妇考察山西晋汾地区太原晋祠、文水圣母庙、赵城上下广胜寺等建筑；刘敦桢、莫宗江、陈明达考察河北西部保定定兴县慈云阁、易县开元寺三殿等建筑；同年 10 月，梁思成、林徽因应邀到杭州商讨六和塔重修计划，并与刘致平[③]一同考察金华天宁寺大殿、吴县甪直镇保圣寺等早期建筑。[④]

2. 1935 年，梁思成、莫宗江勘察曲阜孔庙并作修葺计划；同年，梁思成至

---

① 图版左下角有绘制日期：民国廿二年九月实测，廿二年十二月、廿三年一月、四月、五月、六月制图，可见图版最终完成于民国二十三年六月（1934 年）。

② 后来莫宗江发表于 1945 年《汇刊》第七卷第二期的《山西榆次永寿寺雨花宫》中的测绘图可以看出对构件的辨认已较为清楚和肯定。参见莫宗江．山西榆次永寿寺雨花宫．中国营造学社汇刊，1945，7（2）：1-26.

③ 刘致平（1909—1995 年）：字果道，辽宁铁岭人。1934 年加入学社，协助梁思成完成校正清工部《工程做法》、编辑《中国建筑设计参考图集》。抗战胜利后，随梁思成到清华大学创办建筑系，任教授。1958 年调至建筑科学研究院建筑历史理论研究室。

④ 参见本社纪事·实物调查．中国营造学社汇刊，1935，5（3）：154-155.

河南安阳考察，刘敦桢、陈明达、赵正之考察河北西部建筑并补测隆兴寺摩尼殿；刘敦桢游览考察苏州古建筑并与梁思成、卢树森、夏世昌等人测绘苏州玄妙观三清殿、瑞光塔等建筑。[1]

3. 1936 年，刘敦桢、陈明达、赵正之展开河南西北 13 县考察，发现了济源奉仙观大殿、济源济渎庙拜殿及寝宫、登封少林寺初祖庵等早期建筑；梁思成、林徽因、麦俨增考察山东中部 11 县；梁思成、莫宗江、麦俨增考察山西晋汾太原晋祠圣母殿及献殿、赵城上下广胜寺等建筑。同年 10 月，刘敦桢、陈明达、赵正之展开对河北、河南、山东等地的考察，发现新城开善寺大殿。[2]

4. 1937 年，刘致平复勘正定隆兴寺佛香阁宋代塑壁并设计保护方案，随后刘敦桢、赵正之、麦俨增、梁思成、林徽因等人又展开对河南、陕西两省的古建筑考察。[3]

在几年间密集高效的实物调查与测绘研究的过程中，学社不仅积累了大量的实物资料，更对各时期的建筑有了深刻的理解，对古代建筑文献特别是生涩难懂的《营造法式》也有了鲜活的体认。但是，至此发现最早的木结构实例仍是初期调查的独乐寺观音阁和山门，而学社成员一直坚信国内存有唐代建筑。

（六）发现佛光寺东大殿[4]——“中国最古的木构”

1937 年 6 月，梁思成、林徽因、莫宗江、纪玉堂等学社成员第四次入山西，到五台山展开调查[5]，最终找到了日本学者目睹、拍照、出版却仍不能确认的唐代

① 参见本社纪事．中国营造学社汇刊，1935，5（4）：167；本社纪事·调查苏州古建筑．中国营造学社汇刊，1935，6（2）：173.

② 参见本社纪事·调查河南省古建筑．中国营造学社汇刊，1936，6（3）：195–196；本社纪事·调查山东省古建筑．中国营造学社汇刊，1936，6（3）：196；本社纪事·调查山西、陕西二省古建筑．中国营造学社汇刊，1937，6（4）：178；本社纪事·调查河北、河南、山东等省古建筑．中国营造学社汇刊，1937，6（4）：178–179.

③ 参见林洙．叩开鲁班的大门——中国营造学社史略．北京：中国建筑工业出版社，1995：86–88.

④ 佛光寺位于山西五台县的佛光新村，寺内正殿即东大殿，建于唐朝大中十一年（857 年），寺北侧另有建于金天会十五年（1137 年）的文殊殿一座。

⑤ 途中还发现并调查测绘了北宋建筑榆次雨花宫，由莫宗江写就《山西榆次永寿寺雨花宫》，发表于 1945 年 10 月出版的《汇刊》第七卷第二期。

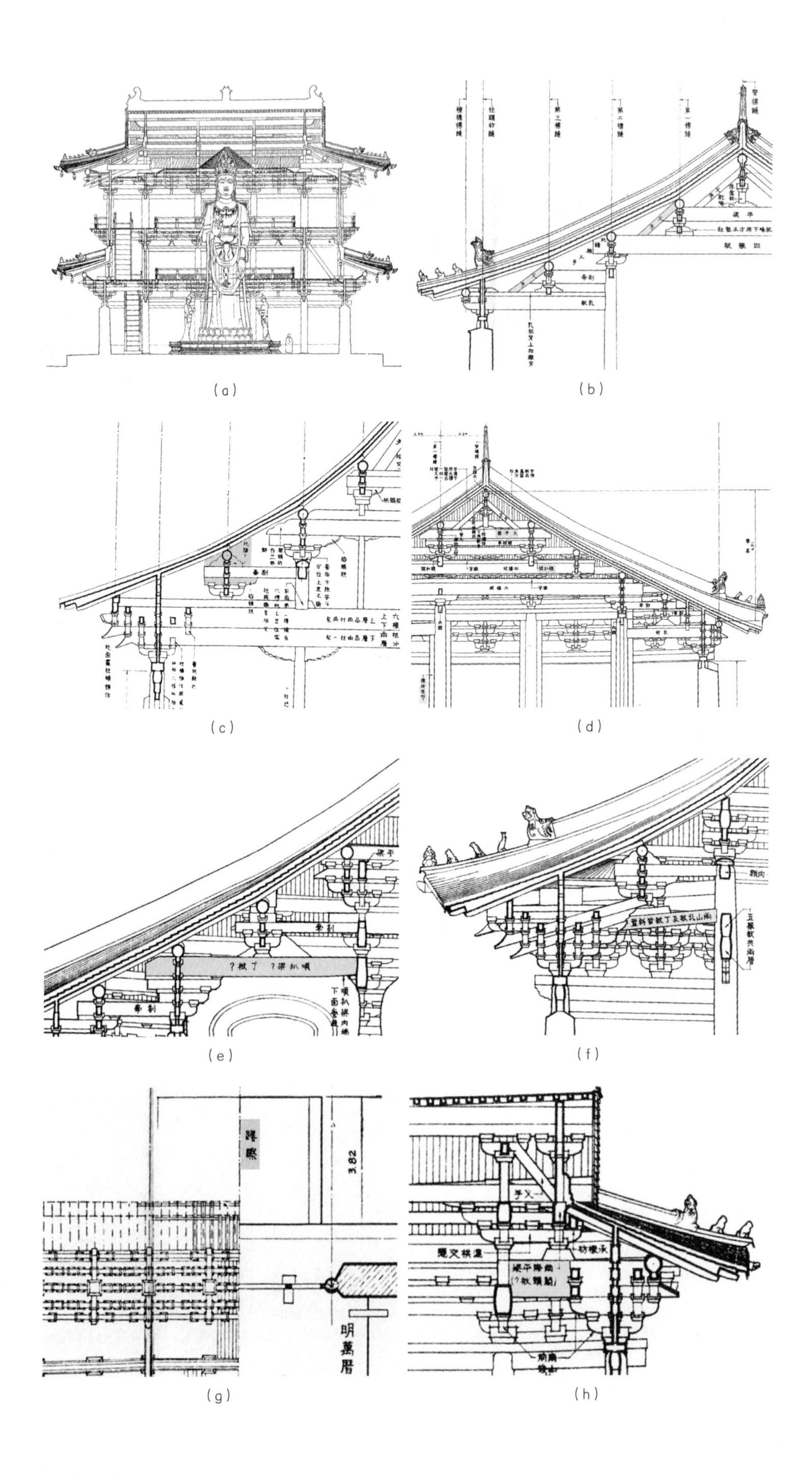

(a) (b) (c) (d) (e) (f) (g) (h)

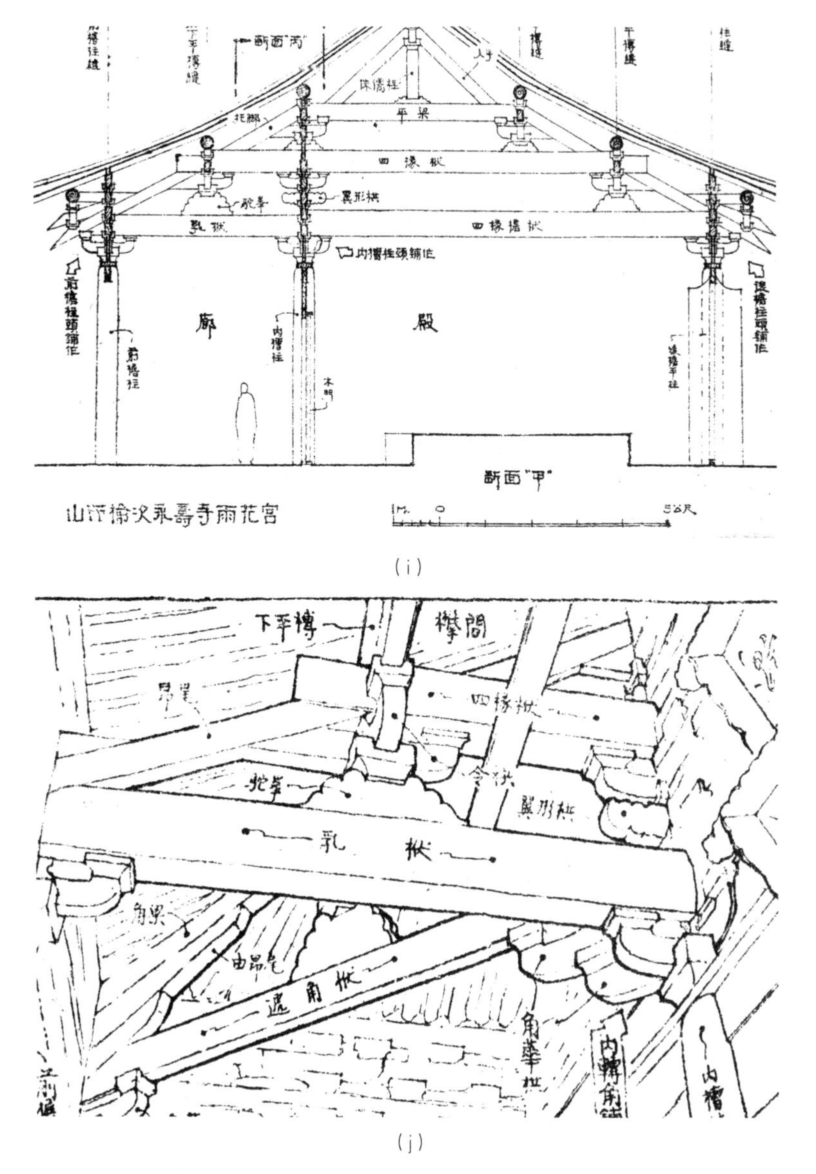

（i）

（j）

图 2-17　学社对《营造法式》内容的研究和认知渐次深入。(a)《蓟县独乐寺观音阁山门考》观音阁纵断面图：图中尚未标注术语名称[资料来源：梁思成.蓟县独乐寺观音阁山门考.中国营造学社汇刊，1932，3(2)：卷首图五]；(b)《大同古建筑调查报告》下华严寺海会殿横断面图(局部)：误认"托脚"为"叉手"[资料来源：梁思成，刘敦桢.大同古建筑调查报告.中国营造学社汇刊，1933，4(3、4)：图版十二]；(c)《大同古建筑调查报告》善化寺三圣殿当心间横断面图(局部)：在"驼峰"处标"托脚？"，展现出对"托脚"位置和功能的判断过程[资料来源：梁思成，刘敦桢.大同古建筑调查报告.中国营造学社汇刊，1933，4(3、4)：图版二十九]；(d)《大同古建筑调查报告》善化寺大雄宝殿次间横断面图(局部)：因未找到《营造法式》中相应名称，暂用清名代替，如太平梁、顺扒梁；不够确定的地方存疑标出如"槏柱后加？"[资料来源：梁思成，刘敦桢.大同古建筑调查报告.中国营造学社汇刊，1933，4(3、4)：图版十九]；(e)《大同古建筑调查报告》善化寺大雄宝殿纵断面图(局部)：体现出在宋代术语"丁栿"和清代"顺扒梁"位置对应上的探讨[资料来源：梁思成，刘敦桢.大同古建筑调查报告.中国营造学社汇刊，1933，4(3、4)：图版二十]；(f)《大同古建筑调查报告》善化寺三圣殿纵断面图(局部)：对"丁栿"和"乳栿"位置指认不清[资料来源：梁思成，刘敦桢.大同古建筑调查报告.中国营造学社汇刊，1933，4(3、4)：图版三十一]；(g)《大同古建筑调查报告》善化寺山门梁架仰视平面图、阶基平面图(局部)：宋、清术语混用，如以"踥蹀"代替"慢道"[资料来源：梁思成，刘敦桢.大同古建筑调查报告.中国营造学社汇刊，1933，4(3、4)：图版三十二]；(h)《大同古建筑调查报告》善化寺普贤阁纵断面图(局部)：通过对较难辨认的"系头栿"位置的推断，体现渐进的理解过程[资料来源：梁思成，刘敦桢.大同古建筑调查报告.中国营造学社汇刊，1933，4(3、4)：图版二十五]；(i)《山西榆次永寿寺雨花宫》横剖面图：构件辨认和术语使用更清晰明确[资料来源：莫宗江.山西榆次永寿寺雨花宫.中国营造学社汇刊，1945，7(2)：24]；(j)《山西榆次永寿寺雨花宫》梁架透视图[资料来源：莫宗江.山西榆次永寿寺雨花宫.中国营造学社汇刊，1945，7(2)：4]

图 2-18　1937 年梁思成、林徽因等调查测绘山西五台佛光寺东大殿（资料来源：林洙．叩开鲁班的大门——中国营造学社史略．北京：中国建筑工业出版社，1995：92）

建筑佛光寺东大殿（图 2-18）①，终于给关野贞曾经妄下“中国和朝鲜一千岁的木料建造物，一个亦没有”② 的结论以有力回击。梁思成在惊喜之中，也发出了“国内殿宇尚有唐构之信念，一旦于此得一实证”的感叹。③

梁思成在发表于 1944 年 10 月的《记五台山佛光寺建筑》中，仍以《营造法式》为重要参照，进行形制描述、比较和数据分析，兼论艺术、技术和功能上的成就以及时代特征及演变。这次对佛光寺东大殿建筑年代的考证，主要依靠形制和文献两个方面的证据（包括建筑形制、寺内经幢、相关记载、敦煌壁画、梁底题字及宛具唐风的书法样式等几个方面），表现出十分娴熟的文献考证和年代鉴定的功力，典型如梁思成、林徽因凭藉一个供养人的雕像，通过查阅其背景材料，对东大殿建造年代的精彩推断（图 2-19，图 2-20）。

---

① 关野贞、常盘大定撰 12 卷本《中国文化史迹》，其中收入五台山佛光寺大殿照片，却不能知其为唐代建筑。参见傅熹年．建筑史解码人・朱启钤．见：杨永生，王莉慧．建筑史解码人．北京：中国建筑工业出版社，2006：3。这也是学界公认当时发现的中国最早的木构遗存，1964 年 7 月在大殿发现的若干题记，再次证明了梁思成对这座唐代木构建筑年代鉴定的准确性。参见罗哲文．山西五台山佛光寺大殿发现唐、五代的题记和唐代壁画．文物，1965（4）：31-35.

② 关野贞著．日本古代建筑物之保存．吴鲁强译．中国营造学社汇刊，1932，3（2）：103。事实上，伯希和在 1931 年为《敦煌图录》所写的书评中提到敦煌宋代窟檐，已经推翻了日本学者常盘大定和关野贞所认定的结论，即中国没有比 1038 年（指大同下华严寺薄伽教藏殿）更古的建筑。梁思成则在《伯希和先生关于敦煌建筑的一封信》中继续探讨了敦煌宋代窟檐“唐式”形制的问题。参见梁思成．伯希和先生关于敦煌建筑的一封信．中国营造学社汇刊，1932，3（4）：124.

③ 梁思成．记五台山佛光寺建筑．中国营造学社汇刊，1944，7（1）：14.

（a） （b）

图 2-19 林徽因与佛光寺。（a）林徽因与“佛殿主宁公遇”的合影［资料来源：梁思成．梁思成全集（第三卷），北京：中国建筑工业出版社，2001：358］；（b）林徽因测绘佛光寺唐代经幢（资料来源：梁思成．中国建筑史．天津：百花文艺出版社，2005：120）

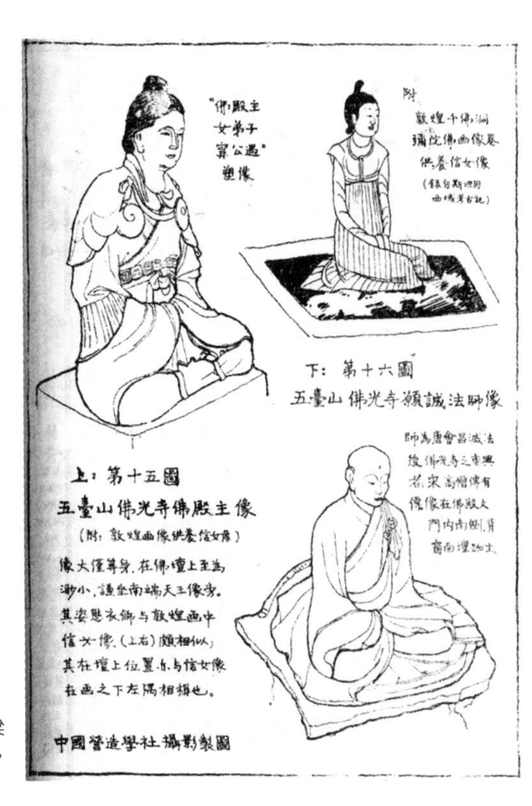

图 2-20 佛光寺东大殿佛像图［资料来源：梁思成．记五台山佛光寺建筑．中国营造学社汇刊，1944，7（1）：57］

1940年，梁思成在《华北古建调查报告》中生动地讲述了东大殿年代鉴定的细节：

> 在大殿工作的第三天，我的妻子（林徽因）注意到，在一根梁底有非常微弱的墨迹……她读出了一些不确切的人名，附带有唐代的冗长官衔。但是最重要的名字位于最右边一根梁上，只能读出一部分："佛殿主上都送供女弟子宁公遇"。……当时她担心自己的想象力太活跃，读错了哪些难辨的字。她离开大殿，到阶前重新查对立在那里的石经幢。她记得曾看见上面有一列带官衔的名字，与梁上写着的那些有点相仿。她希望能够找到一个确切的名字。于一长串显贵的名字间，她大喜过望地清晰辨认出了同样的一句："女弟佛殿主宁公遇"。这个经幢的纪年为"唐大中十一年"，即公元857年。随即我们醒悟，寺僧说是"武后"的那个女人，世俗穿戴、谦卑地坐在坛梢的小塑像，正是功德主宁公遇本人！让功德主在佛像下坐于一隅，这种特殊的表现方法常见于敦煌的宗教绘画中。于此发现庙中的立体塑像取同一布置惯例，这喜悦非同小可。设此经幢于殿成后不久即树于此地，则大殿的年代即可确认。①

佛光寺唐代建筑的发现和研究，成为这个时期学社实物调查测绘终结性的辉煌成果，这不仅是当时发现的中国境内最早木构，其更大的价值还在于为后来李庄期间构建中国建筑史基本框架提供了确凿的实物证据（图2-21）。

（七）昆明、李庄时期的工作

在佛光寺研究之后，抗日战争爆发，学社的研究主力梁思成、刘敦桢、刘致平、陈明达、莫宗江等随西南联大离开北平前往西南后方，社址定在云南昆明市郊外的麦地村兴国庵。朱启钤留守北京，委托梁思成、刘敦桢继续领导学社的研究工作，开展对西南地区的实地调查研究。②

自1938年10月至1940年2月，学社成员先后到云南、四川、陕西、西康等地调查测绘。主要工作及成果如下：

1. 1938年10月至1939年1月，调查昆明及其近郊10个市、县，筛选出古建筑、石刻及其他文物共68项，由刘敦桢负责编写调查报告，梁思成根据调查资料编

① 梁思成．华北古建调查报告．见：梁思成．梁思成全集（第三卷），北京：中国建筑工业出版社，2001：357-358。此文是梁思成为北京大学和清华大学作关于建筑历史的英文演讲稿。根据文章内容推断，应写于1940年。参见梁思成．华北古建调查报告（林鹤，李道增注）．见：梁思成．梁思成全集（第三卷）．北京：中国建筑工业出版社，2001：332.

② 参见崔勇．中国营造学社研究．南京：东南大学出版社，2004：72.

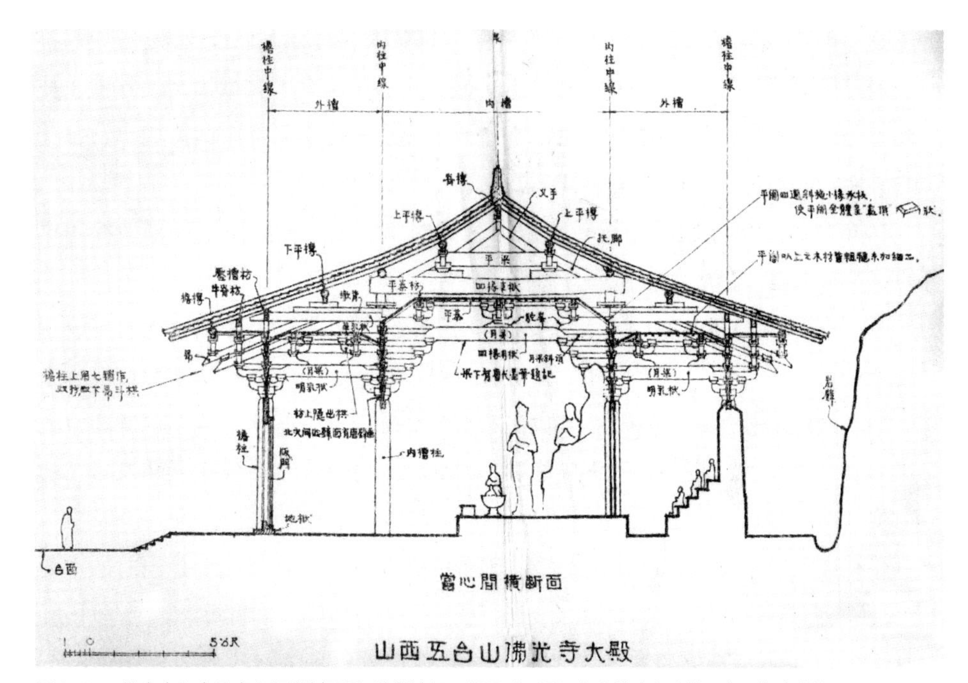

图 2-21 佛光寺东大殿当心间横剖面图 [资料来源：梁思成 . 记五台山佛光寺建筑 . 中国营造学社汇刊，1944，7（1）：51]

写《调查录》①；

2. 1939 年 9 月至 1940 年 2 月，调查四川和当时西康省的 31 个市、县，从中筛选出重要古建筑、石刻及其他文物 107 项，由梁思成整理成《西南建筑图说》。②

---

① 《调查录》中的部分内容，后来由刘敦桢以论文形式发表，有《云南之塔幢》、《西南古建筑调查概况》（部分）、《云南古建筑调查记》、《丽江县志稿》。此外，还有刘致平撰写的《云南一颗印》。梁思成撰写的《调查录》后来冠名以《西南建筑图说（二）——云南部分》，收入《梁思成全集》第三卷。参见刘敦桢 . 云南之塔幢 . 中国营造学社汇刊，1945，7（2）：1–23；刘敦桢 . 西南古建筑调查概况 . 见：刘敦桢 . 刘敦桢文集（第三卷），北京：中国建筑工业出版社，1987：320–358；刘敦桢 . 云南古建筑调查记（未完稿）. 见：刘敦桢 . 刘敦桢文集（第三卷），北京：中国建筑工业出版社，1987：359–401；刘敦桢 . 丽江县志稿 . 见：刘敦桢 . 刘敦桢文集（第三卷），北京：中国建筑工业出版社，1987:421–428;刘致平 . 云南一颗印 . 中国营造学社汇刊，1944，7（1）:63–94;梁思成 . 王世仁注 . 西南建筑图说（二）：云南部分 . 见：梁思成 . 梁思成全集（第三卷）. 北京：中国建筑工业出版社，2001：253–286.

② 该成果限于当时条件未能出版，其中一些内容，后来由学社部分成员以论文形式发表，计有：莫宗江《宜宾旧州坝白塔宋墓》、卢绳《旋螺殿》、刘致平《成都清真寺》、刘敦桢《川、康古建筑调查日记》、《西南古建筑调查概况》（部分）、《川康之汉阙》、《四川宜宾旧州坝白塔》、陈明达《汉代的石阙》，《西南建筑图说（一）——四川部分》后收入《梁思成全集》第三卷。参见莫宗江 . 宜宾旧州坝白塔宋墓 . 中国营造学社汇刊，1944，7（1）：95–110；卢绳 . 旋螺殿 . 中国营造学社汇刊，1944，7（1）：111–128；刘致平 . 成都清真寺 . 中国营造学社汇刊，1945，7（2）：1–34；刘敦桢 . 川、康古建筑调查日记 . 见：刘敦桢 . 刘敦桢文集（第三卷），北京：中国建筑工业出版社，1987：226–319；刘敦桢 . 西南古建筑调查概况 . 见：刘敦桢 . 刘敦桢文集（第三卷），北京：中国建筑工业出版社，1987：320–358；刘敦桢 . 川、康之汉阙 . 见：刘敦桢 . 刘敦桢文集（第三卷），北京：中国建筑工业出版社，1987：429–442；刘敦桢 . 四川宜宾旧州坝白塔 . 见：刘敦桢 . 刘敦桢文集（第三卷），北京：中国建筑工业出版社，1987：443–445；陈明达 . 汉代的石阙 . 文物，1961（12）：9–24；梁思成 . 王世仁注 . 西南建筑图说（一）：四川部分 . 见：梁思成 . 梁思成全集（第三卷）. 北京：中国建筑工业出版社，2001：137–251.

这个时期发现了众多不同时代的遗存，如汉阙、崖墓等以及 1949 年以后被列为国家级文物保护单位的一系列早期建筑，此外还调查了大量民居。这些工作弥补了先前单一地区研究的局限性，填补了中国建筑史学研究中的空白，许多建筑的早期特征也为《营造法式》研究提供了一些实物依据。

1940 年，学社又因时局辗转至四川宜宾的李庄镇。在梁思成、刘敦桢等学者的艰苦努力下，仍极力不使调查研究中辍：

> 在抗战期间，我们在物质方面日见困苦，仅在捉襟见肘的情形下，于西南后方做了一点实地调查。但我们所曾调查过的云南昆明至大理间十余县，四川嘉陵江流域，岷江流域，及川陕公路沿线约三十余县，以及西康之雅安庐山二县，其中关于中国建筑工程及艺术特征亦不乏富于趣味及价值的实物。①

学社成员罗哲文回忆，在经费极度困难的情况下，实物研究仍是当时的重要工作之一：

> 田野勘察和测绘工作是学社活动的重要内容。虽然这时的大好河山已被日本侵略军占领，西南地区的交通困难，加之经费缺乏，但是学社同仁仍然坚持这一基本工作。……我因为当时正在为梁思成先生绘《营造法式》图和还要管一点杂务小事未出远门，就在李庄也协助刘致平先生勘察测绘了李庄民居，与卢绳先生一起测绘了旋螺殿。在短短的几年中在艰苦的条件下，对四川、云南的古建筑可以说进行了初步勘查，并写出了简介或研究论文。在新中国成立后对文物古建筑的保护维修工作起到了积极的作用。②

（八）小结

后来，在实物研究日渐困难的情况下，结合在西南地区的新发现，学社开始系统整理以往的成果，展开理论研究并予以提高升华，如注释《营造法式》、撰写《中国建筑史》等。1944 年 10 月及 1945 年 10 月还出版了著名的《汇刊》第七卷第一、二期，刊出前此实物调查研究的成果。学社存续末期，还编写有《战区文物保存委员会文物目录》、《全国重要建筑文物简目》，不仅成为特殊时局中的学术研究成果，也是中华人民共和国成立后全国范围内大规模文物普查和古建筑修缮保护

① 梁思成 . 复刊词 . 中国营造学社汇刊，1944，7（1）：3.
② 罗哲文 . 忆中国营造学社在李庄 . 古建园林技术，1993（3）：10-11.

的先声。1946年，在客观条件极度匮乏的情况下，大规模的古建筑调查测绘及研究工作即告停滞，机构建置也日渐式微。限于当时的政治、经济等外因以及学社成员离散和研究发展趋势等内因，学社最终解散，后来一直没有得到恢复。[①]

学社存在17年，正式研究人员最多时也不过20余人，而最少时则只有5人[②]，但却以其缜密的学术研究路线、严谨的指导思想、高瞻远瞩的文化视野以及对中国建筑的整体观照等优势[③]，开创了研究中国古代建筑的一门新学科，引发了中国建筑史学的滥觞，在短期内获得后人无法与之等量比拟的成果。在实物测绘研究的基础上，结合实物解读宋《营造法式》和清工部《工程做法》等专业术书，不仅探索出一套研究古代建筑的科学方法，基本厘清中国建筑的发展脉络，为我国的文物保护事业作出重大贡献，而且作为中国建筑史学研究的摇篮，历练了第一代的建筑史学家，带动了当时学术研究的风潮。其科学的研究方法与出版的建筑论述，甚至构成了日后中国建筑史学研究的准则和架构。[④]

学社在大规模实物测绘、与《营造法式》等文献的互证研究、李庄时期的回溯整理等工作的基础上，形成了科学系统的工作方法、构建了中国特色的文物保护理念和中国建筑史的框架，为整个建筑史学的后续发展奠定了基础。可以说，1949年以后中国建筑史学研究，都是直接或间接地继承了学社的研究方法和学

① 参见崔勇．中国营造学社研究．南京：东南大学出版社，2004：84-87。"在清华大学的时候，事实上学社还是存在的，朱启钤先生仍然是成员之一，所不同的是，这时已不叫中国营造学社，改称为中国古建筑研究所，但却一直未能开展工作，中国营造学社的一些成员在清华大学只能是边任教边搞研究工作。"引自中国国家文物局文物研究所罗哲文教授专访（2000年10月），见：崔勇．中国营造学社研究．南京：东南大学出版社，2004：279.

② 参见陈明达．"中国营造学社"词条．见：中国大百科全书总编辑委员会本卷编辑委员会，中国大百科全书出版社编辑部编．中国大百科全书（建筑·园林·城市规划卷）．北京：中国大百科全书出版社，1988：586.

③ 参见崔勇．朱启钤组建中国营造学社的动因及历史贡献．同济大学学报（社会科学版），2003（1）：26-27.

④ 关于学社的成就和贡献，很多学者都曾做过总结论述，此不赘引。主要文献可参见：单士元．纪念中国营造学社成立六十周年．古建园林技术，1990（2）：5，9；杜仙洲．纪念中国营造学社成立六十周年．古建园林技术，1990（2）：8-9；戴念慈．中国营造学社的五大功绩．古建园林技术，1990（2）：7；陶宗震．继往开来、温故知新——纪念中国营造学社成立六十周年．华中建筑，1990（2）：101-105；刘致平．纪念朱启钤、梁思成、刘敦桢三位先师——有感于中国传统建筑文化之发掘、深入研究、继承、发扬和不断创新．华中建筑，1992（1）：1-3；林洙．叩开鲁班的大门——中国营造学社史略．北京：中国建筑工业出版社，1995；吴良镛．关于中国古建筑理论研究的几个问题．建筑学报，1999（4）：38-41；傅熹年，陈同滨．建筑历史研究的重要贡献．见：中国建筑设计研究院编．中国建筑设计研究院成立50周年纪念丛书（历程篇）．北京：清华大学出版社，2002：141-149；崔勇．中国营造学社研究．南京：东南大学出版社，2004；罗哲文．中国营造学研究·序．中国营造学研究，2005（1）：1-3；傅熹年．建筑史解码人·朱启钤．见：杨永生，王莉慧．建筑史解码人．北京：中国建筑工业出版社，2006：1-4；刘江峰，王其亨．"辨章学术、考镜源流"——中国营造学社的文献学贡献．哈尔滨工业大学学报（社会科学版），2006（5）：15-19；顾孟潮．中国营造学社与《营造法式》——纪念中国营造学社成立80周年．重庆建筑，2009（9）：56；八十年——营造中国（中国营造学社成立八十年）．城市环境设计，2009（10）：128-130；王贵祥．中国营造学社的学术之路．建筑学报，2010（1）：80-83；常清华，沈源．中国营造学社与清代官式建筑研究．建筑师，2010（5）：74-78；张敏．中国古建筑理论研究的开创者——朱启钤．兰台世界，2011（29）：55-56，等等。

术传统[1]，很长一段时间内学术界的实例研究大都基于学社时期获得的资料，对《营造法式》的专门研究也多有赖于此间的学术积累。

三、互证研究的价值与意义

（一）形成了科学系统的工作方法

1. 高效实用的工作程序

自 1932 年首次外出调查古建筑至 1937 年抗日战争爆发前，是学社实物调研最频繁、取得成果最丰硕的时期。其间，梁思成、刘敦桢等学社成员在古代营造文献（如宋《营造法式》和清工部《工程做法》）的解读和认知方面有了很大进展，在实物与文本互证的研究过程中形成了一套高效实用的工作程序，时至今日仍然堪称学界样板（图 2–22）。

概括言之，这种工作程序就是先以古代营造文献的初步解读为基础，以文献或访问获得早期建筑线索，然后外出调研、实测、绘图，与文献验证、对照并重新释读相关内容。[2] 主要包括两方面的工作：

（1）外业：在全面研习已有研究成果及文献的基础上，外出调研测绘、实证考察（寻访、测量、绘图、摄影、拓片等），随时记录组群或个案的典型特征和基本情况，与《营造法式》相对照；

（2）内业：调研结束，绘制测绘图，展开文献考证，以调研资料和《营造法式》等文献进行对照、比较、分析与归纳，从而获得更系统深入的理解，得出确切结论，撰写调查报告，为日后的研究提供基础资料。

如此，在对大量古建筑遗存进行考察与测绘的实践过程中，古代营造文献所载的构件名称、形式、位置逐步得到验证。通过文献、实物反复不断的互证研究，

---

① 温玉清选取《文物参考资料》及《文物》中有关中国建筑史学的研究论文 114 篇，根据其研究对象的内容取向进行主题分类，并对论文作者进行分析，证明学社对 1949 年以后的中国建筑史学研究有举足轻重的影响。参见温玉清．二十世纪中国建筑史学研究的历史、观念与方法——中国建筑史学史初探．天津：天津大学，2006：108，254.

② 梁思成、陈明达对学社期间的工作程序都曾有记述："归来整理，为寺史之考证，结构之分析，及制度之鉴别。后二者之研究方法，在现状图之绘制；与唐，宋（《营造法式》），明，清（《工程做法则例》）制度之比较；及原状图之臆造。"引自梁思成．蓟县独乐寺观音阁山门考．中国营造学社汇刊，1932，3（2）:9；"开始的时候，学习、工作、研究是分不开的。我们各处去找古建筑，测量、制图，对照着古代典籍研究。稍有认识后，又试着按照两部典籍的记录，绘制图样。制图中出了问题又再会找古物帮助解答。"引自陈明达《业务自传》手稿，殷力欣提供。

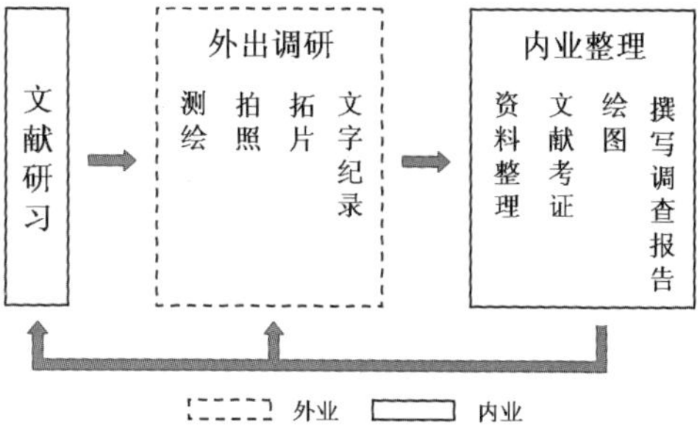

文献研习 → 外出调研（测绘　拍照　拓片　文字纪录）→ 内业整理（资料整理　文献考证　绘图　撰写调查报告）

外业　内业

图 2-22　学社实物调查测绘的工作程序流程图
（资料来源：作者自绘）

渐次加深了对《营造法式》乃至中国营造学的理解。

2. 丰富多样的调查记录

学社在调查测绘的基础上建立了一套包括图纸和照片的档案，形成了一系列高水平的学术论文和调查报告，涉及形制描述、比较、数据分析，兼论艺术、技术、功能上的成就以及时代特征和演变。其中，1932 年梁思成在发表于《汇刊》第三卷第二期《蓟县独乐寺观音阁山门考》一文的基础上，在该刊第三卷第四期的《宝坻县广济寺三大士殿》中进一步明确了调查报告的体例①，并最终以 1933 年发表于《汇刊》第四卷第三、四期，由梁思成、刘敦桢合著的《大同古建筑调查报告》形成了较为成熟和固定的形式，也成为其后学社调查报告沿用的标准范例。②

王世仁认为，学社根据调查对象的不同价值和状态，创造了"研究报告、调查纪略③、调查报告、综合报告"4 种记录模式。④此外，1936 年刘敦桢所作的《河北、河南、山东古建筑调查日记》可称为日记体调查资料。其中除记行和记录工作进

①《宝坻县广济寺三大士殿》的行文体例为：一、行程；二、寺史；三、重要单体建筑（首先阐释研究方法论，然后分部讲解平面、立面、柱、梁枋及斗栱、举折、屋盖、墙壁、装修、附属艺术）；四、结论。参见梁思成．宝坻县广济寺三大士殿．中国营造学社汇刊，1932，3（4）：1–52。与《蓟县独乐寺观音阁山门考》的体例相比，该文结构更加清晰，对建筑各部分的分类叙述更加细致分明。参见陈莘．中国人对辽代建筑的研究［2007-06-09］. http://dean.pku.edu.cn/bksky/2000xzjjlwjwk/5.doc.

②《大同古建筑调查报告》的行文体例为：一、纪行；二、寺的概况（位置与方向、创建年代考据、历史沿革与修缮变迁）；三、重要单体建筑（功能类型与价值、台、平面、材栔、斗栱、柱与柱石、梁枋、屋顶、墙、门窗、平綦藻井、彩画、附属艺术、碑、小木作）；四、结论。

③ 梁思成在《正定调查纪略·绪言》中指出："作为初步报告，所以称'纪略'者，因记而不考故曰'纪'，纪而不详故曰'略'。"引自梁思成．正定调查纪略．中国营造学社汇刊，1933，4（2）：2.

④（1）以《大同古建筑调查报告》为代表，有详细的测绘图，有完整的文献引录和深入的法式研究，可称为"研究报告"模式；（2）对苏州、河北省西部、北部、云南、四川等地古迹的调查报告为代表，只侧重于对其价值的判断、年代的鉴别和重要部分的测绘，可称为"调查纪略"模式；（3）以对智化寺、护国寺、明长陵、清西陵、四川汉阙等古建筑的调查报告为代表，侧重于历史和形制的考证，附有较详细的平面图和其他阐明形制的图，可称为"调查报告"模式；（4）以对桥梁、住宅、园林等为对象的分类调查报告为代表，侧重于综合比较，测绘图可简可详，以阐明类型的特征为主，可称为"综合报告"模式。参见王世仁．大师与经典：写在《刘敦桢全集》出版之前．古建园林技术，2007（4）：6–7.

度外，还有对实例特点以及现场想法的随时记录。此种体例篇幅不长，但其中所体现的各种研究方法，如文献、碑记、实例比照等基本齐备，是撰写调查报告的极好准备，成为日后进行深入研究的重要资料。①还有一种属普查性质的“预查纪略”，不仅扩大了对各时期古建筑的认识基础，也为之后选择重点研究对象提供参考，如1935年林徽因、梁思成发表在《汇刊》第五卷第三期的《晋汾古建筑预查纪略》。②另外，对旅行的详纪也是学社调查报告中一个显著的特色，如梁思成在《宝坻县广济寺三大士殿》中指出的“旅行的详纪因时代情况之变迁，在现代科学性的实地调查报告中，是个必要的部分”。③

学社成员整理并编辑学术调查报告，是经过上述一系列比较分析与归纳工作后，将有关古代文献以及中国古代建筑体系的认识逐步扩大并引向深入，成为由实践上升至理论的重要途径。梁、刘相继展开的古建筑调查及学术成果的发表，在一定程度上激起了古建筑调查的热潮。为更多人了解《营造法式》、认识《营造法式》提供了便利，且影响深远。对此，陈从周回忆道：

> 我自学古建筑是从梁先生的《清式营造则例》启蒙的，我用梁先生古建筑调查报告，慢慢地对《营造法式》加深理解，我的那本石印本《营造法式》上面的眉批都是写着“梁先生曰”……④

3. 日臻成熟的术语使用

对于研究者而言，解读营造类历史文献的困难之一在于相关名词术语的释义及对应建筑部位的确定。因此，梁思成、刘敦桢等学者的早期研究一般都是先做辞解，再论述，实际上是把研究古代文献的过程也体现在文章中，虽略显繁冗，却是研究初始的必经阶段。其中，对专门术语的使用也经历了从生到熟的过程，很多当时确定的基本原则一直沿用至今。

如梁思成在《蓟县独乐寺观音阁山门考》中首先指出：“至于所用名辞，因清名之不合用，故概用宋名，而将清名附注其下。”⑤在《宝坻县广济寺三大士殿》一文中又强调：“中国建筑的专门名词，虽然清式名称在今日比较普遍，但因辽

---

① 参见温玉清．二十世纪中国建筑史学研究的历史、观念与方法——中国建筑史学史初探．天津：天津大学，2006：84.

② 参见林徽因，梁思成．晋汾古建筑预查纪略．中国营造学社汇刊，1935，5（3）：12-67.

③ 梁思成．宝坻县广济寺三大士殿．中国营造学社汇刊，1932，3（4）：8.

④ 陈从周．瘦影——怀梁思成先生．见：杨永生编．建筑百家回忆录．北京：中国建筑工业出版社，2000：14.

⑤ 梁思成．蓟县独乐寺观音阁山门考．中国营造学社汇刊，1932，3（2）：9.

宋结构比较相近，其中许多为清式所没有的部分，不得不用古名。为求划一计，名词多以《法式》为标准，有《法式》所没有的，则用清名。”①

《大同古建筑调查报告》则针对辽金建筑提出了术语的使用原则：“即辽金二代文献残缺，向无专纪建筑之书，其分件名称，无由探悉。兹以辽金同期之北宋官式术语，即李明仲《营造法式》所载者代之。间有李书所无，则以清式术语，承乏其间。……其明初遗物，如东门南门西门三城楼与钟楼等，在式样及结构上，均与辽金接近，故亦以宋式术语说明之。”②

刘敦桢 1937 年在《汇刊》第六卷第四期发表的《河南省北部古建筑调查记》中明确了明代以前建筑术语以《营造法式》为准的原则：“时论古代建筑最易遇到的困难便是“术语”的使用问题。宋以前者，现在尚不明了，单说北宋术语见于李明仲《营造法式》中的，便与清代的《钦定工程做法则例》相差得甚远。除此以外，同在清代，又因区域不同，每每发生很大的差别。本文为叙述方便起见，凡明清二代建筑，均使用清官式术语，明以前者，暂以《营造法式》为标准，但遗物中有结构奇特为清官式建筑所无而须用宋式或其他适当名辞解释的，亦不在少数，祈读者注意。”③

学社对古建筑构件、位置的辨识以及对古代营造术语的运用，为建筑史学和其他学科（如考古、文物、历史等）提供了用语基础。陈明达作于 1980 年的《独乐寺观音阁、山门的大木作制度》，已经可以娴熟地利用《营造法式》术语对独乐寺观音阁、山门形制做出简洁、确切的描述，与 1932 年梁思成的开山之作形成鲜明对比，见证了研究的深入和学术的进步。④

4. 直观有效的比较研究

比较研究是从不同角度展开的描述，通过比较突出特点，观其会通，得出建筑的递变和演进，是学者最喜用的方法之一。在文献与实物相结合的研究中，最直接的表现就是以《营造法式》、清工部《工程做法》和实例的比对，以及不同年代、地域、文化背景下实例之间的比较，等等。这也几乎成为其后所有唐、宋、

① 梁思成．宝坻县广济寺三大士殿．中国营造学社汇刊，1932，3（4）：19-20.

② 梁思成，刘敦桢．大同古建筑调查报告．中国营造学社汇刊，1933，4（3、4）：6.

③ 刘敦桢．河南省北部古建筑调查记．中国营造学社汇刊，1937，6（4）：32.

④ “山门：地盘三间四架椽，四阿屋盖。身内分心斗底槽，用三等材。殿身外转五铺作出双抄，偷心造；里转出两跳。……观音阁：地盘五间八架椽，重楼，厦两头屋盖。身内金箱斗底槽，用二等材。殿身下屋外转七铺作出四抄，一、三抄偷心，二、四抄计心，重栱造；里转出两跳。平坐外转六铺作出双抄，计心重栱造。上屋外转七铺作双抄双下昂，一、三抄偷心，二、四抄计心，重栱造；里转出一跳。”引自陈明达．独乐寺观音阁、山门的大木作制度（上）．建筑史论文集，2002（15）：72.

金、元时期实物调查或考古发掘报告的必备形式。

对于《营造法式》的研究而言，在先前大量辨认古建筑构件、名称、做法的基础上，后期除了对材栔的分析和判断上仍以《营造法式》为准，其他逐渐脱离了处处与《营造法式》相对照的情况，多有与其他实例的比较和归纳。如莫宗江发表于1945年的《山西榆次永寿寺雨花宫》，虽然仍沿用了梁思成、刘敦桢等前辈的分析方法，多有与《营造法式》的对比，但描述更为简洁、精准（图2–23）①。

但这种比较分析的方法，也因研究者的学识和见识不同而表现出不同的结果，存在陷入主观、片面的可能性。陈明达对此曾提出来自己的看法，指出了其中的一些弊端。②

5. 研究成果的及时发表

学社成立后不久，为及时推广学术成果，随即发行《中国营造学社汇刊》。《汇刊》比较完整地涵盖了学社成员的学术思想和主要研究成果，在国内建筑界、考古界以及国外汉学界中享有盛誉。1930年7月至1945年10月，《汇刊》共出版7卷23期。学社期间各类考证、调查、文献典籍整理、学术思想与理论探讨等研究成果，大都发表在《汇刊》上，反映了那个年代学者的研究状态、水平和方法。③

美国学者费慰梅指出学社工作的一个值得称道的特色，就是迅速而认真地将他们在古建筑调查中的发现在《汇刊》上发表。④张驭寰曾对《汇刊》的价值意义做出如下评价：

> 《汇刊》对我国古代建筑进行了系统的学术研究与宣传，使国内外学者对我国古代建筑有了一个比较系统的认识与了解。有些学术性专门论著，如对建筑的保护和进一步设计维修等，至今仍很有价值。《汇刊》还进行了调

① 莫宗江．山西榆次永寿寺雨花宫．中国营造学社汇刊，1945，7（2）：1–26.

② “把每一种东西都与其他一些东西作相互比较。……这可以有一些成绩，但往往要打折扣。现在看来，总有些主观、片面。比方说，某一个木结构的构件可加工成各种形状，于是，他就把这各种形状列为标准。他们从其他方面断定日本法隆寺大致相当唐代的建筑，就以法隆寺构件形状作标准，凡出现在这个建筑物上的这种形式，都是唐代的。其他不同的形式，也以同样的思路排列出年代，什么时候是什么样，对号入座。这种方法在今天看来，可以说是引向了一个繁琐考证的歧途。他们集中力量看了几个地方，但没有看到全体，这是一个不可靠的地方；而集中力量看的东西，又往往不是重要的典型的东西。”采自1988年天津大学建筑系学生受王其亨委托对陈明达的采访录音。

③《汇刊》创刊于1930年7月，至1937年第六卷第四期，因北平沦陷停止工作；1944—1945年，在李庄石印出版了第七卷第一、二两期，共计7卷23期。因印量有限，研读不便，2006年知识产权出版社以原版《汇刊》为蓝本，依原样重新出版，并增加总目一册。参见中国营造学社编．中国营造学社汇刊．北京：知识产权出版社，2006.

④ 费慰梅．梁思成传略．见：梁思成著，费慰梅编．梁从诫译．图像中国建筑史．天津：百花文艺出版社，2001：29.

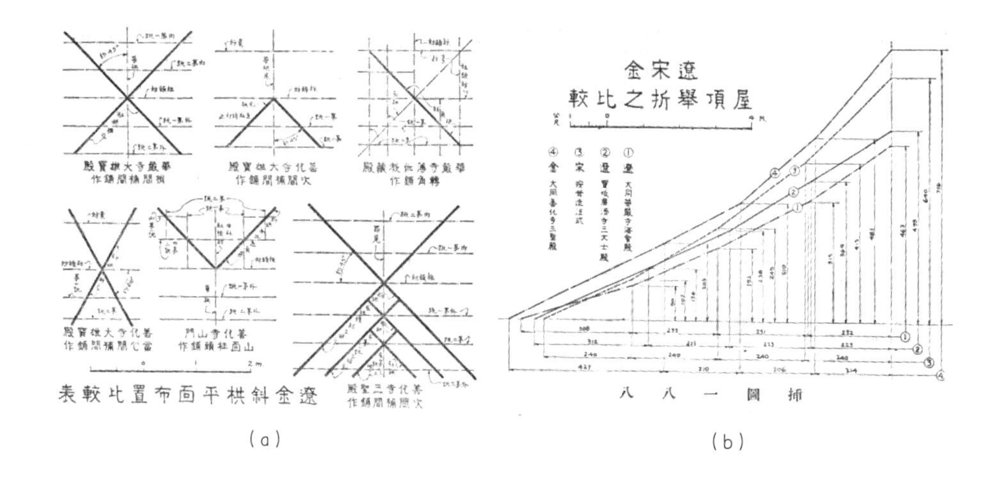

(a) (b)

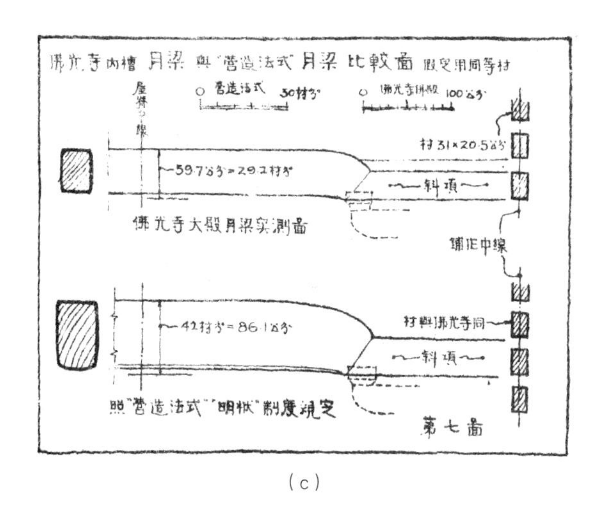

(c)

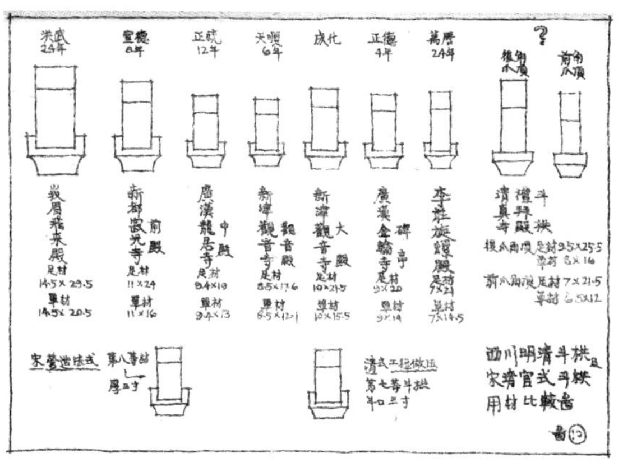

(d)

图 2-23　实物与《营造法式》比较分析图示。(a)《大同古建筑调查报告》斜栱布置比较表 [资料来源：梁思成，刘敦桢．大同古建筑调查报告．中国营造学社汇刊，1933，4 (3、4)：152]；(b)《大同古建筑调查报告》屋项举折比较图 [资料来源：梁思成，刘敦桢．大同古建筑调查报告．中国营造学社汇刊，1933，4 (3、4)：158]；(c)《成都清真寺》中斗栱用材比较图 [资料来源：刘致平．成都清真寺．中国营造学社汇刊，1945，7 (2)：21]；(d)《记五台山佛光寺建筑》中月梁比较图 [资料来源：梁思成．记五台山佛光寺建筑．中国营造学社汇刊，1944，7 (1)：53]

查研究、积累资料、分析建筑制度和介绍名建筑等方面的工作。对某些已经损坏的古建筑，很有维修的史料价值，成为重要的文献资料，为后人研究我国古建筑提供了资料与线索。[①]

此外，在《汇刊》的基础上，学社还曾出版若干《古建筑调查报告》专刊。[②]这种测绘研究与成果及时发表的工作，不仅增强了当时社会对古建筑研究的了解和认同，也为后人的研究提供了方便。虽然梁思成在《汇刊》第七卷第一期《复刊词》中还希冀“在抗战胜利后，能恢复从前《汇刊》的规模”[③]，但就1949年以后的实际情况来看，学社及时发表学术成果的优良传统还有待继续强化和发扬。

（二）构建了中国建筑史的框架

1. 确立中国建筑在世界上的地位

学社成立之前，大多数先进国家都已经有了自己的建筑史研究和论著，而对中国建筑的研究却主要以日本和西方国家为主，国内极少有关于中国营造学的专门研究，对中国古代建筑历史也没有系统的认识。[④]

英国人弗莱彻在《比较建筑史》（A History of Architecture on the Comparative Method）的初版末章，把中国建筑、日本建筑、伊斯兰教建筑以及印度建筑列在“非历史建筑”之列。在1905年出版的第五版上，又提出了“建筑之树”的概念，进一步以图像的方式表达了对中国和日本古典建筑“非历史的”、“非艺术的”和“非

① 张驭寰.《中国营造学社汇刊》评介.中国科技史杂志，1987（5）：37；此外，王贵祥也曾发表专文对《汇刊》的创办、发展和影响做出评述，参见王贵祥.《中国营造学社汇刊》的创办、发展及其影响.世界建筑，2016（1）：20–25.

② “古建筑调查报告专刊：本社近年来调查之古建筑，非《汇刊》篇幅所能容纳者，由梁思成刘敦桢二君，另编《古建筑调查报告》专刊行世。”引自本社纪事.中国营造学社汇刊，1935，5（4）：168.

③ 梁思成.复刊词.中国营造学社汇刊，1944，7（1）：4.

④ 朱启钤、梁思成、刘敦桢等有志学者当时都已注意到这种窘境。如朱启钤在《石印〈营造法式〉序》中指出的自欧风东渐，国人趋尚西式，弃旧制，若土苴不复措意，乃欧美来游中土者，睹宫阙之轮奂，栋宇之翚飞，惊为杰构。于是群起研究，以求所谓东方式者。如飞瓦复檐，蝌斗藻井诸式，以为其结构之精奇美丽，迥出西法之上。引自朱启钤.石印《营造法式》序.见：李诫编修.“丁本”营造法式.南京：江南图书馆，1919；1920年代梁思成留学美国时，就曾经查阅了大量欧美国家及日本关于中国建筑的书籍资料，对域外研究有所了解，他说：“在宾大学习时，看到欧洲各国对本国的古建筑已有系统的整理和研究，并写出本国的建筑史，唯独中国，我们这个东方古国，却没有自己的建筑史。当时西方学者尚未注意中国建筑的发展和技术。但我感到日本学术界已开始注意中国，如著名学者大村西崖、常盘大定、关野贞等都对中国建筑艺术有一定的研究。我相信如果我们不整理自己的建筑史，那么早晚这块领地会被日本学术界所占领。作为一个中国建筑师，我不能容忍这样的事情发生。”引自林洙.建筑师梁思成.天津：天津科学技术出版社，1996：23；刘敦桢留日期间，受日本重视文物保护的意识影响，他较早领悟到对中国传统建筑的全面保护和科学研究已经到了刻不容缓和义不容辞的地步。参见刘叙杰.建筑史解码人·刘敦桢.见：杨永生，王莉慧.建筑史解码人.北京：中国建筑工业出版社，2006：9.

主流的”理解与判断。[①]这种认识不仅激起了其后日本学者的全面反攻，也促使朱启钤、梁思成、刘敦桢等有志学者，从研究之初及至学社成立后就一直为明确中国建筑的“历史性”和“艺术性”、构建中国建筑史框架并树立其主流地位而奋斗。

由此，有西方留学经历的梁思成及夫人林徽因在研究中，就常有意识地与世界其他国家古典建筑进行对比，以确立中国建筑在世界上的地位。林徽因在《论中国建筑之几个特征》中首先表达了这个意图。[②]梁思成的《蓟县独乐寺观音阁山门考》则再次“试图从结构理性主义的角度论证中国建筑与西方最新的现代主义建筑的共同性”[③]，他还赋予中国建筑以“有机”的现代特征，其后在登载于1935年《汇刊》第六卷第二期上的《建筑设计参考图集·序》中又强调了这种思想。[④]

学社成员对中国建筑的诠释，结束了中国人对华夏文明体系中的建筑文化没有发言权的尴尬局面，也避免了国际建筑界对中国建筑的无知和误解。[⑤]王贵祥指出，学社的理念和研究一以贯之地体现了“将中国建筑彰显、独立于世界建筑之林，在世界建筑史上独树一帜的学术思路。这样一种思路，与西方人对传统中国建筑所采取的鄙夷态度，以及日本人的将东方建筑大而化之，以期模糊中国建筑特有的民族与文化特征的做法，取了截然不同的学术路径。”[⑥]

2. 对古建筑的年代鉴定

研究历史，“年代”是很紧要的。因为历史的年代，好比地理的经纬度。[⑦]推演历史沿革是建筑历史研究的主要职责，而古建筑断代则是研究和评价的基础。成书于宋代的《营造法式》和清代的工部《工程做法》，曾作为标尺为古建筑的年代鉴定提供了重要的判断依据。

---

① 参见王鲁民．“着魅”与“祛魅”——弗莱彻的“建筑之树”与中国传统建筑历史的叙述．建筑师，2005（6）：58-64.

② 林徽因．论中国建筑之几个特征．中国营造学社汇刊，1932，3（1）：163-179.

③ 赖德霖．梁思成、林徽因中国建筑史写作表微．见：赖德霖．中国近代建筑史研究．北京：清华大学出版社，2007：329.

④ 梁思成．建筑设计参考图集·序．中国营造学社汇刊，1935，6（2）：73-79。20世纪20—30年代，特定的社会人文背景与海外留学归来的第一代中国建筑师队伍的诞生，催生了官方倡导、群体探索中国建筑民族形式的现象，并取得可喜成果。面对当时的这种风潮，很多设计者对中国传统建筑的布局、权衡、结构或详部都缺乏基本认识。由此，梁思成与刘致平基于实地调查的一手资料，合作编撰了《中国建筑设计参考图集》，着重于宋、清两代不同做法的对照解说，作为古为今用并推陈出新的参考。后来刘致平编写《中国建筑类型及结构》一书所参考的基本资料，部分源自上述成果。参见刘致平口述，刘进记录整理．忆“中国营造学社”．华中建筑，1993（4）：67；杨秉德．关于中国近代建筑史时期民族形式建筑探索历程的整体研究．新建筑，2005（1）：48-51。1999年，该图集冠名《中国建筑艺术图集》集结出版（原为十二集，最后两集毁于战火，现为十集），参见梁思成主编，刘致平编纂．中国建筑艺术图集．天津：百花文艺出版社，1999.

⑤ 建筑史解码人·赵辰．见：杨永生，王莉慧．建筑史解码人．北京：中国建筑工业出版社，2006：392.

⑥ 王贵祥．中国营造学社的学术之路．建筑学报，2010（1）：83.

⑦ 吕思勉．白话本国史（上）．上海：上海古籍出版社，2005：18.

梁思成、刘敦桢在《大同古建筑调查报告》中明确提出了以“大木”为标准的年代鉴别方法。① 同时指出，受《营造法式》“以材为祖”设计思想的影响，“材栔”和斗栱也成为大木系统研究中最有决定意义的部分。② 其后所形成的根据斗栱不同形制和风格来鉴别古建筑年代的方法，至今仍为我国文物工作者所沿用。③

1935 年，林徽因、梁思成在《汇刊》第五卷第四期发表了《平郊建筑杂录》，以北京天宁寺塔为例，探讨了古建筑年代鉴定的方法和程序。文章指出，鉴别年代需要具备文献（碑刻和文字记载）与实物两个方面的材料，并强调了以实物比较的方法鉴别其确切年代的必要性和重要性。他们倡导更为谨慎的断代作风——当文献不足时，依据实物比较只能给出建筑年代的上下限，同时还要依靠建筑局部、细部断代的方法。④ 自此，以《平郊建筑杂录》论及的年代鉴别问题为标志，逐步形成了有本学科特色的古建筑断代基本方法：即先以题记、文献论年代，次以式样与结构证之。这种年代鉴定的方法在当时的学术背景下，起到了无往不利的作用。如梁思成在曲阜孔庙建筑修葺研究的过程中，就曾以《营造法式》与文献相对照的研究法，找到孔庙中的两座金代碑亭。⑤

同年，刘敦桢在《河北省西部古建筑调查纪略》中强调“古建筑的年代，必须结构式样和记载完全一致，然后始能下最后判断”，认为对早期建筑的年代鉴定，形制判断与文献考证二者缺一不可。⑥ 梁思成就曾因对金代建筑特征了解不够充分，缺乏文献考证，误将金代建筑佛光寺文殊殿断为宋中叶建筑。⑦ 鉴于此，他在 1954 年出版的油印本《中国建筑史·前言》中特别指出：“有许多建筑，因缺

---

① 大木构架是中国古代建筑的骨干，也是《营造法式》中的主要部分。梁架、斗栱等大木结构的变迁，具有明显的时代演变特征，且不易发生改变，形成了中国建筑史中一条最主要的脉络，是木构建筑年代鉴定的主要依据。如梁思成、刘敦桢在《大同古建筑调查报告》中指出：“我国建筑之结构原则，就今日已知者，自史后迄于最近，皆以大木架构为主体。大木手法之变迁，即为构成各时代特征中之主要成分。故建筑物之时代判断，应以大木为标准，次辅以文献纪录，及装修，雕刻，彩画，瓦饰等项，互相参证，然后结论庶不易失其正鹄。”引自梁思成，刘敦桢．大同古建筑调查报告．中国营造学社汇刊，1933，4（3、4）：6。刘先觉回忆，刘敦桢在断代上十分谨慎，并形成一套成熟的方法：“他在研究中国古建筑时，决不轻易判断年代，而是先查周围的碑刻，再查当地志书，然后再搭架子细看脊檩或大梁上的题记，接着再细细对照各部分的构件及形式和法式的异同，最后才作出考证的判断。”引自刘先觉．忆三位建筑先师．见：杨永生主编．建筑百家回忆录．北京：中国建筑工业出版社，2000：142.

② 梁思成在《我们所知道的唐代佛寺与宫殿》一文中指出：“斗栱发达史，就可以说是中国建筑史。”引自梁思成．我们所知道的唐代佛寺与宫殿．中国营造学社汇刊，1932，3(1)：105；1933 年梁思成、刘敦桢主导的大同古建筑调查，一部分建筑虽为略测，但仍包括“择要摄影，及测量殿之平面，与材栔斗栱比例”，可见“材栔”之重要。参见梁思成，刘敦桢．大同古建筑调查报告．中国营造学社汇刊，1933，4（3、4）：64.

③ 楼庆西．中国古代建筑二十讲．北京：三联书店，2001：364.

④ 此文曾在民国二十四年二月二十三日《大公报艺术周刊》发表，略加删改转载于 1935 年 6 月《汇刊》第五卷第四期。参见林徽因，梁思成．平郊建筑杂录（续）．中国营造学社汇刊，1935，5（4）：137-151.

⑤ 梁思成．曲阜孔庙之建筑及其修葺计划．中国营造学社汇刊，1935，6（1）：1.

⑥ 刘敦桢．河北省西部古建筑调查纪略．中国营造学社汇刊，1935，5（4）：38.

⑦ 梁思成．记五台山佛光寺建筑．中国营造学社汇刊，1944，7（1）：16，23；梁思成．记五台山佛光寺建筑（续）．中国营造学社汇刊，1945，7（2）：1-7.

乏文献资料，单凭手法鉴定年代，以致错误。”①

3. 以古建筑遗存为基础始创框架

史学的首要任务是揭示历史上发生的事实真相，说明前后的发展变化，其次是总结相关的历史规律。因此，利用历史文献与早期建筑个案的双重研究，对形制特征及构造做法进行总结，树立节点，进而架构中国建筑史框架，认识其演变发展规律，是学社自主研究中国建筑史的主要目标之一。

1932 年，梁思成在《我们所知道的唐代佛寺与宫殿》中，曾以敦煌唐代壁画（或日本早期木构建筑）代“唐式”，宋《营造法式》代“宋式”，清工部《工程做法》代“清式”。②独乐寺测绘成行之前，梁思成通过日本学者的研究和文献记载等线索，已经初步推断观音阁应为元代以前的早期建筑。这种判断首先来自文献、《营造法式》以及依靠敦煌壁画对唐代建筑的认识，初步具备了形制断代的特征。③在《蓟县独乐寺观音阁山门考》一文中，则有意识地对建筑构件、做法的发展源流进行探讨④，同时通过与唐、宋、清式及欧洲、日本建筑的形制比较，逐渐建立起对辽代建筑特征的认识，最后定观音阁为“辽式”。在随后对唐、宋、辽、金建筑的研究过程中，始创中国建筑史的基本框架。

李庄时期（1942—1944 年），梁思成与学社成员在对已掌握的实物资料进行深入研究和对古代文献初步整理、注释的基础上，首次将处于混沌中的中国古代建筑遗物，从结构体系、造型特点、装饰雕刻手法、色彩处理等方面，进行了全面分析，阐明了中国建筑发展的来龙去脉，总结基本特征，评述成就⑤，写出我国

① “例如五台山佛光寺文殊殿，在这稿中认为是北宋所建，最近已发现它脊槫下题字，是金代所建。又如太原晋祠圣母殿正殿是北宋崇宁元年所建，误作天圣间所建。山西大同善化寺大殿和普贤阁，也可能将金建误作辽建。”引自梁思成．油印本《中国建筑史·前言》．见：梁思成．中国建筑史．天津：百花文艺出版社，1998：359. 又如，大部分学者根据建筑形制等信息，将山西平顺天台庵弥陀殿暂定为唐代遗构，并冠以“我国现存四大唐构之一”的称号，但因缺乏直接证据，学界对其年代的讨论一直未停，有“唐代说”、“晚唐说”和“五代说”几种。2014 年 11 月值弥陀殿保护修缮施工期间，在其椽条构件上发现了该殿建于五代后唐时期的题字，终于揭开多年谜团，再次证明结构形制和文献记载对古建筑的年代鉴定的重要作用。参见帅银川，贺大龙．平顺天台庵弥陀殿修缮工程年代的发现．中国文物报，2017-03-03（08）.

② 参见梁思成．我们所知道的唐代佛寺与宫殿．中国营造学社汇刊，1932，3（1）：75-114.

③ 梁思成．蓟县独乐寺观音阁山门考．中国营造学社汇刊，1932，3（2）：8-9.

④ “观音阁他层及山门虽有较繁杂之补间铺作，而简单如阁之下檐，只略具后代补间铺作之雏形，而于功用上仍纯为‘隋唐的’者，实罕见之过渡佳例也。”引自梁思成．蓟县独乐寺观音阁山门考．中国营造学社汇刊，1932，3（2）：59.

⑤ 郭黛姮．建筑史解码人·梁思成．见：杨永生，王莉慧．建筑史解码人．北京：中国建筑工业出版社，2006：25.

第一部具有科学性和实践性的通史性专著——《中国建筑史》[①]，初步构建了中国建筑史框架。这不仅是学社十余年倾力研究的阶段性总结，也代表了当时的治学路线、观点和方法，为后来整个中国建筑史学奠定了基础（图 2–24）。

在编写此书的同时，中央国立编译馆委托梁思成编写英文版《图像中国建筑史》（A Pictorial History of Chinese Architecture）[②]，以图版和照片为主，加简要文字说明。该书以西方人能够理解的方式，对中国建筑体系进行描述和分析，架起中西方沟通的桥梁，从而将中国自主的建筑历史研究推介到世界范围（图 2–25）。针对《营造法式》，梁思成还在书中指出：

> 经过中国营造学社同仁们的悉心努力，首先通过对清代建筑规范的掌握，以后又研究了已发现的相当数量的建于十至十二世纪木构建筑实例，书中（《营造法式》）的许多奥密终于被揭开，从而使它现在成为一部可以读得懂的书了。[③]

但是，由于此时的研究还处于拓荒阶段，对中国建筑史框架的构建工作也存在一定的缺憾。例如由于时局影响和经费限制[④]，实物研究较少触及南方地区，对地域性、多样性以及其他重要类型的建筑关注不够。[⑤]

另外，这个时期从技术角度出发的研究较多，从文化角度则很不够，即便是

---

① 该书 1942 年着手编写，1944 年完成初稿。限于抗战时期财力困难和此书所需图片较多，出版一事暂时搁置。1954 年曾油印发行 50 册，供各高校建筑学教学参考。1981、1998 年先后由台湾明文书局出版社和天津百花文艺出版社以单行本正式发行；2005 年由天津百花文艺出版社再次出版单行本《中国建筑史》。1984 年收入《梁思成文集》第三卷，2001 年收入《梁思成全集》第八卷。需要指出的是，1933 年，乐嘉藻按照中国传统文人编纂类书的方式，采用爬梳文献分类型记述，撰成《中国建筑史》，可以算作中国人首个建筑史通论式专作。该书因无实物研究和建筑演变规律的叙说，与现代建筑史研究相去甚远，故梁思成认为其不能算做科学意义上的“中国建筑史”。参见梁思成．读乐嘉藻《中国建筑史》辟谬．大公报，1934–03–03。对此，杨鸿勋指出：“关于乐嘉藻的‘中国建筑史’，梁思成先生是持批评态度的，但客观地从历史发展的角度来看，乐嘉藻的历史贡献是很了不起的，对此应有公正的历史评价和历史定位，它也是受中国营造学社影响的关于中国建筑史学研究的成果。今天要谈中国建筑史学的发展史，还得要从乐嘉藻的‘中国建筑史’谈起。万事开头难，当然，乐嘉藻的建筑史，有其历史的局限性，但其筚路蓝缕的拓荒者的历史贡献是不可否认的，他的用意是要让更多的人知道中国的建筑。……不无遗憾的是，乐嘉藻这一在中国历史上突破轻视匠作的传统而产生的第一部建筑史书，在出版的第二年便遭到权威的全盘否定，以致几十年来学术界对此书一直很冷淡。”引自中国社会科学院考古研究所杨鸿勋教授专访．见：崔勇．中国营造学社研究．南京：东南大学出版社，2004：239.

② 该书 1944 年完成，1984 年在美国出版，引起很大反响，1991 年由中国建筑工业出版社出版汉英双语版，2001 年由天津百花文艺出版社再版，同时收入《梁思成全集》第八卷。此后，北京三联书店也多次再版。

③ 梁思成著，费慰梅编．图像中国建筑史．梁从诫译．天津：百花文艺出版社，2001：96.

④ 参见林洙．叩开鲁班的大门——中国营造学社史略．北京：中国建筑工业出版社，1995：37–39.

⑤ 在当时的社会文化及学术背景下，以西方建筑评判为标准，对北方官式建筑的偏爱从某种程度上也左右了学社对调查对象的选择，如林徽因在《论中国建筑之几个特征》中指出的：“南方手艺灵活的地方，过甚的飞檐便是这种例证。外观上虽是浪漫的姿态，容易引诱赞美，但到底不及北方的庄重恰当，合于审美的最真纯条件。……南方屋瓦上多加增极复杂的花样，完全脱离结构上任务，纯粹的显示技巧，甚属无聊不足称扬。”引自林徽因．论中国建筑之几个特征．中国营造学社汇刊，1932，3（1）：171–173。对此，赖德霖指出“由于梁、林受到母校宾夕法尼亚大学以历史风格为主导的建筑教育，所以他们对于中国建筑的研究注重形式和与之相应的结构体系并不令人感到意外。……当他们将《法式》和《工部工程作法》这两部官式建筑规则以及与之最为相关的宫殿和寺庙建筑当作研究对象时，实际上已把北方官式建筑当作中国建筑的正统代表，他们工作的目标因此也就是阐明官式中国建筑的结构原理，并揭示它的演变过程。”引自赖德霖．梁思成、林徽因中国建筑史写作表微．见：赖德霖．中国近代建筑史研究．北京：清华大学出版社，2007：313.

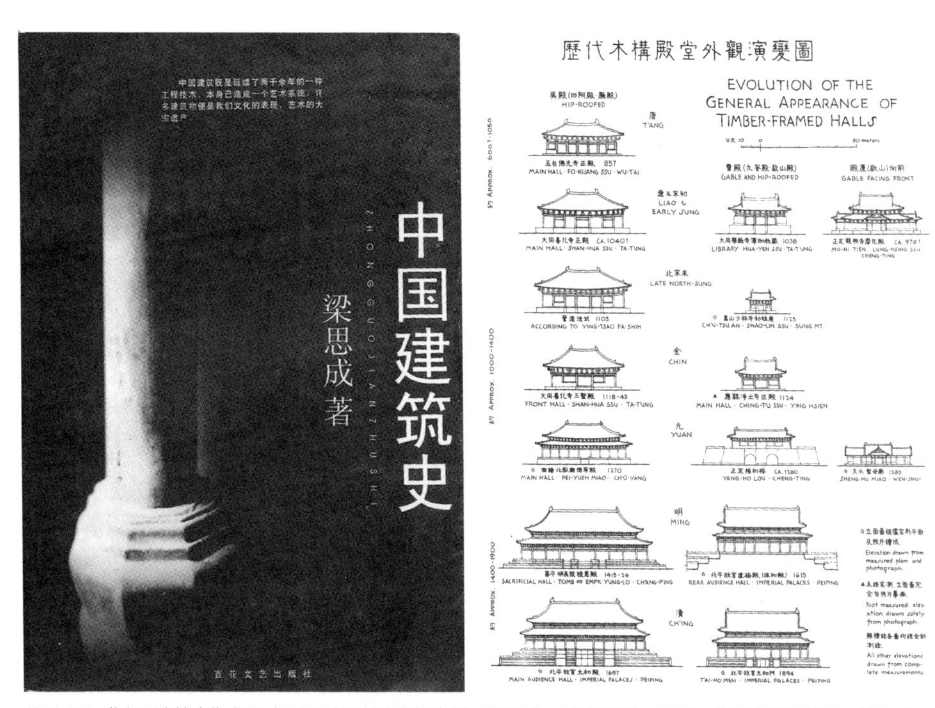

图 2-24 《中国建筑史》书影（1998 年版）（资料来源：梁思成．中国建筑史．天津：百花文艺出版社，1998）

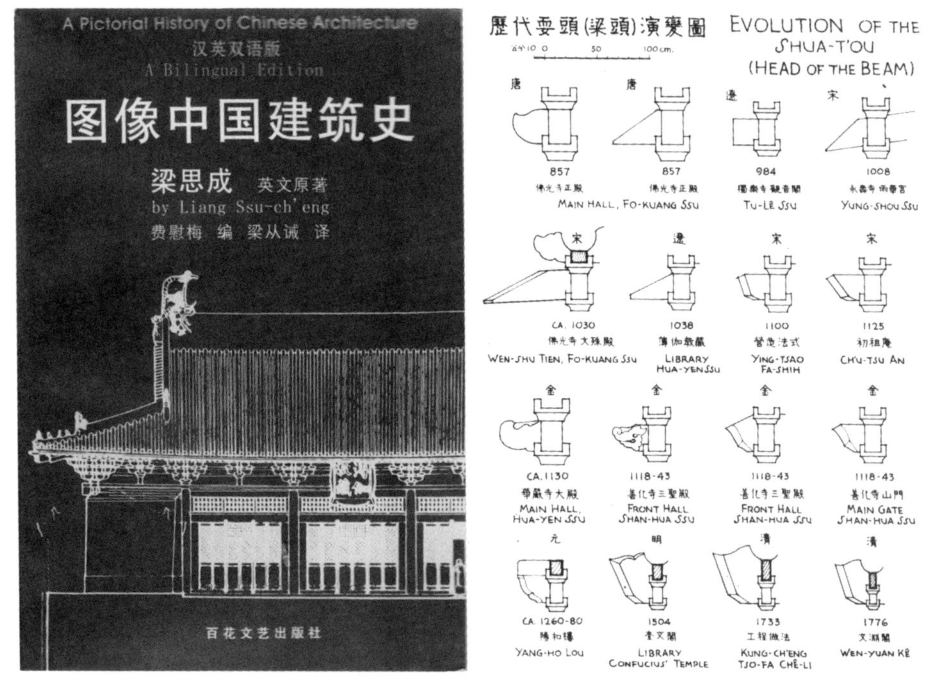

图 2-25 《图像中国建筑史》书影（2001 年版）（资料来源：梁思成．中国建筑史．天津：百花文艺出版社，1998）

图 2-26　六和塔立面复原图
[资料来源：梁思成．杭州六和塔复原状计划．中国营造学社汇刊，1935，5（3）]

技术研究，也未能上升到技术理性的高度。[①] 但应当明确的是，学社时期的研究，主要是对大量古代建筑遗存进行整理和总结，从中理出中国建筑史的发展框架。这并不表明他们没有能力做进一步的深入研究，只是在当时的研究环境下，很多行为和思想得不到也来不及展开，只能做大量的所谓“表面”工作，为后续研究铺路。[②]

（三）确立了中国特色的文物保护理念

1930 年 6 月，日本学者伊东忠太受邀在学社演讲时，指出中国在文物保护方

① 清华大学建筑学院郭黛姮教授专访．见：崔勇．中国营造学社研究．南京：东南大学出版社，2004：257.

② 对此，罗哲文认为，“从今天的目光看来，中国营造学社关于中国建筑史学的研究还只是开了一个头，由于历史条件所限，对中国建筑的文化历史内涵还挖掘的很不够，这不能不说是一个历史局限。正是在这种意义上，我觉得，后辈学人，包括我在内，都还有许多工作有待于我们去探索与研究。”引自中国国家文物局文物研究所罗哲文教授专访．见：崔勇．中国营造学社研究．南京：东南大学出版社，2004：281。“那时候，从中国传统营造之学，包括工匠做法的角度，去看待和理解中国建筑的研究也尚处在起步阶段。他们需要解决的最为重要的问题就是：‘有什么’、‘是什么’。‘有什么’，前面的文献工作已经作过一些，‘是什么’就对他们显得非常重要了，比如唐代建筑和宋代建筑有什么区别？在当时则完全是一片洪荒。”引自王其亨．中国建筑史学史讲稿（未刊稿）．见：温玉清．二十世纪中国建筑史学研究的历史、观念与方法——中国建筑史学史初探．天津：天津大学，2006：69-70.

面的羸弱。[①] 受此影响，梁思成在《蓟县独乐寺观音阁山门考》中不仅强调了实物测绘的必要性，还在文末以"今后之保护"一项特别强调了文物保护的观念。[②] 其中，首先指出公众参与和社会认同的重要性，提出古建筑复原的准则，并建议应当加强体制保障，制订"古建筑保护法"，对相关管理人员的素质也提出了要求。

梁思成提出的古建筑保护理念，在学社之后的研究中又渐次得到加强，《营造法式》在其中也起到了重要的文献指导作用（图 2-26）[③]。1935 年初，梁思成到曲阜勘察孔庙修葺工程，其后他在《汇刊》第六卷第一期发表的《曲阜孔庙之建筑及其修葺计划》一文，再度强调上述理念，包括价值评估性质的历史研究、结合测绘的残损调查和现状评估、修缮原则、方法和施工说明，为我国文物古迹的保护修缮工程提供了一份体例完备的经典范本（图 2-27）。[④]

综合以上文物保护理念，可以概括为以下几方面含义：第一，不改变文物原状，着眼于真实性与完整性的保护；第二，最小干预，可逆性以及新技术的运用，使古建筑"带病延年"，而非焕然一新；第三，公众参与和社会认同；第四，政府法律保护下的体制建设、专用经费和管理人员素质要求。在上述文物保护观念的影响下，学社成员还指导并参与了一系列古建筑修缮、复原的工程实践。[⑤]

1944 年，梁思成在《为什么研究中国建筑》一文中，再次强调实物测绘研究对于文物保护的重要意义："以客观的学术调查与研究唤醒社会，助长保存趋势，即使破坏不能完全制止，亦可逐渐减杀。这工作即使为逆时代的力量，它却与在大火之中抢救宝器名画同样有急不容缓的性质。这是珍视我国可贵文物的一种神圣义务。……以测量绘图摄影各法将各种典型建筑实物作有系统秩序的纪录是必须速做的，因为古物的命运在危险中，调查同破坏力量正好像在竞赛。多多采访

---

① "但有最为杞忧不能自已者，文献及遗物之保存问题也。文献易于散失，遗物易于湮没。鄙人于中国各地之古建筑，每痛惜其委弃残毁；而偶有从事修理者，往往粗率陋劣，致失古人原意，其破坏不至于毁灭，有时乃或过之。此例不少，颇为可痛。在理想上言之：文献遗物之完全保存，乃国家事业。一面以法律之力，加以维护；一面支出相当巨额之国帑，从事整理。然在中国现今之国情，似难望此。然则舍盼望朝野有志之团体，于此极端尽瘁，外此殆无他途。窃意首当其冲口而负有重大之使命者，即朱先生之营造学社也。"引自日本伊东忠太博士讲演中国建筑之研究．中国营造学社汇刊，1930，1（2）：9.

② 梁思成在文中特别提到，1929 年世界工程学会中，关野贞提出《日本古建筑物之保护》一文，为研究中国建筑保护问题之绝好参考资料。参见梁思成．蓟县独乐寺观音阁山门考．中国营造学社汇刊，1932，3（2）：90。关野贞在《日本古代建筑物之保存》中指出，1897 年日本政府颁行古代神社及佛寺保护法令，计划实行以来颇有成效，1929 年 6 月复颁行《国宝保护法令》，对前项计划应时扩充。该文就是对这个保护法令的介绍，其所提出的古建筑修葺原则应该对梁思成此种文物保护观的形成有所影响。参见关野贞．日本古代建筑物之保存．吴鲁强译．中国营造学社汇刊，1932，3（2）：101-123.

③ 参见蔡方荫，刘敦桢，梁思成．故宫文渊阁楼面修理计划．中国营造学社汇刊，1932，3（4）：84；刘敦桢，梁思成．修理故宫景山万春亭计划．中国营造学社汇刊，1934，5（1）：88；刘敦桢．定兴县北齐石柱．中国营造学社汇刊，1934，5（2）：53-54；梁思成．杭州六和塔复原状计划．中国营造学社汇刊，1935，5（3）：1.

④ 王其亨．历史的启示：中国文化遗产保护的历史与理论．见：中国古迹遗址保护协会秘书处．古迹遗址保护的理论与实践探索——《中国文物古迹保护准则》培训班成果实录．北京：科学出版社，2008：31.

⑤ 具体实践事项参见林洙．叩开鲁班的大门——中国营造学社史略．北京：中国建筑工业出版社，1995：94-95.

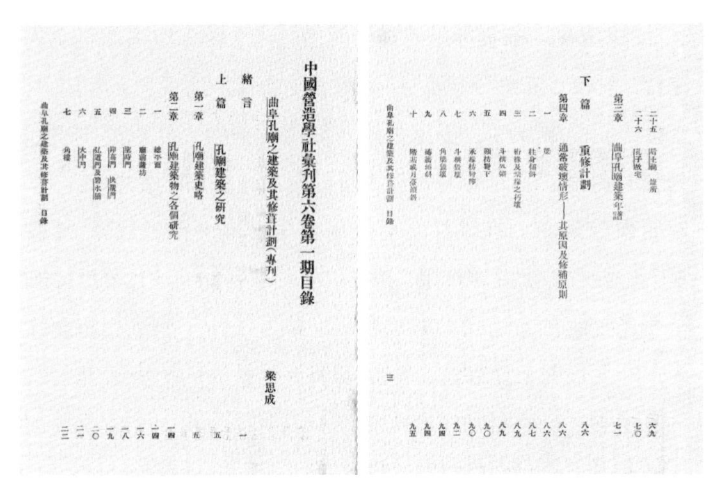
中國營造學社彙刊第六卷第一期目錄

曲阜孔廟之建築及其修葺計劃（專刊） 梁思成

緒言 一
上篇 孔廟建築之研究 五
第一章 孔廟建築史略 五
第二章 孔廟建築物之各個研究 一四
一 總平面 一四
二 廟前諸坊 一六
三 聖時門 一八
四 仰高門 快睹門 一九
五 弘道門及璧水橋 二〇
六 大中門 二一
七 角樓 二三
二十五 崇聖祠 寢所 六九
二十六 孔子故宅 七〇
第三章 曲阜孔廟建築年譜 七一
下篇 重修計劃 八六
第四章 通常破壞情形——其原因及修補原則 八六
一 漏 八六
二 柱身傾斜 八七
三 桁椽及襯椽之朽壞 八九
四 斗栱外傾 八九
五 額枋彎下 九〇
六 承椽枋劈裂 九〇
七 斗栱散亂 九二
八 角梁下垂 九四
九 磚牆傾斜 九四
十 階基或月臺傾斜 九五

曲阜孔廟之建築及其修葺計劃 目錄

曲阜孔廟之建築及其修葺計劃 目錄 三

图 2-27 《曲阜孔庙之建筑及其修葺计划》目录
[资料来源:梁思成. 曲阜孔庙之建筑及其修葺计划. 中国营造学社汇刊, 1935, 6(1): 1, 3]

实例，一方面可以作学术的研究，一方面也可以促社会保护。”①

学社时期的实物测绘和调查方法，在中华人民共和国成立后也成为三次文物普查的基本范式。与文物保护相关的一系列法律、法规也大都以学社确立的原则和方法为建构基础。而学社期间的相关研究成果，对 1961 年以来全国重点文物保护单位的认定也起到了决定性的作用。

四、互证研究的继承与发展

（一）1949 年以后的实物调查、测绘及修缮

如前所述，学社末期所编《战区文物保存委员会文物目录》、《全国重要建筑文物简目》不仅是特殊时局中的学术成果②，也是 1949 年以后全国范围内大规模

① 梁思成. 为什么研究中国建筑. 中国营造学社汇刊，1944，7（1）：6，11.

② 1944 年，日军在东亚各地节节败退陷入困境，为了盟军在反攻光复中国失地时保护文物，学社编写了一份文物古迹目录。此部中国华北及沿海各省文物建筑简目，称为《战区文物保存委员会文物目录》。这份资料不仅是梁思成从学社多年实地调查成果中提炼的精华，也成为四年之后《全国重要建筑文物简目》的重要蓝本，是中国古建筑保护及研究的重要文献。参见林洙. 梁思成与全国重要文物简目. 建筑史论文集，2000（12）：7-12。《全国重要建筑文物简目》原为清华大学和学社合设的建筑研究所编所撰，1949 年 6 月由华北高等教育委员会图书文物处印行，供人民解放军作战及接管时保护文物建筑参考。1950 年 5 月，中央人民政府文化部文物局重新印发全国各级政府，作为指导其管辖境内文物及古建筑的保护工作的依据。参见温玉清. 二十世纪中国建筑史学研究的历史、观念与方法——中国建筑史学史初探. 天津：天津大学，2006：96-101.

文物普查和古建筑修缮保护的先声。自此，文物建筑的保护工作日益受到各级政府重视，不少省、市、自治区的文物保护部门根据《全国重要建筑文物简目》所列名单，重新进行调查核实，又发现了许多重要的古建筑。

中华人民共和国成立伊始，国务院下设文化部、文物局，各地相继成立各级文物管理委员会负责文保工作。国家行为的文物保护和普查工作陆续展开，继续了学社时期的实物调查。[①] 随着文物管理体系的建立，文博考古工作者做了大量艰苦细致的古建筑保护、研究工作，主要包括古建筑调查与研究、遗迹与遗物的勘察和发掘、古建筑保护修缮、复原研究和陈列展示等方面。

1950 至 1960 年代，中国考古和建筑考察进入了黄金时代。[②] 其中，与学社曾有密切因缘关系的北京文物整理委员会[③]，自 1950 年起对全国范围内的重点文物古迹进行了系统调研，先后主持完成全国重要古建筑修缮保护工程数十项。[④]

1960 年代，由梁思成、刘敦桢领导的建研院建筑理论及历史研究室[⑤]，以实物调查测绘为工作重点，构成了当时中国建筑史学研究的基础。[⑥] 1958—1964 年间，建研院历史室根据历年专题研究的需要，每年进行实地考察[⑦]，略如张驭寰在《记三晋古建筑考察》中的记述：

> 1962 年和 1963 年建研院安排我前往山西，进行古建筑考察，……那两年间在山西考察的古建筑，从时代来看，即有北魏、汉、唐、宋、辽、金、元、明、清，特别是元明清实物较多。……在考察时发现山西古代建筑，按其类

① 中央一级设有国家文物局，其下设有文物保护技术研究机构以及专门的古建筑研究专家组，有计划有步骤地对全国重要的古建筑单体或组群进行测绘勘查，并拨款修缮保护；各省、直辖市的文物局（或文化局）除管理保护本省市国家重要古建筑遗迹以外，也负责调查、记录、保护、维修当地的重要古建筑。参见温玉清 . 二十世纪中国建筑史学研究的历史、观念与方法——中国建筑史学史初探 . 天津：天津大学，2006：126-127.

② 参见文物编辑委员会 . 文物考古工作三十年（1949—1979）. 北京：文物出版社，1979.

③ 北京文物整理委员会是中国现代从事古建筑维修保护与调查研究的专门机构。其前身是旧都文物整理委员会，成立于 1935 年，会址设在北平。该会下设旧都文物整理实施事务处（简称“文整处”），由工程技术人员及著名古建筑匠师组成，负责古建筑保护与修缮工程的设计施工事宜，并聘请学社成员梁思成、刘敦桢为技术顾问。自 1956 年起，改称古代建筑修整所，直属文化部。

④ 其中有关早期建筑的工程项目有：山西省五台山佛光寺文殊殿修缮（1951 年 10 月）、河北正定隆兴寺转轮藏殿修缮（1954 年 3 月）、山西太原晋祠修缮（1954 年 5 月—6 月）、山西大同善化寺普贤阁修缮、太原晋祠鱼沼飞梁修缮、朔县崇福寺观音殿修缮（1953 年 12 月）等。参见国家文物局编 . 中华人民共和国文物博物馆事业纪事 . 北京：文物出版社，2002.

⑤ “1958 年 4 月，建工部建筑科学研究院建筑理论与历史研究室（简称‘建研院历史室’）正式成立。在当时的建工部部长刘秀峰、建筑科学研究院院长汪之力等的支持下，由梁思成、刘敦桢、汪季琦、刘祥祯等研究室领导具体主持，建筑理论与历史研究室（包括南京分室）基本形成了全国建筑史学研究的学科核心力量，成为 20 世纪中国建筑史学研究最为兴盛的黄金时期。”引自傅熹年，陈同滨 . 建筑历史研究的重要贡献 . 见：中国建筑设计研究院编 . 中国建筑设计研究院成立 50 周年纪念丛书（历程篇）. 北京：清华大学出版社，2002：141-149。1964 年 12 月，建筑科学研究院撤销建筑理论与历史研究室南京分室，1965 年完全撤销建筑理论与历史研究室的编制，至 1965 年底，建筑理论及历史研究室彻底解散。

⑥ 温玉清 . 二十世纪中国建筑史学研究的历史、观念与方法——中国建筑史学史初探 . 天津：天津大学，2006：168.

⑦ 参见 傅熹年，陈同滨 . 建筑历史研究的重要贡献 . 见：中国建筑设计研究院编 . 中国建筑设计研究院成立 50 周年纪念丛书（历程篇）. 北京：清华大学出版社，2002：141-149.

型分析，有古塔、寺院、城池、庙宇、祠堂、会馆、长城、民居、村镇、楼阁、道教建筑、公署、经幢、园林，应有尽有。……我们赴山西考察的计划是1962年上半年考察晋中、晋南各地；1962年下半年专门考察晋东南地区十数县。1963年，重整队伍，又赴山西考察一年，重点以晋中以及晋北广大城乡。……在考察中，收获最大的一次是1962年下半年，为时最长，在晋东南的县城基本上都到达了，而且是考察收获最多的一次，那次考察也是最有意义的。帮助当地对古建筑的年代做了鉴定。对山西省唐代木构建筑都做了重点勘查，计有唐建中三年的南禅寺大殿，唐大中十一年的佛光寺东大殿，唐代太和五年的广仁王庙正殿，唐代的天台庵。当时在山西除对各县的古建筑考察之外，重点对山西晋东南地区各县的早期木结构的殿宇也进行详尽勘察。①

全国范围内开展的古建筑调查，发现了更多的唐、宋、辽、金木构，扩大了实物研究基础。其中，在年代方面，发现了建于唐建中三年（782年）的山西五台南禅寺大殿，比佛光寺东大殿的建造年代早75年，是中国目前所知最早的木构建筑，以及五代时期的木构实物——建于北汉天会七年（963年）的山西平遥镇国寺大殿，等等。

此外，在地域方面，现存已知宋、金建筑最多的山西晋城和长治地区，也得到较为全面的调查和初步研究；1951年，对敦煌莫高窟宋代木窟檐的实地勘测，进一步丰富了早期中国木构建筑的实例②；1950年代中后期，文物部门还在福建、浙江和广州等地发现多处宋代建筑，如福州华林寺大雄宝殿、莆田元妙观三清殿、泰宁甘露庵、宁波保国寺大雄宝殿和广州光孝寺大殿，不仅极大地丰富了宋代木建筑的实例，也将南方早期建筑纳入《营造法式》研究的实物体系，而不只限于北方中原地区。

郭湖生指出，1949年以后中国古建筑的调查和研究，无论范围、类型、数量和深度，都远远超过学社时期。③ 大批学者延续学社的方法进行古建筑调查，为中国古代建筑史的研究提供了基础数据，更为古建筑的保护和维修作出了巨大贡献，同时也历练了一大批建筑史学家和文物保护专家，如杜仙洲、莫宗江、卢绳、冯建逵、祁英涛、罗哲文、张驭寰、刘叙杰、赵立瀛、柴泽俊、路秉杰等。陈明达指出在

① 张驭寰．忆三晋古建筑考察．见：杨永生主编．建筑百家回忆录（续编）．北京：中国建筑工业出版社，2003：264-265.

② 1980年代末，萧默所著《敦煌建筑研究》填补了中国建筑史在魏晋至隋唐时期建筑研究的空白。对中国建筑史学研究而言，这一时期的实物材料极为匮乏，该书不仅提供了珍贵的研究资料，同时也是实物结合《营造法式》研究的典型代表，从不同角度加深了学术界对《营造法式》的认识。参见萧默．敦煌建筑研究．北京：文物出版社，1989.

③ 郭湖生．中国古建筑学科的发展概况．见：山西省古建筑保护研究所编．中国古建筑学术讲座文集．北京：中国展望出版社，1986：3.

这个实践过程中，研究者由此获得了以前无从了解的木结构建筑的结构细节。[①]

改革开放后，文物保护各项事业得到了迅速的恢复和发展。如文物保护科学技术研究所在1976年至1990年的15年间，承担的文物保护项目及研究课题就达数百项，遍及全国22个省、市、自治区。其中包括早期建筑山西五台南禅寺大殿、山西洪洞广胜上寺毗卢殿、河南登封少林寺初祖庵、洛阳龙门石窟奉先寺、浙江宁波保国寺大殿等国家著名古建筑及重要文物的保护项目[②],《营造法式》在其中充当了文献意义上的范本和参考。

此外，以国内1950年代初进行的院系调整为契机，作为中国建筑史课堂教学的重要补充和基础性教学、研究手段，各高校的中国古建筑测绘课程蓬勃开展起来。[③]中国建筑史学的专门研究机构与高等院校密切合作，在城市、村镇、民居、园林、宗教建筑、少数民族建筑诸方面做了大量基础工作，拓展了学术视野和研究领域,取得了中国建筑史学研究前所未有的丰富史料和相应的研究成果。[④]郭湖生指出，文物、考古、建设部门与高等院校是中国建筑史学研究不容忽视的重要力量。[⑤]2007年，天津大学与中国文化遗产研究院合作，首次运用三维激光扫描技术对辽宁义县奉国寺大殿进行精细测绘，得到国家文物局主管领导和专家的充分肯定[⑥]。在中国传统建筑经典丛书《义县奉国寺》出版之际,国家文物局局长单霁翔指出，科研单位、高校与出版单位的合作，是一个实践证明了的行之有效的模式，使资料梳理、实物测绘、理论研究及编辑出版、向公众推介等形成完整的工作体系，值得继续并推广（图2–28，图2–29）。[⑦]

---

① 陈明达.中国建筑史学史（提纲）.建筑史论文集，2009（24）：148–151。通过持续不辍的实物研究，学者们对大木结构真实情况的探求也越来越客观，例如祁英涛在开善寺大殿的研究中，纠正了过去认为一座建筑只用一个标准材的概念："我们又仔细的按结构层次将测量的尺寸进行校核比较，发现它的用材方法基本上是由下到上逐层减小的，……开善寺大殿的用材，与过去我们认为一座殿的建造只用一个标准材的概念有了显著的不同。"引自祁英涛.河北省新城县开善寺大殿.文物参考资料，1957（10）：24.

② 参见温玉清.二十世纪中国建筑史学研究的历史、观念与方法——中国建筑史学史初探.天津：天津大学，2006：358.

③ 1950年代初，大批苏联专家受聘来华工作，协助改造和重建中国的教育制度。1952年秋季起，中国的大学从一年级开始普遍采用苏联模式的教学计划和教学大纲。而向苏联学习的最重要举措，就是通过对高等院校大规模的"院系调整"，按照苏联模式建立起新的高等教育制度。之后，凡设有建筑系的高等院校均开设了中国建筑史课程。参见温玉清.二十世纪中国建筑史学研究的历史、观念与方法——中国建筑史学史初探.天津：天津大学，2006：114–116.

④ 参见傅熹年.对建筑历史研究工作的认识.见：袁镜身主编.中国建筑设计研究院成立五十周年纪念丛书1952—2002（论文篇）.北京：清华大学出版社，2002：320–325.

⑤ 郭湖生.中国古建筑学科的发展概况.见：山西省古建筑保护研究所编.中国古建筑学术讲座文集.北京：中国展望出版社，1986：3.

⑥ 1990年，CAD技术刚开始普及，天津大学建筑历史研究所便尝试将其应用于测绘和图档的绘制工作，曾引起国外同行的高度重视;1998年，在文物建筑测绘中全面推广CAD技术，将原有的手绘图档进行大规模数字化处理，并自主研发绘图辅助软件，制定绘图规范；2006年，主编《古建筑测绘》（含光盘）正式出版，成为中国教育史上第一部正式的古建筑测绘教材。

⑦ 单霁翔.义县奉国寺·序.见：建筑文化考察组编.义县奉国寺.天津：天津大学出版社，2007.

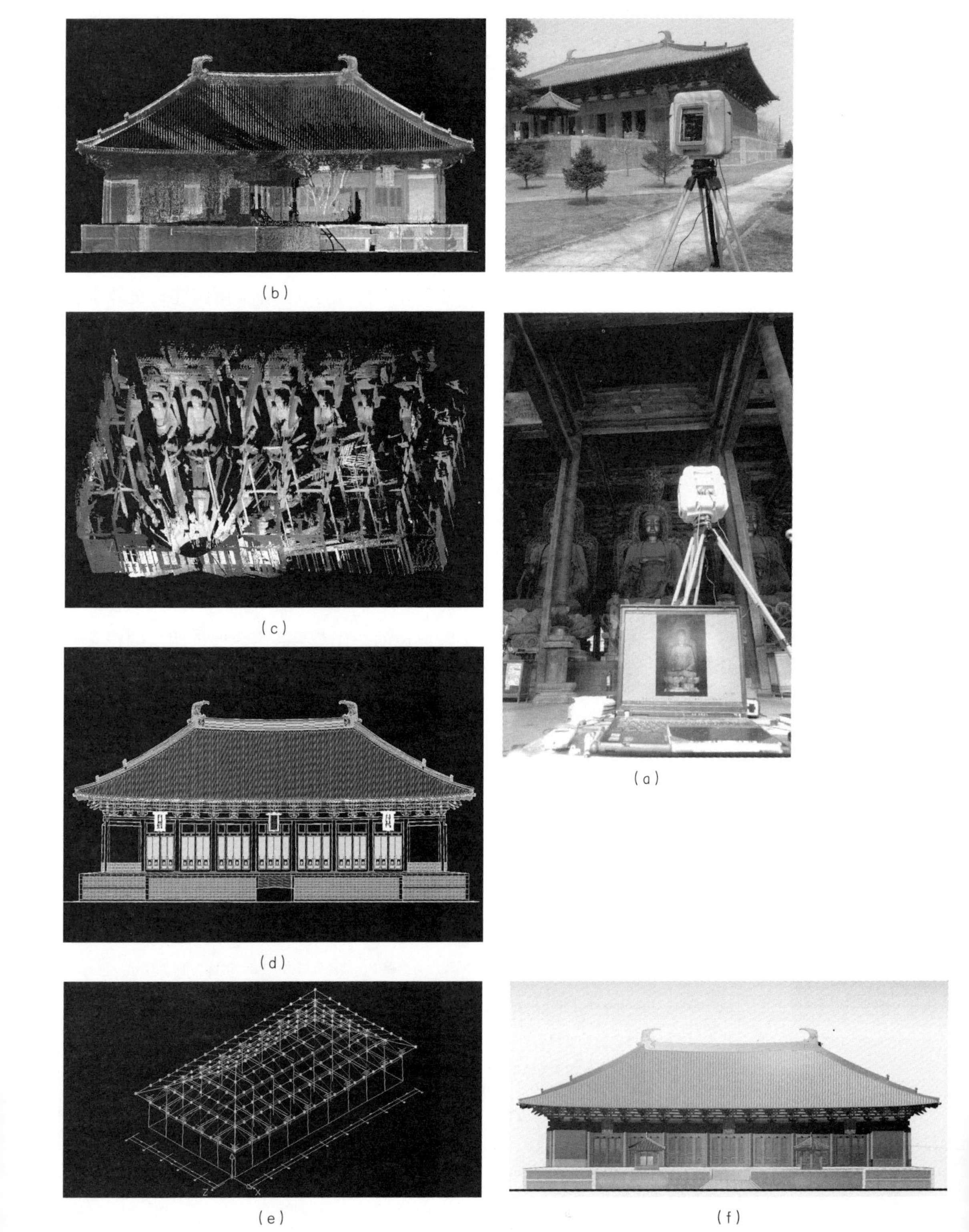

图 2-28 以三维激光扫描仪记录奉国寺大雄殿数据（2007 年）。（a）三维激光扫描工作现场；（b）大雄殿正立面三维激光扫描点云；（c）大雄殿内部梁架三维激光扫描点云；（d）大雄殿正立面 CAD 测绘图；（e）根据扫描数据绘制的大雄殿结构简图；（f）大雄殿正立面效果图（资料来源：天津大学建筑学院提供）

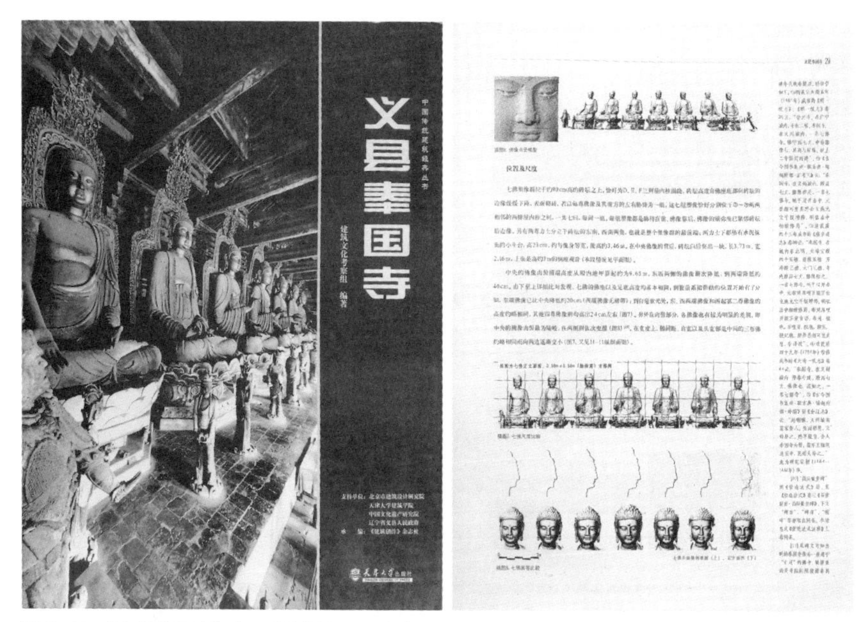

图 2-29 《义县奉国寺》书影（资料来源：建筑文化考察组编 . 义县奉国寺 . 天津：天津大学出版社，2008）

在几十年持续不辍的调查、测绘和保护修缮过程中，除上述收获外，也仍然存在一定的弊端和误区：

其一是《营造法式》文本释读不足导致的认识误区。

1976 年至 1990 年间，对早期建筑实物的保护修缮如火如荼地开展着，但是如后文所述（详见第三章），此间对《营造法式》文本的深入解读却几乎停滞，大量的实物发现与文本研究的互动发展也因此受到制约。与前述独乐寺“角柱生起”的问题类似，在 1949 年以后的大规模调查中，很多在《营造法式》中已明确规定的构造形式被发现，却不能得到确认。陈明达指出，形成这种误区的主要原因仍然是对《营造法式》文本解读的不足（图 2-30）：

> 对《法式》的各种平面、断面图样，没有全面理解，因而对实物的梁、柱构造形式，不能从整体上认识它的特点，不能理解柱子的平面布置与梁架构造的关系。以致在实物研究中，看到在《法式》中已有明确规定的构造形式不能确认，以为是一种新的创造，片面地以其柱子的平面布置命名为“减柱造”等等。①
>
> 我看到不少文章中对《营造法式》某些定义不清楚。有些是原书的定

① 陈明达 .《营造法式》大木作研究 . 北京：文物出版社，1981：4。傅熹年也曾对“减柱”和“移柱”问题做出辨析，参见傅熹年 . 宋式建筑构架特点与“减柱”问题 . 见：傅熹年 . 傅熹年建筑史论文选 . 天津：天津百花文艺出版社，2009：322.

图 2-30　八架椽屋分心三柱 [资料来源：李诫编修．营造法式（8 册）．北京：中国书店，1989]

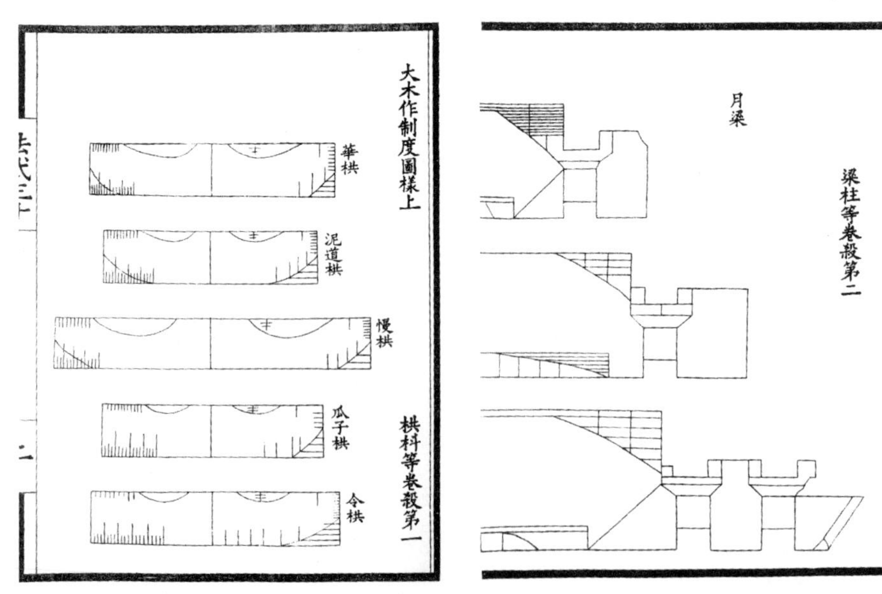

图 2-31　《营造法式》卷杀图 [资料来源：李诫编修．营造法式（8 册）．北京：中国书店，1989]

义不清；有的则是因为没有弄懂原书的定义，具体到古建筑实物感到没法说清，于是就重新命名，如像“减柱造”等等。应当对原书每一个字都搞清楚，但这是很不容易的。比如《营造法式》第三十一卷关于厅堂的图样，称为“厅堂等间缝内用梁柱”，并不像殿堂的梁架图那样称为“草架侧样”，这是什么含义？我们很久都不清楚。厅堂的图样有18种断面图，每种柱梁配合方法不同，看来，关键是如何“用梁柱”。值得注意的是，对“厅堂等间缝内用梁柱”，厅堂的图样中，还有小字注如“八架椽分心用三柱”等等，更清楚说明了如何用梁柱的问题。现在已经知道，椽有标准平长，进深确定以后，用梁柱可以有多种标准，同一殿、厅中的不同间缝就可以用不同标准，这样，也就无所谓“减柱造”。“减柱造”这个名词，实际只说明平面变化，而没有抬头看看梁柱。当然，在前一层意义上说，也可以保留这个名词。[①]

另外，在几十年的研究当中，对《营造法式》很多内容的认知，也都经历了漫长的反复过程，如陈明达指出的对“卷杀”做法的释读经历（2-31）：

> 甚至原文本是叙述很明白、很具体的，只是由于我们缺乏感性认识，缺乏实践知识而看不懂。例如“卷杀”的方法（即求曲线的方法），原文本是易懂的，可是由于我们对实物的考察不仔细，视而不见，在很长的时间中不能理解。及至经过反复探讨并在绘图板上“实践后”，才懂得了“卷杀”的方法，不仅是合于几何原则的，而且是便于施工实践的。[②]

以上事例再次说明，“实物研究和《法式》研究应是互相补充、互相促进的”[③]，二者缺一不可。

其二是新技术在实物测绘研究中的应用误区。

由于中国古代建筑的形态和结构纷繁复杂，传统测量方法固有的局限性导致难以准确、详细地表达其真实面貌。我国近年来引入的三维激光扫描技术可以快捷、完整、准确地获取大量数据，尤其是开间、进深、梁架间距、建筑通高、屋面曲线等控制性大尺度数据。还弥补了以往对不规则物体，如塑像、异形构件等在数据采集和成果表达方面的局限。

这种新技术对于早期建筑测绘来说，也辅助解决了诸多难题。例如，我国早期建筑为了使木构架保持稳定和耐久，常使用“侧脚”和“生起”的做法，也因而使整个木构架主体直到屋面部分都呈现出“双曲线”的状态。这些做法加上结

---

① 陈明达．关于《营造法式》的研究．建筑史论文集，1999（11）：47.
② 陈明达．《营造法式》大木作研究．北京：文物出版社，1981：2.
③ 陈明达．《营造法式》大木作研究．北京：文物出版社，1981：5.

构的歪闪、变形等原因，对于以往的纯手工测绘来说，如要获取建筑的原貌和真实状态，需要投入大量的时间和人力。三维激光扫描技术对数据记录的全面性，使这些以往的难题迎刃而解。其不仅可以快速获取大量数据，也能真实反映结构的特殊做法和变化，为相关研究带来了极大的便利。

但是，在三维激光扫描技术还未全面发达的今天，很多学者对它的认识仍存在误区，例如有学者指出“激光三维扫描系统在古建筑测绘中可以完全代替传统测绘方式”①；还有学者认为三维激光扫描从客观上已将测绘精度提高到了毫米水平②。就目前的技术发展和实践运用来说，这些说法明显有失客观。而对于仪器本身，尚存在以下问题：

1. 因遮挡而致，扫描必有盲区；

2. 因扫描物材质不同，对激光的反射或吸收有很大差别，精度也不可能一致；

3. 仪器挪动即所谓“换站”，会致使精度下降；

4. “点云”拼接、截取的操作，皆可能导致较大误差。

如此，对于仪器所谓毫米级的“标称精度”，且先不论目前的技术手段是否能够达到③，仅针对中国古代建筑的特质来说，毫米级精度是否符合木结构建筑的实际情况，就很成问题。④ 至少在现阶段，三维激光扫描技术还难以真正取代传统手工测量方法，其所获取的信息仍需经过人为的判断和处理，才能为古建筑测绘提供有效的数据。⑤

（二）继续完善中国建筑史框架

中华人民共和国成立后，在学者们的不断探索下，对古建筑的年代鉴定已经

---

① 余明，丁辰，过静珺．激光三维扫描技术用于古建筑测绘的研究．测绘科学，2004（5）：70.

② 张荣，刘畅，臧春雨．佛光寺东大殿实测数据解读．故宫博物院院刊，2007（2）：28.

③ 设备标称的毫米级精度是有条件的，实际工作中往往达不到。目前三维扫描系统没有统一的技术标准，不同厂家采用各自的方式去描述产品的性能和特点，各种产品间也没有统一的评价指标和通过认定的检定标准，从而导致使用人员在扫描中无法把握扫描的质量。参见白成军．三维激光扫描技术在古建筑测绘中的应用及相关问题研究．天津：天津大学，2007：2.

④ “算例与实物之差违，皆在营造尺一寸以内，依大木结构习惯言，一寸之差，乃最普遍之事，毫不足怪。”引自刘敦桢．北平智化寺如来殿调查记．中国营造学社汇刊，1932，3（3）：59.

⑤ 2008 年，天津大学获批成为国家文物局文物建筑测绘研究科研基地，在国内高校尚属首次。该基地依托天津大学学科群的优势，整合多个专业技术资源，在大规模测绘实践与专题研究相结合、文物建筑测绘规范化体系研究与建设、文物建筑测绘数字化与信息化等领域取得了重要的进展。同时，为国内相关机构搭建共享平台，进行国际化拓展与交流。例如 2010 年，策划国家文物局“指南针计划”——中国古建筑精细测绘，由清华大学、北京大学、北京工业大学、武汉大学、华中科技大学、北京建筑大学等院校合作参与，利用 GPS、GIS、无人机、近景摄影测量、三维激光扫描、多媒体数据库等先进技术和设备，展开精细测绘研究项目。2013 年，与故宫博物院共同建设“中国历史建筑与传统村落保护协同创新中心”，全面整合高校、政府部门、行业学会、科研院所的优势资源，在文化遗产保护领域开展合作，建立成果共享平台。基地经过多年的实践和探索，对诸多测绘手段尤其是三维激光扫描技术及其精度，有客观理性的认识，总结出切实可行的方法，极大地提高了测绘成果的数量和质量。参见李婧．中国建筑遗产测绘史研究．天津：天津大学，2015：269–271.

基本成熟。其中，曾在古建筑调查、保护、维修、设计等方面作出突出贡献的祁英涛[①]，将其调查研究经验归纳为“两查、两比”：即调查古建筑现存结构与已知年代建筑或法式的对比；调查古建筑相关文字记录与现存结构的对比。例如，他对河北省新城开善寺大殿的断代也较之前更为严谨：

> 大殿的梁架结构与以前所发现的辽代建筑最大不同处，即是屋顶推山的应用，由于宋《营造法式》已有推山的规定，这种制度也不能认为完全是晚期的一种手法,因而由大殿的结构来考察,它的建筑时代是属于辽代建筑的系统之内的。[②]

此外，祁英涛总结多年研究经验写成《怎样鉴定古建筑》，以国内现存数处典型木构为例，从平面、梁架结构、柱式、斗栱、装修、瓦顶、彩画等方面进行分析比较，揭示古建筑自唐代至清代的变迁和变化规律，浅显易懂地说明断代方法，为古建筑的年代鉴定提供实物和理论依据，被业内奉为简易教科书和实用的断代手册。[③]后来朱光亚、龚恺根据亲身调研经验并汲取国内一些研究成果，复撰《古建筑鉴定与分析补遗》，在稍大一点的范围内略补祁英涛所著之遗：

> 严格的说，古建筑鉴定既包括对古建筑时代特征的判别，也包括对包涵在古建筑中人类文化的揭示与评价，还包括对古建筑结构等的工作状态和各种技术性能的分析和确证，涉及的专业知识甚广。……先进纯技术手段（如碳 14 测定、热蚀法、电子回旋震荡法等）结合传统直观鉴定的方法（虽带有一定的主观性，却简便易行，信息量大，综合性强）。即使在未来，直观的鉴定仍然是可以为纯技术测试提供指导性的定向选择并可以与之互为引证，仍然是古建筑鉴定中的主要工作方法。同技术测试相反，直观性鉴定中的判断不是必然的，正是在大量的或然性判断的基础上，通过逻辑推理、分析、综合引证而建立起它的最后结论。……在鉴定古建筑时还应该注意到，建筑的转变并不与朝代的更迭有必然联系。一般来说，建筑与若干种精神文化相比，具有较大的滞后性。通常以朝代作为鉴定的结果仅是为了与通史建立对应关系而作出的一种选择。在古建筑鉴定研究过程中更应给予关注的，也较易把握的是对做法沿革的分析。[④]

---

① 祁英涛（1923—1988 年）：河北易县人，我国著名古建筑专家，在建筑历史理论与实际相结合的研究、古建筑保护原则的制定、保护维修工程的勘测设计与施工技术指导以及对专业技术人才的培养等方面多有贡献。1947 年毕业于北洋大学工学院建筑工程系，1949 年进入北平文物整理委员会。自 1952 年起，先后就任于北京文物整理委员会、古代建筑修整所、文物博物馆研究所和文物保护科学技术研究所。曾主持山西永乐宫搬迁中对壁画的保护、五台山南禅寺大殿复原、河北隆兴寺摩尼殿修缮设计等重要文物保护工程。

② 祁英涛 . 河北省新城县开善寺大殿 . 文物参考资料，1957（10）：28.

③ 相关文献参见祁英涛 . 中国古代建筑年代的鉴定 . 文物，1965（4）：14–30，33；祁英涛 . 中国古代建筑年代的鉴定（续完）. 文物，1965（5）：6–15；祁英涛 . 中国古代建筑各时代特征概论 . 见：祁英涛 . 祁英涛古建论文集 . 北京：华夏出版社，1992：237–295.

④ 朱光亚，龚恺 . 古建筑鉴定与分析补遗（未刊稿）.

长期的调查研究加上现代科学技术方法的应用，对中国古建筑特别是北方大木结构的年代判断已比较准确。目前的基本断代方法主要借助碑刻、题记、文献、形制以及物理手段。而形制判断则需要执行者具备丰富的经验和知识储备，包括以数据核算为主，以陈明达、傅熹年、肖旻等学者为代表的“尺度宗”[①]，和以经验目测为主，以宿白、徐怡涛等学者为代表的“形制宗”两种。

必须指出的是，对古建筑的年代鉴定不仅是构建中国建筑史框架的基础研究，也是保护和修缮设计的依据。我国的早期建筑一般都经过了数百年的变化和修正，修缮规模、历代扰动、地方做法、匠师手艺等众多复杂因素使实物保存了多种特征、做法和风格。徐怡涛经研究指出，由于古代木构建筑自身的特点（如频繁的维修和可以更换的构件），现存五代、宋、金时期的建筑都在不同程度上带有多个历史时期的痕迹。[②] 因此，在尽可能判断出建筑始建年代的前提下，不能忽略变迁过程中保留的历史信息，断代结果也应该是多维的。[③]

此外，还必须考虑地域偏远和技术层次[④] 导致的延古做法对形制鉴别的误导。通过整理建筑各个部分的发展演变过程，为文物保护与修缮提供可信资料，比将某个建筑泛泛的定在某年或某个时间更有价值。

（三）对早期建筑地域差异的审视

中国文化是个发展的、历史的范畴，既具有大一统的包容性与持久性，更具有多元共生的差异性。由于地域广大，各地方文化传统的继承和延续并不均衡。这种不均衡，在建筑方面，还导致了一个有趣的现象，即时间差或“活化石”，典型如刘敦桢在河南省北部古建筑调查时所记：

> 在离城十里的泗沟村，发见关帝庙一所……遥望门内结义殿，斗栱雄巨，檐柱粗矮，以为最晚当是元代遗构，及至细读碑文，乃知重建于民国五年，

① 肖旻认为，由于古建筑个体的有限性和特异性，其断代研究很难像传统考古学对待陶器那样建立起细致的发展谱系。因此，目前断代研究中总结出来的各种比例关系范围大多是一个弱的约束条件，对建立具体的尺度规律只能起到辅助和检验的作用。参见肖旻．唐宋古建筑尺度规律研究．南京：东南大学出版社，2006：13.

② 徐怡涛．长治、晋城地区的五代、宋、金寺庙建筑．北京：北京大学，2003。赵立瀛指出“年代判断不仅要考察‘做法’和‘样式’，而且要考证文献记载，重要的是维修和重建的记录。因为古建筑的做法和样式，作为一种传统往往具有习惯性。后来的建筑也会延续过去的做法和样式。同时，古老的中国建筑，经过多次维修，以至重建，承载着多样的历史信息。”引自建筑史解码人·赵立瀛．见：杨永生，王莉慧．建筑史解码人．北京：中国建筑工业出版社，2006：227.

③ “古建筑鉴定中不应满足于笼统的，整个建筑的同一式的断代，而应将重点放在对建筑的各个部分的具体鉴定上。中国的木构建筑，大多是多个时代修造的积累，只有在具体、分别对各个部位作出鉴定后才能以其主要构件（木结构中即大木构件）为代表对整个建筑给予评价。”引自朱光亚，龚恺．古建筑鉴定与分析补遗（未刊稿）.

④ “在所有艺术发达的程序上，陪衬的部分，差不多总要比主要的部分落后一点；主要部分已充分的表现某时代色彩，而陪衬部分尚保持前期特征，已成了一种必然的趋势。因为主要的部分，多由当代大师塑绘，而次要部分则由门徒们帮同动手。大师多为时代先驱，开风气之先，而徒弟们往往稍微落后。”引自梁思成．宝坻县广济寺三大士殿．中国营造学社汇刊，1932，3（4）：47-48.

不禁哑然失笑。[①]

梁思成在1944年完成的《图像中国建筑史》中也曾指出：

在远离文化政治中心的边远地区的某个晚期建筑上，也会发现仍有一些早已过时的传统依然故我。不同时期的特征必然会有较长时间的互相交错。[②]

对《营造法式》而言，其全国海行后首先影响了官式建筑，后来逐渐传播到民间。[③]离政治文化中心较远的地区存在文化发展的滞后性和保守性，地方做法常常落后于当时流行的官式做法，许多较晚的建筑中仍存古制，可见《营造法式》身影。

此外，与《营造法式》密切相关的早期建筑遗构，也具有不同的结构和做法，除时代之外，尚存地域差异。长期以来，治史之道往往偏持于大一统，忽视了多元性以及地域文化对大一统文化的影响和贡献。对此，有学者指出：

我们的建筑研究之所以如此强化时间延进这纵向因素，而忽略空间差异的横向因素，常易为“分期”问题纠缠不清有一重要的原因是：中国传统的历史学观念认为，中华文明是大一统的华夏民族在同块土壤上连续不断地发展下来的一种文明，时间在此就成为界定文化的唯一要素，更有甚者成为“朝代”的界定。这种传统的观念正在出现突破，历史学家已开始认识到地理空间因素对中国文化的意义。中华文明的连续性发展是确定的，而在同一块土壤上发展则是有疑问的。[④]

虽然早在1930年代，梁思成、刘敦桢等学者就曾注意到，相近年代的建筑在形制做法上的地区差异，而真正有条件展开系统研究则是在近二三十年。典型如傅熹年对福建与日本建筑的比较研究，朱光亚、张十庆对江南及南方建筑的区划与谱系研究，张十庆对南宋江南禅寺的研究，以及徐怡涛在宿白指导下对晋东南早期寺庙的研究。这类研究由于其内在学术理路的要求，非常注重各地区间的建筑文化差异乃至整体文化的转移和流变。

朱光亚通过对《营造法式》内的文献分析和《营造法式》外的实物分析，证明地域文化差异已在书中有所反映，而《营造法式》之外则有着更多的地方做法。

---

① 刘敦桢．河南省北部古建筑调查记．中国营造学社汇刊，1937，6（4）：34。此例不仅可证民国时期当地工匠仍传承古代技艺不辍（事实上，天津大学建筑学院在近年来的实地调查中发现，这一带及山西南部传统建筑，延至民国，仍多承袭宋、唐乃至北魏的做法），也足以说明单凭形式特征而无文献支撑的断代是不可靠的。

② 梁思成著，费慰梅编．图像中国建筑史．梁从诫译．天津：百花文艺出版社，2001：159.

③《营造法式》自北宋刊行后，晁载之在崇宁五年（1106年）就曾节录卷一至卷十五所载名物制度用作参考。南宋绍兴十五年（1145年），出于营造工程的需要，王唤又在苏州重刊《营造法式》为“绍兴本”。到明代，曾在南京为官的明人赵琦美在收藏《营造法式》的同时还加以利用，如钱谦益为其所作墓表中记“官南京都察院炤磨，修治公廨，费约而功倍，君曰：吾取宋人将作营造式也。”参见郭黛姮主编．中国古代建筑史（第三卷）．北京：中国建筑工业出版社，2003：729.

④ 赵辰．域内外中国建筑研究思考．时代建筑，1998（4）：48-49.

对这一问题的深入研究可以为了解中国古代的建筑谱系与区划提供深刻的启示。朱光亚回忆陈明达曾特别强调地域性是《营造法式》研究的基础：

> 1979 年，我初涉古建筑研究，因研究宋构苏州瑞光塔，向陈明达先生咨询时，陈明达先生忽然问我所画的苏州瑞光塔的顶部复原图的依据是什么，我说是《营造法式》，陈先生说，不对，不是《营造法式》，应该是瑞光塔。①

由此，朱光亚重新关注瑞光塔案例本身的具体分析，不仅看到了表面上似乎是明代以后所建、而《营造法式》没有的多柱构架与宋构的承袭关系，也在《营造法式》中找到了对这种结构的反映。基于此，他指出当代学者一方面要更加深入地结合建筑遗产实际情况研究《营造法式》，同时也要关注与总结该书尚未收进却同样珍贵的各地区、各民族的建筑遗产。而《营造法式》恰恰为当前的研究提供了一个起点和参照系，用以比照和解读各地域的古代建筑。②

可幸的是，近年来已有诸多学者以《营造法式》为参照，投入到地域建筑的研究中。其中，以张十庆基于大木构件形制、技术的比较，对地域特色、源流关系的系列研究最为突出③；其他还有潘谷西、程建军、傅熹年、郭黛姮、王辉、傅宏明、项隆元、张玉瑜、李久君、陈俊华、朱永春、喻梦哲、谢鸿权、常青等学者，着眼于南方古代建筑或结合南北实例，以《营造法式》为文本基础所展开的比较研究和源流考证④；

---

① 朱光亚．法内之式与法外之法——宋《营造法式》内外．见：纪念宋《营造法式》刊行 900 周年暨宁波保国寺大殿建成 990 周年国际学术研讨会论文集．宁波，2003：27.

② 朱光亚还从结构类型与体系上对中国古代木结构做了新的审视与归纳，并从更大的范围内对之作出比较性的分析。参见朱光亚．中国古代木结构谱系再研究．见：全球视野下的中国建筑遗产——第四届中国建筑史学国际研讨会论文集（《营造》第四辑）.2007：385-390.

③ 参见张十庆．中日古代建筑大木技术的源流与变迁．见：郭湖生主编．东方建筑研究（上册）．天津：天津大学出版社，1992（该书系在郭湖生与日本学者浅野清共同指导的博士学位论文《中日古代建筑大木技术的源流与变迁的研究》基础上完善而成，1990 年）；张十庆．古代建筑象形构件的形制及其演变——从驼峰与蓑股的比较看中日古代建筑的源流和发展关系．古建园林技术，1994（4）：12-15；张十庆．古代建筑的设计技术及其比较——试论从《营造法式》至《工程做法》建筑设计技术的演变和发展．华中建筑，1999（4）:92-98;张十庆．中国江南禅宗寺院建筑．武汉：湖北教育出版社，2002：147-171；张十庆．《营造法式》的技术源流及其与江南建筑的关联探析．建筑史论文集，2003（17）：1-11；张十庆．北构南相：初祖庵大殿现象探析．建筑史，2006（22）：84-89；张十庆．保国寺大殿厅堂构架与梁额榫卯——《营造法式》梁额榫卯的比较分析．见:保国寺古建筑博物馆编．东方建筑遗产（2013 年卷）．北京:文物出版社，2013:81-94;张十庆．保国寺大殿的材栔形式及其与《营造法式》的比较．中国建筑史论汇刊，2013（7）:36-51；张十庆．江南宋元扶壁栱形制的分析比较——以保国寺大殿为坐标和线索．建筑史，2014（34）：12-22.

④ 参见潘谷西．《营造法式》初探（一）．南京工学院学报，1980（4）:35-51；程建军．南海神庙大殿复原研究（三）——南北古建筑木构架技术异同初论．古建园林技术，1989（4）：41-47；傅熹年．试论唐至明代官式建筑发展的脉络以及与地方传统的关系．文物，1999（10）:81-93；郭黛姮，宁波保国寺文物保管所编著．东来第一山保国寺．北京:文物出版社，2003:111-114；王辉．《营造法式》与江南建筑——《营造法式》中江南木构技术因素探析．南京:东南大学，2001；王辉．试从北宋少林寺初祖庵大殿分析江南技术对《营造法式》的影响．华中建筑，2003（3）:104-107；王辉．试从初祖庵大殿分析江南技术对《营造法式》的影响．古建园林技术，2004（4）：13-17；王辉．从社会因素分析古代江南建筑技术对《营造法式》的影响．西安建筑科技大学学报（社会科学版），2009（1）:48-53；傅宏明．六和塔南宋台座砖雕与《营造法式》．杭州文博，2006（4）：31-36；项隆元．《营造法式》与江南建筑．杭州：浙江大学出版社，2009；张玉瑜．浙江省传统建筑木构架研究．建筑学报，2009（3）：20-23；李久君，陈俊华．八闽地域乡土建筑大木作营造体系区系再探析．建筑学报，2012（S1）：82-88；朱永春．闽浙宋元建筑遗存所见的《营造法式》中若干特殊铺作．见：宁波保国寺大殿建成 1000 周年学术研讨会暨中国建筑史学分会 2013 年年会论文集．宁波，2013：1-6；喻梦哲．论连架式厅堂与井字式厅堂的地域祖源——以顺栿串为线索．建筑史，2016（2）：90-96；谢鸿权．福建宋元建筑研究．北京：中国建筑工业出版社，2016；常青．想象与真实——重读《营造法式》的几点思考．建筑学报，2017（1）：35-36.

以及李路珂、孟超、刘妍、周淼、张龙等学者继续以晋东南、甘肃、山东等北方地区古建筑为热点，结合《营造法式》所做的相关研究[①]。此外，李华东、徐怡涛、林琳等学者关于日本、韩国木构建筑与《营造法式》的比较研究，对形制演变、建筑渊源等方面展开的讨论，也进一步拓展了《营造法式》实物的研究领域[②]。

此外，各高校的博士、硕士学位论文在地域古建筑研究方面也贡献犹多，如北京大学徐怡涛指导的山西、河北、四川等地的早期建筑及其分期研究[③]，东南大学张十庆指导的《营造法式》与地域木构建筑技术关联性的研究[④]，中国美术学院王澍指导的浙江嵊州民间大木作做法与《营造法式》的比照研究[⑤]，太原理工大学朱向东等利用地缘优势指导的山西各地宋、辽、金建筑地域特征和营造技术的细化研究[⑥]，西安建筑科技大学林源指导的陕西元代建筑大木作研究[⑦]，等等。

这些研究不仅从多个方面梳理了各地古建筑发展的源流关系，从中获取了较以往更为客观的认知，明晰了早期建筑的地域差异及其与《营造法式》的关联，也极大地丰富了《营造法式》研究的基础材料。但是，目前的大多数研究仍是围绕大木作展开的、集中在山西、河北、江南，少量涉及河南、山东、甘肃、福建、

---

① 参见李路珂．甘肃安西榆林窟西夏后期石窟装饰及其与宋《营造法式》之关系初探（上）．敦煌研究，2008（3）：5-12，115；李路珂．甘肃安西榆林窟西夏后期石窟装饰及其与宋《营造法式》之关系初探（下）．敦煌研究，2008（4）：12-20；孟超，刘妍．晋东南歇山建筑的梁架做法综述与统计分析——晋东南地区唐至金歇山建筑研究之一．古建园林技术，2008（2）：3-9，40；刘妍，孟超．晋东南歇山建筑与《营造法式》殿堂造做法比较——晋东南地区唐至金歇山建筑研究之二．古建园林技术，2008（4）：8-13，24；孟超．晋东南歇山建筑"典型"做法的构造规律——晋东南地区唐至金歇山建筑研究之三．古建园林技术，2011（1）：20-25；刘妍，孟超．晋东南歇山建筑"典型"做法的构造规律——晋东南地区唐至金歇山建筑研究之四．古建园林技术，2011（2）7-11；周淼．五代辽宋金时期华北地区典型大木作榫卯类型初探．见：2014年中国建筑史学年会暨学术研讨会论文集．福州，2014：336-342；张龙，李倩，谢竹悦等．聊城光岳楼与《营造法式》的关联初探．2016年中国《营造法式》国际学术研讨会论文集．福州，2016．

② 参见李华东．韩国高丽时代木构建筑和《营造法式》的比较．建筑史论文集，2000（12）：56-67，229；徐怡涛．从公元七至十六世纪扶壁栱形制演变看中日建筑渊源．故宫博物院院刊，2009（1）：37-43；林琳．初论《营造法式》与日本禅宗样佛堂大木结构的源流及分类．见：宁波保国寺大殿建成1000周年学术研讨会暨中国建筑史学分会2013年会论文集．宁波，2013：1-10．

③ 参见徐新云．临汾、运城地区的宋金元寺庙建筑．北京：北京大学，2009；王书林．四川宋元时期的汉式寺庙建筑．北京：北京大学，2009；王敏．河南宋金元寺庙建筑分期研究．北京：北京大学，2011；崔金泽．河北省中南部地区明以前寺庙建筑研究．北京：北京大学，2012；郑晗．明前期官式建筑斗栱形制区域渊源研究．北京：北京大学，2013；张梦遥．南宋时期江浙地区府州治所建筑规制研究．北京：北京大学，2015．

④ 参见宿新宝．建构思维下的江南传统木构建筑探析．南京：东南大学，2009；姜铮．《营造法式》与唐宋厅堂构架技术的关联性研究——以铺作构造的演变为视角．南京：东南大学，2012；喻梦哲．晋东南地区五代宋金木构建筑与《营造法式》技术关联性研究．南京：东南大学，2013；喻梦哲．晋东南五代、宋、金建筑与《营造法式》．北京：中国建筑工业出版社，2017．

⑤ 参见范久江．嵊州民间大木作做法与《营造法式》的比照研究．杭州：中国美术学院，2010．

⑥ 参见王峰．山西中部宋金建筑地域特征分析——以经济、政治与文化等因素影响为主线．太原：太原理工大学，2010；王琼．山西滹沱河流域宋金寺庙建筑营造技术探析．太原：太原理工大学，2012；刘晓丽．山西陵川县域宋金建筑营造技术探析．太原：太原理工大学，2012；郝彦鑫．山西平顺浊漳河流域宋金建筑营造技术探析．太原：太原理工大学，2012；柴琳．晋东南宋金建筑大木作与宋《营造法式》对比探析．太原：太原理工大学，2013；郭庆．试析唐、五代至宋山西地区木构建筑的传承与演变．太原：太原理工大学，2013；张伯仁．山西沁河流域宋金木构建筑营造技术特征分析，太原：太原理工大学，2013；佟雅茹．山西桑干河流域辽金建筑营造技术探析．太原：太原理工大学，2013；刘婧．山西汾河流域宋金建筑地域营造技术研究框架探析．太原：太原理工大学，2013；屈宇轩．宋金建筑营造技术对后世的影响．太原：太原理工大学，2014．

⑦ 参见刘瑞．陕西元代建筑大木作研究．西安：西安建筑科技大学，2009．

四川以及中国古代文化辐射圈内的日本、韩国等地。在笔者看来，研究集中在这些地方的原因，除了早期实物遗存所在地的影响，更多还是缘于研究者的学术传承和地缘优势。其他地域早期建筑的研究仍有待投入人力和物力，使《营造法式》的研究能够立足于更为广阔的平台，与更多的实物遗存做比对分析，为进一步解读该书、解读中国各地乃至受中国古代文化影响的境外古建筑提供参考。

（四）早期建筑基础数据的记录和整理

学社在1932年至1945年间，调查测绘早期建筑33处[①]，陈明达在1980年代写作《大木作研究》时引用元以前早期建筑共37座。[②]1949年至今，普查性质的工作基本完成，虽然又发现唐、宋、辽、金建筑遗构百余座（参见本书附录四）[③]，但做过详细测绘、深入研究的却为数不多。由于基础测绘资料的匮乏，现在的研究大多仍然局限于学社测绘掌握的30多个建筑[④]，大量的工作有待进一步展开。而且随着研究的深入，已有的记录和测绘成果已越来越不能满足研究的需要，学界迫切需要有更加详细、完备和有深度的调查报告及测绘图。

傅熹年指出，通过两、三代人的大量工作，对现存唐至元代的古建筑遗存已基本查清，新的重大发现可能不会很多。对这些建筑，重要任务是保护和研究，当务之急是精密测量、建立档案。这是因为，没有实测图和精确数据就无法研究其设计方法和时代特点，而不掌握其设计方法和时代特点就难以进行科学保护和维修，一旦出现不测，也难以按原状修复或复建。因此，按照保护单位级别建立相应的档案包括实测图，对加强保护和深入研究、促进学科发展都是很重要的[⑤]。虽然已有诸如《蓟县独乐寺》《佛光寺东大殿建筑勘察研究报告》[⑥]等包括测

---

① 学社调查测绘的早期建筑有：独乐寺2座、广济寺三大士殿已毁、隆兴寺3座、开元寺钟楼、华严寺3座（海会殿已毁）、善化寺4座、应县木塔、净土寺大殿、文水圣母殿、易县开元寺3座（已毁）、金华天宁寺大殿、孔庙金代碑亭2座、玄妙观三清殿、济源奉仙观三清殿、济源济渎寝宫、登封少林寺初祖庵、太原晋祠2座、新城开善寺大殿、榆次永寿寺雨花宫（已毁）、五台山佛光寺东大殿、繁峙正觉寺大殿。

② 陈明达．唐宋木结构建筑实测记录表．见：贺业钜．建筑历史研究．北京：中国建筑工业出版社，1992：231-240.

③ 根据国家文物局网站公布的官方资料统计，1961至2006年国务院颁布的六批2276处全国重点文物保护单位的名单中，唐、五代、宋、辽、金时期木构建筑有百余座。柴泽俊指出："到目前为止，山西已发现宋代以前的木结构的古代建筑106座，其中唐代的4座，五代的3座，宋、辽、金时期的99座，占全国同时期木结构建筑的百分之七十以上。这些建筑的分布之广、数量之多，以晋东南为最；规模之宏伟，以大同和雁北地区为冠；时代最早者，以五台南禅寺为先例。"参见柴泽俊．山西古建筑概述．见：山西省古建筑保护研究所编．中国古建筑学术讲座文集．北京：中国展望出版社，1986：245.

④ 参见王其亨．蓟县独乐寺·序．天津：天津大学出版社，2007.

⑤ 傅熹年．试论唐至明代官式建筑发展的脉络及其与地方传统的关系．文物，1999（10）：92.

⑥ 参见陈明达．蓟县独乐寺．天津：天津大学出版社，2007；清华大学建筑设计研究院，北京清华城市规划设计研究院文化遗产保护研究所编著．佛光寺东大殿建筑勘察研究报告．北京：文物出版社，2011.

绘图、照片及相关研究的专著，但就目前公开出版的资料来看，诸如此类勘测研究报告仍犹如杯水车薪，严重不足。

另外，结合古建筑的修缮工程实践，可以获得很多常态下无法获取的信息，及时的记录和整理也可以为相关研究提供详实的基础资料。目前，我国公开出版的早期建筑修缮工程记录报告，有《朔州崇福寺弥陀殿修缮工程报告》《太原晋祠圣母殿修缮工程报告》《蓟县独乐寺》《泉州洛阳桥修缮报告》《广州光孝寺建筑研究与保护工程报告》《苏州瑞光塔修缮工程研究（1979—1991）》《柳林香严寺研究与修缮报告》《新城开善寺》《广饶关帝庙大殿维修实录》[①]，等等。这些报告绝大多数综合了1949年以来的测绘、调查和文献考证等成果，以及修缮过程中的新发现和相应的理论探讨，揭示了有关早期建筑更多的详尽细节，对相关研究的深入、细致开展具有非常重要的价值。但是，相较于1949年以来大量的修缮工程，这些报告仍显得较为稀少，有待全面补充。[②]

小结

自1932年国人首次以现代测绘调查等方法对独乐寺辽代建筑展开研究以来，至今已有80多年的历史。在这一过程中，朱启钤以《营造法式》为导引，首先

① 山西省古建筑保护研究所编著．朔州崇福寺弥陀殿修缮工程报告．北京：文物出版社，1993；柴泽俊等编著．太原晋祠圣母殿修缮工程报告．北京：文物出版社，2000；杨新编著．蓟县独乐寺．北京：文物出版社，2007；泉州市文物管理局编．泉州洛阳桥修缮报告．北京：方志出版社，2010；程建军，李哲扬著．广州光孝寺建筑研究与保护工程报告．北京：中国建筑工业出版社，2010；许若菲．苏州瑞光塔修缮工程研究（1979—1991）．南京：东南大学，2010；乔云飞．柳林香严寺研究与修缮报告．北京：文物出版社，2013；刘智敏编著．新城开善寺．北京：文物出版社，2013；东营市历史博物馆，山东建筑大学．广饶关帝庙大殿维修实录．北京：中国建筑工业出版社，2014。除上述专门的修缮报告和实录，还有部分有关修缮和复原研究的论文，如祁英涛．正定隆兴寺慈氏阁复原工程一方案及说明、正定隆兴寺慈氏阁复原工程二方案及说明（1955年）．见：祁英涛著．祁英涛古建论文集．北京：华夏出版社，1992：9–13；柴泽俊．五台南禅寺大殿修缮复原工程设计书．文物，1980(11)；祁英涛．南禅寺大殿复原工程简介(1986年)．见：祁英涛著．中国文物研究所编．祁英涛古建论文集．北京：华夏出版社，1992：305；钟晓青．福州华林寺大殿复原．北京：清华大学，1981；聂连顺，林秀珍，袁毓杰．正定开元寺钟楼落架和复原性修复（上）．古建园林技术，1994（1）：48–52；聂连顺，林秀珍，袁毓杰．正定开元寺钟楼落架和复原性修复（下）．古建园林技术，1994（2）：11–15；肖金亮．宁波保国寺大殿复原研究．见：纪念宋《营造法式》刊行900周年暨宁波保国寺大殿建成990周年国际学术研讨会论文集．宁波，2003：135–150；焦媛媛．金代重彩壁画颜料与施色技法的探索及复原临摹实验——以朔州崇福寺弥陀殿壁画为例．北京：首都师范大学，2011；张十庆．保国寺大殿复原研究——关于大殿瓜楞柱样式与构造的探讨．中国建筑史论汇刊，2012（01）：81–100；张十庆．保国寺大殿复原研究（二）——关于大殿平面、空间形式及厦两头做法的探讨．中国建筑史论汇刊，2012（02）：161–192.

② 傅熹年在参观日本的文物保护工作后，指出日本建筑史家对丰富建筑遗产进行了精心的维修保护、大量的研究和广泛的宣传，凡经过修缮的，必撰有修理工事报告书，内有测量数据、实测图、竣工图，并详记修缮过程。在精密测量的基础上，日本学者发表了大量研究论文和专著，分门别类地进行系统深入的研究。为了使日本古代建筑成就为国内外人士共赏，还出版了从普及本到豪华本等不同档次的图录。参见傅熹年．日本飞鸟、奈良时期建筑中所反映出的中国南北朝、隋、唐建筑特点．见：傅熹年．傅熹年建筑史论文选．天津：天津百花文艺出版社，2009：142–143；张十庆也在《日本之建筑史研究概观》一文中介绍了日本对古建筑修缮的详细记录工作及其成熟的基础资料系统和便利的查找、使用方式。参见张十庆．日本之建筑史研究概观．建筑师，1995（3）：35–46.

从对中国营造学的整体观照着眼，成立学社为专门学术研究机构，并竭力网罗专业人才，引入现代科学方法，将文献与实物研究密切结合，对中国早期建筑展开大规模的调查测绘，使《营造法式》研究跳出文献阶段，转向对实质内容即古代建筑实物的解读，也由此发现并记录了大量重要的古代建筑遗构，揭示其演变规律及成就，确立了古代建筑研究的科学体系，创立了中国建筑史学及其治学方法[①]，同时完成了文物保护观念和思想体系的建构，为中国建筑史学和建筑文化遗产保护事业的发展奠定了坚实基础。中华人民共和国成立后，以国家文物单位和高等院校古建筑测绘教学为主的研究力量，在继承学社研究方法和学术思想的基础上，将其开创的古建筑实物调查及测绘事业不断向前推进，无论范围、类型、数量和深度，都超过了学社时期。[②]

80 多年来对古建筑实物的不辍研究，使学者们对中国古代建筑的体认不断深入，研究过程中所呈现的种种误区和弊端，也逐步得到修正。但是，以《营造法式》与实物遗存互证研究的现状来看，至少在以下几个方面仍需加强和投入：

1. 对已有实物研究的反思和完善

我国始于 1930 年代的古建筑测绘与调查研究，随着地域范围的不断扩大和技术手段的发展更新，全面获取建筑基本数据以及复杂的构造、做法、尺度等信息，已非难事。因此，已有的实物研究需要不断对研究方法和学术思想进行回溯和反思，结合细致、深入的《营造法式》文本解读，对既有的研究成果进行补充和再挖掘，利用数字化技术和互联网平台，及时公布并更新测绘调查基础数据，使研究活动及成果的非终结性成为基本共识，才能在更为客观的基础上，进一步促进实物与《营造法式》互证研究的协同发展。

① “说到中国营造学社的成就与得失，我认为，首先是开创了一门学科——中国建筑史，而且是用新的方法来研究而成的。这种研究不是外国人那种皮毛的研究，而是通过文献与考证相结合的方法实实在在的创造了一门学科。”引自中国国家文物局文物研究所罗哲文教授专访 . 见：崔勇 . 中国营造学社研究 . 南京：东南大学出版社，2004:281;“中国营造学社对待历史问题是采取互证的方法，文献考证和法式互释，从而得出研究结果。归根到底，‘以史为纲，论从史出’，这是中国建筑史学研究的治学方法，也是它的研究目的。”引自东南大学建筑研究所郭湖生教授专访 . 见：崔勇 . 中国营造学社研究 . 南京：东南大学出版社，2004：293.

② 建筑遗产测绘是建筑历史与理论研究、建筑遗产保护的重要基础。李婧在其博士学位论文《中国建筑遗产测绘史研究》中，广泛查阅建筑遗产测绘领域主要学术团体、科研机构的测绘成果及相关历史文献、访问专家学者与技术人员，收集了大量的历史材料和信息。在此基础上，系统梳理了自中国营造学社开创性引入西方测量方法调查古建筑以来，中国建筑遗产测绘实践与理念发展的历史进程，全面考察各个历史时期的重要事件、实践成果、理论与技术发展，总结出不同历史阶段的建筑遗产测绘的发展变化脉络，对于解决测绘领域的发展瓶颈具有借鉴和参考意义。参见李婧 . 中国建筑遗产测绘史研究 . 天津：天津大学，2015.

2.《营造法式》与文化源流

从建筑是文化的载体这个事实来看,《营造法式》和我国各地大量的古建筑遗存,不仅是建筑形制、构造或装饰的反映,还蕴含了丰富的营造技艺和建造智慧,集合了错综复杂的政治、经济、文化现象。由《营造法式》和实物互证研究所引出的,恰恰也是各地历史文化的联系与差异。今后,从探索文化关联与源流的角度出发,全面考察各地古代建筑文化对《营造法式》编修的影响,以及北宋官式做法在其他地区的流传,追寻各地区间建筑文化的差异乃至整体文化的转移和流变,在中国古代文化融合背景下揭示古代建筑的成就,也应当是《营造法式》和建筑史学研究的主要任务。

3.《营造法式》与南方建筑

《营造法式》成书与刊行的汴京(今开封),在北宋末年已经成为当时世界上规模最大的经济中心之一,汇集了南、北匠师和人才。从《营造法式》的编修方法来看,其必然吸收了当时汇聚于政权中心的各地匠师所掌握的先进技术,且初版海行后又两次在南方重刊。朱启钤很早就对《营造法式》和南方建筑的关系作出判断:"其时李明仲《营造法式》一书重刊于平江,明清以来写本流传,亦以江浙故家为最,故今苏杭建筑,若月梁琵琶斗等,犹如宋制。"[①] 随着研究的深入,学界逐渐开始从制度、样式、技术及传播关系等角度,展开《营造法式》与南方建筑相关问题的探讨。虽然很多实例可以证明,《营造法式》与南方建筑有着较为密切的关系,但在当前大量基础实物资料不够完备的情况下,有关判断还有待更为严谨的考证。[②]

---

① 朱启钤 . 题姚承祖补云小筑卷 . 中国营造学社汇刊 .1933,4(2):87.

② 例如潘谷西以拼柱法、竹材、串、上昂、七朱八白、连珠斗在江南早期建筑中的应用,推定《营造法式》很可能起源于南方,而与冀、晋一带建筑关系较为疏远。陈明达曾对此提出异议。据查,《诗经》中屡载中原产竹;《左传·文公十八年》记:"夏,五月,公游于申池,……纳诸竹中,归舍爵而行,齐人立公子元";班固《西都赋》载汉长安产竹等事实,均说明中原地区多有盛产竹材之地。由上可证,竹材并非南方特产,仅以此例判断《营造法式》与江南建筑关系密切,显然证据不足。对于"七朱八白",柴泽俊在《南禅寺大殿修缮工程竣工技术报告》中记录南禅寺的修缮过程中,发现斗栱和阑额均有彩画痕迹。斗栱后尾为燕尾彩画,栱斗上部刷白色,下部刷"凸"形朱红色。阑额内皮和部分柱头枋上有七个直径 8—10 厘米的白色圆点,盖是"七朱八白"彩画的前身和雏形。佛光寺东大殿内亦有与此雷同的彩画痕迹。可见"七朱八白"的彩画做法在北方地区也早有运用。参见潘谷西.《营造法式》初探(一). 南京工学院学报,1980(4):35-42;另见潘谷西,何建中 .《〈营造法式〉解读》,南京:东南大学出版社,2005:5-14;陈明达 . 关于《营造法式》的研究 . 建筑史论文集 .1999(19):46;柴泽俊 . 南禅寺大殿修缮工程竣工技术报告 . 见:柴泽俊 . 柴泽俊古建筑文集 . 北京:文物出版社,1999:369.

第三章

《营造法式》术语及文本解读

一、学社前期的相关研究

（一）纂辑营造词汇

早在1919年，朱启钤在倡议刊印“丁本”《营造法式》时，基于对《营造法式》的初步认识和理解，就曾指出该书“总释”为“工学词典之祖”，具有重要意义。[①]

1925年，他又在“陶本”《营造法式·序》中明确了“纂辑营造词汇”的思路，旨在继承并弘扬《营造法式·看详》及“总释”彰显的传统[②]，对古今中外的营造名词开展整理工作[③]。同年，“营造学会”应运而生。

到后来中国营造学社成立，朱启钤更强调指出，学社的重要任务之一就是“将李书[④]读法用法，先事研究，务使学者，融会贯通，再博采图籍，编成工科实用之书。营造所用名词术语，或一物数名，或名随时异，亟应逐一整比，附以图释，纂成营造词汇”。[⑤]拟通过“广据群籍，兼访工师，定其音训，考其源流，图画以彰形式，翻译以便援用”的方法，将与营造相关的名词系统整理，以“营造词汇”为学社首先推出的成果之一。同时也指出这项工作的难点所在：

> 然逆料是书之成，亦非易易。何也？古代名词，经先儒之聚颂，久难论定。以同人之学识，即仅征而不断，固已舛漏堪虞，一也；专门术

---

① 参见朱启钤．石印《营造法式》序．见：李诫编修．“丁本”营造法式．南京：江南图书馆，1919.

② “从语言文字学的角度来看，《法式》继承了自《尔雅》始的专项名物的解释特点，李诫通过系统梳理经史群书中的名词概念和记录整理现实生活中‘方俗语滞’的实践经验，进而建立起《法式》的建筑名词术语体系。为今人保留了一份系统的上宗秦汉、下及明清、具有承上启下作用的中国古代建筑词汇，为理解唐宋建筑体系架构了宝贵的语言桥梁。”引自王其亨，刘江峰．《营造法式》文献编纂成就探析．建筑师，2007（5）：79.

③ “《看详》及总释各卷于古今名物，皆援引经史逐类详释，尤于诸作异名再三致意，诚以工匠口耳相传，每易为方言所限。然北宋以来，又阅千载，旧者渐佚，新者渐增，世运日新，辞书林立，学者亟应本此义例，合古今中外之一物数名及术语名词，续为整比，附以图解，纂成营造辞典，庶几博关群言，用祛未寤。”引自朱启钤．重刊《营造法式》后序．见：李诫编修．“陶本”营造法式，1925.

④ “李书”即指李诫编修的《营造法式》。

⑤ 朱启钤．中国营造学社缘起．中国营造学社汇刊，1930，1（1）：1.

语，未必能一一传之文字，文字所传，亦未必尽与工师之解释相符，二也；历代文人用语，往往使实质与词藻不分，辨其程限，殊难确凿，三也；时代背景，有与工事有关，不能不亦加诠列者，然去取之间，难免疏略，四也。[①]

因此，朱启钤最初为学社拟定的五年工作计划也大都与此项研究密切相关：

第一年工作：搜集资料，整理故籍，商榷义例，拟定表式。

第二年工作：审订已有图释之名词，先制卡片，以备社员之讨论，逐渐引伸。

第三年工作：综合资料，制图撰说，审核体例。

第四年工作：分科编纂，订正图表。

第五年工作：撰拟总释，序例，成为有系统之学说。准备出版。[②]

他首先委任古汉语功底较深的阚铎协助编写，还特别安排测绘专职人员，如刘南策、宋麟徵等人，以“制图摄影”，参与此项工作，并计划吸收更多建筑专才入社。

由于我国当时尚无此类专门词典，学社决定参照日本建筑辞典的编修方式。[③] 1931 年 4 月，阚铎为编纂营造词汇一事前往日本考察，并撰专文详细介绍了日本“现代常用建筑术语辞典”的编纂方针和进行计划。[④] 学社以此为借鉴，逐步制订了更为缜密的计划和实施办法（图 3–1）。[⑤]

编纂这部专业性、科学性要求很高的词典，虽然做了大量的工作，取得了一

---

① 朱启钤．中国营造学社开会演词．中国营造学社汇刊，1930，1（1）：5.

② 朱启钤．中国营造学社缘起．中国营造学社汇刊，1930，1（1）：5.

③ 阚铎曾在《营造辞汇纂辑方式之先例》一文中介绍了若干日本同类词典，并逐一列举其编纂体例。参见 阚铎．营造辞汇纂辑方式之先例．中国营造学社汇刊，1931，2（1）：1–20.“在伊东忠太珍藏的遗物中（伊东忠太的儿媳伊东知惠子提供）有这时期桥川时雄、阚铎及以后荒木清三写给他的信件，其中阚铎的信件比较能代表当时中方的意图。……根据邮戳可知 1930 年阚铎给伊东的信有 7 月 10 日、9 月 15 日、10 月 10 日三封，信封、信纸都印有中国营造学社的字迹……第三封信也有三条内容，第一，辞典之事，营造学社的事业之一是‘纂辑营造词汇’，朱启钤得知日本同文馆出版工业大辞书，非常欣喜，谓此书为营造学有益之参考品，尤于词汇有重大之裨外。希望伊东在日本能代为物色全部或部分。”引自徐苏斌．“九·一八”前中国营造学社和日本建筑史界的交往．见：中国建筑学会建筑史学分会编．建筑历史与理论：第 6、7 合辑．北京：中国科学技术出版社，2000：143–144.

④ 阚铎．参观日本现代常用建筑术语辞典编纂委员会纪事．中国营造学社汇刊，1931，2（2）：1–8.

⑤ 从 1931 年 11 月《汇刊》第二卷第三册《本社纪事》中所记，也可窥见学社所制订的计划和实施办法：“编订中之营造词汇：营造辞汇之编订，为本社主要工作，年来征集资料，于训诂名物，已具端倪，自上年九月起，组织词汇，商订会议，准每星期二、六、日，晚七时至九时举行，先就辞源中已有之名词，择其与营造有关系者，提出会议，逐字讨论，并按《辞源》编次法以笔画之多少为次，其有注释不足，或不合用者，公同协议，为之修正。嗣因所择名词，易涉广泛，乃就其编次，按字增加，如一字部之一明两暗，一顺一丁，上字部之上梯盘，上子涩，上花架等，均系《辞源》所无，而营造词汇中，万不可少者，为之撰说绘图，逐语诠释。”引自本社纪事·编订中之营造辞汇．中国营造学社汇刊，1931，2（3）：5.

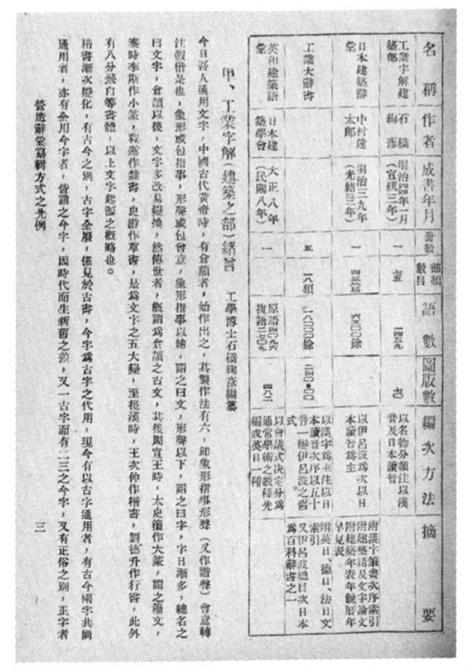

名稱	作者	成書年月	書數	部類數目	語數	圖版數	編次方法	摘要
工業字解建築部	石橋絢彥	明治四十四年一月(宣統三年)	一	壹	一四九九	[illegible]	以名物分類注以漢音及日本讀音	附漢字筆畫次序索引附建築語及文字論文早見表
日本建築辭彙	中村達太郎	明治三十九年(光緒三二年)	一	[illegible]	六千四百餘		以伊呂波爲次以日本讀音爲主	附建築年表年號曆年表
工業大辭書			五	八類	[illegible]餘	[illegible]	以漢字爲書注以日本讀音次序以五十音一變伊呂波之舊式	附英日、德日、法日文索引又伊呂波總目次日本爲百科辭書之一
英和建築語彙	日本建築學會	大正八年(民國八年)	一		原語[illegible]英複語[illegible]	[illegible]	以會議式決定分爲通常學術之教稱先編成英日一種	

甲、工業字解(建築之部)緒言　工學博士石橋絢彥編纂

今日吾人通用文字，中國古代黃帝時，有倉頡者，始作出之，其製作法有六，即象形指事形聲(又作諧聲)會意轉注假借是也，象形或包指事，形聲或包會意，象形指事以繪，謂之曰文，形聲以下，謂之曰字，字日漸多，總名之曰文字，倉頡以後，文字多改易變換，然傳世者，概謂爲倉頡之古文，其後周宣王時，太史籀作大篆，謂之籀文，秦時李斯作小篆，程邈作隸書，史游作章書，是爲文字之五大變，至後漢時，王次仲作楷書，劉德升作行書，此外有八分飛白等書體，以上文字起源之概略也。

楷書漸次變化，有古今之別，古字全廢，僅見於古書，今字爲古字之代用，現今有以古字通用者，有古今兩字共同通用者，亦有全用今字者，曾謂之今字，因時代而生新舊之差，又一古字而有二三之今字，又有正俗之別，正字者

營造辭彙纂輯方式之先例　三

家室內之名稱　室之四隅與中央之名稱　廊廡之部

閣道之部　棧敷之部　花棚之部

窗牖之部　闌干之部　敷物之部

戶障子之部　障之部　幃簾之部

板之部　扉閭之部　楓之部

扉之附屬具　關鍵之部　門之用材

門之部　關於門語　堂上階庭之部

座中之器部　墻壁築造之用具　關於墻壁之語

墻之部　行馬之類　籬落之部

牢獄之種類　倉庫之類　浴室之部

井之部　厠之部　厠之具

園囿牧場之類　樞之部　馬房之部

舡之部　橇之部

乙、日本建築辭彙弁言及凡例　工學博士中村達太郎著

(一)弁言　建築學雖爲頗廣博之學科，而其眞像，世間多未周知，蓋學於此，頗多困難，蓋建築師，不可不兼上戶與下戶兩種資格，換言之，既精美術，又須兼通算數，然顧此失彼，殆成通例，欲求兩者共擅，實如晨星，十百年後，殆將分工學大學與美術大學爲二，上戶爲美術大學，下戶爲工學大學，以從事於教育，誠以建築學爲二大

營造辭彙纂輯方式之先例　七

图 3-1　《营造辞汇纂辑方式之先例》中列举的日本同类词典
[资料来源：阚铎．营造辞汇纂辑方式之先例．中国营造学社汇刊，1931，2(1)：3，7]

清式营造辞解

括号内数目大写者为图版号数，小写者为插图号数，例如一画“一整二破”，[贰拾陆]即见图版贰拾陆；三画“工王云”[六十七]即见插图六十七。

一　画

一字枋心　彩画枋心中，画一横线而不画龙凤等画题者[五十一]。

一整二破　旋子彩画分配法之一种[贰拾陆，六十四]。

二　画

二碌瓣　旋子彩画花心以外，旋子以内之花瓣[六十三]。

人字叶　格扇角叶之一种，形如人字。

七架梁　长六步架之梁[二十，玖]。

十八斗　斗栱翘头或昂头上，承上一层栱与翘或昂之斗[十一，叁，捌]。

三　画

三才升　单材栱两端承上一层栱或枋之斗[十一、叁、捌]。

三架梁　长两步架，上共承三桁之梁[二十，玖]。

三穿梁　长三步架，一端梁头上有桁，另一端无桁而安在柱上之梁，亦曰三步梁[二十三]。

三连砖　正脊垂脊或博脊下线道瓦之一种，其横断面作▨形[贰拾]。

三福云　雀替或昂尾上斗口内伸出之一种云形雕饰[六十六]。

山　建筑物较狭之两端，前后两屋顶斜坡角内之三角形部分。

山出　台基在两山伸出柱外之部分[拾陆]。

山尖　山墙上身以上之三角形部分。

山花　歇山屋顶两端，前后两博风间之三角形部分[三十四，拾玖]。

山柱　硬山或悬山山墙内，正中由台基上直通脊檩下之柱，径按檐柱径加二寸[十八]。

山墙　建筑物两端之墙[十八]。

上皮　任何部分之上面。

上身　墙壁裙肩以上，山尖以下之部分[拾陆]。

上枋　须弥座各层横层之最上层[拾柒]。

上枭　须弥座上枋之下，束腰之上之部分[拾柒]。

上金交金瓜柱　上金顺扒梁上，正面及山面上金桁相交处之瓜柱。宽五·六斗口，厚四·八斗口。

上金枋　与上金桁平行，在其下，而两端在左右两上金瓜柱上之枋。高四斗口，厚减高二寸[玖]。

上金桁　次于脊桁之最高之桁，径四斗口或五斗口[玖，拾]。

上金顺扒梁　紧在下金桁上之顺扒梁。

上金垫板　上金桁与上金枋间之垫板，高四斗口，厚一斗口[玖]。

上槛　柱与柱之间，安装门或格扇之构架内最上之横木[贰拾壹，贰拾贰]。

上檐抱头梁　两层以上楼阁最上一层廊下之抱头梁。厚一·五下檐柱径，高一·九下檐柱径。

图 3-2　梁思成著《清式营造则例》中对清代营造术语的辞解（资料来源：梁思成．清式营造则例．北京：中国建筑工业出版社，1981：75）

定的成果[①]，但最终因巨大的工作量以及时局变动、人事更迭，未能全部完成，成为憾事。工作底稿现藏中国文化遗产研究院，从中尚可窥见当时词汇编撰的宏大规模。此外，从随后梁思成所著《清式营造则例》中的"清式营造辞解"一项，或可看到这一工作的部分成果的转化情况（图 3-2）。

（二）改编《营造法式》为读本

1919 年、1925 年"丁本"和"陶本"《营造法式》相继刊行后，曾在海内外激起很大反响，引起诸多学者的研究兴趣。如法国学者德密那维尔（Paul Demieville）就曾在"丁本"基础上，以文献考证结合实例，对《营造法式》若干术语做出解释，颇具参考价值。[②]

1927 年，英国学者叶慈（Walter. Perceval Yetts）在其发表的《论中国建筑》一文指出："鉴于该书，关于宋代名词，及当时建造之方法，材料之采用，记载甚详，但必须加以注释。现代建筑家，方能切实明了故也。"[③]

为了使国内外读者更容易理解《营造法式》，将此"绝学"发扬光大，在朱启钤的倡导下，学社决定系统改编《营造法式》为读本，具体方法如下：

> 兹因讲求李书读法，先将全书覆校，成校记一卷，计应改、应增、应删者，一百数十余事；次将全书悉加句读，又按壕寨、石作、大木作、小木作、窑作、砖作、瓦作、泥作、雕木作、旋作、锯作、竹作、彩画作等为纲，以制度、功限、料例及用钉料例、用胶料例、图样等为目，各作等第用归纳法，按作编入，取便翻检，不惟省并篇幅，且如史家体例，改编年为纪事本末，期于学者融会贯通，其中名词有应训释或图解者，择要附注，名曰读本。[④]

其中，基本工作包括前文所述 1930 年 4 月由阚铎独立完成的覆校工作，相关成果和记录以《仿宋重刊〈营造法式〉校记》一文发表于《汇刊》第一卷第一册。除此之外，目前尚未获见学社改编《营造法式》为读本的相关成果，较大可能是，

① 据 1930 年 12 月《汇刊》第一卷第二册《本社纪事 · 编集辞汇资料》所记，当时所摘录与营造相关的术语已达一万一千多条。

② 1925 年，德密那维尔在《越南远东学院丛刊》上发表《评宋李明仲〈营造法式〉》。作者以较为深厚的汉学功底，在文中首先回顾了中国营造学的研究成果和相关典籍，随后介绍编者李诫、《营造法式》版本流布和书中的基本内容，并通过与相关文献、实例对照，撰写数十条《营造法式》术语辞解和评论，但主要集中于"雕作制度"的装饰方面，"大木作制度"仅简要略过。参见法人德密纳维尔评宋李明仲《营造法式》. 中国营造学社汇刊，1931，2（2）：1-36.

③ 英叶慈博士论中国建筑（内有涉及《营造法式》之批评）. 中国营造学社汇刊，1930，1（1）：5.

④ 社事纪要 · 改编《营造法式》为读本 . 中国营造学社汇刊，1930，1（2）：1.

这一编辑工作的意向及相关成果汇入了随后的《〈营造法式〉新释》中。[①]

（三）《〈营造法式〉新释》

1932年12月，梁思成、刘敦桢等学者通过实物调查研究，对《营造法式》内容和术语明了颇多。因此，学社准备出版《〈营造法式〉新释》。[②]

1933年3月，《汇刊》第四卷第一期《本社纪事》对《〈营造法式〉新释》一事的研究方法和分工作出详细说明：

> 近岁社员梁思成君，调查宋辽金元诸代遗构多处，以实际测量古物之结构，诠释原文，经长时间之检讨，全体比例与分件名称地位形状，旧日不易了解处，大多数得以朗然大白，文字疑难，亦往往随之附带解决。梁君近以石作、大木二项研究结果，编《〈营造法式〉新释》第一册，以浅近通畅文体，说明艰涩难解之术语，并依据原书比例与实例所示，逐项另绘新图数十幅，俾读者图文互释，知宋代建筑究作何形状，一洗诸本模棱不确之弊，此后研究李书，与应用宋代建筑于实际设计者，骊珠在握，一切自能迎刃而解。第二册彩画作制度，由刘敦桢君根据《永乐大典》残本像片及故宫本《营造法式》，作初步整理，尚待征求实例，始能定稿。[③]

同期封二"中国营造学社发行专刊启事"可见"《宋〈营造法式〉新释》（石作、大木作）印刷中"和"《宋〈营造法式〉新释》（彩画作）编著中"的预告（图3–3）。[④] 1934年5月1日，学社在《函请管理中英庚款董事会补助本社经费》中谈到1934年上半年的工作时，也指出当时编制与整理中的研究成果有"《宋〈营造法式〉新释》"。[⑤] 1944年，王世襄在《四川南溪李庄宋墓》一文中，还曾提及由梁思成完成的《〈营造法式〉新释》对他研究的帮助，可见该书当时确已脱稿，

---

① 需要指出的是，此后学社又吸收众多新人入社，如梁思成、刘敦桢等专才。朱启钤遂将很多旧有成果交付新人担纲，其如《营造算例》、《哲匠录》、样式雷图档等，分别交给梁思成、梁启雄、刘敦桢等人继续整理研究，并陆续署名发表，充分表现出朱启钤提携并成全后进的大家风范。因此本文推断，梁思成、刘敦桢入社并开展实物测绘研究后，朱启钤很可能将"改编《营造法式》为读本"的计划交付他们来实现。

② "《营造法式》为我国建筑最古之颇书，其编法虽甚精严，惜仍有不明了处，其制图虽甚完备，但嫌欠准确，学者难之。前经鄙人与陶兰泉先生校正重刊，近社员梁思成君援据近日发现之实例佐证，经长时间之研究，其中不易解处，得以明了者颇多。梁君正将研究结果，作《〈营造法式〉新释》，预定于明春三月，本社《汇刊》四卷期一中公诸同好。其琉璃彩画则由刘敦桢君整理注释，一并付刊。"引自本社纪事·二十一年度上半期工作报告·古籍之整理．中国营造学社汇刊，1932，3（4）：132.

③ 本社纪事·《营造法式》新释．中国营造学社汇刊，1933，4（1）：148.

④ 另见《汇刊》第四卷第二期封二，1933年。

⑤ 本社纪事·函请管理中英庚款董事会补助本社经费．中国营造学社汇刊，1934，5（2）：130.

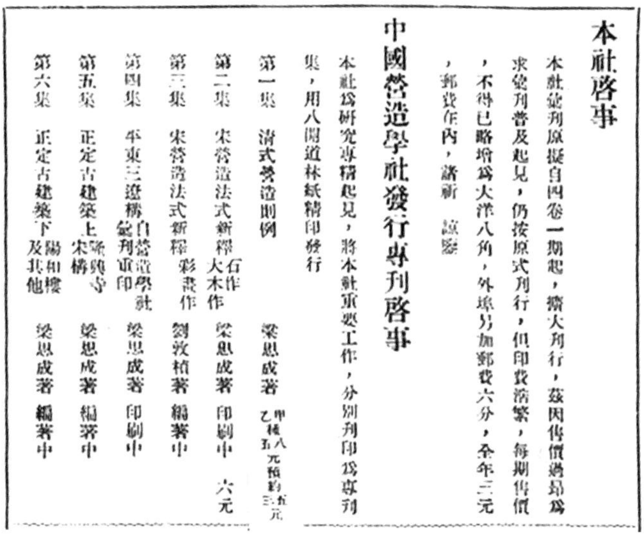

本社啓事

本社彙刊原擬自四卷一期起，擴大刊行，茲因售價過昂，爲求彙刊普及起見，仍按原式刊行，但印費浩繁，每期售價，不得已略增爲大洋八角，外埠另加郵費六分，全年三元，郵費在內，諸祈　諒鑒

中國營造學社發行專刊啓事

本社爲研究專精起見，將本社重要工作，分別刊印爲專刊集，用八開道林紙精印發行

第一集　清式營造則例　梁思成著　甲種八元預約五元　乙種五元預約三元
第二集　宋營造法式新釋　大木作　石作　梁思成著　印刷中　六元
第三集　宋營造法式新釋　彩畫作　劉敦楨著　編著中
第四集　平東三遼構　自營造學社彙刊重印　梁思成著　印刷中
第五集　正定古建築上　隆興寺　宋構　梁思成著　編著中
第六集　正定古建築下　陽和樓　及其他　梁思成著　編著中

图 3-3 《汇刊》第四卷第一期封二［资料来源：中国营造学社汇刊，1933，4（1）］

并形成一定的影响：

> 今年春，始来营造学社，就学于梁思成先生及与刘致平、莫宗江诸先进游，朝夕相处，指示实多。盖一术语，一名物，往往积岁月之功而始能有所获者，以告后学，直可以一语而中其鹄的，尤以思成先生《〈营造法式〉新释》一书，附图百数十帧，巴将脱稿，取与原文参阅，了如指掌。信大治学精而来者受其惠，坐享其成，与躬亲寻绎，其间营逸难易，未可以道里计也。[①]

梁思成完成的这部分成果，应当就是后来《〈营造法式〉注释》的前身；但遗憾的是，刘敦桢负责的《〈营造法式〉新释》彩画作部分，则一直未见定稿或相关出版物。

此外，学社前期关于《营造法式》术语和文本解读的工作，还有陈仲篪以学社实物调查为基础，参以文献，对小木作门饰和门制部分的系列研究，以《识小录》数期连载于《汇刊》上（图 3-4）。[②]

① 王世襄．四川南溪李庄宋墓．中国营造学社汇刊，1944，7（1）：135.
② 参见陈仲篪．识小录．中国营造学社汇刊，1935，5（3）：139–150；陈仲篪．识小录（续）．中国营造学社汇刊，1935，5（4）：153–164；陈仲篪．识小录（续）．中国营造学社汇刊，1935，6（2）：158–168.

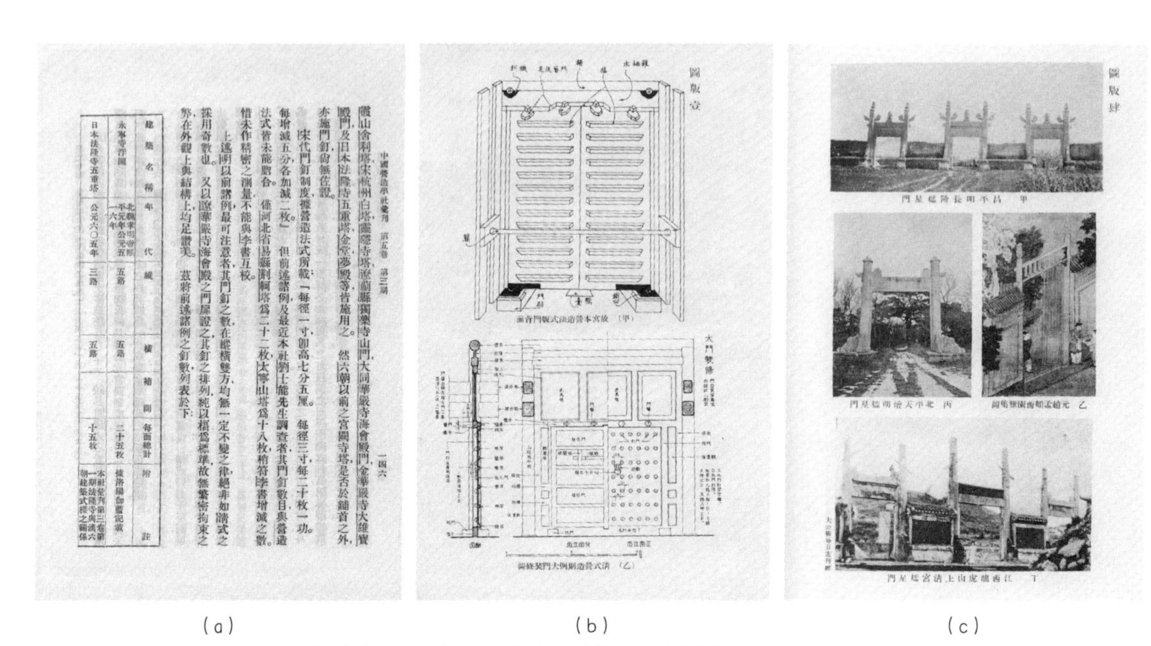
中國營造學社彙刊　第五卷　第三期　　一四六

徽山舍利塔，宋杭州白塔，靈隱寺塔，遼薊縣獨樂寺山門，大同華嚴寺海會殿門，金華嚴寺大雄寶殿門，及日本法隆寺五重塔，金堂，夢殿等皆施用之。　然六朝以前之宮闕寺塔，是否於鋪首之外，亦施門釘，尙無佐證。

宋代門釘制度，據營造法式所載：「每徑一寸，即高七分五厘。　每徑三寸，每二十枚一功。每增減五分，各加減二枚。」　但前述諸例，及最近本社劉士能先生調查者，其門釘數目，與營造法式皆未能脗合。　僅河北省易縣荆軻塔爲二十二枚，太寧山塔爲十八枚，稍符李書增減之數。惜未作精密之測量，不能與李書互校。

上述明以前諸例，最可注意者，其門釘之數，在縱橫雙方，均無一定不變之律，絕非如清式之採用奇數也。　又以遼華嚴寺海會殿之門扉證之，其釘之排列，純以橫爲標準，故無繁密拘束之弊，在外觀上與結構上，均足讚美。　茲將前述諸例之釘數，列表於下：

建築名稱	年代	縱	橫	補間	每面總計	附註
永寧寺浮圖	北魏孝明帝熙平元年公元五一六年	五路	五路		二十五枚	據洛陽伽藍記載
日本法隆寺五重塔	公元六〇五年	三路	五路		十五枚	本社彙刊第三卷第一期法隆寺與漢六朝建築式樣之關係

（a）　　（b）　　（c）

图 3-4　陈仲篪《识小录》系列研究。（a）《识小录》书影；（b）、（c）《识小录》（续）书影
[资料来源：中国营造学社汇刊，1935，5（3）:146;1935，5（4）: 图版一；1935，6（2）: 图版四]

图 3-5　学社在李庄时期的工作室（资料来源：林洙 . 叩开鲁班的大门——中国营造学社史略 . 北京：中国建筑工业出版社，1995：117）

图 3-6　学社在李庄时期的工作室 [资料来源：梁思成 . 梁思成全集（第一卷）. 北京：中国建筑工业出版社，2001：8]

二、梁思成《〈营造法式〉注释》

（一）李庄时期的整理和研究

1940 年，学社迁往李庄，客观情况使大规模的调研测绘活动停顿下来，《营造法式》研究也很难获得更多的实物材料。不过，在之前几年实物研究的基础上，学社成员对唐代中期至辽、宋、金的建筑有了较为系统和细致的认识，可以识别各时代的特征、则例和做法，对中国古代建筑知识已有一定积累，对《营造法式》理解也更臻深入，尤其对大木作已较为熟悉并初步了解了宋代的材份制。① 由此，学者们开始投入到回溯学术资源、整理已有成果的工作中。其中，解读、注释《营造法式》文本，成为这个时期的重点研究项目。② 此时《营造法式》的研究重心从实物调查与测绘研究回到文本解读，这种转移，也恰恰为前一段的研究提供了回溯总结的机会（图 3–5，图 3–6）。

在汇总多年实物调查测绘成果的基础上，梁思成与学社同仁展开对《营造法式》注释的专门研究，主要侧重对诸作制度的具体理解，以先绘图再注释为基本工作程序③，陆续完成了部分《营造法式》图注工作，莫宗江、罗哲文参加了绘图工作。④ 这个时期所做的工作，与前述朱启钤自 1919 年尤其是学社建立以来，关于《营造法式》文字、图像注释的目标、方法甚至程序基本一致。

梁思成在这次的研究过程中，也获得了对《营造法式》更深刻的理解，在 1945 年发表的《中国建筑之两部“文法课本”》一文中，他将《营造法式》高度评价为中国建筑的“文法课本”。⑤

此后由于时局变化，系统注释《营造法式》的工作在 1945 年学社解散后暂告停滞。但在 1947 年 4 月 26 日梁思成致阿尔弗雷德·班迪纳（Alfred Bendiner）

① 陈明达．中国建筑史学史（提纲）．建筑史，2009（24）：150.

② 罗哲文后来回忆道：“这时重点的研究项目是梁思成先生的宋李明仲《营造法式》的注释和研究工作，一直到离开李庄时都在进行。由于他经常到重庆去奔走经费和其他公务，研究工作时断时续，但一直在进行着。大木作一章就是在李庄完成的。”引自罗哲文．忆中国营造学社在李庄．古建园林技术，1993（3）：11.

③ “在这以前的整理工作，主要是对于版本、文字的校勘。这方面的工作，已经做到力所能及的程度。下一阶段必须进入到诸作制度的具体理解，而这种理解，不能停留在文字上，必须体现在对从个别构件到建筑整体的结构方法和形象上，必须用现代科学的投影几何的画法，用准确的比例尺，并附加等角投影或透视的画法表现出来。这样做，可以有助于对《营造法式》文字的进一步理解，并还可以暴露其中可能存在的问题。我当时计划在完成了制图工作之后，再转回来对文字部分做注释。”引自梁思成．《营造法式》注释·序．见：梁思成．梁思成全集（第七卷）．北京：中国建筑工业出版社，2001：8–9.

④ 引自梁思成．《营造法式》注释·序．见：梁思成．梁思成全集（第七卷）．北京：中国建筑工业出版社，2001：11.

⑤ 梁思成．中国建筑之两部“文法课本”．中国营造学社汇刊，1945，7（2）：1–8。此文是梁思成为同济大学三十六周年纪念《工学院特刊》所作。参见编辑后语．中国营造学社汇刊，1945，7（2）．

的信中，仍提到有“《〈营造法式〉今释》即将出版”的计划[①]，说明经过李庄时期的整理，对《营造法式》的注释工作基本竣稿。

（二）中华人民共和国成立后的研究

自学社解散至1949年，由于学社复员回迁、梁思成出国讲学、创办清华大学建筑系以及参与首都建设工作等原因，对《营造法式》文本和术语的注释研究暂时搁置。

1950年，清华大学曾应教学之需，根据梁思成之前研究《营造法式》所绘图样翻印，内部刊行《宋〈营造法式〉图注》（图3-7）。后因民族建筑形式大行，对古代建筑形式的学习热情与日俱增，该图注又被大量翻印。接踵院系调整，梁思成1944年完成的《中国建筑史》作为高校教材油印发行，英文版《图像中国建筑史》插图在《中国建筑史图录》中刊印（图3-8）。可以想见，当时的建筑界以图像注释的方式，异乎寻常地迅速普及了《营造法式》的研究成果。

1955年，国内开始了“以梁思成为首的复古主义建筑理论的批判”。[②]同年12月，《新建设》刊出的《论“法式”的本质和梁思成对“法式”的错误认识》一文，矛头直指梁思成倾力从事的《营造法式》研究。[③]

1956年3月，国务院科学规划委员会负责编制1956年至1967年的“十二年科学远景规划”，梁思成应邀参加，并建议把1955年惨遭批判的《营造法式》研究纳入科学远景规划，获得成功。[④]但此后的波澜依然不断，如郭黛姮回忆：

> 20世纪50年代后期，清华大学建筑系和中国科学院联合成立了一个“建筑历史与理论研究室”，其目的就是继续中国营造学社的研究工作。不幸的是，研究室刚成立不久，就没有再进行下去，原因是“反右”运动导致研究工作的中断。但即使是在这样的历史情形下，清华大学建筑系还有一项研究工作

---

① 梁思成．致Alfred Bendiner的三封信．见：梁思成．梁思成全集（第五卷）．北京：中国建筑工业出版社，2001：12.

② 对以梁思成为首的复古主义建筑理论的批判．建筑学报，1955（1）．转引自王军．1955年，“大屋顶”形式语言的组织批评．见：朱剑飞主编．中国建筑60年（1949—2009）：历史理论研究．北京：中国建筑工业出版社，2009：74.

③ 高汉，陈干．论“法式”的本质和梁思成对“法式”的错误认识．新建设，1955（12）：18-25。“他们努力论证宋朝编修《营造法式》与王安石变法之间的关系，在《营造法式》中发现了阶级斗争。他们希望画出‘营造法式’或‘法式’原有的面貌。这样的工作可能有助于探求在时髦的外衣下掩盖着混乱的、糊涂的、错误的建筑思想的梁思成先生（以及被他所代表的复古主义者），究竟是在什么地方失足的。他们称梁思成歪曲了‘法式’的本意，阉割了‘法式’的精髓。”引自王军．城记．北京：三联书店，2003：160-161.

④ 王军．城记．北京：三联书店，2003：201.

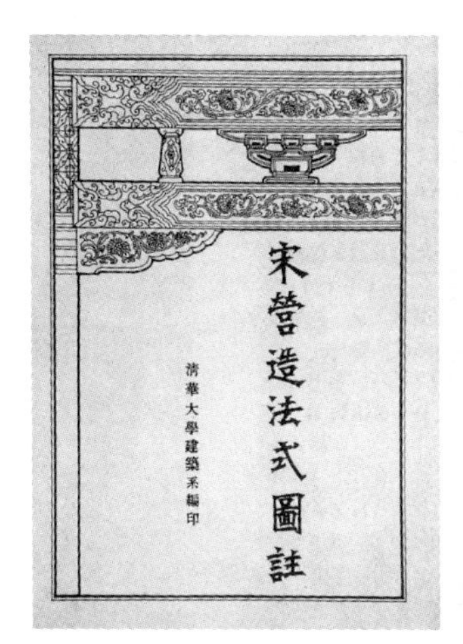

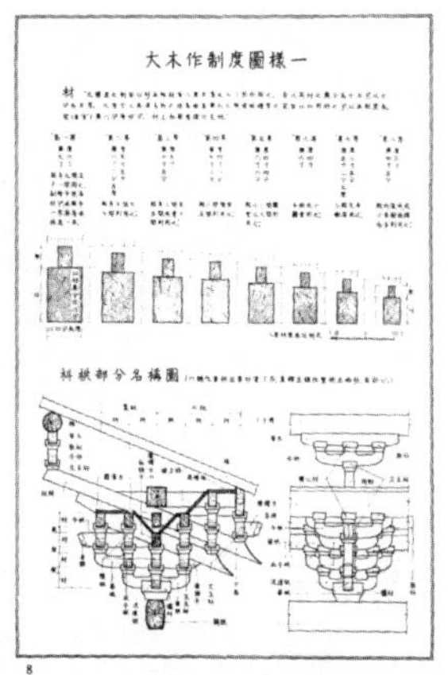

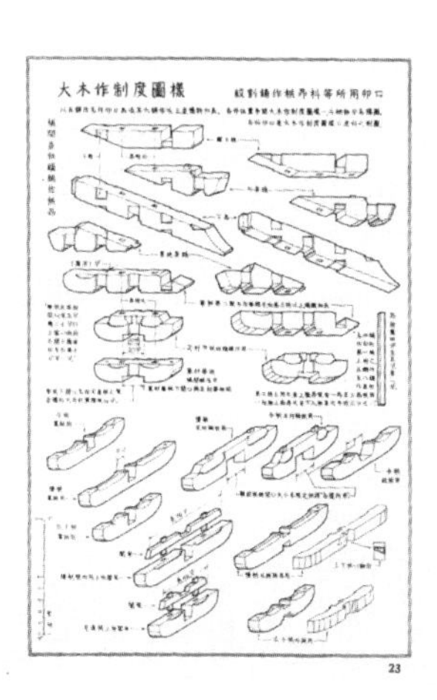

图 3-7 《宋〈营造法式〉图注》书影
（资料来源：清华大学建筑系编印．宋《营造法式》图注，1950）

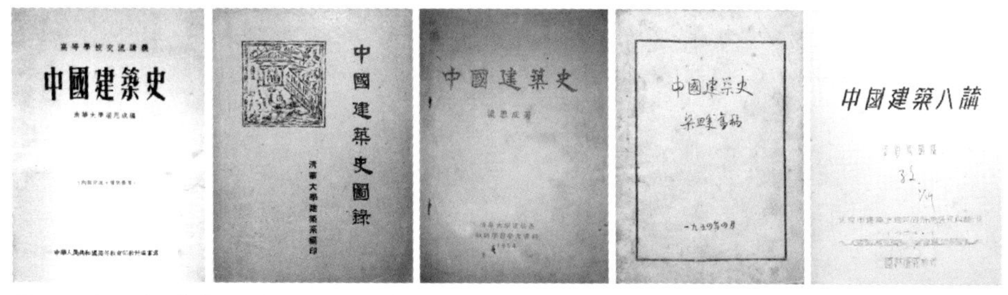

图 3-8 梁思成所著《中国建筑史》作为高校教材油印发行

仍然在进行着，那就是注释《营造法式》。之所以能够这样，是因为陈毅同志对此作过专门的讲话，陈毅同志说，“要给出时间让清华大学建筑系把《营造法式》的注释工作搞起来。”①

与此相关联，1961 年，朱启钤也曾向文化部副部长徐平羽建议注释《营造法式》。②此后，在周恩来、陈毅等国家领导人的鼓励下，梁思成再次开展注释《营造法式》的研究，清华大学还为他配备了楼庆西、徐伯安和郭黛姮三位青年教师作为助手。③

在 1940 年代李庄时期工作的基础上，梁思成怀着一种朴素的实用目的，用易懂的文字和准确、科学的图样对《营造法式》加以注释，尽可能方便读者理解、

① 清华大学建筑学院郭黛姮教授专访．见：崔勇．中国营造学社研究．南京：东南大学出版社，2004：259-260.
② 崔勇．中国营造学社研究．南京：东南大学出版社，2004：105.
③ 参见林洙，楼庆西，王军．梁思成年谱．见：梁思成．梁思成全集（第九卷）．北京：中国建筑工业出版社，2001：110；崔勇．中国营造学社研究．南京：东南大学出版社，2004：259-260.

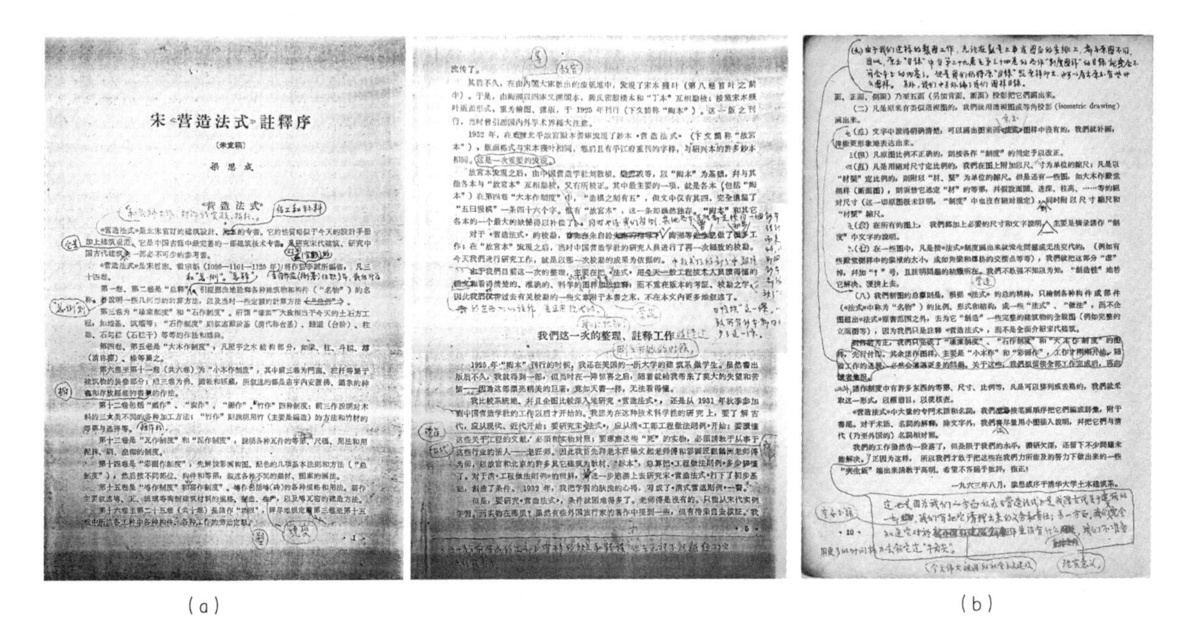

宋《营造法式》註釋序

（未定稿）

梁思成

《营造法式》

《营造法式》是北宋官訂的建筑設計、施工的专書。它的性質略似于今天的設計手冊加上建筑规范。它是中国古籍中最完善的一部建筑技术专書。是研究宋代建筑、研究中国古代建筑的一部必不可少的参考書。

《营造法式》是宋哲宗、徽宗朝（1086—1101—1125 年）将作监李誡所編修。凡三十四卷。

第一卷、第二卷是"总释"，引經据典地詮释各种建筑物和构件（"名物"）的名称。并說明一些几何形的計算方法，以及当时一些定額的計算方法。

第三卷为"壕寨制度"和"石作制度"。所謂"壕寨"大致相当于今天的土石方工程，如地基、筑墙等；"石作制度"則叙述殿階基（清代称台基）、踏道（台阶）、柱礎、石勾栏（石栏干）等等的作法和雕飾。

第四卷、第五卷是"大木作制度"，凡屋宇之木結构部分，如梁、柱、斗栱、椽（清称檩）、椽等屬之。

第六卷至第十一卷（共六卷）为"小木作制度"，其中前三卷为門窗、栏杆等屬于建筑物的装修部分；后三卷为佛、道帐和经藏，所叙述的都是寺宇内安置佛、道象的神龛和存放經卷的書架的作法。

……

我們这一次的整理、註釋工作

……

一九六三年八月，梁思成序于清华大学土木建筑系

（a）　　　　（b）

图 3-9　梁思成对《宋〈营造法式〉注释·序》（未定稿）的修改稿。（a）修改稿复印件（资料来源：王军提供）；（b）修改稿原件（资料来源：[2017-05-08] http://blog.sina.com.cn/s/blog_7362198601011ibn.html）

（a）　　　　（b）

图 3-10　1949 年以后梁思成对《营造法式》的研究

（a）1956 年，周恩来总理与梁思成等人讨论科学规划；（b）1966 年，梁思成完成了《〈营造法式〉注释》的全部文字工作

[资料来源：梁思成．梁思成全集（第一卷）．北京：中国建筑工业出版社，2001：11-12]

看懂，属于“为古籍注疏性质”的工作。[①]

其中，对《营造法式》文字的处理主要有句读和翻译两方面；对《营造法式》有字无图的部分，酌量加以补充，难以用图表达清楚的，则尽可能的附加实物照片。在整理过程中，还发现了以往相关研究及《营造法式》自身存在的一些问题：

如文字方面，过去校勘中未曾发现的错字、脱漏之字以及一些逻辑性错误，在此书中都予以订正；图样方面，经过多次的传抄和重刻，许多图样不清或已走样，失去了宋代原有风格，在注释中则尽可能的用实物照片加以补充。还有一些工程结构方面的问题，如绘图形式、方法不一致，没有明确的缩尺概念，图样上无尺寸标注，多数图样无文字注解等等。由于历史客观条件的限制，《营造法式》各版本的原图基本都存在科学性和准确性方面的缺陷。[②] 这些问题的发现，不仅指出了现存《营造法式》的不足之处，也为其后的研究提供了思路和方向。

经过一年多的努力，研究小组完成了《营造法式》“壕寨”、“石作”和“大木作”制度图样，而“小木作”、“彩画作”和其他诸作制度，由于实物极少，有待继续完善。梁思成拟分上、下两卷，将《营造法式》“大木作制度”之前的文字注解和“壕寨”、“石作”、“大木作”制度图样以及有关功限、料例的部分，作为上卷先行付梓。

1964年，梁思成在《建筑史论文集》创刊辑上发表了《宋〈营造法式〉注释·序》（未定稿），该文对《营造法式》及其编修、作者李诫、版本等基本情况都作了相应的分析介绍，是一篇极具价值的研究文献（图3–9）。[③]

1964年下半年，严峻的政治形势使梁思成的研究小组面临新的巨大压力，有赖于陈毅的特别关照，工作才得以继续进行。1966年“文化大革命”前夕，研究小组完成了《〈营造法式〉注释（卷上）》和《营造法式》大、小木作以外部分的文字注释（图3–10）。此后不久，梁思成便成为革命对象，被迫中止工作。[④]

---

① 梁思成.《营造法式》注释·序.见：梁思成.梁思成全集（第七卷）.北京：中国建筑工业出版社，2001：3.

② 参见梁思成.《营造法式》注释·序.见：梁思成.梁思成全集（第七卷）.北京：中国建筑工业出版社，2001：12–14.

③ 梁思成.宋《营造法式》注释·序（未定稿）.建筑史论文集，1964（1）：1–9。该未定稿发表后，梁思成又进行多次修改，后将未完成的修订稿交于陶宗震。参见［2017–05–08］http://blog.sina.com.cn/s/blog_7362198601011ibn.html。经核对，1983出版的《〈营造法式〉注释（卷上）·序》和2001年出版的《梁思成全集》第七卷，仍沿用1964年在《建筑史论文集》上发表的未定稿。柴静在《朱启钤、梁思成及中国古典建筑专著〈营造法式〉的故事》一文中也指出，梁思成曾反复斟酌，对《〈营造法式〉注释（卷上）·序》做了多次修改，如结尾一段，“这也是因为我们一方面认为《营造法式》是我国古代关于建筑的一部重要书籍，我们有把它清理出来的义务和责任；另一方面，我们又完全知道它对于今天伟大祖国的社会主义建设并没有什么用处”一句，曾把“用处”划掉，改成“直接关联”，后又做修改，留下了一份未定稿：“另一方面，我们又完全知道它对于今天伟大祖国的社会主义建设并没有什么现实意义。”这几个词，沉吟之间令人心酸。参见柴静.朱启钤、梁思成及中国古典建筑专著《营造法式》的故事.科技导报，2012（19）：18.

④ 参见林洙，楼庆西，王军.梁思成年谱.见：梁思成.梁思成全集（第九卷）.北京：中国建筑工业出版社，2001：110.

对于这个时期的研究情况，郭黛姮回忆道：

> 1965 年 9、10 月份，……梁思成先生仍然在坚持《营造法式》的注释工作，文稿已全部写出来，但还没有图样，无法交出版社出版。可是，到了 1966 年，梁思成先生被定为批判对象，全国的政治形势越来越紧张。至此，梁思成先生也不得不停下《营造法式》的研究工作。从此以后，梁思成先生因病魔缠身而住进了医院，《营造法式》的研究工作再也无法实施了。紧接着是史无前例的“文化大革命”的发生与发展，一切文化学术工作都中断了。[①]

（三）《〈营造法式〉注释（卷上）》

1978 年，中断了 13 年的《营造法式》注释研究得以恢复。此时梁思成已辞世六年，清华大学建筑系《营造法式》研究小组在莫宗江的指导下，由徐伯安、郭黛姮等学者继续未完成的工作。

他们对梁思成遗稿进行整理、校对，尽量保持梁思成亲自撰写或审定过的“文字注释”部分的本来面貌和风格，只作适当的补充和订正。而对“图释”部分则作了较多的订正，重新绘制大部分图样，并加入大量插图和实物照片。对《营造法式》原著中的一些疏漏和版本传抄中的讹文脱简，也做了必要的校勘。其间，遗稿整理、校补的工作还得到了大量专家学者的指导：

> 参加“注释本”上卷遗稿整理、校补工作的有楼庆西、徐伯安和郭黛姮三位教师。莫宗江教授担任了此项工作的学术顾问。对梁先生遗稿和我们整理、校补工作提供过宝贵意见的学者、专家有：国家文物局文物保护科学技术研究所祁英涛、杜仙洲；中国建筑科学研究院刘致平、陈明达和傅熹年；故宫博物院单士元、王璞子和于绰云；中国科学院自然科学史研究所张驭寰；北京大学历史系邓广铭；同济大学建筑系陈从周；南京工学院建筑研究所郭湖生。[②]

1979 年，《〈营造法式〉注释》部分内容发表于《科技史文集·建筑史专辑（1）》，文后的《编后附记》对梁思成《〈营造法式〉注释》研究的过程和情况做出说明。[③]

---

① 清华大学建筑学院郭黛姮教授专访．见：崔勇．中国营造学社研究．南京：东南大学出版社，2004：259-260.

② 清华大学建筑系《营造法式》研究小组．《营造法式》注释前言．见梁思成．梁思成全集（第七卷）．北京：中国建筑工业出版社，2001：3.

③ 梁思成．宋《〈营造法式〉注释》选录．科技史文集·建筑史专辑（1），1979（2）：1-8.

1983 年，中国建筑工业出版社正式出版《〈营造法式〉注释（卷上）》[1]，首次以横排版式亮相，原文分段加注释并配精美插图（图 3-11）。该书是以现代汉语规范进行整理的一个典范性文本，第一次对《营造法式》作出了较为全面的诠释和图解。这项成果不仅包括对《营造法式》内容的句读和翻译，还以图示和照片辅助说明，涉及术语的释义也十分全面、详尽。其所展现的研究方法和思路，也为后续的术语研究奠定了重要的基础。

令人不胜感叹的是，自学社时期酝酿解读《营造法式》到第一个成果正式出版，竟经历了半个多世纪！ 1987 年，《〈营造法式〉注释（卷上）》获国家自然科学一等奖、国家教委科技进步一等奖。

陈明达在世时曾表示，《〈营造法式〉注释》凝聚了以梁思成为代表的一代学人的辛勤劳动，而自己的《〈营造法式〉大木作研究》[2] 也正得益于他们的开创性工作。但是，他也强调，任何一项研究都难于尽善尽美，只有不断发现新问题，才能取得新的成果。因此，对于《〈营造法式〉注释》中存在的一些问题，陈明达晚年在《读〈营造法式〉注释（卷上）札记》中曾作过分析和评论，提出很多中肯的纠错和补充意见，涉及《〈营造法式〉注释·序》、石作制度、大木作制度、功限、料例、图样和尺寸权衡表等内容，就学术发展而言，应属《〈营造法式〉注释》的重要补充文献（图 3-12）。[3]

（四）《梁思成全集》第七卷

20 世纪末，清华大学为纪念梁思成诞辰 100 周年，筹划出版九卷本《梁思成全集》。作为梁思成研究《营造法式》最得力的助手之一，仍在病榻中的徐伯安肩负起第七卷即《〈营造法式〉注释》的编辑整理工作，由王贵祥、钟晓青和徐怡涛等协助。徐伯安以病房为研究室，研读梁思成留下的相关学术成果，校勘《营造法式》全部原文及注释，斟酌近 30 年来不断涌现的新成果并在全集中有所体现。

---

① 中国建筑工业出版社 1978 年提议出版《〈营造法式〉注释》，清华大学先提交了《〈营造法式〉注释》上册刊印，出于慎重起见，下册准备待资料汇集充分之后再提交出版社。后来由于种种主、客观原因，《〈营造法式〉注释》下册一直未能交稿。参见清华大学建筑学院郭黛姮教授专访．见：崔勇．中国营造学社研究．南京：东南大学出版社，2004：259-260.

② 陈明达．《营造法式》大木作研究．北京：文物出版社，1981.

③ 该文是陈明达在 1983 年至 1985 年间对《〈营造法式〉注释（卷上）》所做的勘误记录，对一些错误和疏漏之处逐条进行了校对和纠正，对于过去没有解决的一些问题，如某些术语名词的确切含义、宋代建筑与明清建筑的区别等，进行了分析探讨，还有针对术语名称错误的校勘。参见陈明达．读《〈营造法式〉注释》（卷上）札记．建筑史论文集，2000（12）：25-31.

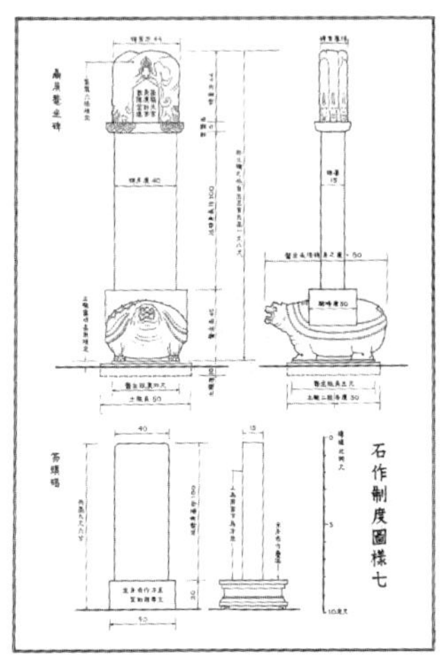

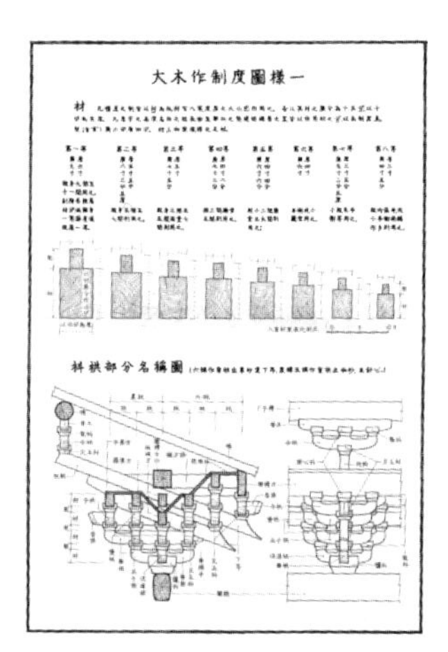

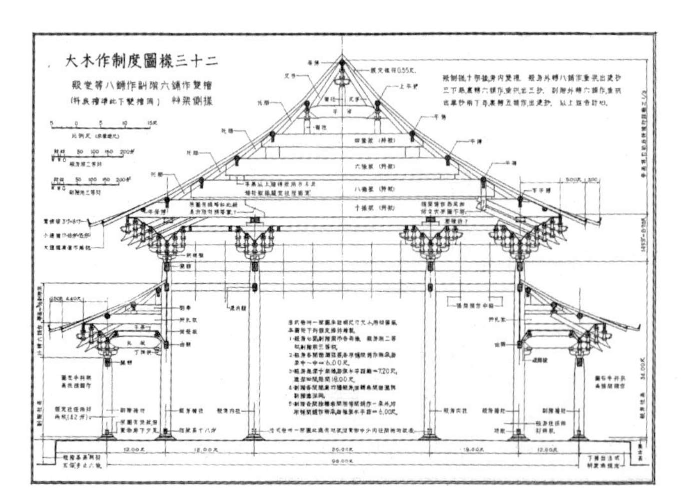

图 3-11 《〈营造法式〉注释（卷上）》及图版书影
[资料来源：梁思成.《营造法式》注释（卷上），北京：中国建筑工业出版社，1983]

故宮本發現之後，由中國營造學社劉敦楨、梁思成等，以"陶本"爲基礎，並與其他各本與"故宮本"互相勘校，又有所校正。其中最主要的一項，就是各本(包括"陶本")在第四卷"大木作制度"中，"造栱之制有五"，但文中僅有其四，完全遺漏了"五曰慢栱"一條四十六個字。惟有"故宮本"，這一條却獨存。"陶本"和其它各本的一個最大的缺憾得以補償了。

對於《營造法式》的校勘，首先在朱啓鈐先生的指導下，陶湘等先生已做了很多工作；在"故宮本"發現之後，當時中國營造學社的研究人員進行了再一次細致的校勘。今天我們進行研究工作，就是以那一次校勘的成果爲依據的。

⑭ "階頭"指階基的外緣線；"柱心外階之廣"卽柱中線以外部分的階基的寬度。這樣的規定並不能解決我們今天如何去理解當時怎樣決定階基大小的問題。我們在大木作側樣中所畫的階基斷面線是根據一些遼、宋、金實例的比例假設畫出來的，參閱大木作制度圖樣各圖。

⑮ 疊澁各層伸出或退入而露出向上或向下的一面叫做"露棱"。

⑱ 牆、露牆、抽紝牆三者的具體用途不詳。露牆用草葽、木橛子，似屬圍牆之類；抽紝牆似屬于屋牆之類。這裏所謂牆是指夯土牆。

⑲ "其上收面之廣，比高五分之一"。含意不太明確，可作二種解釋，(1) 上收面之廣指兩面斜收之廣共爲高的五分之一。(2) 上收面指牆身"斜收"之後，牆頂所餘的凈厚度；例如露牆"上收面之廣，比高五分之一"，卽"上收面之廣"爲二尺。

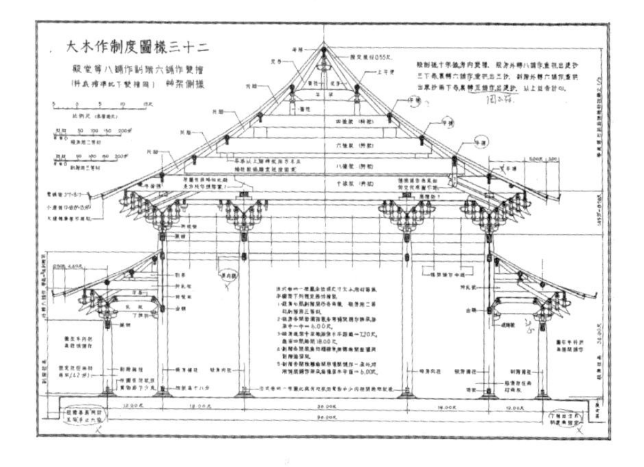

大木作制度圖樣三十二
殿堂等八鋪作副階六鋪作雙槽
(斗底槽準此下雙槽同)　草架側樣

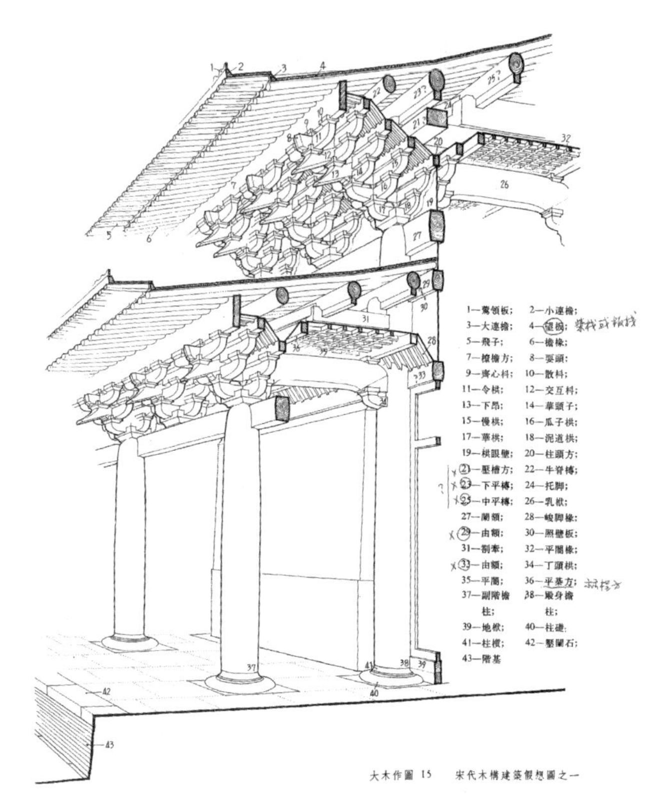

图 3-12　陈明达在自藏《〈营造法式〉注释（卷上）》中的批注（资料来源：殷力欣提供）

图 3-13 《梁思成全集》第七卷书影
[资料来源：梁思成. 梁思成全集（第七卷）. 北京：中国建筑工业出版社，2011]

此外，还补入了《〈营造法式〉注释（卷上）》未含的小木作部分的注释图例。"小木作制度"共三十二版图释，除去其中的一至两张铅笔图稿，其他均是徐伯安在"文化大革命"前夕绘制完成的。[①] 他在第七卷后的《编校后记》中记述了合卷编校的原则和关于"小木作制度"的图释的说明。事实上，此时已经发现很多与《营造法式》较为契合的小木作实例，其中也包含梁思成亲自调查获见的，但因徐伯安等学者严格地按照"上卷一字不减，下卷一字不加"的整理原则，仍保持梁思成关于小木作研究的基本结构，故没有将后来发现的实例补入第七卷。

2001 年，《梁思成全集》正式出版。载于第七卷的《〈营造法式〉注释》是目前国内最全面的《营造法式》注释本。[②] 在几代人的努力下，《〈营造法式〉注释》系统融汇了版本校勘、句读、文字及图样注解、实物研究等多方面成果，成为"在艺术与技术层面上透析中国古代建筑的鸿篇巨制"[③] 和《营造法式》研究的扛鼎之作（图 3-13，图 3-14）。

《〈营造法式〉注释》辗转半个多世纪，历尽战争乱世与政治风暴的种种磨砺，几经停顿和周折，可谓命运多舛。最终付梓的全本《〈营造法式〉注释》，不仅是梁思成研究《营造法式》的成果总结，也是遗稿整理校补者心血的凝聚，更可谓以中国营造学社、清华大学建筑系为代表的 20 世纪中国建筑史研究的集体结晶。

① 徐伯安. 编校后记. 见：梁思成. 梁思成全集（第七卷）. 北京：中国建筑工业出版社，2001：524.
② 此后，清华大学出版社和三联书店又分别出版了《〈营造法式〉注释》单行本。参见梁思成.《营造法式》注释. 北京：清华大学出版社，2007；梁思成.《营造法式》注释. 北京：生活·读书·新知三联书店，2013.
③ 王贵祥. 中国建筑史研究仍然有相当广阔的拓展空间. 建筑学报，2002（6）：57.

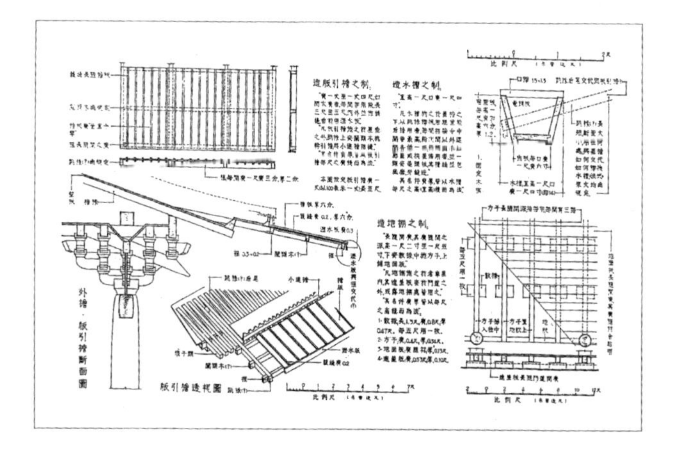

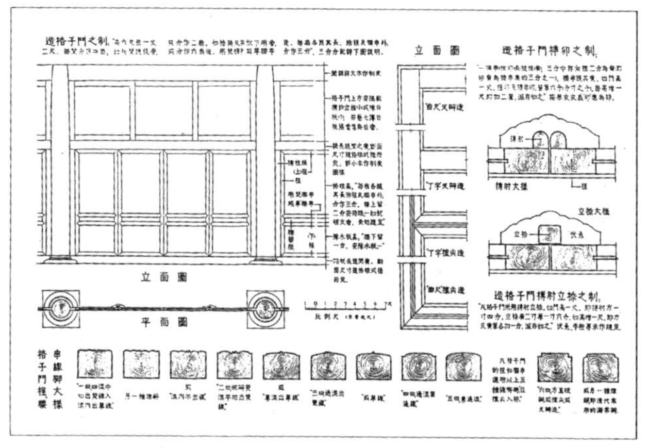

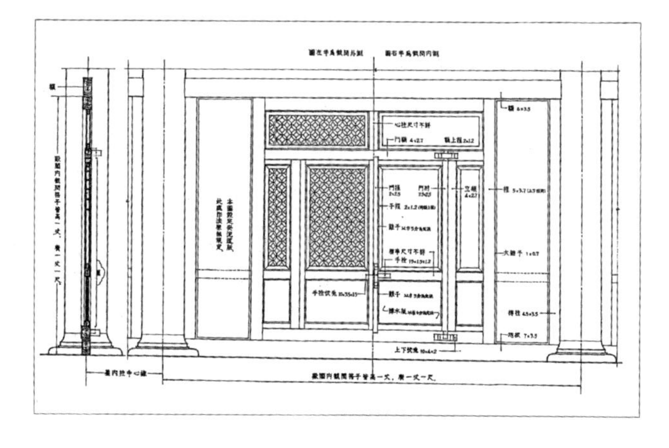

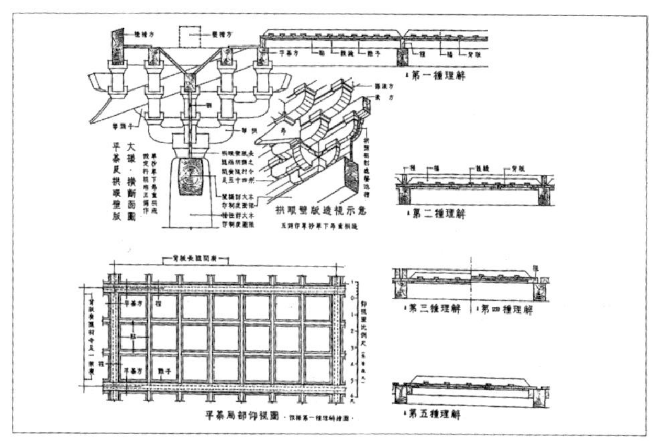

图 3-14 《梁思成全集》第七卷收入的《〈营造法式〉注释》小木作图版书影
[资料来源：梁思成 . 梁思成全集（第七卷）. 北京：中国建筑工业出版社，2001]

前人栽树，后人乘凉，这部中国建筑史学研究的标志性著作，不仅奠定了《营造法式》研究的学术基础，也为后续研究掀开了新的篇章。

殷力欣在整理陈明达遗稿《〈营造法式〉研究札记》时，曾参考“陶本”、“丁本”、梁思成《〈营造法式〉注释》和陈明达手抄本《营造法式》进行核对。在此过程中，发现《梁思成全集》第七卷所收《〈营造法式〉注释》存在的若干疏漏和有待补充的地方，见其专文《〈营造法式注释〉中的几处疏漏》[①]；美国普林斯顿东方学会的 Jack Jin 从建筑尺寸设计规范、施工技术和节点构造、用材制度等角度出发，对梁思成《〈营造法式〉注释》中大木作、石作制度图样和文字注释等进行校勘，并将十五处讹误详述于《梁思成〈营造法式注释〉校勘》一文。[②] 这些研究不仅是对《〈营造法式〉注释》的补充，还进一步推进了《营造法式》术语及文本的解读工作。

2011 年 8 月出版的《〈营造法式〉译解》也是关于《营造法式》全文通译的成果，注译者王海燕以文渊阁四库全书本《营造法式》[③] 为底本，继承前辈的研究方法，校勘梁思成的《〈营造法式〉注释》，在对《营造法式》原文加以注释和翻译的同时，也对术语进行了解读，还对书中难解之处和相关内容展开解说。[④]

三、徐伯安、郭黛姮《宋〈营造法式〉术语汇释》

1962 年，徐伯安、郭黛姮二位学者作为梁思成科研助手时，编写了《宋〈营造法式〉术语汇释——壕寨、石作、大木作制度部分》。1963 年初稿完成后，梁思成曾亲自过目并准备以附录形式收入《〈营造法式〉注释》一书，后因体例变动，取消了这部分内容，暂时搁置，未成定稿。

在其后的教学和科研工作中，经常有学生和从事古建筑保护工作的人员向徐伯安、郭黛姮提议，希望能有一部或一篇诠解注释古建筑名称、术语的书或文章问世。由此，徐、郭二位学者又结合多年的工作实践，对《宋〈营造法式〉术语汇释》的文字做了进一步修改和完善，于 1984 年发表在《建筑史论文集》第六辑中，并以此作为梁思成逝世 10 周年的祭礼（图 3-15）。[⑤]

---

① 殷力欣.《〈营造法式〉注释》中的几处疏漏.建筑史，2006（22）：20-24.

② Jack Jin. 梁思成《〈营造法式〉注释》校勘.建筑历史与理论第十一辑暨 2011 年中国建筑史学学术年会论文集（兰州理工大学学报第 37 卷），2011：5-14.

③ 台北商务印书馆影印本第六七三册。

④ 李诫撰，王海燕注译，袁牧审定.《营造法式》译解.武汉：华中科技大学出版社，2011.

⑤ 参见徐伯安，郭黛姮.宋《营造法式》术语汇释——壕寨、石作、大木作制度部分·后记.建筑史论文集，1984（6）：79.

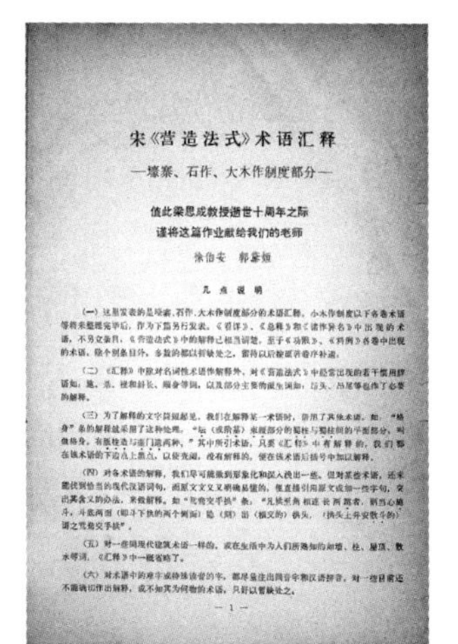

宋《营造法式》术语汇释

—壕寨、石作、大木作制度部分—

值此梁思成教授逝世十周年之际
谨将这篇作业献给我们的老师

徐伯安 郭黛姮

几点说明

— 1 —

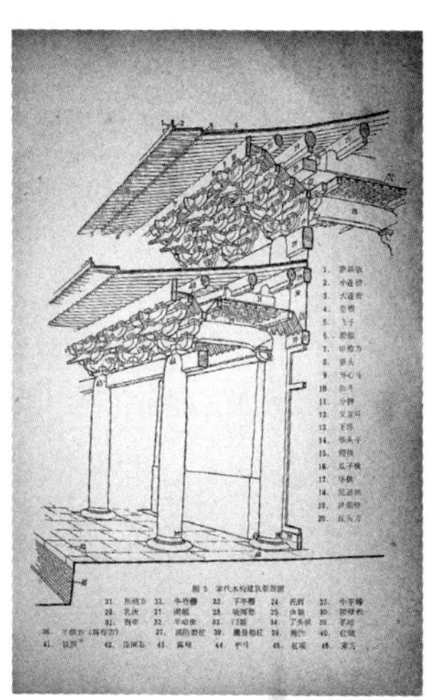

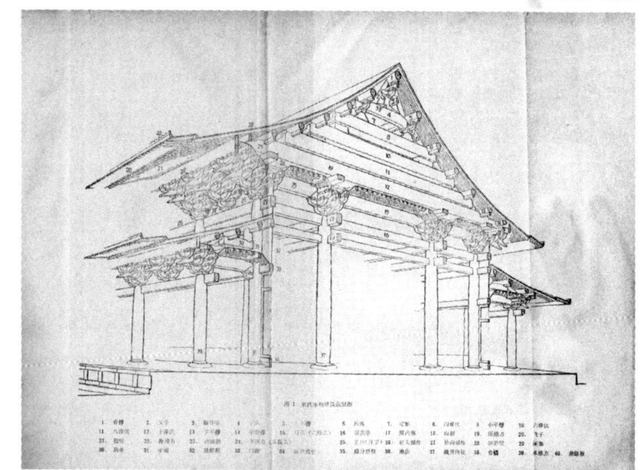

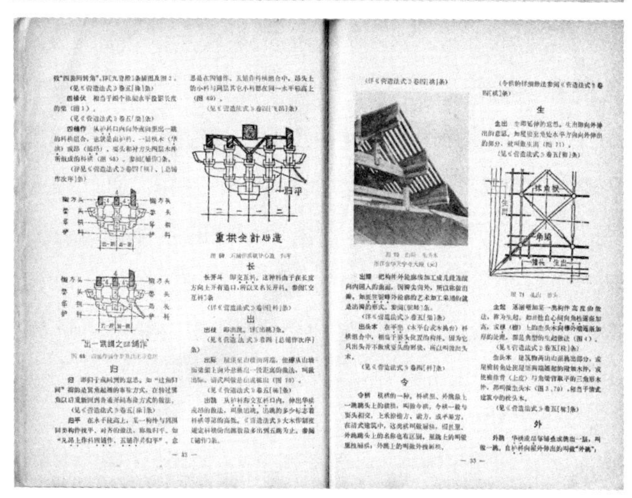

图 3-15 《宋〈营造法式〉术语汇释——壕寨、石作、大木作制度部分》书影
[资料来源：徐伯安，郭黛姮 . 宋《营造法式》术语汇释——壕寨、石作、大木作制度部分 . 建筑史论文集，1984（6）]

该文主要是针对《营造法式》壕寨、石作、大木作制度部分的术语汇释，共450余个词条，结合实物研究成果，配以照片或线画图，对《营造法式》壕寨、石作、大木作制度相关的术语名称做出了诠释[①]，对于术语的选择和解读主要遵循了以下几个原则：[②]

1. 除对名词性术语作出解释外，对于若干惯用辞语如：施、杀、视和斜长、顺身等，以及部分主要的派生词如：昂头、昂尾等，也做了必要的解释；

2. 省略了一些与现代建筑术语相同或生活中熟知的词，如墙、柱、屋顶、散水等；

3. 对一些目前还不能确切作出解释，或不知其为何物的术语，以暂缺处之；

4. 对一些生僻字附注了同音字和汉语拼音；

5. 在各条注释的后尾注明了该术语第一次出现的卷数和条目名称，以便同原著和梁思成的《〈营造法式〉注释》对照使用。

《宋〈营造法式〉术语汇释——壕寨、石作、大木作制度部分》图文并茂，可以说是第一篇较为系统的《营造法式》术语研究成果，为古建筑的入门学习提供了方便。但限于当时的研究背景和资料，所收录的术语名词仅限于壕寨、石作、大木作制度部分，甚为遗憾。

需要指出的是，在辅助梁思成进行《〈营造法式〉注释》研究和整理、完善遗稿的同时，徐伯安、郭黛姮二位学者在《营造法式》研究上的学术造诣也与日俱增，形成了各具特色的学术思想。针对课题中的疑难问题，徐伯安、郭黛姮和科研组的其他教师不但查找文献、讨论研究，还秉承梁思成实证主义的学风，外出考察，对《营造法式》较之前更加了然于心，形成了一系列相关研究成果。[③]

例如，徐伯安、郭黛姮合撰的《雕壁之美，奇丽千秋——从〈营造法式〉四种雕刻手法看我国古代建筑装饰石雕》一文，通过分析、比较其他时期的一些实例，论述了《营造法式》石作制度中记载的四种雕刻手法的形制、演变、使用、艺术特点，以及在现代建筑中的继承与发展（图3-16）；《中国古代木构建筑》一文，全面而又重点突出地论述了中国古代木构建筑由新石器时代到明清时期的发展演

① 当时还预备将小木作制度以下各卷术语整理完毕后，作为下篇另行发表。

② 参见徐伯安，郭黛姮．宋《营造法式》术语汇释——壕寨、石作、大木作制度部分·几点说明．建筑史论文集，1984（6）：1.

③ “通过对与《营造法式》相关的古代建筑实物的考察，郭黛姮对中国古代建筑的认识与日俱增，对《营造法式》的理解较前更加了然于心。通过参加《营造法式》——这部被称为中国建筑文法课本的研究，为她后来的建筑史研究打下了坚实的基础，并从此步入古建筑之门。”引自文爱平．郭黛姮：求索人生．北京规划建设，2012（1）：186.

图 3-16 《雕壁之美，奇丽千秋——从〈营造法式〉四种雕刻手法看我国古代建筑装饰石雕》书影 [资料来源：徐伯安，郭黛姮 . 雕壁之美，奇丽千秋——从《营造法式》四种雕刻手法看我国古代建筑装饰石雕 . 建筑史论文集，1979（2）]

变趋势、技术特点及其艺术成就。这些研究说明，二位学者在释读《营造法式》的过程中，逐渐引发出对中国建筑的整体认识。其中，对中国古代建筑的总体阐释以及各种建筑类型的源流演变、精神内含等，都有很多独到的见解。[①]

《〈营造法式〉斗拱型制解疑、探微》则是徐伯安研究《营造法式》的代表作。文章详细探讨了《营造法式》对中国古代建筑上最复杂、最具形式特色和象征性的核心构件组合——斗栱的技术规定，以严谨的文字和清晰的图释，阐明了宋代建筑法式中斗栱的详细形制，答疑解惑，成为研读中国古代建筑、学习《营造法式》、了解斗栱形式的重要研究文献（图 3-17）。[②]

郭黛姮还尝试以比较法观察与中国同时代的国外科学发展状况，写就《从国外科技发展看中国古代木构建筑技术成就》一文。她发现中国古代建筑的技术成就，与世界上同时期其他国家相比是遥遥领先的，宋代木梁断面的比例，不但出材率高，而且具有良好的强度和刚度。而欧洲大师达 · 芬奇则未认识到梁的高宽比对强度有重要影响，伽利略虽然认识到梁的高度大于宽度时，对于强度更有利，却没有定量概念。直到《营造法式》刊行 600 余年后，英国科学家才从木梁实验

① 参见徐伯安，郭黛姮 . 雕壁之美，奇丽千秋——从《营造法式》四种雕刻手法看我国古代建筑装饰石雕 . 建筑史论文集，1979（2）：127-142；郭黛姮，徐伯安 . 中国古代木构建筑 . 建筑史论文集，1979（3）：16-72.

② 参见徐伯安 .《营造法式》斗拱型制解疑、探微 . 建筑史论文集，1985（7）：1-35；徐怡涛 . 建筑史解码人·徐伯安 . 见：杨永生，王莉慧编 . 建筑史解码人 . 北京：中国建筑工业出版社，2006：166-170.

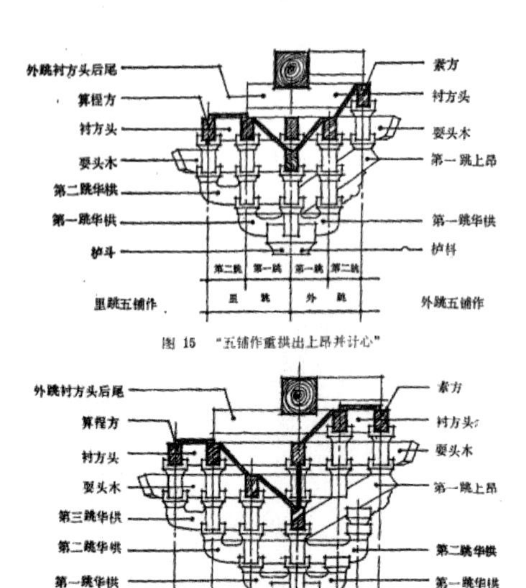

图 15 “五铺作重拱出上昂并计心”

图 16 “六铺作重拱出上昂偷心，跳内当中施骑斗拱”

《营造法式》卷三十列举的三组十个斗拱组合的例子，至此都得到了圆满的解释。我们对常数项 3 内涵的分析，是完全可以成立的。

外檐斗拱布局的原则

卷四“总铺作次序”条：“当心间须用补间铺作两朵，次间及稍间各用一朵。其铺作分布令远近皆匀（这里的铺作是斗拱的代称）。”又小注：“若逐间皆用双补间（补间铺作的简称），则每间之广，丈尺皆同。如只心间用一丈五尺，则次间用一丈之类。或间广不匀，即每补间铺作一朵，不得过一尺。”

一段正文，一段小注，说的是开间形式同斗拱布局的关系和原则。归纳起来，总共

· 10 ·

图 3-17 《《营造法式》斗拱型制解疑、探微》书影 [资料来源：徐伯安.《营造法式》斗拱型制解疑、探微.建筑史论文集，1985（7）]

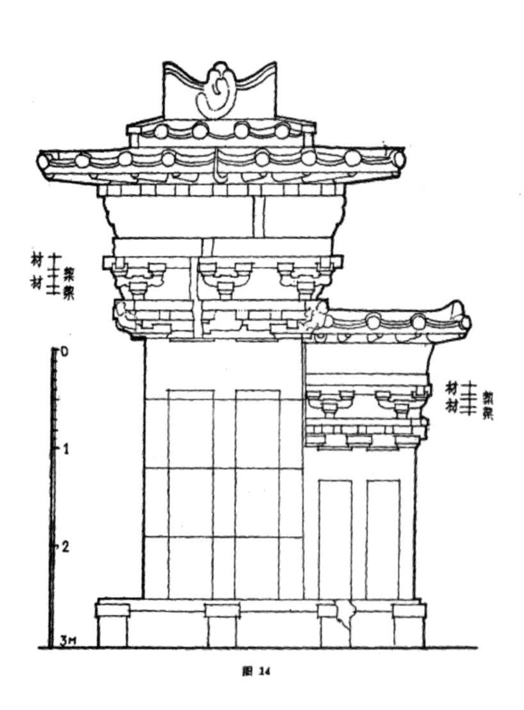

图 14

1、母阙的三组斗栱中，横栱的形制虽有弓背和曲臂两种、但它们却都使用着共同的材和栔，且横栱的材高与上部方子的材高完全相同。

2、子阙的两组斗栱的栱与方也有共同的材高。

3、子阙与母阙的角斗栱上均显现出方之断面，即“材”的大小，子阙与母阙的用材尺寸不同，但断面之高宽比几乎相同，子阙材的高宽比为 11.20:10，母阙材的高宽比为 11.21:10。由此证明了使用不同等第之材的概念。两组斗栱用材尺寸可参见下表：

— 42 —

图 3-18 《论中国古代木构建筑的模数制》书影 [资料来源：郭黛姮.论中国古代木构建筑的模数制.建筑史论文集,1981（5）]

中得出了与该书所载用材制度相似的结论。针对中国古代建筑科技方面的成就，郭黛姮撰写了《论中国古代木构建筑的模数制》(图 3-18)、《独乐寺观音阁在建筑史上的地位》、《伟大创造时代的宋代建筑》、《Excellent Aseismatic Performance Of Traditional Chinese Wood Buildings》(具有优异抗震性能的中国古代木构建筑)等多篇学术论文。①

四、陈明达《〈营造法式〉辞解》《〈营造法式〉研究札记》

陈明达自 1932 年加入学社后，致力于中国古代建筑史的研究达 65 年之久，尤以专力研究《营造法式》著称。1983 至 1995 年，他在晚年为了修正以往研究工作的疏漏和偏差，继续深入对《营造法式》的专项研究，陆续形成了释读《营造法式》术语的重要成果——《〈营造法式〉研究札记》和《〈营造法式〉辞解》，惜因辞世而最终未能定稿。②

陈明达的这些未刊之作，不仅是宝贵的学术成果，亦是学术史研究的对象。为使其早日有益于学界，自 1997 年以来，王其亨在先生生前嘱托下，与陈明达的外甥和私淑弟子殷力欣一起承担起整理其研究中国建筑史和《营造法式》的遗稿的工作，并陆续发表。

天津大学建筑学院建筑历史与理论研究所诸多师生多年来都参与了这些遗稿的整理工作，结合“宋营造法式”研究生课程的教学，对遗稿中与《营造法式》有关的成果倾注了大量的精力。陈明达故去后 20 年间，已经陆续整理发表了《读〈营造法式注释〉(卷上)札记》、《独乐寺观音阁、山门的大木制度》、《周代城市规划杂记》、《崖墓建筑——彭山发掘报告之一》、《〈营造法式〉研究札记》、《〈营造法式〉辞解》等论文和专著。

(一)《〈营造法式〉辞解》

《〈营造法式〉辞解》原稿写于 16 开信纸上，页 400 格，摘录《营造法式》

---

① 郭黛姮.从国外科技发展看中国古代木构建筑技术成就.全国第一届古代技术史交流会，1983；郭黛姮.论中国古代木构建筑的模数制.建筑史论文集,1981(5):31-47;郭黛姮.独乐寺观音阁在建筑史的地位.建筑史论文集,1988(9):33-37;郭黛姮.伟大创造时代的宋代建筑.建筑史论文集，2002(15):42-49;萧涵.建筑史解码人·郭黛姮.见：杨永生，王莉慧编.建筑史解码人.北京：中国建筑工业出版社，2006：257-261.

② 1955 年,《文物参考资料》刊登了《名词解答》一文，由陈明达对近三十个宋、清古建筑术语做出解释。参见陈明达.名词解答.文物参考资料，1955(4)：100-102.

13个工种中有关制度、功限、料例、等第等方面的词条加以诠释，总计1105个，4.2万余字。原稿以词条首字笔画数为序，以商务印书馆影印的“万有文库”《营造法式》为工作本，多在词条释文末尾右侧页边，用小字注出该词条在《营造法式》原文出现的卷数和在工作本中的页数（图3-19）。

从《〈营造法式〉辞解》名称、内容及体例等方面可以看出，陈明达直接继承了梁思成1930年代初研究清代建筑和工部《工程做法》、编写“清式营造辞解”的做法，即总结整理专用词语，分立词目，配以解释，同时更是对前述朱启钤以《营造法式》为先导、“纂辑营造词汇”进而编纂《中国建筑词典》这一事业的继承和发扬。①

为了使陈明达留下的这项极具价值的学术遗产早日以准确、直观、方便阅读的面貌呈现给读者，在殷力欣的协助下，天津大学建筑历史研究所众多师生投入到对遗稿的文字识别、句读、词条加注拼音②、补充图释和制作索引等工作中。

其中，关于补充图释的工作，整理者继承了梁思成在《〈营造法式〉注释》中针对《营造法式》图样提出的参考宋代或约略同时期的实例，以照片辅助说明的研究方法③，在保持陈明达《〈营造法式〉辞解》文字稿原貌的基础上，添加了包括大量宋代（或约略同时）木构建筑、佛塔经幢、雕像石刻以及传世画、壁画等在内的，辅助理解原书内容的插图共412幅。图释所用的木构建筑实例图像、测绘图主要来自天津大学建筑历史与理论研究所多年的积累。尤其在“宋营造法式”课程的教学过程中，师生们多次前往全国各地，进行实地考察和测绘，形成了丰硕的教学和研究成果，为图释工作打下了坚实的基础。

为纪念李明仲逝世900周年（1110—2010年）、《营造法式》石印本刊行90周年（1919—2009年）、中国营造学社成立80周年（1929—1009年），在多方的努力和支持下，《〈营造法式〉辞解》原本仅存文字的遗稿，终于以文字诠释、实物例证、测绘图三者结合的体例呈现在读者面前（图3-20）。《〈营造法式〉辞解》

---

① 1981年出版的陈明达《〈营造法式〉大木作研究》（上）篇末“附录：宋营造则例大木作总则”的英译结尾列出了这几个部分涉及的162个词条，并对大部分与《营造法式》大木作相关的术语做出英文解释。虽仅有英文版，但原文当是陈明达所作，这部分内容实际上与《〈营造法式〉辞解》的性质相似。参见陈明达.《营造法式》大木作研究（上）.北京：文物出版社，1981：260-264.

② 关于《〈营造法式〉辞解》的文字方面，天津大学建筑历史研究所的师生几年来主要做了如下工作：（1）最初设想在《辞解》每个词条之后都附上该词在《营造法式》中出现的位置索引，给研究者以方便。但因不同名词在《营造法式》中出现的频率不一，极其不均衡。故先以“陶本”为基础，将《营造法式》文字全部数字化，此项工作基本完成于2004年；（2）识读陈明达《〈营造法式〉辞解》手稿，按照原文意图，对词条的编排顺序、用字以及标点逐一加以整理，录入计算机，基本完成于2005年。在词条排序方面，陈明达辞解原稿依照梁思成《清式营造则例》中清代营造辞解的体例，将词条以首字笔画数为序排列，从二画的“人”、“八”、“十”等字起，至三十三画的“矗”止，笔画数相同的以所属部首先后为次，首字相同的再以次字笔画为序，以此类推。本着这一原则，整理工作对个别词条的位置进行了调整。在用字方面，陈明达原稿基本为常用繁体字，其中出现于《营造法式》的字词写法一准“陶本”。整理时将其间偶尔使用的简化字改为繁体字，并对手稿中同一个字的不同写法加以统一。

③ 梁思成.《营造法式》注释·序.见：梁思成.梁思成全集（第七卷）.北京：中国建筑工业出版社，2001：4.

图 3-19 陈明达《〈营造法式〉辞解》手稿（资料来源：殷力欣提供）

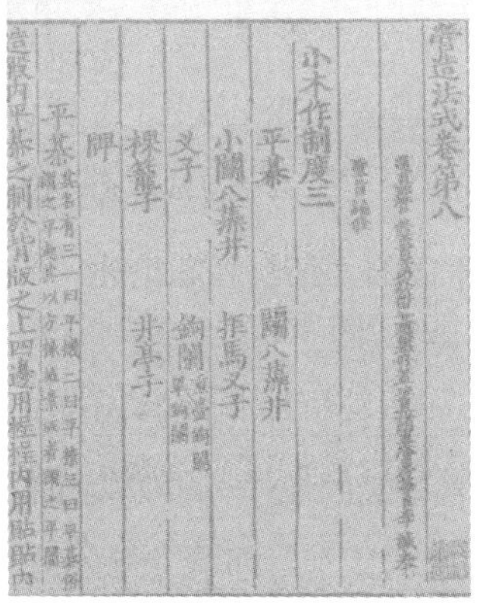

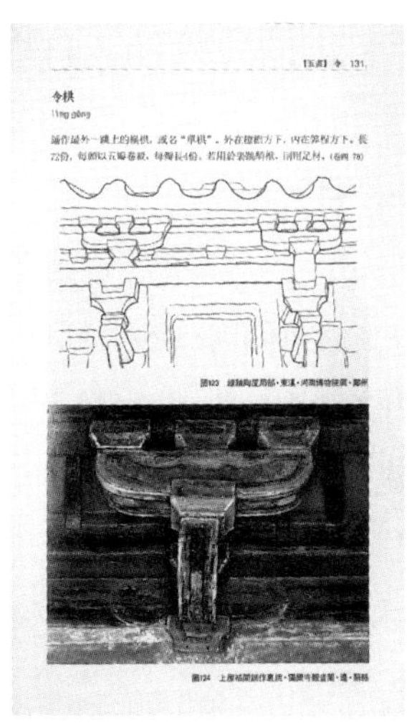

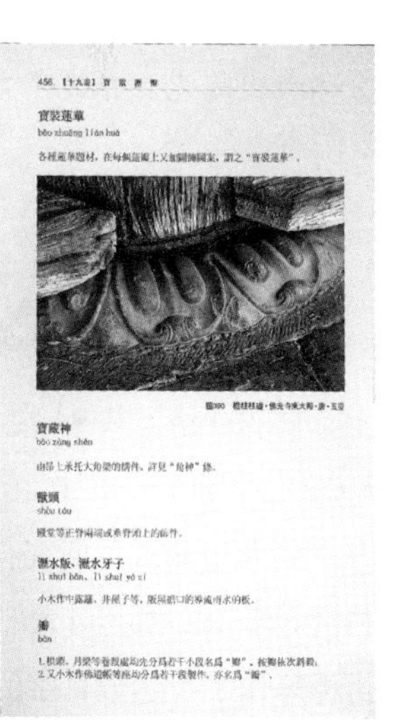

图 3-20 《〈营造法式〉辞解》书影（资料来源：陈明达著，丁垚等整理补注，王其亨、殷力欣审定，《建筑创作》杂志社承编．《营造法式》辞解．天津：天津大学出版社，2010）

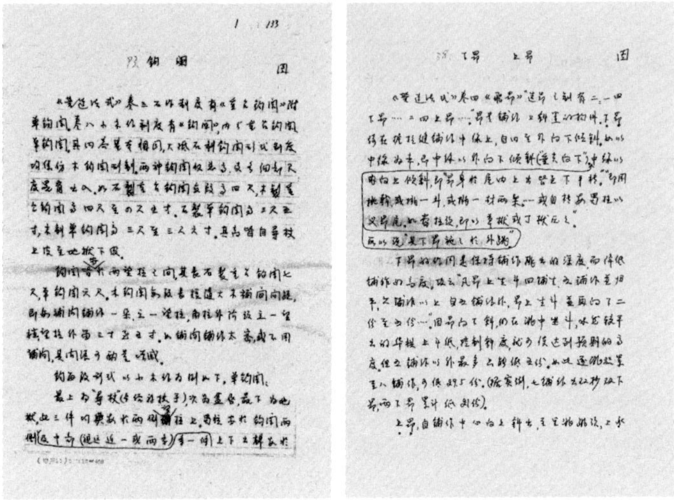

图 3-21　陈明达《〈营造法式〉研究札记》手稿（资料来源：殷力欣提供）

的出版，无疑将有助于读者阅读和研究《营造法式》，了解唐、宋时期建筑以及学习中国建筑史。该书被我国著名建筑历史学家傅熹年誉为“陈明达先生晚年研究《营造法式》的重要成果之一”。时任国家文物局局长的单霁翔也认为该书“充分体现出陈先生在晚年更加注重基础工作的深意”。[①]

（二）《〈营造法式〉研究札记》

《〈营造法式〉研究札记》原稿同《〈营造法式〉辞解》一样，写于 16 开信纸上，页 400 格，共 94 则，约 7 万字，是对重要词条、术语的详细解释和论述（图 3-21），目前已分三次在《建筑史》发表，文中附整理者补注。[②]

《〈营造法式〉研究札记》解读的术语涉及《营造法式》各工种的制度、功限、料例等多个方面，对大部分术语的涵义、构件的形制、各等级的尺寸、相似构件的辨析等作了长达数百字的详尽解读，对宋、清术语及实物的区别等问题进行分析，在一些术语的解读中还举列实例辅助说明，可说是陈明达多年研究《营造法式》的

① 参见陈明达著，丁垚等整理补注，王其亨、殷力欣审定，《建筑创作》杂志社承编．《营造法式》辞解·序一，序二．天津：天津大学出版社，2010：2，3.

② 陈明达．读《〈营造法式〉注释》（卷上）札记·附录:《营造法式》研究札记（节选）．建筑史论文集，2000（12）：31-41；陈明达．《营造法式》研究札记（续一）．建筑史，2006（22）：1-19；陈明达．《营造法式》研究札记（续二）．建筑史，2008（23）：10-32.

一次提炼和总结。

此外，陈明达晚年还曾设想，对中国古代建筑的三部基本典籍——宋《营造法式》、清工部《工程做法》和《营造法原》进行全面的比较研究。为此，他做了数千张资料卡片，并初步完成三部典籍专有名词的对照索引。但由于其年事已高，除这些卡片外，未能留下相关文稿，现由殷力欣负责整理。①

五、潘谷西、何建中《〈营造法式〉解读》

2005 年，东南大学出版社出版的《〈营造法式〉解读》，由主要作者潘谷西回顾 20 余年来对《营造法式》的研读，在过去所写《〈营造法式〉初探》系列文章的基础上②，做出补充修订，又结合现存古建筑实例和考古发现，融合《营造法式》研究的新成果，并邀长期从事《营造法式》研究的何建中参与编写而成（图 3-22）。③

《〈营造法式〉解读》遵循《营造法式》原书的主体顺序并有所调整，不是对《营造法式》逐卷逐条的注释，而是立足于技术、艺术等多个角度，对书中记载各工种的工程作法进行剖析、介绍，用现代语言及图示方法加以表述，帮助读者跨越古代术语和文字的障碍，从而获得对宋代建筑和《营造法式》的认识。书后附录二“宋代建筑术语解释”，按照汉字笔画顺序，列出《营造法式》730 余条术语并做名词解释。④

对以往学者研究较多的大木作部分，该书作者从基础资料和工程角度辨析、探讨，做了进一步的深化研究。对《营造法式》中小木作、彩画作等梁思成在《〈营造法式〉注释》中未及整理、著述的部分，又做了细致的研读，绘制大量线图，并比照实例照片完成对《营造法式》的解读。⑤

书中还穿插与其他时代，特别是明清时期建筑做法的比照和某一做法的演变过程。对《营造法式》中未详细记载的建筑类型和做法，亦根据同时代遗物进行探讨并补充。对这些《营造法式》未提及或阐明的重要内容的探讨，一方面证明《营

① 殷力欣指出，此部分卡片现暂由其保管，待整理完成后，将捐赠于有关研究机构作为永久收藏。

② 潘谷西.《营造法式》初探（一）. 南京工学院学报，1980（4）：35-51；潘谷西.《营造法式》初探（二）. 南京工学院学报，1981（2）：43；潘谷西.《营造法式》初探（三）. 南京工学院学报，1985（1）：1-20；潘谷西. 关于《营造法式》的性质、特点、研究方法——《营造法式》初探之四. 东南大学学报（自然科学版），1990（5）：1-7.

③ 参见潘谷西，何建中.《〈营造法式〉解读》· 自序. 南京：东南大学出版社，2005.

④ 参见潘谷西，何建中.《〈营造法式〉解读》. 南京：东南大学出版社，2005：242-266.

⑤ “《〈营造法式〉解读》对难解的小木作藻井辅以结构示意图和若干图片，对佛道帐、牙脚帐、转轮经藏、壁帐等一一对应原文作立面、剖面、大样示意或复原图，弥补了《法式》以往研究的一大空白。”引自陈薇. 贴近历史真实的解读——《〈营造法式〉解读》书评. 建筑师，2006（4）：92.

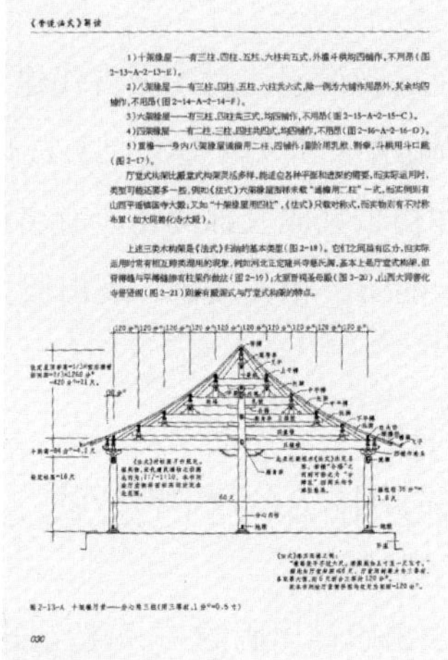

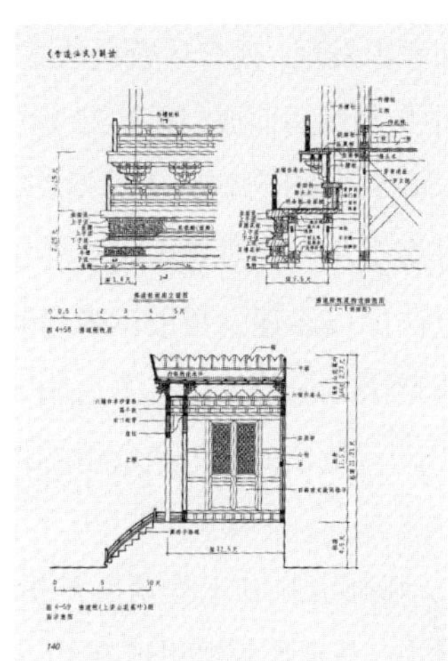

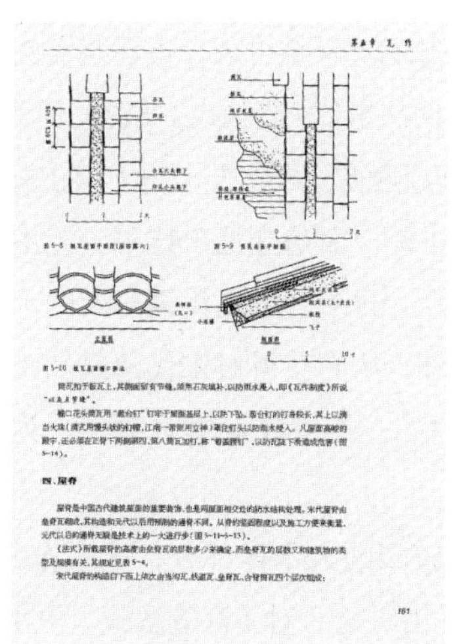

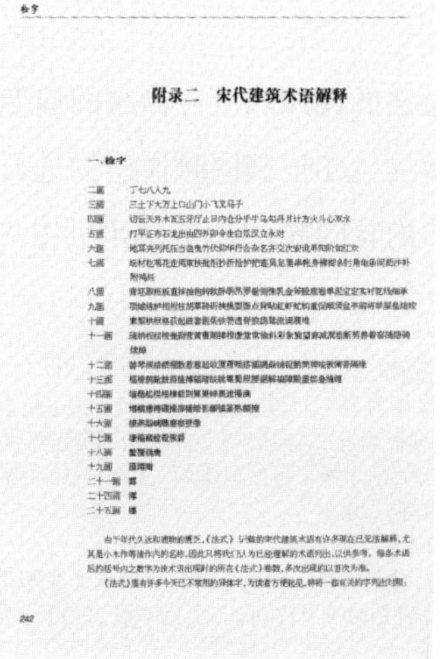

图 3-22 《《营造法式》解读》书影
（资料来源：潘谷西，何建中.《《营造法式》解读》.南京：东南大学出版社，2005）

造法式》并非设计施工大全，而是从关防工料的目的出发，仅选录了官式建筑中最有代表性的做法；另一方面也帮助读者拓展视野，更全面地了解宋代建筑的面貌。[①]另外，该书还有对基本概念的廓清，以及对《营造法式》与江南建筑的关系和一些关键问题的辨析。有学者认为，《〈营造法式〉解读》开始了建构和挖掘《营造法式》基本理论体系的尝试。[②]

《〈营造法式〉解读》不仅使读者对《营造法式》有了新的认识，更将《营造法式》的研究又向前推进了一步。陈薇认为该书具有“突破建筑学本体认识的历史观、反映原书体例的真实观、注重探讨营造特点的建筑观、还原历史面貌和特点的科学观”四个方面的特点和价值。[③]

六、其他相关研究

除上述解读《营造法式》文本及术语的专门研究外，本书所及诸多《营造法式》相关论著也饱含术语研究的心得和成果，此不赘述。此外，关于古建筑各个方面的研究也会涉及《营造法式》术语的整理和释读，相关成果散见于各种学术论文、史学专著和综合辞典中。

（一）学术论文中的相关研究

1. 古建筑调查报告

纵观中国建筑历史的研究历程，学者们以既有的宋《营造法式》术语研究成果比照和解读建筑遗存，为古代建筑的研究提供了起点和参照；同时，古代建筑实例及相关做法也成为解读《营造法式》术语的重要支撑。如前所述，作为学社成员的梁思成、刘敦桢等学者，立足于各时期古建筑遗构的考察和测绘，采用文献结合实物的研究方法，解读《营造法式》和古代建筑，从《蓟县独乐寺观音阁山门考》开始，撰写了一系列基于实物研究的调查报告。这些成果对《营造法式》

① 姜来．解读中国建筑的理念和精神——《〈营造法式〉解读》编后．建筑与文化，2006（6）：110-111.
② 参见邹其昌．经典诠释与当代中国建筑设计理论体系建构——兼论潘谷西先生的《〈营造法式〉解读》的学理价值．美与时代，2006（6）：96.
③ 陈薇．贴近历史真实的解读——《〈营造法式〉解读》书评．建筑师，2006（4）：91-94.

术语的解读具有开拓性的意义，也为后续的同类研究提供了方法上的参照。

从《汇刊》所载的各类学术成果中，可见当时古建筑研究艰辛的拓荒过程和知识体系的不断更新。由于基础资料的缺乏，对《营造法式》术语名词的研究也经历了辨识、疑惑到最终确认的历程。因此，学社时期撰写的调查报告常以术语名词的解读开篇，或者在描述分析古建筑的同时，加入对术语名词的比照和解释，显现出一种边研究、边学习的状态。这些对《营造法式》术语的辨识和应用，为后续研究提供了用语基础。1949 年以后，更多学者延续学社的方法，参与到建筑历史的研究工作中。学界不仅发现了大量的实物遗构，拓展了研究对象和基础资料，对建筑遗构的各个方面展开了更为详细的调查，还发表了一大批学术成果，为《营造法式》术语解读提供了重要的佐证。很多古建筑调查报告除了以《营造法式》术语为基本用语外，仍体现出术语解读与建筑描述相融合的状态，在分析、研究古建筑的同时渗入对术语的解释，但行文更显简洁、精炼。

综合几十年来的古建筑调查研究可知，早期由于对文献和实物的认知仍处于初级阶段，往往需要边解读术语、边论述建筑实例，并将分析的过程进行记录。这种先做辞解再论述的方式，实际上是把研究和解读《营造法式》或古建筑术语的过程也体现在文章中，是研究的必经阶段；在对术语的含义和指代有了基本认知后，由于学术传承及写作习惯的影响，或是出于让普通读者更容易理解的目的，后期的研究成果在描述建筑基本情况时，仍然会穿插对某些重要术语的解释。

2.《营造法式》术语专项研究

在众多关于《营造法式》内容的专项研究论文中，对术语的运用愈显成熟，相关的阐释也蔚为可观。随着研究的不断深化，学术界对《营造法式》术语的研究开始从宏观走向微观，深入到之前限于知识水平和实物资料而无力涉及的专题研究中。

本书第一章提及的对《营造法式》中单字正误的研究，如陈明达《抄？杪？》、曹汛《〈营造法式〉的一个字误》、徐怡涛《“抄”、“杪”辨》、李灿《“杪栱”“抄栱”探析》等，不仅是关于版本校勘方面的重要考证[①]，也是对《营造法式》术语涵义的详细辨析。此外，学者们还结合文献、实物考据，对《营造法式》术语的读音、

① 参见陈明达 . 抄？杪？ . 建筑学报，1986（9）：65；曹汛 .《营造法式》的一个字误 . 建筑史论文集，1988（9）：54–57；徐怡涛 . “抄”、“杪”辨 . 建筑史论文集，2003（17）：30–39；李灿 . “杪栱”“抄栱”探析 . 古建园林技术，2004（4）：10–12.

字义等方面展开探讨，如何俊寿对“万栱”和“慢栱”关联性的讨论，王其明关于中国古代建筑史中几个常用字读音的研究，张十庆对“样”、“造”、“作”单字涵义的辨析，胡正旗对“阁道”、“复道”关系的考察，钟晓青对“材”、“栱”、“椽”、“立旌”、“盘子”等词义的分析，以及郑珠、郑晓祎关于椽制作工艺相关术语以及于树木“头”、“尾”放置方向等语句的解读，等等。①

诸如此类关于术语的细致讨论，大都分散在《营造法式》各种专项研究成果中，涉及多个工种的制度、功限、料例等方面。② 也正是在这些相关成果的支撑下，越来越多的术语被成功解读，研究所达的深度不止于释读构件形制、规格、功能等内容，还对源流演变、地域差异、命名原因、文化内涵等背景知识进行了挖掘和补充。但此类研究成果形式多样，涉及的内容及深度不尽相同，既有耗时耗力的深度挖掘，也有蜻蜓点水的简单介绍。

（二）通史、专史中的相关研究

傅熹年指出，“通史是建立在丰富史料和各种专门研究基础上的，通过编写建筑通史总结前一阶段工作成果，发现不足之处和新的问题，进而推进对各专门问题做进一步的研究。”③ 在众多建筑类的通史和专史著述中，无论是对《营造法式》的专门评价和综述，还是以其内容和术语名词为参照的比较和引证，大都立足于宏观层面，总结前一阶段的成果，并给予后来的研究以启迪。

例如梁思成主编的《中国建筑史》和刘敦桢主编的《中国古代建筑史》这两部通史类专著，在实物调查和文献研究的基础上，梳理了中国古建筑发展的历程。其中，大量使用宋《营造法式》和清工部《工程做法》中记载的词语，图文并茂地明示了术语与构件的对应关系。同时将术语阐释与文字介绍相融合，完成了对实例遗存的分析介绍，为后续研究奠定了重要的知识基础，示范了用语原则，并提供了方法论上的指导。

而后，随着基础知识的不断完善，后续的一些通史或专史类著作得以直接采

---

① 何俊寿．万栱与慢栱新证——古代大式大木构件名称研讨．古建园林技术，1983（1）：58-59；王其明．中国古代建筑史中几个常用字读音的探讨．古建园林技术，1997（1）：26-27；张十庆．古代营建技术中的“样”、“造”、“作”．建筑史论文集，2002（15）：37-41；胡正旗．“阁道”不等于“复道”．西南民族大学学报（人文社会科学版），2011（3）：109；钟晓青．《营造法式》研读札记．见：宁波保国寺大殿建成1000周年学术研讨会暨中国建筑史学分会2013年会论文集．宁波，2013：4-5，11-12；郑珠，郑晓祎．《营造法式》读后杂谈．古建园林技术，2014（3）：50-51.

② 其他相关文献已在本书各个章节分类介绍，此不赘述。

③ 参见傅熹年．对建筑历史研究工作的认识．见：袁镜身主编．中国建筑设计研究院成立五十周年纪念丛书1952—2002（论文篇）．北京：清华大学出版社，2002：321.

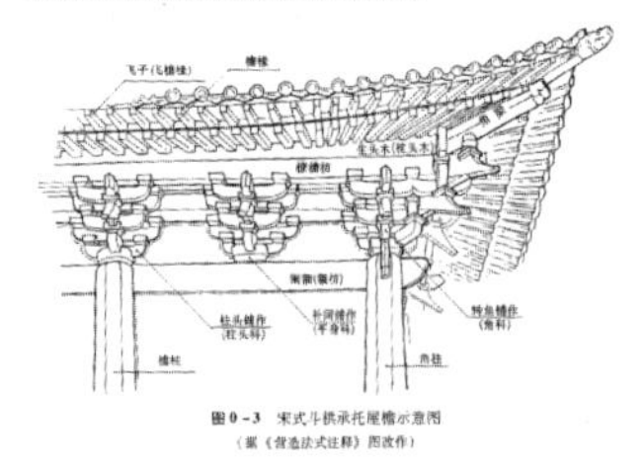

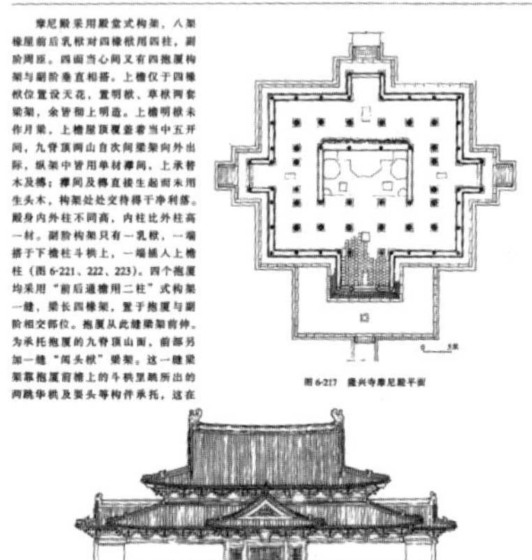

图 3-23　高校教材《中国建筑史》书影（资料来源：潘谷西编著 . 中国建筑史 .7 版 . 北京：中国建筑工业出版社，2015）

图 3-24　《中国古代建筑史》（第三卷）书影 [资料来源：郭黛姮主编 . 中国古代建筑史（第三卷）. 北京：中国建筑工业出版社，2003]

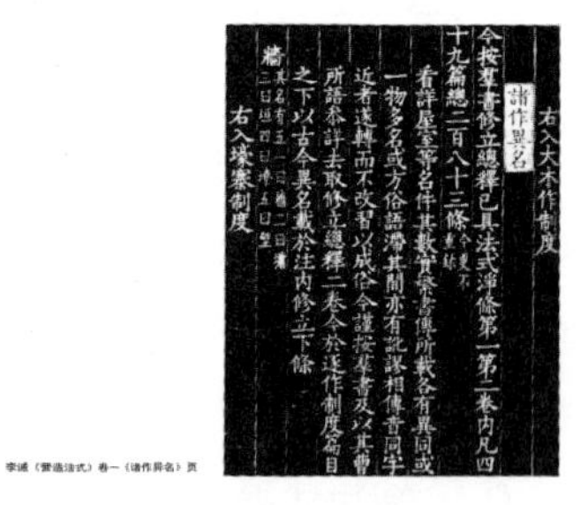

右入大木作制度

諸作異名

今按羣書修立總釋已具法式淨條第一第二卷内凡四十九篇總二百八十三條今更不重録看詳屋室等名件其數實繁書傳所載各有異同或一物多名或方俗語滑其間亦有訛謬相傳音同字近者遂轉而不改習以成俗今謹按羣書及以其曹所語參詳去取修立總釋二卷今於逐作制度篇目之下以古今異名載於注内修立下條

牆其名有五一曰牆二曰墉三曰垣四曰壿五曰壁

右入壕寨制度

李诫《营造法式》卷一《诸作异名》页

名词和术语的变迁

图 3-25　《华夏意匠》第二章“总释”书影（资料来源：李允鉌 . 华夏意匠——中国古典建筑设计原理分析 . 天津：天津大学出版社，2005）

用《营造法式》等古代典籍中确立的古建筑术语，对实例进行描述，期间穿插对某些词语的解读分析，对早期研究成果进行补充，例如潘谷西主编的高校教材《中国建筑史》[①]（图 3-23）以及诸多学者合编的五卷本《中国古代建筑史》[②]（图 3-24）等通史性专著，以及香港建筑师李允鉌所著《华夏意匠》[③]（图 3-25）、中国科学院自然科学史研究所主编的《中国古代建筑技术史》、萧默主编《中国建筑艺术史》、傅熹年主编的《中国科学技术史·建筑卷》、郭黛姮主编的《南宋建筑史》[④]等专史性论著，还有近年出版的各种建筑通史著述。[⑤]尽管编修体例不同，研究内容各有侧重，但是这些建筑史专著在术语研究成果的表现形式上基本类似，仍属术语解读与建筑描述相融合的写作方法。在对照实例解读术语的同时，也运用术语对已经明确的建筑形制等内容进行介绍，对大量古建筑知识作了普及性的解析，为读者认知古建筑的术语提供了帮助。

（三）古建筑术语的综合研究

随着研究的不断深化，学术界对古建筑术语的释义作了许多总结性的工作，涉及包括《营造法式》术语在内的多个时期和地域的古建筑名词，成果类型主要有词典和文献附录。

1. 建筑类术语辞典

（1）《中国古代建筑基础知识》

《江西文物》（现名《南方文物》）1989 年第四期刊载了《中国古代建筑基础

① 该书第一篇"中国古代建筑"大量使用《营造法式》相关术语介绍早期建筑，并配以线描图和实物照片辅助说明。其中第八章"古代木构建筑的特征与详部演变"以《营造法式》及其术语为主导，采用边解读、边介绍实物的方法，结合实例分析古代建筑基本构件的形制和演变。参见潘谷西编著．中国建筑史．7 版．北京：中国建筑工业出版社，2015：1-318.

② 该书采用各时期的专用术语对建筑特征、形制及实例进行描述。其中，郭黛姮主编的第三卷按建筑类型对宋、辽、金、西夏时期的建筑进行了分类解读，以《营造法式》术语对建筑实例进行分析介绍，图文并茂地对一些常见的构件作了细致的解读。参见中国古代建筑史（第一至第五卷）．北京：中国建筑工业出版社，2001—2003.

③《华夏意匠》初版于 1985 年，2005 年再版。该书立足于独特而新颖的视角，对中国古代建筑意匠展开分析和讨论。书中多次提及《营造法式》及相关术语，并采用文献学的方法对《营造法式》一些常见术语进行解读，涉及源流演变、一物多名、宋清名称差异等，配以线描图示及照片。作者李允鉌指出，古籍文献或文学作品也会涉及建筑用语，对古建筑术语系统的了解有助于古代文献的阅读，反之亦然。并在《华夏意匠》第二章"总释"中对《营造法式》常见术语做出研究实践。参见李允鉌．华夏意匠——中国古典建筑设计原理分析．天津：天津大学出版社，2005：47-74.

④ 中国科学院自然科学史研究所主编．中国古代建筑技术史．北京：科学出版社，1985；萧默主编，中国艺术研究院《中国建筑艺术史》编写组编著．中国建筑艺术史．北京：文物出版社，1999；傅熹年．中国科学技术史·建筑卷．北京：科学出版社，2008；郭黛姮．南宋建筑史．上海：上海古籍出版社，2014.

⑤ 近年出版的中国建筑史类专著数量较多，优劣不一，但基本的写作方法、术语使用和实例素材类同，此不赘述。

知识》专辑，分古代建筑类型和细部名类两大部分，对官式建筑的大部分名词作了简明扼要的解释，并有线稿图释（约 400 幅），共收辞目 1500 余条，涉及《营造法式》专有术语近 260 个。除阐明术语的基本释义外，还侧重历史演变的稽考，以便读者了解中国古代建筑的时代特征。附录二举列部分术语的宋、清名称及别名（图 3–26）。《中国古代建筑基础知识》是国内较早公开发表的、较为系统的关于古建筑术语基础知识的成果。[①]

（2）《中国古代建筑辞典》

由北京市文物研究所主编，吕松云、刘诗中执笔的《中国古代建筑辞典》，共收录包括古建筑名类、构件、工具等在内的术语解释共 2500 余条，部分词目配以插图补充说明（共计 248 幅），其中涉及《营造法式》术语的解读约 350 余个（图 3–27）。[②]

（3）《中国古建筑术语辞典》

北京市文物局王效青等学者，组织山西古建筑保护研究所和相关省市古建筑保护、研究人员，在已有成果的基础上，查考文献，邀请有实践经验的匠师、专家和技术人员协力编成《中国古建筑术语辞典》。该书囊括古建筑工程各工种的传统做法和常用术语名词，成为当时较为全面的古建筑术语专业手册。该辞典共收录古建筑术语 3600 余条，涉及《营造法式》术语的词条约 680 余个，部分术语配以线稿图示（图 3–28）。[③]

（4）《中国建筑英汉双解辞典》

《中国建筑英汉双解辞典》（Visual Dictionary of Chinese Architecture）从《营造法式》、清工部《工程做法》、《园冶》、《营造法原》等典籍中选取与中国古代营造相关的术语，做英汉双语对照解释，在所有词条的英文解释之前，另加注汉语拼音，部分词条附线画图辅助说明，为中西文化的交流作出了贡献（图 3–29）。[④]

---

① 《中国古代建筑基础知识》由赵承告主编，万幼楠编著，陶浔、赖德劭和万幼楠作图，由《江西文物》编辑部审改编排并出版专辑。主要内容分为古代建筑分型名类（第一章）和古代建筑细部名类（第二章）。参见万幼楠．中国古代建筑基础知识．江西文物，1989（4）：3–111。

② 北京市文物研究所编，吕松云，刘诗中执笔．中国古代建筑辞典．北京：中国书店，1992.

③ 王效青主编．中国古建筑术语辞典．太原：山西人民出版社，1996.

④ Qinghua Guo，Visual Dictionary of Chinese Architecture，Melbourne：Images Publishing，2002.

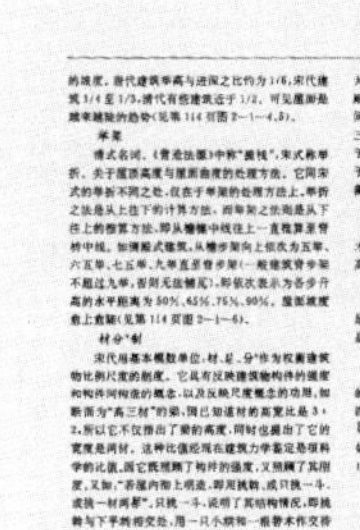

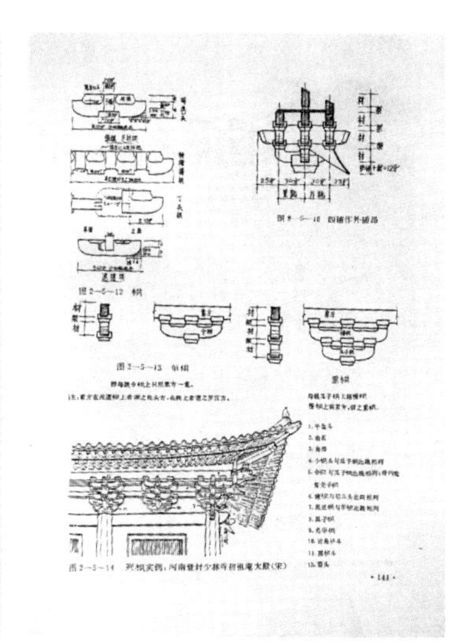

图 3-26 《中国古代建筑基础知识》书影 [资料来源：万幼楠 . 中国古代建筑基础知识 . 江西文物，1989 (4)]

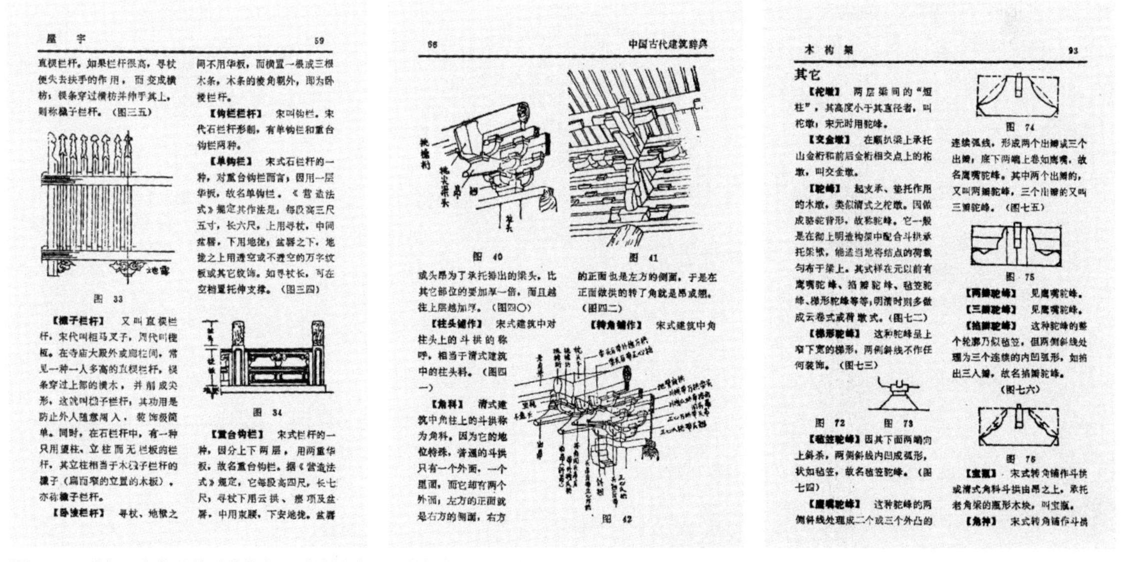

屋　宇　59

直棂栏杆。如果栏杆很高，寻杖便失去扶手的作用，而变成横枋；棂条穿过横枋并伸于其上，则称櫼子栏杆。（图三五）

图 33

【櫼子栏杆】　又叫直棂栏杆，宋代叫柤马叉子，周代叫梐枑。在寺庙大殿外或廊柱间，常见一种一人多高的直棂栏杆，棂条穿过上部的横木，并削成尖形，这就叫櫼子栏杆，其功用是防止外人随意闯入，装饰极简单。同时，在石栏杆中，有一种只用望柱、立柱而无栏板的栏杆，其立柱相当于木櫼子栏杆的棂子（扁而窄的立置的木板），亦称櫼子栏杆。

【卧棂栏杆】　寻杖、地栿之间不用华板，而横置一根或三根木条，木条的棱角朝外，即为卧棂栏杆。

【钩栏栏杆】　宋叫钩栏。宋代石栏杆形制，有单钩栏和重台钩栏两种。

【单钩栏】　宋式石栏杆的一种，对重台钩栏而言，因用一层华板，故名单钩栏。《营造法式》规定其作法是：每段高三尺五寸，长六尺，上用寻杖，中间盆唇，下用地栿；盆唇之下，地栿之上用透空或不透空的万字纹板或其它纹饰。如寻杖长，可在空档置托伸支撑。（图三四）

图 34

【重台钩栏】　宋式栏杆的一种，因分上下两层，用两重华板，故名重台钩栏。据《营造法式》规定，它每段高四尺，长七尺，寻杖下用云拱、瘿项及盆唇，中用束腰，下安地栿。盆唇

66　中国古代建筑辞典

图 40

图 41

或头昂为了承托挑出的梁头，比其它部位的要加厚一倍，而且越往上层越加厚。（图四〇）

【柱头铺作】　宋式建筑中对柱头上的斗拱的称呼，相当于清式建筑中的柱头科。（图四一）

【角科】　清式建筑中角柱上的斗拱称为角科，因为它的地位特殊，普通的斗拱只有一个外面，一个里面，而它却有两个外面，左方的正面就是右方的侧面，右方的正面也是左方的侧面，于是在正面做拱的转了角就是昂或翘。（图四二）

【转角铺作】　宋式建筑中角

图 42

木构架　93

其它

【柁墩】　两层梁间的"短柱"，其高度小于其直径者，叫柁墩；宋元时用驼峰。

【交金墩】　在顺扒梁上承托山金桁和前后金桁相交点上的柁墩，叫交金墩。

【驼峰】　起支承、垫托作用的木墩，类似清式之柁墩。因做成骆驼背形，故称驼峰。它一般是在彻上明造构架中配合斗拱承托梁栿，能适当地将结点的荷载匀布于梁上。其式样在元以前有鹰嘴驼峰、掐瓣驼峰、毡笠驼峰、梯形驼峰等等；明清时则多做成云卷式或荷墩式。（图七二）

【梯形驼峰】　这种驼峰呈上窄下宽的梯形，两侧斜线不作任何装饰。（图七三）

图 72　图 73

【毡笠驼峰】因其下面两端向上斜杀，两侧斜线内凹成弧形，状如毡笠，故名毡笠驼峰。（图七四）

【鹰嘴驼峰】　这种驼峰的两侧斜线处理成二个或三个外凸的

图 74

连续弧线，形成两个出瓣或三个出瓣，底下两端上卷如鹰嘴，故名鹰嘴驼峰。其中两个出瓣的，又叫两瓣驼峰，三个出瓣的又叫三瓣驼峰。（图七五）

图 75

【两瓣驼峰】　见鹰嘴驼峰。

【三瓣驼峰】　见鹰嘴驼峰。

【掐瓣驼峰】　这种驼峰的整个轮廓乃似毡笠，但两侧斜线处理为三个连续的内凹弧形，如掐出三入瓣，故名掐瓣驼峰。（图七六）

图 76

【宝瓶】　宋式转角铺作斗拱或清式角科斗拱由昂之上，承托老角梁的瓶形木块，叫宝瓶。

【角神】　宋式转角铺作斗拱

图 3-27 《中国古代建筑辞典》书影（资料来源：北京市文物研究所编，吕松云，刘诗中执笔 . 中国古代建筑辞典 . 北京：中国书店，1992）

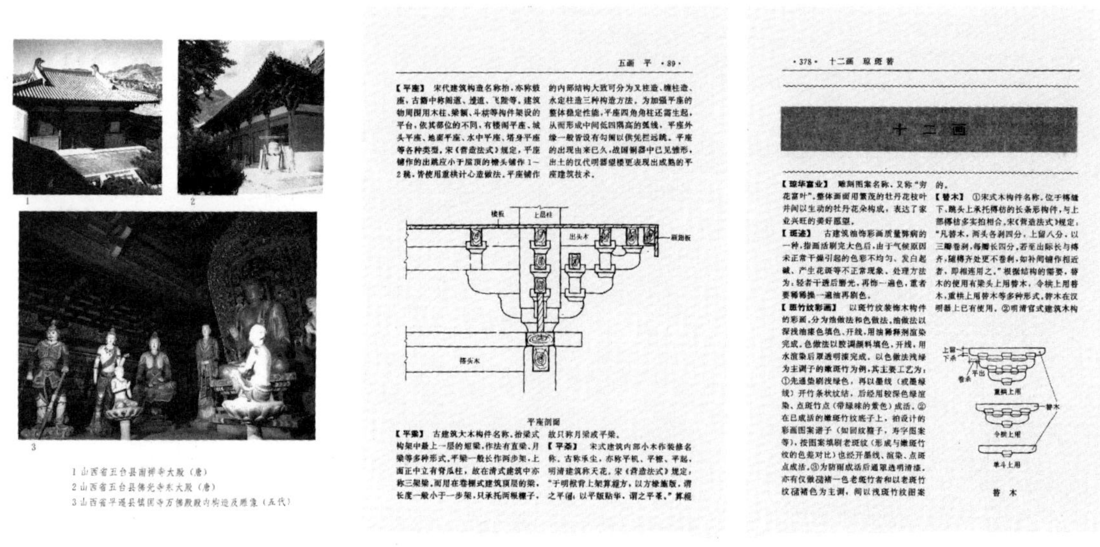

1 山西省五台县南禅寺大殿（唐）
2 山西省五台县佛光寺东大殿（唐）
3 山西省平遥县镇国寺万佛殿殿内构造及雕像（五代）

五画　平　·89·

【平座】　宋代建筑构造名称拍，亦称鼓座，古籍中称阁道、墱道、飞陛等。建筑物周围用木柱、梁额、斗栱等构件架设的平台，依其部位的不同，有楼阁平座、城头平座、地面平座、水中平座、塔身平座等各种类型。宋《营造法式》规定，平座铺作的出跳应小于屋顶的檐头铺作1—2跳，皆使用重栱计心造做法。平座铺作的内部结构大致可分为叉柱造、缠柱造、永定柱造三种构造方法。为加强平座的整体稳定性能，平座四角角柱还需生起，从而形成中间低四隅高的弧线。平座外缘一般皆设有勾阑以供凭栏远眺。平座的出现由来已久，战国铜器中已见雏形，出土的汉代明器望楼更表现出成熟的平座建筑技术。

平座剖面

【平梁】　古建筑大木构件名称。抬梁式构架中最上一层的短梁，作法有直梁、月梁等多种形式。平梁一般长作两步架，上面正中立有脊瓜柱，故在清式建筑中亦称三架梁。而用在卷棚式建筑顶层的梁，长度一般小于一步架，只承托两根檩子，故只称月梁或平梁。

【平綦】　宋式建筑内部小木作装修名称。古称承尘，亦称平机、平橑、平起，明清建筑称天花。宋《营造法式》规定，"于明栿背上架算程方，以方椽施版，谓之平闇；以平版贴华，谓之平綦。"算桯

·378·　十二画　琼斑替

十二画

【琼华富业】　雕刻图案名称。又称"穷花富叶"。整体画面用繁茂的牡丹花枝叶并间以生动的牡丹花朵构成，表达了家业兴旺的美好愿望。

【斑迹】　古建筑油饰彩画质量弊病的一种，指画活刷完大色后，由于气候原因未正常干燥引起的色彩不均匀、发白起碱、产生花斑等不正常现象。处理方法为：轻者干透后磨光，再饰一遍色，重者要稀稀操一遍油再刷色。

【斑竹纹彩画】　以斑竹纹装饰木构件的彩画，分为油做法和色做法。油做法以深浅油漆色填色、开线，用油稀释剂渲染完成。色做法以胶调颜料填色，开线，用水渲染后罩透明漆完成。以色做法浅绿为主调子的嫩斑竹为例，其主要工艺为：①先通垫刷浅绿色，再以墨线（或墨绿线）开竹条状纹结，后经用较深色绿渲染、点斑竹点（带绿味的紫色）成活。②在已成活的嫩斑竹纹底子上，拍设计的彩画图案谱子（如回纹箍子，寿字图案等），按图案填刷老斑纹（形成与嫩斑竹纹的色差对比）也经开墨线、渲染、点斑点成活。③为防雨成活后通罩透明清漆。亦有仅做赭色老斑竹者和以老斑竹纹赭色为主调，间以浅斑竹纹图案的。

【替木】　①宋式木构件名称。位于榑缝下，跳头上承托榑枋的长条形构件，与上部榑枋多实拍相合。宋《营造法式》规定："凡替木，两头各刹四分，上留八分，以三瓣卷刹，每瓣长四分。若至出际长与榑齐，随榑齐处更不卷刹，如补间铺作相近者，即相连用之。"根据结构的需要，替木的使用有梁头上用替木，令栱上用替木，重栱上用替木等多种形式。替木在汉明器上已有使用。②明清官式建筑木构

替　木

图 3-28 《中国古建筑术语辞典》书影（资料来源：王效青主编．中国古建筑术语辞典．太原：山西人民出版社，1996）

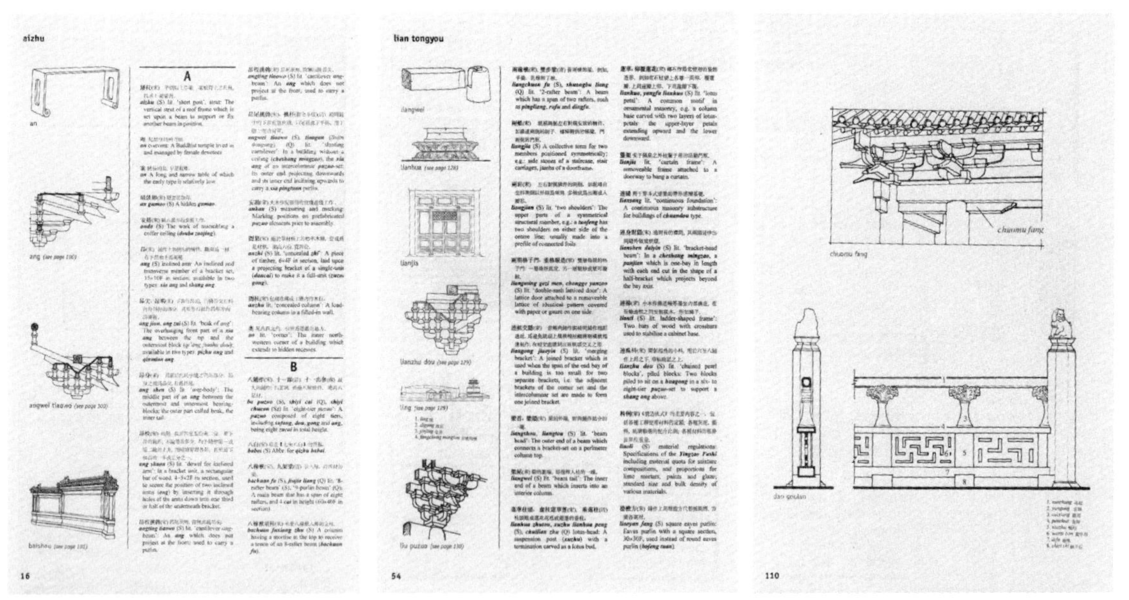

图 3-29 《中国建筑英汉双解辞典》书影（资料来源：Qinghua Guo，Visual Dictionary of Chinese Architecture，Melbourne：Images Publishing，2002）

（5）《中国建筑图解词典》

王其钧主编的《中国建筑图解词典》按术语所属的建筑部位分类，配以大量精美的手绘彩图及照片，对近 1100 个古建筑基本知识点及涉及的术语进行了介绍和解释。该词典简洁清晰，文图结合，直观易读，涉及《营造法式》术语近 110 条（图 3-30）。①

（6）《中国古建工程计量与计价》

张程、张建平编著的《中国古建工程计量与计价》综合《营造法式》与清工部《工程做法》的相关内容，对术语进行解读，主要涉及术语释义、工程计量方法、具体施工项目三方面的内容，部分术语以线描图示辅助说明。该书根据实际需要，以答疑的方式行文，总体仍类似词典功能，共收 1300 多个条目，涉及约 180 个《营造法式》术语（图 3-31）。②

（7）《中国古建筑名词图解辞典》

李剑平编著的《中国古建筑名词图解辞典》在名词术语的选取上分为专业性和普及性两大类。参照宋《营造法式》和清工部《工程做法》，按工种进行分类，以求系统化和体系化。辞典共收录 1900 个古建筑术语，以官式及北方建筑名词为主，选注一些南方叫法作为补充，涉及《营造法式》条目近 460 个。附录一收入"宋式与清式主要构件名词对照表"，以便读者比较、区分（图 3-32）。③

（8）《中国古建筑知识手册》

田永复编著的《中国古建筑知识手册》以《营造法式》、《营造法原》及清工部《工程做法》等文献为基础，以专题、专词、专释的形式解读古建筑常用技术知识点，对比宋、清以及南方地区的做法的异同，采用列表、图示、计算等直观的方法加以说明，关于《营造法式》常用术语的解读涉及木构架、屋面结构、斗栱、油漆彩画等方面。共收录 360 余个古建筑技术知识点，涉及近 180 个《营造法式》术语（图 3-33）。④

---

① 王其钧 . 中国建筑图解词典 . 北京：机械工业出版社，2007.
② 张程，张建平编 . 中国古建工程计量与计价 . 北京：中国计划出版社，2007.
③ 李剑平编著 . 中国古建筑名词图解词典 . 山西：科学技术出版社，2011.
④ 田永复 . 中国古建筑知识手册 . 北京：中国建筑工业出版社，2013.

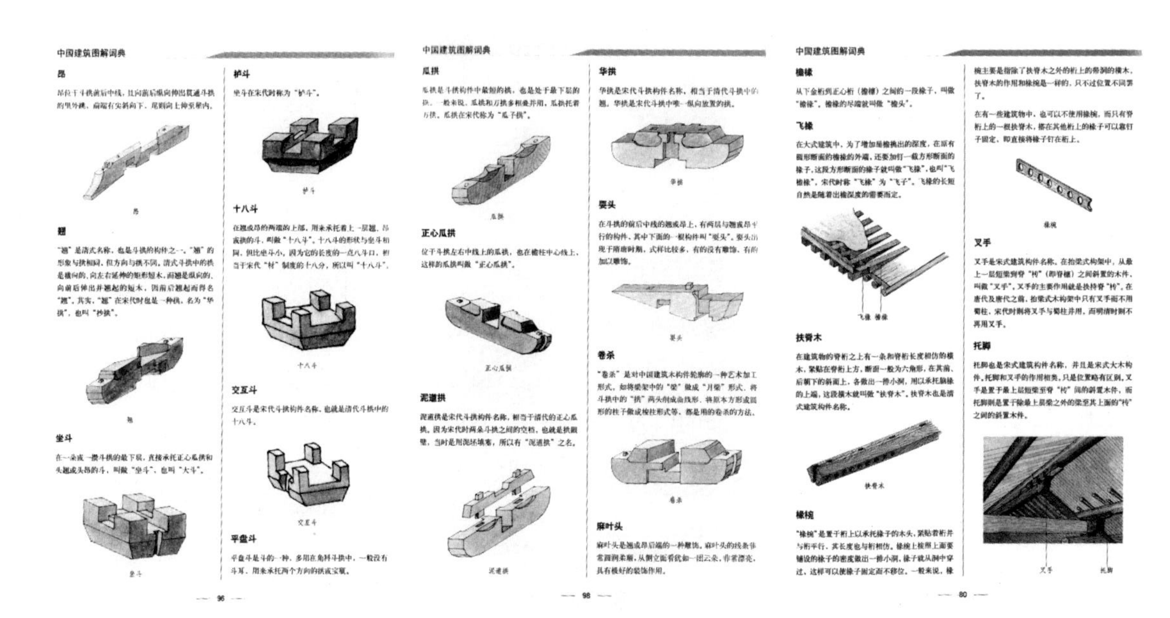

中国建筑图解词典

昂

昂位于斗栱前后中线，且向前后纵向伸出贯通斗栱的里外跳，前端有尖斜向下，尾则向上伸至梁内。

翘

“翘”是清式名称，也是斗拱的构件之一。“翘”的形象与拱相同，但方向与拱不同。清式斗拱中的拱是横向的，向左右延伸的矩形短木，而翘是纵向的，向前后伸出并翘起的短木，因前后翘起而得名“翘”。其实，“翘”在宋代时也是一种拱，名为“华拱”，也叫“抄拱”。

坐斗

在一朵或一攒斗拱的最下层，直接承托正心瓜拱和头翘或头昂的斗，叫做“坐斗”，也叫“大斗”。

栌斗

坐斗在宋代时称为“栌斗”。

十八斗

在翘或昂的两端的上部，用来承托着上一层翘、昂或拱的斗，叫做“十八斗”。十八斗的形状与坐斗相同，但比坐斗小，因为它的长度的一点八斗口，相当于宋代“材”制度的十八分，所以叫“十八斗”。

交互斗

交互斗是宋代斗拱构件名称，也就是清代斗拱中的十八斗。

平盘斗

平盘斗是斗的一种，多用在角科斗拱中，一般没有斗耳，用来承托两个方向的拱或宝瓶。

— 96 —

中国建筑图解词典

瓜拱

瓜拱是斗拱构件中最短的拱，也是处于最下层的拱。一般来说，瓜拱和万拱多相叠并用，瓜拱托着万拱。瓜拱在宋代称为“瓜子拱”。

正心瓜拱

位于斗拱左右中线上的瓜拱，也在檐柱中心线上，这样的瓜拱叫做“正心瓜拱”。

泥道拱

泥道拱是宋代斗拱构件名称，相当于清代的正心瓜拱。因为宋代时两朵斗拱之间的空档，也就是拱眼壁，当时是用泥坯填塞，所以有“泥道拱”之名。

华拱

华拱是宋代斗拱构件名称，相当于清代斗拱中的翘。华拱是宋代斗拱中唯一纵向放置的拱。

耍头

在斗拱的前后中线的翘或昂上，有两层与翘或昂平行的构件，其中下面的一根构件叫“耍头”。耍头出现于隋唐时期，式样比较多，有的没有雕饰，有的加以雕饰。

卷杀

“卷杀”是对中国建筑木构件轮廓的一种艺术加工形式，如将梁架中的“梁”做成“月梁”形式，将斗拱中的“拱”两头削成曲线形，将原本方形或圆形的柱子做成梭柱形式等，都是用的卷杀的方法。

麻叶头

麻叶头是翘或昂后端的一种雕饰。麻叶头的线条非常圆润柔顺，从侧立面看犹如一团云朵，非常漂亮，具有极好的装饰作用。

— 98 —

中国建筑图解词典

檐椽

从下金桁到正心桁（檐檩）之间的一段椽子，叫做“檐椽”。檐椽的尽端就叫做“椽头”。

飞椽

在大式建筑中，为了增加屋檐挑出的深度，在原有圆形断面的檐椽的外端，还要加钉一截方形断面的椽子，这段方形断面的椽子就叫做“飞椽”，也叫“飞檐椽”。宋代时称“飞椽”为“飞子”。飞椽的长短自然是随着出檐深度的需要而定。

扶脊木

在建筑物的脊桁之上有一条和脊桁长度相仿的横木，紧贴在脊桁上方，断面一般为六角形，在其前、后朝下的斜面上，各做出一排小洞，用以承托脑椽的上端，这段横木就叫做“扶脊木”。扶脊木也是清式建筑构件名称。

椽椀

“椽椀”是置于桁上以承托椽子的木头，紧贴着桁并与桁平行，其长度也与桁相仿。椽椀上按照上面要铺设的椽子的密度做出一排小洞，椽子就从洞中穿过，这样可以使椽子固定而不移位。一般来说，椽椀主要是指除了扶脊木之外的桁上的带洞的横木，扶脊木的作用和椽椀是一样的，只不过位置不同罢了。

在有一些建筑物中，也可以不使用椽椀，而只有脊桁上的一根扶脊木，搭在其他桁上的椽子可以靠钉子固定，即直接将椽子钉在桁上。

叉手

叉手是宋式建筑构件名称。在抬梁式构架中，从最上一层短梁到脊“槫”（即脊檩）之间斜置的木件，叫做“叉手”。叉手的主要作用就是扶持脊“槫”。在唐代及唐代之前，抬梁式木构架中只有叉手而不用蜀柱，宋代时则将叉手与蜀柱并用，而明清时则不再用叉手。

托脚

托脚也是宋式建筑构件名称，并且是宋式大木构件。托脚和叉手的作用相类，只是位置略有区别。叉手是置于最上层短梁至脊“槫”间的斜置木件，而托脚则是置于除最上层梁之外的梁至其上面的“槫”之间的斜置木件。

— 80 —

图 3-30 《中国建筑图解词典》书影（资料来源：王其钧．中国建筑图解词典．北京：机械工业出版社，2007）

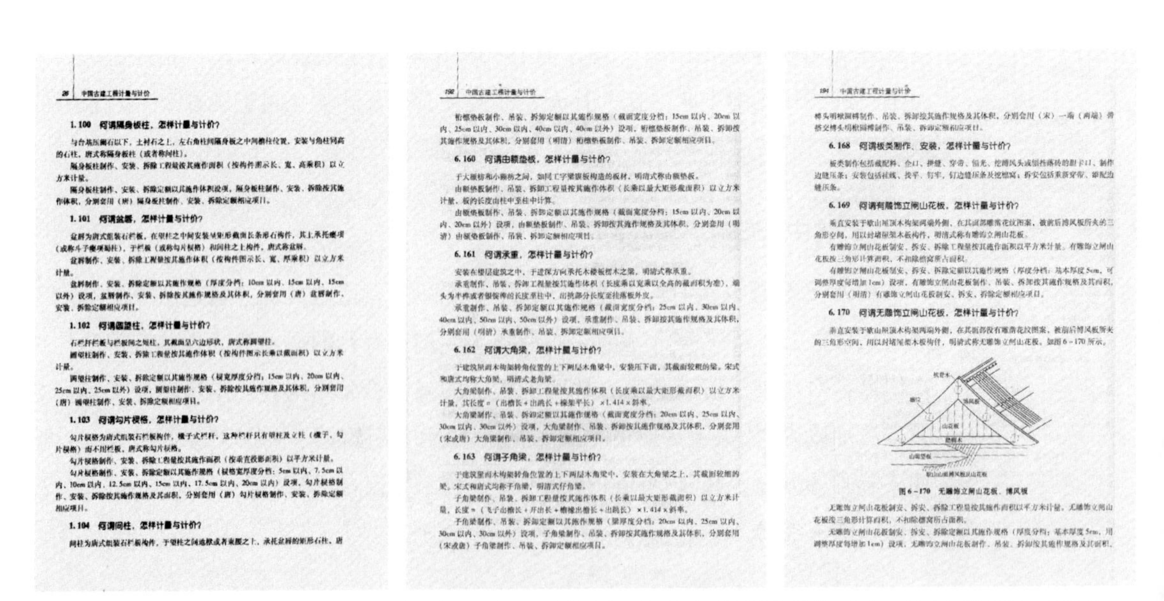

26 中国古建工程计量与计价

1.100 何谓隔身板柱，怎样计量与计价？

与台基压阑石以下，土衬石之上，左右角柱间隔身板之中间檐柱位置，安装与角柱同高的石柱，唐式称隔身板柱（或者称间柱）。

隔身板柱制作、安装、拆除工程量按其施作面积（按构件图示长、宽、高乘积）以立方米计量。

隔身板柱制作、安装、拆除定额以其施作体积设项，隔身板柱制作、安装、拆除按其施作体积，分别套用（唐）隔身板柱制作、安装、拆除定额相应项目。

1.101 何谓盆唇，怎样计量与计价？

盆唇为唐式组装石栏板，在望柱之中间安装呈矩形截面长条形石构件，其上承托瘿项（或称斗子瘿项贴柱），于栏板（或称勾片棂格）和间柱之上构件，唐式称盆唇。

盆唇制作、安装、拆除工程量按其施作体积（按构件图示长、宽、厚乘积）以立方米计量。

盆唇制作、安装、拆除定额以其施作规格（厚度分档：10cm 以内、15cm 以内、15cm 以外）设项，盆唇制作、安装、拆除按其施作规格及其体积，分别套用（唐）盆唇制作、安装、拆除定额相应项目。

1.102 何谓圆望柱，怎样计量与计价？

石栏杆栏板与栏板间之短柱，其截面呈六边形状，唐式称圆望柱。

圆望柱制作、安装、拆除工程量按其施作体积（按构件图示长乘以截面积）以立方米计量。

圆望柱制作、安装、拆除定额以其施作规格（径宽厚度分档：15cm 以内、20cm 以内、25cm 以内、25cm 以外）设项，圆望柱制作、安装、拆除按其施作规格及其体积，分别套用（唐）圆望柱制作、安装、拆除定额相应项目。

1.103 何谓勾片棂格，怎样计量与计价？

勾片棂格为唐式组装石栏板构件，棂子式栏杆，这种栏杆只有望柱及立柱（棂子、勾片棂格）而不用栏板，唐式称勾片棂格。

勾片棂格制作、安装、拆除工程量按其施作面积（按垂直投影面积）以平方米计量。

勾片棂格制作、安装、拆除定额以其施作规格（棂格宽厚度分档：5cm 以内、7.5cm 以内、10cm 以内、12.5cm 以内、15cm 以内、17.5cm 以内、20cm 以内）设项，勾片棂格制作、安装、拆除按其施作规格及其面积，分别套用（唐）勾片棂格制作、安装、拆除定额相应项目。

1.104 何谓间柱，怎样计量与计价？

间柱为唐式组装石栏板构件，于望柱之间地栿或者束腰之上，承托盆唇的矩形石柱，唐

192 中国古建工程计量与计价

桁檩垫板制作、吊装、拆卸定额以其施作规格（截面宽度分档：15cm 以内、20cm 以内、25cm 以内、30cm 以内、40cm 以内、40cm 以外）设项，桁檩垫板制作、吊装、拆卸按其施作规格及其体积，分别套用（明清）桁檩垫板制作、吊装、拆卸定额相应项目。

6.160 何谓由额垫板，怎样计量与计价？

于大额枋和小额枋之间，如同工字梁腹板构造的板材，明清式称由额垫板。

由额垫板制作、吊装、拆卸工程量按其施作体积（长乘以最大矩形截面积）以立方米计量，板的长度由柱中至柱中计算。

由额垫板制作、吊装、拆卸定额以其施作规格（截面宽度分档：15cm 以内、20cm 以内、20cm 以外）设项，由额垫板制作、吊装、拆卸按其施作规格及其体积，分别套用（明清）由额垫板制作、吊装、拆卸定额相应项目。

6.161 何谓承重，怎样计量与计价？

安装在楼层建筑之中，于进深方向承托木楼板楞木之梁，明清式称承重。

承重制作、吊装、拆卸工程量按其施作体积（长度乘以宽乘以全高的截面积为准），端头为半榫或者假榫的长度至柱中，而挑部分长度至挂落板外皮。

承重制作、吊装、拆卸定额以其施作规格（截面宽度分档：25cm 以内、30cm 以内、40cm 以内、50cm 以内、50cm 以外）设项，承重制作、吊装、拆卸按其施作规格及其体积，分别套用（明清）承重制作、吊装、拆卸定额相应项目。

6.162 何谓大角梁，怎样计量与计价？

于建筑屋面木构架转角位置的上下两层木角梁中，安装压下面，其截面较粗的梁，宋式和唐式均称大角梁，明清式老角梁。

大角梁制作、吊装、拆卸工程量按其施作体积（长度乘以最大矩形截面积）以立方米计量，其长度 =（出檐长 + 出跳长 + 椽架平长）×1.414×斜率。

大角梁制作、吊装、拆卸定额以其施作规格（截面宽度分档：20cm 以内、25cm 以内、30cm 以内、30cm 以外）设项，大角梁制作、吊装、拆卸按其施作规格及其体积，分别套用（宋或唐）大角梁制作、吊装、拆卸定额相应项目。

6.163 何谓子角梁，怎样计量与计价？

于建筑屋面木构架转角位置的上下两层木角梁中，安装在大角梁之上，其截面较细的梁，宋式和唐式均称子角梁，明清式仔角梁。

子角梁制作、吊装、拆卸工程量按其施作体积（长乘以最大矩形截面积）以立方米计量，长度 =（飞子出檐长 + 开出长 + 檐椽出檐长 + 出跳长）×1.414×斜率。

子角梁制作、吊装、拆卸定额以其施作规格（梁厚度分档：20cm 以内、25cm 以内、30cm 以内、30cm 以外）设项，子角梁制作、吊装、拆卸按其施作规格及其体积，分别套用（宋或唐）子角梁制作、吊装、拆卸定额相应项目。

194 中国古建工程计量与计价

榑头明栿圆榑制作、吊装、拆卸按其施作规格及其体积，分别套用（宋）一端（两端）搭交榑头明栿圆榑制作、吊装、拆卸定额相应项目。

6.168 何谓板类制作、安装，怎样计量与计价？

板类制作包括截配料、企口、拼缝、穿带、刨光、挖博风头或锯性落砖的翘卡口、制作边缝压条；安装包括衬线、找平、钉牢、钉边缝压条及挖檩窝；拆安包括重新穿带、添配边缝压条。

6.169 何谓有雕饰立闸山花板，怎样计量与计价？

垂直安装于歇山屋顶木构架两端外侧，在其面部雕有花纹图案，被前后博风板所夹的三角形空间，用以封堵屋架木板构件，明清式称有雕饰立闸山花板。

有雕饰立闸山花板制安、拆安、拆除工程量按其施作面积以平方米计量。有雕饰立闸山花板按三角形计算面积，不扣除檩窝所占面积。

有雕饰立闸山花板制安、拆安、拆除定额以其施作规格（厚度分档：基本厚度 5cm，可调整厚度每增加 1cm）设项，有雕饰立闸山花板制作、吊装、拆卸按其施作规格及其面积，分别套用（明清）有雕饰立闸山花板制安、拆安、拆除定额相应项目。

6.170 何谓无雕饰立闸山花板，怎样计量与计价？

垂直安装于歇山屋顶木构架两端外侧，在其面部没有雕凿花纹图案，被前后博风板所夹的三角形空间，用以封堵屋架木板构件，明清式称无雕饰立闸山花板。如图 6-170 所示。

图 6-170 无雕饰立闸山花板、博风板

无雕饰立闸山花板制安、拆安、拆除工程量按其施作面积以平方米计量，无雕饰立闸山花板按三角形计算面积，不扣除檩窝所占面积。

无雕饰立闸山花板制安、拆安、拆除定额以其施作规格（厚度分档：基本厚度 5cm，用调整厚度每增加 1cm）设项，无雕饰立闸山花板制作、吊装、拆卸按其施作规格及其面积，

图 3-31 《中国古建工程计量与计价》书影（资料来源：张程，张建平编．中国古建工程计量与计价．北京：中国计划出版社，2007）

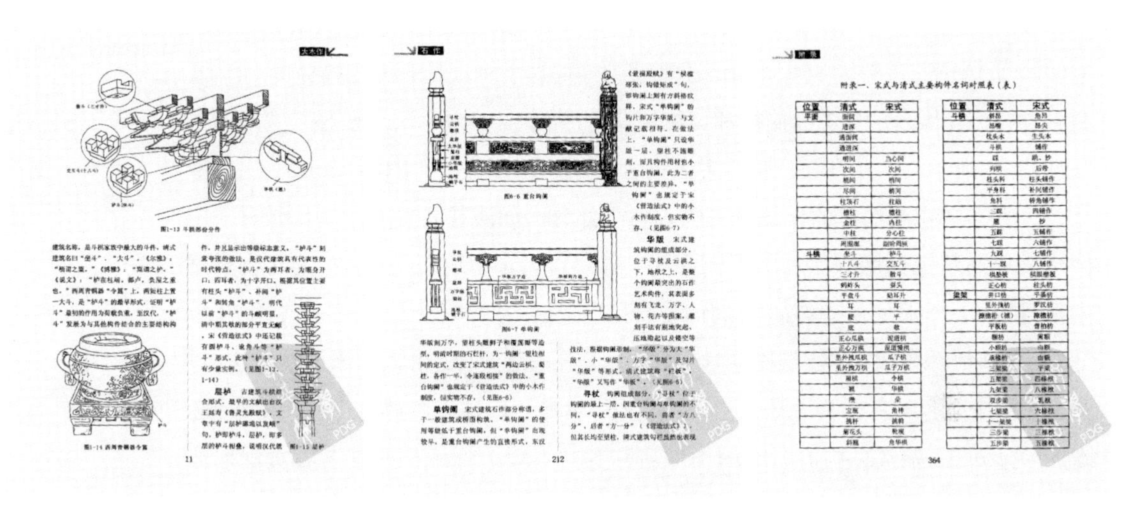

图 3-32 《中国古建筑名词图解辞典》书影（资料来源：李剑平编著．中国古建筑名词图解词典．山西：科学技术出版社，2011）

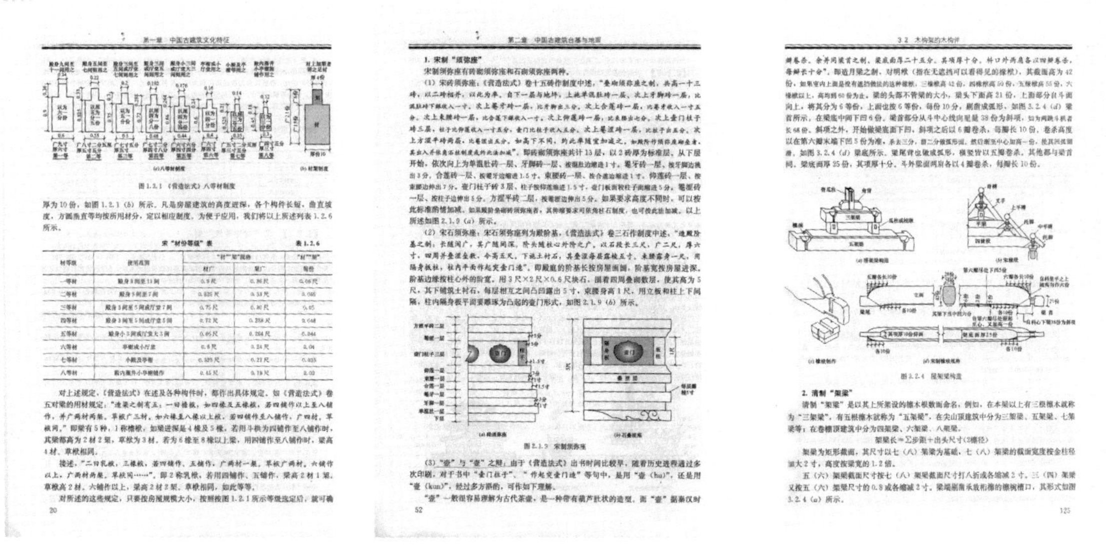

图 3-33 《中国古建筑知识手册》书影（资料来源：田永复．中国古建筑知识手册．北京：中国建筑工业出版社，2013）

（9）其他

此外，类似这种辞典形式的、逐条阐释的术语研究成果，还有臧尔忠对《营造法式》“总释”、《看详》、大木作部分篇条（阙、楼、栱、枓、鸱尾、取径围、定功、材、柱、栋、椽、举折）的摘抄和详细释义[①]；周宇对“殿宇”、“殿屋”、“殿阁”、“楼阁”、“殿堂”、“厅堂”、“殿”等名词含义的总结和分析（图 3-34）。[②]

一些著述也将简单的词条释义收入附录部分，如潘谷西主编的高校教材《中国建筑史》从第四版开始增加了附录 1“古建筑名词解释”，至第七版共收录书中出现的 87 个常见古建筑术语的简要释义，涉及《营造法式》术语共计 58 个（图 3-35）[③]；林源的《古建筑测绘学》附录“营造术语注释（宋式）”将《营造法式》中近 120 个常见构件分为总述、梁架、斗栱、台基、屋顶五个部分进行简要解读。附图一还对 13 幅常见构造图中的构件名称等内容作了标示，便于读者直观地理解术语的释义（图 3-36）。[④]

编写词典是一项费时、费力的系统工程。对读者来说，最好每一个条目都能达到释意解析的目的，但对于编者来说，对每一个条目的编写，从文字到图片都要投入相当的时间和精力。[⑤] 虽然这些辞典的体例或以笔画、拼音排序，或以所属部位、工种分类，涉及术语及其释义多有相似，解读的内容大都涉及一物异名、古籍文献中出现的情况及其作用、形制、做法等，并配有线描图示或照片作辅助说明。但综合参与编撰的人员和所参考的研究成果、词语解读的精细程度以及辅助图绘的质量几个方面来看，也仍有高下之分。而且这类工作往往汇总了众多对《营造法式》术语研究的成果，其形式简明，便于查阅检索，为其他研究者提供了基础资料。但是很多因篇幅或体例的限制，未能完整呈现资料来源和解读的依据，因此较难考证其准确性和可靠性。

---

① 臧尔忠．古建文萃．北京：中国建筑工业出版社，2006：182-199. 北京建筑工程学院臧尔忠在建筑历史相关的教学过程中，选用与建筑有关的古文献作教材，整理成《古建文萃》。该书分文选和通论两部分内容，文选共收 43 篇文章，另附阅读材料 10 篇，其中很多是古代建筑文献中的经典文章，如《梓人传》《考工记・匠人》《三辅黄图》《洛阳伽蓝记》《园冶》等，并设有专题讲解古汉语常用字及古汉语常识。书中还有对《营造法式》和李诫的简要介绍，以及对朱启钤《重刊〈营造法式〉后序》和《营造法式・序》的详细注释。

② 参见周宇．《营造法式》中几个名词辨析．建筑史，2005（21）：117-122；类似研究还有：王文奇．古代建筑名词释义．工程建设标准化，2001（1）：43.

③ 参见潘谷西主编．中国建筑史 .4 版．北京：中国建筑工业出版社，2001：496-501；潘谷西主编．中国建筑史 .5 版．北京：中国建筑工业出版社，2004：496-501；潘谷西编著．中国建筑史 .6 版．北京：中国建筑工业出版社，2009：532-537；潘谷西编著．中国建筑史 .7 版．北京：中国建筑工业出版社，2015：542-547.

④ 参见林源编著．古建筑测绘学．北京：中国建筑工业出版社，2003：79-95.

⑤ 参见王其钧．中国建筑图解词典．北京：机械工业出版社，2007：318.

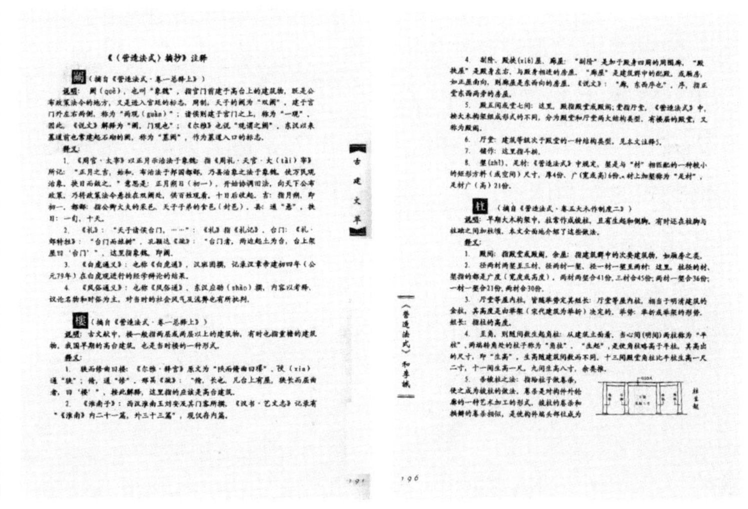

《〈营造法式〉摘抄》注释

图 3-34 《古建文萃》书影（资料来源：臧尔忠．古建文萃．北京：中国建筑工业出版社，2006）

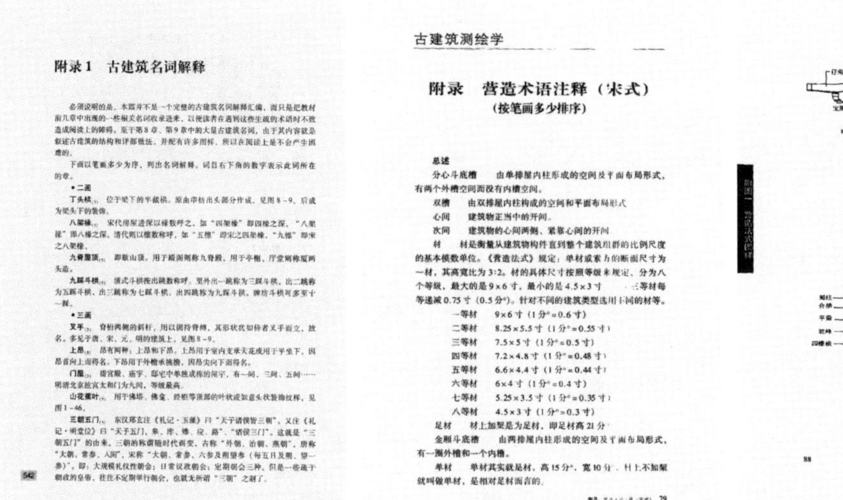

附录1 古建筑名词解释

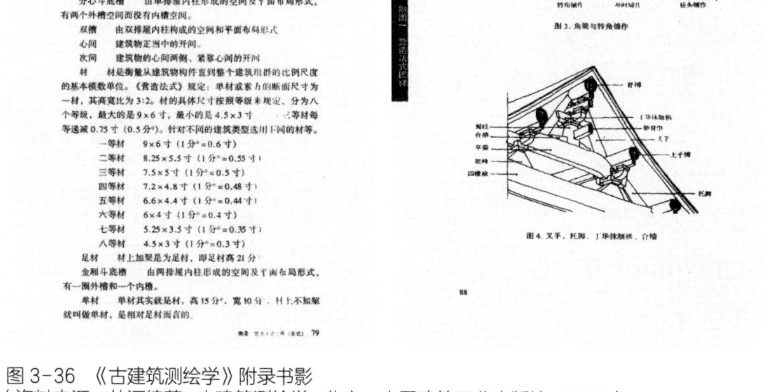

古建筑测绘学

附录 营造术语注释（宋式）
（按笔画多少排序）

总述

分心斗底槽　由单排屋内柱形成的空间及平面布局形式，有两个外槽空间而没有内槽空间。

双槽　由双排屋内柱构成的空间和平面布局形式

心间　建筑物正当中的开间。

次间　建筑物的心间两侧、紧靠心间的开间

材　材是衡量从建筑物构件直到整个建筑组群的比例尺度的基本模数单位。《营造法式》规定：单材或絜方的断面尺寸为一材，其高宽比为 3:2。材的具体尺寸按照等级来规定，分为八个等级，最大的是 9×6 寸，最小的是 4.5×3 寸……等材每等递减 0.75 寸（0.5 分°）。针对不同的建筑类型选用不同的材等。

一等材　9×6 寸（1 分°=0.6 寸）
二等材　8.25×5.5 寸（1 分°=0.55 寸）
三等材　7.5×5 寸（1 分°=0.5 寸）
四等材　7.2×4.8 寸（1 分°=0.48 寸）
五等材　6.6×4.4 寸（1 分°=0.44 寸）
六等材　6×4 寸（1 分°=0.4 寸）
七等材　5.25×3.5 寸（1 分°=0.35 寸）
八等材　4.5×3 寸（1 分°=0.3 寸）

足材　材上加栔是为足材，即足材高 21 分°

金厢斗底槽　由两排屋内柱形成的空间及平面布局形式，有一圈外槽和一个内槽。

单材　单材其实就是材，高 15 分°，宽 10 分°，材上不加栔就叫做单材，是相对足材而言的。

79

图 3-35 《中国建筑史》高校教材附录书影（资料来源：潘谷西编著．中国建筑史．7 版．北京：中国建筑工业出版社，2015）

图 3-36 《古建筑测绘学》附录书影
（资料来源：林源编著．古建筑测绘学．北京：中国建筑工业出版社，2003）

2. 百科全书及语言学辞典

除以上古建筑专业术语词典外，多部综合性的百科全书也收录了一些古建筑相关的条目，例如《中国大百科全书（建筑·园林·城市规划）》卷就收入了“《营造法式》”“石作”“大木作”“小木作”等基本词条或常规词汇。[①]但因百科全书词典式的编纂体例，其涵盖内容较为宽泛，古建筑相关词条较为分散，读者不易建立起对《营造法式》术语的宏观认识。此类成果还有《中国文化大百科全书·综合卷》《中国土木建筑百科辞典·建筑》《中国文物大辞典》《中国古代器物大词典·建筑》《中国考古学大辞典》[②]，等等。

除建筑学专业的研究成果外，语言文字学界的各类词典也有对建筑词汇的解读，如《辞源》《辞海》《汉语大字典》《汉语大词典》等。但这类词典常因编修者的学术背景不同以及时间、精力所限，往往不会收录《营造法式》中较为专业的术语，而对于已经收录的部分常规用语，也常因未借鉴建筑学科新近的研究成果，存在释义不够全面、不够确切等问题。一些学者在研究过程中也意识到这些问题，并对此展开探讨，如：

张家骥所著《中国建筑论》从现存实物较多的清式建筑出发，同时对照宋式建筑，介绍中国古建筑的木结构构造方式和特点，并简略梳理其发展演变的源流。书中也对大量古建筑术语作了解释，除《营造法式》术语外，还涉及清工部《工程做法》和《营造法原》中的内容。附录“对《辞海》中有关建筑类词义的质疑”结合古籍文献和古建筑基本知识，对《辞海》所收一些建筑辞汇的释义提出异议，并对其中不够确切或谬误之处进行了分析、考证（图 3-37）。[③]

胡正旗在硕士学位论文《〈营造法式〉建筑用语研究》中，以《营造法式》所载建筑词汇（主要为该书目录内所含词条），佐以实物，追溯源流，研究前人较少涉及的古代汉语基本词汇中的建筑用语的发展史。并将这些用语（188 个术语）按照建筑管理、类别、部件、材料、式样、施工步骤、施工方法等分类，展开辩义和溯源的工作。他认为“古代科技典籍对于辞书编纂有重要价值，不仅可以帮

---

① 1978 年，国务院决定编辑出版《中国大百科全书》，并成立中国大百科全书出版社负责此项工作。《建筑·园林·城市规划》卷由陈明达担任主编，傅熹年、孙大章、程敬琪、王其明担任副主编，撰写“中国建筑史”部分。参见中国大百科全书总编辑委员会本卷编辑委员会，中国大百科全书出版社编辑部．中国大百科全书（建筑·园林·城市规划）．北京：中国大百科全书出版社，1988.

② 参见高占祥等主编．中国文化大百科全书·综合卷．长春：长春出版社，1994；齐康主编．中国土木建筑百科辞典·建筑．北京：中国建筑工业出版社，1999；中国文物学会专家委员会编．中国文物大辞典．北京：中央编译出版社，2008；陆锡兴主编．中国古代器物大词典·建筑．石家庄：河北教育出版社，2009；王巍．中国考古学大辞典．上海：上海辞书出版社，2014.

③ 参见张家骥．中国建筑论．太原：山西人民出版社，2003：743-748.

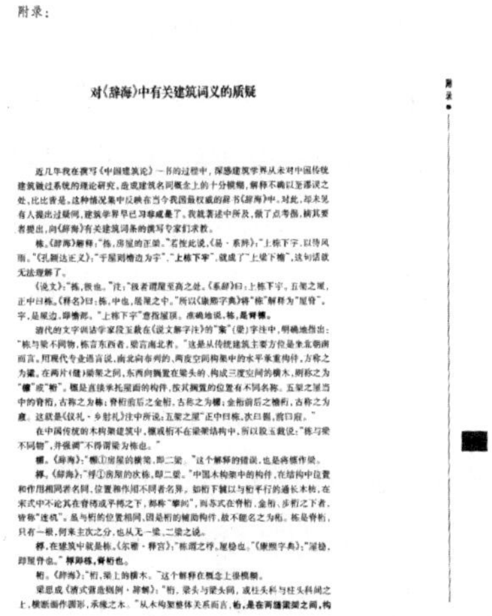
附录：

对《辞海》中有关建筑词义的质疑

近几年我在撰写《中国建筑论》一书的过程中，深感建筑学界从未对中国传统建筑做过系统的理论研究，造成建筑名词概念上的十分模糊，解释不确以至谬误之处，比比皆是。这种情况集中反映在当今我国最权威的辞书《辞海》中。对此，却未见有人提出过疑问，建筑学界早已习非成是了。我就著述中所及，做了点考据，摘其要者提出，向《辞海》有关建筑词条的撰写专家们求教。

栋。《辞海》解释："栋，房屋的正梁。"若按此说，《易·系辞》："上栋下宇，以待风雨。"《孔颖达正义》："宇谓屋檐边为宇"，"上栋下宇"，就成了"上梁下檐"，这句话就无法理解了。

《说文》："栋，极也。"注："极者谓屋至高之处。《系辞》曰：上栋下宇。五架之屋，正中曰栋。《释名》曰：栋，中也，居屋之中。"所以《康熙字典》将"栋"解释为"屋脊"。宇，是屋边，即檐部。"上栋下宇"意指屋顶。准确地说，栋，是脊檩。

清代的文字训诂学家段玉裁在《说文解字注》的"枲"(梁)字注中，明确地指出："栋与梁不同物，栋言东西者，梁言南北者。"这是从传统建筑主要方位是坐北朝南而言。用现代专业语言说，南北向布列的、两度空间构架中的水平承重构件，方称之为梁。在两片(缝)梁架之间，东西向搁置在梁头的、构成三度空间的横木，则称之为"檩"或"桁"。檩是直接承托屋面的构件，按其搁置的位置有不同名称。五架之屋当中的脊桁，古称之为栋；脊桁前后之金桁，古称之为楣；金桁前后之檐桁，古称之为庋。这就是《仪礼·乡射礼》注中所说：五架之屋"正中曰栋，次曰楣，前曰庋。"

在中国传统的木构架建筑中，檩或桁不在梁架结构中，所以段玉裁说："栋与梁不同物"，并强调"不得谓梁为栋也。"

檩。《辞海》："檩①房屋的横梁，即二梁。"这个解释的错误，也是将檩作梁。

桴。《辞海》："桴①房屋的次栋，即二梁。"中国木构架中的构件，在结构中位置和作用相同者名同，位置和作用不同者名异。如桁下皱以与桁平行的通长木枋，在宋式中不论其在脊榑或平榑之下，都称"攀间"，而苏式在脊桁、金桁、步桁之下者，皆称"连机"。虽与桁的位置相同，因是桁的辅助构件，故不能名之为桁。栋是脊桁，只有一根，何来主次之分，也从无一梁、二梁之说。

桴，在建筑中就是栋。《尔雅·释宫》："栋谓之桴，屋穩也。"《康熙字典》："屋穩，即屋脊也。"桴即栋，脊桁也。

桁。《辞海》："桁，梁上的横木。"这个解释在概念上很模糊。

梁思成《清式营造则例·辞解》："桁，梁头与梁头间，或柱头科与柱头科间之上，横断面作圆形，承椽之木。"从木构架整体关系而言，桁，是在两缝梁架之间，构

图 3-37 《中国建筑论》附录书影（资料来源：张家骥 . 中国建筑论 . 太原：山西人民出版社，2003）

助辞书更为精确的解释词义，还能提供使人信服的书证"①，由此还从《汉语大词典》对《营造法式》所载建筑用语的收词、释义和书证等方面，指出当前辞书编纂对诸如《营造法式》一类的古代科技典籍重视不足的事实（图 3-38）。②

3. 对不同时代、地域的术语比照

对比、总结同一名物或营造活动在不同时期、不同地域的术语名词，是古建筑术语解读的重要工作之一，最早可以追溯到"陶本"《营造法式》。③ 后续研究也不断有相应成果出现，例如 1988 年徐振江编辑整理的《清式建筑与宋代建筑名词对照》在《古建园林技术》刊出，该文以表格的形式，将 135 个中国古建筑术语在《营造法式》、清工部《工程做法》、《营造法原》中的不同名称及部分术语的杂名进行对比，力求解决各个历史时期和南北风格建筑名词叫法不同的困惑，

① 参见胡正旗 . 从《营造法式》看古代科技典籍在辞书编纂中的价值 . 四川师范大学学报（社会科学版），2005（S1）：101-103.

② 胡正旗 .《营造法式》建筑用语研究 . 成都：四川师范大学，2005.

③ 关于宋、清术语的对照研究，可以追溯到"陶本"《营造法式》。陶湘等版本学家在校勘的过程中，聘请当时的老工匠贺新赓、秦渭滨等，以清式做法按《营造法式》卷三十、三十一大木作两卷重绘图样，注以清代术语，以比较宋、清大木构架的变化和名词的沿革。这种做法尽管在后人看来尚存弊端，却表现出整理者探索宋、清建筑结构、术语之沿革变化的研究意图，十分可贵，详见本书第一章。

以便研究者查证，涉及《营造法式》术语95个（图3-39）①；潘谷西主编的《中国古代建筑史》（第四卷：元、明建筑）结合古籍文献，在附录二“明代建筑名称与宋、清建筑名称对照表”中对宋、明、清以及江南地区的古建筑术语进行对照比较，并加以简单释义，进一步扩展了术语研究的时代和地域范围（图3-40）②；此外还有前述《中国古代建筑基础知识》附录二举列的部分术语宋、清名称及别名③，以及《中国古建筑名词图解辞典》附录一收入的“宋式与清式主要构件名词对照表”④，等等。

由于对《营造法式》开展研究的时间较长，术语知识普及较广，加之各地域古代建筑和营造术语的研究开展较晚，成果较少，因此《营造法式》术语名称至今仍是多数学者描述地方古代早期建筑的首选用语。从另一方面看，《营造法式》的术语解读也由此获得了更为丰富的实物印证和可以对照的素材。随着近年来各个地域古建筑研究的深入，诸多文献在附录中也收入了地方术语与《营造法式》或官式术语的比照，例如过汉泉编著的《古建筑木工》附录二“古建筑常用术语对照表”记录了常用建筑术语的南、北方名称，并进行了简要解释，涉及《营造法式》中表示建筑样式或构件名称的术语40余个，该对照表中所见《营造法式》术语在南、北方名称中均有出现，也可辅证《营造法式》的编撰收纳了不同地域和文献记载中的术语名词的事实（图3-41）⑤；其他还有《营造法原》附录二“检字及辞解”（图3-42）、《闽南传统建筑》附录一“闽南传统建筑与《营造法式》、粤东传统建筑、清官式建筑、《营造法原》名词对照表”（图3-43）、《中国白族传统民居营造技艺》附录A“白族传统建筑构件称谓白语、汉语对照释名”（图3-44），等等。⑥

此外，还有学者比对地方古建筑常用术语，对《营造法式》用语及已有研究做出思考，如孙博文从“斗栱”一词出发，结合福建地方工匠口述，对工匠言语表达习惯与《营造法式》建构逻辑展开的辨析⑦，等等。

---

① 徐振江．清式建筑与宋代建筑名词对照．古建园林技术，1988（3）：63-64.

② 潘谷西主编．中国古代建筑史（第四卷）．北京：中国建筑工业出版社，2001：561-579.

③ 万幼楠．中国古代建筑基础知识．江西文物，1989（4）：104-109.

④ 李剑平编著．中国古建筑名词图解词典．山西：科学技术出版社，2011：364-365.

⑤ 过汉泉编著．古建筑木工．北京：中国建筑工业出版社，2004：228-236.

⑥ 姚承祖著，张至刚增编．营造法原．北京：中国建筑工业出版社，1986：94-113；曹春平．闽南传统建筑．厦门：厦门大学出版社，2016：475-476；宾慧中．中国白族传统民居营造技艺．上海：同济大学出版社，2011.

⑦ 孙博文．“栱斗 / 斗栱”——福建乡土工匠言语表达习惯与《营造法式》建构逻辑．建筑师，2014（3）：82-86。相关研究还有孙博文．瓜？童？瓜童！——对不落地短柱的词源考证与异地匠作同源关系探讨．建筑师，2014（1）：67-74.

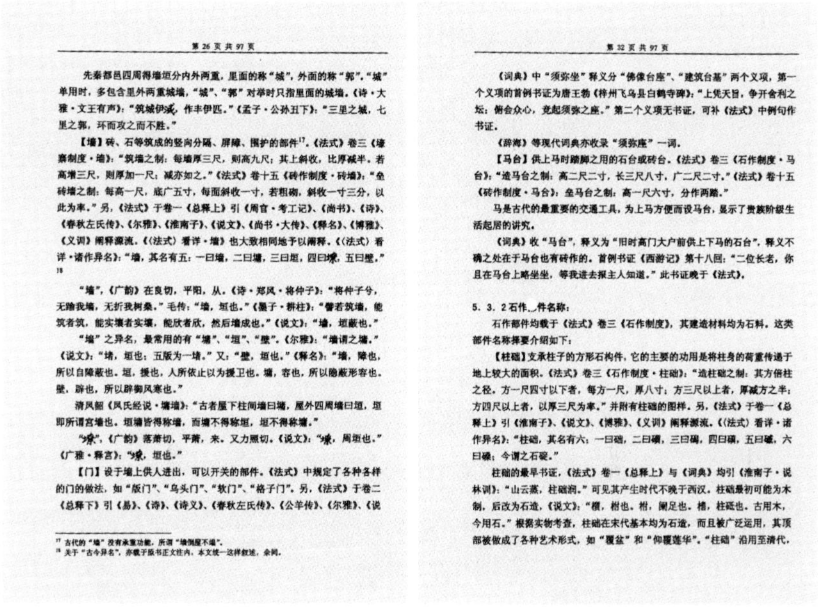

第26页共97页

先秦都邑四周得墙垣分内外两重，里面的称"城"，外面的称"郭"。"城"单用时，多包含里外两重城墙，"城"、"郭"对举时只指里面的城墙。《诗·大雅·文王有声》："筑城伊洫，作丰伊匹。"《孟子·公孙丑下》："三里之城，七里之郭，环而攻之而不胜。"

【墙】砖、石等筑成的竖向分隔、屏障、围护的部件[17]。《法式》卷三《壕寨制度·墙》："筑墙之制：每墙厚三尺，则高九尺；其上斜收，比厚减半。若高增三尺，则厚加一尺；减亦如之。"《法式》卷十五《砖作制度·砖墙》："垒砖墙之制：每高一尺，底广五寸，每面斜收一寸，若粗砌，斜收一寸三分，以此为率。"另，《法式》于卷一《总释上》引《周官·考工记》、《尚书》、《诗》、《春秋左氏传》、《尔雅》、《淮南子》、《说文》、《尚书·大传》、《释名》、《博雅》、《义训》阐释源流。《〈法式〉看详·诸作异名》："墙，其名有五：一曰墙，二曰墉，三曰垣，四曰墂，五曰壁。"[18]

"墙"，《广韵》在良切，平阳，从。《诗·郑风·将仲子》："将仲子兮，无踰我墙，无折我树桑。"毛传："墙，垣也。"《墨子·耕柱》："譬若筑墙，能筑者筑，能实壤者实壤，能欣者欣，然后墙成也。"《说文》："墙，垣蔽也。"

"墙"之异名，最常用的有"墉"、"垣"、"壁"。《尔雅》："墙谓之墉。"《说文》："墉，垣也；五版为一堵。"又："壁，垣也。"《释名》："墙，障也，所以自障蔽也。垣，援也，人所依止以为援卫也。墉，容也，所以隐蔽形容也。壁，辟也，所以辟御风寒也。"

清风留《风氏经说·墉墙》："古者屋下柱间墙曰墉，屋外四周墙曰垣，垣即所谓宫墙也。垣墉皆得称墙，而墙不得称垣，垣不得称墉。"

"墂"，《广韵》落萧切，平萧，来。又力照切。《说文》："墂，周垣也。"《广雅·释宫》："墂，垣也。"

【门】设于墙上供人进出，可以开关的部件。《法式》中规定了各种各样的门的做法，如"版门"、"乌头门"、"软门"、"格子门"。另，《法式》于卷二《总释下》引《易》、《诗》、《诗义》、《春秋左氏传》、《公羊传》、《尔雅》、《说

[17] 古代的"墙"没有承重功能，所谓"墙倒屋不塌"。
[18] 关于"古今异名"，亦载于版书正文注内，本文统一这样叙述，余同。

第32页共97页

《词典》中"须弥坐"释义分"佛像台座"、"建筑台基"两个义项，第一个义项的首例书证为唐王勃《梓州飞乌县白鹤寺碑》："上凭天旨，争开舍利之坛；俯会众心，竞起须弥之座。"第二个义项无书证，可补《法式》中例句作书证。

《辞海》等现代词典亦收录"须弥座"一词。

【马台】供上马时踏脚之用的石台或砖台。《法式》卷三《石作制度·马台》："造马台之制：高二尺二寸，长三尺八寸，广二尺二寸。"《法式》卷十五《砖作制度·马台》：垒马台之制：高一尺六寸，分作两踏。"

马是古代的最重要的交通工具，为上马方便而设马台，显示了贵族阶级生活起居的讲究。

《词典》收"马台"，释义为"旧时高门大户前供上下马的石台"，释义不确之处在于马台也有砖作的。首例书证《西游记》第十八回："二位长老，你且在马台上略坐坐，等我进去报主人知道。"此书证晚于《法式》。

5. 3. 2石作部件名称：

石作部件均载于《法式》卷三《石作制度》，其建造材料均为石料。这类部件名称择要介绍如下：

【柱础】支承柱子的方形石构件，它的主要的功用是将柱身的荷重传递于地上较大的面积。《法式》卷三《石作制度·柱础》："造柱础之制：其方倍柱之径。方一尺四寸以下者，每方一尺，厚八寸；方三尺以上者，厚减方之半；方四尺以上者，以厚三尺为率。"并附有柱础的图样。另，《法式》于卷一《总释上》引《淮南子》、《说文》、《博雅》、《义训》阐释源流。《〈法式〉看详·诸作异名》："柱础，其名有六：一曰础，二曰礩，三曰磶，四曰磌，五曰磩，六曰磉；今谓之石碇。"

柱础的最早书证，《法式》卷一《总释上》与《词典》均引《淮南子·说林训》："山云蒸，柱础润。"可见其产生时代不晚于西汉。柱础最初可能为木制，后改为石造，《说文》："櫍，柎也。柎，阑足也。楮，柱砥也。古用木，今用石。"根据实物考查，柱础在宋代基本均为石造，而且被广泛运用，其顶部被做成了各种艺术形式，如"覆盆"和"仰覆莲华"。"柱础"沿用至清代，

图3-38 《〈营造法式〉建筑用语研究》书影（资料来源：胡正旗.《营造法式》建筑用语研究.成都：四川师范大学，2005）

清式建筑与宋代建筑名词对照

徐振江

我国历史悠久，源远流长，在长达五千余年的漫长岁月里，科学技术有着重大的发展和创举，给世界文明史上写下了光辉的一页。古建筑作为科学技术的一个方面也发出了灿烂的光辉，但各个历史时期和南北的风格也都不趋于一致，叫法也不尽相同。学习和认识古建筑，常因众多的名词感到困惑。为了解决这个问题，笔者做了大胆的尝试，借着编全国园林工程预算定额的机会做了些基础工作。但此项任务工作量大，涉及面广且资料不足，完成是极其困难的。现将部分营造法原、清式营造则例和营造法式中的建筑名词对照如下，请各方专家和同志们多加指正。

南北清式建筑及南宋建筑名词对照（一）

— 63 —

图3-39 《清式建筑与宋代建筑名词对照》书影［资料来源：徐振江.清式建筑与宋代建筑名词对照.古建园林技术，1988（3）］

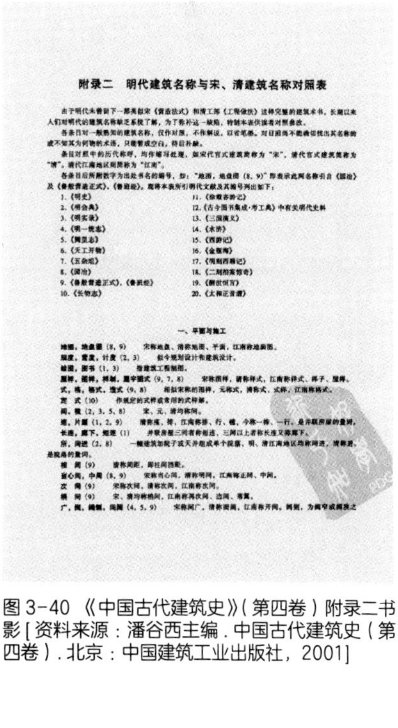

附录二　明代建筑名称与宋、清建筑名称对照表

由于明代未曾留下一部类似宋《营造法式》和清工部《工程做法》这样完整的建筑术书，长期以来人们对明代的建筑名称缺乏系统了解，为了弥补这一缺陷，特制本表供读者对照参改。

各条目对一般熟知的建筑名称，仅作对照，不作解说，以省笔墨。对目前尚不能确切找出其名称的或不知其为何物的术语，只能暂成空白，待后补缺。

条目对照中的历代称呼，均作缩写处理，如宋代官式建筑简称为"宋"，清代官式建筑简称为"清"，清代江南地区则简称为"江南"。

各条目后所附数字为出处书名的编号，如："地图，地盘图（8，9）"即表示此两名称引自《园冶》及《鲁般营造正式》、《鲁班经》。现将本表所引明代文献及其编号列出如下：

1.《明史》
2.《明会典》
3.《明实录》
4.《明一统志》
5.《陶说志》
6.《天工开物》
7.《五杂俎》
8.《园冶》
9.《鲁般营造正式》、《鲁班经》
10.《长物志》
11.《徐霞客游记》
12.《古今图书集成·考工典》中有关明代史料
13.《三国演义》
14.《水浒》
15.《西游记》
16.《金瓶梅》
17.《明刻西厢记》
18.《二刻拍案惊奇》
19.《醒世恒言》
20.《太和正音谱》

一、平面与施工

地图，地盘图（8，9）　宋称地盘、清称地图、平面，江南称地盘图。

规度，营度，计度（2，3）　似今规划设计和建筑设计。

绘图，图书（1，3）　指建筑工程制图。

图3-40 《中国古代建筑史》（第四卷）附录二书影［资料来源：潘谷西主编.中国古代建筑史（第四卷）.北京：中国建筑工业出版社，2001］

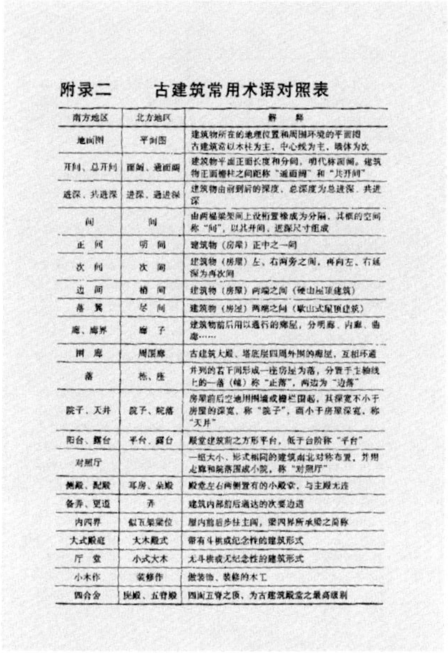

图 3-41 《古建筑木工》附录二书影（资料来源：过汉泉编著．古建筑木工．北京：中国建筑工业出版社，2004）

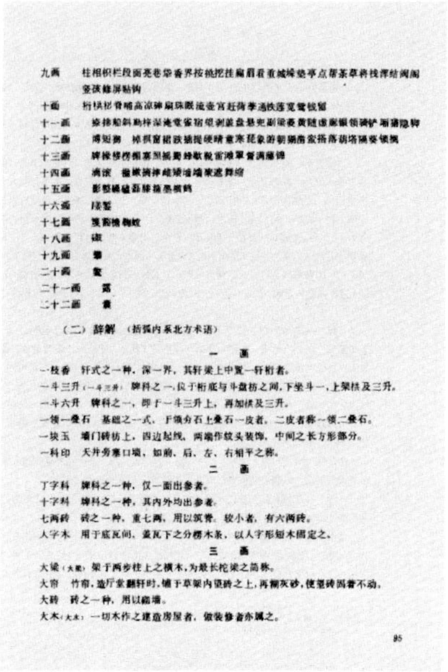

图 3-42 《营造法原》附录二书影（资料来源：姚承祖著，张至刚增编．营造法原．北京：中国建筑工业出版社，1986）

附录一

闽南传统建筑与《营造法式》、粤东传统建筑、清官式建筑、《营造法原》名词对照表

	闽南传统建筑	《营造法式》	粤东传统建筑	清官式建筑	《营造法原》
柱	步柱、副点柱	外柱	滴水柱	檐柱	廊柱、步柱
	青柱	内柱		金柱	金柱
	点金柱	内柱		金柱	金柱
梁	通	栿	[illegible]	梁	梁
	[illegible]	角梁			嫩戗、老戗
檩椽	脊圆、中脊檩	脊槫	中脊桁	脊檩、脊桁	脊桁
	顶副圆、下副圆	平槫		金檩、金桁	金桁
	步圆			檐檩	步桁、廊桁
	[illegible]	平槫		老檐檩	
	橑圆、寮圆	橑风槫、橑檐方		挑檐檩	梓桁
	弯椽			顶椽、罗锅椽、[illegible]	[illegible]
	桷枝	檐椽	桷子	檐椽	出檐椽
	封檐板				[illegible]
额	寿梁	额	[illegible]		
	大楣	阑额		大额枋	
	弯枋连栱	襻间			
	[illegible]	顺脊串		随檩枋	
斗栱	斗仔	斗			斗
	栱仔	丁头栱			栱
	斗抱				[illegible]

图 3-43 《闽南传统建筑》附录一书影（资料来源：曹春平．闽南传统建筑．厦门：厦门大学出版社，2016）

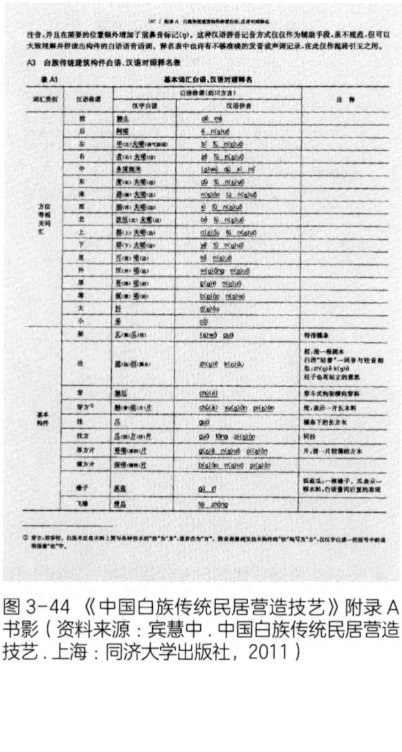

图 3-44 《中国白族传统民居营造技艺》附录 A 书影（资料来源：宾慧中．中国白族传统民居营造技艺．上海：同济大学出版社，2011）

小结

古建筑研究最先接触到的是各种术语和名称。对《营造法式》研究而言，因刊行年代久远，语言随着时代变迁而有了不同的内涵，其困难之一在“名件部位之难定”[1]，诸多艰涩难解和没有明确说明的术语名词一直是现代学界面临的难题。因此，辨认、考证这些术语，探究其含义，进而解读文本，成为研究的首要任务。国内外学者都对此做出了相应的努力，也形成了较为丰硕的成果。如学社创始人朱启钤在对《营造法式》术语及其价值的深刻体认下，很早就开始了对营造术语的整理和编纂工作，至学社成立后的主要工作之一也是搜集古籍中的营造名词，加以考订注释，并始终以解读《营造法式》术语和文本为重要任务。梁思成在学社研究成果的基础上，首先展开系统整理、注释《营造法式》的工作。其后，徐伯安、郭黛姮、陈明达、潘谷西等学者都在术语及文本解读的研究上投入大量精力，为《营造法式》成为可读之书作出了贡献。[2]

目前对《营造法式》术语和文本的解读，主要采用了句读、注音、训诂、参证、配图、通译等研究方法。其中，由学社开创性地引入现代科学方法而系统开展的大规模实物调查和测绘，在解读《营造法式》文本的过程中发挥了关键作用，对后续研究也具有极其重要的指导意义。纵观整个《营造法式》文本和术语的解读历程，建筑史学界解读《营造法式》的主流方法并未发生实质性的突破。虽然不同研究的思维逻辑、切入角度等有所不同，部分还涉及社会学、语言学、宗教学等领域，但其研究基础仍脱离不了实物与文献两方面。然而，随着研究的深入，相关实物及文献的范围在时代和地域两个层面都不断得到扩充。如一些构件名称，

① 陈仲篪．识小录．中国营造学社汇刊，1935，5（4）：154.

② 日本学者竹岛卓一在“陶本”的基础上，取“丁本”、“静嘉堂本”、“东大本”《营造法式》互校，完成了校勘、句读和注释的工作，日译全文，并逐卷写出研究心得，重新补绘部分图样。1970年至1972年，在多方支持下，竹岛卓一耗费三十多年时间逐渐完善的《〈营造法式〉の研究》，由日本中央公论美术出版社分三册出版。该书基本以《营造法式》原书顺序进行解说，同时又按《营造法式》所举十三个工种分章，将制度、功限、料例、等第中分别记述的与各工种相关的内容汇总至各章中，就原书中的内容和各个构件进行说明，与前述中国营造学社前期改编《营造法式》为读本所提出的体例和方法类似。同时为方便阅读，该书在各项开始部分，每页上半列出《营造法式》经过句读的原文，下段列出与其相对应的日译文，其后即为相应的解说，并辅有插图。最后附“用词解说”一项，收录包含《营造法式》词汇在内的与中国建筑术语有关的词条达2500余条。《〈营造法式〉の研究》不仅是日本学者迄今比较完整的《营造法式》研究成果，被日本学界誉为中国建筑史研究的金字塔，同时也为中国古代建筑典籍的传承和传播作出贡献，在文化交流方面有着重要意义。竹岛卓一因而成为日本研究《营造法式》第一人，还发表了若干《营造法式》研究论文。遗憾的是，由于《〈营造法式〉の研究 》完成于二战后，未能对中国建筑进行实地考察，缺少第一手的实物资料，使研究受到较大局限。参见竹岛卓一．《营造法式》の研究（第1–3册）．东京：中央公论美术出版社，1970—1972；徐苏斌．日本对中国城市与建筑的研究．北京：中国水利水电出版社，1999：127–128.

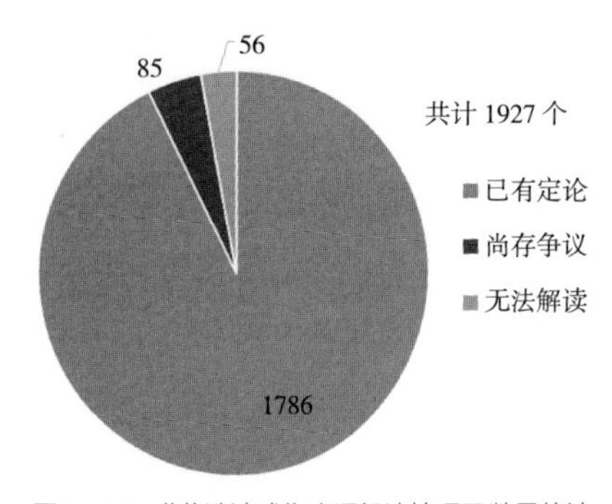

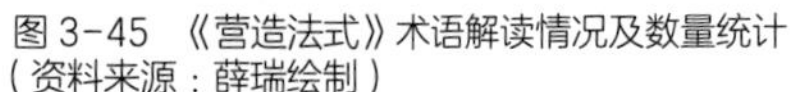
图 3-45 《营造法式》术语解读情况及数量统计
（资料来源：薛瑞绘制）

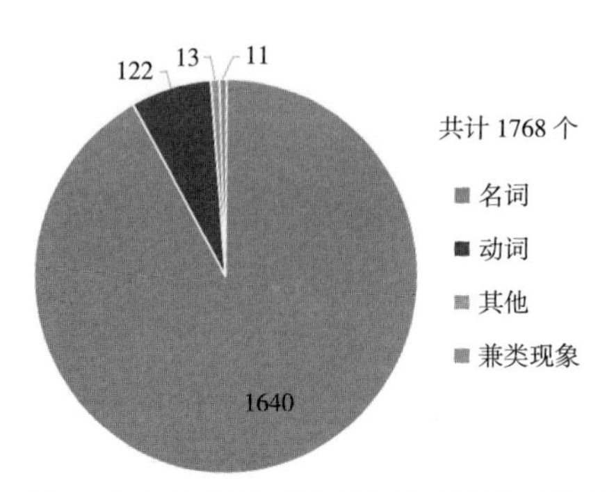

图 3-46 已有定论的《营造法式》术语词性及数量统计
（资料来源：薛瑞绘制）

学者们除了对其结构形制、实用功能进行解读，还对源流演变、地域特征、文化内涵等作出阐释。这些工作对深入理解《营造法式》及其术语，乃至中国古建筑和传统文化都具有重要的意义。

朱启钤早在中国营造学社成立之初就指出，对古今中外营造术语名词的整理和翻译是极有难度的一项工作。[①]1980 年代末，面对《营造法式》术语名词已有的研究成果，陈明达也申明：“此书中许多专名术语，有的现在还不能理解，有待继续考证”。[②]从 80 多年的研究历史来看，这不仅是一个循序渐进的过程，而且随着认识的不断更新，还需要长时间、反复的研求和修正，目前远远没有达到对《营造法式》文本和术语真正融会贯通的释读。

通过梳理已有成果，可知目前对《营造法式》近 2000 个术语的解读大致可分为“释义已有定论”、“释义尚存争议”、“无法明确解读”三种（图 3-45）。其中由于实物遗存数量和研究重视程度的差别，释义已有定论的术语仍以大木作为多（图 3-46，图 3-47）。尚存争议的术语虽为数不多，但随着研究的推进，这些有争议的问题大多成为被关注的对象，学者们从多个角度分析论证，发掘文献、实物证据，补充完善前人研究的疏漏之处，极大地推进了《营造法式》术语的深入研究，也进一步扩充了学界对中国古代建筑的认知程度。其中用到的各类例据和逻辑方法，也为后续工作提示了更多的研究对象和方向。目

① 朱启钤．中国营造学社开会演词．中国营造学社汇刊，1930，1（1）：5-6.
② 陈明达．“《营造法式》”词条．见：中国大百科全书总编辑委员会本卷编辑委员会，中国大百科全书出版社编辑部编．中国大百科全书（建筑·园林·城市规划卷）．北京：中国大百科全书出版社，1988：508.

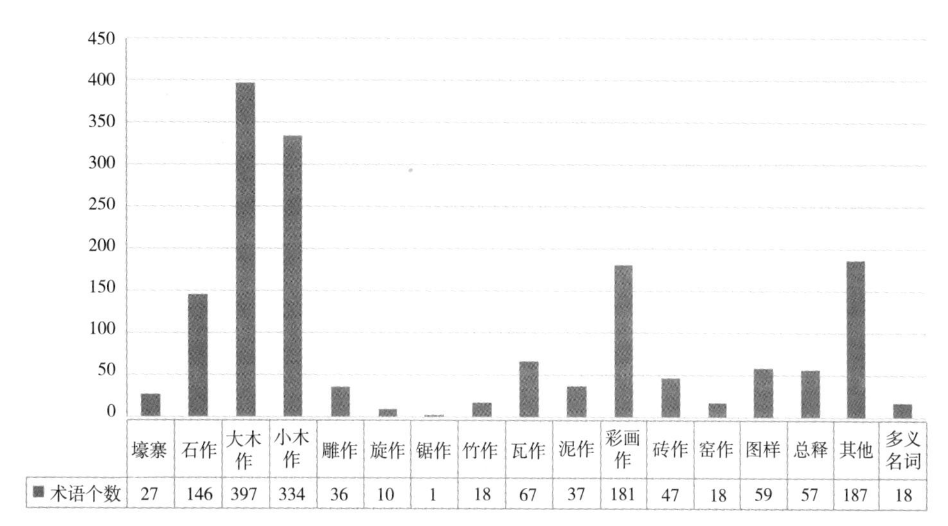

	壕寨	石作	大木作	小木作	雕作	旋作	锯作	竹作	瓦作	泥作	彩画作	砖作	窑作	图样	总释	其他	多义名词
■ 术语个数	27	146	397	334	36	10	1	18	67	37	181	47	18	59	57	187	18

图 3-47 已有定论的名词性术语在《营造法式》中首次出现的位置及数量统计（资料来源：薛瑞绘制）

前未能解读的《营造法式》术语已属少数，主要由于《营造法式》记述不详或缺乏文献、实例印证所致，寻找相关的文献或实物依据仍是最直接有效的方法。此外，《营造法式》中还有少数罕用术语尚未被学者关注，有待后续研究加以补充。①

因此，《营造法式》术语和文本的释读研究依然任重道远，是一项不能懈怠的基础工作，至少在以下几个方面仍有可为空间：

1. 系统梳理《营造法式》术语及文本已有成果和研究方法

学术界对《营造法式》术语及文本的认知经历了漫长、反复的过程，不断有新的观点提出，并对早期成果进行修正、补充。虽然相关成果已蔚为可观，但因未能及时梳理，仍有很多学者忽视了新近研究的补充和纠正，在术语的理解和使用上仍沿用早期观点，存在一定的认知误区。因此，今后还须投入时间和人力去挖掘、梳理《营造法式》术语及文本解读成果，尤其是掺杂在《营造法式》专项

① 在研读《营造法式》及其术语研究成果的过程中，还发现一些尚未被学者们所关注到的术语，例如小木作中“香炉、注子、注盘、酒杯、杯盘、鼓、鼓座、杖鼓、莲子、荷叶、卷荷叶、披莲、莲蓓蕾、瓦头子、宝柱子、门盘、角铃、大铃、盖子、簧子、子角铃、虚柱莲花钱子、虚柱莲花胎子”等装饰名件，又如佛道帐上“猴面榥、猴面马头榥、连梯马头榥、猴面板”等构件名称，还有“黄丹阙、踏子石、通长造、枓槽钥匙头板”等术语，目前均未见有全面、详细的研究成果。相关研究可参见笔者指导的硕士学位论文：薛瑞．基于成果分析的宋《营造法式》术语研究综述．厦门：华侨大学，2017.

研究以及各类建筑史学专著、古建筑调查报告中的相关内容，为后续研究提供一份全面的、综合的基础资料。同时排查现有研究仍有争议和存疑待考的问题，明确学术界目前对《营造法式》术语研究工作的进展和有待深入的部分。[①] 此外，还须对已有研究方法和学术思想展开系统回顾和总结，帮助后继研究者获得认识论和方法论层面的收益。

2. 将《营造法式》置于更为广泛的文本背景中进行解读

近年来电子检索技术日益进步，解决了查阅零散典籍费时、费力且易出缺漏的难题。从其他相关古籍文献中检索《营造法式》用语，如《全唐文》、《全宋文》、《全元文》、《宋会要辑稿》、《四库全书》、地方史志等，联系前后文解读其含义，在更宽泛的语境中理解《营造法式》，也是一种简便且有效的研究方法。除上述文献外，古画、壁画及石刻等图像资料也是解读术语的重要参考。[②] 但是目前由于资料所属单位的客观困难以及将资料作数字化处理的巨大工作量，还有众多古籍文献有待投入人力、物力，制作成可以检索并公开的资源。

3. 充分运用跨学科方法深入解读《营造法式》

学界在对《营造法式》进行研究的过程中，因各种客观和主观原因，也产生了不少争议。这些争议若只限于传统的建筑学和文献学方法，在短期内基本无法得到彻底解决。当前，跨学科逐渐成为一种研究趋势，其他学科如语言学、宗教学、社会学等领域的基础知识和研究方法，可以为《营造法式》

---

① 这些争议问题产生的原因主要有古今术语涵义的变化、传抄过程中的错漏、实物印证的缺乏，等等。虽然学者们对一些问题各执己见，至今仍无定论，但他们的观点都具有一定的价值，所采用的实物及文献依据也为后续研究提供了可供参考的素材，其不同的研究方法和思路也值得学习借鉴。

② 例如《中国古代建筑文献注译与论述》、《中国古代建筑文献选读》、《中国古代建筑文献精选》、《中国古代建筑文献集要》、《中国建筑史的古典文献研究例说》、《名画中的建筑》、《透镜中的宋代建筑》、《敦煌建筑研究》、《汉代画像砖石墓葬的建筑学研究》等专著，从古文献、古画、壁画、墓葬石刻等多个角度对古建筑研究材料进行了汇总、整理和分析，可以为《营造法式》术语的研究带来便利。参见李书钧编著．中国古代建筑文献注译与论述．北京：机械工业出版社，1996；李合群．中国古代建筑文献选读．武汉：华中科技大学出版社，2008；程国政编注．中国古代建筑文献精选（先秦—五代）．上海：同济大学出版社，2008；程国政编注．中国古代建筑文献精选（宋辽金元）．上海：同济大学出版社，2010；程国政编注；路秉杰主审．中国古代建筑文献集要．上海：同济大学出版社，2013；肖旻．中国建筑史的古典文献研究例说．南方建筑，1996（1）:67-68;许万里．名画中的建筑．北京:文化艺术出版社，2014;陈军．透镜中的宋代建筑．武汉：华中科技大学出版社，2015；萧默．敦煌建筑研究．北京：文物出版社，1989；张卓远．汉代画像砖石墓葬的建筑学研究．郑州：中州古籍出版社，2011.

术语及文本的深入解读提供有益的帮助。跨学科的研究除考证术语在《营造法式》中的释义外，对文字的解读将不仅限于位置、形制、做法、构造等方面，还可以拓展到更广阔的历史时期和地域范围，追溯字源字义、源流演变、文化内涵等内容。

第四章

《营造法式》与中国古代设计理念的探索

一、梁思成、刘敦桢的相关思路

1930 年，在学社成立之初，朱启钤曾在《中国营造学社开会演词》中明确指出：

> 吾民族之文化进展，其一部分寄之于建筑，建筑于吾人生活最密切，自有建筑，而后有社会组织，而后有声名文物，其相辅以彰者，在在可以觇其时代，由此而文化进展之痕迹显焉。……然若专限于建筑本身，则其于全部文化之关系，仍不能彰显。①

其后，他又举例说明所谓文化之关系包括信仰、心理、礼制、技术、艺术以至一切无形之思想背景、跨地域乃至跨国的文化交流，其中也包括与建筑相关的设计理念与方法。这种对文化关系的宏观体认，也成为而后学社成员研究进程中的基本共识。

例如梁思成、林徽因在 1932 年发表的《平郊建筑杂录》一文中，提出了“建筑意”（architectursque）的问题，可以说比诺伯格 - 舒尔茨（Norberg-Schulz）提出的“场所精神”（genius loci）要早几十年。②

1935 年，梁思成在《建筑设计参考图集 · 序》中就曾经指出，当时世界新建筑的基本结构原则与中国传统建筑如出一辙：

> 所谓“国际式”建筑，名目虽然拢统，其精神观念，却是极诚实的；在这种观念上努力尝试诚朴合理的科学结构，其结果便产生了近来风行欧美的“国际式”新建筑。其最显著的特征，便是由科学结构型成其合理的外表。……但是对于新建筑有真正认识的人，都应知道现代最新的构架法，与中国固有建筑的构架法，所用材料虽不同，基本原则却一样，——都是先立

① 朱启钤 . 中国营造学社开会演词 . 中国营造学社汇刊，1930，1（1）.
② 吴良镛 . 关于中国古建筑理论研究的几个问题 . 建筑学报，1999（4）：38.

骨架，次加墙壁的。因为原则的相同，"国际式"建筑有许多部分便酷类中国（或东方）形式。这并不是他们故意抄袭我们的形式，乃因结构使然。同时我们若是回顾到我们古代遗物，它们的每个部分莫不是内部结构坦率的表现，正合乎今日建筑设计人所崇尚的途径。这样两种不同时代不同文化的艺术，竟融洽相类似，在文化史中确是有趣的现象；这正该是中国建筑因新科学，材料，结构，而又强旺更生的时期，值得许多建筑家注意的。[①]

如前文第二、三章所述，1940年学社由于经费困难，无法继续进行大规模的实物调查测绘，梁思成等学社成员承续上述朱启钤对建筑与文化关联性的认识，在四川李庄展开了回溯总结性质的系列研究，其中包括整理与注释《营造法式》、撰写《中国建筑史》和英文版《图像中国建筑史》等工作。在总结之前多年实物与文献互证研究的基础上，初步构建了中国建筑史框架，正如梁思成1944年在《中国建筑史》中所言：

本篇之作，乃本中国营造学社十余年来对于文献术书及实物遗迹互相参证之研究，将中国历朝建筑之表现，试作简略之叙述，对其蜕变沿革及时代特征稍加检讨，试作分析比较，以明此结构系统之源流而已。中国建筑历史之研究尚有待于将来建筑考古方面发掘调查种种之努力。[②]

梁思成撰写的这部《中国建筑史》，是系统分析、归纳、整理其前的研究，从而上升到理论思维层面的核心成果，完成了一次全面的升华。期间，他还写就《为什么研究中国建筑》及《中国建筑之两部"文法课本"》二文，介绍其理论研究的相关认识，并将宋《营造法式》与清工部《工程做法》高度概括为中国建筑之"文法课本"[③]，直接触及人类思维形态的层面。

1944年，梁思成在《为什么研究中国建筑》中，再一次重申了前述朱启钤提出的观念：

中国建筑既是延续了两千余年的一种工程技术，本身已造成一个艺术系统，许多建筑物便是我们文化的表现，艺术的大宗遗产。[④]

同时，他还努力吸收世界先进的现代建筑理论，检讨当时对中国建筑的研究：

世界建筑工程对于钢铁及化学材料之结构愈有彻底的了解，近来应用愈趋简洁。形式为部署逻辑，部署又为实际问题最美最善的答案，已为建筑

① 梁思成．建筑设计参考图集·序．中国营造学社汇刊，1935，6（2）：78.
② 梁思成．中国建筑史．天津：百花文艺出版社，1998：21.
③ 梁思成．中国建筑之两部"文法课本"．中国营造学社汇刊，1945，7（2）：1-8.
④ 梁思成．为什么研究中国建筑．中国营造学社汇刊，1944，7（1）：6.

艺术的抽象理想。今后我们自不能同这理想背道而驰。我们还要进一步重新检讨过去建筑结构上的逻辑。[①]

又特别强调通过加强对古代建筑"结构系统及平面部署的认识"，提炼居于思想层面的"中国质素"：

要能提炼旧建筑中所包含的中国质素，我们需增加对旧建筑结构系统及平面部署的认识。……许多平面部署，大的到一城一市，小的到一宅一园，都是我们生活思想的答案，值得我们重新剖视。[②]

他在对当时西方现代建筑"形式服从功能"设计理念和中国古代建筑的深刻体认下，以结构系统决定中国建筑的观念，注重对建筑形态背后机理及其发生原因的探索。由此，梁思成所著《中国建筑史》首先从"结构取法及发展"等内在规律方面，举列中国建筑的主要特征：

（一）以木料为主要构材；

（二）历用构架制之结构原则；

（三）以斗栱为结构之关键，并为度量单位；

（四）外部轮廓之特异：翼展之屋顶部分、崇厚阶基之衬托、前面玲珑木质之屋身、院落之组织、彩色之施用、绝对均称与绝对自由之两种平面布局、用石方法之失败。[③]

其中，还包含对"斗栱"与整体结构关系的认识：

在木构架之横梁及立柱间过渡处，施横材方木相互交叠，前后伸出作"斗栱"，与屋顶结构有密切关系。[④]

并且在对整体结构系统的观照下，得出以斗栱为"度量单位"的观点，成为后来模数制标准化设计概念的先声：

后世斗栱之制日趋标准化，全部建筑物之权衡比例遂以横栱之"材"为度量单位，犹罗马建筑之柱式（Order），以柱径为度量单位，治建筑学者

---

① 梁思成. 为什么研究中国建筑. 中国营造学社汇刊，1944，7（1）：10。1945 年 3 月，梁思成在致时任清华大学校长梅贻琦的信中，从建筑教育的角度，再次阐发了这个观念："在课程方面，生以为国内数大学现在所用教学方法颇嫌陈旧，过于着重派别形式，不近实际。今后课程宜参照德国 Prof.Walter Gropius（格罗皮乌斯）所创之 Bauhaus（包豪斯）方法，着重于实际方面，以工程地为实习场，设计与实施并重，以养成富有创造力之实用人才。"他在《中国的艺术与建筑》中也强调："中国建筑的墙与欧洲传统房屋中的墙不同，它不承受屋顶或上面楼层的重量，因而可随需要而设或不设。建筑设计者通过调节开敞与封闭的比例，控制光线和空气的流入量，一切全看需要及气候而定。高度的适应性使中国建筑随着中国文明的传播而扩散。"参见梁思成. 致梅贻琦信. 见：梁思成. 梁思成全集（第五卷）. 北京：中国建筑工业出版社，2001：2；梁思成. 中国的艺术与建筑. 见：梁思成. 梁思成全集（第五卷）. 北京：中国建筑工业出版社，2001：31-32.

② 梁思成. 为什么研究中国建筑. 中国营造学社汇刊，1944，7（1）：10.

③ 梁思成. 中国建筑史. 天津：百花文艺出版社，1998：11-21.

④ 梁思成. 中国建筑史. 天津：百花文艺出版社，1998：14。后来陈明达明确的斗栱为横架、纵架之交接结点的观点，与梁思成的这一认识十分相似。参见陈明达. 应县木塔. 北京：文物出版社，1980：44-49.

必习焉。[①]

而后，梁思成又从与其他建筑历史背景迥然不同的"环境思想"方面举列中国传统建筑特征，涉及价值观、伦理、民俗学、美学等深层文化蕴涵：

（一）不求原物长存之观念；

（二）建筑活动受道德观念之制裁；

（三）着重布置之规制；

（四）建筑之术，师徒传授，不重书籍。[②]

在上述思路的导引下，这部通史对各个时代的论述，基本都涉及城市设计[③]、平面布局，以及着眼于技术、结构手段、审美观念对建筑特征的分析。[④]这种注重建筑内在结构和社会观念形态的认识，以及高度理论化的概括，成为当时建筑史学界的共识，也反映在其后刘敦桢主编的《中国古代建筑史》中，并得到更为系统的表述。该书绪论从结构、组群布局、艺术形象、园林、城市、工官制度6个方面总结中国古代建筑特点，多与梁思成《中国建筑史》中的论述框架相同。正文以大量实例证明中国古代建筑具有丰富的艺术形象和手法，从城市规划、组群布局、单体建筑诸多方面展开阐述，例如：

以木构架结构为主的中国建筑体系，在平面布局方面具有一种简明的组织规律。就是以"间"为单位构成单座建筑，再以单座建筑组成庭院，进而以庭院为单元，组成各种形式的组群。……中国古代建筑的庭院与组群的布局，大都采用均衡对称的方式，沿着纵轴线与横轴线进行设计。……单座建筑从整个形体到各部分构件，利用木构架的组合和各构件的形状及材料本身的质感进行艺术加工，达到建筑的功能、结构和艺术的统一，是中国古代建筑的特点之一。[⑤]

其后，1965年10月，刘敦桢在《中国木构建筑造型略述》一文中，明确指出要在多样的建筑造型中挖掘设计的规律性：

中国建筑的造型，大体上可分为对称与不对称两大类型。其中又各有

---

① 梁思成．中国建筑史．天津：百花文艺出版社，1998：14.

② 梁思成．中国建筑史．天津：百花文艺出版社，1998：18–21.

③ 主要从功能、结构、行政、商业、居住、公共建筑、园林等方面探讨城市内在结构和机理。

④ 陈明达认为，梁思成在该书中找到的课题实际上已经提出了各项建筑学观点上的看法。参见陈明达．古代建筑史研究的基础和发展．文物，1981（5）：74。此外，刘致平在《中国建筑类型及结构》序言中也曾指出："我国地大物博，历史悠久，文化遗产内容非常丰富，所以历代所建的建筑物也是形形色色多种多样的，……再加以各地区各民族的特点及外来文化的影响，全都在建筑上充分地表达出来，是值得我们仔细研究的。至于它的设计理论以及反映出当时的思想情况等，更是历史家及艺术家所要熟知的。……本文多涉及不同年代建筑的演变与中外建筑相比较的问题，以及在将来创作上应用的可能性等问题，如是对读者可以多些趣味。"引自刘致平．中国建筑类型及结构．北京：建筑工程出版社，1957：19.

⑤ 刘敦桢主编．中国古代建筑史．北京：中国建筑工业出版社，1980：8–9，14.

变化，例如屋顶就有多种形式。要全面说明这一问题，首先必须依靠对各种建筑的大量实测图，才能对它们进行多方位的比较和深入的研究，从而得出较为全面与合理的论证。……中国古代建筑的造型，是随着各种建筑类型的不同而形成差异的，就是在同一类型中也会出现若干变化，因此我们必须在这些千变万化中，努力整理并寻找出它们的规律来。[①]

并从建筑造型的角度，提到有关尺度比例等设计层面的问题：

通过许多实例，人们不难发现其间存在着某些数学上和美学上的原则和比例，而它们又是和建筑的平面和结构有着密切的关系。这些内在和外在的许多规律，都是中国历代匠工在长期的建筑实践中，通过经验累积而传承下来的，因此十分珍贵。……在造型处理上，采用对称方式，是最常见的一种手法。特别是在表现神权和王权的高级建筑中，而它又是与该建筑（或建筑群）的平面和外观密切相关的。……对称也能反映在建筑的局部上，常通过采用具有对称形象的方形、矩形、圆形和三角形等几何形体。例如建筑两柱间的空间，门、窗洞的形状，大多都是方形或矩形的。如佛光寺大殿的前檐柱开间，苏州园林的廊柱间距等等。这些出现在建筑局部的比例形象，往往又和整个建筑的比例形成某种关系。……除了大尺度的比例关系较多采用正方形外，建筑的其他局部如柱高、开间、檐口高等，都可作为衡量建筑尺度的“标尺”，而被广泛予以运用。[②]

不幸的是，由于当时意识形态的干预和掣肘，最终编成的《中国古代建筑史》，基本上属于“发生史”，是在“有什么”“是什么”的层次上建立起的中国建筑史学的框架结构，并未能完全按照梁思成、刘敦桢等学者的设想，对古代建筑设计思想与理论展开全面探讨，深入到“为什么”层面。然而，梁思成、刘敦桢对这方面研究的高度重视，从他们对年轻学者的殷切期望中，仍然可见一斑。如傅熹年回忆，1958 年他进入梁、刘领导的建筑理论与历史研究室工作时，梁思成曾对他说：

中国古代建筑有延续数千年的独立体系，创造出独特的建筑风格和相应的规划设计方法。大到城市，小到单体建筑，都在世界上独树一帜，取得很高的成就，需要认真的研究总结。[③]

---

① 刘敦桢 . 中国木构建筑造型略述（写于 1965 年 10 月 12 日）. 见：刘敦桢 . 刘敦桢全集（第六卷），北京：中国建筑工业出版社，2007：227.

② 刘敦桢 . 中国木构建筑造型略述（写于 1965 年 10 月 12 日）. 见：刘敦桢 . 刘敦桢全集（第六卷），北京：中国建筑工业出版社，2007：227–228.

③ 傅熹年 . 傅熹年建筑史论文集 · 后记 . 北京：文物出版社，1998：471.

1960年代初，傅熹年参加刘敦桢主持编写《中国古代建筑史》的工作，在刘致平的指导下，做了一系列唐代建筑的复原研究。梁思成、刘敦桢看了复原方案后，都指出：

> 由于中国唐以前建筑基本没有保存下来，只能靠对遗址的复原来知其大略，所以复原研究很重要，要加强其科学研究的分量。应该通过对文献和遗址的细致研究，深入探讨各时代建筑的发展进程和其中体现出的建筑规制以及设计手法特点，而不是生搬硬套其形式结构；要细心体认在当时的社会环境、技术条件制约下古人会怎样考虑和解决具体建筑问题，而不是单凭本人臆想去进行设计；要用古代的风尚好恶而不是时下的风尚好恶去考虑风格问题，才能使复原研究更接近实际，更有参考价值。①

梁思成针对宋《营造法式》，还特别强调：

> 从佛光寺东大殿看，《营造法式》中“以材为祖”的运用模数进行设计的方法至迟在中晚唐已出现，应结合《营造法式》对唐代建筑遗物进行探讨，研究在唐代是怎样进行设计的，并在复原唐代建筑时考虑这些因素。②

综上可知，梁思成、刘敦桢在对中国古代建筑实物和文本深刻体认的基础上，曾初步论及或涉及对中国古代营造理念等理论思维层面的探索。虽然由于时代限制等客观原因未能系统地展开，却为后人开启了思路，留下了诸多可以深入探讨的方向。继后，众多学者在前辈研究的基础上，通过不断的回顾与反思，从探索设计思想体系入手，重点阐发古代建筑设计规律及其所达到的科学水平，初步证明中国古代确有建筑理论和设计规律可循，从不同程度和侧面继续将此项研究引向深入。

二、开创性的探索与示范——陈明达的研究

陈明达是继梁思成等学者之后，在研究宋《营造法式》的学术活动中作出过突出贡献的建筑史学家（图4–1）。自1932年加入学社后，陈明达的学术研究始终与《营造法式》密切相关。其生前撰写的《应县木塔》《〈营造法式〉大木作研究》《独乐寺观音阁、山门的大木制度》等高水平著作是学界公认的、具有突破性进展的重大研究成果（图4–2，图4–3，图4–4），还留下相当数量未发表、未完成或尚

---

① 傅熹年．傅熹年建筑史论文集·后记．北京：文物出版社，1998：472.
② 傅熹年．傅熹年建筑史论文集·后记．北京：文物出版社，1998：472.

图 4-1　陈明达像（资料来源：殷力欣提供）

图 4-2　《应县木塔》书影（2001 年版）（资料来源：陈明达 . 应县木塔 . 北京：文物出版社，2001）

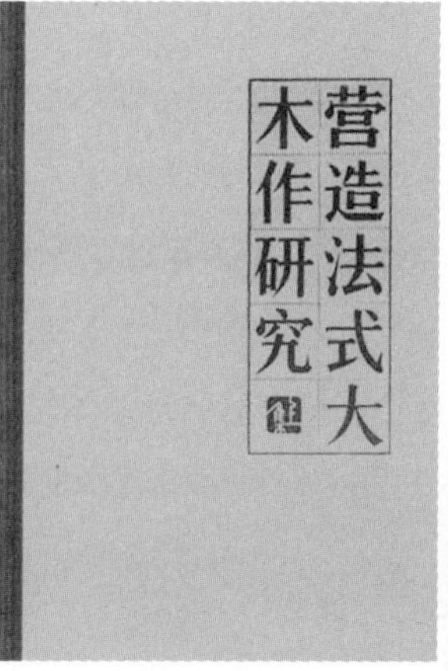

图 4-3　《〈营造法式〉大木作研究》书影（1981 年版）（资料来源：陈明达 .《〈营造法式〉大木作研究》. 北京：文物出版社，1981）

图 4-4　《蓟县独乐寺》书影（2007 年版）（资料来源：陈明达 . 蓟县独乐寺 . 天津：天津大学出版社，2007）

待校订的遗稿，如《〈营造法式〉辞解》《〈营造法式〉研究札记》，等等。陈明达的研究成果和研究方法不仅成为后来相关研究的基础，更起到了重要的指导作用。

（一）以《营造法式》为导引探索中国古代营造理念

1930年代之后，在以《营造法式》为主线对中国古代建筑实物进行研究的基础上，朱启钤、梁思成、刘敦桢等前辈学者都曾论及或涉及营造方法等理论思维层面的内容，但是由于基础研究工作量的巨大和时代背景等客观原因，未能系统深入地展开，研究成果基本上以建立中国建筑史学的框架结构为主要目标，没有全面深入到“为什么”层次，仍然留有很多遗憾。

在对以往研究进行不断反思的基础上，自1960年代始，陈明达秉承前辈学者的意愿，在前人研究的基础上，以《营造法式》为参考，踏上了探寻中国古代营造理念的征程。他站在追索“为什么”的层面上，从设计思想体系入手，重点阐发古代建筑设计规律和所达到的科学水平。

我国著名的建筑历史学家傅熹年认为：“对《营造法式》的研究是陈先生在建筑史研究上的最杰出的贡献，提高了我们对古代建筑达到的科学水平的认识。……成为继梁思成先生、刘敦桢先生二位学科奠基人之后在中国建筑史研究上取得重大成果的杰出学者之一。”[①]

1.《应县木塔》——中国古代木构建筑有设计规律可循

对应县木塔的研究始于1933年，由梁思成、刘敦桢组织调查测量，参加工作的还有莫宗江和纪玉堂。1935年，由莫宗江绘成1/50实测图，绘制过程中曾再次去应县补充测量。梁思成曾写就《山西应县佛宫寺辽释迦木塔》研究手稿（图4-5）。[②]但当时的实测图和摄影记录在抗日战争初期受损，只留下残缺污损的图纸和字迹模糊的测稿，照片几乎全部损毁。

1959年到1961年间，陈明达数次参与编写中国古代建筑史。在这个过程中，他意识到当时的建筑史还没有把各个时代的营造理念提高到理论高度加以总结，很多古建筑遗存测绘图纸俱全却没有得到深入探讨，且研究经典著作宋《营

① 陈明达．陈明达古建筑与雕塑史论．北京：文物出版社，1998：2-3.
② 梁思成作于学社时期的《山西应县佛宫寺辽释迦木塔》研究手稿一直珍藏于中国文物研究所，2006年由《建筑创作》首次刊出。参见梁思成．山西应县佛宫寺辽释迦木塔．建筑创作.2006（4）：152-167.

造法式》的人也是寥寥无几。由此，陈明达考虑了他的具体条件，决心就若干古建筑实例进行逐个分析研究，并拟定了从唐代到明代具有代表性的20多个实例的名单。由于当时文物出版社要编印全国文物保护单位的资料图录，陈明达在初步梳理相关资料后，发现应县木塔的较为完整，于是就将其作为第一个研究对象。1962年，文物出版社将应县木塔列入选题计划。

在学社原有资料的基础上，陈明达和助手黄逖对木塔进行了更为详细的测绘，由彭华士摄影。陈明达以探讨当时的设计方法为重点，总结古代营造经验，从中找出对建筑设计有参考价值的内容，从而突破了单纯介绍、欣赏古代建筑实例的模式。

1963年，陈明达完成《应县木塔》书稿[①]。1966年由文物出版社出版第一版《应县木塔》（小8开精装），1980年发行第二版（大8开精装）（图4–6）。[②]该书主要内容为木塔现状记录、对原状和当时设计原则的探讨以及与古代建筑技术发展史的联系三个部分[③]，比对宋《营造法式》，基本归纳出在北宋时已经存在的“以材为祖”的模数制设计方法，并获得以下重要认识：

1. 平面是指柱头的平面，不是柱脚的平面；面广以柱头为标准。

2. 全塔斗栱的基本做法，是将每一层的全部斗栱、梁枋组成一个整体；各层铺作是一个整体结构层；过去习惯把纵架和横架的结合部分切割开孤立起来，称之为铺作，从而忘记了它的整体。

3. 立面构图有严密的数字比例。[④]

陈明达认为他的研究以平面、立面设计构图规律和殿堂结构形式两项最为重要，因为这些已经触及了设计的本质问题。[⑤]更重要的是，该项研究阐明了中国古代建筑从总平面布置到单体建筑的构造，都是按照一定法式进行精密设计的，通过测量和分析可以找到设计规律（图4–7，图4–8）。

《应县木塔》在个案研究和探索设计手法方面取得了突破性的进展，不仅为编撰全国重点文物保护单位的专辑树立了样板，也为个案的深入研究和建筑史学

---

① 书稿完成后，曾经刘敦桢审阅，得到诸多中肯建议。参见刘敦桢．对《佛宫寺释迦塔》的评注（约作于1964年）．见：刘敦桢．刘敦桢全集（第五卷）．北京：中国建筑工业出版社，2007：65–66.

② 全书约12万字，38页实测图，142帧照片，附木塔历史年表和铭刻题记的录文。上篇为《调查记》，介绍塔的现状并汇录实测结果。下篇为《寺塔之研究》，对木塔的历史沿革、原状、设计手法以及平面空间构图、斗栱的发展和殿堂、厅堂构架的区别、艺术处理等诸方面进行分析研究，进而探讨了几个有关的建筑发展史问题。再版有1978年陈明达补作的附记，主要记述了初版后获得的新认识。

③ 引自1980年9月陈明达填写的《科学技术干部业务考绩档案》之“著作与论文的登记”部分（殷力欣提供）。

④ 参见陈明达．应县木塔．北京：文物出版社，1980：43，47，58，62.

⑤ 参见陈明达．应县木塔．北京：文物出版社，1980：59.

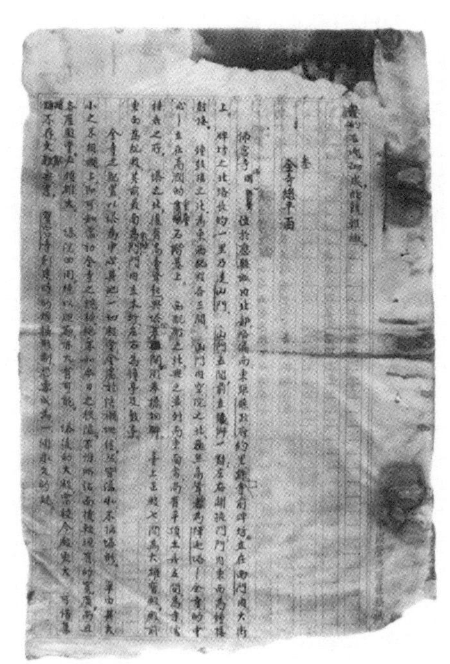

图 4-5　梁思成《山西应县佛宫寺辽释迦木塔》手稿 [资料来源：梁思成 . 山西应县佛宫寺辽释迦木塔 . 建筑创作 .2006（4）: 167]

图 4-6　原古代建筑修整所制作的应县木塔模型（资料来源：陈明达 . 应县木塔 . 北京：文物出版社，1980：142）

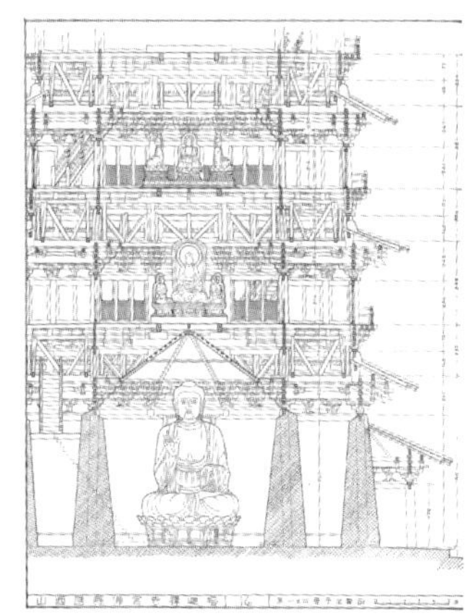

图 4-7　山西应县木塔断面图（资料来源：陈明达 . 应县木塔 . 北京：文物出版社，1980：82）

图 4-8　应县木塔第四层平坐结构（资料来源：陈明达 . 应县木塔 . 北京：文物出版社，1980：190）

科的发展起到了重要的推动作用，打开了探讨我国古代营造方法的大门。[①]

陈明达的至交莫宗江身后发表的《〈应县木塔〉读后札记》一文，基于《应县木塔》中的已有论断，提出了极富创见的研究设想，很多也都深入到理论思维层面，例如：

> 《木塔》"立面构图"中，你提出"数字比例"这个新的观点，现在看来似还应再加一段总的简述——说明分析的要点和主要方面。宋代、清代的官定法式制度以及清末民间的《营造法原》，都是按比例的数据所定的制度，这似乎是工匠为便于施工和技术传授而形成的"歌诀体系"的方法，表现出的是按"数字的"推算或折算的方式，而不是几何作图法的方式，其与西方不同之处，是否应再着重论述？[②]

1977年，陈明达为《应县木塔》再版所写的《附记》中也指出了1962年研究时的不足，如"原来对释迦塔的研究，全部是直接用实测的数字为依据，而没有将实测数字折算成材份再进行分析"。还提出"这里取得的成绩只是由应县木塔得到的，它是不是唐宋建筑所共有的？还有没有其他未经理解、认识的东西？这些都需要继续进行探讨，因而更加坚定的要以此为开始，按原计划工作下去，以期积累更多的知识"。他也深刻地感到木塔立面构图的规律，虽不能肯定为那个时代的一般规律，但在记录、总结唐宋建筑的宋《营造法式》中，应当能找到类似的东西，所以深入研究《营造法式》也列入了他的研究计划。[③]

2.《〈营造法式〉大木作研究》——北宋"以材为祖"的模数制设计方法

陈明达原本计划在完成《应县木塔》之后，继续做二三十个类似的个案研究，然后撰写《〈营造法式〉大木作研究》，将会有更多、更重要的发现。然而《应县木塔》刚出版不久，他就被下放农村"四清"。[④] 1966年开始的"文化大革命"更是使中国建筑史研究工作整体陷于停顿。不仅如此，甚至产生了罔顾史实的"伪学术"。以"儒法斗争"为例，建筑史学界就出现了一些与其相关联的"学术成果"，《营造法式》自然难脱干系，如《宋〈营造法式〉和法家路线》《〈营造法式〉——法

① 参见傅熹年．建筑史解码人·陈明达．见：杨永生，王莉慧．建筑史解码人．北京：中国建筑工业出版社，2006：60-61.

② 引自莫宗江．《应县木塔》读后札记．建筑史论文集，2002（15）：89.

③ 参见陈明达．应县木塔．北京：文物出版社，1980：59，63.

④ 参见陈明达．未竟之功——零散的回忆．见：文物出版社．文物出版社三十年．北京：文物出版社，1986：26.

52

第三章 材份制的结构意义①

第一节 “材有八等”及截面高宽比

一、“材 有 八 等”

我们已经说过《法式》材份制的要点是材等，有了材等才有份值。而“材有八等”，现在就来讨论分等的原则性质。据表1及前两章讨论，已经知道“材”是标准矩形方料，宽度从六寸到三寸，有必要分成几种规格，以便应用，这是易于理解的。如以半寸作为分等的差距，在三至六寸之间本来只能分为七等，实际上它在四至五寸之间增加了一等，分为八等。将即四寸五分这一等改为四寸四分、四寸八分两等。为什么要这样分等，是依据什么分的呢？

卷四《材》：“若副阶并殿挟屋，材分减殿身一等”，这一规定为我们提供了材等是按强度原则划分的线索。因为副阶是附着于殿身外围的，除梢间外，其余各间间广必须和殿身相同，屋面荷重也基本相同，容许材减一等，意味着在结构上要求相邻材等的截面强度相差不宜过大，而且差距应该比

① 本章关于结构力学的分析，完全是根据杜拱辰同志的研究结果简编写成的。请参阅原文《从营造法式看北宋的力学成就》，载《建筑学报》，1977年第一期。

107

第五章 两种结构形式——殿堂、厅堂

图样是《法式》的重要组成部分。除制度、功限外，以图样所占篇幅最多。原书《总诸作看详》说：“或有须于画图可见规矩者，皆别立图样以明制度”。足见当时已经深知仅凭文字记叙，没有图样，不能彻底说明制度，对图样给予了充分的重视。

卷三十一的殿阁、厅堂平面、断面图（图四十六至四十九），是全面理解《法式》房屋建筑制度的依据，更为重要。正是有了这些图样，我们才知道殿堂、厅堂是两种不同的结构形式。这一重要认识，不仅使我们对宋代建筑有较深的理解，而且对于研究我国古代木结构建筑的发展，有着深刻的启示。现在，我们就按照以前各章所取得的结果，从新绘制这些图样。由于已经明确了房屋长、宽、高的材份制度，铺作和结构、规模的关系，几乎每项尺度都有了明确的份数，再也不需要预先作出某些假定的尺度。这就使我们能够得到更正确的标准图样，绘制图样的工作也非常便利，充分体现出材份制的优越性。当然，将以前各章所取得的结果，在整体中取得联系，检验其是否正确，也是本章的一项重要任务。

第一节 厅堂间缝内用梁柱

（图十九至二十五）

卷三十一有十八种厅堂屋架图，卷三十《举折屋舍分数第四》所列八架

图4-9 《〈营造法式〉大木作研究》书影（资料来源：陈明达.《营造法式》大木作研究.北京：文物出版社，1981：52，107）

家路线的产物》等文章的产生①，就从一个侧面折射出中国建筑史学研究在特殊历史时期所陷入的被动、无奈的尴尬境地。②

1973年，陈明达在被迫中断研究近10年后，终于恢复工作。1976年转到中国建筑技术研究院建筑历史研究所后，开始专力从事《营造法式》研究。他以大木作材份制为基础，参证大量实物数据，基本证明至迟在北宋已经存在一套建立在结构上的、以材份为模数的设计方法，能够满足不同规模、等级建筑的设计需要，并达到一定程度的标准化、规格化。1978年，其成果撰为《〈营造法式〉大木作研究》，1981年由文物出版社以精装本印行出版（图4-9）。③后来又对该书中结合《营造法式》及现存唐、宋木结构实例的比较分析表作了

① 当时还是清华大学本科生的王贵祥曾受老师之托写文章对这些扭曲的观点进行驳斥，得到了莫宗江、徐伯安、郭黛姮等学者的指导和支持。参见建筑史解码人·王贵祥.见：杨永生，王莉慧.建筑史解码人.北京：中国建筑工业出版社，2006：322–323。此外，陈从周在随笔中也有对这种观点的辨斥：“近日有评《营造法式》为法家著作，但皆言不撷关键，盖读书不细所致。观明仲进《新修营造法式序》明言‘弊积因循，法疏检察，非治三宫之精识，岂能新一代之成规。’何等气概。”引自陈从周.《营造法式》非法家著作.见：陈从周.梓室余墨——陈从周随笔.北京：生活·读书·新知三联书店，1999：390。此外，陈光崇曾撰《李诫和〈营造法式〉》一文对编者和《营造法式》做出介绍，文章最后还指出“由于阶级地位和历史条件的限制，李诫在建筑理论上，必然要受到唯心主义和形而上学的影响；同时，他的建筑工程设计也是着重于满足统治阶级的需要，因而存在着脱离社会生产实际，脱离劳动人民的倾向。因之，我们在研究李诫的《营造法式》时，既要充分肯定他的科学成就，又应当看到他的局限性，给以批判的总结，才能做出正确的评价，继承这一份珍贵的历史遗产。”可见在“文化大革命”末期，对于《营造法式》的认知还存在着一定的偏见。参见陈光崇.史学研究辑存.沈阳：辽宁大学出版社，1989：116–119；该文原载中国古代科学史话.沈阳：辽宁人民出版社，1975.

② 陈明达生前曾多次跟王其亨强调，他下决心深入研究《营造法式》，就是为了更深刻地批判这种谬误观点。

③ 该书以七章的结构（约18万字，附表38个，图版49幅）分析了宋《营造法式》中建筑、结构设计的材份制及各项模数的数据，探讨了古代建筑技术的发展线索。参见陈明达.《营造法式》大木作研究.北京：文物出版社，1981.

唐宋木结构建筑实测记录（一）——材栔　　表2

名称	年代（公元）	材栔（厘米/份）			相当（法式）材等
		材广×厚	份值（厘米）	栔高	
南禅寺大殿	782	24×16/15×10	1.60	11-12/6.9—7.5	三
佛光寺大殿	857	30×20.5/15×10.25	2.00	13/6.5	一
镇国寺大殿	963	22×16/15×10.9	1.47	10/6.8	四
华林寺大殿	964	33×17/15×7.7	2.20	14.5/6.6	一
阁院寺文殊殿	966	26×17/15×9.8	1.73	14/8.07	二
独乐寺山门	984	24.5×16.8/15×10.3	1.63	10.5/6.4	三
独乐寺观音阁	984	24×15.5/15×10.3	1.60	10/6.25	三
虎丘二山门	995-997	20×13/15×9.5	1.37	9/6.57	五
永寿寺雨华宫	1008	24×16/15×10	1.60	7-12/4.4—7.5	三
保国寺大殿	1013	21.5×14.5/15×10.1	1.43	8.7/6	五
藻井		17×11.5/15×10.2	1.13	7/6.2	七
奉国寺大殿	1020	29×20/15×10.4	1.93	14/7.2	一
晋祠圣母殿殿身	1023-1031	21.5×15/15×11.2	1.43	10.5/7.3	五
副阶		21.5×15/15×11.2	1.43	10.5/7.3	五
广济寺三大士殿	1024	24×16/15×10	1.60	10-14/6.25-8.7	三
开善寺大殿	1033	23.5×16.5/15×10.5	1.57	11-13/7—8.3	三
华严寺薄伽教藏殿	1038	24×17/15×10.6	1.60	10-11/6.25-6.9	三
隆兴寺牟尼殿殿身	1052	21×15/15×10.7	1.40	10/7	五
副阶		21×15/15×10.7	1.40	10/7	五
应县木塔塔身	1056	25.5×17/15×10	1.70	11-13/6.5-7.6	二
一层副阶		25.5×17/15×10	1.70	11-13/6.5-7.6	二
善化寺大殿	11世纪	26×17/15×9.8	1.73	11-12/6.4-6.9	二
华严寺海会殿	11世纪	24×16/15×10	1.60	11/6.9	三
善化寺普贤阁	11世纪	22.5×15.5/15×10.3	1.50	10-12/6.7-8.0	四
开元寺观音殿	1105	22×16/15×10.9	1.47	10/6.8	五
开元寺毗卢殿	1105	22×16/15×10.9	1.47	12/8	五
开元寺药师殿	1105	21.5×16/15×11.6	1.43	10.5/7.3	五
少林寺初祖庵	1125	18.5×11.5/15×9.3	1.23	7/5.7	六
佛光寺文殊殿	1137	23.5×15.5/15×9.9	1.57	10/6.3	三
华严寺大殿	1140	30×20/15×10	2.00	14/7	一
崇福寺弥陀殿	1143	25×16/15×9.6	1.67	11/6.6	三
善化寺三圣殿	1128-1143	26×17/15×9.8	1.73	11/6.4	二
善化寺山门	1128-1143	24×16/15×10	1.60	11/6.9	三
隆兴寺转轮藏殿	12世纪	21×15/15×10.7	1.40	9.5/6.8	五

244

图 4-10 《唐宋木结构建筑实测记录表》书影（资料来源：陈明达．唐宋木结构建筑实测记录表．见：贺业钜编．建筑历史研究．北京：中国建筑工业出版社，1992：246）

修订和补充，编成《唐宋木结构建筑实测记录表》（图 4-10），发表在 1992 年出版的《建筑历史研究》[①] 上，为相关研究提供了大量翔实的基础数据。

在《〈营造法式〉大木作研究》一书中，陈明达以《营造法式》材份制为基本规律，分别按材栔、构件规格、间广椽长、檐出、高度、铺作等，对实测数据进行细致的梳理。将《营造法式》制度、功限、料例等不同部分所载相同构件的材料集中起来，进行归纳比较，再与实物相验证，推算出一些蕴含在《营造法式》中却没有以条文形式明确记载下来的比例关系，如铺作间距、间广椽长、柱高、檐出的模数值。该项研究着眼于过去未能解释或尚不明确的问题，对《营造法式》大木作制度有了更进一步的了解，明确了按材等建造房屋的规模及相邻材等的交叉情况，以及如何视不同情况"度而用之"；明确了厅堂和殿堂是两种不同的结构形式，以及这两种形式的用材、铺作、间广和结构特点；明确了铺作铺数、朵数与间广、建筑规模之间的关系；明确了楼与阁、殿阁与堂阁、副阶与缠腰在渊源和结构、构造做法上的区别，等等。[②]

---

① 参见贺业钜编．建筑历史研究．北京：中国建筑工业出版社，1992：231-261.

② 参见傅熹年．建筑史解码人·陈明达．见：杨永生，王莉慧．建筑史解码人．北京：中国建筑工业出版社，2006：61-62.

虽然《〈营造法式〉大木作研究》得到了众多学者的推崇与赞誉，且影响深远，但并不代表它已经十全十美，无懈可击。正如陈明达自己指出的：

> 做研究工作要善于利用别人的成果。从别人研究的疏漏中去发现问题，这是一个极重要的可取的方法。就拿我的《〈营造法式〉大木作研究》来说，就有很多错误、漏洞，还有不少提出来了而没有细说、没有解决的问题。一方面，我必须有侧重；另一方面，我也不可能全部都搞通。……我把《营造法式》大木作的"材份制度"解决到了什么程度？无非找出了一些重要尺度的份数，但并没有到此为止。[①]

而后，由《〈营造法式〉大木作研究》引发的一些质疑和讨论，同样促进了学术发展。如潘谷西、何建中二位学者以数年研究《营造法式》的心得，对该书中的若干问题持不同见解，并展开系列讨论[②]；肖旻在学位论文基础上推出的《唐宋古建筑尺度规律研究》一书，对《〈营造法式〉大木作研究》做了较为客观的评述，指出若干不足。[③] 这些讨论也进一步深化了对宋代建筑大木作制度的认识。

3.《独乐寺观音阁、山门的大木作制度》——回归传统建筑语言体系

上述陈明达的研究为探索古建筑的设计方法开创了新途径，触及到建筑学的实质问题，是中国建筑史研究在1950年代以后的重要突破。在这些研究的基础上，陈明达还计划在有限的时间里再继续更多的个案研究（图4-11）。[④]

1984年，值蓟县独乐寺千年大庆的学术研讨活动，陈明达提交了论文《独乐寺观音阁、山门建筑构图分析》，其英文版《千年木构——独乐寺建筑布局研究》发表在《中国建筑文选》第3期上（图4-12）。[⑤] 随后又将之扩展为长篇

---

① 引自陈明达．关于《营造法式》的研究．建筑史论文集，1999（11）：47-48.

② 参见潘谷西．《营造法式》初探（二）．南京工学院学报，1981（2）：43；何建中．《营造法式》材份制新探．建筑师，1991（43）：118-127；何建中．如何正确理解"以材为祖"．见：纪念宋《营造法式》刊行900周年暨宁波保国寺大殿建成990周年国际学术研讨会论文集．宁波，2003：200-215；潘谷西，何建中．《〈营造法式〉解读》，南京：东南大学出版社，2005；何建中．唐宋木结构建筑实例的基本尺度与《〈营造法式〉大木作研究》．古建园林技术，2008（4）：14-16。值得指出的是，何建中近年以多年学术积累撰写的《白璧微瑕——谈〈营造法式〉之"未尽未便"处》一文，从系统性、完整性、一致性、明确性和正确性等方面，讨论了《营造法式》若干"未尽未便"之处，对《营造法式》的校勘、文本和术语的解读也助力尤多，为客观认识该书做出贡献。可以想见，若没有细读《营造法式》和不懈的思考，绝无可能提出如此精到的判断和总结。参见何建中．白璧微瑕——谈《营造法式》之"未尽未便"处．建筑史，2016（37）：1-7.

③ 肖旻．唐宋古建筑尺度规律研究．南京：东南大学出版社，2006.

④ 参见陈明达．关于《营造法式》的研究．建筑史论文集，1999（11）：52.

⑤ 参见陈明达．千年木构——独乐寺建筑布局研究（Thousand - Year - Old Wooden Structure—A study on Architectural Composition of Dule Temple）．见：中国建筑科技发展中心（China Building Technology Development Centre）．中国建筑文选（英文版）（Building in China Selected Papers）．北京：中国建筑工业出版社，1985（3）：15-28.

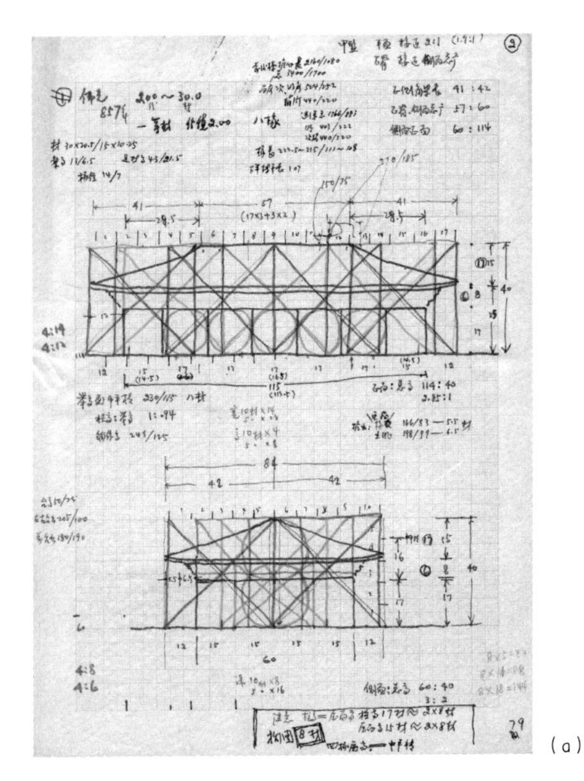

（a）

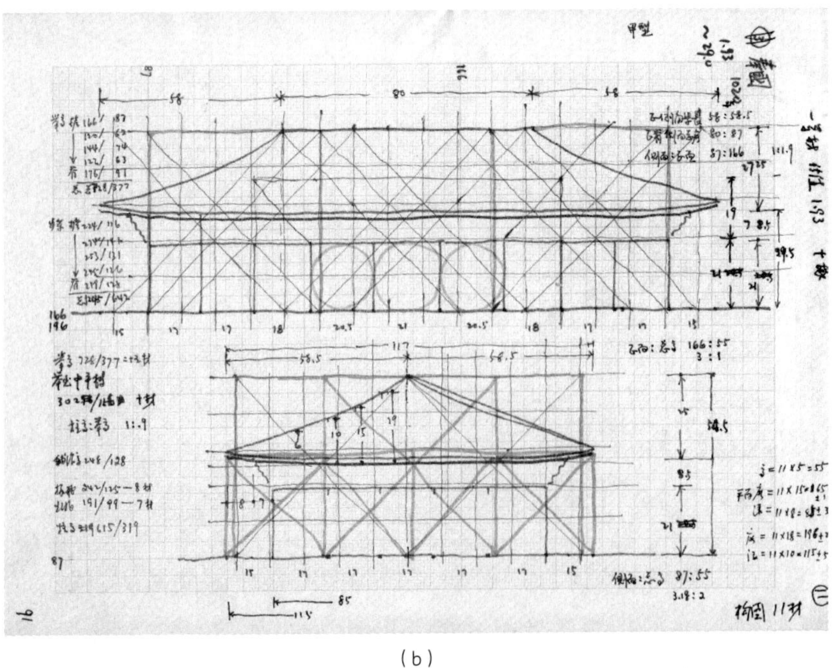

（b）

图 4-11　陈明达绘制的分析草图。（a）山西五台山佛光寺东大殿分析草图；（b）辽宁义县奉国寺大雄殿分析草图（资料来源：殷力欣提供）

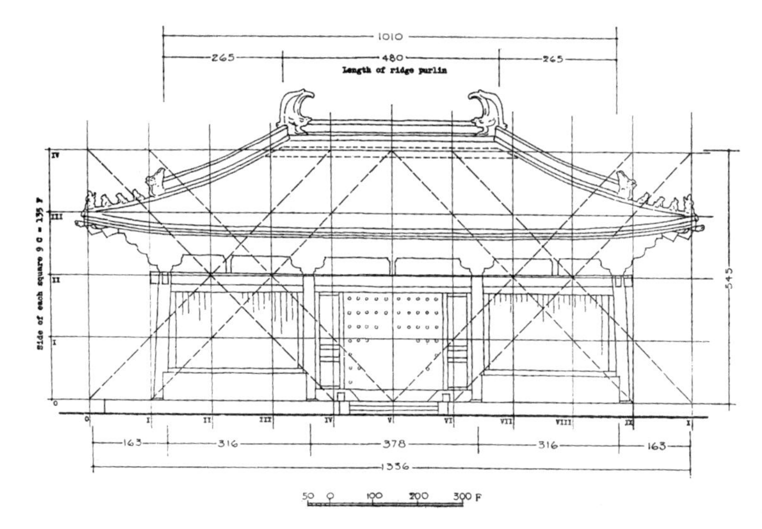

Fig. 5. Front elevation of the Gatehouse.

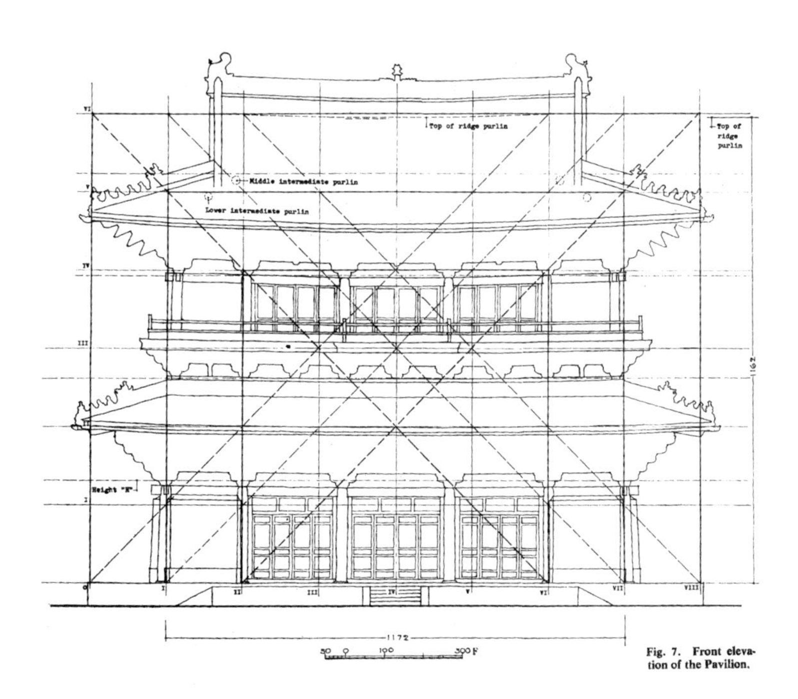

Fig. 7. Front elevation of the Pavilion.

图 4-12　独乐寺山门及观音阁立面分析图 [资料来源：陈明达 . 千年木构——独乐寺建筑布局研究 . 见：中国建筑科技发展中心 . 中国建筑文选（英文版）. 北京：中国建筑工业出版社，1985（3）：19，21]

研究论文《独乐寺观音阁、山门的大木制度》，经多次修改，至1990年定稿。[①]当时此稿本拟与独乐寺修缮报告、测绘图等集结出版未果。后经王其亨、殷力欣整理校订，分两期刊于《建筑史论文集》第十五、十六辑（图4-13，图4-14）。[②]

陈明达曾指出他研究独乐寺建筑的目的，主要是为了进一步了解唐、辽时期建筑和结构的形式以及材份制的设计方法。[③]因此，《独乐寺观音阁、山门的大木制度》对中国建筑在结构力学、建筑美学等方面的独到建树进行追索，全面阐说中国建筑是按数字比例而非几何比例进行设计的方法[④]；论述了设计中如何确定标准间广材份数，并指出材份制原则同样适用于建筑组群布局；还在《应县木塔》研究中没有机会深入展开的构图分析问题上进行反复探索[⑤]，认为独乐寺二建筑的构图严密，和材份有明确的关系，甚至观音阁的塑像也自成一幅图案，与建筑构图有着密切的联系。[⑥]

此时，陈明达对《营造法式》已经达到运用自如的境界，在利用它完成独乐寺个案研究的同时，甚至还可以反推其内容的来源。通过这个专题研究，他完成了对中国古代建筑认识上的重要飞跃，而这个飞跃则得益于他所倡导并逐渐确立的新方法——西方科学的精神和方法加本土语言。改变了过去以公制测量数据的做法，而是将实测数据折合成宋尺、材份，并且开始使用方格网进行构图分析。他还特别指出清代样式雷图档的设计方法成为他用方格网分析建筑构图的重要辅证（图4-15）：

> 近承天津大学建筑系研究生王其亨同学见示某陵碑亭设计图复制品二纸，系同一碑亭的两个比较方案，以朱笔画方格，二分作一尺（即1/50），

---

① 参见陈明达．蓟县独乐寺．天津：天津大学出版社，2007：202.

② 2007年，王其亨和殷力欣等学者将历年来营造学社、中国文物研究所、天津大学等单位积累下来的独乐寺观音阁、山门二建筑的测绘图、照片、陈明达的建筑分析图以及《建筑创作》杂志社的专题摄影，与《独乐寺观音阁、山门的大木制度》一文合编为《蓟县独乐寺》专著正式出版。参见陈明达．蓟县独乐寺．天津：天津大学出版社，2007.

③ 参见陈明达：独乐寺观音阁、山门的大木作制度（下）．建筑史论文集，2002（16）：30.

④ 1982年，王其亨师从陈明达学习《营造法式》时，曾向先生提出自己的看法：中国古代几何学理念较弱，更注重数字间的相互关系，就像《营造法式》里的大量描述一样，都采用数字比来表达，而不是用几何分割方法。例如，严敦杰在1978年发表《中国古代数理天文学的特点》一文中，指出中国古历法发明内插法与古代数学发展的特点相关，其所有天文数据基本上都用分数表示。西方古代天文学素以几何学方法为核心，其算数尤其是分数运算落后于中国，建筑构图分析也多用几何学方法进行。而擅长算数的古代中国，也制约了几何学的发展，构图分析亦然。这些观点得到陈明达的充分赞同，认为既然研究中国古建筑，就要了解历史背景下古人的思维方式。陈明达不满足于已取得的成果，对后辈善加鼓励、平等交流，始终在寻求新的思路和突破，体现了真正的大师风范。参见严敦杰．中国古代数理天文学的特点．见：中国天文学史整理研究小组编．科技史文集（天文学史专辑），1978（1）：1-4.

⑤ 参见傅熹年．建筑史解码人·陈明达．见：杨永生，王莉慧．建筑史解码人．北京：中国建筑工业出版社，2006：62-63.

⑥ 参见陈明达：独乐寺观音阁、山门的大木作制度（下）．建筑史论文集，2002（16）：29.

表 10 铺作总高及出跳实测材份(厘米/份)

			铺作总高	出跳					扶壁栱高
				第一跳	第二跳	第三跳	第四跳	总计	
观音阁	外檐外跳	下屋	258/152	49/29	34/20	42/25	41/24	166/98	单栱四方
		平坐	144/85	45/26	34/20	33/19		112/65	单栱三方
		上屋	221/130	50/29	36/21	50/30	54/32	190/112	单栱四方
	外檐里跳	下屋	200/118	48/28	87/22			135/50	
		平坐	144/85	(方木)					
		上屋	161.5/95	47/28				47/28	
	身内里跳	下屋	160/94	48/28				48/28	单栱四方
		平坐	144/85	(方木)					单栱三方
		上屋	161.5/95	49/29				49/29	单栱四方
	身内外跳	下屋	160/94	48/28	37/22			85/50	
		平坐	144/85	50/29	28/17			78/46	
		上屋	238.5/140	43/25	41/24	41/24	37/22	162/95	
山门	外檐	外跳	174.5/109	50/31	34/21			84/52	单栱至方上用承椽方
		里跳		49/31	39/24			88/55	
	补间	里跳		48/30	46/29	46/29	47/29	187/117	
	身内	外跳		48.5/30	38/24			86.5/54	单栱三方
		里跳		48.5/30	38/24			86.5/54	

说明：1. 铺作总高：外檐外跳均自栌斗底至橑檐方背。外檐里跳，身内里外跳均自栌斗底至上跳平棊方背。
2. 观音阁上屋外檐及身内，铺作扶壁栱缝均高 200/118，山门身内扶壁栱缝高 144/90。
3. 外檐向屋外一面，身内向内槽一面，均称为外跳。
4. 观音阁平坐铺作里跳均用方木。柱头铺作耍头与铺版方相列，铺版方下相间一足材又用方一条，均外檐身内相连制作。心间铺版方用足材，余均单材。
5. 观音阁心间平坐出头木长 82/48，其余各间均长 25/15。
6. 山门转角斜缝里转出五抄承下平槫交点。斜角栱实长自下至上分别为：71/44、49.5/31、47.5/30、46/29、52/32。

表 11 主要构件实测材份(厘米/份)

	观音阁			山门		
	高(或径)	厚	长	高(或径)	厚	长
柱	50/30			50/31		
槫	35/21					
橑檐槫	32/19			35/22		
椽	15/9			12/8		

· 79 ·

图 4-13 《独乐寺观音阁、山门的大木制度》书影 [资料来源：陈明达 . 独乐寺观音阁、山门的大木作制度（上）. 建筑史论文集，2002（15）: 79]

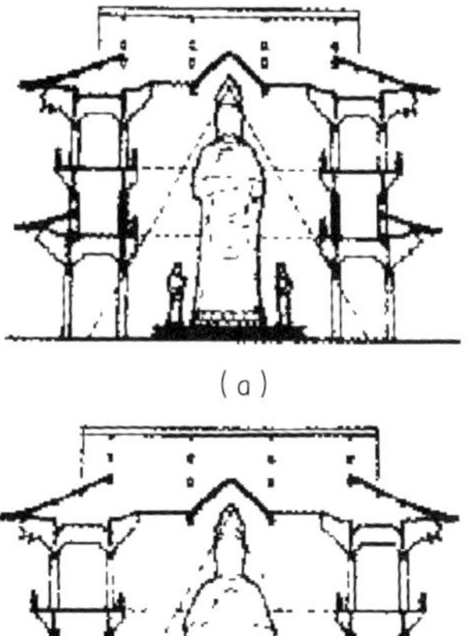

(a)

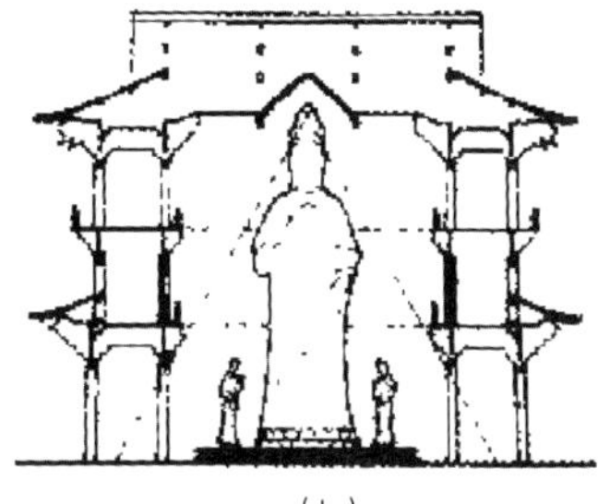

(b)

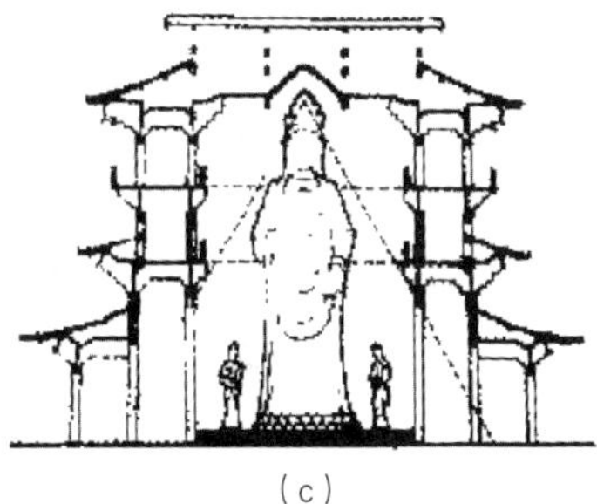

(c)

图 4-14 观音阁规模设计比较图。(a) 观音阁实测标准间广，层高 17 材（255 份）;(b) 假定标准间广，层高增加至 20 材（300 份）;(c) 假定标准间广，层高仍用 17 材，增加副阶 [陈明达：独乐寺观音阁、山门的大木作制度（下）. 建筑史论文集，2002（16）: 17]

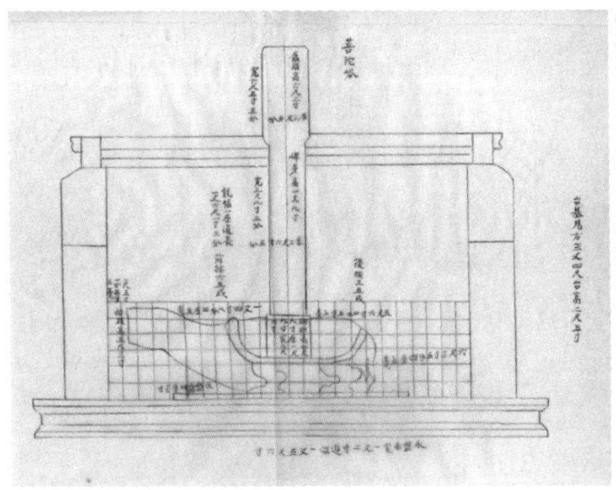

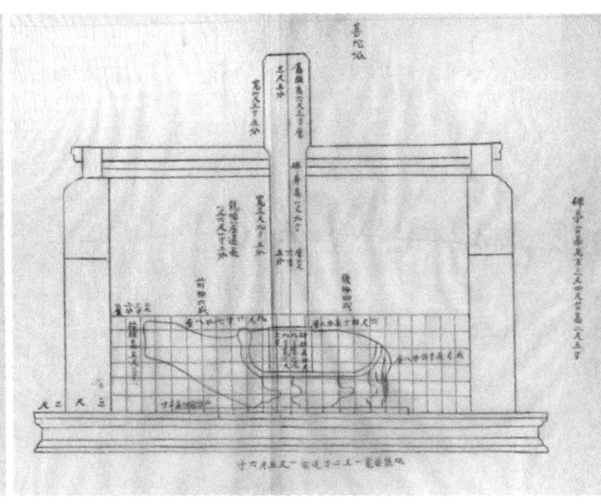

图 4-15 1984 年 3 月王其亨摹绘给陈明达的“普陀峪万年吉地龙蝠碑立样”比较方案底图（资料来源：王其亨提供）

墨笔作设计图。[①] 按明清技术既然大多有其历史渊源，此种设计方法也必有其历史渊源，并非首创于明清。所以本文采用方格网方法，虽原意在便于分析研究，而就分析结果及参考样式雷图纸，当时竟是用此法设计，也未尝没有可能。[②]

陈明达以《营造法式》为基点，通过复原宋、辽时代的建筑语言，使用"材份、宋尺、数字比例、平格网"等方法，以缜密的逻辑推演，展示了古代设计一个建筑组群的过程。独乐寺的专题研究，使他向重新发现、确立本民族建筑学体系的学术理想又迈进了一步。

引进西方科学理念是中国学者认识本民族传统建筑的必经阶段，达到一定积累后，就应该回归传统语言以重构中国建筑学体系。陈明达在完成《应县木塔》之后，一直在思考这个问题，他从强调"材"到"份"，再回到"以材为祖"的研究方法，以及后来全部采用方格网画分析图（取代以往用对角线、三角形、圆等形式）的一系列变化，更加符合中国古代思维模式。[③] 这种变化表明，陈明达对大木作"材份制"的研究已达及了更高的水平和境界，完全融入到古代哲匠的世界，不但解析诸多技术方面的疑难，更尝试通过技术问题的解析还原到建筑审美的文化层面。[④]

在陈明达的研究计划中，除应县木塔和独乐寺两建筑形成了完整的成果外，其他均未能及时完成。虽有遗憾，却也留给后人以思路和方法上的无限启迪。因此，他的研究至少为后学提供了两方面的财富：科学的研究方法和殷实的研究成果。[⑤]

（二）陈明达的学术研究特点

陈明达之所以能够取得上述超越性的学术成就，不仅得益于他的才思、脚

---

① 1984 年 3 月 2 日，王其亨发现了普陀峪定东陵等平格模数网设计方案图，曾向陈明达汇报。3 月 14 日发现普陀峪万年吉地龙蝠碑亭竖向设计图后，随即临摹复印送给陈明达。

② 陈明达：独乐寺观音阁、山门的大木作制度（下）. 建筑史论文集，2002（16）：29-30.

③ 参见陈明达 . 蓟县独乐寺 . 天津：天津大学出版社，2007：8.

④ 参见殷力欣 . 陈明达先生的临终与身后 . 建筑创作，2007（8）：136.

⑤ 近十多年来，王其亨及其学术团队继承陈明达的学术理路，结合教学，将三维激光扫描等先进技术与传统手段结合，赴河北、山西、辽宁、甘肃等地调查并测绘早期建筑遗存，获得大量第一手研究材料。除前述 2007 年与中国文物研究所、北京市建筑设计研究院合作完成中国传统建筑经典丛书《蓟县独乐寺》，2008 年 6 月又同中国文化遗产研究院、北京建筑设计研究院协作完成中国传统建筑经典丛书《义县奉国寺》，从文献梳理、数据采集、建筑设计手法与理念探析等方面，对奉国寺大雄殿做了较全面、深入的探讨，突显出陈明达划分的三种早期建筑重要结构形式代表之一的奉国寺在中国古代建筑发展史上所占据的主导地位。2009 年，以天津大学文物测绘研究国家重点科研基地启动为契机，师生们对河北正定古建筑实施了大规模测绘，标志着对相关早期建筑个案系统、全面的测绘研究已经展开。以此为基础，丁垚副教授"辽代建筑系列研究"课题于 2008 年及 2012 年两度获得国家自然科学基金资助，拟进一步对辽代建筑开展系列性个案研究，尽可能全面揭示以辽代木构建筑为典型代表的古代各民族建筑文化的融合，以及由此产生的建筑设计思想、施工技术和组织管理等方面的成就。

踏实地的作风和严谨求真的治学风范，究其治学经历和方法[①]，还有以下几个重要特点：

1. 大量的实物测绘工作

1932 至 1944 年，陈明达参加了营造学社近一半的古建筑考察工作（92 个县、市，约 1413 处），绘制 40 余座古建筑 1/50 实测图、20 余份 1/20 模型足尺图。在考察和研究中解决了许多与《营造法式》相关的疑难问题，例如用图形表示出“卷杀”的做法，发现了斗栱出跳数与铺作计数的关系等。[②]

1949 年以后对中国古建筑的调查和研究，无论范围、类型、数量和深度，都远远超过营造学社时期。陈明达指出，在这个实践过程中，研究者获得了诸多以前无从了解的木建筑结构细节。[③] 他也多次强调，随着认识的提高，对已经测绘过的实例应当复测或补测。测量的结果是研究工作的基本资料，应当不断地充实和修正。[④] 因为每次测绘不可能达及全部，只有反复地测绘、研究，发现问题之后再去测绘，再去研究，对于一个事物、一座古代建筑的认识和理解才能够深入。[⑤] 他也特别指出测绘后的绘图工作对于研究的重要性。[⑥]

2. 与工匠的密切结合

1942 年，陈明达根据学社测绘应县木塔的残稿，绘制了一份 1/20 的详图，以供模型制作。1954 年，原古代建筑修整所按此详图，由老技师路鉴堂指导，井庆生等共同制作(图 4–16)[⑦]，约用两年时间制成模型(现存中国历史博物馆)。[⑧]

---

① 陈明达在写于 1980 年的《我的业务自传》中，将自己的治学生涯分为三个阶段，即：1932—1944 年打下感性认识的基础，1944—1959 年打下理性认识的基础，1959—1981 年综合前两阶段的结果取得了跃进。参见陈明达 . 中国建筑史学史（提纲）. 建筑史，2009（24）：52.

② 参见陈明达著，丁垚等整理补注，王其亨、殷力欣审定，《建筑创作》杂志社承编 .《营造法式》辞解 . 天津：天津大学出版社，2010：3.

③ 参见陈明达 . 中国建筑史学史（提纲）. 建筑史，2009（24）：150.

④ 参见陈明达 . 建国以来所发现的古代建筑 . 文物参考资料，1959（10）：41–42；陈明达 . 古代建筑史研究的基础和发展——为庆祝《文物》三百期作 . 文物，1981（5）：70；陈明达 . 关于《营造法式》的研究 . 建筑史论文集，1999（11）：46.

⑤ 参见陈明达 . 蓟县独乐寺 . 天津：天津大学出版社，2007：10.

⑥ 陈明达 . 关于《营造法式》的研究 . 建筑史论文集，1999（11）：44.

⑦ 1950 年代，北京文物整理委员会聘请路鉴堂、井庆升等匠师，先后制作有山西应县木塔、五台佛光寺东大殿等中国著名古建筑模型。参见温玉清 . 二十世纪中国建筑史学研究的历史、观念与方法——中国建筑史学史初探 . 天津：天津大学，2006：345-347.

⑧ 参见陈明达 . 应县木塔 . 北京：文物出版社，1980：243.

图 4-16　早期建筑模型（资料来源：中国文物研究所编 . 中国文物研究所七十年 . 北京：文物出版社，2005：233）

通过绘制精确的模型制作详图以及亲身参与工匠制作的过程，陈明达获得了比以往更为深刻的体会，注意到中国古代建筑构造性的特征，进一步加深了对构造方法和设计理念的认识。[①] 他在研究过程中绘制的一系列结构体系示意图，也充分说明他注重结构逻辑的主导思路（图 4-17）。

此外，陈明达在与工匠的接触中，还体会到工匠经验是解读古代建筑的重要参考，应当及时向老匠师学习，通过他们梳理和吸收古代营造经验和设计理念。[②] 1984 年，陈明达在为井庆生所著《清式大木作操作工艺》而写的前言中，指出了工匠技艺对于建筑实物研究的重要性。[③] 与《营造法式》"稽参众智" 的编修特点以及朱启钤倡导的 "以匠为师" 的思路一以贯之，陈明达注重工匠的意识使他的研究方法更符合中国古代营造传统，从而对中国古代建筑设计理念的探索也更贴近核心层面。

3. 跨学科的学术借鉴

1932 年，梁思成与美国麻省理工学院的高材生蔡方荫合作，对独乐寺观音阁做了结构力学的验算，使《蓟县独乐寺观音阁山门考》中的结论更具科学说服力。40 年后，他的学生陈明达继承这个思路，与结构专家杜拱辰合作撰文《从

---

① "在研究过程中，多画图也是必要的。在《应县木塔》一书中，我曾经指出，中国古代建筑构图的一个特点，就是应用数字比例，而不是几何比例。我发现木塔的比例关系，就是在制图过程中偶然发现的。早先，我已经画过好多次木塔，后来为了制作木塔模型，发现原来画的图一是标注的尺寸太少，二是标注的尺寸不合工人要求。我就试验了一下，每张图都标注尺寸，方法又不一样；这一来，就恰巧碰上了出现在我面前的数字关系。" 引自陈明达 . 关于《营造法式》的研究 . 建筑史论文集，1999（11）：44.

② 参见陈明达 . 山西——中国古代建筑的宝库 . 文物参考资料，1954（11）：93-96.

③ 参见井庆生 . 清式大木作操作工艺 . 北京：文物出版社，1985：1-2.

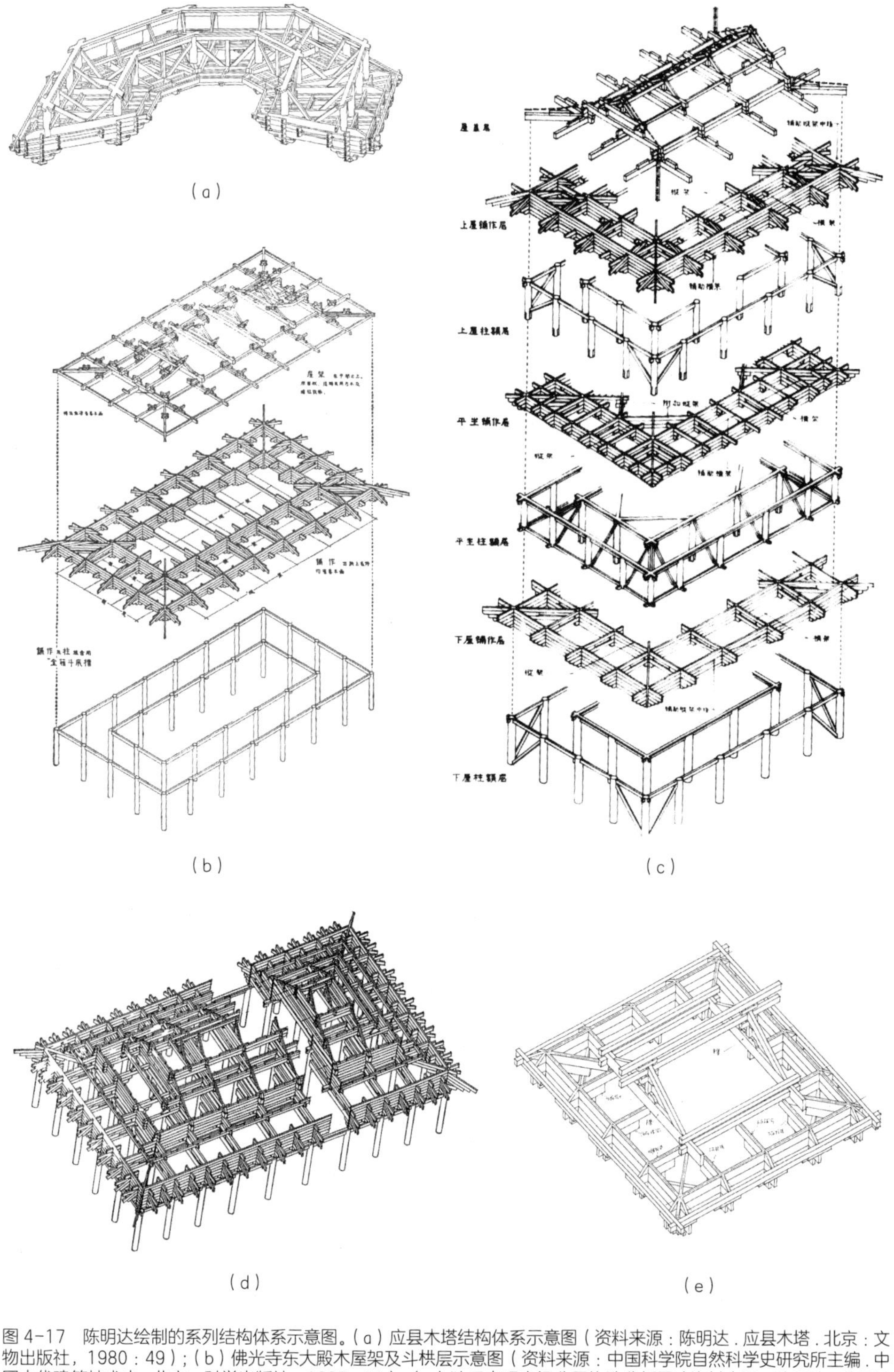

(a)

(b)

(c)

(d)

(e)

图 4-17　陈明达绘制的系列结构体系示意图。(a) 应县木塔结构体系示意图 (资料来源：陈明达 . 应县木塔 . 北京：文物出版社，1980：49)；(b) 佛光寺东大殿木屋架及斗栱层示意图 (资料来源：中国科学院自然科学史研究所主编 . 中国古代建筑技术史 . 北京：科学出版社，1985：71)；(c) 独乐寺观音阁分层构造分析图 (资料来源：陈明达 . 蓟县独乐寺 . 天津：天津大学出版社，2007：33)；(d) 奉国寺大雄殿结构体系示意图 (资料来源：建筑文化考察组编著 . 义县奉国寺 . 天津：天津大学出版社，2008：93)；(e) 测绘手稿 (资料来源：殷力欣提供)

〈营造法式〉看北宋的力学成就》[①]，由陈明达归纳《营造法式》中有关条文和数据，杜拱辰进行力学验证，通过对《营造法式》“以材为祖”的设计方法及其有关数据的分析，共同对北宋在力学上所达到的水平和成就做出有科学依据的评价。[②]傅熹年指出：“这是继梁思成先生与蔡方荫先生合作四十年后，建筑史学家与结构专家再次合作取得突出成就的又一事例，成为学界佳话，同时也开拓了建筑史的研究领域。”[③]

1984年，结构力学专业的王天撰写的《古代大木作静力初探》一书，在《〈营造法式〉大木作研究》的基础上，以大木作规范及材份制为基本依据，参用现存实例进行验算，着力于分析各种结构的受力状况，探求其功效，是一部运用结构力学探讨古代大木作的专著。陈明达评价王天此举“为填补这一空白，立下了功绩，值得钦佩。……所取得的结果，不问巨细，必定是切实的、有益的”。[④]

4. 对既往研究的回溯与总结

1970年代末，陈明达在《〈营造法式〉大木作研究》的绪论中，针对当时大木作解读过程中存在的一些误区，指出以往研究的弊端。[⑤] 1982年，陈明达给王其亨讲授《营造法式》时，也曾对《营造法式》研究存在的问题和相关研究方法做出反思，并高屋建瓴地提出如何研究《营造法式》以及今后可以继续深入的方向。[⑥]他认为，所有新的发现都存在于已有的失误当中，因此一直强调应该怎样发现前人的错误。只有不断修正以往的失误，一个学科以及从事这项工作的人才能有所前进。[⑦]例如，陈明达在世时曾指出，《〈营造法式〉注释》凝聚了以梁思成为代表的一代学人的辛勤劳动，而自己的《〈营造法式〉大木作研究》也正得益于他们的开创性工作。但是，他也强调任何一项研究都难于尽善尽美，只有不断发现新问题，才能取得新的成果。对于《〈营造法式〉注释》中存在的一些问题，陈明达晚年在《读〈营造法式〉注释（卷上）札记》一文就提出很多中肯的意见，成为《〈营造法式〉注释》的重要补充文献。[⑧]

---

① 陈明达，杜拱辰. 从《营造法式》看北宋的力学成就. 建筑学报，1977（1）：42–46，36.
② 陈明达. 陈明达古建筑与雕塑史论. 北京：文物出版社，1998：1.
③ 傅熹年. 建筑史解码人·陈明达. 见：杨永生，王莉慧. 建筑史解码人. 北京：中国建筑工业出版社，2006：62.
④ 王天. 古代大木作静力初探. 北京：文物出版社，1992：1–2.
⑤ 陈明达.《营造法式》大木作研究. 北京：文物出版社，1981：2–5.
⑥ 陈明达. 关于《营造法式》的研究. 建筑史论文集，1999（11）：44.
⑦ 陈明达. 蓟县独乐寺. 天津：天津大学出版社，2007：9.
⑧ 参见陈明达. 读《〈营造法式〉注释》（卷上）札记. 建筑史论文集，2000（12）.

1980年代后，陈明达一方面继续深入《营造法式》和古建筑的专项研究，另一方面开始把研究的重点转移到对以往工作的总结上。他深知以个人的力量很难完成这个历史使命，故很注重把他的研究思路记录给后人作为参考。由此，他站在学术史的高度，写就一系列涉及建筑史研究的总结回顾性文章。[①] 1993年，陈明达还委托殷力欣整理他的文集，并强调整理自己的文集就是要将个人研究工作的得失和局限客观地公之于众，或可使后辈学人在前人的基础上有新的突破和成果。[②] 陈明达这一朴实的嘱托再一次体现出他执着的科学精神与坦荡的学者襟怀。此外，陈明达晚年已有系统梳理中国建筑史学研究的计划，曾写就《中国建筑史学史（提纲）》[③]，并涉及《营造法式》相关研究的历史，但终因年迈未及全部完成。[④]

陈明达在研究过程中形成了对已有研究和既往成果进行反思的学术自觉，在批判性的分析中不断从新的高度发现问题，形成新的研究方法。这也给当前研究以重要启示，即理性思维加上及时的回溯总结才能获得突破。

从1932年加入学社至1997年辞世，陈明达致力于专门的学术研究长达65年之久。他性格内向，思维敏捷，善于思考[⑤]，一生淡泊名利，在中国建筑史、城市规划史、古代雕塑史等诸多领域均有所涉猎，尤以专力研究《营造法式》著称。从1932年手抄全本《营造法式》到1995年撰写《〈营造法式〉研究札记》因病辍笔，陈明达的学术生涯与《营造法式》密不可分。他一直强调，要通过《营造法式》探索当时的设计依据，提高到理论阶段，最终找出中国原有的营造理论和建筑学：

> 要找出我们自己的、原有的建筑意、建筑理论、建筑学这一套东西来。《法式》对此没有明确说明，需要研究者的分析和透析。即应当掌握一种方法，掌握了它自己的规律才能够读懂《法式》所讲。……这是我们的最高目的，研究建筑史的最高目的。[⑥]
>
> 中国古代建筑的研究，应当从建筑学、结构学等方面逐步深入到本质中去；对《营造法式》的研究也是这样。研究《营造法式》的本质，会涉及

---

① 参见陈明达．建国以来所发现的古代建筑．文物参考资料，1959（10）：37-44；陈明达．对“中国建筑简史”的几点浅见．建筑学报，1963(6)：26-28；陈明达．古代建筑史研究的基础和发展——为庆祝《文物》三百期作．文物，1981（5）：69-75；陈明达．纪念梁思成先生八十五诞辰．建筑学报，1986（6）：14-17；陈明达．关于《营造法式》的研究．建筑史论文集，1999（11）：43-52.

② 参见殷力欣．“一定要有自己的建筑学体系”：记杰出的建筑历史学家陈明达先生．建筑创作，2006（6）：142.

③ 1986—1989年间，陈明达主持《中国大百科全书·建筑卷》“中国建筑史”部分的编写工作后，深感有加强“学术史”研究的必要，遂计划撰写《中国建筑史学史》，并于1991年前后草拟了写作提纲。

④ 参见陈明达．中国建筑史学史（提纲）．建筑史，2009（24）：150.

⑤ 参见刘叙杰．回眸中的流光掠影：追忆陈明达先生．建筑创作，2007（8）：128.

⑥ 引自1988年天津大学建筑系学生受王其亨委托对陈明达的采访录音。

设计、营造等等方面，对个人来说，当然不能齐头并进。我搞的研究，是建筑设计的问题，就是当时是根据什么原理进行设计的？也有人从结构力学的方面去进行研究。总而言之，最终目的，是要搞清《营造法式》那个时代的设计依据，提高到理论阶段。①

（三）后继学者的相关研究

1. 由单体扩至城市规划

“文化大革命”期间，在对学术界以往工作进行分析、归纳、总结的基础上，傅熹年开始着力整理、分析重要古建筑实测图和数据，通过排比各类构架形式、建筑构件、立面比例、艺术手法的最早实例和随后的演变，探讨各方面的发展脉络。同时，又把实例数据折算成材份值，以比较其规制上的异同和不同时代的变化。其间，除《营造法式》中所记以材份为模数，他还发现了以面阔、柱高为扩大模数的特点，这些特点基本上贯穿在中唐至五代、北宋、辽代建筑中，表明古代在单体建筑设计中存在着一种通过选择用材等级和以材为模数，统一解决建筑规模、功能、结构、构造、艺术处理诸方面问题的设计方法。②

1972 年，傅熹年被借调至北京，参加出国文物展览的准备工作。此间，为配合展览，他根据考古所的实测图，对北京后营房元代建筑遗址和唐含元殿遗址绘制复原图（图 4–18），并撰成《唐长安大明宫含元殿原状的探讨》一文。③

1975 年 3 月傅熹年重回建筑工程部建筑科学研究院开展建筑史研究工作，先后参加编写《中国大百科全书 · 建筑卷》、《北京古建筑》等书。他在调研福建、浙江、江苏等地的宋元遗例后，发现日本大佛样、禅宗样源于宋、元时闽、江、浙地方式样，并发表《福建的几座宋代建筑及其与日本镰仓“大佛样”建筑的关系》一文④；还通过对岩山寺金代壁画的研究考证了宋、元宫殿的特点（图 4–19）。⑤

1988 至 1994 年，傅熹年完成了《中国古代建筑史 · 第二卷：三国、两晋、

① 引自陈明达 . 关于《营造法式》的研究 . 建筑史论文集，1999（11）：45.
② 傅熹年 . 傅熹年建筑史论文集 · 后记 . 北京：文物出版社，1998：472.
③ 傅熹年 . 唐长安大明宫含元殿原状的探讨 . 文物，1973（7）:30–49;建筑史解码人·傅熹年 . 见:杨永生,王莉慧 . 建筑史解码人 . 北京：中国建筑工业出版社，2006：206.
④ 傅熹年 . 福建的几座宋代建筑及其与日本镰仓“大佛样”建筑的关系 . 建筑学报，1981（4）：68–77.
⑤ 傅熹年 . 山西省繁峙县岩山寺南殿金代壁画中所绘建筑的初步分析 . 建筑历史研究，1982（1）：119–151.

图 4-18　唐大明宫含元殿复原图（1973 年）（资料来源：傅熹年．古建腾辉——傅熹年建筑画选．北京：中国建筑工业出版社，1998：3）

图 4-19　山西繁峙岩山寺文殊殿西壁佛传故事壁画摹本（资料来源：傅熹年．古建腾辉——傅熹年建筑画选．北京：中国建筑工业出版社，1998：6）

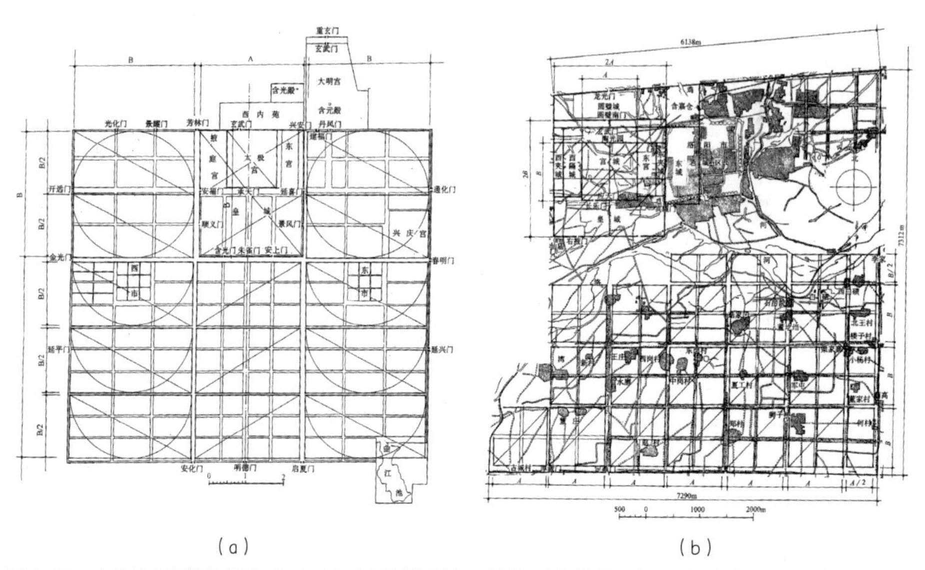

(a)　　　　　　　　　　(b)

图 4-20　古代城市规划示意图。(a) 唐长安规划以皇城、宫城长宽为模数示意图；(b) 隋唐东都规划中以宫城为模数示意图 [资料来源：傅熹年主编 . 中国古代建筑史（第二卷）. 北京：中国建筑工业出版社，2001：327，337]

南北朝、隋唐、五代建筑》的编写工作（图 4-20），他在书中首先指出："研究建筑，首重实物，从实物中归纳总结出的手法、规律是最有价值的。"为了弥补这个历史阶段实物缺乏的遗憾，傅熹年运用各种参考材料，如考古发掘材料、形象资料、文献资料、域外材料，等等，同时开展复原研究。他还指出："对那些有遗址或实物存在并有详细实测资料的少数例证，则尽可能深入探讨其规划设计手法，总结其特点、规律。……这方面的探索证明，至迟在隋唐时，在规划和建筑设计上已有一个以使用长度模数和面积模数为基础的完整的设计体系，可以把规划、建筑和结构设计结合起来，有利于快速设计和以口诀和丈杆代替图纸施工，具有很高的水平。"①

此间，根据宋《营造法式》、清工部《工程做法》等古代术书对当时营造制度做出的精密规定，傅熹年推测："古代在城市和建筑群组方面也必定会有一套完整的方法和规律，始能形成规划严整、布置有序的特点。"②

出于对上述判断的思考和认识，傅熹年先从明、清时期的遗物开始探求，经过对实测图和测量数据的分析推算，结合之后对隋、唐长安、洛阳城址的研究，

① 傅熹年主编 . 中国古代建筑史（第二卷）. 北京：中国建筑工业出版社，2001：6，8.
② 傅熹年 . 傅熹年建筑史论文集 . 北京：文物出版社，1998：473.

发现运用模数的设计方法确实也应用在建筑群布局和城市规划中。①

1994 年，傅熹年承担建设部科技司“中国古代城市规划、建筑群组布局、单体建筑设计手法和构图规律”专题研究，重点对中国古代规划设计手法进行探索。自 1995 年开始，他扩大研究范围，对以往相关课题的研究作了系统的整理和深化，综合前期发表的有关成果，历时 5 年完成“中国古代城市规划、建筑群布局及建筑设计方法研究”，从城市和建筑群的平面布局以及单体建筑设计几个方面，结合大量实例、实测图和数据分析，证明至迟自南北朝②起，就形成了一套不断发展完善的、用模数和模数网格控制规划布局和设计的方法③，可保持城市、建筑群、建筑物的统一协调，并对共同风格特征的形成、延续与发展起重要作用，在当时有较高的科学性、实用性和先进性（图 4–21）：

> 尽管数千年来随着时代演进而有所变化，但其核心部分，即运用不同等级的模数和扩大模数进行规划设计，以控制体量、尺度、比例、艺术风格，使城市和建筑群的各组成部分各安其位、各得其所，形成一个和谐的整体的特点则始终保存下来。中国古代城市及建筑群以主次分明、互相呼应、秩序井然、统一协调、富于整体性著称，在世界上独树一帜，这是一个重要的原因。中国古代有能力在短短二三年中一气呵成地建成巨大的都城和宫殿，在当时世界上表现出先进性和科学性，也赖于此。④

相关研究成果集为《中国古代城市规划建筑群布局及建筑设计方法研究》（上、下）一书，于 2001 年 9 月由中国建筑工业出版社出版，上册为文论，下册

---

① 值得指出的是，1980 年代中期，贺业钜对中国古代城市规划设计理念首先展开了一系列的探索工作。如《考工记营国制度研究》（1985 年）中对《考工记》营国制度的研究；《中国古代城市规划史论丛》（1986 年）对具有代表性的若干历史名城（如鲁都、齐临淄、赵邯郸、秦咸阳、汉长安、北魏洛阳及南宋临安等）的规划设计方法所做的详细分析；《中国古代城市规划史》（1996 年）对我国古代各时期区域和城市规划理论的系统阐述等，都为探索中国古代城市规划设计方法和理念做出了奠基性的工作。贺业钜（1914—1996 年）：湖南人。1937 年毕业于湖南大学，并任教于该校。1949 年以后，先后在湖南省建工局、中南设计院、建筑标准设计研究所工作。1964 年调入中国建筑科学研究院历史室，专力从事中国古代建筑特别是城市规划史的研究，在探索中国古代城市规划设计和发展规律方面贡献突出。

② 通过考证文献，傅熹年指出：“在《周礼·考工记·匠人营国》王城制度中有‘匠人营国，方九里，旁三门。国中九经九纬，经涂九轨。左祖右社，面朝后市，市朝一夫’的记载。每‘夫’指长宽各百步的面积，折合为六十丈见方，方一里为九‘夫’，是当时的面积单位。‘轨’则是道路宽度的单位，宽八尺。这表明在都城规划中以‘夫’为面积模数，以‘轨’为路宽模数。在土工方面，《左传》记载当时夯筑土墙以‘堵’为单位，每‘堵’方一丈，三‘堵’为‘雉’，长三丈，高一丈，以‘堵’为墙之长度、高度的模数，以‘雉’为其扩大模数。对建筑室内面积也有以‘筵’为模数的记载。《考工记》成书于春秋战国之际，这表明在城市规划和建筑上使用按一定倍数增减的模数和扩大模数在我国至迟已有二千四百年以上的传统。”引自傅熹年 . 傅熹年建筑史论文选 . 北京：文物出版社，2009：497。在前人研究的基础上，傅熹年通过与日本现存相当于我国隋唐时期的木构建筑物进行对比，并参证部分南北朝遗物，发现在建筑设计中使用模数的方法可以上溯到隋唐甚至南北朝末年。参见傅熹年 . 日本飞鸟、奈良时期建筑中所反映出的中国南北朝、隋唐建筑特点 . 文物，1992（10）：28–50；傅熹年 . 两晋南北朝时期木构架建筑的发展 . 见：傅熹年 . 傅熹年建筑史论文选 . 北京：文物出版社，2009：102–141；傅熹年 . 对唐代在建筑设计中使用模数问题的探讨 . 见：傅熹年 . 傅熹年建筑史论文选 . 北京：文物出版社，2009：262–275.

③ 这一模数和模数网格的设计方法，也通过清代样式雷留存至今的建筑设计图纸得到验证（详见后文）。

④ 傅熹年 . 傅熹年建筑史论文集 . 北京：文物出版社，1998：474.

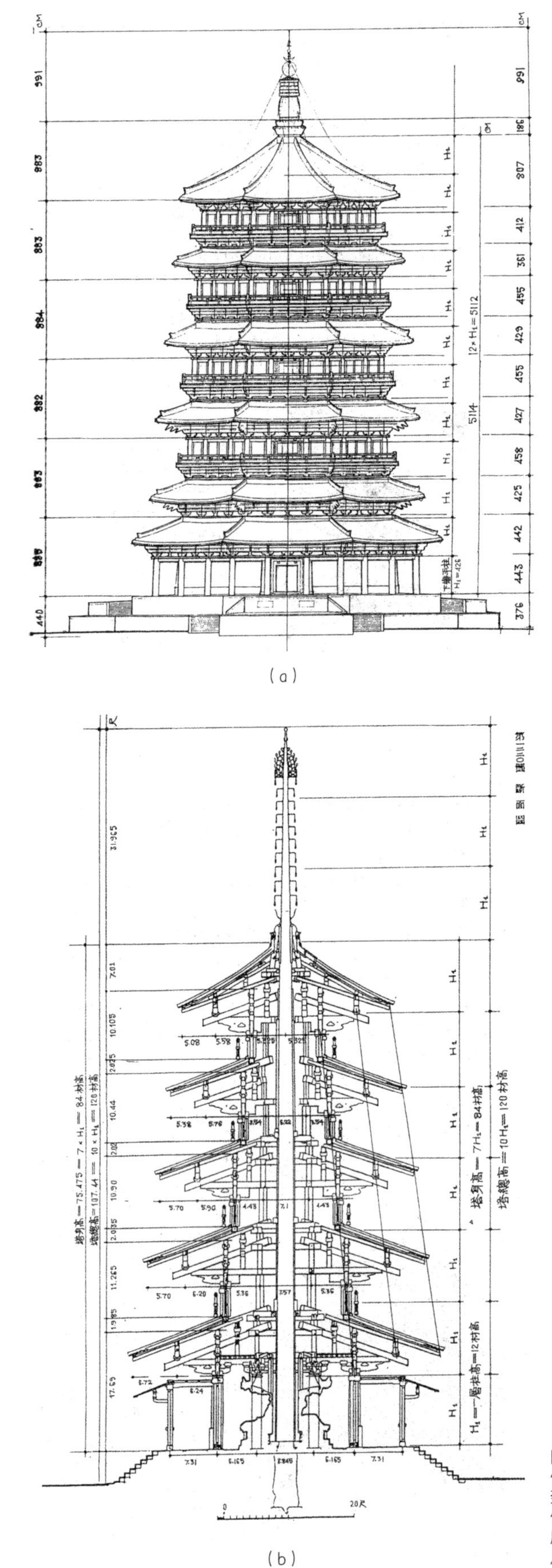

图 4-21　古代建筑分析图。(a) 应县佛光寺释迦塔立面分析图；(b) 日本奈良法隆寺五重塔剖面图 [资料来源：傅熹年. 日本飞鸟、奈良时期建筑中所反映出的中国南北朝、隋唐建筑特点. 文物，1992 (10)：35，36]

为图解（图 4-22）。王贵祥指出，这部论著覆盖范围之广令人惊异，其大而至于历代的城市平面布局；其详而至于能够见之于文献与考古的历代重要建筑类型；其细而至于当前所熟知的几乎所有重要单体建筑的详细造型与比例；其时代覆盖的面也同样十分宽阔，上至周、秦，下逮明、清。该书运用计量分析的历史研究方法，大至城市，小至每一座单体建筑，其分析都立足于充分的数据依据上，有明晰的量化概念。[①]

通过这项研究和对魏晋、南北朝、隋唐、五代建筑史的编写工作，傅熹年逐步看到这些特点和规律的形成，和古代哲学思想、伦理观念、礼法制度、文化传统、艺术风尚、生活习俗、宗教信仰等人文因素有密切的关系。如都城以宫城面积为模数，皇宫内大小宫院以皇帝的寝宫面积为模数，体现了皇权涵盖一切的特点；各宫院均使主建筑居中，体现了“择中”思想；不同等级和规模的宫院使用大小不同的模数网格，体现了森严的等级制度。这些都表明社会人文因素与中国古代建筑基本特点的形成有着极其重要的关系，应该探讨它们如何影响中国古人的建筑观乃至人居环境观、形成建筑审美趣味并进而控制古代建筑的发展进程。这些工作将促进全面认识影响古代建筑发展的因素，从而进一步了解我国独特的建筑体系得以形成和长期延续的原因，将对古代建筑发展的认识提升到理论高度。[②]

傅熹年对中国建筑和建筑群构图规律的研究，是对古代建筑理论的有益探索，并再次为加深古代建筑设计方法及营造理念的认识提供研究方法上指导。对此，王贵祥评价道：

> 傅熹年对城市、宫殿及建筑组群与单体内在比例的深入探讨，超越前人直觉的艺术感受，对于中国建筑空间与造型的艺术规律做出了更为理性的判断，使人们对于中国古代建筑的艺术内涵有了更为深刻的理解。
>
> 傅先生的这部《中国古代城市规划建筑群布局及建筑设计方法研究》可以说是中国古代建筑之“为什么”的经典之作。因为，从这里我们更多看到的是对于古代城市与建筑的一种基于理性分析的理解与阐释，是对如何使人们理解中国建筑何以为中国建筑的内在原因的探索，或者说，是为中国古代的城市与建筑作解。[③]

---

① 王贵祥．为古代中国的城市与建筑作解——读傅熹年先生《中国古代城市规划建筑群布局及建筑设计方法研究》．见：杨永生，王莉慧编．建筑百家谈古论今——图书编．北京：中国建筑工业出版社，2008：213-214.

② 建筑史解码人·傅熹年．见：杨永生，王莉慧．建筑史解码人．北京：中国建筑工业出版社，2006：206-207.

③ 王贵祥．中国建筑史研究仍然有相当广阔的拓展空间．建筑学报，2002（6）：57；王贵祥．为古代中国的城市与建筑作解——读傅熹年先生《中国古代城市规划建筑群布局及建筑设计方法研究》．见：杨永生，王莉慧编．建筑百家谈古论今——图书编．北京：中国建筑工业出版社，2008：215.

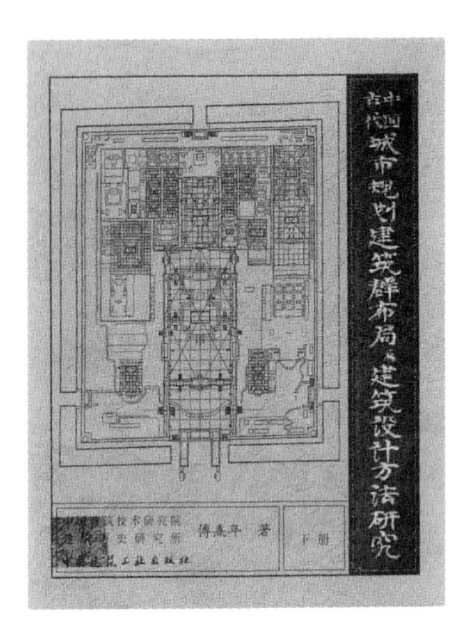

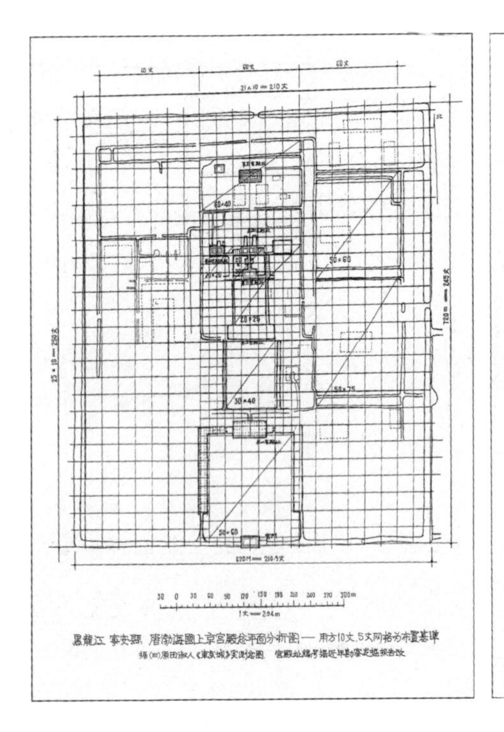

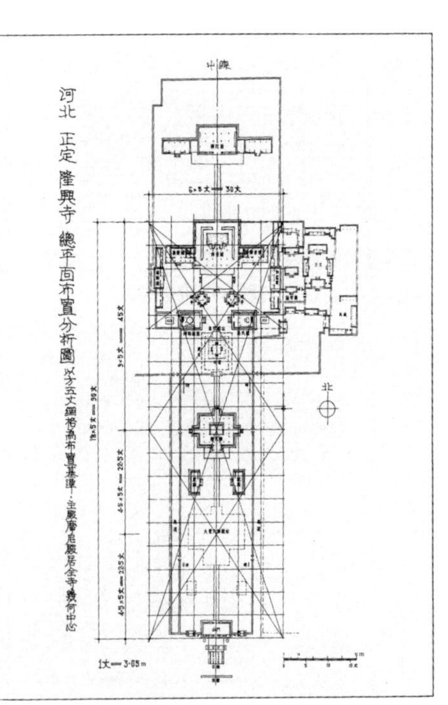

图 4-22 《中国古代城市规划建筑群布局及建筑设计方法研究》书影（资料来源：傅熹年．中国古代城市规划建筑群布局及建筑设计方法研究．北京：中国建筑工业出版社，2001）

傅熹年在继承前辈研究方法的基础上，成为继陈明达之后在探索中国古代规划、建筑设计方法及营造理念上取得突出成就的学者之一。除了极强的敬业精神而外，其特殊的人生阅历、广博的知识结构和学术修养是他取得一系列突出成就的重要原因：

（1）深厚的传统文化造诣

傅熹年上承乃祖傅增湘、乃父傅忠谟在中国传统文化方面的造诣，具备很强的文献研究功力[①],在为《营造法式》版本研究作出重要贡献的同时（详见本书第一章），也对该书有了较为深入的理解。此外，他还长期从事中国古代书画史的研究[②]，在这个过程中，也对古代建筑形象及空间形成了深刻的体认。

（2）学术大家的提携指导

1956 年 9 月，傅熹年作为青年英才，被吸收进梁思成领导的建筑历史与理论研究室工作，为实习研究员；1957 年春，作为梁思成助手，协助进行“北京近百年建筑史”的专题研究。1963 年上半年起，参加刘敦桢主编《中国古代建筑史》的工作。1965 年上半年，建筑工程部建筑科学研究院决定撤销历史室，人员大部分分配外地，傅熹年在梁思成、刘敦桢的关照下，暂时留下并借调至文物出版社,在陈明达指导下工作。[③] 由此,傅熹年在不同时期有幸得到梁思成、刘敦桢和陈明达三位巨匠在做学问之门径和方法上的指导，对他们的学术思想有着较为深刻的体会，同时以他们严格、严肃的学风为典范，逐渐形成了自己的研究特色。

（3）严谨扎实的复原研究

1963 年，傅熹年参加《中国古代建筑史》的编写工作，在刘敦桢、刘致平的指导下，以精炼的绘图功底，先后做了若干唐代建筑的复原研究，绘制大量复

---

① 傅熹年在业余时间潜心于古籍版本目录学和古代艺术史的研究。其祖父傅增湘是近代著名目录校勘学家和藏书家，其父傅忠谟是现代古玉研究专家。傅熹年整理祖父遗稿，编成《藏园群书经眼录》《藏园群书题记》《藏园订补郘亭知见传本书目》《藏园游记》四书，约 500 万字，分别由中华书局和上海古籍出版社出版；整理父亲遗稿，编成《古玉精英》《古玉掇英》二部专著，均由香港中华书局出版。他也因此被聘为国务院古籍整理出版规划小组组员和中国国家图书馆顾问。

② 1983—1989 年间，傅熹年参加全国书画鉴定小组，鉴定了大量全国公藏的古代书画，在工作成果《中国古代书画目录》中，对大量藏品签署了鉴定意见。对国内外所藏若干重要古代名画进行重点考辨研究，撰有研究论文十余篇，编为《傅熹年书画鉴定集》出版，并主编了《中国美术全集·绘画编》中《两宋绘画·上、下》和《元代绘画》共 3 卷。1986 年被聘为国家文物鉴定委员会常务委员，2005 年任主任委员。

③ 参见建筑史解码人·傅熹年. 见：杨永生，王莉慧. 建筑史解码人. 北京：中国建筑工业出版社，2006：204-205.

原图以及《营造法式》殿堂、厅堂等建筑构造图（图 4–23）。相关成果被收入上述《中国古代建筑史》一书，自此激发了研究的兴趣，而后经过持续不辍的探索，独立完成了大量复原研究（图 4–24，图 4–25）。[①] 一系列的复原设计促使傅熹年进一步将研究重点转向对历代建筑特点、规制及其设计方法的探索上，尽可能使其与古遗址的复原研究结合起来。通过分析实物和遗址，探索规律，再通过对遗址的复原来验证这些规律，互相促进，以求增加其科学性和客观性。[②]

（4）对实测数据的强调与重视

傅熹年认为，进行中国古代规划设计原则、方法和规律的研究，最重要、最基本的条件是要有精确的实测图和数据。但是他自开始工作起即受到这方面问题的限制和困扰，有很多颇有研究价值的项目因无精确图纸和准确数据而只能暂缓或割爱。在当时的工作条件下，以其一己之力进行调查、实测获取资料，在人力、财力和时间上的可能性较小，而仅依靠公开发表的成果中所呈现的测绘图和基础数据，又会大大限制这项研究的范围和内容。[③] 限于实物资料和研究深度，傅熹年认为他所获得的认识多是局部的，在时代上尚未完全做到前后贯通以及全面了解古代建筑发展变化进程的程度，如木结构设计方法如何由宋代的材份制发展为清代的斗口制，其间的继承和发展关系仍是有待探讨的重大问题。[④] 此外，受图纸和数据的精度、资料代表性等限制，据以得到的推论还只能算是阶段性成果，尚有待取得更多资料进行充实，验证或纠正。[⑤]

傅熹年还强调指出今后需要扩大范围，在更精密的实测图、更完整的数据基础上做深入的分项研究，更深入、准确地探索中国古代建筑及城市的设计方法和规律。而以《营造法式》为文本基础，进而揭示中国古代建筑设计方法、思想等方面的工作也需要更多的投入，例如实例数据与《营造法式》文本记载尺寸的比较研究，等等。[⑥]

随着现代测绘技术的进一步发展，特别是高科技手段，如激光扫描、遥感技术、地理信息系统等在古代建筑、遗址发掘和保护研究中的应用，中国古代城市

---

① 参见刘致平，傅熹年．麟德殿复原的初步研究．考古，1963（7）：385–402；傅熹年．唐长安大明宫含元殿原状的探讨．文物，1973（7）：30–49；傅熹年．唐长安大明宫玄武门及重玄门复原研究．考古学报，1977（2）：131–160；傅熹年．元大都大内宫殿的复原研究．考古学报，1993（1）：109–153；傅熹年．对含元殿遗址及原状的再探讨．文物，1998（4）：76–87.

② 傅熹年．傅熹年建筑史论文集．北京：文物出版社，1998：472.

③ 傅熹年．中国古代城市规划建筑群布局及建筑设计方法研究．北京：中国建筑工业出版社，2001：208.

④ 傅熹年．傅熹年建筑史论文集．北京：文物出版社，1998：473.

⑤ 傅熹年．傅熹年建筑史论文选．天津：天津百花文艺出版社，2009：497–498.

⑥ 据笔者 2009 年 4 月 24 日对傅熹年院士的访谈。

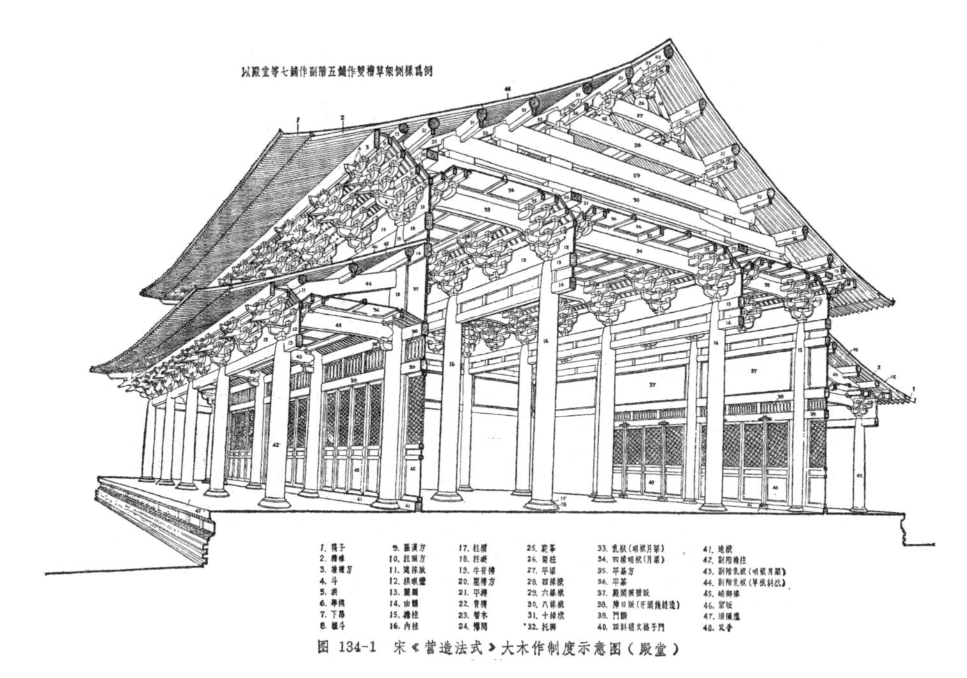

图 4-23 傅熹年绘制的《营造法式》殿堂大木作制度示意图（资料来源：刘敦桢主编．中国古代建筑史．北京：中国建筑工业出版社，1980：230）

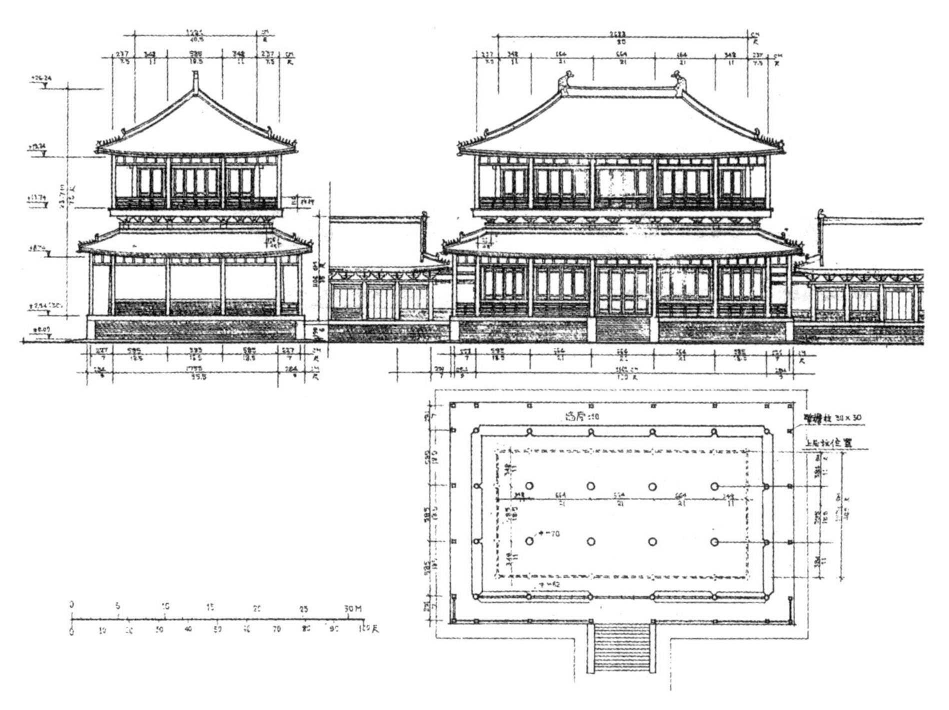

图 4-24 元大都大明殿东西庑上文楼、武楼复原图 [资料来源：傅熹年．元大都大内宫殿的复原研究．考古学报，1993（1）：147]

与建筑的数据量将获得极大的丰富，相应的基于科学数据的分析阐释性研究还会越来越多。然而，作为一种研究方法的开创与研究视野的拓展，傅熹年在探索中国古代城市规划与建筑设计理念上的研究，必然是后人学习借鉴的典范之作。[①]

2. 从推断引向实证

1982 年，王其亨回到天津大学就读硕士研究生，由于此前曾围绕中国古代科技史做过长期的独立研究[②]，因此在读研期间，仍像研究中国古代科技史一样，关注建筑史的文化背景、古人的思维方式、设计思想、理论和方法。同时，导师冯建逵为其引见了学社成员和中国第二代最杰出的建筑史学家，如单士元、陈明达、罗哲文、龙庆忠、于倬云、杜仙洲、祁英涛等。在受教于这些前辈的过程中，王其亨对古代建筑的研究思路和认识不断得到强化（图 4–26）。

在上述前辈学者的鼓励下，特别是在陈明达注重探索古代设计理论的思路和研究垂范下，王其亨系统梳理已有研究理路，认识到中国建筑史学开创初期，与宋《营造法式》和清工部《工程做法》研究相并重，朱启钤等学者还曾抢救性地搜求并整理了大量样式雷建筑图档，发现实物、文献直至原始设计图纸留存最为丰富的是清代皇家建筑。由此，倾力投入到清代陵寝测绘调查和档案文献的挖掘中，并据以整理相关的样式雷图档（图 4–27），发现了很多过去不为人知的古代建筑设计理念与方法，包括选址和规划中的尺度问题、组群布局等规律性内容，具体反映在模数网即平格的设计方法。继而，通过对平格的分析和清代陵寝工程研究的实践，发现这种模数网还体现了中国古代关于外部空间设计的理论内涵，即风水“形势说”，平格在勘测、规划、设计到施工中的指导意义也被系统揭示出来（图 4–28）。在这些研究的基础上，又进一步向上追根溯源。

1990 年，在西安召开的“第四届古建园林学术讨论会”上发表《清代陵寝建筑工程样式雷图档的整理和研究》，较为系统地归纳了样式雷图档的整理成果。同年 10 月发表于“纪念紫禁城落成五百七十周年学术讨论会”的《风水“形势”说与紫禁城建筑群的外部空间设计》和《紫禁城风水形势简析》二文，进一步展

① 参见王贵祥．为古代中国的城市与建筑作解——读傅熹年先生《中国古代城市规划建筑群布局及建筑设计方法研究》．见：杨永生，王莉慧编．建筑百家谈古论今——图书编．北京：中国建筑工业出版社，2008：215–216.

② 在1982年回到天津大学之前，王其亨曾在《科学画报》《少年科学》等刊物上，发表有关科技史的科普文章40多篇，其中《形状与受力》一文曾被评选为“建国 35 年全国科普佳作”（1984 年）。

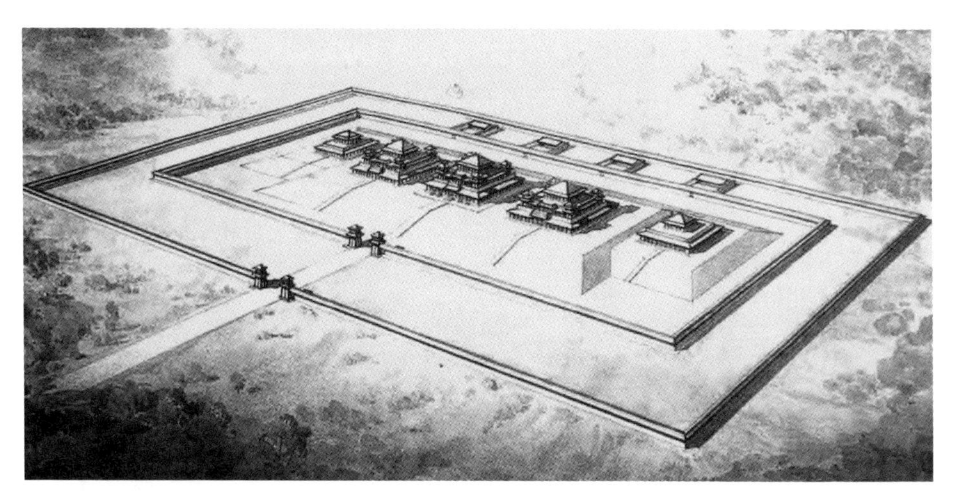

图 4-25　河北平山战国中山国王陵复原鸟瞰图（1980 年）（资料来源：傅熹年．古建腾辉——傅熹年建筑画选．北京：中国建筑工业出版社，1998：2）

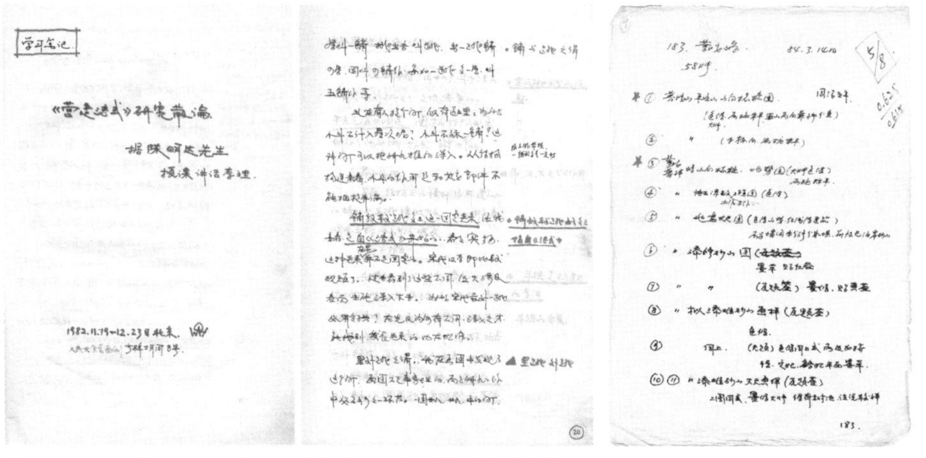

学习笔记

《营造法式》研究兼论

据陈明达先生

授课讲话整理

1982.11.19—12.23日

图 4-26　1982 年 11—12 月，王其亨向陈明达学习《营造法式》的听课记录（含陈明达审阅批注）
（资料来源：王其亨提供）

图 4-27　王其亨查阅梳理样式雷图档相关记录（1984 年 3 月）
（资料来源：王其亨提供）

开对外部空间设计和风水形势说的探讨。[①]

1992 年,王其亨在天津召开的“第二届中国建筑传统与理论研讨会”发表《井的意义：中国传统建筑平面构成原型剖析撷要》。嗣后，又在 1995 年香港中文大学举办的“中国建筑史国际学术研讨会”发表《The Meaning of Jing (Well): Analysis on the Plane Archetype of Chinese Traditional Architectural Culture》；以及在《建筑师》以笔名“史箴”发表《井的意义——中国传统建筑的平面构成原型及文化渊涵探析》等文。[②] 这些研究通过系统梳理“井田制”形成的思维范式和图学语言，探讨了平格网方法和相应理论的历史渊源（图 4-29）。此间，还指导吴葱在硕士学位论文《青海乐都瞿昙寺建筑研究》中，首次将平格网方法应用于建筑组群的实例分析;指导何捷在硕士学位论文《石秀松苍别一区——清代御苑园中园设计分析》中,运用平格分析园林建筑及布局。1996 年,发表《西汉上林苑的苑中苑》一文，根据历史文献和已有研究，从上林苑“苑中苑”的存在、布局、尺度、功能和景观构成等方面，探讨汉代园中园的创作方法和构成规律，并最早对战国中山王兆域图展开尺度分析（图 4-30）。这些成果，先后为湖北钟祥明显陵保护规划（图 4-31）、《中国建筑艺术史》、《中国建筑艺术全集 7・明代陵墓建筑》、《中国建筑艺术全集 8・清代陵墓建筑》所吸纳。[③]

2000 年,在国家图书馆的支持下,王其亨系统整理了上万件样式雷家传图档。大量采用平格的设计图被揭示出来，充分证明这是一个在宫殿、园林、陵寝中普遍存在的设计方法。2002 年，在韩国召开的“东亚建筑史国际会议”中，王其亨发表《Theory of Modular Grid of Chinese Traditional Exterior Space Design》一文，

---

① 这些论文先后被收入《清代皇宫陵寝》、《禁城营缮纪》、《紫禁城建筑研究与保护——故宫博物院建院 70 周年回顾》等书。参见王其亨 . 清代陵寝建筑工程样式雷图档的整理和研究 . 见：清代宫史研究会编 . 清代皇宫陵寝 . 北京：紫禁城出版社，1995：168-187；王其亨 . 风水“形势”说与紫禁城建筑群的外部空间设计 . 见：故宫博物院编 . 禁城营缮纪 . 北京：紫禁城出版社，1992：142-151；王其亨 . 紫禁城风水形势简析 . 见：于倬云主编 . 紫禁城建筑研究与保护——故宫博物院建院 70 周年回顾 . 北京：紫禁城出版社，1995：94-104。上述以清代建筑和样式雷图档为基础，对中国古代建筑设计理念的探讨和研究得到众多学者认同，如建筑设计大师、工程院院士张锦秋曾撰文指出，她在陕西历史博物馆的设计中就“运用了中国建筑中的形势法则”，还强调风水的形势法则有着高度的现实意义。参见张锦秋 . 从传统走向未来——一个建筑师的探索 . 北京：中国建筑工业出版社，2016：276。张杰在《中国古代建筑组合空间透视构图探析》中，也指出外部空间形势说在古代建筑组合空间构图中有很高的应用价值。参见张杰 . 中国古代建筑组合空间透视构图探析 . 建筑学报，1998（4）：52-56.

② 王其亨 . 井的意义：中国传统建筑平面构成原型剖析撷要 . 第二届中国建筑传统与理论研讨会 . 天津，1992；The Meaning of Jing（Well）: Analysis on the Plane Archetype of Chinese Traditional Architectural Culture，中国建筑史国际学术研讨会 . 香港中文大学，1995；史箴 . 井的意义——中国传统建筑的平面构成原型及文化渊涵探析 . 建筑师，1997（79）：71-82.

③ 参见吴葱 . 青海乐都瞿昙寺建筑研究 . 天津：天津大学，1994；何捷 . 石秀松苍别一区——清代御园园中园设计分析 . 天津：天津大学，1996. 王其亨，何捷 . 西汉上林苑的苑中苑 . 建筑师，1996（72）：17-38。参见萧默主编 . 中国建筑艺术史 . 北京：文物出版社，1999；中国建筑艺术全集编辑委员会，明十三陵特区办事处主编 . 中国建筑艺术全集 7・明代陵墓建筑 . 北京：中国建筑工业出版社，2000；中国建筑艺术全集编辑委员会，王其亨主编 . 中国建筑艺术全集 8・清代陵墓建筑 . 北京：中国建筑工业出版社，2003.

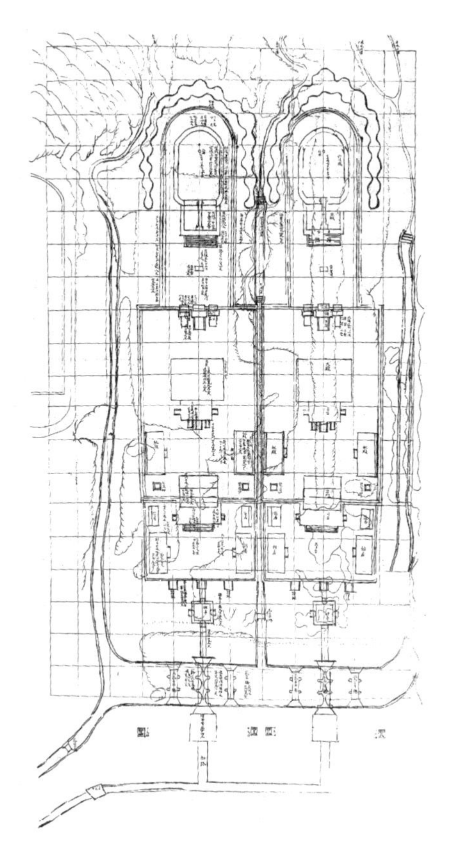

图 4-28　普祥峪、菩陀峪万年吉地（定东陵）约拟规制地盘丈尺全分样糙底（资料来源：王其亨 1984 年根据北京图书馆藏样式雷图档 230-1 摹绘）

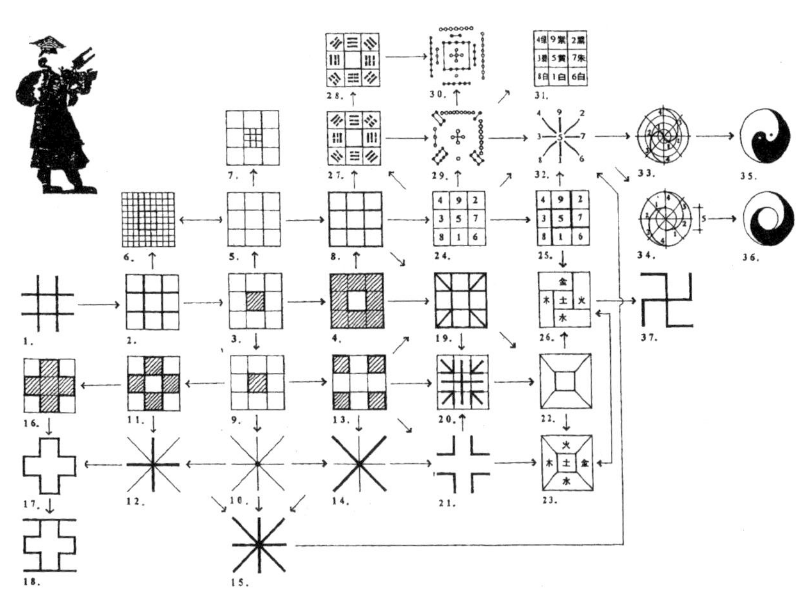

图 4-29　井的原型性图式意义 [资料来源：史箴 . 井的意义：中国传统建筑的平面构成原型及文化渊涵探析 . 建筑师，1997（6）：79]

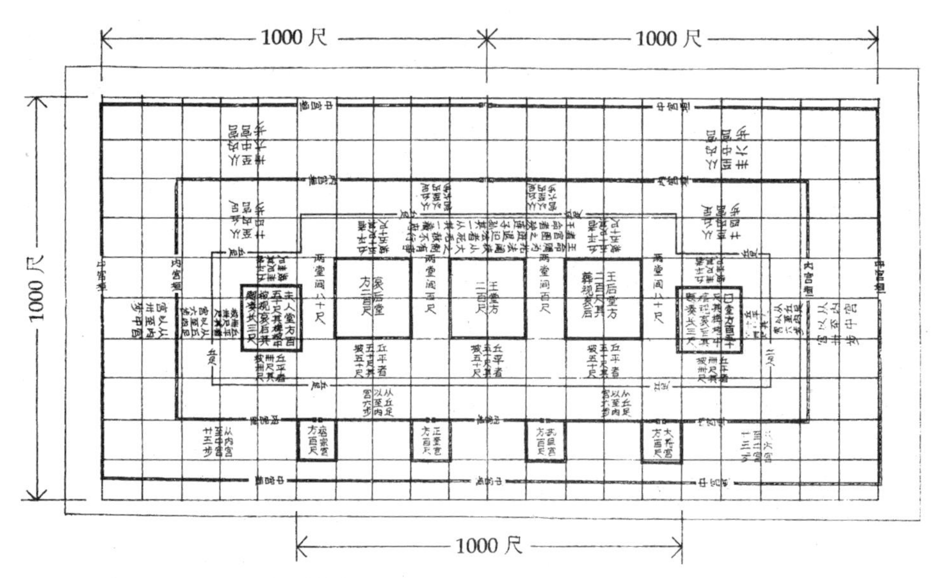

图 4-30　中山王兆域图尺度分析 [资料来源：王其亨，何捷 . 西汉上林苑的苑中苑 . 建筑师，1996（5）: 22]

首次较为系统地阐述了平格设计方法是上至战国下至清代，作为一种文化传统而传承的理念，得到国外学者的高度评价和认同。[①] 2004 年，由中国国家图书馆、北京故宫博物院、中国第一历史档案馆、中国文物研究所、清华大学和天津大学联合主办[②]，王其亨主持的“华夏建筑意匠的传世绝响——清代样式雷建筑图档展”在国家图书馆展出，以极大的篇幅系统介绍了清代皇家建筑的设计程序和图学方法（图 4–32）。[③]

2008 年 10 月，王其亨在“欧盟亚洲合作项目‘景观意识与建筑学教育’”结题国际会议上，发表主题报告“平格——古代中国的数字高程模型”，是自 1984 年以来围绕古代设计理念探索研究的系统总结。针对中国古代建筑设计方法，指出：

> 中国古代建筑是否经过设计以及如何设计？曾长期困扰国内外学术界，历来歧见纷纭。由此形成的尴尬局面是：今人可以通晓古代各时期建筑形式

① 王其亨 . 中国古代外部空间设计中的平格模数网理论（Theory of Modular Grid of Chinese Traditional Exterior Space Design）. 东亚建筑史国际会议（2002 Seoul International Conference on East Asian Architectural History）. 韩国，2002。该文后来收入 Sungkyun Journal of East Asian Studies. 韩国成均馆大学，2003，3（2）.

② 协办单位有日本东京大学东洋文化研究所、美国康奈尔大学东方图书馆。

③ 这些成果，先后为王其亨指导的清代陵寝和园林系列博、硕论文以及相关学术著作或保护规划所吸纳（如北京颐和园、北海、太庙等）。参见潘谷西主编 . 中国建筑史 . 北京：中国建筑工业出版社，2001；吴葱 . 在投影之外——文化视野下的建筑图学研究 . 天津：天津大学出版社，2004；王其亨主编，吴葱，白成军编著 . 古建筑测绘 . 北京：中国建筑工业出版社，2006；傅熹年 . 中国科学技术史・建筑卷 . 北京：科学出版社，2008.

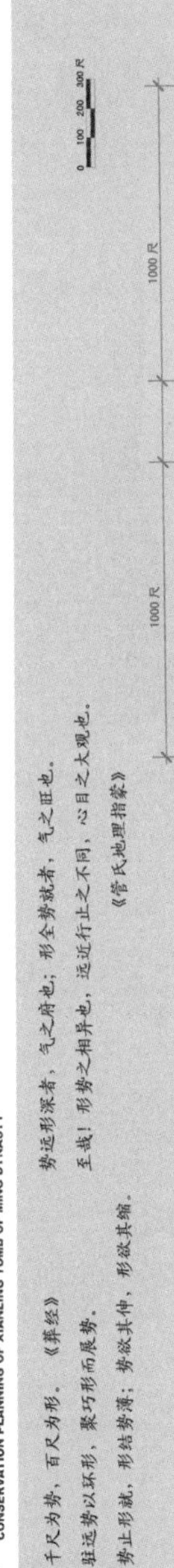

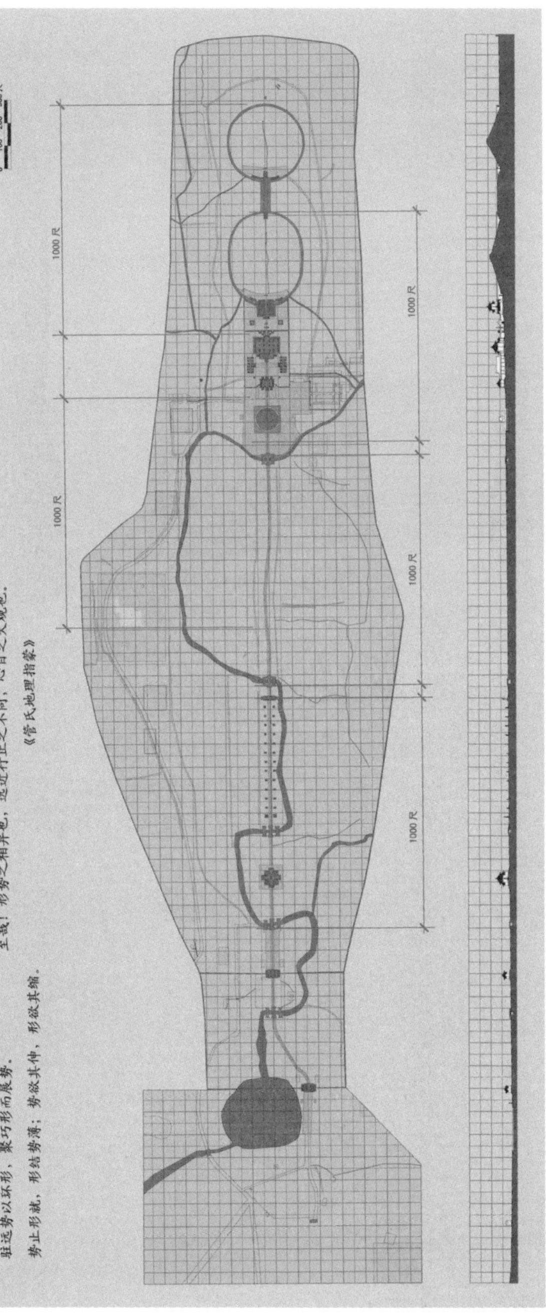

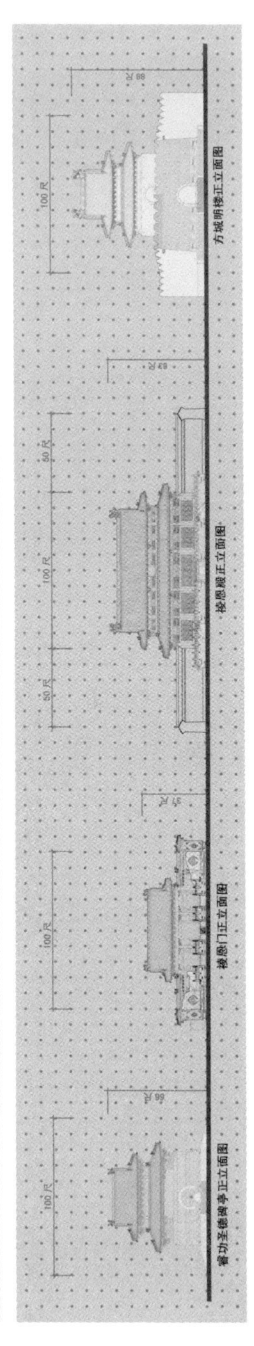

图 4-31 湖北钟祥明显陵保护规划平格尺度分析图（1997 年）①（资料来源：天津大学建筑学院提供）

① 1999 年《世界遗产公约申报文化遗产：中国·明清皇家陵寝》收入该研究成果。

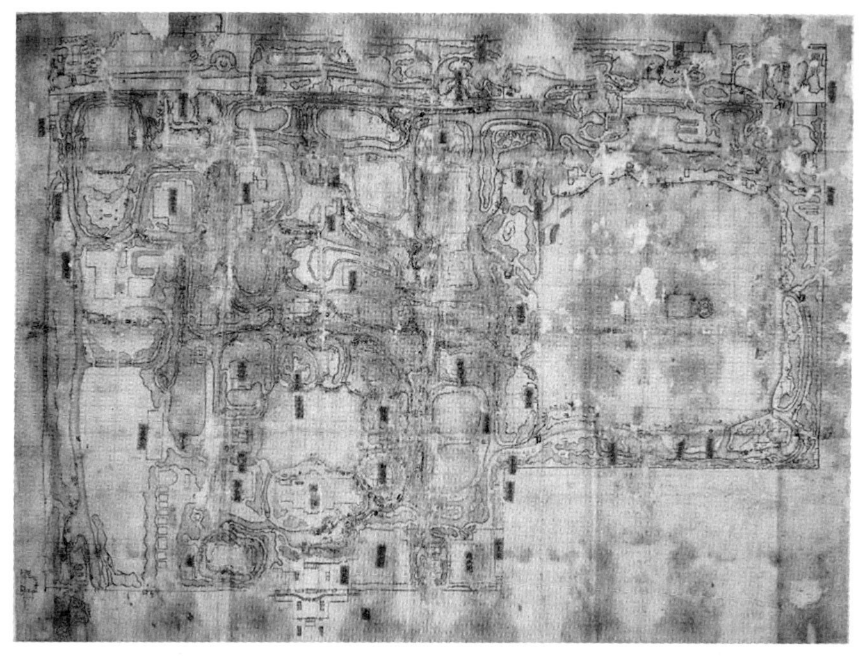

（a）

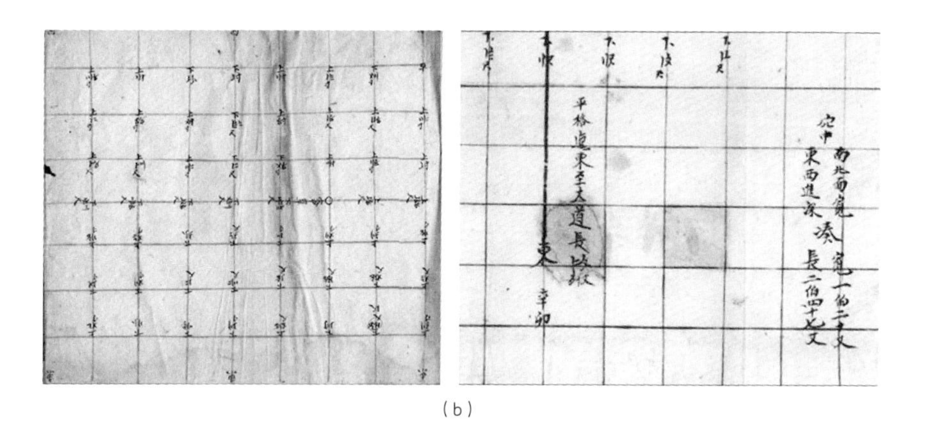

（b）

图 4-32　中国古代的平格设计方法。（a）乾隆四十九年（1784 年）《圆明园地盘样全图》;（b）由于经纬格网采用确定的模数，平格可简化为格子本（资料来源：引自 2004 年“华夏建筑意匠的传世绝响——样式雷建筑图档展”）

与做法的演变，却鲜能洞悉并信而有征地阐发相关设计程序、方法，尤其是设计思想和理论；而和西方的建筑史学比较，这也直接造成了中国古代建筑设计的“失语症”。

1930年，逾万件清代“样式雷”建筑图档入藏中国国家图书馆等机构并得到研究；近年来，国家自然科学基金资助的相关研究更臻深入。清楚的是，清代皇家各建筑工程从选址、规划设计到施工，都有缜密的运作程序；而执业其中的皇家总建筑师“样式雷”各代传人，则均能十分娴熟灵活地运用丰富多彩的工程图学语言，包括各种富于现代意义的投影法及图层方法等，翔实生动地表达其创作理念并指导施工，充分彰显了中国古代哲匠的非凡智慧。基于此，样式雷图档已被列为世界记忆遗产。①

报告还明确了“样式雷”图档中最核心的“平格”模数网设计方法及其价值②，同时指出，与这些平格模数设计方法相关联的，就是中国古代外部空间设计理论，即风水“形势说”。③并进一步追溯平格设计方法的历史渊源，指出与《营造法式》同时的宋代即有此种方法，如《宋史·艺文志》所记“《九州格子图》一卷，《玄象隔子图》一卷”，《续资治通鉴长编》所记“景佑三年（1036年）九月丙子，司天监丞邢中和上所藏《古今天文格子图》”；还有应用“每方折地百里”的传统“计里画方”即方格网方法绘制的宋代《禹迹图》。通过对现存史料的爬梳和分析，将平格的渊源进一步上溯至唐、西汉直至战国，相关探讨已经深入到中国古代的思想文化内涵层面，充分证明平格作为一种图学方法，有着几千年文明的积淀（图4-33）。④

王其亨以清代建筑为起点，经过近30年的努力，持续探索中国古代建筑设计方法和理念，并以实物、文献、样式雷图档三者相结合，直接诉诸于古人的实践，使陈明达、傅熹年等学者对中国古代城市规划、建筑设计理念的推断，落到实证基础上，同时追根溯源，找到与中国文化传统的密切关联。其研究也再次证明，学社时期由清代建筑入手，进而上溯宋、唐等早期建筑的重要研究路线，在今日仍然行之有效，且历久弥新。

---

① 王其亨．平格：古代中国的数字高程模型．欧盟亚洲合作项目“景观意识与建筑学教育”国际会议结题报告．重庆，2008.

② 清代皇家建筑的基址勘测、规划和施工设计，曾普遍采用“平格”模数网方法：一是用作建筑选址时地形的计量勘测，竟完全契合当代数字地面高程模型（DEM）的核心理念；二是用于建筑规划设计尤其是组群布局，融汇了传统风水的“形势”说，类同当代日本学者芦原义信针对建筑外部空间设计提出的“外部模数理论”，但比之更完备的是平格还用于竖向设计；三是用于施工设计，相当现代地形图或DEM，可以便利于核算工程量及控制施工。这样精审的模数网方法，显然比世界史上已知的所有传统模数设计方法更深刻、更完备也更先进。

③ 关于“风水形势说”，详见王其亨主编．风水理论研究．天津：天津大学出版社，1992：117-137.

④ 相关研究另参见王其亨．清代样式雷建筑图档中的平格研究——中国传统建筑设计理念与方法的经典范例．建筑遗产，2016（1）：24-33.

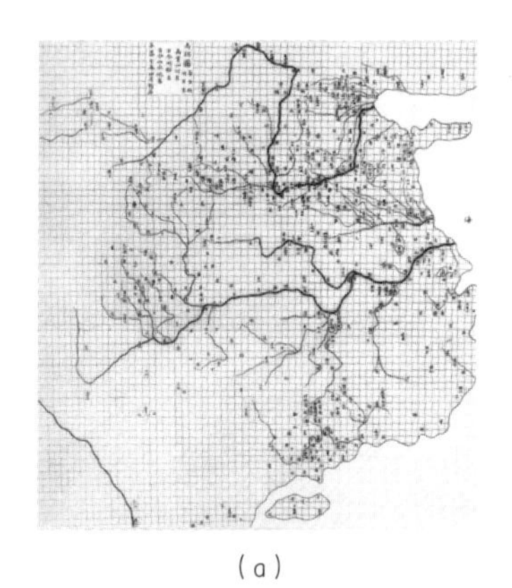

（a）

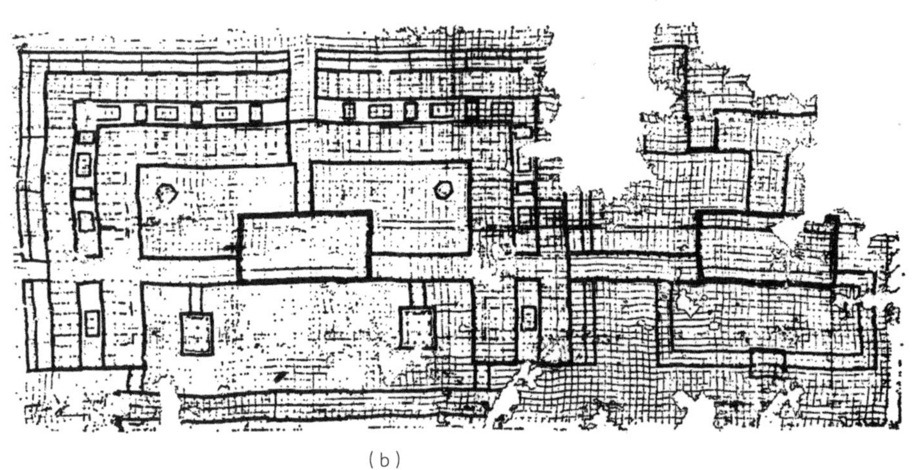

（b）

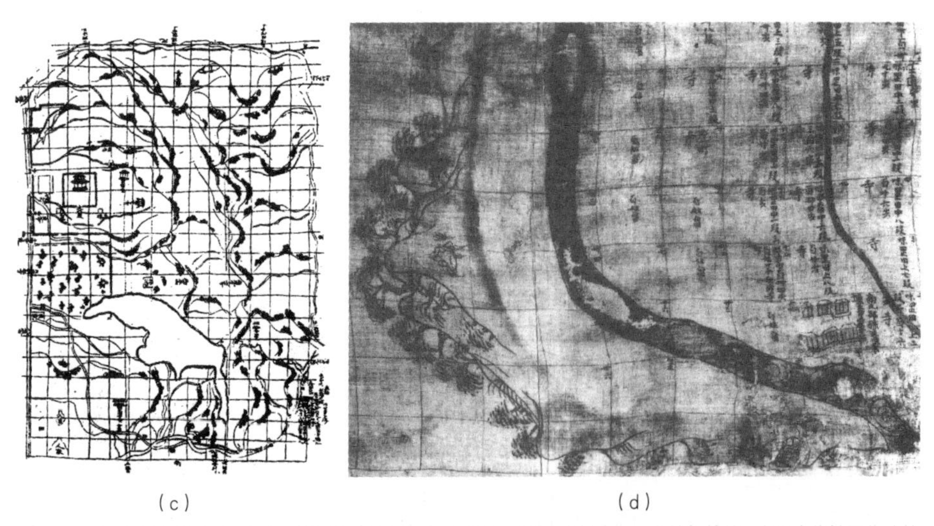

（c）　　　　　　　　　　　　（d）

图 4-33　平格方法溯源。（a）用方格网方法绘制的宋代《禹迹图》[资料来源：曹婉如等编．中国古代地图集（战国—元）．北京：文物出版社，1990 年]；（b）日本天平胜宝八年（756 年）奈良东大寺讲堂院配置图（资料来源：张十庆．中日古代建筑大木技术的源流与变迁．见：郭湖生主编．东方建筑研究（上册）．天津：天津大学出版社，1992：123）；（c）日本天平胜宝八年（756 年）奈良东大寺山界四至图（资料来源：海野一隆著．王妙发译．地图的文化史．2005：86）；（d）日本天平神户二年（766 年）东大寺越前国足羽郡道守村开田地图局部（资料来源：海野一隆著．王妙发译．地图的文化史．2005：85）

三、围绕《营造法式》“以材为祖”设计规律的研究

（一）研究的先声

1932 年，梁思成在《蓟县独乐寺观音阁山门考》中提出“材”是一种度量单位：

“材”、“栔”既为营造单位，则全建筑物每部尺寸，皆为“材”、“栔”之倍数或分数；故先考何为一“材”。“材”者：（一）为一种度量单位；以栱之广（高度），谓之“一材”。（二）为一种标准木材之称，指木材之横断面言，长则无限制。例如泥道栱，慢栱，柱头枋等，其长虽异，而横断面则同，皆一材也。①

梁思成、刘敦桢在《大同古建筑调查报告》中亦如是说：

宋式建筑之大木比例，以“材”为祖，……与北宋同期之辽建筑，亦以“材”为标准单位。②

1944 年，梁思成完成《中国建筑史》的撰写工作，在梳理过程中，进一步完善了对《营造法式》“材有二义”的解释：

（1）指建筑物所用某标准大小之木材而言，即斗栱上之栱，及所有与栱同广厚之木材是也。材之大小共分八等，视建筑物之大小等第，而定其用材之等第。

（2）一种度量单位：“各以其材之广，分为十五分，以十分为其厚。凡屋宇之高深，名物之短长，曲直举折之势，规矩绳墨之宜，皆以所用材之分，以为制度焉。”两材之间，以斗垫托其空隙，其空隙距离为六分，称为栔。凡高一材一栔（即高二十一分）之材，谓之足材。宋式建筑各部间之比例，皆以其所用材之材栔分为度量标准。③

此后，梁思成在写于 1964 年 7 月的《中国古代建筑史·绪论》（第六稿）中谈到中国传统建筑特征时，明确提出“模数制”的概念：

斗栱在中国建筑中的重要还在于自古以来就以栱的宽度作为建筑设计各构件比例的模数。宋朝的《营造法式》和清朝的《工部工程做法则例》都

① 梁思成 . 蓟县独乐寺观音阁山门考 . 中国营造学社汇刊，1932，3（2）：78.

② 梁思成，刘敦桢 . 大同古建筑调查报告 . 中国营造学社汇刊，1933，4（3、4）：17。陈明达后来指出，虽然学社在 1937 年左右基本上知道“材份”是个很巧妙的东西，但限于当时的认识水平还无法做出阐释。采自 1988 年天津大学建筑系学生受王其亨委托对陈明达的采访录音。

③ 梁思成 . 中国建筑史 . 天津：百花文艺出版社，1998：26–27.

是这样规定的，同时还按照房屋的大小和重要性规定八种或九种尺寸的栱，从而订出了分等级的模数制。[①]

同时，刘敦桢在《中国古代建筑史》介绍《营造法式》的专章中，也明确申言材份制度[②]是一种模数的运用：

这(材份制)是一种很原始的模数运用。在前章所述初唐和盛唐的壁画、雕刻以及佛光寺和南禅寺两座唐代木结构殿堂中，无疑地已经运用了这种模数，只是在《营造法式》中材用文字确定下来，而这种方法一直沿用到清代。[③]

梁思成在完成于1966年的《〈营造法式〉注释》(卷上)中，还指出《营造法式》八等材明显地分为三组：

大木结构的一切大小、比例，"皆以所用材之分，以为制度焉"。……"材有八等"，但其递减率不是逐等等量递减或用相同的比例递减的。按材厚来看，第一等与第二等，第二等与第三等之间，各等减五分。但第三等与第四等之间仅差二分。第四等、第五等、第六等之间，每等减四分。而第六等、第七等、第八等之间，每等又回到各减五分。由此可以看出，八等材明显的分为三组：第一、第二、第三等为一组，第四、第五、第六三等为一组，第七、第八两等为一组。[④]

此外，他在《〈营造法式〉注释·序》也指出：

徽宗……为第一流的艺术家，可以推想，他对于建筑的艺术性和风格等方面会有更苛刻的要求，他不满足于只是关防工料的元祐《法式》，因而要求对于建筑的艺术效果方面也得到相应的保证。[⑤]

就此，梁思成虽未遑深入阐析，却明确解读"不知以材而定份"为"不知道用'材'来作为度量建筑比例、大小的尺度"，这就是说，使"建筑的艺术效果方面也得到相应的保证"的，正是材份制度。

与此相应，陈明达也曾强调：

长期以来我们曾认为(《营造法式》)那些标准规范，只是属于结构构造或构件形式的，近数年来才明白那些规范，实在也包括了对建筑的艺术

① 梁思成.中国古代建筑史·绪论(六稿).见：梁思成.梁思成全集(第五卷).北京：中国建筑工业出版社，2001：458.

② 梁思成在《〈营造法式〉注释》中曾指出"材分之分音符问切，因此应读如'份'。为了避免混淆，本书中将材分之'分'一律加符号写成：'分°'"。引自梁思成.《营造法式》注释.见：梁思成.梁思成全集(第七卷).北京：中国建筑工业出版社，2001：80。目前学界对《营造法式》材份制的文字表达主要有两种方式，一为"材份"，一为"材分°"。本书因行文统一需要，暂取第一种写法"材份"作为表述用语。

③ 刘敦桢主编.中国古代建筑史.北京：中国建筑工业出版社，1980：229.

④ 参见梁思成.《营造法式》注释.见：梁思成.梁思成全集(第七卷).北京：中国建筑工业出版社，2001：79.

⑤ 梁思成.宋《营造法式》注释·序(未定稿).建筑史论文集，1964(1)：2.

要求。……可以肯定古代建筑在艺术方面，如同在结构方面一样有严密的要求。[①]

（二）关于“材分八等”成因的研究

“文化大革命”结束后，在前辈学者的研究铺垫和相关思路的启发下，学者们基于《营造法式》对“材分八等”的记述，开始对其所体现的材份制度的形成原因、历史渊源、文化关联等问题展开讨论。

例如 1981 年，郭黛姮在《论中国古代木构建筑的模数制》一文中，从强度、尺度和构造三个方面对《营造法式》材份制进行解析，进而探讨其历史渊源，并与清代“斗口”模数制相较，对材份制作出了较为详细的说明和讨论。[②] 约略同时，龙庆忠[③] 在《中国古建筑上的“材分”的起源》一文中，对《营造法式》“以材为祖”的制度做出历史考证，对“材”作了语言文字学的辨析，并对八等材的数列规律提出了初步判断。[④]

自 1987 年以来，王其亨在陈明达的支持下，系统发掘相关文献，对材份制度的数理含义及其律度协和的审美意象，从下述三个主要方面着眼，展开深入研究，先后发表多篇论文[⑤]：1. 观之中国古代律学即数理音乐的发展过程，春秋时代以降，黄钟被尊为十二律的第一律[⑥]，作为标准音高来推定其他各律；在度量衡、天文历法等领域，也获得至尊的意义。嗣后历代度量衡制度皆以黄钟律为基准，

① 陈明达．独乐寺观音阁、山门建筑构图分析．见：文物出版社编辑部编．文物与考古论集．北京：文物出版社，1986：345-346.

② 郭黛姮．论中国古代木构建筑的模数制．建筑史论文集，1981（5）：31-47.

③ 龙庆忠（1903—1996 年），原名龙昺吟，号文行，笔名非了，江西永新县人。我国著名建筑史学家和建筑教育家。

④ 龙非了．中国古建筑上的“材分”的起源．华南理工大学学报（自然科学版），1982（1）：134-144.

⑤ 1988 年，王其亨在东南大学召开的“中青年学者研讨会”上发表《探骊折札——中国建筑传统及理论研究杂感》，立足中国古代度量衡史和音乐史，谈到《营造法式》材份制度与中国古代数理音乐学即律学的关系。此后，又发表若干系统深入研究的成果，还安排研究生对材份制与音律的关联性展开系统研究。相关成果参见：王其亨．探骊折札——中国建筑传统及理论研究杂感．建筑师，1990（37）：10-20；王其亨．《营造法式》材分制度的数理含义及审美观照探析．建筑学报，1990(3):50-54(该文 1989 年 5 月提交“中国传统建筑园林研究会第三届年会”，后载《建筑学报》1990 年第 3 期，得到学界充分肯定，如《中国音乐文化大观》论及“音乐与建筑”，就有“黄钟律与宋《营造法式》材份模数”一段，充分表明音乐界对王其亨研究成果的认同。参见蒋菁，管建华，钱茸主编．中国音乐文化大观．北京：北京大学出版社，2001：195.）；王其亨．《营造法式》材份制度模数系统律度谐和问题辨析．第二届中国建筑传统与理论学术研讨会论文集．天津，1992；张宇．中国传统建筑与音乐共通性史例探究．天津：天津大学，2006；张宇．中国建筑思想中的音乐因素探析．天津：天津大学，2009；史箴，张宇．宋《营造法式》材份制度的数理含义及律度协和的审美意象探析——纪念《营造法式》刊行 910 周年．建筑师，2013（3）:58-74；王其亨．宋《营造法式》材份制度的数理含义及律度协和的审美意象探析．见：王其亨．当代中国建筑史家十书——王其亨中国建筑史论选集．沈阳：辽宁美术出版社，2014：360-388.

⑥ 律学也称数理音乐学或音乐物理学，就是对音乐中乐音来由及其精确频率进行数理研究的科学。十二律是指一个八度音程分出十二个乐音（今称半音），即黄钟、太蔟、姑洗、蕤宾、夷则和无射等六律，大吕、夹钟、仲吕、林钟、南吕和应钟等六吕；六律属阳，六吕为阴，统称律吕。不过，十二律本身并不能直接构成曲调，需要从中选取五律即五音构成五声音阶，或选取七律即七音构成七声音阶。

恪遵其长九寸的观念考律定尺，北宋六次改乐也无不如此[①]；2. 古代律学计算基础三分损益法[②]的深刻抽象，衍出古代数理哲学的“三分”观念或范畴，强调“三”的作用，认为天地万物包含着以三为单位的发展程序或数理规律。古代“思想律”的五行说，将木推重为“五行之始”，同样强调“三”的作用，典型如隋代萧吉《五行大义》概括汉代以来的理念：“凡五行有生数、壮数、老数三种。木，生数三，壮数八，老数九”；3. 李诫观照并贯彻其时代共识性的律度观念，基于对材料力学的经验性认知，以材广尺寸为基础[③]厘定《营造法式》材份模数，并力臻密切协和黄钟十二律的对应律度，是中国古代数理哲学与美学深刻影响的必然结果（图 4–34，图 4–35）。[④]

其后，王鲁民从社会、文化背景等角度出发继续展开探讨，在肯定《营造法式》材份制度与律吕存在联系的同时，也表达了将二者相关联可能会影响学界探究材份制力学内涵和结构合理性的忧虑，还对编者李诫编定材份制的意图进行了推测[⑤]；还有程建军从古代文化的角度出发，对中国古代建筑设计理论与方法做出研究，指出《营造法式》采用了系统设计方法，称材份制为设计模数制系统。[⑥]

1990 年代初，张十庆在博士论文研究的基础上，结合中、日建筑比较，从数理构成、发展演变等角度详论了《营造法式》材份制的构成，从三级模数制、模数尺度及其构成、基准尺度等方面，对变造用材的大木作制度做出

---

① 如明代朱载堉《律吕精义》概括“黄钟在宋尺为九寸”，还强调“宋李照、范镇、魏汉津所定律，大率依宋太府尺，黄钟长九寸”。《乐律全书》是朱载堉发明世界最早的十二平均律时，系统梳理包括宋代在内的古代律学及度量衡沿革的文献，并缜密试验和演算的成果，其中提到的“太府尺”在其他文献中或称太府寺尺、太府寺铁尺、太府布帛尺等，盖因宋初沿袭唐太府寺尺为官制，并如《宋史 · 律历志》强调：“度量权衡皆太府掌造，以给内外官司及民间之用。凡遇改元，即差变法，各以年号印而识之……明制度而防伪滥也。”北宋六次改乐无不祖述《汉书·律历志》，遵奉黄钟长九寸的观念，最终顺应统一度量衡的时代需求，采用了太府尺之类的常用尺，直讫北宋末。李诫《营造法式》未申说其所用尺即太府尺，或因在当时属不言自明的常理。照应这一律度观念，见载诸多文献，如陈旸《乐书》从“备数”即数理根基强调：“盖天地自然之数……未有不起自黄钟九寸之律也”；现代还出土有北宋“金错玉尺”和“碧玉尺”，刻度皆严合太府尺九寸，学者们判断应是李照或范镇等依太府尺定律而制作的“黄钟籥尺”或其复制品。笔者就宋人用尺情况综罗《全宋文》《四库全书》《古今图书集成》等文献，基本可以确定宋代乃至《营造法式》通识为“太府尺”，并无“营造尺”之称。

② 三分损益法就是在首尾两音按频率比 1/2 确定的八度音程内，以 2/3（五度）为生律要素，按首音或所谓元声之高第次损益，从而生成所谓五音、七音即五声、七声音阶，以及十二律，今人统称三分损益律，简称三分律或五度律。其中再增加 4/5（大三度）、5/6（小三度）为生律要素，还可构成所谓纯律或自然律。

③ 梁思成《〈营造法式〉注释》指出：“除了用份为衡量单位外，又常用材本身之广和栔广作为衡量单位。”参见梁思成 .《营造法式》注释 . 见：梁思成 . 梁思成全集（第七卷）. 北京：中国建筑工业出版社，2001：79。《营造法式》在用材工艺上严格规定“就材充用”，量度和解割木料尤重截面之广，材广比材厚更具决定性，可最有效地发挥木材的结构强度性能，“以材为祖”其实就是以材广为祖。

④ 元丰七年（1084 年）诏颁《算学条制》，秘书省同时刊印唐初李淳风奉敕整理的“算经十书”为官书，就多涉律度。其如北周甄鸾《五经算术》集辑儒学经典的数理观念，曾特别提到：“按司马彪《志序》（《后汉书·律历志》序）云：‘上生不得过黄钟之浊，下生不得及黄钟之清。’是则上生不得过九寸，下生不得减四寸五分。”即黄钟与清黄钟之间的八度音程，以三分损益法所生各律，以 9 寸与 4.5 寸为上下限。李诫以材份制度作为“构屋之制”的核心，规定八个材等之广，严合十二律中黄钟 9 寸递降至清黄钟 4.5 寸；而第一至八等材之间其他各材之广，也与十二律中相应各律的律度及递降规律协和。

⑤ 王鲁民 .“材分八等”在建筑史上的意义 . 同济大学学报（人文社会科学版），1992（2）：42–47.

⑥ 程建军 .“数理设计”中国古代建筑设计理论与方法初探 . 华中建筑，1989（2）：16–22.

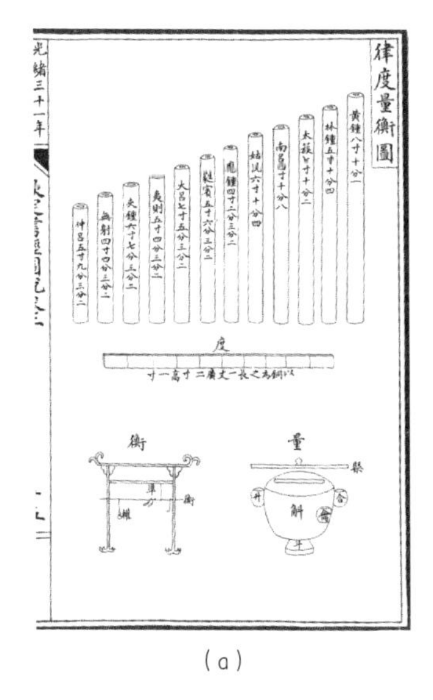

(a)

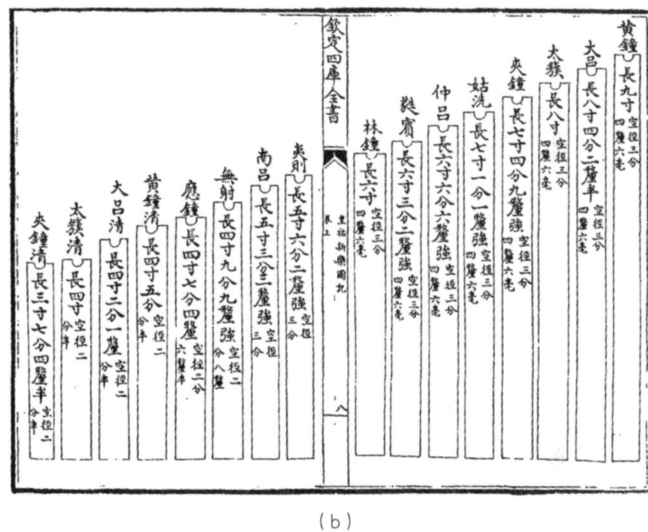

(b)

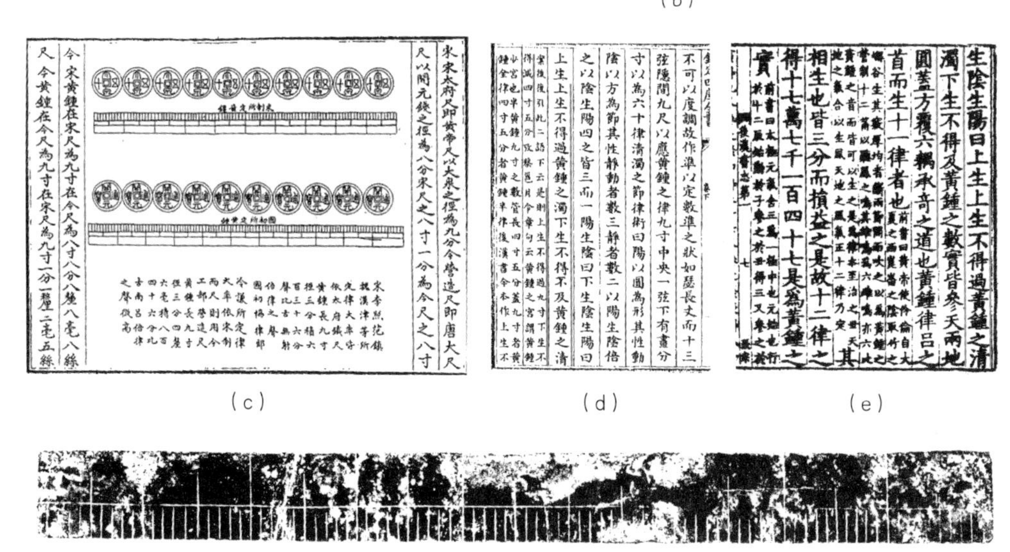

(c) (d) (e)

(f)

图 4-34　中国古代律学相关史料。(a) 清代《书经图说》诠释的《尚书·尧典》"同律度量衡" [资料来源:孙家鼎等主编．钦定书经图说（第一册）．天津：天津古籍出版社，1997]；(b) 宋皇祐五年（1053 年）阮逸、胡瑗《皇祐新乐图记》；(c) 朱载堉《乐律全书》；(d) 北周甄鸾《五经算术》；(e) 宋本司马彪《后汉书 · 律历志序》；(f) 南京大学藏北宋"碧玉尺"拓片（资料来源：国家计量总局主编．中国古代度量衡图集．北京：文物出版社，1984：32-33）

五音	七音	律吕（黄钟律）	西名	律管长（寸）*	琴弦长**	材广（寸）	材等
宫	宫	黄钟	C	9	9	9	一
		大吕	C#	8.43	8.44	8.25	二
商	商	太簇	d	8.00	8.00		
		夹钟	d#	7.49	7.51	7.5	三
角	角	姑洗	e	7.11	7.13	7.2	四
	清角	仲吕	f	6.66	6.68	6.6	五
	变徵	蕤宾	f#	6.32	6.33		
徵	徵	林钟	g	6.00	6.00	6	六
		夷则	g#	5.62	5.63	5.25	七
羽	羽	南吕	a	5.33	5.34		
		无射	a#	4.99	5.01		
	变宫	应钟	b	4.75	4.75		
	清宫	清黄钟	c	4.5	4.5	4.5	八

（a）

五音	七音	十二律	西名	吕氏律	何氏律	王氏律	纯律	材广	材等
宫	宫	黄钟	C	9	9	9	9	9	一
		大吕	C#	8.43	8.49	8.44		8.25	二
商	商	太蔟	D	8.00	8.02	8.00	7.88		
		夹钟	D#	7.49	7.58	7.51	7.5	7.5	三
角	角	姑洗	E	7.11	7.15	7.13	7.2	7.2	四
	清角	仲吕	F	6.66	6.77	6.68	6.75	6.6	五
	变徵	蕤宾	F#	6.32	6.38	6.33			
徵	徵	林钟	G	6.00	6.01	6.00	6	6	六
		夷则	G#	5.62	5.70	5.63			
羽	羽	南吕	A	5.33	5.36	5.34	5.4	5.25	七
		无射	A#	4.99	5.09	5.01			
	变宫	应钟	B	4.75	4.79	4.75			
	清宫	清黄钟	C	4.5	4.5	4.5	4.5	4.5	八

（b）

图 4-35　宋《营造法式》材份制度与黄钟十二律关系。（a）宋《营造法式》材份制度与黄钟律分析表之一（资料来源：王其亨．探骊折札——中国建筑传统及理论研究杂感．建筑师，1990（37）:18）；（b）宋《营造法式》材份制度与黄钟律分析表之二（资料来源:王其亨．宋《营造法式》材份制度的数理含义及律度协和的审美意象探析．见：王其亨．当代中国建筑史家十书——王其亨中国建筑史论选集．沈阳：辽宁美术出版社，2014：365）

研究，提出《营造法式》八等用材制度以三等材为基准量、以十为率增减演变而来的假设，并得出八等用材制度源于定功之法的结论。[①] 韩寂、刘文军对上述张十庆关于《营造法式》材份制的观点提出质疑，指出以三等材为基准

① 张十庆．中日古代建筑大木技术的源流与变迁的研究．南京：东南大学，1990；张十庆．中日古代建筑大木技术的源流与变迁．见：郭湖生主编．东方建筑研究（上册）．天津：天津大学出版社，1992：108–126；张十庆．《营造法式》变造用材制度探析．东南大学学报（自然科学版），1990（5）：8–14；张十庆．《营造法式》变造用材制度探析（Ⅱ）．东南大学学报（自然科学版），1991（3）：1–8.

量“比类增减”其他材等的可能性不大，而定功与用材制度是两套独立的体系，《营造法式》材份制可能是由分别适用于殿堂、厅堂的几套不同的材等制度综合形成的。[①] 此后，张十庆在《〈营造法式〉研究札记——论“以中为法”的模数构成》中，就《营造法式》模数构成的形式和性质，联系中国古代模数制的特点，再次论述了《营造法式》的模数制的形成。[②] 近年来，张十庆还有对《营造法式》材栔比例、形式、特点的研究，以及大木作制度基准材的讨论，如《保国寺大殿的材栔形式及其与〈营造法式〉的比较》《〈营造法式〉材比例的形式与特点——传统数理背景下的古代建筑技术分析》《关于〈营造法式〉大木作制度基准材的讨论》等成果。[③]

都铭针对1990年代学界在“材分八等”尺寸构成来源方面的讨论和争议，作出了分析判断。并另辟蹊径，从中国古代测量技术的角度入手，提出了材份制具体尺度的形成与勾股律存在一定联系的猜想[④]；而后，又结合《营造法式》“重台勾栏”的构件尺度和数值，再次展开分析和讨论。

罗哲文、王振复主编的《中国建筑文化大观》在“《营造法式》论绳墨”一节中提出该书包括材份制在内的诸多条例，都是在建筑经验基础上所总结的颇符数理原则与材料性能的制度，同时对前述王其亨关于材份与中国古代音律关系的论点表示赞同，并略加论述。[⑤]

喻维国在《〈营造法式〉900年祭》中除了阐述材的比例3 ∶ 2体现了古代阴阳概念“三天二地”外，还提出了“材有八等”出自先天八卦的观点，将《营造法式》的研究推向中国古代哲学文化概念的层面。[⑥]

此外，还有国庆华通过分析《营造法式》八等材之间的几何关系，对其形成提出了推断[⑦]；张雪伟从建筑对材等使用的频率和施工可操作性等方面，提出“材分八等”或是由“材分七等”变化而来，且宋代的材份制与清代的斗口制有许多

---

① 参见韩寂，刘文军．材份制构成思疑．西北建筑工程学院学报（自然科学版），1998（4）:43–47；韩寂，刘文军．对《营造法式》八等级用材制度的思考．古建园林技术，2000（1）：18–21.

② 张十庆．《营造法式》研究札记——论“以中为法”的模数构成．建筑史论文集，2002（14）：111–118.

③ 张十庆．保国寺大殿的材栔形式及其与〈营造法式〉的比较．中国建筑史论汇刊，2013（7）:36–51；张十庆．《营造法式》材比例的形式与特点——传统数理背景下的古代建筑技术分析．建筑史，2013（31）：9–14；张十庆．关于《营造法式》大木作制度基准材的讨论．建筑史，2016（38）：73–81.

④ 都铭．试论“材分八等”的数理渊源．时代建筑，1998(3):89–91；都铭．中国古建筑构件尺度的控制原则——从《营造法式》“重台勾栏”构件数值谈起．见：2008中国民间建筑与园林营造技术学术会议论文集．扬州，2008：5983–5987.

⑤ 罗哲文，王振复主编．中国建筑文化大观．北京：北京大学出版社，2001：194–195.

⑥ 喻维国．《营造法式》900年祭．建筑创作，2003（11）：112–124.

⑦ 国庆华．中国木工中的“材分”制度——八等材之间的疑点．营造，2001（1）：222–225.

共同之处[①]；徐怡涛在《营造法式》、唐代出土瓦构件以及早期建筑的基础上，对唐代木构建筑材份制度进行初步推测[②]；路秉杰、宾慧中、王晓帆等学者对宋代材份制和清代斗口制进行了研究比较，并对其联系、异同展开讨论[③]；杨柳青认为材份制是建立在木材基础上、从特定设计手法和结构原理而产生，也反映形式与艺术特征[④]；杨国忠等学者从建筑技术、建筑管理、建筑文化等方面讨论了《营造法式》材份制的科学意义，并着重阐发了材分八等根据受力情况划分及其在力学方面的意义[⑤]；杜启明立足于《营造法式》的社会背景和编修目的，从材份制的应用范围、是否法于古制、等级为何不均三个方面展开阐述，并结合古籍文献，指出材份制应始自《营造法式》，其所达到的控制效果从某种程度上也凸显了编修者李诫的过人胆识。[⑥]

钟晓青认为，作为标准构材的"材"、反映建筑规格的"材等"和用于大木作设计计算的"材分"三者在工程实际操作中很可能并不统一，而是根据建筑物的建造背景、备料以及工匠经验而出现各种变通，斗栱实际用材的大小在宋辽金时期或已经开始从大木作的材份设计体系中离析出来，不再作为标示建筑物等级规格和设计所用材份的依据[⑦]；此后，在《〈营造法式〉研读札记》指出《营造法式》虽然使用了"丈尺"与"材分"两套不同的尺寸单位，但材等与间广是有关联的；"材分"的作用和意义也并不仅限于确定建筑物的用材等级和构件的具体尺寸，还应与建筑物的整体尺度有关；《营造法式》材等制度的确立并不完全是采用单纯数值推演方法的结果，而是从实际应用的角度出发，与最普遍常用的工程实践经验密切结合的结果，也是整部《营造法式》编制的根本所在。[⑧]

常青对用材等级制与礼乐制度的关系及其构成逻辑作出推演和解析，指出《营造法式》材份制是官式礼乐象征与匠作适用原则的有机结合；并重新对清工部《工程做法》的材等作出评价，指出其保留了《营造法式》材等递减的意图，但没有

① 张雪伟．从"材分七等"到"材分八等"．福建建筑，2002（4）：47-48.
② 徐怡涛．唐代木构建筑材份制度初探．建筑史论文集，2003（18）：59-64.
③ 宾慧中，路秉杰．浅识宋材份制与清斗口制．安徽建筑，2003（3）：1-2；王晓帆．材分制与斗口制．纪念宋《营造法式》刊行900周年暨宁波保国寺大殿建成990周年国际学术研讨会论文集．宁波，2003：163-166.
④ 杨柳青．中国古代木构体系完型之正果——纪念《营造法式》刊印900周年．华中建筑.2003（3）：92-9.
⑤ 杨国忠，王东涛．《营造法式》"材分八等"科学意义研究．古建园林技术，2005（3）：13-17；杨国忠，王东涛，陶冶．《营造法式》材分制科学意义研究．中国营造学研究，2005（1）：98-104.
⑥ 杜启明．宋材三问——兼及认知李诫．文物建筑．2007（1）：44-51.
⑦ 钟晓青．关于"材"的一些思考．建筑史，2008（23）：33-41.
⑧ 钟晓青．《营造法式》研读笔记二则．建筑史，2013（31）：15-17；钟晓青．《营造法式》研读札记．见：宁波保国寺大殿建成1000周年学术研讨会暨中国建筑史学分会2013年会论文集．宁波，2013：7-10.

再附会礼乐而致递减值不等，从而强化了模数化用材方式，具有一定的合理性。[①]

其他关于《营造法式》材份制探源的研究，还有如刘叙杰指导陈军完成的硕士学位论文《中国古代建筑模数制成因与发展初探》，田中淡对《营造法式》材份制来源的历史背景的考辨，以及東林从木材实际操作、杨建江从材截面高宽比及材等划分等角度作出的分析[②]，等等。

目前对"材分八等"的成因，主要在力学结构的合理性、实际施工的可操作性、与中国古代音律或勾股律的关联、以"三等材"为基准材等几个方面展开探讨，这些研究使学界对我国古代建筑材份制的形成和发展有了更为广泛的认知，虽然各家观点不尽相同，但都是从不同角度、立场和层面的分析论证，关乎社会、文化等多方面的因素。换言之，正是这种往复的讨论和争鸣，才进一步拓宽了学界认知《营造法式》的视野，也为解读该书和中国传统文化提供了珍贵的思路。

（三）关于模数制和尺度规律的研究

对单体或群体建筑构成比例规律的探索，是 1980 年代以来中国建筑史学领域十分关注的课题之一。学者们通过大量实例数据的分析研究，对某一时代的建筑比例规律或某一建筑组群的构成比例进行探索，以期还原古代建筑工匠的设计匠心。[③] 其中，与材份制的研究相关联，对古建筑尺度规律的各种探索首先围绕着《营造法式》和早期建筑展开，并试图挖掘《营造法式》中未明确的建筑开间、进深和高度等信息，进而完善对材份制的认识。

1970 年代末，如前文所述，陈明达在《〈营造法式〉大木作研究》中指出材份制是一套具有结构强度的模数，表现出很强的科学性，并从设计的角度出发，论证了《营造法式》"以材为祖"的方法。他在《中国大百科全书》中明确指出《营造法式》材份制是一套包括设计原则、标准规范并附有图样在内的设计制度：

> 中国古代建筑在唐初就已经定型化、标准化，由此产生了与此相适应的设计和施工方法。宋《营造法式》中，已载有一套包括设计原则、标准规

---

① 常青 . 想象与真实——重读《营造法式》的几点思考 . 建筑学报，2017（1）：36–39.

② 陈军 . 中国古代建筑模数制成因与发展初探 . 南京：东南大学，1990；田中淡 .《营造法式》"材分°"制度来源之历史背景 . 营造，2001（1）：193–203；東林 . 材分制形成原因的思考 . 山西建筑，2009（34）：10–11；杨建江，杨明 . 材份制形成之探讨 . 华中建筑，2012（12）：138–141.

③ 参见王贵祥 . 方兴未艾的中国建筑史学研究 . 世界建筑，1997（2）：82.

范并附有图样的材份制（即古代的模数制）。材份制一直沿用到元末。明初，大量营建都城宫室，已不再用材份制。清初颁布的清工部《工程做法》基本上使用了斗口制，仍可看出材份制的痕迹，但在力学上已不如材份制严谨，各种构件的标准规范也无一致的准则。[①]

1980年代中期，龙庆忠综合比较了《营造法式》、《营造法原》和《营造算例》基本木构件的尺度关系，尝试用共时性的方法建立一个系统的尺度规律，综合以往研究撰成《论中国古建筑之系统及营造工程》[②]一文，有学者认为其从设计角度出发的研究方法论值得借鉴。[③]

1978年至1981年，王贵祥就读研究生期间，在莫宗江的指导下，与钟晓青共同完成了对福州华林寺大殿的研究。[④]其中，王贵祥着重做结构分析、残损记录，并从华林寺大殿出发，通过统计比较，发现了唐、宋木构建筑的檐高与柱高之间存在着一定的比例关系。并由此扩展至唐、宋、辽木构建筑平面与立面的比例规律，先后发表若干文章详加论述。如在《$\sqrt{2}$与唐宋建筑柱檐关系》中，根据部分实例，提出唐、宋建筑撩檐枋上皮标高和檐柱柱顶标高之间存在着$\sqrt{2}$倍的比例关系，还从视觉效果等艺术设计方面进行分析。他认为这种比例关系不是仅存在于建筑中的偶然现象，很可能还有更为深广的中国古代文化背景，并以古代乐律中存在的1与$\sqrt{2}$的比例关系为例，探讨了这种比例关系存在的广泛性，提出应当由这一时期的建筑出发，继续对中国古代建筑与古代文化的内在联系作出研究，也将《营造法式》的研究提升到文化层面；在《关于唐宋建筑外檐铺作的几点初步探讨》中探讨唐、宋建筑确定外檐铺作铺数的方法，还根据实例数据提出铺作高和足材高存在着线性关系。此后，这些观点和讨论又在《唐宋单檐木构建筑平面与立面比例规律的探讨》、《唐宋单檐木构建筑比例探析》、《关于唐宋单檐木构建筑平立面比例问题的一些初步探讨》、《唐宋时期建筑平立面比例中不同开间级差系列探

---

① 陈明达．“大木作”词条．见：中国大百科全书总编辑委员会本卷编辑委员会，中国大百科全书出版社编辑部编．中国大百科全书（建筑·园林·城市规划卷）．北京：中国大百科全书出版社，1988：90.

② 龙非了．论中国古建筑之系统及营造工程．华中建筑，1995（4）：62-69.

③ 参见肖旻．唐宋古建筑尺度规律研究．南京：东南大学出版社，2006：19。陈明达《〈营造法式〉大木作研究》出版后，龙庆忠颇为赞许，同时也表示自己的观念和发现与陈明达有所不同。对此，陈明达也指出他与龙庆忠的研究目标都是希望把当时设计的依据从理论上搞清楚，但二人的方法和研究路线不同。在陈明达看来，龙庆忠是在大量掌握实物的基础上进行这项探索工作的，相信自有其道理。参见陈明达．关于《营造法式》的研究．建筑史论文集，1999（11）：44；肖旻．梓人之道的求索——试析龙庆忠先生的中国古建筑营造法研究．建筑创作，2008（9）：176.

④ 参见王贵祥．福州华林寺大殿．北京：清华大学，1981；钟晓青．福州华林寺大殿复原．北京：清华大学，1981.

讨》等文中得到深化。[①]

除前述对《营造法式》"材分八等"的探源研究，张十庆还在探索《营造法式》及古建筑尺度构成的性质与规律以及设计方法与理念的基础上形成系列成果，贡献颇多。1990年代初提出早期古建筑的基本尺度不受材份制约束，而是采用整数尺寸进行设计的观点，也成为继陈明达《〈营造法式〉大木作研究》之后所采用的新方法、新思路，是探索早期建筑基本尺度具体取值规律的重要成果[②]，同时还以"古代建筑的尺度构成探析"为题，发表了一系列关于唐、辽、宋建筑尺度构成的文章。[③] 而后，在已有研究的基础上，继续深化并扩充了对《营造法式》材份制和尺度设计规律的认知，例如以尺度设计为特定角度，结合域外受中国建筑影响的日本建筑，对《营造法式》至清工部《工程做法》时期的古代建筑设计技术演变发展的历程和特点做出探讨；其他相关研究还有《部分与整体——中国古代建筑模数制发展的两大阶段》《是比例关系还是模数关系——关于法隆寺建筑尺度规律的再探讨》《〈营造法式〉八棱模式与应县木塔的尺度设计》等文。[④]

王春波在《唐—北宋木结构建筑"平面尺寸"之分析》一文中，通过图表的形式，直观形象地表现出唐、五代、北宋时期的26座早期建筑平面尺寸的发展变化规律，指出建筑的平面尺寸直接影响建筑的造型、规模、功能及结构，而面宽、进深又与当心间广、椽长有密切的联系，且《营造法式》中的规定基本上在实例所体现的数值范围内。[⑤]

杜启明通过梳理当时关于《营造法式》建筑设计理念研究的成果，认为存在"假设数值说"和"固定材份说"两种观点，分别以梁思成和陈明达为代表。并结合

---

① 参见王贵祥．$\sqrt{2}$与唐宋建筑柱檐关系．建筑历史与理论（1982—1983年度），1984（3-4）：137-144（这项研究后来被收入1999年出版的《中国建筑艺术史》中，参见萧默主编．中国建筑艺术史．北京：文物出版社，1999）；王贵祥．关于唐宋建筑外檐铺作的几点初步探讨（一）．古建园林技术，1986（4）；王贵祥．关于唐宋建筑外檐铺作的几点初步探讨（二）．古建园林技术，1987（1）；王贵祥．关于唐宋建筑外檐铺作的几点初步探讨（三）．古建园林技术，1987（2）：39-43；杨秉纶，王贵祥，钟晓青．福州华林寺大殿．建筑史论文集，1988（9）：1-32；王贵祥．唐宋单檐木构建筑平面与立面比例规律的探讨．北京建筑工程学院学报，1989（2）：49-70；王贵祥．唐宋单檐木构建筑比例探析．营造，2001（1）：226-247；王贵祥．关于唐宋单檐木构建筑平立面比例问题的一些初步探讨．建筑史论文集，2002（15）：50-64；王贵祥．唐宋时期建筑平立面比例中不同开间级差系列探讨．建筑史，2004（20）：12-25；王贵祥，刘畅，段智钧．中国古代木构建筑比例与尺度研究．北京：中国建筑工业出版社，2011.

② 肖旻．唐宋古建筑尺度规律研究．南京：东南大学出版社，2006：16-17.

③ 张十庆．古代建筑的尺度构成探析（一）——唐代建筑的尺度构成及其比较．古建园林技术，1991（2）：30-34；张十庆．古代建筑的尺度构成探析（二）——辽代建筑的尺度构成及其比较．古建园林技术，1991（3）：42-46；张十庆．古代建筑的尺度构成探析（三）——宋代建筑的尺度构成及其比较．古建园林技术，1991（4）：11-13.

④ 张十庆．古代建筑的设计技术及其比较——试论从《营造法式》至《工程做法》建筑设计技术的演变和发展．华中建筑，1999（4）：92-98；张十庆．部分与整体——中国古代建筑模数制发展的两大阶段．建筑史论文集，2005（21）：45-50；张十庆．是比例关系还是模数关系——关于法隆寺建筑尺度规律的再探讨．建筑师，2005（117）：92-96；张十庆．《营造法式》八棱模式与应县木塔的尺度设计．建筑史，2009（25）：1-9.

⑤ 王春波．唐—北宋木结构建筑"平面尺寸"之分析．文物季刊，1993（1）：27-30.

实例，对此展开了新的讨论，指出《营造法式》所体现的宋代建筑设计使用的应是营造尺模数制，大木作结构设计所用为材份模数制，二者之间存在和谐的倍数关系，实出一源。①

此外，郭湖生指导李容准完成的博士学位论文《唐宋大木模数基准现象的探讨》②、何建中《唐宋单体建筑之面阔与进深如何确定》③、傅熹年《关于唐宋时期建筑物平面尺度用“分”还是用尺来表示的问题》④以及李灿对《营造法式》椽材间广屋深模数的探讨⑤，也是围绕唐宋建筑尺度规律展开的研究。

2003年，肖旻在吴庆洲的指导下完成博士论文《唐宋古建筑尺度规律研究》，2006年，在修改博士论文基础上出版同名专著。⑥书中将唐宋古建筑尺度规律的代表性观点归纳为材份控制、比例控制和整数尺寸控制三类，对当时材份制和唐宋古建筑尺度规律研究成果作了全面细致的综述和分析。⑦肖旻认为围绕《营造法式》材份制的研究虽然取得了不少进展，但能够联系实例数据，对具体的尺度规律做出解释的成果并不多。对此，他以唐、五代、宋、辽、金、元各代汉族聚居区木结构建筑为主要研究对象，探讨了中国唐宋时期古建筑木构架基本尺度的取值规律，包括面阔、进深、柱高等指标。在实例数据分析的基础上，明确提出：

> 唐宋时期古建筑木构架基本尺度的设计取值规律为一种模数制的尺度规律，基本模数控制了建筑物的面阔、进深、柱高等几个方面，即决定了建筑物的长、宽、高三个方向的基本尺度。⑧

该书是目前同类课题中引用实例较多、数据较为精密、推定吻合程度较高的一项研究，对古建筑设计规律提出了新的观点。肖旻也提出明清实例的做法并不完全和文献规定一致，因此结合实例对明清古建筑的尺度规律作进一步的研究，

---

① 杜启明．宋《营造法式》设计模数与规程论．中原文物，1999（3）：66-77；杜启明．宋《营造法式》大木作设计模数论．古建园林技术，1999（4）：39-47；杜启明．关于宋《营造法式》中建筑与结构设计模数的研究．见：河南省古代建筑保护研究所编．古建筑石刻文集．北京：中国大百科全书出版社，1999：37-49.

② 李容准．唐宋大木模数基准现象的探讨．南京：东南大学，2003；相关研究还有：李容准．大木作“补间”与“步间”——从尺度构成角度的探讨．华中建筑，2003（3）：89-91.

③ 何建中．唐宋单体建筑之面阔与进深如何确定．古建园林技术，2004（1）：3-9.

④ 傅熹年．关于唐宋时期建筑物平面尺度用“分”还是用尺来表示的问题．古建园林技术，2004（3）：34-38.

⑤ 李灿．《营造法式》中椽材间广屋深的模数初探．古建园林技术，2005（1）：18-30.

⑥ 相关成果还有：肖旻．杭州闸口白塔的尺度规律分析．重庆建筑大学学报，2002（5）：12-16；肖旻．试析山东两座古代建筑的尺度规律．广东工业大学学报，2003（4）：101-106；肖旻．韩国古建筑实例的基本尺度取值规律探析．华南理工大学学报（自然科学版），2003（6）：10-14；肖旻．《营造法式》“材分制”研究综述．见：纪念宋《营造法式》刊行900周年暨宁波保国寺大殿建成990周年国际学术研讨会论文集．宁波，2003：178-192；肖旻．山西应县木塔的尺度规律．西南交通大学学报，2004（6）：815-818.

⑦ 另参见肖旻．《营造法式》“材分制”研究综述．见：纪念宋《营造法式》刊行900周年暨宁波保国寺大殿建成990周年国际学术研讨会论文集．宁波，2003：178-192.

⑧ 肖旻．唐宋古建筑尺度规律研究．南京：东南大学出版社，2006：99.

把它和唐宋古建筑联系起来，也是一个重要的研究方向。[①]

近10年来，又有更多学者投入到古建筑模数制和尺度规律的研究中，也从不同侧面、不同程度地加深了对《营造法式》材份制设计规律的理解：

例如王天航将唐代木构建筑遗存的实测数据与《营造法式》相关记载进行对比，得出唐代存在建筑模数制的结论，并提出唐模数制与《营造法式》中记载的基本相同，但建筑材份等级稍大的观点。[②]

赵明星、张玉霞等学者基于相关文献记载和考古发掘资料的分析，对《营造法式》模数制度已有研究作出评述，并结合梁思成提出的观点，认为在各单体建筑的整体尺度和部分构件的长度方面，并不存在一定的模数制度，而是根据实际情况确定；且推断《营造法式》为了达到"关防工料"的目的，与当时已有的相关法令相辅相成，而并未完全依赖模数制度。[③]

徐怡涛在其早期建筑实例研究的基础上，通过对《营造法式》大木作控制性尺度的推算，以及与早期木构建筑实例的对比，在《〈营造法式〉大木作控制性尺度规律研究》[④]一文中提出了对中国古代木构建筑模数制和对尺度研究方法的若干认识和思考。

朱永春结合多年《营造法式》大木作研究的积累，从不同的视角提出了新的观点，指出该书的"材"、"栔"均在面积模度与长度模度两种不同意义下使用，后者实质上是"材广"、"栔广"的缩略语。《营造法式》中的模度体系包含基本模度、扩展模度和隐性模度，该书序中所言的"倍斗而取长"是"以材而定分"的延伸，而斗的边长是《营造法式》中存在的隐性模度。[⑤]

此外，诸多后学在学习、思考前辈学者的已有研究后，也对《营造法式》尺度规律问题颇感兴趣，如高赫基于唐宋单檐建筑实例数据，模拟构建立面相对尺度比例体系，以图示对《营造法式》立面尺度规律展开初步探讨，从而展现唐宋单檐建筑立面风貌的多种可能性[⑥]，等等。

值得指出的是，国庆华基于近30年对《营造法式》材份制度的研究成果及其多年的思考，在《〈营造法式〉八等材和材份制争议》[⑦]一文中对1980年代以来

① 肖旻．唐宋古建筑尺度规律研究．南京：东南大学出版社，2006：3.
② 王天航．建筑与环境：唐长安木构建筑用材定量分析．西安：陕西师范大学，2007.
③ 赵明星．《营造法式》营造模数制度研究．建筑学报，2011（S2）：72-75；张玉霞．《营造法式》营造模数制度研究．中原文物，2013（6）：73-77.
④ 徐怡涛．《营造法式》大木作控制性尺度规律研究．故宫博物院院刊，2015（6）：36-44，157-158.
⑤ 朱永春，林琳．《营造法式》模度体系及隐性模度．建筑学报，2015（4）：35-37.
⑥ 高赫．基于唐宋单檐建筑实例的《营造法式》立面尺度规律研究．厦门：华侨大学，2016.
⑦ 国庆华．《营造法式》八等材和材份制争议．中国建筑史论汇刊，2015（11）：183-191.

对材分八等和材份制的研究进行了梳理和回顾，评述争议，阐发观点，可谓是一份关于材份制简洁、清晰、易读的研究综述。

四、以《营造法式》为参照的复原研究与设计创新

黑格尔认为历史研究的第一个层次是白描性历史，主要回答过去“是什么”；第二个层次是反思性历史，主要回答现在“为什么”；第三层次是哲学性历史，主要回答将来“干什么”，研究的层次越高，就越有价值和时代意义。[①] 同理，《营造法式》作为中国古代文化的缩影，对它和古代建筑的解读，除了可以为文物保护和修缮工作服务[②]，还可以为古建筑的复原研究以及创造具有中国风格的现代建筑提供参照，达到“先学后用”、“学以致用”的目的。

（一）复原研究

对于古建筑复原研究的重要意义，陈明达曾指出：“保存至今的中国古代建筑，以明清时期的最为丰富，类型完整、数量众多，宋、辽、金、元就多为单独的建筑物，整组的建筑为数甚少。唐代建筑较之宋元更为稀少。东汉以迄南北朝时期，只有石阙、石窟尚可供参考。东汉以前建筑物几无一存在。所幸我们保有大量的历史记载、石刻、绘画、明器以及考古家发掘出的遗址，可供参考。但是这类史料是必须经过研究，予以复原，才可提供具体研究分析之用。因此，复原是需要积极开展的一项工作。”[③]

因此，以《营造法式》等古籍文献为参照，对现已不存，尤其是唐、宋、辽、金或约略同时期建筑的复原研究，也是中国建筑史学的重要组成。除前文第四章已经论及的傅熹年对早期建筑所做的大量复原工作外，其他学者也多有贡献。如郭湖生、郭义孚、刘致平、杨鸿勋、吕江、张铁宁、李会智、李若水、王天航、

---

① 引自李开元．史学理论的层次模式和史学多元化．见：《历史研究》编辑部编．《历史研究》五十年论文选：理论与方法（上）．北京：北京社会科学文献出版社，2005：23.

② 本书第二章已提及，学社在释读《营造法式》和早期建筑实例的基础上，研究工作也扩展到古物保护和修复方面，更为中华人民共和国成立后的文物保护事业打下了基础。如杭州六和塔、曲阜孔庙等修复计划，《营造法式》在其中都充当了重要的文本参照。

③ 陈明达．对《中国建筑简史》的几点浅见．建筑学报，1963（6）：28.

李宝彤对唐代建筑的复原研究[①]；冯继仁、尹家琦、李德华、董伯许对宋代建筑的复原研究[②]；王剑、赵兵兵对辽代奉国寺山门及中轴线院落的复原探讨[③]；以及杨有润、程建军、滑辰龙、岳键对北魏、五代、西夏等其他时期古建筑的复原研究[④]，涉及宫殿、陵寝、宗教等建筑类型；还有宋旸对宋代勾栏形制复原的研究，金玉棠对常熟印应雷墓出土砖构件复原的考证[⑤]，等等。

此外，王贵祥对复原研究的贡献颇多，也形成了大量成果。2017 年，他主编的《消逝的辉煌——部分见于史料记载的中国古代建筑复原研究》一书，可谓近年最为综合的复原研究成果。该书综合王贵祥以往的相关研究，利用文献（文字、绘画史料）和实物等资料，从材料、空间、结构、造型、装饰等方面，上至秦汉，下至元明，对诸多建筑展开复原推导和研究，汇集大量研究案例，从某种程度上也集中展现了中国古代建筑的发展和变迁。[⑥]

（二）设计创新

可以说"古为今用"是学社解读《营造法式》、清工部《工程做法》以及各

① 郭湖生．麟德殿遗址的意义和初步分析．考古，1961（11）：619–624；郭义孚．含元殿外观复原．考古，1963（10）：567–572；刘致平，傅熹年．麟德殿复原的初步研究．考古，1963（7）：385–402；傅熹年．唐长安大明宫含元殿原状的探讨．文物，1973（7）：30–49；傅熹年．唐长安大明宫玄武门及重玄门复原研究．考古学报，1977（2）：131–160；傅熹年．元大都大内宫殿的复原研究．考古学报，1993（1）：109–153；傅熹年．对含元殿遗址及原状的再探讨．文物，1998（4）：76–87；杨鸿勋．唐长安大明宫含元殿复原研究．见：《庆祝苏秉琦考古五十五年论文集》编辑组编．庆祝苏秉琦考古五十五年论文集．北京：文物出版社，1989：525–539；杨鸿勋．唐长安大明宫含元殿应为五凤楼形制．文物天地，1991（5）：24–26；杨鸿勋．唐长安城明德门复原探讨．文物，1996（4）：76–84；杨鸿勋．唐长安大明宫含元殿复原研究报告（上）．建筑学报，1998（9）：61–68；杨鸿勋．唐长安大明宫含元殿复原研究报告（下）．建筑学报，1998（10）：58–72；吕江．唐宋楼阁及滕王阁复原设计研究．北京：清华大学，1986；张铁宁．渤海上京龙泉府宫殿建筑复原．文物，1994（6）：38–58；张铁宁．唐华清宫汤池遗址建筑复原．文物，1995（11）：61–71；李会智．柳林灵泉寺正殿复建工程设计．古建园林技术，2000（3）：54–57；李若水．唐长安大兴善寺文殊阁营建工程复原研究．中国建筑史论汇刊，2012（2）：135–158；王天航．关于唐大明宫含元殿材份问题的研究．华中建筑，2012（4）：144–146；李宝彤．试论古建筑的复原依据——以唐代及之前的古建筑为例．陕西学前师范学院学报，2016（6）：6–10.

② 敦煌文物研究所考古组．敦煌莫高窟 53 窟窟前宋代建筑复原．考古，1977（6）：413–421；冯继仁．巩县宋陵献殿的复原构想．文物，1992（6）：63–71；尹家琦．北宋东京皇城宣德门研究．郑州：河南大学，2009；李德华．北宋东京大相国寺三门阁与资圣阁复原探讨．中国建筑史论汇刊，2014（1）：171–196；李德华．北宋邛州龙兴寺罗汉殿复原研究．中国建筑史论汇刊，2015（11）：139–163；董伯许．基于宋《营造法式》大木作制度的宋代楼阁复原设计研究．北京：清华大学，2014.

③ 王剑，赵兵兵．奉国寺中轴线院落复原的空间构成．华中建筑，2010（12）：163–165；赵兵兵，王剑．奉国寺山门复原探讨．辽金历史与考古，2011（00）：427–435.

④ 杨有润．五代前蜀王建墓地宫门作复原．考古通讯，1955（3）：49–53；程建军．南海神庙大殿复原研究（一）——南北古建筑木构架技术异同初论．古建园林技术，1989（2）：43–47；程建军．南海神庙大殿复原研究（二）——南北古建筑木构架技术异同初论．古建园林技术，1989（3）：33–37；程建军．南海神庙大殿复原研究（三）——南北古建筑木构架技术异同初论．古建园林技术，1989（4）：41–47；滑辰龙．法兴寺舍利塔复原设计．古建园林技术，1996（4）：45–46；岳键．西夏三号陵献殿形制的探讨与试复原．西夏学，2013（2）：309–320.

⑤ 宋旸．宋代勾栏形制复原．上海：上海戏剧学院，2010；金玉棠．常熟印应雷墓出土砖构件的复原考证．华中建筑，2016（12）：130–134.

⑥ 王贵祥．消逝的辉煌——部分见于史料记载的中国古代建筑复原研究．北京：清华大学出版社，2017.

时期古建筑的素有思想，是自中国建筑史学研究之始就提出的目标，也是研究的意义所在。[①] 梁思成、林徽因等学者受“万物盛极则衰”的事物发展规律的影响，以结构理性主义为标准，认为最能体现“中国精神”的建筑在唐、宋、辽时期，因此《营造法式》从某种意义上代表了“中国精神”。[②] 梁思成的诸多学术研究也强调中国传统建筑的每个部分都是内部结构的坦率表现，与现代建筑设计所推崇

① 刘致平回忆当年拜访朱启钤时，朱老不仅向他推荐了《营造法式》和清工部《工程做法》两部古代营造文献，还提出要运用中国古建筑中的优秀遗产，创作具民族形式的新建筑的希望。梁思成在《为什么研究中国建筑》中指出研究的意义不仅在于“唤醒社会，助长保存趋势”，更重要的是“将来复兴建筑的创造问题”，以体现和复兴中国精神；研究的主要目标之一就是创造新的，包含着中国素质、智慧及美感，适合于自己的建筑，指出解决途径之一就是参考我国艺术藏库中的遗宝，包括《营造法式》、清工部《工程做法》等术书和实物遗存。但是，当建筑结构、材料、施工都有新的变化时，就很容易局限于单纯的形式模仿，背离科学精神。对此，梁思成、林徽因都曾表明“不要徒然对古建筑作形式上的模仿”的观点。参见梁思成．为什么研究中国建筑．中国营造学社汇刊，1944，7（1）：6，8，10，12；陈明达．纪念梁思成先生八十五诞辰．建筑学报，1986（9）：15-16；刘致平口述，刘进记录整理．忆“中国营造学社”．华中建筑，1993（4）：67；2000 年 10 月《东南大学建筑系刘先觉教授专访》，见：崔勇．中国营造学社研究．南京：东南大学出版社，2004：287；戴念慈．大木结构．南方建筑，1994（1）：12，3；林徽因．论中国建筑之几个特征．中国营造学社汇刊，1932，3（1）：179；梁思成，刘致平编．建筑设计参考图集·斗栱（第 5 集）．见：梁思成：梁思成全集（第六卷），北京：中国建筑工业出版社，2001：312；2000 年 9 月《北京市文物局王世仁教授专访》，见：崔勇．中国营造学社研究．南京：东南大学出版社，2004：253.

② 梁思成、林徽因等学者认为，某种艺术的一生写照就是发生、发展、成熟和停滞，据此推断中国建筑的成熟和豪劲时期应在唐、辽和宋初，形成了泾渭分明的建筑审美观。法国学者德密那维尔很早就指出清《工程做法》逊于《营造法式》，而在梁思成看来，不止于文献，清代建筑也不如早期的合理。其撰写的诸多学术论文在赞誉早期建筑的同时，也表达了对明、清建筑的不屑。1935 年国立中央博物院设计方案在梁思成的指导与协作下，将原仿清式风格的设计方案修改为“辽宋风格”的实例，也充分说明了这个认知。这个观念对其后部分学人的审美趋向和对古建筑价值的认定也产生了一定的影响。参见林徽因．论中国建筑之几个特征．中国营造学社汇刊，1932，3（1）：166-167；林徽因．清式营造则例·绪论．见：梁思成．清式营造则例．北京：中国建筑工业出版社，1981：9-10，12；法人德密纳维尔评宋李明仲《营造法式》．中国营造学社汇刊，1931，2（2）：7-8；梁思成．蓟县独乐寺观音阁山门考．中国营造学社汇刊，1932，3（2）：12-13，67，76；梁思成．正定调查纪略．中国营造学社汇刊，1933，4（2）：8，10，28；梁思成，刘敦桢．大同古建筑调查报告．中国营造学社汇刊，1933，4（3、4）：133；林徽因，梁思成．晋汾古建筑预查纪略．中国营造学社汇刊，1935，5（3）：22；梁思成主编，刘致平编纂．建筑设计参考图集简说．中国营造学社汇刊，1935，6（2）：87；赖德霖．设计一座理想的中国风格的现代建筑——梁思成中国建筑史叙述于南京国立中央博物院辽宋风格设计再思．见：赖德霖．中国近代建筑史研究．北京：清华大学出版社，2007：331，347-353。此外，胡蛮在《中国美术史》中谈到《营造法式》，也从发展史的角度提出：“为什么宋代建筑美术特别发达而以后反而衰落了呢？……就坏的方面说，却同时产生了不好的影响。这就后来的官方，封建的政权就依照着这种官式建建的则例去因袭传统，即使对从前的限制有所更改，也仅只限于琐节。从元明清代的建筑上看如此，从清代官式建筑术书《工程做法则例》（雍正十二年即一七三四年出版）上看，尤其如此。因而养成了九百年间长期的抄袭时代。第三，所有的艺术，从生气勃勃的创作开始，凡是达到成熟时期一被官方所御用，规定了一些什么法式和规律以后，那艺术的气魄就为封建的僵死的不进步的东西了。”参见胡蛮．中国美术史．上海：群益出版社，1950：115-120。但是，因中西方的文化结构不同，纯粹按照西方的理念评判中国的建筑理论体系，很可能会形成误区，且按照事物发展规律界定优劣的观念难免会形成审美偏见，忽视明清建筑的价值。对此，一些学者后来也客观地表达了不同的看法。参见 2000 年 9 月《清华大学建筑学院郭黛姮教授专访》．见：崔勇．中国营造学社研究．南京：东南大学出版社，2004：261；建筑史解码人·孙大章．见：杨永生，王莉慧．建筑史解码人．北京：中国建筑工业出版社，2006：211。1960 年代曾有重新评价明、清建筑的倾向，把其结构上的退化看作是框架结构进一步简化的合理发展。如梁思成在参与《中国古代建筑史》编写的过程中，可以明显感到他对明、清建筑认识的变化，希望在叙述中强化“发展”的观念。在他为《中国古代建筑史》第六稿所写的绪论中，也改变了先前对明、清斗栱变迁的价值判断，表明是“工匠们明确要求框架的进一步简化的合理的发展”。这一重要的转变，从某种程度上开启了标立中国传统建筑在历史上呈持续进化历程的通道。参见梁思成．中国古代建筑史·（六稿）绪论（作于 1964 年）．见：梁思成．梁思成全集（第五卷）．北京：中国建筑工业出版社，2001：456；王鲁民．“着魅”与“祛魅”——弗莱彻的“建筑之树”与中国传统建筑历史的叙述．建筑师，2005（4）：61。后来汉宝德曾写就《明、清文人系之建筑思想》《明、清建筑的形式主义精神》二文，合为《明、清建筑二论》一书，为明、清建筑正名。参见陈志华．读《明、清建筑二论》．读书，1991（1）：105-114.

的理念相符，中国建筑传统与现代主义的结合可以创造中国的新建筑。中华人民共和国成立后的整个1950年代，学界推崇“古为今用”，从中国传统建筑中取得可资借鉴的研究方法和观念，成为当时各大建筑研究机构及设计部门的重要课题之一。[①] 这个理念与学社一直以来的治学理想相契合，对推进当时的建筑史学研究也起到了重要的作用。

作为梁思成、刘敦桢学生的陈明达，一生主要精力倾注在古代建筑和《营造法式》的研究上，其治学的根本目的仍是推动中国现代建筑业的发展。学社时期，他和莫宗江在参与设计实践的过程中，一致认为建筑的民族化问题，绝不是用新的建筑材料去简单抄袭旧有的样式，而是要从整体格局，建筑尺度、周边环境等方面，去表现外在形式所蕴含的民族精神特质[②]，也就是陈明达后来指出的“要从学习中国建筑的某些特点出发，发挥它的精神，而不是模仿它的形象”。[③] 同为梁思成学生的徐伯安，在对唐、宋建筑实例和《营造法式》等文献深入研究的基础上，在复兴“中国精神”的道路上既有实践又有研究探索，其发表的很多文章均体现了他在文化遗产上的设计理念和传统建筑形式运用上的哲思。[④]

还有很多学者利用《营造法式》和早期建筑实例做出设计尝试与实践，如建筑史学界的吴焕加、刘叙杰、喻维国等。[⑤] 一些学者则继续探究如何表达“中国精神”，如李允鉌指出中国第一代在西方接受教育的建筑师，在研究中国传统建筑的过程中，早已知晓形式和内容的分离不是中国建筑的传统设计精神。[⑥]

近年来，基于《营造法式》和宋代建筑的有益探索仍在持续，如董豫赣指导刘培爽完成的硕士学位论文，在对《营造法式》檐出、斗栱、举折展开研究的同

---

① 参见温玉清．二十世纪中国建筑史学研究的历史、观念与方法——中国建筑史学史初探．天津：天津大学，2006：114.

② 参见殷力欣．“一定要有自己的建筑学体系”——记杰出的建筑历史学家陈明达先生．建筑创作，2006（6）：146.

③ 陈明达．纪念梁思成先生八十五诞辰．建筑学报，1986（9）：15。陈明达还指出：“不能一提到民族形式，就想到‘大屋顶’。我们应当在熟知和理解本民族文化传统、生活习惯、建筑设计观念的基础上，根据我们的现实生活去创造新的民族形式。说到底，民族形式是延续民族文化理念而不断更新、创作的过程，而不是因循旧有样式的过程。……为完成这个目标，我们现在具备一些有利条件：现在的建筑历史研究比当初的涉及面要宽得多，我个人从《营造法式》研究入手，已经触及材分制设计原则、平面布置、构图的艺术规律等等，有的学者则偏重于城市规划思想研究，还有的人试图从风水学入手，探讨中国建筑在与自然、社会的适应关系上把握建筑理念……另外，近年来对近现代外来建筑思潮的研究也成为建筑历史研究的重要方面。这样，就为我们立足民族文化传统，借鉴西方正反两方面经验，最终确立新的中国建筑学体系提供了初步的条件。”参见陈明达．中国建筑史学史（提纲）．建筑史，2009（24）：151.

④ 参见徐怡涛．建筑史解码人·徐伯安．见：杨永生，王莉慧．建筑史解码人．北京：中国建筑工业出版社，2006：169.

⑤ 杨永生，王莉慧．建筑史解码人．北京：中国建筑工业出版社，2006：149，186，201.

⑥ 李允鉌．华夏意匠——中国古典建筑设计原理分析．天津：天津大学出版社，2005：446.

时，也讨论了其对建筑实践的启示；郭华瑜指导孙苏谊对宋式风格展开研究，并探讨了其在江南地区建筑室内设计中的实践。[①]

《营造法式》不仅是国内建筑界的“宝书”，也引起了境外学者和建筑师的关注。例如，赵辰通过考察调研，认为2003年“普利兹克建筑奖”的获得者约恩·伍重（Jorn Utzon）对建筑文化的理解和诠释，与他对中国文化的热情有着密切的关系。而伍重对中国建筑文化的情结，则集中地反映在他与《营造法式》的关系上。此后，裘振宇以伍重的悉尼歌剧院与《营造法式》的关系为解读对象，进一步厘清了《营造法式》和中国建筑文化对伍重的影响；还有陈峰以时间为线索，对伍重的设计作品与中国建筑文化的关联展开的分析。[②]伍重这个事例的深刻内涵值得中国建筑学术界认真体会，《营造法式》的研究价值不仅在于对中国古代建筑法规和建造技术方面的考证，更有可能成为新的建筑文化发展的源泉。

2000年“普利兹克建筑奖”的得主雷姆·库哈斯（Rem Koolhaas）领衔的大都会建筑事务所（OMA），在“2013深港城市/建筑双城双年展”期间对《营造法式》中的屋顶部分进行解读并搭建模型，尝试从不同角度理解该书和中国建筑，探索其在现代的使用。该成果后来又成为库哈斯策划的2014威尼斯国际建筑双年展的参展项目。[③]方振宁应邀参展，指出首次在威尼斯建筑双年展弘扬《营造法式》的精华，可以让西方观众形象地感知中国的木构体系。《营造法式》之“模块体系”得到库哈斯关注，进而引申为对该书所蕴含的标准化、模数化等现代性问题的重视。[④]这个事例从另一个侧面展示了《营造法式》和中国传统建筑与现代设计的共通之处，或可为现代建筑设计以及预制建筑体系提供方法上的借鉴。

此外，虽然纯形式的模仿不是中国古代建筑研究的核心思想，但是出于对已有传统建筑和环境的尊重，为达到一定的协调效果，适当的仿古建筑营造还有存

① 刘培爽．檐之有理——对《营造法式》中檐出、斗栱、举折的研究及其对建筑实践的启示．北京：北京大学，2012；孙苏谊．宋式风格及其在江南地区建筑室内设计中的实践．南京：南京工业大学，2014.

② 参见赵辰．“普利兹克奖”、伍重与《营造法式》．读书，2003（10）：109-115；裘振宇．伍重的中国——中国传统艺术与建筑对尤恩·伍重建筑创作的启示．中华读书报，2010-06-02（23）；裘振宇．《营造法式》与未完成的悉尼歌剧院——尤恩·伍重的成与败．建筑学报，2015（10）：18-25；陈峰．约恩·伍重与中国传统建筑文化．山西建筑，2010（34）：18-20.

③ 杨慧．国际大师解读中国建筑古书——参照宋代《营造法式》搭建模型将亮相威尼斯双年展．深圳晚报，2014-01-22（B06）；梁婷．库哈斯低调亮相“深双展”——“解读《营造法式》”项目将赴威尼斯参展．深圳特区报，2014-01-22（B01）；苏兵．解读《营造法式》将赴威尼斯展示．深圳商报，2014-01-24（C01）.

④ 方振宁．《营造法式》在威尼斯．东方艺术，2014（13）：136-139.

在的必要，因而学者们也有利用《营造法式》，结合设计实践，对仿古方法、原则展开的探讨。[①]

小结

《营造法式》卷四大木作制度开篇有言："凡构屋之制，皆以材为祖；材有八等，度屋之大小，因而用之。"其提出"以材为祖"的营造方法，是中国古代建筑设计理论方面的重大成就。在该书中占有重要地位的"材份制"被认为是一套较为成熟的模数制度，对它的认知成为探索古代建筑设计理念的切入点和突破口。

在以《营造法式》为主线对中国古代建筑实物深刻认知的基础上，朱启钤、梁思成、刘敦桢等前辈学者在研究进程中，都曾论及或涉及对中国古代设计方法、理念等理论思维层面的探索，但由于时代限制等客观原因未能系统深入地展开。自 1960 年代始，陈明达在前人研究的基础上，通过不断的回顾与反思，以《营造法式》为参考，从探索中国古代营造设计思想体系入手，初步证明确有一定的建筑理论和设计规律。1980 年代以后，傅熹年、王贵祥、张十庆等学者的相关探索，则从不同程度和侧面继续将此项研究引向深入。几十年来，学者们不仅对"材分八等"和材份制的形成、特点及作用进行研究，还结合此种制度，对中国古代建筑的尺度规律乃至设计方法展开了持续不辍的追索。

综上，目前对中国古代规划及建筑设计理念的相关研究，虽然成果颇丰，但

---

① 1963 年，为了纪念中、日文化交流的伟大使者鉴真和尚逝世 1200 周年，两国分别举行纪念会，并决定在鉴真的故乡扬州建立纪念堂，由梁思成承担设计任务。师承于梁思成的徐伯安和郭黛姮一起作为主要助手，参与了纪念堂的设计工作。1963 年设计方案完成后，只建立了纪念碑，其余建筑是 1973 年由扬州建设局按照原方案绘制施工图，于当年建成的。参见梁思成．扬州鉴真大和尚纪念堂设计方案·附记．建筑史论文集，1979（2）：13；徐伯安，郭黛姮．扬州鉴真大和尚纪念堂．建筑工人，1981（4）：40–44；潘德华．鉴真和尚纪念堂工程施工体会．古建园林技术，1993（1）:48–51;潘德华．鉴真和尚纪念堂工程设计浅谈．古建园林技术，1993（2）:3–7。其他关于仿古设计的典型成果还有：李百进．唐风建筑斗栱初探（上）．古建园林技术，2000（4）：24–29；李百进．唐风建筑斗栱初探（下）．古建园林技术，2001（1）:14–26;李路珂．顺风山"凤凰堂"——一座"唐式"建筑的设计探讨．建筑史，2004（20）：239–250；刘卉．仿古建筑坡屋面设计探讨．上海建设科技，2009（2）：31–33；吴翔艳．定鼎门钢结构仿古建筑组成及力学性能研究．西安：长安大学，2010. 此外，还有田永复编著的《中国园林建筑施工技术》《中国仿古建筑构造精解》二书，在仿古建筑营造技术的基础上，综合宋《营造法式》、清工部《工程做法》、《营造法原》等古籍文献，对仿古建筑的基本构造、名词术语、设计原理、施工要点等进行专题专述。参见田永复编著．中国园林建筑施工技术．北京：中国建筑工业出版社，2002；田永复编著．中国园林建筑施工技术（2 版）．北京：中国建筑工业出版社，2003;田永复编著．中国园林建筑施工技术（3 版）．北京：中国建筑工业出版社，2012；田永复编著．中国仿古建筑构造精解．北京：化学工业出版社，2010。李百进编著的《唐风建筑营造》一书，结合建筑遗构、复原研究和《营造法式》等文献资料，从壁画启示、遗构调研、复原研究、东瀛唐样、构架探微、斗栱解析、细部构造、设计要点、设计实例、装饰纹样等方面，对唐风建筑进行分析研究，为相关的建筑设计提供了参考，参见李百进编著．唐风建筑营造．北京：中国建筑工业出版社，2007.

基本上都面临着一个共同的难题，即这些积极的探索性成果，大都因时间、经历、背景资料的限制，难以全面论证其结论和规律的普适性，往往容易造成将这些结论当成一般规律的误区。例如陈明达、傅熹年等学者所开展的对设计理念的研究，在他们当时所能掌握的较为全面的材料的基础上发现了很多规律，但是随着实物数据的逐渐丰富，这些规律是否能够全部覆盖所有建筑实例、是否客观存在、是否有文献背景依托等问题，也逐步浮现出来。

因此，凭借早期建筑实物研究《营造法式》，很多成果在没有证明其普适性之前，大都是研究者根据个别研究对象的创见，其准确性、客观性都需要今后展开更大规模的实物调查、统计以及挖掘相应的文献背景资料予以证明，将研究不断推向深入，正如王贵祥指出的：

> 每一个新的考古发掘与新的文献、档案资料，都会引发对古代建筑新的思考，而我们对中国古代建筑思想与理论的系统发掘与认识，还需要花费相当大的气力和相当长的时间。[①]

此外，我国各地的传统建筑之所以有较高的成就，不仅在于注重与自然的协调，还在于追求人工与天趣的统一、规格化与多样化的统一。正是由于营造匠师对自然环境的理解、对建筑材料的选择、对结构合理性的判断、对设计方法的简化、对施工程序的重视，加上多年的实践和验证，逐渐创作出各具特色的地方建筑。各地营造匠师仍然掌握并使用的营造技艺，从某种程度上也可反映一定的古代设计理念。就《营造法式》的编修背景和流传情况来看，该书不仅集合了当时优秀的匠师经验和营造理论，也在后续的流传过程中，对政权中心以外的地方产生了不可忽视的影响。因此，对当代众多的地域建筑及其匠师营造技艺的研究也应当是《营造法式》研究的重要补充，须引起学者重视。

梁思成很早就指出“古为今用”不是简单的仿古，必须有所创新。[②] 尽管经过几代人的努力，已有诸多将《营造法式》及经典实例运用到建筑创作中的实践，但是目前的研究还不足以从理论上解答现实建设中的矛盾与出路。傅熹年指出，梁思成在 1950 年代提出“中而新”的问题在当时未能得到很好的解决，从近年我国各地大量出现的与西方现代建筑设计作品有颇多相似的楼宇来看，似乎还处

① 建筑史解码人・王贵祥．见：杨永生，王莉慧．建筑史解码人．北京：中国建筑工业出版社，2006：328.

② “如今，随着钢筋混凝土和钢架结构的出现，中国建筑正面临着一个严峻的局面。诚然，在中国古代建筑和最现代化的建筑之间有着某种基本的相似之处，但是，这两者能够结合起来吗？中国传统的建筑结构体系能够使用这些新材料并找到一种新的表现形式吗？可能性是有的。但这绝不是盲目地‘仿古’，而必须有所创新。”引自梁思成著，费慰梅编．图像中国建筑史．梁从诫译．天津：百花文艺出版社，2001：62.

在“同志仍须努力”阶段。[①]

吴良镛认为建筑研究的第三个历史阶段应是“理论研究”，必须提高对中国建筑理论研究的自觉性，进而根据实际情况，结合新的发展，触类旁通，提高创作水平。[②] 而以往的研究以“评论”居多，对中国传统建筑理论的挖掘仍然不足，无法为当代创作提供切实有效的支持，这不仅是《营造法式》研究的欠缺，也是中国建筑理论建设的薄弱环节。《营造法式》和现存实例对现代建筑设计的贡献，更重要的应是提供设计理念及方法。而什么才是真正的中国精神、中国建筑，仍是建筑界需要深入解释的难题。

① 傅熹年．纪念梁思成先生百年诞辰．见：傅熹年．傅熹年建筑史论文选．天津：百花文艺出版社，2009：471-473.

② 吴良镛对此还提出了“抽象继承”的解决办法，即：将传统建筑的设计原则和基本理论的精华部分（设计哲学、原理等）加以发展，运用到现实创作中来；把传统形象中最有特色的部分提取出来，经过抽象，集中提高，作为母题，蕴以新意，以启发当前的设计创作形式美的创造。既要有创作原理的继承和发展，又要有形象的借鉴与创造。参见吴良镛．关于中国古建筑理论研究的几个问题．建筑学报，1999（4）：38-39.

第五章

《营造法式》多元化研究

一、古代建筑通史中的相关研究

在众多建筑史研究的通史性著述中，无论是对《营造法式》的专门评价或综述，还是以该书为参照的比较和引证，都作为前一阶段的总结为后来的研究给予启示，同时也为深入理解《营造法式》的编修背景、性质、编写特点、成就贡献、价值意义、局限性及作者李诫等相关问题作出贡献。

除本书第二章已经述及的梁思成所撰《中国建筑史》、《图像中国建筑史》两部著作[①]，以下择取在中国建筑史学研究历程中有重要影响的几部通史著作，就其中对《营造法式》的专门论述略作分析。

（一）《中国建筑类型及结构》

刘致平编著的《中国建筑类型及结构》是一部关于中国古代建筑类型和技术的专书，涉及不同年代建筑的演变和中、外建筑比较，以及应用于建筑创作的可能性问题。基础资料来源于学社时期的调查测绘和编者日常授课、研究的积累，1957 年由建筑工程出版社出版。该书基于宋《营造法式》和清工部《工程做法》以及各时期的古建筑实例，包括对不同类型建筑的历史沿革、布局特点及艺术特色的介绍，对楼阁、殿堂、亭榭等单体建筑有较为详尽的描述；并着力论述各类建筑构件和做法的名称、历史演变、时代特征、使用功能和构造特点等。书中引证诸多历史文献，并配有大量的实物照片和测绘图（图 5-1）。[②]

---

① 梁思成所著《中国建筑史》的“绪论”和《图像中国建筑史》的“中国建筑的结构体系”部分，都曾对《营造法式》做出专门介绍和评述，为后来的研究奠定了认知基础。参见梁思成．中国建筑史．天津：百花文艺出版社，1998：26-29；梁思成著，费慰梅编．图像中国建筑史．梁从诫译．天津：百花文艺出版社，2001：93-108.

② 参见刘致平．中国建筑类型及结构．北京：建筑工程出版社，1957.

(a)

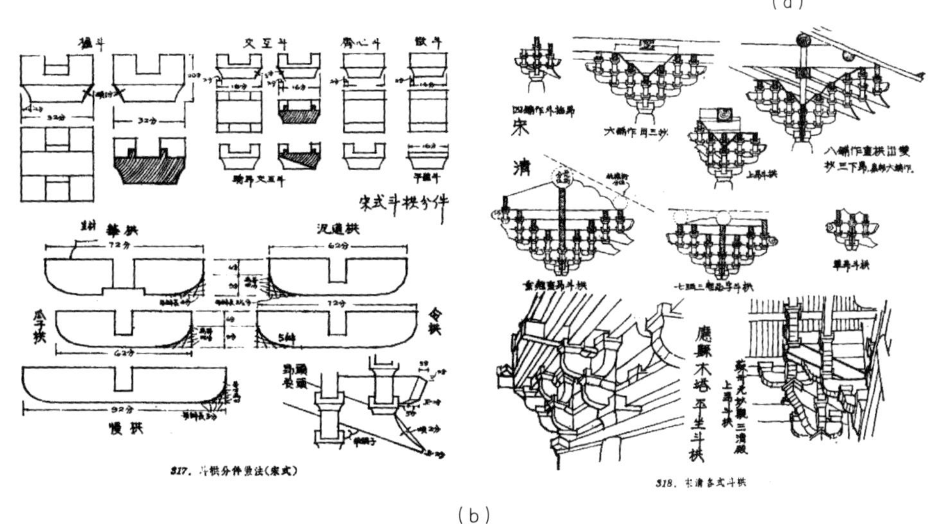

(b)

图 5-1 《中国建筑类型及结构》书影。(a)封面(1957 年版);(b)有关《营造法式》的图版(资料来源:刘致平 . 中国建筑类型及结构 . 北京 : 建筑工程出版社，1957)

(二)《中国古代建筑史》

《中国建筑简史》作为中华人民共和国成立以来首部正式出版的中国建筑史学研究的通史专著，于 1962 年由中国工业出版社出版，含《中国古代建筑简史》、《中国近代建筑简史》两册[①]，作为我国第一套高等学校中国建筑史统编教材，为建筑学教育作出了奠基性的贡献，影响了一大批有志青年。该书作为 1959 年以来全国集体协作编写“建筑三史”的延续和阶段性成果，以 1960 年编写完成的《中国古代建筑简史》和《中国近代建筑简史》初稿为基础修订和改编而成。《中国建筑简史》虽以“简史”称之，却包括了从原始社会到中国近

① 建筑工程部建筑科学研究院建筑理论与历史研究室中国建筑史编辑委员会编 . 中国建筑简史 : 第一册（中国古代建筑简史）. 北京 : 中国工业出版社，1962 ; 建筑工程部建筑科学研究院建筑理论及历史研究室中国建筑史编辑委员会编 . 中国建筑简史 : 第二册（中国近代建筑简史）. 北京 : 中国工业出版社，1962.

代社会的全部建筑史，内容丰富，史料完备，以社会发展史的观点阐述了建筑历史的发展，是此后刘敦桢“八易其稿”主编《中国古代建筑史》的重要先导。[①] 第一册《中国古代建筑简史》以“建筑著作、建筑装饰”一节，专门介绍了《营造法式》的编修、内容和主要成就，以及彩画、小木作等内容，评价其为“世界重要的科学历史文献之一”（图 5–2）。[②]

1964 年 8 月，由刘敦桢主持编著的《中国古代建筑史》历时六年改定第八稿。此书全面吸纳了 1940 年代李庄时期的理论思维架构和相应成果，以及中华人民共和国成立前后发现的大量建筑史料和考古资料，集结建筑史学界精英，经反复分析、论证而成，是对此前中国建筑史学研究的一次检阅，1980 年首次由中国建筑工业出版社印刷出版。书中在第六章“宋、辽、金时期的建筑”部分对《营造法式》做出专门介绍和评述（图 5–3）。[③]

（三）《中国建筑史》高校教材

高等学校教材《中国建筑史》，应我国高等学校建筑学专业中国建筑史课程的教学需要而编写，以东南大学建筑系教师为主，联合全国各大高校的建筑史学专家集体协作完成，自 1982 年首次出版，至 2015 年已增修至第七版[④]，可以说是改革开放后建筑学子重要的启蒙教材，为中国的建筑学教育事业作出了突出的贡献。

该书打破了以往编年史的惯例，以综述性的绪论开篇，按照中国古代建筑类型编排，分为城市建设、住宅与聚落、宫殿、坛庙、陵墓、宗教建筑、园林与风景等几个部分，介绍了建筑设计、构造、材料、技术等方面的问题。第八章“古

① 参见温玉清．二十世纪中国建筑史学研究的历史、观念与方法——中国建筑史学史初探．天津：天津大学，2006：182–217.

② 建筑工程部建筑科学研究院建筑理论与历史研究室中国建筑史编辑委员会编．中国建筑简史：第一册（中国古代建筑简史）．北京：中国工业出版社，1962：158–167.

③ 刘敦桢主编．中国古代建筑史．北京：中国建筑工业出版社，1980：228–234。

④《中国建筑史》教材于 1979 年完成初稿（1980 年应教学急需，曾出版一稿。参见南京工学院建筑系．中国建筑史・教材，1980）；于 1987 年及 1995 年分获建设部优秀教材三等奖及一等奖；2001 年第四版增加“绪论：中国古代建筑的特征”部分，并被列为国家级“九五”计划重点教材；2004 年第五版附带“中国建筑史参考图”光盘。北京建筑工程学院《中国建筑史》教学小组在教学过程中，发现 1986 年《中国建筑史》第二版存在很多问题，通过详细查对，做了大量的勘误工作，其勘误表分若干期发表在 1998 年至 2000 年的《古建园林技术》杂志上。这是促进学术发展所做的重要工作，也表现了学者治学的严谨精神。此外，作为学习古代建筑的初级教材，考虑到读者的层次和需求，《中国建筑史》与其他通史专著的侧重点有所不同。有些学者认为也存在一定的不足，如没有单独的索引注释，忽略了文献的价值与意义；对史料描述有余，而论述不足，等等。参见刘江峰．中国建筑史学的文献学传统研究．天津：天津大学，2007：168；崔勇．论 20 世纪的中国建筑史学．建筑学报，2001（6）：33.

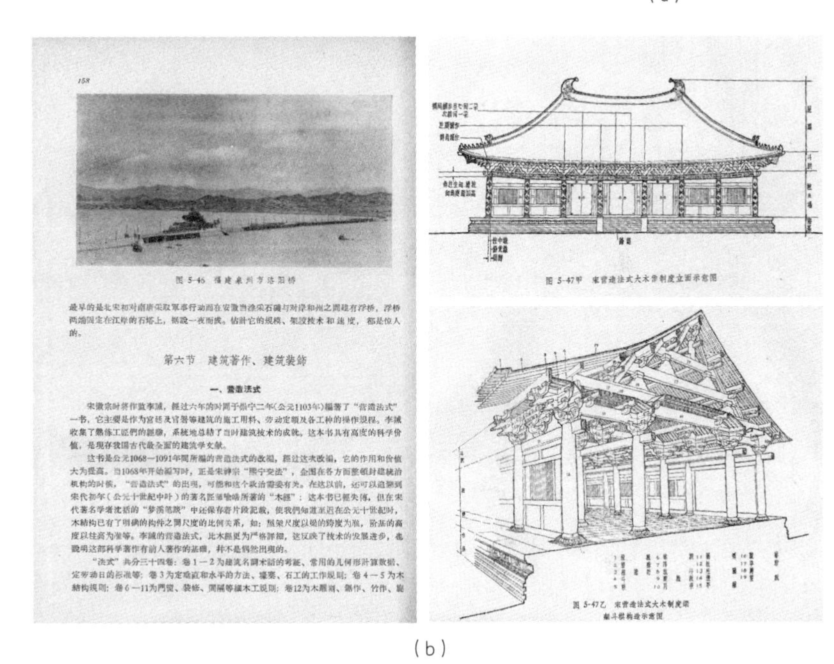

最早的是北宋初对南唐采取軍事行动而在安徽当涂采石礅与对岸和州之間建有浮桥，浮桥两端固定在江岸的石塔上，据說一夜而成。估計它的規模、架設技术和速度，都是惊人的。

第六节 建筑著作、建筑装飾

一、营造法式

宋徽宗时将作监李誡，經过六年的时間于崇宁二年（公元1103年）編著了"营造法式"一书，它主要是作为宮廷及官署等建筑的施工用料、劳动定额及各工种的操作規程。李誡收集了熟练工匠們的經驗，系統地总結了当时建筑技术的成就。这本书具有高度的科学价值，是现存我国古代最全面的建筑学文献。

这书是公元1068—1091年間所編的营造法式的改編，經过这次改編，它的作用和价值大为提高。当1068年开始編写时，正是宋神宗"熙宁变法"，全国在各方面整頓封建統治机构的时候，"营造法式"的出现，可能和这个政治需要有关。在这以前，还可以追溯到宋代初年（公元十世紀中叶）的著名匠師喻皓所著的"木經"：这本书已經失傳，但在宋代著名学者沈括的"梦溪笔談"中还保存着片段記載，使我們知道至迟在公元十世紀时，木結构已有了明确的构件之間尺度的比例关系，如：屋架尺度以梁的跨度为准，阶基的高度以柱高为准等。李誡的营造法式，比木經更为严格詳細，这反映了技术的发展進步，也說明这部科学著作有前人著作的基礎，并不是偶然出現的。

"法式"共分三十四卷：卷1—2为建筑名詞术語的考証、常用的几何形計算数据、定旁动日的标准等；卷3为定垂直和水平的方法、壕寨、石工的工作規則；卷4—5为木結构規則；卷6—11为門窗、装修、隔扇等細木工規則；卷12为木雕刻、鏇作、竹作、旋

图 5-2 《中国建筑简史》第一册（中国古代建筑简史）书影。(a) 封面；(b) 第五章第六节有关《营造法式》的内容
[资料来源：建筑工程部建筑科学研究院建筑理论与历史研究室中国建筑史编辑委员会编. 中国建筑简史：第一册（中国古代建筑简史）. 北京：中国工业出版社，1962]

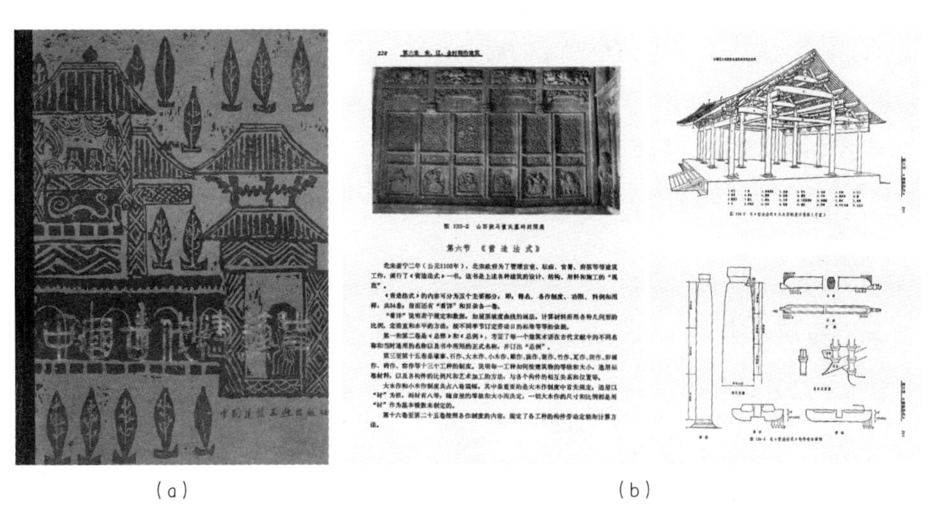

图 5-3 《中国古代建筑史》（第一版）书影。(a) 封面；(b) 第六章第六节有关《营造法式》的内容
（资料来源：刘敦桢主编. 中国古代建筑史. 北京：中国建筑工业出版社，1980）

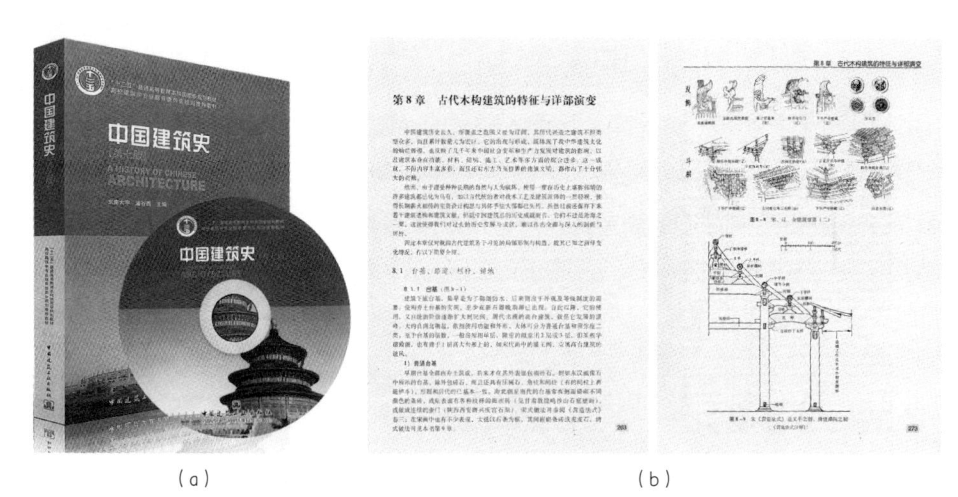

（a）　　　　　　　　　　　　　　　　　　　　（b）

图 5-4 《中国建筑史》（第七版）教材书影。（a）第七版封面及随书光盘；（b）第八章有关《营造法式》的内容（资料来源：潘谷西主编．中国建筑史：7 版．北京：中国建筑工业出版社，2015）

代木构建筑的特征与详部演变”以《营造法式》为基础，以建筑部位和工种进行划分，结合实例，对古代建筑若干习见的形制、构造、演绎变化略作介绍，简洁易懂，是了解《营造法式》及宋代建筑做法的入门资料（图 5-4）。

（四）《华夏意匠——中国古典建筑设计原理分析》

1980 年代初，香港建筑师李允鉌所著《华夏意匠——中国古典建筑设计原理分析》在建筑界产生极大影响，曾一度引发对中国建筑史学研究走向的热烈讨论。[①] 该书突破了以往建筑史惯用的通史体例，较为充分地反映出我国古代建筑发展的特点，并带动中国建筑史研究由单一的形制史学向多元的系统转折。[②]

李允鉌曾表明，其研究的主要目的是借鉴西方现代建筑设计方法和理论来分析中国古典建筑，通过系统、全面地认识与评价，明晰古典建筑设计原理。[③] 李

① 该书于 1982 年 3 月首次由广角镜出版社出版。1985 年，中国建筑工业出版社根据广角镜出版社 1984 年第二版重印；2005 年由天津大学出版社印行简化字版。参见杨永生，王莉慧编，建筑百家谈古论今——图书编，北京：中国建筑工业出版社，2008：141.

② 很多学者都曾对《华夏意匠》的特点和成就作出评论，此不赘述。相关文献参见：龙庆忠．华夏意匠·序言．天津：天津大学出版社，2005：1–2；曾昭奋．莫宗江教授谈《华夏意匠》．新建筑，1983（1）：75–78；陈薇．中国建筑史领域中的前导性突破——近年来中国建筑史研究评述．华中建筑，1989（4）：32–38；王贵祥．方兴未艾的中国建筑史学研究．世界建筑，1997（2）：80–83；赵辰．域内外中国建筑研究思考．时代建筑，1998（4）：45–53；赵辰．从“建筑之树”到“文化之河”．建筑师，2000（2）：92–95；丁垚，张宇．研究中国建筑的历史图标——20 年后看《意匠》．世界建筑，2006（6）：106–109.

③ 丁垚，张宇．研究中国建筑的历史图标——20 年后看《意匠》．世界建筑，2006（6）：106–109.

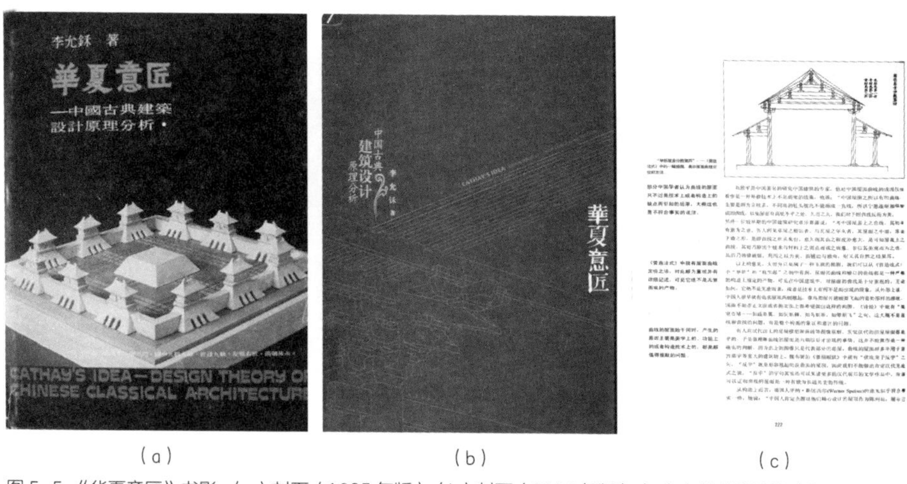

（a）　　（b）　　（c）

图 5-5 《华夏意匠》书影。（a）封面（1985 年版）；（b）封面（2005 年版）；（c）有关《营造法式》的内容
（资料来源：李允鉌．华夏意匠——中国古典建筑设计原理分析．天津：天津大学出版社，2005）

允鉌指出，《营造法式》是《华夏意匠》成书的重要理论基础和依托[①]："这本著作所起的作用对今日来说确实非常之大，没有它我们对中国建筑构造的历史可能会出现更多问题，留下很大的空白。本书对李诫的作品引用也非常之多，换句话说就是与其关系也很大，没有它老实说可能真的会无法成书。"[②]

不仅如此，李允鉌从现代设计角度出发对中国建筑文化内涵的探讨，在对《营造法式》的理解和分析中也常常获得新意。例如当时评价《营造法式》"以材为祖"的思想，多从模数制在建筑设计、工艺标准化和生产管理科学化等方面的意义着眼，李允鉌却认为："材的等级由堂殿房舍的大小规模而决定，不同等级的材推算出不同大小的构件，不同大小的构件决定每个部分的尺度，由此一直演绎出整座建筑物所采用的'绳墨之宜'。因此，建筑物不论大小，它们在外形上的权衡总是一致的，互相之间永远存着因'材'而产生的一种基本比例关系。所有的构件随房屋的规模增加而增大，当中不但含有力学上的意义，同时还具有美学上的目的。这种中国建筑特有的全体在权衡上的统一和总的协调，就此体现出一种完全基于内在统一的中国文化精神。"[③] 李允鉌所提出的"以材为祖"的工艺要求与整个中国传统文化追求"内在统一"相关联的论点，有着重要的意义，也深化了对中国古代建筑体系的认识（图 5-5）。[④]

---

① 书中引用《营造法式》达 35 次，超出其他文献颇多。参见刘江峰．中国建筑史学的文献学传统研究．天津：天津大学，2007：172.
② 李允鉌．华夏意匠——中国古典建筑设计原理分析．天津：天津大学出版社，2005：429.
③ 李允鉌．华夏意匠——中国古典建筑设计原理分析．天津：天津大学出版社，2005：213-214.
④ 王毅．中国传统文化中的"道"与"器"——读《华夏意匠》．读书，1987（6）：110-111.

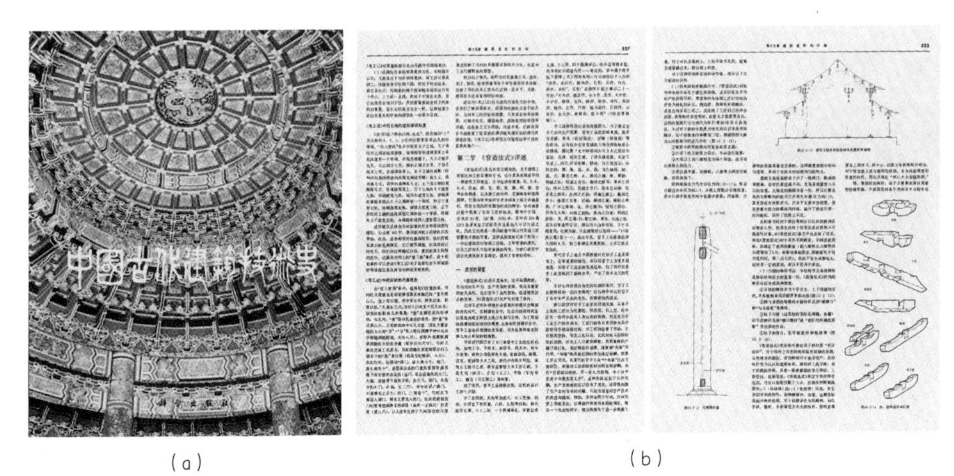

（a）　　　　　　　　　　　　　　（b）

图 5-6　《中国古代建筑技术史》书影。（a）封面；（b）第十五章有关《营造法式》的内容
（资料来源：中国科学院自然科学史研究所主编．中国古代建筑技术史．北京：科学出版社，1985）

（五）《中国古代建筑技术史》

1977 年，中国科学院开始组织编写《中国古代建筑技术史》，作为中国科学院自然科学史所主持的“中国科学技术史”丛书分卷。该书由张驭寰任主编，赵立瀛、郭湖生任副主编，广泛联络全国建筑史学界的专家学者，综汇最新研究成果和考古发现，结合文献与实例，对中国古代遗构和营造技术展开分析。1985 年，由科学出版社与香港商务印书馆出版中、英文两种版本。该书是继刘敦桢主编《中国古代建筑史》之后，建筑史学领域的又一重大成果，也是中国第一部建筑技术史专著。

郭黛姮负责撰写该书第十五章“《营造法式》评述”一节，以较大的篇幅，从建筑技术角度对《营造法式》做出介绍和评价，并总结七点主要成就：“1. 以材为祖的木结构模数制；2. 宋代建筑木构体系的科学价值，如科学的断面尺寸、合理的榫卯节点、斗栱的形制和作用、结构体系的整体性与稳定性；3. 建筑木装修和制作技术的发展；4. 宋代建筑彩画是中国建筑彩画发展史上的高峰；5. 砖、瓦的生产与使用（记载了砖瓦的形制、生产技术和使用情况）；6. 宋代的石作技术；7. 对木料因材施用的原则。”（图 5-6）[①]

① 参见中国科学院自然科学史研究所主编．中国古代建筑技术史．北京：科学出版社，1985：527-541.

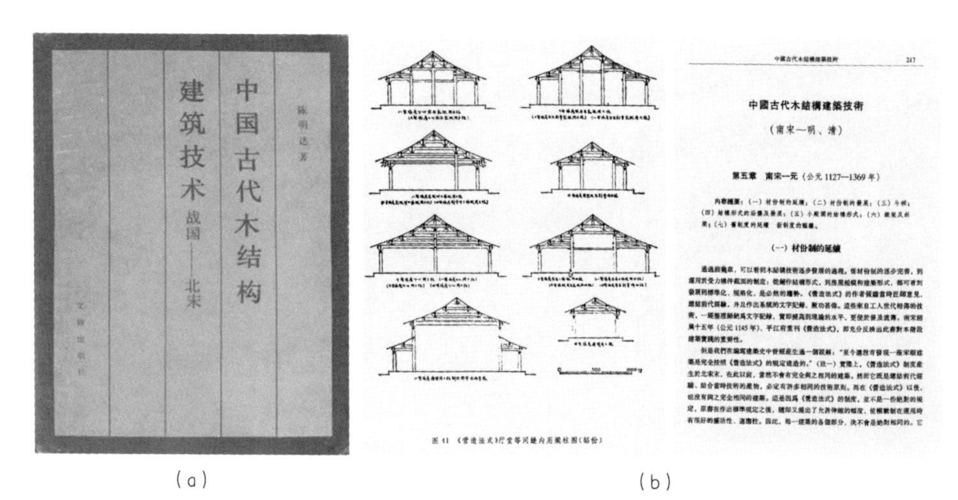

（a） （b）

图 5-7 《中国古代木结构建筑技术》书影。（a）封面；（b）第五、六章有关《营造法式》的内容
[资料来源：陈明达．中国古代木结构建筑技术（南宋－明、清）．见：陈明达．陈明达古建筑与雕塑史论．北京：文物出版社，1998]

（六）《中国古代木结构建筑技术》

针对已有通史研究偏重综述和艺术欣赏而疏于对技术环节的把握，陈明达于 1982 年开始撰写《中国古代木结构建筑技术》，首先写成的前四章约 7.5 万字，为“战国—北宋”部分，1990 年由文物出版社出版。① 约在 1984 年至 1989 年间，陈明达着手续写第五、六章（南宋—明、清），后因资料缺漏及年迈体弱等原因辍笔，仅留残稿。后经殷力欣整理校订、王其亨审校，收入《陈明达古建筑与雕塑史论》一书。② 这两份文献实际上完成了一部简明的“中国古代木结构建筑技术史纲”，是陈明达在《营造法式》专项研究之外，对古代木构发展史的研究。

陈明达从技术角度分析建筑实例，探讨中国古代木结构建筑技术的发展脉络及其兴衰的内在机理。其中，首次将已知早期重要木构建筑梁架结构分为“海会殿”、“佛光寺”和“奉国寺”三种形式，跳出以往按照《营造法式》规定的建筑类型进行划分和归类的局限，为这个领域的研究提供了新的思路。书中还结合已有研究，专门从木结构技术发展的几个要点尤其是材份制方面，对《营造法式》做出介绍（图 5-7）。

---

① 陈明达．中国古代木结构建筑技术（战国—北宋）．北京：文物出版社，1990.
② 陈明达．中国古代木结构建筑技术（南宋—明、清）．见：陈明达．陈明达古建筑与雕塑史论．北京：文物出版社，1998：217-238.

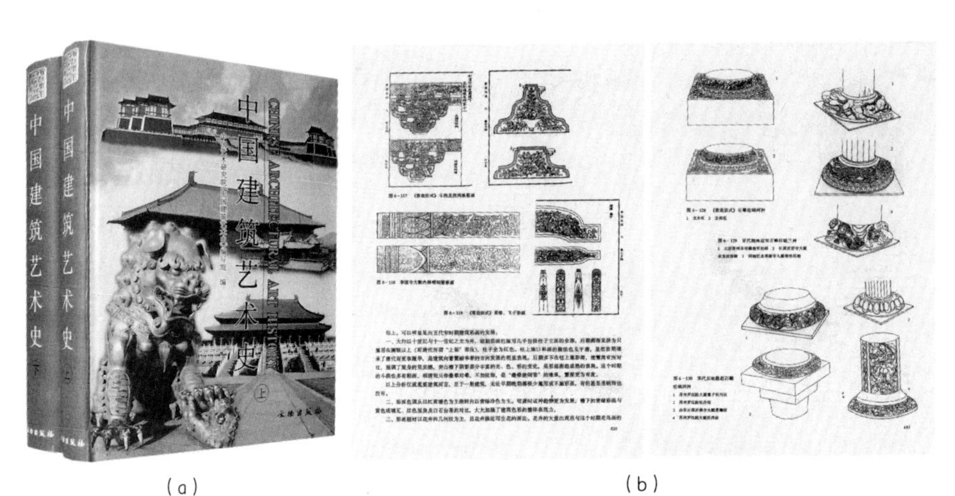

(a) (b)

图 5-8 《中国建筑艺术史》书影。(a)封面;(b)第六章第五节有关《营造法式》的内容
(资料来源:萧默主编. 中国建筑艺术史. 北京:文物出版社,1999)

(七)《中国建筑艺术史》

1999 年,由中国艺术研究院建筑艺术研究所萧默主编的《中国建筑艺术史》正式出版。该书延续中国建筑史学研究集体协作的学术传统,历时 4 年,堪称当代中国建筑史学研究的标志性成果之一。其立足艺术角度研究建筑历史,补充了至 1990 年代中期中国建筑史学研究的学术成果和新发现的材料,汇集大量考古和文献资料,在多个方面具有独创性。[①] 该书体例精当,强调变“描述式史学”为“阐释式史学”。[②]

书中虽未设专门的《营造法式》评述章节,但在第六章“五代宋、辽、西夏、金建筑”第五节“建筑部件、装饰与色彩”中,依据实例,参以《营造法式》,对建筑的部件、装饰与色彩加以综述,涉及的内容主要有:柱子的侧脚与生起;屋面举折、生起、推山、出际和屋角起翘;斗栱;装修(门窗、勾栏、天花和藻井);彩画;雕饰及琉璃(石雕、木雕、砖雕、琉璃)。可以视为基于艺术角度分析评述《营造法式》研究成果(图 5-8)。[③]

① “创立建筑艺术史体制;中国建筑艺术的起源、发展过程及历史分期;建筑艺术的中国特色、时代风格、地域风格、各民族风格的不同特征、产生的原因和发展过程;传统文化如儒法诸子、释、道、风水理论及民间风俗等对建筑艺术的作用及其合理内核;建筑空间、形体构图及环境艺术手法;建筑装饰及建筑色彩史;建筑艺术与建筑结构的互动关系;家具艺术史;中外特别是中国与近邻国家建筑文化交流史及比较研究;建筑艺术概念、文化的决定性作用及传统的继承。”引自萧默主编. 中国建筑艺术史. 北京:文物出版社,1999:1-15.

② 参见宋启林. 中国建筑史学研究的新收获——评《中国建筑艺术史》. 见:杨永生,王莉慧编. 建筑百家谈古论今——图书编. 北京:中国建筑工业出版社,2008:188.

③ 萧默主编. 中国建筑艺术史. 北京:文物出版社,1999:443-469.

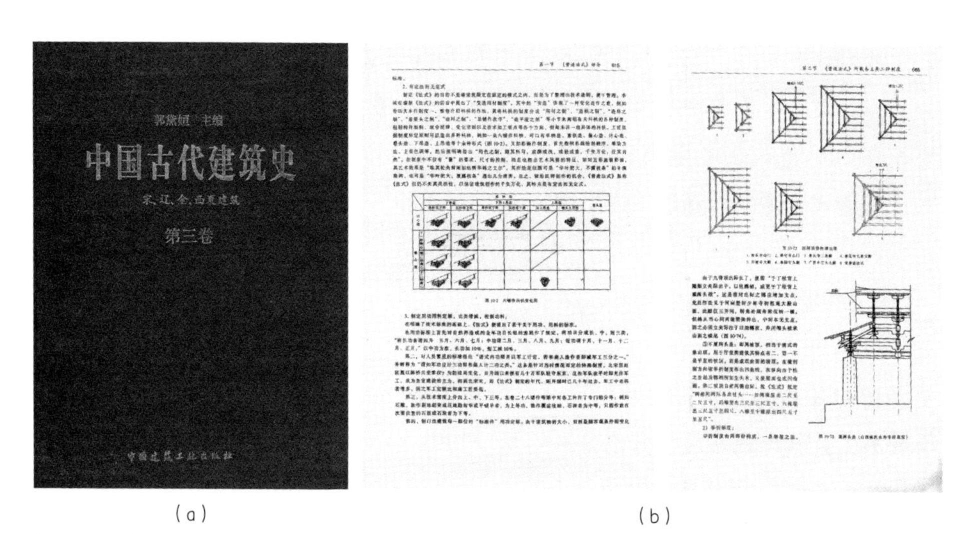

（a）　　（b）

图 5-9 《中国古代建筑史》第三卷书影。（a）封面；（b）第十章有关《营造法式》的内容
[资料来源：郭黛姮主编．中国古代建筑史（第三卷）．北京：中国建筑工业出版社，2003]

（八）五卷本《中国古代建筑史》

1986 年，东南大学潘谷西提出新编一部建筑史的建议，得到国家自然科学基金委员会和建设部科技司的支持。议定全书分 5 卷，采用编年史体例，由东南大学建筑系、清华大学建筑系和中国建筑设计研究院建筑历史与理论历史所共同承担编写任务。[①] 五卷本《中国古代建筑史》吸纳了 1960 年代以后大量新的史料和研究成果，在深度、广度上都有所扩展，在理论及规律的探索上也有所前进。[②]

其中，由郭黛姮主编的第三卷即宋、辽、金、西夏分卷，和《营造法式》密切相关。该卷更加详细深入地揭示出这一历史时期建筑发展的状况，以及社会政治、经济、文化、科学等诸方面因素对建筑发展的影响，注重展示当时古人的思想面貌，把建筑史从描写具体的实例变成动态的、活的历史图卷。书中还以 20 万字的篇幅探索《营造法式》的内在体系结构，并进行综合评述，集清华大学几

① 全书按照中国古代建筑发展过程分为 5 卷。第一卷为原始社会、夏、商、周、秦、汉建筑，由东南大学刘叙杰主编；第二卷为三国、晋十六国、南北朝、隋、唐建筑，由中国建筑技术研究院建筑历史研究所傅熹年主编；第三卷为宋、辽、金建筑，由清华大学郭黛姮主编；第四卷为元、明建筑，由东南大学潘谷西主编；第五卷为清代建筑，由中国建筑技术研究院建筑历史研究所孙大章主编。

② 傅熹年，陈同滨．建筑历史研究的重要贡献．见：中国建筑设计研究院编．中国建筑设计研究院成立 50 周年纪念丛书（历程篇）．北京：清华大学出版社，2002：141-149.

代学者研究之大成，同时也是郭黛姮长期研究《营造法式》的一次总结[①]，被读者誉为"继梁思成先生的《〈营造法式〉注释》之后最全面、完整地研究《营造法式》的著作"[②]（图 5-9）。随书还附 21 世纪初，郭黛姮指导研究生完成的电子图像版"《营造法式》新注"光盘（详见后文）。

（九）《中国科学技术史·建筑卷》

1980 年代末，中国科学院自然科学史研究所提出由中国学者编著《中国科学技术史》的计划。经充分论证和筹划，1991 年被正式列为中国科学院"八五"计划的重点课题，由卢嘉锡任总主编。其中，"建筑卷"原定由郭湖生承担，后因其病患，改由傅熹年负责，于 2008 年正式出版。《中国科学技术史·建筑卷》主要从建筑技术、方法、手段和技艺发展的角度展开探讨。对于建筑技术，采取了较为广义的概念，即除了具体的建筑结构、构造、材料和施工技术外，涉及形成和延续中国古代建筑主要特征所使用的方法、程序及成果的具体体现，也在研究之列。该卷还收入傅熹年 1990 年代末完成的、探索中国古代建筑设计及理论的相关研究成果。

书中第七章"宋、辽、西夏、金建筑"部分，通过"《营造法式》的编定及其所反映出的北宋建筑艺术与技术"一节，简要介绍了《营造法式》的成书背景，并着重从科学技术角度论述了四个方面的技术成就："1. 明确基本形体和功料数据（包括基本形体的精度控制、人工定额的确立、材料容重的测定、木材原料尺寸的规格化几个方面）；2. 完善了木构建筑以'材'为基本模数的完整的模数制设计方法（包括基本模数和分模数、建筑物的轮廓尺寸、建筑大木部分的设计和做法几个方面）；3. 记录了很多重要的材料制作问题（包括石雕做法、木雕做法、彩画做法、陶制砖瓦和琉璃的规格和制作几个方面）；4. 表现出很高的制图水平。"[③]

相较上述成书于 1980 年代、同是站在技术角度展开研究的《中国古代建筑

① 参见郭黛姮主编 . 中国古代建筑史（第三卷）. 北京：中国建筑工业出版社，2003。郭黛姮、徐伯安曾在《中国古代木构建筑》一文中较为详细地分析了《营造法式》产生的时代和主要内容、"材"、"份"模数制的运用、所揭示的木构体系的特点、所反映的木装修技术、有关木料因材施用的原则、图样、功限和料例几个主要方面，可谓是五卷本《中国古代建筑史》中《营造法式》专章的先声。参见郭黛姮，徐伯安 . 中国古代木构建筑 . 建筑史论文集，1979：16–72；郭黛姮 .《营造法式》评介 . 见：杨永生，王莉慧编 . 建筑百家谈古论今——图书编 . 北京：中国建筑工业出版社，2008：18–34.

② 参见文爱平 . 郭黛姮：求索人生 . 北京规划建设，2012（1）：187.

③ 傅熹年 . 中国科学技术史·建筑卷 . 北京：科学出版社，2008：433–450.

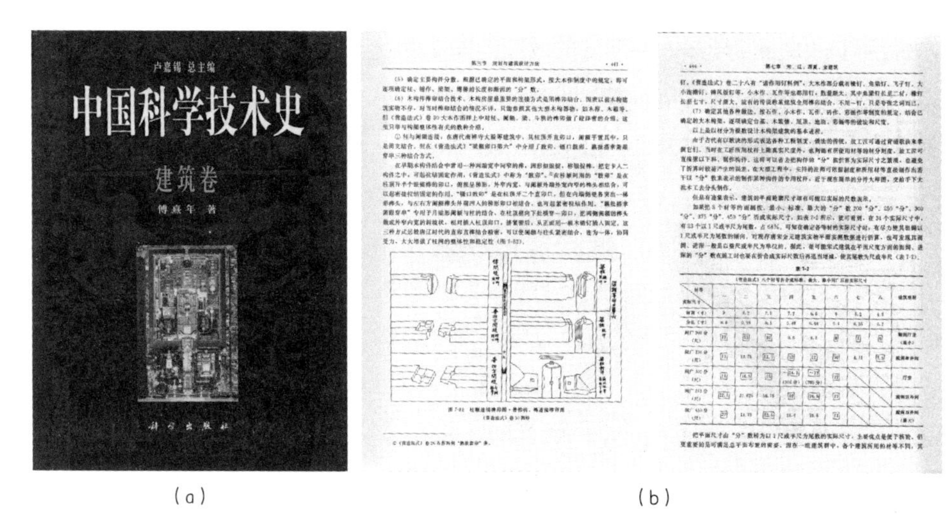

（a） （b）

图 5-10 《中国科学技术史·建筑卷》书影。（a）封面；（b）第七章第三节有关《营造法式》的内容
（资料来源：傅熹年. 中国科学技术史·建筑卷. 北京：科学出版社，2008）

技术史》，《中国科学技术史·建筑卷》吸收了后续 20 年间新的学术观点和研究成果，反映了新时期的认识程度，体现了学术的进步（图 5-10）。①

二、《营造法式》专项研究

（一）关于《营造法式》各作

1. 大木作

深入的专题研究是学科扩展的生长点，是整体、系统和综合研究中的基础要素。在既往的《营造法式》研究中，主要焦点多集中在大木构架的结构及形式规律方面，在建筑实例的归纳与比较、建筑结构力学和数理美学规律的探索上，获得了可观的成就，已经初步揭示出中国唐、宋时期大木构架的设计方法，并对这一时期的建筑学成就进行客观评价，进一步寻找其在世界文明史上的定位，为当前的建筑设计和理论研究提供参证。在此基础上，学术界继续对《营造法式》大

① 此外，傅熹年在近年出版的《中国古代建筑工程管理和建筑等级制度研究》一书中，也多有涉及《营造法式》的内容，并重点在"《营造法式》所反映的建筑制度"、"官方编制颁行的营造标准规范"等部分对该书的编修、内容和编制特点等做出讲解，还对《营造法式》与清工部《工程做法》的异同做出比较。参见傅熹年 . 中国古代建筑工程管理和建筑等级制度研究 . 北京：中国建筑工业出版社，2012.

木作构件和做法展开深入、细化的研究。除了郭黛姮、徐伯安等前辈学者对《营造法式》大木作制度的介绍和阐述[①]，自1990年代开始，相关研究大量涌现，涉及斗栱、大木构件及做法、屋架举折、地盘分槽、构架类型等多个方面。

斗栱

斗栱可谓是中国木构架建筑结构的关键部件，在早期建筑中起到了重要的联系、转接、传力等作用，具有明确的结构力学逻辑。[②]受《营造法式》"以材为祖"设计思想的影响，"材栔"和斗栱一直以来是我国大木系统研究中最重要的部分。除前文已经提及的部分研究外，随着南、北方建筑实例的逐渐补入，有关《营造法式》斗栱的研究越来越细化，如陈彦堂、辛革、马晓、钟晓青、温静、唐聪、朱永春、徐怡涛、俞莉娜对斗口跳斗栱、附角斗栱、补间铺作、骑斗栱等不同类型斗栱的源流、构造及做法的讨论[③]；韩一城、马炳坚、何建中对斗栱结构、形制以及"总铺作数"的考辨[④]；王鲁民、张十庆、徐怡涛、喻梦哲、陈彤等学者对"昂"、"栱"、"挑斡"等斗栱构件和做法的详细解析[⑤]；以及常青对斗栱铺作退化所引致的殿堂（阁）进化现象做出的新的阐释[⑥]，等等。此外，潘德华所著《斗栱》一书中，不仅有对宋、清斗栱的详解，还有对《营造法式》与清工部《工程做法》中斗栱外形的比较，是目前对宋式斗栱较为系统和全面的研究

---

① 郭黛姮，徐伯安.《营造法式》大木作制度小议.科技史文集·建筑史专辑（4），1984（11）：104-125.

② 梁思成曾指出："斗栱发达史，就可以说是中国建筑史"。参见梁思成.我们所知道的唐代佛寺与宫殿.中国营造学社汇刊，1932，3（1）：105.

③ 陈彦堂，辛革.斗口跳斗栱及相关问题.中原文物，1993（4）：101-107；吴玉敏.从唐到宋中国殿堂型建筑铺作的发展.古建园林技术.1997（1）：19-25；马晓.附角斗的缘起.华中建筑，2003（5）：104；马晓.附角斗的缘起（续）.华中建筑，2003（6）：106-109；马晓.附角斗的流变——元明清时期附角斗的功能及其演化.华中建筑，2004（2）：131-134；钟晓青.斗栱、铺作与铺作层.中国建筑史论汇刊，2009（1）：3-26；温静.辽金木构建筑的补间铺作与建筑立面表现.见:《营造》第五辑——第五届中国建筑史学国际研讨会会议论文集（下）.广州，2010；唐聪.北方辽宋木构梢间斗栱配置与转角构造的演变关系研究.古建园林技术，2013（1）：59-62；朱永春.《营造法式》中的"骑枓栱"辨析.中国建筑史论汇刊，2013（8）：280-285；朱永春.《营造法式》中若干以尺度为标尺的特殊铺作.建筑师，2016（3）：90-93；俞莉娜，徐怡涛.晋东南地区五代宋元时期补间铺作挑斡形制分期及流变初探.中国国家博物馆馆刊，2016（5）：21-40.

④ 韩一城.《营造法式》中的"哥德巴赫猜想"探析——宋式斗栱型制的"总铺作数"觅踪.见：中国文物学会传统建筑园林委员会第十二届学术研讨会会议文件.成都，1999：253-266；韩一城.斗栱的结构、起源与《营造法式》——"铺作"与"跳、铺之作"辨析.古建园林技术，2000（1）：14-17；马炳坚.铺作、出跳、枓科及其他——《营造法式》学习扎记.古建园林技术，2000（2）：15-18；何建中.疑义相与析——读《斗栱的结构、起源与〈营造法式〉》.古建园林技术，2001（2）：27-30.

⑤ 王鲁民.说"昂".古建园林技术，1996（4）：37-40；张十庆.南方上昂与挑斡做法探析.建筑史论文集，2002（16）：31-45；张十庆.《营造法式》栱长构成及其意义解析.古建园林技术，2006（2）：30-32；徐怡涛.公元七至十四世纪中国扶壁栱形制流变研究.故宫博物院院刊，2005（5）：86-101；喻梦哲.论晋东南早期遗构扶壁栱中的特异现象.见：宁波保国寺大殿建成1000周年学术研讨会暨中国建筑史学分会2013年会论文集.宁波，2013：25-29；陈彤.《营造法式》与晚唐官式栱长制度比较.中国建筑史论汇刊，2016（13）：81-91；朱永春.《营造法式》中"挑斡"与"昂桯"及其相关概念的辨析.见：2016年中国《营造法式》国际学术研讨会论文集.福州，2016.

⑥ 常青.想象与真实——重读《营造法式》的几点思考.建筑学报，2017（1）：35-40.

成果。[①]

大木构件

除了对斗栱的细化研究，对《营造法式》所载各种大木构件的研究也达到了一定的深度和广度，主要有：萧默、张十庆、李灿、白志宇、赵春晓、姜铮、朱光亚、周森对转角结构、翼角做法和脊槫增长、出际制度等有关木构屋架部分的研究[②]；何建中、杜启明对簇角梁制度的探讨[③]；张十庆、国庆华、马晓、陈涛、陈永明对缠柱造、叉柱造、永定柱造、通柱造等与楼阁、平坐有关做法的解读[④]；钟晓青、谢鸿权、龙萧合、李合群、李丽、程建军、杨家强对梁、柱等构件的做法和操作技术的论述[⑤]；贾洪波、刘畅对特殊做法如"减柱"、"移柱"、"侧脚"的思辨[⑥]；以及姜铮、曹雪对梁架重要联系构件"襻间"的考察[⑦]，曹汛对草架源流的辨析[⑧]，等等。

举折

木构建筑屋面坡度的确定与槫条的分布和高度有密切关系，通常也是匠师造屋前需要提前考虑的关键问题，且不同年代、不同地域的屋面坡度和举高会存在一定的差异。因此，《营造法式》所记宋代屋面坡度生成的方法和原则(即"举折")，

---

① 潘德华．斗栱（上、下）．南京：东南大学出版社，2004.

② 萧默．屋角起翘缘起及其流布．建筑历史与理论，1981(2)：17–32；张十庆．略论山西地区角翘之做法及其特点．古建园林技术，1992（4）：47–50；张十庆．《营造法式》厦两头与宋代歇山做法．中国建筑史论汇刊，2014（10）：188–201；李灿．《营造法式》中的翼角构造初探．古建园林技术，2003（2）：49–56；李灿．《营造法式》中厦两头造出际制度释疑．古建园林技术，2006（2）：16–19；李灿．《营造法式》中翼角檐细部处理及起翘探讨．古建园林技术，2006（3）：8–9；白志宇．善化寺大雄宝殿脊槫增长构造与《营造法式》制度之比较．古建园林技术，2005(2)：4–6；赵春晓．宋代歇山建筑研究．西安：西安建筑科技大学，2010；姜铮．唐宋歇山建筑转角做法探析．见：宁波保国寺大殿建成1000周年学术研讨会暨中国建筑史学分会2013年会论文集．宁波，2013：60–72；周森，朱光亚．唐宋时期华北地区木构建筑转角结构研究．建筑史，2016（38）：10–30.

③ 何建中．《营造法式》斗尖亭榭簇角梁的应用——苏南小亭的启发．古建园林技术，1998（2）：14–16；杜启明．面壁亭与簇角梁制度．建筑历史与理论，2000（6、7）：69–75.

④ 张十庆．古代楼阁式建筑结构的形式与特点——缠柱造辨析．建筑师，1997（2）：70–77；国庆华．缠柱造、叉柱造、永定柱造——东亚楼阁式木塔的特点、技术和类型．见：纪念宋《营造法式》刊行900周年暨宁波保国寺大殿建成990周年国际学术研讨会论文集．宁波，2003：69–91；马晓．缠柱造与通柱造．见：纪念宋《营造法式》刊行900周年暨宁波保国寺大殿建成990周年国际学术研讨会论文集．宁波，2003：167–177；马晓．附角斗与缠柱造．华中建筑，2004（3）：117–122；陈涛．平坐研究反思与缠柱造再探．中国建筑史论汇刊，2010（3）：164–180；陈永明，张无暇．"平坐"沿革．见：2011世界建筑史教学与研究国际研讨会论文集．天津，2011：352–363.

⑤ 钟晓青．椽头盘子杂谈．建筑史，2012（29）：1–10；谢鸿权．"冲脊柱"浅考．建筑史，2012（28）：25–42；龙萧合．传统木作营造中梁栿拼合技术探析．古建园林技术，2013（2）：46–50；李合群，李丽．试论中国古代建筑中的梭柱．四川建筑科学研究，2014（5）：243–245；杨家强，程建军．斜项考．见：2015中国建筑史学会年会暨学术研讨会论文集．广州，2015：752–757.

⑥ 贾洪波．也论中国古代建筑的减柱、移柱做法．华夏考古，2012（4）：96–113；刘畅．侧脚．紫禁城，2013（1）：42–51.

⑦ 姜铮．唐宋木构中襻间的形制与构成思维研究．建筑史，2012（28）：83–92；曹雪．襻间考．天津：天津大学，2012.

⑧ 曹汛．草架源流．中国建筑史论汇刊，2013（7）：3–35.

也成为学者们研究的对象。[①] 除了常规的分析和阐述外，他们还尝试运用新方法和思路展开研究，涉及数学、物理等方面，如孙祥斌通过数学计算法与传统作图法的比较，对《营造法式》确定屋面举析方法的分析[②]；沈源、常清华以数学的解读方法，对“举折之制”的几何作图法背后所隐藏的迭代公式的推导[③]；以及刘海林从物理学的角度对举折制度的讨论[④]，等等。

地盘分槽

2000年以后，关于《营造法式》地盘分槽形式和含义等内容的研究渐多，例如张家骥对四种殿阁柱网布置形式、“槽”的概念以及槽式与“副阶”的关系所做的分析[⑤]；何建中梳理《营造法式》相关词句，对已有研究提出异议，指出“槽”并非指空间，而是柱列与铺作或柱列与铺作的中心线，有时也指殿身外围柱列与铺作[⑥]；朱永春结合已有研究，提出地盘图中殿阁之“阁”意为底层架空的“阁栏”之“阁”，殿阁地盘分槽图应是铺作层的俯视图，还指出斗底槽之“斗”是取拼接之义的“鬭”的通借，并论证了“槽”是指铺作层内的狭长空间，厘清了“骑槽檐栱”等相关问题[⑦]；陈斯亮根据“斗底槽”侧样与“双槽”侧样相同的这一独特规定，通过分析“斗底”和“槽”的含义，提出“分心斗底槽”是“分心槽”之讹误，“斗底”指“回”字形平面，源自从容器斗的底部所见的两重方形，“斗底槽”与“金箱斗底槽”是同一概念。[⑧]

此外，还有关于构架类型的讨论，主要集中在《营造法式》所载厅堂、殿堂两种，如蒋剑云、朱永春、喻梦哲等学者的研究[⑨]；以及关于建筑类型的讨论，如朱永春对“阁”的源流所做的考辨，孙红梅对《营造法式》造亭制度的探讨，蒋

---

① 倪庆穰《李明仲〈营造法式〉中举折之法》是目前所见关于该做法最早的专项讨论。参见倪庆穰．李明仲《营造法式》中举折之法．中华工程师学会会报，1929（1–2）。其他相关研究可参见：李会智．《营造法式》“举折之制”浅探．古建园林技术，1989（4）：3–9；李大平．中国古代建筑举屋制度研究．吉林艺术学院学报，2009（6）：7–14.

② 孙祥斌．宋代建筑屋面举析的简便确定法——数学计算法与传统作图法的比较．古建园林技术，1994（2）：6，55.

③ 沈源，常清华．迭代算法——中国古建屋顶曲线的生成机制．世界建筑，2013（9）：110–115；沈源，常清华．迭代算法——《营造法式》中“举折之制”的生成机制．见：黄蔚欣，刘延川，徐卫国主编．“数字渗透”与“参数化主义”DADA2013系列活动 数字建筑国际学术会议论文集（汉、英）．北京：清华大学出版社，2014：556–563.

④ 刘海林．中国古代建筑举屋制度中的物理学原理．中学物理（初中版），2015（5）：94–95.

⑤ 张家骥．中国建筑论．太原：山西人民出版社，2003：398–400.

⑥ 何建中．何谓《营造法式》之“槽”．古建园林技术，2003（1）：41–43.

⑦ 朱永春．《营造法式》殿阁地盘分槽图新探．建筑师，2006（6）：79–82.

⑧ 陈斯亮，林源，刘启波．《营造法式》探微——“分心斗底槽”及“金箱斗底槽”概念研究．建筑与文化，2016（10）：122–125.

⑨ 蒋剑云．浅谈殿堂与厅堂．古建园林技术，1991（2）：38–42；朱永春．从南方建筑看《营造法式》大木作中几个疑案．见：2015中国建筑史学会年会暨学术研讨会论文集．广州，2015：644–648；朱永春．关于《营造法式》中殿堂、厅堂与余屋几个问题的思辨．建筑史，2016（38）：82–89；喻梦哲．宋金之交的“接柱型”厅堂．华中建筑，2016（6）：143–146.

帅、蔡军基于《营造法式》等古典营造文献，对“亭”分类体系的研究。[①]

2. 小木作

关于《营造法式》小木作的研究，一直以来都因实物证据阙如，无法展开。1949年以后，大量考古发掘和实物调查发现了众多可以辅证小木作研究的新材料，成为促进该项研究的主要动力。例如1964年，刘敦桢主编的《中国古代建筑史》就曾对山西和四川地区已经发现的小木作实例作出简要介绍。[②] 1974年，曹汛参照《营造法式》，以文献结合实物的方法，对考古发现的辽墓内棺床小帐展开研究，推断制作年代，为小木作研究提供佐证。[③]

此后，尤其是20世纪末至21世纪初，涌现出一批小木作专门研究成果。其中，潘谷西针对梁思成《〈营造法式〉注释》有关小木作未及整理和著述的部分，绘制线图，比照实例作出的解说和论述，可谓是目前较为系统和全面的小木作研究成果。[④]

其他还有程万里、张十庆、徐振江、张驭寰、马未都、张亦文、石宏超、张江波、周学鹰、马晓、黄滨对《营造法式》门、窗制度和功能的研究，主要涉及睒电窗、直棂窗、版棂窗、乌头门、灵星门、隔扇（格子门）等类型[⑤]；以及王文奇、

① 朱永春．阁的源流小考．见：中国文物学会传统建筑园林委员会第十五届学术研讨会会议文件．承德，2004；孙红梅．亭之源及宋《营造法式》中的造亭制度探秘．见：河南省古代建筑保护研究所编．河南省古代建筑保护研究所三十周年论文集（1978—2008）．郑州：大象出版社，2008：91-102；蒋帅，蔡军．基于古典建筑文献中“亭”的分类体系研究．华中建筑，2014（5）：169-173.

② 刘敦桢主编．中国古代建筑史．北京：中国建筑工业出版社，1980：247-251.

③ 曹汛．叶茂台辽墓中的棺床小帐．文物，1975（12）：49-62.

④ 潘谷西，何建中．《〈营造法式〉解读》．南京：东南大学出版社，2005；潘谷西．《营造法式》小木作制度研究．见：刘先觉，张十庆主编．建筑历史与理论研究文集（1997—2007）．北京：中国建筑工业出版社，2007：75-98.

⑤ 程万里．形式多样的古建窗格．住宅科技，1983（1）：21-23；张十庆．睒电窗小考．室内设计与装修，1997（2）：24-25；徐振江．“《营造法式》小木作”几种门制度初探．古建园林技术，2003（4）：15-19；张驭寰．直棂窗与版棂窗．中华建筑报，2003-07-18；张驭寰．《营造法式》门窗简释．中国建材报，2005-08-01（B04）；张驭寰．《营造法式》一书门窗简释．见：张驭寰．张驭寰文集（第12卷）．北京：中国文史出版社，2008：30-32；马未都．中国古代的门与窗（一）．百年建筑，2003（C1）：92-95；久离．窗含锦绣三千年——马未都《中国古代门窗》介绍（一）．中国建筑金属结构，2013（13）：64-66；久离．窗含锦绣三千年——马未都《中国古代门窗》介绍（二）．中国建筑金属结构，2013（17）：72-76；久离．窗含锦绣三千年——马未都《中国古代门窗》介绍（三）．中国建筑金属结构，2013（21）：76-81；张亦文．《〈营造法式〉注释》卷上“乌头门与灵星门”误作同类门的献疑．古建园林技术，2004（4）：18-19；石宏超．《营造法式》中的窗何以如此“简陋”？．室内设计与装修，2005（6）：16-18；张江波．两宋时期的隔扇研究．太原：太原理工大学，2010；马晓，周学鹰．闪电窗研究．建筑史，2012（29）：24-35；黄滨．“珠窗网户”的意义：宋代建筑门窗功能研究．上海：上海师范大学，2014.

张十庆、赵琳、陈涛、卢小慧、张磊对“转轮经藏”的解读[1]；其他关于小木作的研究还涉及平棊、拒马叉子、井屋子、家具等内容。[2] 此外，何建中、张昕、陈捷等学者基于《营造法式》记载，对明代住宅小木作的研究、与《梓人遗制》小木作的比对，也从时间和地域等方面扩展了对《营造法式》小木作的理解。[3]

3. 彩画作

梁思成在《〈营造法式〉注释》中曾指出，彩画对于《营造法式》和宋代建筑都是极为重要的部分，这部分研究的缺如将直接影响对宋代建筑全貌的认识。[4] 1980年代以来，随着实物材料丰富和技术手段的进步，彩画作研究也取得了丰硕的成果，典型如徐振江、吴葱、郭黛姮、陈晓丽、李斌、刘畅、孙大章、焦媛媛、陈彤等学者，基于《营造法式》彩画作，对唐、宋、金、明、清各时代彩画制度及其源流演变的研究，以及对《营造法式》五彩遍装、碾玉装等彩画类型的探讨。[5] 此外，还有马瑞田所著《中国古建彩画》一书，从色彩、类型等方面对《营造法式》彩画进行介绍和分析，并附大量陶本《营造法式》填色彩画图样，以及早期建筑彩画实景照片和填色图示。[6]

2001年，在《营造法式》彩画制度图文和已有研究的基础上，郭黛姮指导陈晓丽完成了硕士学位论文《对宋式彩画中碾玉装及五彩遍装的研究和绘制》，

---

① 王文奇.《营造法式》中的“转轮经藏”.工程建设标准化，1998（2）：47；张十庆.中日佛教转轮经藏的源流与形制.建筑史论文集，1999（11）：60-71；赵琳.释欢门.室内设计与装修，2002（2）：84-88；陈涛.《营造法式》小木作帐藏制度反映的模数设计方法初探.中国建筑史论汇刊，2011（4）：238-252；卢小慧.转轮藏始创之缘由——兼论《营造法式·小木作》转轮经藏.中国建筑文化遗产，2012（8）：25-31；喻心麟.转轮藏——收存佛经的“微型图书馆”.中国宗教，2014（7）：50-51；张磊.明代转轮藏探析——以平武报恩寺和北京智化寺转轮藏为例.文物，2016（11）：64-71

② 王世襄.“束腰”和“托腮”——漫话古代家具和建筑的关系.文物，1982（1）：78-80；李合群，梁春航.北宋李诫《营造法式》中的“井屋子”复原研究.开封大学学报，2010（4）：1-2；廖珊珊.平棊在现代室内空间设计中的传承.美与时代（上旬刊）.2014（2）：78-80；李合群，郭兆儒.《营造法式》中的“拒马叉子”复原研究.古建园林技术，2016（2）：16-18.

③ 何建中.东山明代住宅小木作.古建园林技术，1993（1）：3-8；张昕，陈捷.《梓人遗制》小木作制度释读——基于与《营造法式》相关内容的比较研究.建筑学报，2009（S2）：82-88；陈捷，张昕.《梓人遗制》小木作制度考析.中国建筑史论汇刊，2011（4）：198-223；陈诗宇.风透湘帘花满庭——唐宋时期装修中的帘、帐、格子门、窗、亮隔组合.中华民居（上旬版），2014（3）：109-121.

④ 梁思成.《营造法式》注释.见：梁思成.梁思成全集（第七卷）.北京：中国建筑工业出版社，2001：266.

⑤ 徐振江.唐代彩画及宋《营造法式》彩画制度.古建园林技术，1994（1）：40-44；吴葱.旋子彩画探源.故宫博物院院刊，2000（4）：33-36；李斌.《营造法式》彩画制度浅析.见：纪念宋《营造法式》刊行900周年暨宁波保国寺大殿建成990周年国际学术研讨会论文集.宁波，2003：65-68；刘畅.“旋子”、“和玺”与《营造法式》彩画作.见：纪念宋《营造法式》刊行900周年暨宁波保国寺大殿建成990周年国际学术研讨会论文集.宁波，2003：40-54；孙大章.中国古代建筑彩画.北京：中国建筑工业出版社，2006；孙大章.中国传统建筑装饰艺术（彩画艺术）.北京：中国建筑工业出版社，2013；焦媛媛.金代重彩壁画颜料与施色技法的探索及复原临摹实验——以朔州崇福寺弥陀殿壁画为例.北京：首都师范大学，2011；陈彤.木衣锦绣——关于中国建筑彩画的思考.中国建筑装饰装修，2012（1）：224-227.

⑥ 马瑞田.中国古建彩画.北京：文物出版社，1996；另见马瑞田.中国古建彩画艺术.北京：中国大百科全书出版社，2002.

探究了彩画的渊源沿革，同时借鉴其他相关艺术形式的风格特点，对宋式彩画的纹样、色彩、设色方法等作出分析。还结合实例，与《营造法式》所载彩画制度相较，探讨不同地域、等级和艺术上的异同。①

2004年，郭湖生指导吴梅完成博士学位论文《〈营造法式〉彩画作制度研究和北宋建筑彩画考察》，首次系统探讨了《营造法式》彩画相关问题，具有开拓精神。论文对彩画作制度进行逐字逐句的释读和注析，对图样进行细节上的比对，并对设色、纹样、构图等方面的细节处理进行解释和图样复原。该研究基于考古和墓葬材料，收集10至13世纪各类建筑构件彩画的实物与形象资料，对主要构件彩画的色彩演绎、纹样形式、构图等进行考察，引证《营造法式》所载各种彩画做法，尝试了解宋时北方官式做法的彩画面貌、《营造法式》成书前后建筑彩画的总体情况和《营造法式》彩画作在整个体系中所处的地位。② 但是由于未能进行实地考察，该研究对实例中装饰纹样与建筑构件的位置关系，以及色彩与装饰的整体效果难以获得更为深入的认识。

2006年，由傅熹年、王贵祥共同指导李路珂完成博士学位论文《〈营造法式〉彩画研究》。后经修改完善，2011年出版同名专著。③ 该研究建立在目前已知最佳《营造法式》古本（"故宫本"和"永乐大典本"）以及实地调查所获大量一手资料的基础之上展开研究，补正了以往研究的诸多不足，是近年在《营造法式》彩画研究领域取得的最新进展。该研究通过对《营造法式》彩画相关的文字阐释、术语解读与图样还原，对宋式建筑的全貌获得了更为深入的了解，并对其历史演变和地域风格形成多层次的认识，进而发掘《营造法式》的设计思想与艺术特性，尝试为当代中国的建筑创作提供参考。同时参照《营造法式》同时期有关实例的装饰做法和风格，在现象和原理层面形成较为深入的理解。但是，就研究所采用的诸多实例而言，其相应的法式特征、构造做法还有待进行深入的探讨，这些实例和《营造法式》是否具有相对吻合的体制，也还需要得到进一步的确证。

该研究还通过梳理现有成果，指出《营造法式》彩画作在文字校勘与释读、

---

① 陈晓丽．对宋式彩画中碾玉装及五彩遍装的研究和绘制．北京：清华大学，2001。其他相关研究参见：郭黛姮．宋《营造法式》五彩遍装彩画研究．营造，2001（1）：204–209；陈晓丽．明清彩画中"旋子"图案的起源及演变刍议．建筑史论文集，2002（15）：106–114.

② 吴梅．《营造法式》彩画作制度研究和北宋建筑彩画考察．南京：东南大学，2004.

③ 参见李路珂．《营造法式》彩画研究．北京：清华大学，2006；李路珂．《营造法式》彩画研究．南京：东南大学出版社，2011。李路珂关于彩画的其他相关研究还有：李路珂．《营造法式》彩画色彩初探．见：李砚祖主编．艺术与科学：卷2. 北京：清华大学出版社，2006：45–61；李路珂．始于营造学社的《营造法式》彩画作研究——回顾及最新发展．见：中国营造学社成立80周年学术研讨会论文集．北京，2009。此外，李路珂在彩画研究的基础上，对《营造法式》的装饰概念、装饰与材料的关系也做出探讨，相关成果参见李路珂．初析《营造法式》中的装饰概念．中国建筑史论汇刊，2008（1）：100–116；李路珂．初析《营造法式》的装饰－材料观．建筑师，2009（3）：45–54.

图样整理与复原、背景源流、实例印证等方面已经达到了一定的深度和广度，在理论和技术层面的研究都有了很大进展。但是还存在版本和实物资料的缺憾，以及准确性和系统性未能兼得等不足。[①] 另外，虽然学界很早就已经做出《营造法式》大木作殿堂、厅堂构架及立面的复原图[②]，但仍缺乏结合小木作和彩画等方面的整体“宋式建筑”的复原，有待今后完善。[③]

4. 石作

1979 年，徐伯安、郭黛姮在《雕壁之美，奇丽千秋——从〈营造法式〉四种雕刻手法看我国古代建筑装饰石雕》一文中，根据《营造法式》“石作”的制度部分，针对梁思成《〈营造法式〉注释》中的相关研究成果提出了新的看法，即四种雕镌制度中的“素平”不素。[④] 此后，这一观点也反映在《中国古代建筑技术史》关于《营造法式》的评述内容中。受此影响，张广立在 1986 年发表的《宋陵石雕纹饰与〈营造法式〉的石作制度》一文，也遵循了徐伯安和郭黛姮的论点。[⑤] 针对这一问题，王其亨按照陈明达一贯的研究思路，以《营造法式》“石作”为例，将制度、功限、料例、等第、图样全部贯通，展开研究，完成《宋〈营造法式〉石作制度辨析》一文，在得到陈明达的充分肯定以及徐伯安的认同与鼓励后，正式发表，纠正了上述关于石作雕镌制度的一些看法。[⑥]

1990 年代以后，关于《营造法式》石作的研究也逐步开展起来，相关成果有姜舜源、李乾朗、魏丽丽、张兆平对流杯渠的初步比较和探讨[⑦]；王惠民对“赑屃鳌座碑”的研究[⑧]；都建立以《营造法式》为基准对我国古代石材加工和制品分

---

① “从目前的研究成果来看，‘陶本’《法式》是唯一一部在色彩方面复原了《营造法式》彩画作全部图样的著作，但其准确性已经遭到了全面的否定；莫宗江、郭黛姮、陈晓丽、吴梅等学者的研究，均试图从《法式》的制度出发，对图样进行较为准确的复原，但都属于各个类型的举例，未能达到全面和系统的理想程度。”引自李路珂.《营造法式》彩画研究.北京：清华大学，2006：12.

② 刘敦桢主编《中国古代建筑史》载有宋《营造法式》大木作制度（殿堂、厅堂）和立面处理三幅示意图。参见刘敦桢主编.中国古代建筑史.北京：中国建筑工业出版社，1980：230-232.

③ 参见李路珂.《营造法式》彩画研究.北京：清华大学，2006：9-30.

④ 徐伯安，郭黛姮.雕壁之美 奇丽千秋——从《营造法式》四种雕刻手法看我国古代建筑装饰石雕.建筑史论文集，1979（2）：127-142。二位学者关于石作的研究还有：徐伯安，郭黛姮.《营造法式》的雕镌制度与中国古代建筑装饰的雕刻.科技史文集·建筑史专辑（3），1981（7）：34-42.

⑤ 张广立.宋陵石雕纹饰与《营造法式》的“石作制度”.见：《中国考古学研究》编委会编.中国考古学研究：夏鼐先生五十年纪念论文（2）.北京：科学出版社，1986：254-280.

⑥ 王其亨.宋《营造法式》石作制度辨析.古建园林技术，1993（2）：16-23.

⑦ 姜舜源.禊赏亭畔话流觞.紫禁城，1990（4）：41-43；李乾朗.禊赏亭.紫禁城，2011（9）：27-29；魏丽丽.羽觞随波，九曲流音：流杯渠与中国传统文化.见：宁波保国寺大殿建成 1000 周年学术研讨会暨中国建筑史学分会 2013 年会论文集.宁波，2013：158-160；张兆平.《营造法式·流杯渠图》赏析.文物天地，2014（3）.

⑧ 王惠民.从《营造法式·赑屃鳌座碑》看凤阳明皇陵碑的石作.文物研究，1990（6）：348-353.

类的简析[①]；武存虎从传统凿石工序出发，与《营造法式》和清工部《工程做法》相应内容的比对[②]；殷丽娜从石作造作次序、雕刻手法、装饰理念、装饰题材等角度，对圆明园西洋建筑与《营造法式》石作制度的比较研究[③]；白丽娟对《营造法式》柱础及相关实例的举证和说明[④]；卢小慧将考古发掘与历史文献资料相结合，对石作制度“坛”做出的解说[⑤]；以及于志飞、王紫微对钩阑的分析（涉及石作和小木作部分）[⑥]，等等。

5. 其他各作

除上述关于大木作、小木作、彩画作和石作的一系列研究外，关于其他各作还有杜启明对《营造法式》大木作、石作、瓦作中的十个问题或讹误所做的辨析[⑦]；程建军、周龙、仪德刚对取正、定平的阐释和分析[⑧]；乔迅翔对壕寨、瓦作、砖作等相关内容的系列研究[⑨]；沈克对《营造法式》木雕艺术的研究[⑩]；傅宏明结合《营造法式》砖作、彩画和雕作制度，对六和塔南宋台座砖雕的研究[⑪]；汪永平对窑作造琉璃配料方面的分析[⑫]；吴梅对《营造法式》垒造窑和立灶制度的研究，

① 都建立．中国古代石材加工和制品分类．石材，2005（8）：51-52.
② 武存虎．山西忻州地区传统凿石工序（一）——兼谈与《营造法式》、《工程做法则例》所述工序的对应关系．古建园林技术，2006（2）：13-15.
③ 殷丽娜．《营造法式》石作制度与圆明园西洋楼建筑．圆明园学刊（纪念圆明园建园 300 周年特刊），2008（7）：133-138.
④ 白丽娟．宋代《营造法式》中的柱础和柱础实例．见：白丽娟．石雕与建筑——故宫建筑中的石雕一览．北京：中国建筑工业出版社，2011:131-134。1950 年代，陈从周也有结合《营造法式》对宋代柱础的制度、雕刻方法、装饰纹样、对应实例做出阐述，参见陈从周．柱础述要．考古通讯，1956（3）：91-114.
⑤ 卢小慧．《营造法式·坛》建筑探源——兼论礼仪用玉之由．建筑与文化，2013（5）：90-93.
⑥ 于志飞，王紫微．循墙绕柱觅栏槛．文史知识，2016（6）：58-68.
⑦ 杜启明．宋《营造法式》今误十正．中原文物，1992（1）:51-57；杜启明．宋《营造法式》诠误十勘．见：朱光亚，周光召主编．中国科学技术文库·普通卷·建筑工程、水利工程（下）．北京：科学技术文献出版社，1998：1613-1615.
⑧ 程建军．辨方正位研究（二）．古建园林技术，1987（4）：25-28；周龙，仪德刚．宋代测水平技术——“水平法”与“旱平法”辨析．广西民族大学学报（自然科学版），2016（2）：25-29.
⑨ 乔迅翔．试论《营造法式》中的定向、定平技术．中国科技史杂志，2006（3）：247-254；乔迅翔．宋代建筑基础营造技术．古建园林技术，2006（4）：3-8；乔迅翔．宋代建筑台基营造技术．古建园林技术，2007（1）：3-7；乔迅翔．宋代建筑地面与墙体营造技术．古建园林技术，2007（2）：3-3；乔迅翔．宋代建筑瓦屋面营造技术．古建园林技术，2007（3）：3-9。祁英涛发表于 1978 年的《中国古代建筑的脊饰》一文也有对《营造法式》瓦作、脊饰方面的分析研究，参见祁英涛．中国古代建筑的脊饰．文物，1978（3）：62-71；《古建清代木构造》中有少量对《营造法式》基础做法的解读，参见白丽娟，王景福编著．古建清代木构造．北京：中国建材工业出版社，2007：46-47.
⑩ 沈克．北宋《营造法式》中的木雕艺术．南京林业大学学报（人文社会科学版），2004（1）：67-70.
⑪ 傅宏明．六和塔南宋台座砖雕与《营造法式》．杭州文博，2006（2）：31-36.
⑫ 汪永平．我国传统琉璃的制作工艺．古建园林技术，1989（2）：18-21.

以及刘娟结合砖瓦材料对垒造窑制度的分析[①]；徐振江对“瓦作”制度的研究[②]；刘书芳对“砖作”技术的探讨[③]，贾珺对“要头”、“椽头盘子”、“流杯渠”、“壁隐假山”等做出的解读（涉及木作、石作、泥作等工种）[④]，等等。[⑤]

综上，目前对《营造法式》各作的研究已经扩展至小木作、彩画作、石作、雕作、窑作和瓦作等方面，但因实例缺乏和研究条件的制约，成果表现很不均衡，仍以大木作居多。另外，从《营造法式》各作篇、条内容比例来看，以小木作、石作、大木作三项最为突出（图 5-11）。除了对大木作的研究已较为系统和成熟外，虽然小木作、彩画作和石作的研究也有了一定的积累，但深度和数量仍然还不够，关于其他工种的研究尽管已有涉及，也仍在起步阶段。

（二）关于《营造法式》“功限”、“料例”

功限、料例不是《营造法式》孤立的现象，更代表了中国传统营造的共性。因此，对这些内容的解读不仅是《营造法式》研究深化的需要，也是古代建筑制度乃至城市史、社会史等相关研究的重要旁证。正如王贵祥曾指出的：“宋代《营造法式》中，关于功限、料例问题的大量篇章，本来就已经是研究当时建筑管理乃至建筑结构与造型的一个十分有价值的领域。如果我们再深入到历史文献中，还会注意到，古代中国社会，尤其是宋代以来，其实已经有了相当完备的建筑建造与管理的功能与机构。如宋代政府机构中专门设立了‘八作司’、‘壕寨司’承担政府直接负责的建筑物或城寨、水利等土木工程的营造建设，而宋代建设中，大量使用军队士兵，也是一个值得注意的现象。同时，在宋代京城中，还设有专门的‘店宅务’，负责京城房屋的用地规划、房屋建设与出租管理。对于这些历史现象的研究，不仅对于建筑史是一个补充，而且对于城市史、社会史都有着十分重要的意义。”[⑥]

限于过去研究与认识的阶段性等方面的原因，学者们关注“制度”较多，对

① 吴梅．宋《营造法式》垒造窑制度初探．华中建筑，2001（5）：73-75；刘娟．中国传统建筑营造技术中砖瓦材料的应用探析．太原：太原理工大学，2009；吴梅，濮东璐．立灶——读解宋《营造法式》之立灶制度．华中建筑，2002（1）：64-66.

② 徐振江．《营造法式》瓦作制度初探．古建园林技术，1999（1）：6-8.

③ 刘书芳．《营造法式》内砖作技术初探．平顶山工学院学报，2009（2）：76-78；其他相关成果还有：杭州市文物考古所．南宋太庙遗址（临安城遗址考古发掘报告）（附录二收有《营造法式》规定的砖的规格和用砖之制简表）．北京：文物出版社，2007：122.

④ 贾珺．《营造法式》札记六题．建筑学报，2017（1）：42-44.

⑤ 长北．宋人典籍中髹饰工艺读解．中国国家博物馆馆刊，2011（11）：115-120；钟晓青．《法式》缘何无“漆作”？．建筑史，2015（36）：11-16.

⑥ 王贵祥．中国建筑史研究仍然有相当广阔的拓展空间．建筑学报，2002（6）：58.

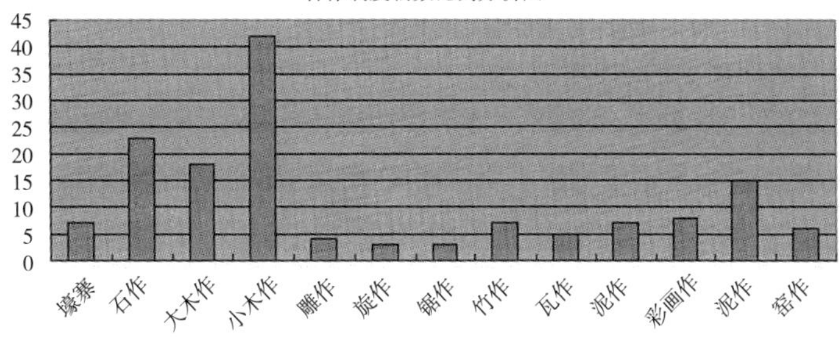

各作制度条数比例分析图（原则一）

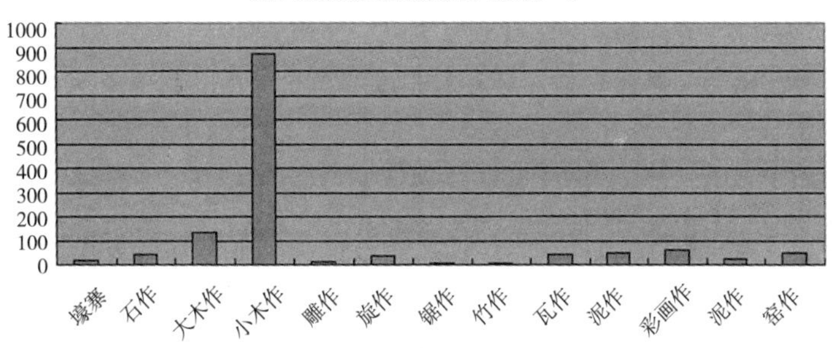

各作制度条数比例分析图（原则二）

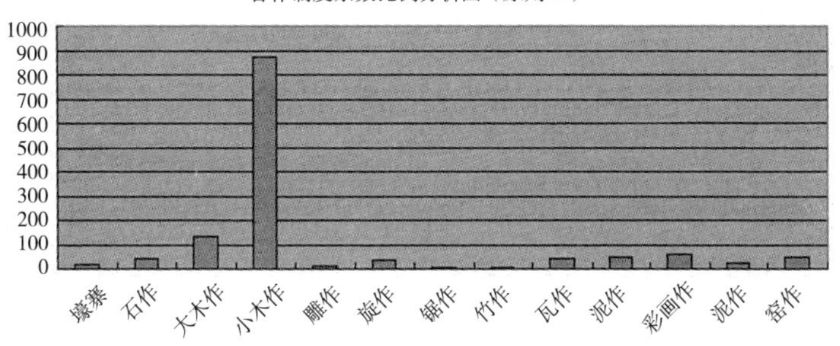

图 5-11 《营造法式》各作制度篇、条数所占比例分析图[①]（资料来源：作者自绘）

① 本书对《营造法式》卷三至三十四的条目统计遵循了两种原则。举例而言："卷十九 大木作功限三……乳栿每一条。椽共长三百六十尺。大连檐共长五十尺。小连檐共长二百尺。飞子每四十枚。白版每广一尺长一百尺。横抹共长三百尺。搏风版共长六十尺。右各一功……。"其"右各一功"一句统指其上"乳栿每一条"至"搏风版共长六十尺"八条，均各为一功。相应的统计原则，一是将此种情况通共算作一条计入总数，二是以八条计入总数。卷三至卷十八按这两种原则计算结果基本相同，也与陈明达所计相近。卷十九至卷二十八类似情况存在多处，按以上两种原则分别统计，则出现了较大差异。至于卷二十九至卷三十四图样部分，一是只计入有文字说明的图样，结果为 486 条；二是无论有无文字说明，凡相异的图样均分别计入，共 593 条。按上述两种原则统计，可得卷三至卷三十四总条数下限 3268 条，上限 3827 条；全书总条数相应处在 3551 至 4110 条这个区间内，基本等于或多于"总诸作看详"所述的 3555 条。

作为《营造法式》重要内容的功限、料例部分重视不够，或无暇顾及，往往导致研究结论的单一性和片面性。对此，陈明达曾指出："《营造法式》记载下来的东西是很严肃认真的，所以前后一贯；在进行研究时，就能够前后对照，发现很多信息。过去研究《营造法式》，遗下来一种毛病：研究'大木作'就看第四、五卷的《大木作制度》，而对第十七、十八、十九卷的《大木作功限》就不屑一看，其他像《小木作制度》、《诸作功限》、《诸作料例》等等就更不在话下。这样一来，很多一对照就能发现的问题，就迟迟没有能够解决。"他还强调："第十七、十八卷把各种斗栱的分件数写得极详细，通过它可以看到很多东西。对制度规定要抓住要点，很多细节要在这中间去发现。根据《营造法式》第四卷的记载，可以画出四铺作至八铺作的斗栱，梁（思成）公当时所画的图，就都是这样绘制出来的。然而按照第十七、十八卷更详细的斗栱的分件数绘出图来，出跳长就有出入；同时，有些过去搞不清的问题，如铺作中线上的'栱方'，也就清楚了。在这方面，只要下功夫，还可以找出不少东西来。"[①]

基于这种认识，陈明达在他的研究实践中，就有利用《营造法式》大木作料例部分内容辅助分析，如对应县木塔的研究曾参照《营造法式》料例，对用料尺寸和规格做出解说。[②] 前文已提及，王其亨也曾按照陈明达一贯的思路，以《营造法式》"石作"为例，将制度、功限、料例等内容贯通，展开研究和辨析。[③]

傅熹年在对唐长安大明宫玄武门及重玄门的复原研究中，论及城门道做法，指出"《营造法式》卷十九'城门道功限'条载有城门道的构件名称和尺寸，把它和《清明上河图》中的城门和几十年前毁掉的泰安岱庙大门互参，可以对宋代这种木构门道的构造有个具体的理解"，并据以绘出《营造法式》城门道构造图，也是较早利用功限内容进行研究的成果。[④]

其他主要成果还有郭湖生在《有关〈营造法式〉中几个问题的研究》中论及"劳动定额与预算"，为目前所见专题研究中的最早论述[⑤]，这一成果也反映在《中国古代建筑技术史》有关设计及施工的部分章节，对营造过程中的预算、备工备料作了考察[⑥]；郭黛姮在《〈圆明园内工则例〉评述》等文中，以《圆明园内工则例》

---

① 陈明达．关于《营造法式》的研究．建筑史论文集，1999（11）：44，47.
② 陈明达．应县木塔．北京：文物出版社，1980：44–45.
③ 王其亨．宋《营造法式》石作制度辨析．古建园林技术，1993（2）：16–23.
④ 傅熹年．唐长安大明宫玄武门及重玄门复原研究．考古学报，1977（2）：139–145.
⑤ 郭湖生．有关《营造法式》中几个问题的研究（未刊稿）.1983。转引自乔迅翔．宋代官式建筑营造及其技术．上海：同济大学出版社，2012：2.
⑥ 参见中国科学院自然科学史研究所主编．中国古代建筑技术史．北京：科学出版社，1985：508–523.

为代表的清代匠作则例与《营造法式》功限、料例所做的比较，也生动地展现出宋、清时期在用工、用料方面的差别与联系。[①]

此外，还有徐振江对《营造法式》"功限"、"料例"在现代仿古建筑预算定额中的应用所做的探索[②]，潘德华、何建中对《营造法式》安装功限的讨论[③]、武存虎结合《营造法式》和清工部《工程做法》对传统凿石工序的梳理[④]；孙克强、欧纯智从工程造价角度对《营造法式》的分析。[⑤]近年来，还有王茂华、姚建根等学者利用《营造法式》功限、料例相关内容，对中国古代城池工程计量与计价展开的研究[⑥]；刘畅通过译介西方古罗马时期木工刨的使用情况，验算《营造法式》小木作中各类与线脚有关的用功记载，提出早于南宋线脚刨使用的可能性，针对"平推刨南宋起源说"提出质疑[⑦]，等等。

目前，对《营造法式》"功限"、"料例"较为系统的研究，当属由张十庆指导乔迅翔完成的博士学位论文《宋代建筑营造技术基础研究》，后经修改完善，陆续发表系列论文，并形成《宋代官式建筑营造及其技术》一书。[⑧]该研究指出，学者们虽然对功限、料例和制度有了切实的认知，对其编制原则和方法、历史渊源等亦有初步探讨，但尚需把握功限、料例的社会背景和发展脉络，进一步研究其编制的内在规律和原则，并将功限、料例与建筑营造技术结合起来进行考察。由此，乔迅翔以上述问题为出发点，以《营造法式》为基础，以宋代建筑营造及其技术为研究对象，运用文献资料，借鉴当代传统工艺的研究成果，结合多学科知识背景，对宋代营造机构、工料、工程管理、营造工序、营造技术以及功限、料例等展开探讨，全方位地审视宋代官方营造业；阐述宋代营造类工官机构的发展沿革、构成以及营造团队的结构、运作管理；勾勒出宋代营造过程，并初步厘清若干营造技术问题；揭示宋代营造工、料来源及使用情况；初步考察宋代官建

---

① 郭黛姮.《圆明园内工则例》评述.建筑史，2003（19）：137-141.

② 徐振江.唐风建筑与仿唐工程预算定额（上）.古建园林技术，1991（2）：56-60；徐振江.唐风建筑与仿唐工程预算定额（下）.古建园林技术，1991（3）：60-62.

③ 潘德华.安勘、绞割、展拽.古建园林技术，1991（4）：3-6；何建中.《营造法式》安装工限——也谈安勘、绞割、展拽.古建园林技术，1993（3）：31-32.

④ 武存虎.山西忻州地区传统凿石工序（一）——兼谈与《营造法式》、《工程做法则例》所述工序的对应关系.古建园林技术，2006（2）：13-15.

⑤ 孙克强，欧纯智.鉴于往事资于治道——工程造价的昨天.中国水运（下半月刊），2010（12）：157-159.

⑥ 王茂华，姚建根，吕文静.中国古代城池工程计量与计价初探.中国科技史杂志，2012（2）：204-221.

⑦ 刘畅.平推刨南宋起源说献疑.建筑史，2013（31）：97-103.

⑧ 参见乔迅翔.宋代建筑营造技术基础研究.南京：东南大学，2005；乔迅翔.宋代官式建筑营造及其技术.上海：同济大学出版社，2012。其他相关学术成果可参见：乔迅翔.宋代营造工程管理制度.华中建筑，2007（3）：165；乔迅翔.《营造法式》功限、料例的形式构成研究.自然科学史研究，2007（4）：523-536；乔迅翔.《营造法式》大木作功限研究.建筑史，2009（24）：1-14；乔迅翔.宋代官方建筑营造机构的沿革.见：中国营造学社成立80周年学术研讨会论文集.北京，2009；乔迅翔.《营造法式》大木作料例研究.建筑史，2012（28）：74-82.

匠、役及其制度；首次深入释读《营造法式》功限、料例条文，是针对宋代建筑营造技术及相关问题，以整体相关联的视角研究《营造法式》的成果。

该文虽有意识涉及宋代军匠、和雇等方面的内容，但就《营造法式》适应雇工制度产生的机缘，以及与此相关联的宋代经济状况未及展开深入探索。例如《营造法式·总例》“诸式内功限并以军工计定，若和雇人造作者即减军工三分之一（谓如军工应计三功，即和雇人计二功之类）”一条明确指出以军工作为定功标准，且军工计酬高于和雇。为什么会产生这样的标准和用工机制？和雇制度和军工有何关联？诸如此类的问题都与宋代经济、军事制度密切相关，也是今后需要深入研究的方面。

（三）关于《营造法式》图样

建筑图是信息交换中的重要媒介和手段，也是设计者的思维工具。《营造法式》作为关涉营造的典籍，除文字条例外，还附有大量图样补充说明，凸显了图像在营造工程中的作用。历史上的传抄记载和近现代的学术研究，都曾对《营造法式》图样给予高度评价。①

1955 年，杨岳霖在《中国历史上的技术制图》中梳理了中国古代技术制图的历史及其所取得的科学成就，高度评价了《营造法式》所取得的图学成就，指出该书对古代制图技术有重要贡献，图样的绝大多数都包含着十分完整的正投影和斜投影因素，比法国学者蒙若总结出画法几何学的年代早约 700 多年。②

1963 年，赵擎寰在湖北省图学会成立大会上发表《中国古代工程制图发展初探》一文，讨论了中国古代建筑图的历史；他在 1984 年北京召开的“工程图学与计算机图学国际会议”上发表《中国古代工程制图的历史》一文，引用了《营造法式》图样，展示了中国古代工程制图的风采。③

1980 年代，致力于中国工程图学史研究的吴继明，发表《中国建筑制图史略》

① 英国学者李约瑟认为《营造法式》图样甚至可以称为现代意义上的施工图，作为建筑图样，其出现的时间较早，具有很高的价值，在人类文明史上具有里程碑的意义。李约瑟所著《中国科学技术史》也多次引用了“陶本”《营造法式》的图样，并称其为“施工图样”，涉及大木作、小木作、装饰图案等方面。参见 Joseph Needham. Science and Civilization in China.The Part 3 of Volume IV（Building Technology）.Cambridge University Press，1971：107–111；中译本参见：李约瑟 . 中国科学技术史（第 4 卷），物理学及相关技术 . 第 3 分册 . 土木工程与航海技术 . 北京：科学出版社，2008：116–120.

② 杨岳霖 . 中国历史上的技术制图 . 东北大学学报（自然科学版），1955（2）：86–96.

③ 赵擎寰 . 中国古代工程制图发展初探 . 见：湖北科学技术协会 . 画法几何及制图科学论文选编 . 武汉，1965：73–79；赵擎寰 . 中国古代工程制图的历史 . 见：工程图学与计算机图学国际会议 . 北京，1984：1–10。转引自刘克明 . 中国工程图学史研究的新进展 . 见：机械技术史及机械设计（6）——第六届中日机械技术史及机械设计国际学术会议论文集 . 北京，2006：79，81.

等文，并撰成《中国图学史》一书，论及《营造法式》图样的类型、制图方法、配图原则等方面。[①]

华中科技大学人文学院的刘克明，对中国古代建筑图学颇有研究心得，对《营造法式》图学成就及其贡献做出了较为详细的分析和评价，形成系列成果。例如在《宋代工程图学的成就》中指出包括《营造法式》在内的宋代工程图学，具有制图表现方式多样化、图样文字说明初具现代工程制图的基本技术要素、制图技术趋向于标准化和规范化、数学方法能够有效指导宋代工程图学等成就；后又发表专文对《营造法式》的图学思想、古代建筑制图的规范化、建筑图样的绘制技术及其对现代工程图学的贡献做出评述；在《中国工程图学史研究的新进展》中对中国工程图学史研究的现状，国内外学者的不同观点以及中国工程图学所取得的科学成就等展开梳理和讨论。此外，刘克明还编撰多部相关专著，系统论及上述《营造法式》的图学思想、成就及贡献。[②]

1998 年，彭一刚、王其亨指导吴葱完成博士学位论文《在投影之外》，后经整理完善，形成《在投影之外——文化视野下的建筑图学研究》一书。该研究立足于文化视野，初步梳理了建筑制图发展史，着重讨论了与中国传统建筑制图相关的问题，指出中国古代图示的丰富多样性是长期实践积累的结果，而根据具体意义和意图选择再现方式，则体现了中国再现法的精神。并对《营造法式》所附图样的制图特点和绘制方法做出分析，指出其建筑图样是根据具体目的和意义，选择并综合多种再现方式，是整个图示再现语言的一个基本语法，不受投影模式限制。吴葱认为其制图的精准、量化和规范，实际也是为了更加精准地控制工料，以便于定量管理，《营造法式》基本上形成了一套程式语言和完整的制图体系，代表了宋代的建筑制图水平，为后世建筑工程图样奠定了基础。[③]

马彩祝立足于《营造法式》图样，相较于西方的现代透视学理论，从该书涉及的历史背景和知识类型等方面，对《营造法式》之后未能像西方人一样取得理

① 吴继明．中国建筑制图史略．湖北大学学报（哲学社会科学版），1984（A1）：190-200；吴继明．中国图学史．武汉：华中理工大学出版社，1988.

② 刘克明．宋代工程图学的成就．文献，1991（4）：238-247；刘克明．《营造法式》中的图学成就及其贡献——纪念《营造法式》发表900周年．华中建筑，2004（2）：127-130；刘克明．中国工程图学史研究的新进展．见：机械技术史及机械设计（6）——第六届中日机械技术史及机械设计国际学术会议论文集．北京，2006：77-82；刘克明．中国工程图学史．武汉：华中科技大学出版社，2003；刘克明．中国建筑图学文化源流．武汉：湖北教育出版社，2006；刘克明．中国图学思想史．北京：科学出版社，2008.

③ 吴葱．在投影之外．天津：天津大学，1998；吴葱．在投影之外——文化视野下的建筑图学研究．天津：天津大学出版社，2004：87-92，205-207.

论上的突破性进展的原因，展开分析和讨论，并强调了“缄默知识”对《营造法式》研究的价值。[①]

谭秀江从大木构件的基本单元和初始形态、大木构造的初始符号和分形特征，以及大木作制度及其形式变换的核心概念几个方面，对《营造法式》大木作图样进行解读，认为该书及其图样不仅是中国古代建筑形制的“索象”图谱，也是传统建筑形式赖以嬗迭衍变、推陈出新的符号构造体系。[②]

陈薇通过对《营造法式》图样的研究，探讨了中国古人在建筑营造方面的独特思维方式、设计方法和建造理念，指出《营造法式》图样不是没有关联的建筑图纸，而是一个相对独立存在的建造系统，图样的编排顺序从另一个侧面也强化了《营造法式》既为专书又是官书的双重意义，既可以作为设计与建造的技术参照，也可作为分工、组织和控制等管理的参考。[③]

陈军在《透镜中的宋代建筑》一书中，论述了从唐代至宋代建筑结构文法和形态样式发生的变化，通过考证图谱形式和考察实物遗存相结合的方法研究建筑的变化，分析郑樵倡导的图谱观念形成的缘由与背景，并以《营造法式》为线索，探讨在唐、宋变革的社会情境下，两宋建筑艺术（风格与样式、结构与布局）转型的根源与结果。书中还对《营造法式》组合视图的变化进行比较分析，对其制图术语及绘制的规范化做出总结。[④]

陈彤在梳理《营造法式》图样特点和已有研究的基础上，以存世图样较为精良的故宫本《营造法式》为基础，力求追寻古人的绘图思路和出发点，通过分析图样的总体和细部特征以及各图之间的关系，揭示其中的设计规律，并参考原书图样的表达方式绘出复原图，辅以文字注解和补充。如对《营造法式》图样所载五铺作斗栱榫卯、殿阁地盘分槽以及殿堂、厅堂草架侧样图进行复原和解读，弥补了已有研究的缺漏，还对《营造法式》材份制在建筑比例和尺度设计中所起的重要作用展开探讨，是近年来对《营造法式》图样研究较为系统、详细的成果之一。[⑤]

此外，还有从数学角度出发的探讨，如 1962 年《数学通报》刊载的《中国

---

① 马彩祝．关于《营造法式》研究的几点思考．经济师，2005（1）：279-280.

② 谭秀江．法式的符号构造——《营造法式·大木作制度图样》的另一种读法．古建园林技术，2009（4）：27-30.

③ 陈薇．《营造法式》图样研究．见：陈薇．当代中国建筑史家十书·陈薇建筑史论选集．沈阳：辽宁美术出版社，2015：61-70；原文为中英文双语，发表于《建筑研究》一书，参见马克·卡森斯，陈薇．建筑研究．北京：中国建筑工业出版社，2011：250-277.

④ 陈军．透镜中的宋代建筑．武汉：华中科技大学出版社，2015：17，141-148，195-196.

⑤ 陈彤．故宫本《营造法式》图样研究（一）——《营造法式》斗栱榫卯探微．中国建筑史论汇刊，2015（11）：312-373；陈彤．故宫本《营造法式》图样研究（二）——《营造法式》地盘分槽及草架侧样探微．中国建筑史论汇刊，2015（12）：312-373.

古代正多边形的实用做法》一文从几何作图的角度，对《营造法式》等古籍文献记载的正多边形实用做法所做的分析；海峰结合数学计算，对《营造法式》中关于圆、正方、六棱、八棱形的文字进行的解说。[①]

三、跨学科、多视角的研究

由单一视角获得的认知往往不完整，只有自觉寻求新的视角，对事物的认识才能不断地趋近完整。用同类方法研究同类问题获得的结论可能相差无多，只在于量的积累，而借鉴其他学科的研究方法，则常会产生新的、突破性的结论。建筑史学是历史学应用学科中技术史、艺术史与建筑学三者相交叉形成的学科。实际上，建筑史学的学科领域很难有完全清晰的界定，不仅因其涉及整个社会文化背景，其知识本身也具有本质上的断裂性，同时作为知识领域里一种人为的学科划分，其边界又具有模糊性和开放性。[②] 因此，建筑史学所蕴含的丰富内容，不可能用单一方法研究穷尽，这种本质特征决定了对它的研究必须跨越学科界域，引进和借用其他学科的理论和方法，从多种视角展开探讨。而作为中国建筑史学热点课题之一的《营造法式》研究，立足于更广阔的学科背景，整合已有的研究材料和学术成果，采用多种方法作进一步的诠释，必然会成为一种学术趋势。

（一）跨学科方法的应用

1. 文献学方法的应用

（1）文本资料与《营造法式》的互证

浩瀚的文字记载是中国文化特有的资源，对古籍史料的查阅、利用是建筑历史研究中非常重要的部分。中国人在人类学、社会学、经济学、政治学及历史学方面的文献记载，就某些时代或领域而言，远比西方丰富、翔实。[③]

---

① 俨．中国古代正多边形的实用做法．数学通报，1962（4）：18-19；海峰．图边札记（六）北宋李诫《营造法式》中关于圆形和正方形、六棱形、八棱形的论述．工程图学丛刊，1983（1）：62-63。《营造法式》在图学上的成就也得到了高校制图专业教材的关注，参见李佟茗，来可伟编．化工制图 SolidWorks 平台上的 3D 版．北京：化学工业出版社，2013：102.

② 彭怒．关于建筑历史、历史学理论中几个基本问题的思考．建筑学报，2002（6）：54.

③ 费正清．中国——传统与变迁．张沛译．北京：世界知识出版社，2002：3.

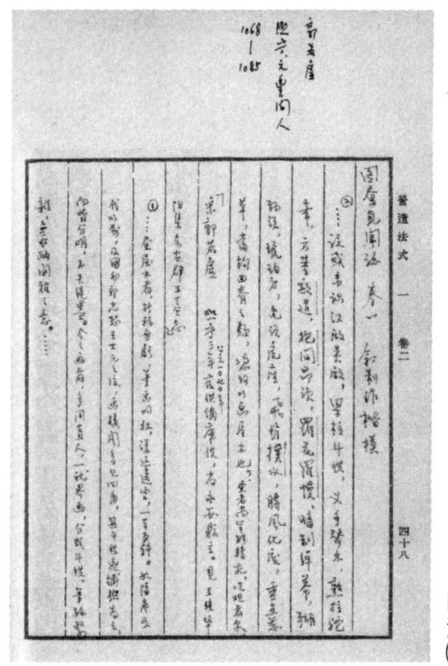

图 5-12 陈明达《营造法式》批注本节录《图画见闻志》相关内容（资料来源：殷力欣提供）

朱启钤在学社成立初期编纂营造词汇的工作中曾提出“注重实物”、“征作资料”[①]的思想，而这里的“实物”主要指代与实物相关的文献记载、图样和模型等。因此，搜寻与《营造法式》相关的史料文献以辅助释读，一直是研究的重要组成（图 5-12）。

1989 年，郭黛姮指导冯继仁完成硕士学位论文《巩县北宋皇陵研究》[②]，该研究根据文献、史料，结合实地考察，对宋陵基本形制作出较详尽的研究。其中，对于宋代礼制框架下的墓葬制度研究，大量依据《宋会要辑稿》，为《营造法式》的研究提供了方法上的参考。

近来，王其亨指导博士研究生刘江峰以《营造法式》与同时代郭若虚《图画见闻志》[③]中的若干词条相较，指出《图画见闻志》卷一“论制作楷模”中记录的众多营造名词与《营造法式》提法相同，充分证明《营造法式》整理并记录了世间流行的营造用语。而有些不同的提法，也可说明《营造法式》术语是经过“稽参众智”“比较诸作利害”等程序，与众多匠师和管理人员充分讨论、

① “并应注重实物，凡建筑所用，一甓一椽，乃至冢墓遗文，伽蓝旧迹，经考古家、美术家、收藏家，所保存所记录者，尤当征作资料。希其援助，至古人界画粉本，实写真形，近代图样模型影片，皆拟设法访求，以供参证。”引自朱启钤 . 中国营造学社缘起 . 中国营造学社汇刊，1930，1（1）：1-2.

② 冯继仁 . 巩县北宋皇陵研究 . 北京：清华大学，1989.

③《图画见闻志》六卷，记载了唐会昌元年（841 年）至北宋熙宁七年（1074 年）间的绘画发展史。郭若虚，太原（今山西省太原市）人，生卒年不详。

筛选后确定的，突出了该书对搜集、整理营造词汇的贡献[①]。此种文献横向对比的研究方法，不仅是将《营造法式》置于当时社会背景中的比较，也进一步明确了其文献学价值。

21 世纪以来，随着计算机的普及和网络技术的发展，以往珍贵的古籍信息得以共享，依托便捷的文献检索手段，可以快速地从古籍的瀚海中钩稽史料，完全改善了过去查阅文献、寻找实证犹如大海捞针的状况，也为建筑史学的研究提供了新的契机。例如《四库全书》等古籍类全文数据库，不仅提高了工作效率，也使全面、准确的检索成为可能。由此，围绕《营造法式》文本的研究又可以进入新的天地，即利用古籍数据库为相关研究提供更丰富的文献基础和生动的语境，实现将《营造法式》放到宋代文献背景下的解读，无疑将是一个极大的飞跃。

（2）图像资料与《营造法式》的互证

1930 年代，田边泰在《大唐五山诸堂图考》中指出《大唐五山诸堂图》中的建筑图可与《营造法式》中所绘图样相较。对此，译者梁思成也颇为认同："译者按：……日本早稻田大学建筑助教授田边泰先生近著《大唐五山诸堂图考》一文，述义介禅师"旅行图记"之源委，为南宋江南禅刹之实写。平面配置，结构方法，外部形状，佛具坛座，莫不详尽。《营造法式》乃一部理论的、原则的著述，而《大唐五山诸堂图》乃一部实物的描写；两者较鉴，互相释解发明处颇多。"[②]

因此，历代流传下来的图像文献，也是《营造法式》研究的重要参考。例如与《营造法式》同时期完成的《清明上河图》[③]，作为中国现实主义画卷的典范，很多学者都认为其具有极高的写实性，可作为《营造法式》研究重要的图像文献辅证，相关研究有崔延和的《清明上河图的历史价值与艺术特色》、谭刚毅的《宋画〈清明上河图〉中的民居和商业建筑研究》、柯宏伟的《从〈清明上河图〉看北宋东京酒店建筑的特色》、王洁的《建筑与景观解读〈清明上河图〉的资料性》《从"表层"定量解读描绘的街路景观——〈清明上河图〉的量化研究》《从表层定量解读描绘

① 参见王其亨，刘江峰.《营造法式》文献编纂成就探析.建筑师，2007（5）：78-82. 相关研究可参见：刘江峰，王其亨."辨章学术、考镜源流"——中国营造学社的文献学贡献.哈尔滨工业大学学报（社会科学版），2006（5）：15-19；刘江峰，王其亨，陈健.中国营造学社初期建筑历史文献研究钩沉.建筑创作，2006（12）：153-160.

② 田边泰著.大唐五山诸堂图考.梁思成译.中国营造学社汇刊，1932，3（3）：88.

③《清明上河图》是张择端绘制的存世精品，为中国十大传世名画之一。该画卷生动地记录了中国 12 世纪城市生活的面貌。作品以长卷形式，采用散点透视的构图法，将繁杂的景物纳入统一而富于变化的画卷中。张择端（1085—1145 年），字正道，又字文友，东武（今山东诸城）人，北宋末年画家。

的街路景观——〈清明上河图〉的成分分析》、张健的《北宋东京寺院与官宅——〈清明上河图〉建筑二题》等文。[①] 其中，王洁的《建筑与景观解读〈清明上河图〉的资料性》一文，在考察《清明上河图》城市及商业背景的基础上，通过与历史资料、《东京梦华录》和《营造法式》等文献的对照，论证了此图高度的资料价值。[②]

宋代图像资料的其他相关研究还有傅熹年的《王希孟〈千里江山图〉中的北宋建筑》、张十庆的《从“五山十刹图”看南宋寺院家具的形制与特点》、《“五山十刹图”与南宋江南禅寺》[③] 等，以及刘国胜、胡浩、宋之仪、谭皓文在学位论文中对宋画建筑展开的研究，都从各个层面突出了宋画对《营造法式》研究的史料价值。[④]

除绘画类文献，古代工匠施工前在墙壁上试画建筑剖面图以推敲举折、权衡尺寸所留存的图样，亦即“画宫于堵”和《营造法式》所谓“定侧样”、“点草架”等形式[⑤]，也是弥补史籍文本不足的宝贵资料（图 5-13）。

2. 考古学方法的应用

（1）《营造法式》研究在考古学领域的应用

与建筑史学紧密联系的考古学[⑥]，自 1950 年代以来，发展极为迅速，各类考古资料骤增，考古机构的发掘和探索工作为古代建筑的研究作出了很大的贡献。[⑦] 较为典型的成果当属宿白对白沙宋墓所作的深入研究。

---

① 崔延和．清明上河图的历史价值与艺术特色．西北民族学院学报（哲学社会科学版），1995（2）：121-226；谭刚毅．宋画《清明上河图》中的民居和商业建筑研究．古建园林技术，2003（4）：38-41；柯宏伟．从《清明上河图》看北宋东京酒店建筑的特色．河南大学学报，2004（4）：123-125；王洁．建筑与景观解读《清明上河图》的资料性．华中建筑，2005（2）：112-113；张健．北宋东京寺院与官宅——《清明上河图》建筑二题．同济大学学报（社会科学版），2006（3）：38-45；王洁．从“表层”定量解读描绘的街路景观——《清明上河图》的量化研究．华中建筑，2006（8）：144-147；王洁，龚敏．从表层定量解读描绘的街路景观——《清明上河图》的成分分析．华中建筑，2007（8）：179-181.

② 王洁．建筑与景观解读《清明上河图》的资料性．华中建筑，2005（2）：112-113.

③ 傅熹年．王希孟《千里江山图》中的北宋建筑．故宫博物院院刊，1979（2）：50-61；张十庆．从“五山十刹图”看南宋寺院家具的形制与特点（上）．室内设计与装修，1994（1）：8-9；张十庆．从“五山十刹图”看南宋寺院家具的形制与特点（下）．室内设计与装修，1994（2）：48-50；张十庆．“五山十刹图”与南宋江南禅寺．南京：东南大学出版社，2000.

④ 刘国胜．宋画中的建筑与环境研究．开封：河南大学，2006；胡浩．宋画《水殿招凉图》中的建筑研究．北京：北京林业大学，2009；宋之仪．建筑文化视野之下的两宋时期界画研究．长沙：湖南大学，2010；谭皓文．两宋时期山水画中的建筑研究．广州：华南理工大学，2010.

⑤ 唐代柳宗元《梓人传》有记：“画宫于堵，盈尺而曲尽其制，计其毫厘而构大厦，无进退焉。”《营造法式》卷五：“举折之制先以尺为丈，以寸为尺，以分为寸，以厘为分，以毫为厘，侧画所建之屋于平正壁上定其举折之峻慢，折之圜和，然后可见屋内梁柱之高下，卯眼之远近。今俗谓之定侧样，点草架。”

⑥ 建筑史学与考古学虽然都会关注古代建筑研究，但因所属学科体系不尽相同，各自的研究目标、角度、方法和应用的理论都有显著的区别，也表现出不同的侧重点。其中，建筑史学研究更多地关注建筑技术和艺术的演变与发展，目的是构建发展史，更大的目标是以历史建筑作为现实建筑的借鉴；而建筑考古作为考古学的研究专题，是将古代建筑当作人类物质文化生活的遗存，研究的核心目标旨在复原古代社会物化在建筑上的人类活动。参见严辉．“中国建筑史学”与“建筑考古”的初步对比研究．中国文物报，2004-09-17.

⑦ 陈明达．建国以来所发现的古代建筑．文物参考资料，1959（10）：37-44.

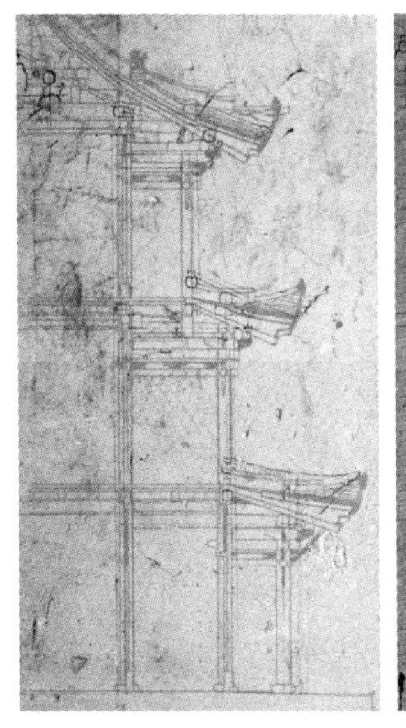
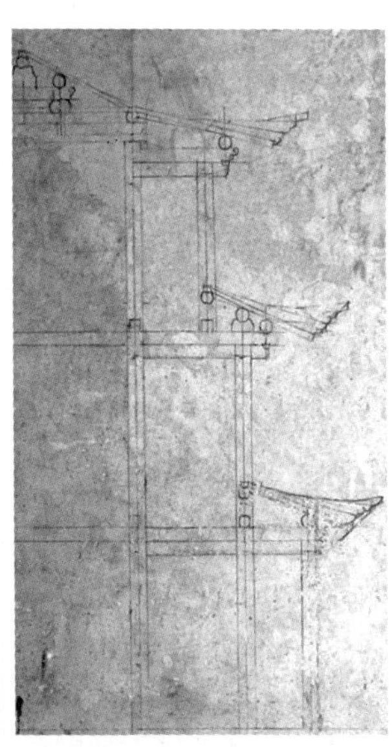
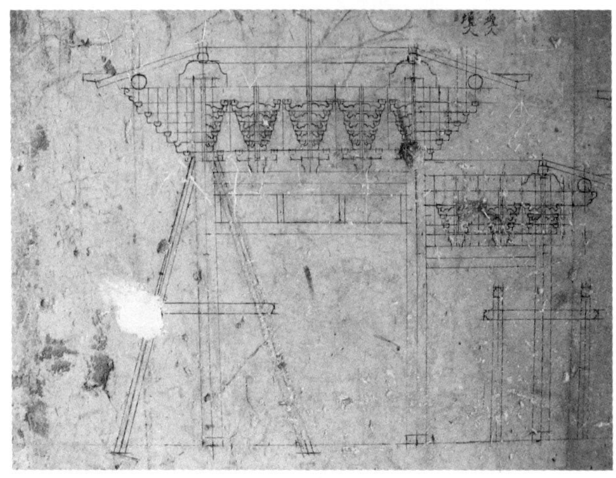

图 5-13 “画宫于堵”的点草架实例[①]
（资料来源：丁垚拍摄）

1951 年 12 月，由宿白主持发掘的河南省禹县白沙镇北宋末赵大翁及其家属的三座砖雕壁画墓，是 20 世纪下半叶初最受关注的考古活动之一。随后，由宿白撰写的《白沙宋墓》[②]，以全面的科学价值、丰富的资料引得考古和文物学界的赞誉，不仅是中华人民共和国成立后最早出版的考古报告之一，也成为中国田野

① 此为清末工匠绘于青海贵德玉皇阁西壁的侧样（比例为 1:10），王其亨于 2001 年 4 月发现，与《营造法式》中“以尺为丈、以寸为尺”的制度相符。

②《白沙宋墓》发掘报告经多次修改、加工，初稿曾请陈明达等学者审阅。1957 年，由文物出版社出版。后应读者需求，于 2002 年重新出版小开本，内容略作调整。参见宿白．白沙宋墓・后记．北京：文物出版社，2002.

考古报告的奠基之作。[①] 书中全面展示了白沙宋墓的发掘资料，着重以墓室结构的特点和壁画的内容，结合丰富的历史典籍考证，再现了宋代的社会生活，在建筑、绘画、服饰、器用、民情、风俗等多方面均有精辟阐述。[②]

由于白沙宋墓是北宋中晚期中原地区一种仿木构的雕砖壁画墓，考古报告的编写参考了营造学社的古建筑调查报告[③]，《营造法式》在其中充当了重要的文献依据。宿白沿袭梁思成、刘敦桢等学者的研究方式，充分运用《营造法式》术语进行描述和比对。因该书主要侧重于对墓葬的客观报告，对于《营造法式》的研究来说，大多在比较、对照、互证以及以《营造法式》为文献支撑，探讨古代建筑源流关系的层面上。[④]

《白沙宋墓》将《营造法式》的价值扩展到考古领域，同时也拓宽了《营造法式》研究的实物基础。《白沙宋墓》不仅是重要的考古发掘成果，还为《营造法式》与考古学界的结合提供方法和范式，无疑是《营造法式》研究史和考古研究史上的转折和创新。另外，需要指出的是，与学社时期的研究目的不同，《白沙宋墓》以考古报告的形式出现，并不单纯为解读《营造法式》，也没有像梁、刘当时构建中国建筑史框架的任务。这种差异决定了宿白利用《营造法式》的主要着眼点，是将其作为一种参证资料，而非奉为圭臬，正可谓人实役物，非物役人。

---

① 另外，宿白在《白沙宋墓》中，以两部分的编写体例区分了报告正文和编写者研究的界限，创立了一个充分利用文献进行考古研究的成功典范，使中国考古学得以提升。其报告正文尽量不掺入主观推测和解释。在介绍三座墓葬的同时，还根据考古发掘的材料，结合已发现的宋、辽、金时代的考古资料、《营造法式》和其他历史文献，在诸多方面展开分析。并在正文之外作了大量详细注释。其中，对墓室壁画中一事一物的诠解与定名，引证文献，排比已知的实物与图像材料，对其在历史进程中的发生、发展与演变的梳理，皆由注释部分完成。这种方式得到很多学者的认可，相关评述参见陆锡兴．从金石学、考古学到古代器物学．南方文物，2007（1）:70；陈成国．关于《白沙宋墓》注释的三点意见．湖南大学学报（社会科学版），2000（4）:10-12；徐苹芳．重读《白沙宋墓》．文物，2002（8）：91-96；扬之水．细节的意义．读书，2002（9）：57-64；陆锡兴．宋代壁画墓与《白沙宋墓》——纪念《白沙宋墓》出版五十年．南方文物，2008（1）：22-26.

② 参见文物出版社．再版说明．见：宿白．白沙宋墓．北京：文物出版社，2002.

③ 徐苹芳．重读《白沙宋墓》．文物，2002（8）：91-96.

④ “此细部尺寸和彼此的比例，大多与《营造法式》不合（参看《营造法式》卷四《大木作制度》一，《斗》、《栱》、《总铺作次序》诸条）。其中栌斗耳、平、欹都高5厘米，恰为三层砖之厚。散斗耳、平、欹都高10厘米，亦正为二层砖之厚。又华栱、昂出跳短促。凡此类皆因受砖本身限制所致。按白沙宋墓铺作细部尺寸大都不合《营造法式》所记。……门簪数目，根据已知的唐、宋遗物多作二枚（陈仲篪《识小录——门饰之演变》，《中国营造学社汇刊》5卷3期）。但《营造法式》卷三十二《小木作制度·图样》中的版门背面却绘门簪后尾四枚。北宋末已流行用四枚，而实例以此墓为最早。……金铤较小，银铤较大。此二物图像见于《营造法式》卷三十三《彩画作制度》图样上五彩琐纹、碾玉琐纹中，并且小金铤都二枚相叠作十字形，银铤都两端宽厚，与此墓所画的二种形式极同。……第六：第一号墓墓室栱眼壁画牡丹，用墨线勾轮廓，第二号墓栱眼壁的牡丹则用没骨法，按北宋时代一般木建筑和《营造法式》卷三十四《彩画作图样》下所绘之栱眼壁装饰中有如第一号墓的形式，至于第二号墓用没骨花则为前所未见，此种画风，北宋时始见兴起，用作建筑装饰当为后起。……北宋时代小木作极为流行，从《营造法式》记录《小木作制度》和《小木作功限》之详细情况可以推知。其所以流行，一则由于自皇室以下之高级统治者兴建殿堂，要求在装饰上尽量繁缛，再则从《营造法式》所记小木作的种类如佛道帐之类和现存当时寺观文献以及现存实物等，知当时寺观建筑也在普遍兴建小木作。”引自宿白．白沙宋墓．北京：文物出版社，2002：32，33，52，101，112.

（2）考古学方法在《营造法式》研究中的应用

2003年，在考古学专家宿白的指导下，徐怡涛在博士学位论文《长治、晋城地区的五代、宋、金寺庙建筑》中，对早期建筑的分区结合分期研究，可以说是学术界检讨自身研究方法，主动进行跨学科整合的典型实例。[①]

该研究以实地调研、测绘的第一手资料为基础，结合前人相关研究成果和历史文献，以考古学理论为指导原则，探索切合中国古代建筑遗存具体情况的年代学研究方法。经过较为系统和深入的研究，提出长治、晋城地区五代、宋、金时期寺庙的布局和单体建筑形制的相关分期结论。在分期研究的基础上，通过与长治、晋城周边地区同期建筑以及《营造法式》的定性比较，探讨了五代、宋、金时期古代建筑形制在时间和空间上的分布和传播。此外，还将建筑形制分期研究和历史背景结合起来，对分期的历史动因、遗存时间分布的历史意义等相关问题进行了初步探讨。论文以建筑构件形制的定性比较为主，是考古年代学方法在早期建筑及《营造法式》研究中的应用。

此外，徐怡涛在宿白指导下，吸收考古学的研究方法，针对辽代建筑涞源阁院寺文殊殿完成的年代鉴别研究，在莫宗江已有研究的基础上提出了逻辑更为严密的年代鉴定结论，也是考古学方法应用于早期建筑研究的典型成果[②]；徐怡涛所著《山西万荣稷王庙建筑考古研究》一书，也是将考古学与建筑史学、自然科学研究方法相结合，基于历史学视角，对早期建筑所做的“精细测绘”和建筑考古研究。[③]

3. 结构力学方法的应用

如本书第四章所述，梁思成、陈明达、王天等学者，都曾有将结构力学方法应用于早期建筑和《营造法式》研究的实践，起到了良好的示范作用。

其后，吴玉敏、张景堂、于倬云、周苏琴等学者也以《营造法式》为基础，对古建筑的构造方法与抗震性能做出讨论。[④] 21世纪以来，随着力学研究的不断深入，

---

① 徐怡涛．长治、晋城地区的五代、宋、金寺庙建筑．北京：北京大学，2003.

② 徐怡涛．河北涞源阁院寺文殊殿建筑年代鉴别研究．建筑史论文集，2002（16）：82–94.

③ 徐怡涛．山西万荣稷王庙建筑考古研究．南京：东南大学出版社，2016。其他结合考古学方法的相关研究还有：徐怡涛．文物建筑形制年代学研究原理与单体建筑断代方法．中国建筑史论汇刊，2009：487–494；俞莉娜，徐怡涛．山西万荣稷王庙大殿大木结构用材与用尺制度探讨．中国国家博物馆馆刊，2015（6）：128–146；徐怡涛．宋金时期“下卷昂”的形制演变与时空流布研究．文物，2017（2）：89–96.

④ 吴玉敏，张景堂等．殿堂型建筑木构架体系的构造方法与抗震机理．古建园林技术，1996（4）：32–36；于倬云，周苏琴．中国古建筑抗震性能初探．故宫博物院院刊，1999（2）：1–8.

结合木构建筑保护修缮的需要，诸多学者以高校为依托，带领博士、硕士研究生以古代木结构建筑实例和《营造法式》相关内容为基础，开展了一系列结构力学方面的试验和分析，以更为理性和客观的视角，为中国古代木构建筑结构的研究提供了可资借鉴的方法。其中，尤为突出的是西安建筑科技大学土木工程学院的赵鸿铁、薛建阳、高大峰等教授，指导张鹏程、葛鸿鹏、于业栓、谢启芳、苏军、隋䶮、张风亮、张锡成等研究生，依照《营造法式》有关大木作形制与构造要求，制作木构架模型，开展系列探索工作，涉及中国古建筑木结构抗震性能、榫卯及节点加固抗震性能、木构耗能减震机理与动力特性、屋盖梁架体系力学性能、木结构加固及其性能等方面的试验研究及理论分析，并由此形成大量成果，诚可注意。①

① 相关期刊论文有：高大峰，赵鸿铁，薛建阳，张鹏程．中国古建木构架在水平反复荷载作用下的试验研究．西安建筑科技大学学报（自然科学版），2002（4）：317-319；张鹏程，赵鸿铁，薛建阳，高大峰．中国古代大木作结构振动台试验研究．世界地震工程，2002（4）：35-42；张鹏程，赵鸿铁，薛建阳，高大峰．斗栱结构功能试验研究．世界地震工程，2003（1）：102-106；高大峰，赵鸿铁，薛建阳，张鹏程．中国古代大木作结构斗栱竖向承载力的试验研究．世界地震工程，2003（3）：56-61；高大峰，赵鸿铁，薛建阳，张鹏程．中国古建木构架在水平反复荷载作用下变形及内力特征．世界地震工程,2003(1):9-15;薛建阳,赵鸿铁,张鹏程．中国古建筑木结构模型的振动台试验研究．土木工程学报，2004（6）：6-11；苏军，高大峰．中国木结构古建筑抗震性能的研究．西北地震学报，2008（3）：239-244；谢启芳，赵鸿铁，薛建阳，姚侃，隋䶮．中国古建筑木结构榫卯节点加固的试验研究．土木工程学报，2008（1）：28-34；于业栓，薛建阳，赵鸿铁．碳纤维布及扁钢加固古建筑榫卯节点抗震性能试验研究．世界地震工程，2008（3）：112-117；葛鸿鹏，周鹏，伍凯，赵鸿铁．古建木结构榫卯节点减震作用研究．建筑结构，2010（A2）：30-36；张风亮，赵鸿铁，薛建阳，马辉，张锡成．古建筑木结构屋盖梁架体系动力性能分析．工程力学，2012（8）：184-188；谢启芳，向伟，杜彬，郑培君．残损古建筑木结构叉柱造式斗栱节点抗震性能退化规律研究．土木工程学报，2014（12）：49-55；谢启芳，杜彬，李双，向伟，郑培君．残损古建筑木结构燕尾榫节点抗震性能试验研究．振动与冲击，2015（4）：165-170；谢启芳，杜彬，向伟，郑培君，崔雅珍，张风亮．古建筑木结构燕尾榫节点抗震性能及尺寸效应试验研究．建筑结构学报，2015（3）：112-120；谢启芳，郑培君，崔雅珍，钱春宇，张风亮．古建筑木结构直榫节点抗震性能试验研究．地震工程与工程振动，2015（3）:232-241;谢启芳，向伟，杜彬，郑培君，吴波．古建筑木结构叉柱造式斗栱节点抗震性能试验研究．土木工程学报，2015（8）：19-28。相关的学位论文有：张鹏程．中国古代木构建筑结构及其抗震发展研究．西安：西安建筑科技大学，2003；葛鸿鹏．中国古代木结构建筑榫卯加固抗震试验研究．西安：西安建筑科技大学，2005；于业栓．古建筑榫卯节点加固试验研究．西安：西安建筑科技大学，2006；高大峰．中国木结构古建筑的结构及其抗震性能研究．西安：西安建筑科技大学，2007；谢启芳．中国木结构古建筑加固的试验研究及理论分析．西安：西安建筑科技大学，2007；苏军．中国木结构古建筑抗震性能的研究．西安：西安建筑科技大学，2008；隋䶮．中国古代木构耗能减震机理与动力特性分析．西安：西安建筑科技大学，2009；张风亮．中国木结构古建筑屋盖梁架体系力学性能研究．西安：西安建筑科技大学，2011；张风亮．中国古建筑木结构加固及其性能研究．西安：西安建筑科技大学，2013；张锡成．地震作用下木结构古建筑的动力分析．西安：西安建筑科技大学，2013。相关论著有：张鹏程，赵鸿铁著．中国古建筑抗震，北京：地震出版社，2007.

此外，还有长安大学建工学院的赵均海、魏雪英、卢林枫指导学生完成的殿堂型木结构试验及力学性能研究、古建筑木结构抗震性能试验与理论研究以及定鼎门钢结构仿古建筑组成及力学性能研究[①]；毕业于前述西安建筑科技大学土木工程学院的张鹏程，任教厦门大学建筑与土木工程学院土木系后，基于其前的学术积累，指导学生完成了《营造法式》厅堂型木构架及透榫节点力学性能和殿堂构架地震作用下弹性抗侧移刚度的实验研究，还在建立山西应县木塔结构理想复原模型的基础上，对其结构特点展开分析[②]；太原理工大学建筑与土木工程学院的李铁英教授，除了对山西应县木塔的结构、抗震性能、残损现状及修缮措施做出大量研究外，指导学生以《营造法式》文本为基础，对古代木构建筑的结构性能和抗震性能做出探讨[③]；西南交通大学、昆明理工大学、中国地震局工程力学研究所等学校或科研机构也在《营造法式》文本和结构分析的基础上，形成相关成果。[④]

除上述以学校为单位的系列研究外，其他相关研究还有汪兴毅、杨智良对《营造法式》殿堂型木构架古建筑抗震构造的研究；李海娜、翁薇对木结构单铺作的静力分析；孟涛、沈小璞对带有关键榫卯节点的有限元分析；周乾、杨娜，闫维明对《营造法式》力学意义的探讨，等等。[⑤]

① 王继秀．古建筑木结构抗震性能试验与理论研究．西安：长安大学，2010；李天华．殿堂型古建筑木结构试验及力学性能研究．西安：长安大学，2010；吴翔艳．定鼎门钢结构仿古建筑组成及力学性能研究．西安：长安大学，2010.

② 宁鹏．宋《营造法式》厅堂型木构架及透榫节点力学性能研究．厦门：厦门大学，2013；俞正茂．应县木塔结构图解．厦门：厦门大学，2014；黄燕萍．宋《营造法式》殿堂构架地震作用下弹性抗侧移刚度研究．厦门：厦门大学，2015.

③ 相关期刊论文有：康昆，乔冠峰，陈金永，牛庆芳，李铁英，魏剑伟．榫卯间缝隙对古建筑木结构燕尾榫节点承载性能影响的有限元分析．中国科技论文，2016（1）：38-42；陈金永，师希望，牛庆芳，魏剑伟，李铁英，赵燕霞．宋式木构屋盖自重及材份制相似关系．土木建筑与环境工程，2016（5）：27-33；冯凯，李铁英，康昆，孟宪杰，侯静．带缝燕尾榫构件抗震性能影响研究．工业建筑，2016（增刊Ⅱ）：163-166。相关的学位论文有：王俊伟．二、六等材木结构模型结构性能分析．太原：太原理工大学，2015；万佳．宋式三等材和七等材单柱摩擦体系的静力、动力有限元分析．太原：太原理工大学，2015；康昆．构件之间的缝隙对八等材木构架承载性能影响分析．太原：太原理工大学，2016；冯凯．残损古建筑抗震性能研究．太原：太原理工大学，2016.

④ 孙晓洁．殿堂型木构古建筑抗震机理分析——斗栱演化隔震的有限元动力分析．成都：西南交通大学，2009；赵守江．古建木结构及其内陈文物地震反应分析．哈尔滨：中国地震局工程力学研究所，2012；王丹．传统木结构节点区摩擦耗能机理及力学模型化试验研究．昆明：昆明理工大学，2014.

⑤ 汪兴毅，杨智良．殿堂型木构架古建筑的抗震构造研究．合肥工业大学学报（自然科学版），2007（10）：1349-1352；李海娜，翁薇．古建筑木结构单铺作静力分析．陕西建筑，2008（2）：10-12；孟涛，沈小璞．带有关键榫卯节点的有限元分析．安徽建筑工业学院学报（自然科学版），2012（6）：28-30；周乾，杨娜，闫维明．《营造法式》力学意义研究．广州大学学报（自然科学版），2015：64-70.

有关《营造法式》性质的评述　　表 5-1

年份	出处	观点
1925	[法]德密那维尔:《评宋李明仲〈营造法式〉》	缘《营造法式》一书，正所以代官府旧籍而备将作监员役习用者。……《营造法式》为技术专书①
1927	[英]叶慈:《论中国建筑》	故现今翻印之《营造法式》一书，极为研究建筑学者所珍贵②
1930	朱启钤:《中国营造学社开会演词》	故因李氏书，而发生寻求全部营造史之涂径③
1932	梁思成:《蓟县独乐寺观音阁山门考》	《营造法式》为我国最古营造术书④
1944	梁思成:《中国建筑史》	为研究我国建筑技术方面极重要资料⑤
1957	刘致平:《中国建筑类型及结构》	北宋因工程繁多，遂有《营造法式》一书的编纂，使许多建筑有一定的标准制度，施工极易⑥
1962	建筑工程部建筑科学研究院建筑理论与历史研究室中国建筑史编辑委员会:《中国建筑简史》第一册（中国古代建筑简史）	系统地总结了当时建筑技术的成就，这本书具有高度的科学价值，是现存我国古代最全面的建筑学文献。……可说是我国最古的关于劳动定额的科学文献。……是世界重要的科学历史文献之一⑦
1964	刘敦桢主编:《中国古代建筑史》	北宋政府为了管理宫室、坛庙、官署、府第等等建筑工作，颁行了《营造法式》一书。这书是上述各种建筑的设计、结构、用料和施工的“规范”⑧
1966	梁思成:《〈营造法式〉注释》	全书三十四卷中，还是以十三卷的篇幅用于功限、料例，可见《法式》虽经李诫重修，增加了各作“制度”，但是关于建筑的经济方面，还是当时极为着重的方面。……是北宋官订的建筑设计、施工的专书。它的性质略似于今天的设计手册加上建筑规范。它是中国古籍中最完善的一部建筑技术专书⑨
1981	陈明达:《〈营造法式〉大木作研究》	我国现存古代科学著作中最早的一部建筑学著作⑩
1982	陈明达:《关于〈营造法式〉的研究》	“关防工料”是原来的宗旨，并不是为了设计⑪
1982	《中国建筑史》编写组:《中国建筑史》	是我国古代最完整的建筑技术书籍⑫
1982	李允鉌:《华夏意匠》	整部《营造法式》其实都是为“施工”需要而编订，绝不是一本谈设计和理论的书籍⑬

① 德密那维尔 . 评宋李明仲《营造法式》. 越南远东学院丛刊，1925（1，2），转引自法人德密纳维尔评宋李明仲《营造法式》. 中国营造学社汇刊，1931，2（2）：6，8.
② 叶慈 . 论中国建筑 . 白利登杂志，1927（3），转引自英叶慈博士论中国建筑（内有涉及《营造法式》之批评）. 中国营造学社汇刊，1930，1（1）：4.
③ 朱启钤 . 中国营造学社开会演词 . 中国营造学社汇刊，1930，1（1）：3.
④ 梁思成 . 蓟县独乐寺观音阁山门考 . 中国营造学社汇刊，1932，3（2）：17.
⑤ 梁思成 . 中国建筑史 . 天津：百花文艺出版社，1998：26.
⑥ 刘致平 . 中国建筑类型及结构 . 北京：建筑工程出版社，1957：25.
⑦ 建筑工程部建筑科学研究院建筑理论与历史研究室中国建筑史编辑委员会编 . 中国建筑简史：第 1 册（中国古代建筑简史）. 北京：中国工业出版社，1962：158，160.
⑧ 刘敦桢主编 . 中国古代建筑史 . 北京：中国建筑工业出版社，1980：228.
⑨ 梁思成 .《营造法式》注释・序 . 见：梁思成 . 梁思成全集（第七卷），北京：中国建筑工业出版社，2001：5，7.
⑩ 陈明达 .《营造法式》大木作研究・绪论 . 北京：文物出版社，1981：1.
⑪ 陈明达 . 关于《营造法式》的研究 . 建筑史论文集，1999（19）：47.
⑫《中国建筑史》编写组 . 中国建筑史 . 北京：中国建筑工业出版社，1982：25.
⑬ 李允鉌 . 华夏意匠——中国古典建筑设计原理分析 . 天津：天津大学出版社，2005：424.

续表

年份	出处	观点
1985	郭黛姮:《中国古代建筑技术史·〈营造法式〉评述》	是关于当时宫廷、官府建筑的技术、材料、劳动日定额等方面比较完整的法规性文献。是北宋官方颁发的,关于建筑工程做法和工料定额的专书,也可算是我国最早的一部建筑工程规范①
1987	喻维国:《中国大百科全书》(土木工程卷,“李诫”词条)	是中国古代最完善的土木建筑工程著作之一②
1988	陈明达:《中国大百科全书》(建筑、园林、城市规划卷,“《营造法式》”词条)	是中国现存时代最早、内容最丰富的建筑学著作。……除行政管理上“关防工料”的要求外,侧重于建筑设计、施工规范,并有图样③
1988	陈明达:《中国大百科全书》(建筑、园林、城市规划卷,“中国古代建筑”词条)	它虽然是一部则例性质的专书,但包含了很深的建筑学内容,成为研究中国古代建筑史的重要典籍④
1988	郎玥:《中国大百科全书》(建筑、园林、城市规划卷,“李诫”词条)	北宋官定建筑设计和施工专著⑤
1990	陈明达:《中国古代木结构建筑技术(战国－北宋)》	这是一部成书于公元1100年的建筑学专书,包含着建筑规范和工料定额手册的性质⑥
1990	曹汛:《中国大百科全书》(美术卷,“中国古代主要建筑著作和工师”词条)	为当时宫廷官府建筑的制度材料和劳动日定额等甚为完整的规范,是古代建筑学的专著⑦
1999	萧默:《中国建筑艺术史》	为便于管理工料,规范建筑做法……,是中国古代少有的建筑技术专书,对今天了解建筑的艺术处理手法也有重大参考价值。《营造法式》的内容除类似于现代工程定额的“功限”和“料例”之外,还包括各种做法⑧
2003	郭黛姮主编:《中国古代建筑史》(第三卷)	是由官方颁发、海行全国的一部带有建筑法规性质的专书。……《法式》所制定的功限、料例,也为当时建筑工程管理提出了较科学的方法和具体额度,该书也可算是中国古代工程管理学的杰作⑨

① 中国科学院自然科学史研究所主编.中国古代建筑技术史.北京:科学出版社,1985:524,527.
② 喻维国."李诫"词条.见:中国大百科全书总编辑委员会本卷编辑委员会,中国大百科全书出版社编辑部编.中国大百科全书(土木工程卷).北京:中国大百科全书出版社,1987:357.
③ 陈明达."《营造法式》"词条.见:中国大百科全书总编辑委员会本卷编辑委员会,中国大百科全书出版社编辑部编.中国大百科全书(建筑·园林·城市规划卷).北京:中国大百科全书出版社,1988:508.
④ 陈明达."中国古代建筑"词条.见:中国大百科全书总编辑委员会本卷编辑委员会,中国大百科全书出版社编辑部编.中国大百科全书(建筑·园林·城市规划卷).北京:中国大百科全书出版社,1988:560.
⑤ 郎玥."李诫"词条.见:中国大百科全书总编辑委员会本卷编辑委员会,中国大百科全书出版社编辑部编.中国大百科全书(建筑·园林·城市规划卷).北京:中国大百科全书出版社,1988:298.
⑥ 陈明达.中国古代木结构建筑技术(战国－北宋).北京:文物出版社,1990:51.
⑦ 曹汛."中国古代主要建筑著作和工师"词条.见:中国大百科全书总编辑委员会本卷编辑委员会,中国大百科全书出版社编辑部编.中国大百科全书(美术卷).北京:中国大百科全书出版社,1990:1092.
⑧ 萧默主编.中国建筑艺术史.北京:文物出版社,1999:443.
⑨ 郭黛姮主编.中国古代建筑史(第三卷).北京:中国建筑工业出版社,2003:611,616.

续表

年份	出处	观点
2005	潘谷西、何建中:《〈营造法式〉解读》	是一种建筑工程预算定额。是政府对建筑工程所制定的在实际工作中必须遵照执行的法规，而不是没有约束力的技术性著作[①]
2008	傅熹年:《中国科学技术史·建筑卷》	是一个实用的建筑技术规范性专书。是全面反映北宋末年官式建筑设计、施工、制材水平的建筑技术专著……主要目的是确定标准做法和工料定额，以便在全国官建工程验收核查时作为依据[②]

（资料来源：作者自绘）

（二）从不同视角出发的探讨

1.《营造法式》成书性质

元代《宋史·艺文志》将李诫编修的《营造法式》归五行类[③]，清《四库

① 潘谷西，何建中.《〈营造法式〉解读》，南京：东南大学出版社，2005：1.

② 傅熹年.中国科学技术史·建筑卷.北京：科学出版社，2008：433，483.

③ 在李诫编修《营造法式》之前，还有一部“元祐《营造法式》”，如“札子”中提到:“熙宁中（1068—1077年）敕令将作监编修《营造法式》，至元祐六年（1091年）方成书。准绍圣四年（1096年）十一月二日敕：以元祐《营造法式》只是料状，别无变造用材制度，其间工料太宽，关防无术。三省同奉圣旨，着臣重别编修。”其“总诸作看详”还言及该书又一缺陷：“先准朝旨，以《营造法式》旧文只是一定之法，及有营造位置尽皆不同，临时不可考据，徒为空文，难以行用，先次更不施行。”另如《宋史·职官志》卷一百六十五载：“元祐七年诏颁将作监修成《营造法式》。”《宋史·艺文志》卷二百零四载:“《营造法式》二百五十册（元祐间卷亡）。”《续资治通鉴长编》卷四百七十一载，元祐七年（1092年）：“诏将作监编修到《营造法式》共二百五十一册，内净条一百一十六册，许令颁降。”从李诫评述和相关历史文献记载可知，元祐《营造法式》不仅篇幅较大，且缺乏实用性，编修完成后并未施行。钟晓青认为“北宋元祐七年（1091年）颁行的《营造法式》在《宋史·艺文志》中归入仪注类，和《朝会仪注》、《祭服制度》、《中宫仪范》等皇家仪典放在一处，崇宁二年（1103年）颁行的宋李诫《营造法式》则归入五行类，和葬经、相书归在一处；尽管前一部的实用性很差，朝廷不得不命将作监重修，但从《宋史·艺文志》中对这两部《营造法式》的态度，仍可看出古人崇礼而鄙术。”引自建筑史解码人·钟晓青.见：杨永生，王莉慧建筑史解码人.北京：中国建筑工业出版社，2006：333。此外，还有左满常《有关〈营造法式〉及其作者的几个史实辨析》一文对元祐《营造法式》与现存《营造法式》的关系展开论证，认为二者不存在关联；贾珺《〈营造法式〉札记六题》一文讨论了北宋末叶新、旧党争的历史背景与新、旧两版《营造法式》的关联，指出李诫编修的《营造法式》属于旧党彻底失势、朝局变幻更迭背景下的标志性产物。同时通过考证古籍分类，指出新、旧两版体例差别甚大，元人视为两种性质不同的典籍，且旧版远比新版卷帙浩繁，推测其内容更近于工程资料汇编，而缺乏系统总结。参见左满常.有关《营造法式》及其作者的几个史实辨析.中国营造学研究，2005（1）：95-96；贾珺.《营造法式》札记六题.建筑学报，2017（1）：41-42.

全书》归史部·政书类[①]，可窥古人对《营造法式》成书性质的认识。[②]自"陶本"《营造法式》广泛发行后，很多研究和评述都涵盖了对《营造法式》性质和编修宗旨的判断，对其成书性质的不同理解，将直接影响研究者的立场和观点（表 5-1）。

综上，目前对《营造法式》的研究，大都来自建筑学领域，主要侧重于建筑技术的层面。经过多年的探讨，对成书性质有了清晰的认知，该书也被冠以"以官方名义刊行的最为系统完整的古代营造规范典籍""宋代建筑工程总结性的科学著作""古代最完善的营造工程著作之一""中国古代工程管理学的杰作""中国现存时代最早、内容最丰富的建筑学著作"等名号。也有学者曾强调指出《营造法式》据施工需要而编订，其编修宗旨是"关防工料"，而不是专门谈设计和理论的书籍。

在历史记载和相关研究的基础上，可以明确，《营造法式》是用于管理官方营建工程的法规性文献，可作为工程验收核查时的依据，性质略似于今天的建筑工程规范和预算定额，具有法律约束力。主要内容涉及制度等级、工程做法和工料定额等方面，一定程度上反映了建筑设计、结构、构造、材料、制作和施工技术的特点和水平，也映射出当时的社会经济、文化、法律、艺术等方面的情况。[③]因此，《营造法式》成为建筑史学界研究唐、宋、辽、金时期建筑的主要参照，也是研究中国古代建筑史的重要典籍。

除了前述对于《营造法式》实质内容的主流研究，还有从建筑文化[④]、建筑

---

① "政书：中国古代记述典章制度的图书。它广泛收集政治、经济、文化制度方面的材料，分门别类系统地加以组织，并详述各种制度的沿革等。……政书一般分两大类，一为记述历代典章制度的通史式政书，以'十通'为代表；一为记述某一朝代典章制度的断代式政书，称为会典、会要。……政书除'十通'、会要、会典外还有记述历代或一代专门制度、礼仪的书如《历代兵制》、《历代大礼辨误》；国家颁布的法律条文和规定的礼仪，如《大清律例》、《大唐开元礼》、《皇朝礼器图式》；建筑、印刷等制造技术的规范，如《营造法式》、《钦定武英殿聚珍版程式》。"参见徐小蛮．"政书"词条．见：中国大百科全书总编辑委员会本卷编辑委员会，中国大百科全书出版社编辑部编．中国大百科全书（图书馆学·情报学·档案学卷）．北京：中国大百科全书出版社，1993：551-552。《四库全书》将旧目中故事、仪注、刑法归入政书，并析为通制、仪志、邦计、军政、法令、考工六属，以后因之。其收录范围是国政朝章六官所职，与主管建筑的冬官司空，即相当于后世的六部之工部有关的建筑工程做法和料例一类的图书就划归在考工之属当中，《营造法式》在这一部类下。

② 徐苏斌从古代对"建筑"的认识入手，通过在中国古代文献中对"建筑"一词的统计和分析，纠正了过去认为该词来源于日本的误说，指出古人并未把建筑技术作为一个独立的学术分支，而是将其列入典章制度的"政书类"和"经济汇编"类中，把有关建筑做法的记载作为辅助施政的手段或者工具。作者认为近代中国建筑不光是改变原来的建筑样式、技术等表面的东西，更重要的是冲击了原有的儒学体系。徐苏斌还站在古代书籍分类的角度，指出古人是将《营造法式》归为一种制度而不是技术，尽管其中有很多技术的内涵，但不能仅从技术书籍的角度理解《营造法式》，必须和制度结合起来看才是古人对"考工"认识的原意。参见徐苏斌．中国建筑归类的文化研究——古代对"建筑"的认识．城市环境设计 .2005（1）：80-84.

③ 傅新生从现代美术史研究的视野，将《营造法式》与《图画见闻志》、《画继》、《五代名画补遗》等古籍一并归到宋代出版的"美术书籍"的范畴，也反映了对《营造法式》性质的认知。傅新生．宋代出版的几部美术书籍．新美术，2003（2）：35-40.

④ 沈济黄，王歆．宋代建筑文化的镜子——崇宁《法式》．古建园林技术，2007（3）：12-13；洪宇，蒋玉川．从李诫的《营造法式》看宋朝建筑文化．兰台世界，2013（17）：12-13.

理论[①]、场所精神[②]、室内设计[③]等角度出发的探讨。其他有关中国古代建筑研究的若干专著，或涉及对《营造法式》及编者李诫的介绍和简要评述，或参照《营造法式》内容对古代建筑构造技术的详解[④]，足可见《营造法式》在建筑学领域的价值和重要性。

可以说，建筑学领域的主导性研究，不仅使《营造法式》成为可读之书，也让更多领域的学者对其有所认识。《营造法式》因具有多重的“身份”和内涵，逐渐引起其他学科门类或专业的关注，并从不同角度出发，与该书产生关联——或引用文图[⑤]，或横纵比对，或延展分析，涉及经济、军事、地理、文化、教育、艺术、语言、文字、哲学、宗教、政治、法律、文学等诸多方面。例如从哲学思想、思维方式等层面出发，涉及中国古代河洛学、拓扑学、礼乐等内容[⑥]以及《营造法式》的设计思想[⑦]；从工匠营造层面出发，涉及工匠

① 顾明智．从《营造法式》看李诫建筑理论与成就．兰台世界，2013（30）：91–92.

② 李丽霞．中国古建筑的“场所精神”与地缘或方位释义．重庆建筑，2013（12）：4–6.

③ 扬之水．宋人居室的冬和夏（上）．文物天地，2002（9）：50–55；高丰．中国设计史．南宁：广西美术出版社，2004：234–235；赵慧．宋代室内意匠研究．北京：中央美术学院，2009；王文亮．宋代室内界面研究．太原：太原理工大学，2010;王晴．《营造法式》言象系统的教学价值研究——以高校室内设计专业为例．杭州:中国美术学院，2014；孟东生，李敏，曹龙凤．浅谈《营造法式》中的室内环境艺术．现代装饰（理论），2017（1）：34.

④ 罗哲文，王振复主编．中国建筑文化大观．北京：北京大学出版社，2001：521–523；张家骥．中国建筑论．太原：山西人民出版社，2003；张驭寰．中国古代建筑文化．北京：机械工业出版社，2007：257–259；宿白．中国古建筑考古．北京:文物出版社,2009:83–91(着重对大木作制度部分做出介绍);张驭寰．中国古建筑源流新探．天津:天津大学出版社，2010:287–290;李合群主编．中国传统建筑构造．北京:北京大学出版社，2010;王晓华主编．中国古建筑构造技术．北京：化学工业出版社，2013.

⑤ 杜石然，范楚玉，陈美东等．中国科学技术史稿（下）．北京：科学出版社，1982：82–83；段建华编著，徐延京，胡德彝英文翻译．中国吉祥装饰设计．北京：中国轻工业出版社，1999：273，276，283；朱尽晖．陕西炕头石狮艺术研究．北京：中国社会科学出版社，2009：29–30.

⑥ 袁运开，周瀚光主编．中国科学思想史（中）．合肥：安徽科学技术出版社，2000：775–778；杨楠．论中国古代建筑设计理念中的礼乐思想．美苑，2009（6）：82–84；吕变庭．《营造法式》的技术哲学思想探析．井冈山大学学报（社会科学版），2010（6）：44–51；吕变庭．北宋河洛之学在《营造法式》中的应用．吉林省教育学院学报，2011（3）：111–113；尹国均，尹思桥．拓扑学与建筑场所精神的关联分析探讨．重庆建筑，2015（1）：61–63；方琳．从《营造法式》探析中国古代土木工程知识及其思维方式．西安：西安建筑科技大学，2015.

⑦ 2005年，邹其昌在博士后出站报告“《营造法式》艺术设计思想研究论纲”中，拟通过《营造法式》，探寻中国传统艺术设计思想的源头、性质、基本特征及其对当代中国艺术设计学体系建构的重要价值和借鉴意义，尝试从“理论体系”、“模式语言”和“设计思想”角度出发，重建《营造法式》的研究体系，这是从建筑学之外的视野，首次尝试用艺术史的理论开展的研究。出站报告获得的两个基本成果为：（1）以“考工学”设计学形态来考察中国设计思想的基本特征及其当代意蕴；（2）以《营造法式》的深入探讨挖掘出以《周易》体系和《周礼》体系（或称为《易》《礼》体系）为核心的中国设计思想理论体系源头。报告分为上下两篇，上篇主要探讨《营造法式》设计理论体系及其基本精神，下篇主要释读《营造法式》文本相关内容。而后，邹其昌又先后发表论文，指出《营造法式》还是一部阐述和探讨中国古代建筑设计体系的理论专著，也是中国传统建筑设计理论真正成熟的标识。《营造法式》是立足于营造本质与实践而建构起来的“一个理念、两大系统、六大范畴和十三大类型”相互统一的理论体系。这一体系不仅是当时人文思潮与技术思潮高度融合的体现，也是中国建筑理论体系的逻辑发展、整合与推进。参见邹其昌．《营造法式》艺术设计思想研究论纲．北京：清华大学，2005；邹其昌．《营造法式》设计理论体系的当代建构．创意与设计，2012（4）：40–48；邹其昌．经典诠释与当代中国建筑设计理论体系建构——兼论潘谷西先生的《〈营造法式〉解读》的学理价值．美与时代，2006（6）：96；邹其昌．《营造法式》理论体系浅说．见：朱瑞熙等主编．宋史研究论文集．上海：上海人民出版社，2008：556–562。关于设计思想的其他相关讨论还有:杨浩．《营造法式》中的节约型设计思想研究．中华文化论坛，2014(12):143–147；覃十六．《营造法式》的风水观．深圳特区报，2011–03–04（E10）.

意识[①]、工匠文化体系[②]、工匠美术教育[③]、宋式营造技艺[④]等；还有与科技成就、改革举措[⑤]、法律法规[⑥]、工程管理[⑦]、安全生产[⑧]、城市消防[⑨]、公路交通[⑩]、造船工艺[⑪]、测量技术[⑫]、度量衡[⑬]、丝绸服饰[⑭]等多个方面的关联，生动地映射出《营造法式》所在的宋代乃至中国古代社会的面貌。

2.《营造法式》与其他文献比较

以《营造法式》比对不同文化背景下形成的其他古籍文献，也是学者们喜用的方法。这种方法不仅可以凸显文献各自的特点，也能对其间的影响和联系做出切实的讨论[⑮]，基本上已经成为解读营造相关古籍文献的常见形式。

1945 年，梁思成在研究文献和实物的过程中，获得了对《营造法式》更深刻的理解，结合清工部《工程做法》，总结其内在规律，提出了有关中国建筑两

① 由张十庆指导唐聪完成的硕士学位论文《两宋时期的木造现象及其工匠意识探析——从保国寺大殿与〈营造法式〉的构件体系比较入手》，立足于《营造法式》和保国寺大殿之间的联系与差异，通过对构件体系等信息的分析和比较，从构件、构造、和构架三个层次，试图解读中古时期木造现象中的工匠意识。同时也对南、北建筑体系做出比较研究。研究认为，工匠意识在各个层次上影响着古建筑的建造，如在斗、栱等细微的构件层面，表现为工匠对构件制作和施工过程的安排和控制；在宏观的构架层面，涉及结构做法的选择、形式考虑的取舍，综合表现为构架关系的设计和调整。木造现象总是在呈现出一定历史规律的同时又表现出纷繁复杂的倾向，工匠意识的个体差异是导致这种局面形成的重要原因之一。参见唐聪．两宋时期的木造现象及其工匠意识探析——从保国寺大殿与《营造法式》的构件体系比较入手．南京：东南大学，2012.

② 参见邹其昌．论中华工匠文化体系——中华工匠文化体系研究系列之一．艺术探索，2016（5）：74-78.

③ 冯晓阳．美术教育价值取向的历史与传统．长沙：湖南人民出版社，2008：65-67.

④ 刘托指导王颢霖完成的硕士学位论文《宋式营造技艺探析》，在非物质文化遗产研究的视野下，对宋式营造技艺的相关内容进行记录与梳理，依据宋《营造法式》规定的做法，参照现存早期建筑遗构，整理营造过程中具体的技术与工艺，以更加系统的方式呈现宋式营造技艺，进而分析其内在的工艺思想与营造理念，探讨其在传统营造技艺传承中的价值体现。参见王颢霖．宋式营造技艺探析．北京：中国艺术研究院，2016.

⑤ 管成学．宋代的科技与改革初探．汕头大学学报（人文社会科学版），1989（3）：105-108.

⑥ 孟庆鹏．建筑法律制度视角下的《营造法式》研究．见：宁波保国寺大殿建成1000周年学术研讨会暨中国建筑史学分会2013年会论文集．宁波，2013：1-6；许干臣．浅论《营造法式》和建筑法规．科技视界（学术刊），2013（4）：56.

⑦ 许慧，李士太．宋代工程管理概况——读李诫《营造法式》．安徽文学（下半月），2012（6）：158-159.

⑧ 侯军伟．宋代安全生产研究．郑州：河南大学，2011.

⑨ 郑珠，郑晓祎．《营造法式》读后杂谈．古建园林技术，2014（3）：48-49.

⑩ 中国公路交通史编审委员会编．中国公路史：第1册．北京：人民交通出版社，1990：117.

⑪ 金秋鹏，杨丽凡．关于郑和宝船船型的探讨．自然科学史研究，1997（2）：183-196；汪亚波．中国古代木结构法式与郑和宝船尺度．见：北京郑和二千料宝船船模复原研究论坛论文集．北京，2004：56-63.

⑫ 白成军，王其亨．宋《营造法式》测量技术探析．天津大学学报（社会科学版），2012（5）：417-421。该文以现代测量学的视角，通过对《营造法式》所记载的定平、定向等相关测绘内容的解读和分析，在澄清以往研究谬误的基础上进一步说明：在一千多年前的宋代，中国的祖先在营造过程中已经总结出了一套具有现代测量学意义的、蕴涵层级控制思想的、相对完善的基本测量理论体系。

⑬ 郑珠，郑晓祎．《营造法式》读后杂谈．古建园林技术，2014（3）：49.

⑭ 赵丰．中国丝绸艺术史．北京：文物出版社，2005：164-167.

⑮ 常青指出："在元《梓人遗制》（小木作）、元明之际的《鲁般营造正式》、明《鲁班经匠家镜》（江南民间流行）和《厂库须知》，及清工部《工程做法则列》等民间木书或官颁规程中，可以看到制度和做法与《营造法式》传承的若明若暗关系。"参见常青．想象与真实——重读《营造法式》的几点思考．建筑学报，2017（1）：35.

部“文法课本”的概念。[1] 此后，诸多有关建筑史的综述性论著，常基于这两部典籍，从不同角度对它们的关联和差异做出比较，总结宋、清建筑特征，如程万里关于宋、清建筑特点、张十庆关于古代建筑设计技术演变与发展、潘德华关于斗栱外形、蔡军、张健关于《营造法式》的构成和建筑用语以及大木设计技法、武存虎关于传统凿石工序、刘海瑞、张歆关于屋面坡度设计方法等方面的研究。[2]

除了与清工部《工程做法》的比较，学者们也逐渐将《考工记》[3]《木经》[4]《鲁班经》[5]《梓人遗制》[6]《圆明园内工则例》[7] 等形成于中国古代不同历史时期和地域的古籍文献引入研究的视野，如郭黛姮从计工方法、计件定额、工日长短几个方面对《营造法式》和《圆明园内工则例》作出比对[8]；张昕、陈捷取《营造法式》与《梓人遗制》有关小木作部分的内容相较，获得二者存在明显继承关系的认知，以示金、元之际小木作技术的传承与发展[9]；沈伊瓦以《梦溪笔谈》和《营造法式》为例，从文献编撰的目录组织、结构类型的划分、结构构件的定名与释名等层次对当时的结构观念作出分析，以及以《考工记》《营造法式》为例，对古代中国

① 梁思成．中国建筑之两部“文法课本”．中国营造学社汇刊，1945，7(2)：1-8．梁思成在同时期完成的《中国建筑史》一书中，也以“《营造法式》与清工部《工程做法则例》”为题专门介绍了这两部术书的情况，参见梁思成．中国建筑史．天津：百花文艺出版社，1998：26-32.

② 参见程万里．宋、清建筑特点对照．古建园林技术，1992（1)：53-55；张十庆．古代建筑的设计技术及其比较——试论从《营造法式》至《工程做法》建筑设计技术的演变和发展．华中建筑，1999（4）：92-98；杜仙洲．中国建筑之两部“文法课本”——《工程做法》与《营造法式》．见：清华大学建筑学院编．梁思成先生百岁诞辰纪念文集．北京：清华大学出版社，2001：20-22；蔡军，张健．《营造法式》与《工程做法则例》构成及建筑用语的比较研究．见：纪念宋《营造法式》刊行900周年暨宁波保国寺大殿建成990周年国际学术研讨会论文集．宁波，2003：57-64；蔡军，张健．《工程做法则例》中大木设计体系．北京：中国建筑工业出版社，2004：99-110；潘德华．宋《营造法式》与清《工程做法》两部官书中的斗栱外形的比较．见：潘德华．斗栱．南京：东南大学出版社，2004：53-54；李茂，唐渝宁．浅谈宋清两代建筑之比较．四川建筑，2005（5）：27-29；武存虎．山西忻州地区传统凿石工序（一）——兼谈与《营造法式》、《工程做法则例》所述工序的对应关系．古建园林技术，2006（2)：13-15；刘海瑞，张歆．从《营造法式》到《清工部工程做法则例》屋面坡度设计方法比较．城市建筑，2013（24）：54-55.

③《考工记》，作者不详，是中国春秋时期记述官营手工业各工种规范和制造工艺的文献。全文约7000多字，记述了木工、金工、皮革工、染色工、玉工、陶工等6大类、30个工种，其中6种已失传，后又衍生出1种，实存25个工种的内容。

④《木经》，喻皓编撰，今已失传。喻皓，五代时吴越国西府（杭州）人，为五代末、北宋初的营造匠师，生年不详，卒于宋太宗端拱二年（989年）。据北宋沈括《梦溪笔谈》中的简略记载，可知《木经》对建筑物各个部分的规格和构件间的比例作了详细规定。

⑤《鲁班经》是明代以来流传于我国江南及闽粤地区的民间木工匠师用书，主要包括营建尺法、相宅、选择方位、工序、祈禳、镇解等内容，其前身为成书于元末的《鲁般营造正式》。

⑥《梓人遗制》，薛景石撰，成书于元初，元中统二年（1261年）刊印出版，后被收入明《永乐大典》。该书是我国元代重要的民间木作匠书，现存部分主要包括纺织机械制造与木门制造等内容，亦含丰富的营造技术信息。

⑦《圆明园内工则例》，成书于清乾隆年间，是在圆明园建设过程中的工程文献，忠实记录了工程做法和用工、用料等情况，具有重要的史料价值。

⑧ 郭黛姮．《圆明园内工则例》评述．建筑史．2003（19）：137-141；郭黛姮编著．远逝的辉煌——圆明园建筑园林研究与保护．上海：上海科学技术出版社，2009：152-155.

⑨ 张昕，陈捷．《梓人遗制》小木作制度释读——基于与《营造法式》相关内容的比较研究．建筑学报，2009（S2)：82-88.

建筑技术的文本情境进行探讨[①];贾珺对《木经》现存字句与《营造法式》所做的比较[②],等等。

还有学者将《营造法式》与境外相关术书展开比较研究,以更为广阔的视角获取真知,如张十庆根据日本与中国古代文化的关联,将成书于10世纪的日本《延喜木工寮式》与《营造法式》相较,推测作为《木工寮式》蓝本的唐代建筑营缮法规制度极有可能就是宋《营造法式》的前身与雏形,并通过分析中国、日本古代建筑生产制度与技术的关系,勾勒出唐、宋以来的演变和发展的轮廓[③];蔡军、张健通过对中国、日本历史上具有代表性的四部营造史料:宋《营造法式》、清工部《工程做法》、《建仁寺派家传书》[④]及《匠明》[⑤]中有关殿堂建筑设计基准寸法的分析,寻找其异同点以及两国古典建筑的发展渊源[⑥];张毅捷也取《匠明》与《营造法式》做出了较为细致的比对。[⑦]相关研究还有基于古罗马时代的《建筑十书》[⑧]和《营造法式》所做的关于中西文化、建筑模数、色彩体系和彩绘装饰等方面的研究。[⑨]

3. 装饰、美学、标准化

除上述两个方面的研究,还有基于不同学术背景和视角,从装饰美学、标准化等层面展开的探讨。

---

① 参见沈伊瓦.文本类名中的中国古代结构观念探析——以《梦溪笔谈》、《营造法式》为例.新建筑,2009(5):110–114;沈伊瓦.古代中国建筑技术的文本情境——以《考工记》、《营造法式》为例.南方建筑,2013(2):35–38;沈伊瓦.文本情境中的结构观念.北京:中国建筑工业出版社,2015:170–176。此外,其他相关论述还有:闻人军.《考工记》和《营造法式》.见:闻人军.《考工记》导读.北京:中国国际广播出版社,1988:85–86;王兆祥.《考工记》、《营造法式》、《工程作法》——城市建筑科学技术的发展与进步.中国房地产,2006(4):75–77.

② 贾珺.《营造法式》札记六题.建筑学报,2017(1):42.

③ 张十庆.古代建筑生产的制度与技术——宋《营造法式》与日本《延熹木工寮式》的比较.华中建筑,1992(3):48–52.

④《建仁寺派家传书》,共14册,成书于宽永十三年(1636年),为日本江户建仁寺流系本、甲良家建筑技术书的代表作。

⑤《匠明》,共5卷,成书于庆长十三年(1608年),是日本现存最早的木匠世家私传的手册,主要记载建筑各部分比例大小等有关大木作设计的内容,涉及平面、立面、剖面及构件等。

⑥ 蔡军,张健.根据史料分析比较中日殿堂建筑设计中的木割基准寸法.建筑史,2004(20):26–33.

⑦ 比较《营造法式》与《匠明》.见:张毅捷.中日楼阁式木塔比较研究.上海:同济大学出版社,2012:160–170;张毅捷,程秉钤.《匠明》及其中所记载的三间四面堂的做法.2015中国建筑史学会年会暨学术研讨会论文集.广州,2015.

⑧《建筑十书》,维特鲁威编撰,成书于古罗马奥古斯都时代(约公元前32—前22年)。该书涉及城市规划、市政工程、建筑设计原理、施工机械、建筑经济等诸多与建筑相关的内容,对西方的建筑设计产生了深远的影响。

⑨ 王昕,刘先觉.从《建筑十书》与《营造法式》的比较看中西文化的不同.华中建筑,2001(5):4–6;贺从容.《建筑十书》与《营造法式》中的建筑模数.建筑史,2009(24):152–159;陈仲先.《建筑十书》与《营造法式》建筑色彩体系的比较.见:宁绍强.设计历史与理论研究——传承与发展.重庆:重庆出版社,2007:316–319;余剑峰.《营造法式》与《建筑十书》中建筑彩绘装饰观的比较研究.装饰,2011(8):137–138.

装饰

司丽霞在现有建筑实物和绘画的基础上，结合《营造法式》，针对北宋时期的建筑装饰艺术特点进行分析，进而探索北宋建筑装饰艺术在整个建筑史中所处的地位，及其与前后时代的顺承脉络关系；林方以《营造法式》、清工部《工程做法》、《营造法原》等几部与古代建筑相关的经典文献为基础，梳理装饰题材及其部位、名称和分布，比对宋、清建筑装饰的差异，对以往从建筑实体入手的研究起到一定补充和校正作用。① 此外，还有吕变庭从建筑艺术角度出发，针对《营造法式》中建筑纹饰的意象研究较为薄弱的现状，以该书五彩遍装祥瑞意象为例，根据中国古代"趋利避害"的文化心理，结合北宋社会生活的历史实际，对每个图案的象征意义及文化内涵进行分析和解读。②

美学

陈望衡在《〈营造法式〉中的建筑美学思想》一文中指出，《营造法式》从某种意义上也是中国古建筑美学的集大成者，其美学思想主要体现在建筑与功用、礼制、神祇、法则以及建筑的体势和装饰等方面，涉及艺术、社会生活和科学技术三个层次；他还在《试论宋代建筑色调的审美嬗变——〈营造法式〉美学思想研究之一》一文中指出，中国古建筑彩画的色彩审美随时代而变化，宋代的建筑彩画色彩风格较唐时有重大改变，对后世影响较大，并论及色彩审美观的形成渊源③；其他研究还有邹喆基于《营造法式》的结构和内容，对传统技术条件下建筑结构和装饰的审美意匠、"礼制"观念下传统建筑的伦理之美以及传统建筑的意境及精神境界进行阐述，总结了该书在建筑史中的美学价值，探究了中国传统建筑中的设计美学④；以及白瑞荣以当代建筑美学理论为启示，从科学技术、艺术表现、社会属性等方面对《营造法式》的美学形态的分析。⑤

---

① 司丽霞．北宋建筑装饰艺术研究．开封：河南大学，2005；林方．由《营造法式》等文献看古建筑装饰题材及部位．见：中国工艺美术学会理论委员会2007年年会论文集．济南，2008：236–248；其他相关研究还有：周丽莎．北宋建筑装饰艺术风格考略．兰台世界，2015（6）：93–94；马贝娟，李绍文．北宋建筑装饰主要内容与艺术特征．兰台世界，2015（15）：91–92.

② 吕变庭．《营造法式》五彩遍装祥瑞意象研究．北京：中国社会科学出版社，2011. 吕变庭还立足于北宋科技思想的研究，对《营造法式》与中国古代建筑的总特征、《营造法式》的建筑学思想及其科学成就进行考察和评述，参见吕变庭．北宋科技思想研究纲要．北京：中国社会科学出版社，2007：290–302.

③ 陈望衡．《营造法式》中的建筑美学思想．社会科学战线，2007（6）：1–7；陈望衡，刘思捷．试论宋代建筑色调的审美嬗变——《营造法式》美学思想研究之一．艺术百家，2015（2）：144–149.

④ 邹喆．《营造法式》中的设计美学初探．艺术教育，2015（4）：256–257.

⑤ 白瑞荣．现代语境下《营造法式》的美学形态研究．艺术科技，2017（2）：243，268，270.

标准化[①]

石子政在《标准与质量》上发表的《我国古代最完善的建筑标准——〈营造法式〉》一文，介绍了《营造法式》的编修，内容和特点，是将该书与标准化相关联的较早文献；司马标在《中国古代标准化史话》一文中对中国古代标准化的历史作出简要评述，并将《营造法式》誉为“建筑标准化著作”；王文奇在《工程建设标准化》刊物中论及建筑模数的演变以及“斗栱”的构成和用材；2008年第9期的《世界标准信息》将《营造法式》和清工部《工程做法》并称为“中国古代的建筑标准著作”[②]；由张岂之主编的《中国思想学说史·宋元卷》一书，从《营造法式》的编者、主要内容、建筑思想几个方面，介绍并解析了《营造法式》及其所涵括的标准化思想，指出该书体现了注重营造工程标准化和定型化的思想，且具有一定的灵活性和可操作性[③]；王平指出，中国古代政府中科技官职的设立，对古代科技发展和标准化的贡献不可小觑，《营造法式》编者李诫对古代建筑技术和标准的发展也起到了非常重要的推动作用，其材份制和斗栱结构可谓建筑史上的标准化成果，说明当时的建筑标准化已经达到了相当高的水平[④]；魏宏认为《营造法式》甚至可以称为“历史上第一部官颁的国家级营造标准”，对宋及以后的建筑产生较大影响[⑤]。

四、数字化时代的研究

如前所述，数字化时代使《营造法式》研究在文献检索方面获得了前所未有的便捷，而利用电脑模拟技术恢复早期建筑体系，进而多方位地探讨文本的原义，也促进了对《营造法式》和宋代建筑的理解。

---

① 标准化是指对重复性的事物和概念，通过标准的制订、发布和实施达到统一，以获得最佳秩序和社会效益。在宋代法制建设的背景下，李诫奉敕编修《营造法式》，按其“札子”申言，是应对“关防工料最为要切，内外皆合通行”的一部官方主持修订的营造技术法规。《营造法式》为当时的施工确定了制度、功限、料例等条文标准，以便于施工和管理，涵盖了技术标准和规范。由此，诸多学者从编撰体例、术语规范、条款格式、材份制度、估工算料等角度出发，将该书与“标准化”相关联。

② 石子政．我国古代最完善的建筑标准——《营造法式》．标准与质量，1986（1）：17-18；司马标．中国古代标准化史话．中国质量技术监督，1999（4）：17-18；王文奇．建筑模数的演变．工程建设标准化，1994（2）：47-48；王文奇．传统木结构建筑的特有构件——斗栱．工程建设标准化，1999（5）:41；中国古代的建筑标准著作．世界标准信息，2008（9）：26.

③ 张岂之主编．中国思想学说史·宋元卷（下）．桂林：广西师范大学出版社，2008：731-737.

④ 王平．宋朝李诫编修《营造法式》对古代建筑标准化的贡献．标准科学，2009（1）：13-17.

⑤ 魏宏．《营造法式》中的标准化智慧（英文）．中国标准化（英文版），2013（2）：93-96.

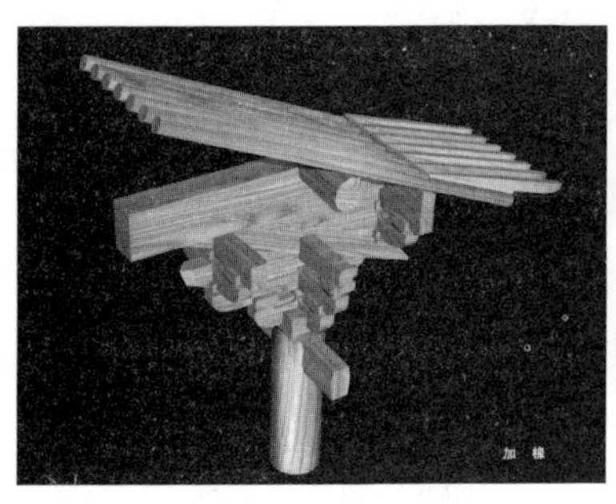

(a)

(b)

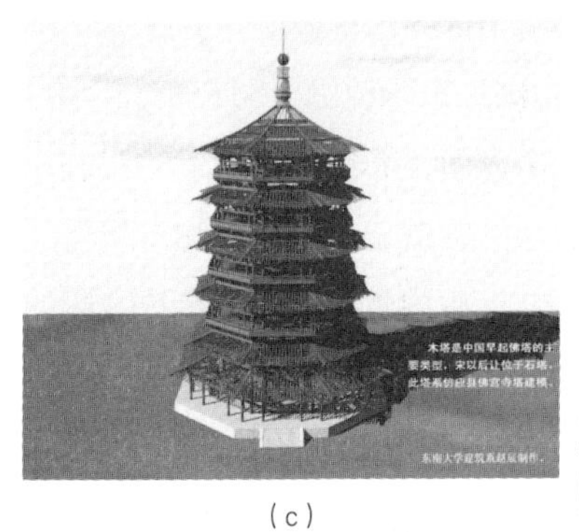

(c)

图 5-14　木构模型参考图。(a) 一组斗栱的构成；(b) 五间厅堂木构架；(c) 应县木塔
[资料来源：潘谷西主编 . 中国建筑史 . 北京：中国建筑工业出版社，2001]

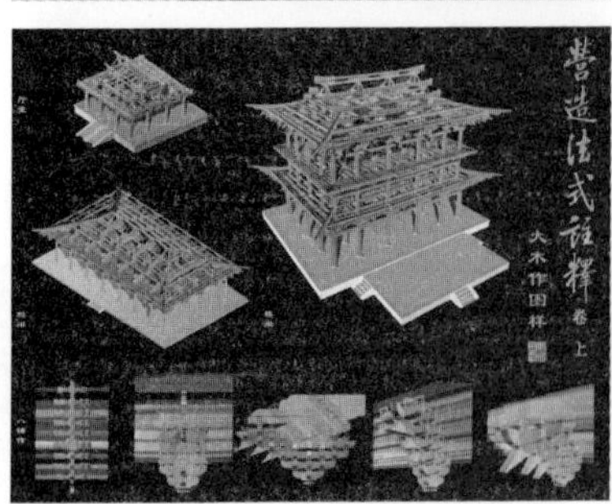

图 5-15　《〈营造法式〉新注》电子版内容
[资料来源：郭黛姮主编 . 中国古代建筑史（第三卷）. 北京：中国建筑工业出版社，2003]

潘谷西主编的高等学校教材《中国建筑史》从2001年第四版开始，附加教学光盘，涵盖大量的图片和说明，以帮助学生加深对课程内容的理解。[①] 其中用计算机建模的形式，以《营造法式》“单抄单昂柱头五铺作”为例演示了一组斗栱的构成，还有赵辰制作的五间厅堂木构架和应县木塔三维模型等，都为建筑史教学提供了生动直观的实例（图5–14）。

2002年，郭黛姮主编的《〈营造法式〉新注》，以光盘形式附于五卷本《中国古代建筑史·第三卷》后，可谓首个运用多媒体手段制作的《营造法式》电子读物。其中，通过对照梁思成《〈营造法式〉注释》和其他学者的相关研究，结合实地考察所获的大量照片，利用计算机多媒体技术，制作了宋代及其前、后时期建筑的三维模型动画，并将文字、图像、声音、动画视频加以整合，完成对《营造法式》的解读。[②]《〈营造法式〉新注》将先进的电脑技术应用到对《营造法式》的研究中，生动地表现出古建筑的空间形象和结构脉络。作为一种辅助手段，对全面阐释、直观理解和研究《营造法式》助力尤多，开辟了新的方式和方法，具有十分重要的学术意义（图5–15）。

此外，新技术对学习传统文献和古代建筑技术也具有重要意义。陈薇认为，在从书本到实物、从一般到特殊、从逻辑推理到情景再现的表达方面，将多媒体运用到《营造法式》课程的教学实践中，有着特殊的演绎作用，使学生表现出极大的创造性。她强调指出，由于信息化和数字化时代的到来，建筑史学研究呈现出新的特征，在电脑技术的支持下可以复原古代建筑，用多媒体技术演绎唐、宋建筑，有助于深入理解《营造法式》的多层内涵，其先进性无可比拟。[③]

有学者还从其他角度应用现代计算机技术对《营造法式》和早期建筑展开研究，如林哲在朔州崇福寺弥陀殿平面的研究中，发现存在明显的整尺模数制设计痕迹，为求得精确的整尺长度，用Visual Basic语言设计程序，依据统计学的方法进行计算，利用电脑程序提高计算精度，也降低了人工计算量，体现出现代科技对《营造法式》和早期建筑研究的重要辅助作用。[④]

---

① 潘谷西主编．中国建筑史．北京：中国建筑工业出版社，2001.

② 主要由《营造法式》内容、木构建筑遗物、大木作制度（用材、铺作）几个部分组成。

③ 陈薇．用多媒体技术演绎唐宋建筑．东南大学学报（自然科学版），2002（3）：383–386；陈薇．宋式建筑推衍——宋《营造法式》多媒体教学研究．见：东南大学建筑学院编．2003建筑教育国际论坛（中英文本）——全球化背景下的地区主义．南京：东南大学出版社，2005：115–118；陈薇．数字化时代的方法成长——21世纪中国建筑史研究漫谈．建筑师，2005（5）：92–97。安伟强、郝赤彪也结合高校的宋《营造法式》课程，探讨了授课及考核模式的改革，并尝试让学生创建大木构件及组合体的三维模型，达到了良好的教学效果。参见安伟强，郝赤彪．研讨型课堂教学模式探索——“宋代营造法式”课堂教学改革心得．见：全国高等学校建筑学学科专业指导委员会，华侨大学，厦门大学编．中国建筑教育2008全国建筑教育学术研讨会论文集．北京：中国建筑工业出版社，2008：380–384.

④ 林哲．以管窥豹，犹有一得——山西朔州崇福寺弥陀殿木大作营造尺及比例初探．古建园林技术，2002（3）：6–9.

黄存慧在硕士学位论文《〈营造法式〉大木之虚拟构建》中，以《营造法式》大木作制度为基础，参考相关成果制定虚拟构建导则，确定拟构建实例大木结构的各部分尺度，从中国古代建筑设计和大木构建过程的角度出发，运用虚拟现实技术完成理想殿阁建筑大木结构的构建，并利用三维模型实现了场景漫游和构件展示。[①]

李以康则试图用语义学方法分析《营造法式》剖面设计的原则和形式语法，以及运用人工智能和电脑编程等现代数字化手段，结合数学、语言学研究方法，对《营造法式》厅堂建筑剖面的语汇和文法作出分析，揭示其生成的过程；通过运用不同组合的通例和相应的限定，以不同文法衍生出多样的设计组合，进而为相关的仿古设计、形制判断、实物调查、教学提供参考或指导。[②]

2009 年，天津大学综合运用三维激光扫描技术，对河北正定北宋建筑隆兴寺摩尼殿展开精细测绘，同时结合 Auto CAD、3D 建模和 BIM 等数字化技术，继承前辈学者的研究方法，推出了丰富多样、直观可视的教学成果（图 5–16）。

此外，还有董槐林通过对古建筑三维建模过程的分析，归纳出古建筑建模的一般方法，并结合基于构造过程的参数化方法，以斗栱为代表，提出针对古建筑模型的参数化建模技术和虚拟仿真技术[③]；尚涛，侯文广基于古代建筑保护数字化技术，通过一定的操作和实践，对《营造法式》数字化仿真的意义作出探讨，指出通过建立各种构件模型，实现建筑构件搭建过程的真实模拟，可以提供形象直观的空间体验，进而解释仅靠文字和图像难以表达清楚的问题[④]；陈晓卫、王曦立足于解决仿古建筑设计的需求和实际存在的问题，以《营造法式》为基础，通过参数化建模构建参数基因库，实现输入对应的参数自动生成相应形体的模式，为宋代官式建筑的复原设计提供支持[⑤]；裴琳娟基于《营造法式》以模数制作为尺度控制和设计的特点，利用数字建构的形式，初步探讨了建筑理论研究的数字化可行性方法，并在模数单位制度和数量级差制度的基础上，展现了材份制中的尺度控制方法对建筑设计和建造过程的逻辑组织和控制作用[⑥]。

---

① 黄存慧 .《营造法式》大木之虚拟构建 . 广州：华南理工大学，2004.
② 李以康著，殷丽娜译 . 十二世纪中国的建筑准则《营造法式》. 建筑史论文集，2004（20）：6–7；Andrew I-kang Li（李以康）著，袁博译 .《营造法式》的运算解析 . 见：李大夏名誉主编；陈寿恒等主编 . 数字营造——建筑设计 · 运算逻辑 · 认知理论 . 北京：中国建筑工业出版社，2009：113–126.
③ 董槐林 . 古建筑的三维数字化建模与虚拟仿真技术研究 . 厦门：厦门大学，2006.
④ 尚涛，侯文广，宋靖华，张霞编著 . 古代建筑保护数字化技术 . 武汉：湖北科学技术出版社，2009：123–130.
⑤ 王曦 .《营造法式》殿堂式柱础的参数化定位研究 . 城市建筑，2015（24）：199；陈晓卫，王曦 .《营造法式》参数化——殿堂式大木作的算法生形 . 华中建筑，2016（12）：41–43.
⑥ 裴琳娟 . 基于数字建构的《营造法式》制度研究 . 见：世界建筑史教学与研究国际研讨会论文集 . 哈尔滨，2015：261–264.

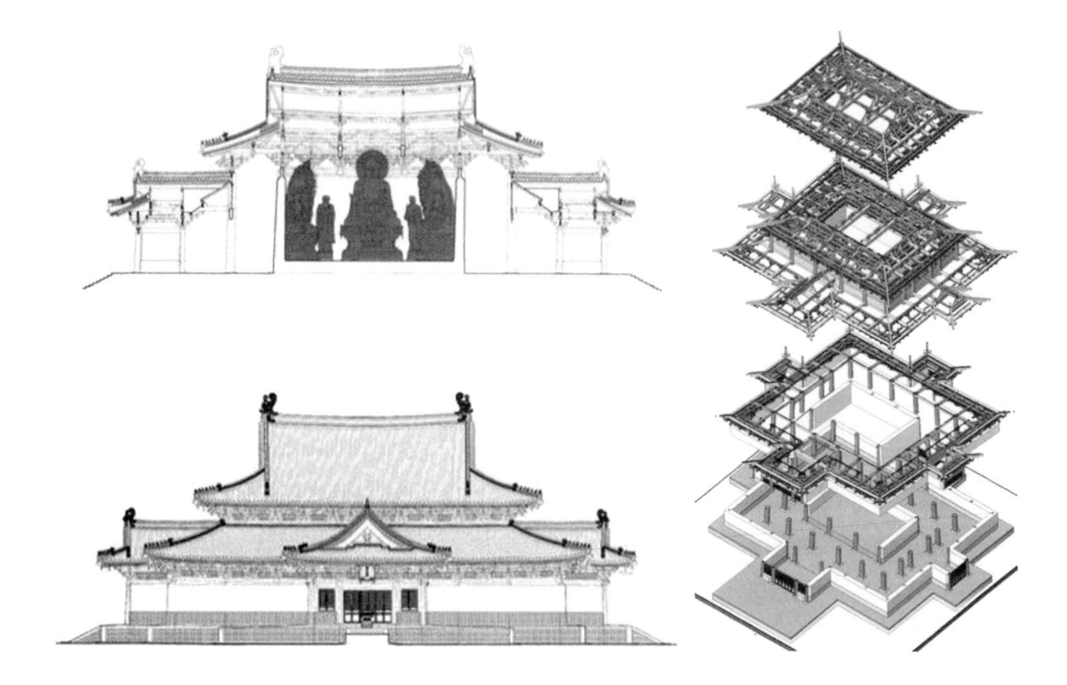

图 5-16　河北正定隆兴寺摩尼殿数字化测绘成果（资料来源：天津大学建筑学院提供）

小结

除前述《营造法式》版本校勘、实物测绘、术语解读以及理论探索等主要研究之外，伴随着中国建筑史学的持续发展，新材料、新方法的不断涌现，学界逐渐从宏观走向微观，进入到之前限于知识水平和实物资料而无力涉及的专题深化研究。

针对《营造法式》的研究，陈明达曾指出："《营造法式》的各个工种都是相互关联的。"[①] 当前，在良好的学术背景下，学者们对大木作之外的其他各作，以及功限、料例和图样部分展开探讨，为全面释读《营造法式》和再现完善的"宋代建筑"的真实图景提供可能。目前关于《营造法式》实质内容的研究主要包括制度、功限、料例等文字部分，以及对图样的评介和对图样内容的分析和讨论。其中，关于制度的研究较为成熟，尤其是大木作部分，而对功限、料例的诸多关注也以辅助制度研究为多；图样则以评价为主，涉及实质内容的较少。此外，《营造法式》卷首所附《序》、《看详》等内容也得到关注，如邹其昌、钟晓青和笔者的相关解析和诠释。[②]

同时，以跨学科、多视角的意识，结合新的研究方法和理念展开对《营造法式》的研究，已然成为一种趋势。此外，21 世纪以来，发达、便捷的数字化检索手段，使围绕《营造法式》文本的相关研究获得了更为丰富和生动的文献基础；另一方面，利用电脑模拟技术恢复早期建筑体系，多方位探讨文本的原义，也进一步促进了对《营造法式》的理解。可以说,《营造法式》研究走入了深度、广度并进的时期。

其中，对于《营造法式》的研究，以清华大学、东南大学、天津大学为主的高校学术传承起到了较为明显的作用，学者们继承梁思成、刘敦桢、陈明达等学术大家的学术理路，所培养的建筑学博士、硕士研究生除了留校继续任教外，也分散到全国各地的高校和研究机构中，成为近 20 年《营造法式》研究的生力军。很多高校的相关研究课题除了学术传承和积累，也得到来自各级科研经费和基金的支持。[③]

---

① 陈明达 . 关于《营造法式》的研究 . 建筑史论文集，1999（11）：45.

② 邹其昌 .《营造法式 · 看详》诠释 . 见：李砚祖主编 . 艺术与科学（卷 2）. 北京：清华大学出版社，2006；成丽，王其亨 .《营造法式》"看详" 的意义 . 建筑师，2012（4）：66–69；邹其昌 .《进新修〈营造法式〉序》研究——《营造法式》设计思想研究系列 . 创意与设计，2012（1）：17–26；成丽 . 宋《营造法式 · 序》语境解析 . 华中建筑，2012（12）：24–26；钟晓青 .《营造法式》研读札记 . 见：宁波保国寺大殿建成 1000 周年学术研讨会暨中国建筑史学分会 2013 年会论文集 . 宁波，2013：5–7；黄复山 . 进新修营造法式 . 见：龚鹏程主编 . 改变中国历史的文献 . 北京：中国工人出版社，2010：454–457.

③ 参见王贵祥，李菁 . 中国建筑史研究概说及近 5 年中国建筑史研究简况 . 中国建筑史论汇刊，2015（12）：30–39.

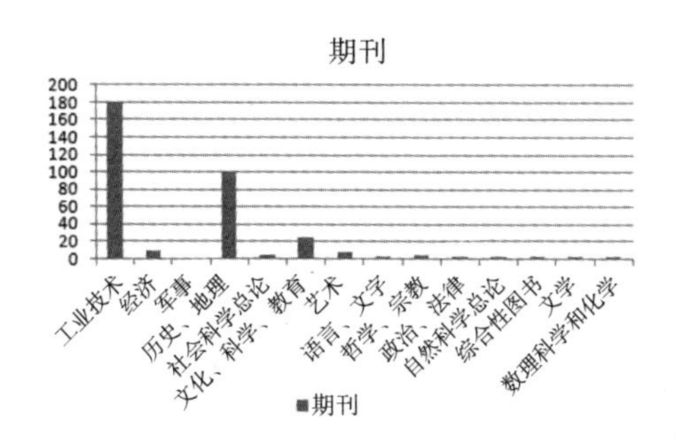

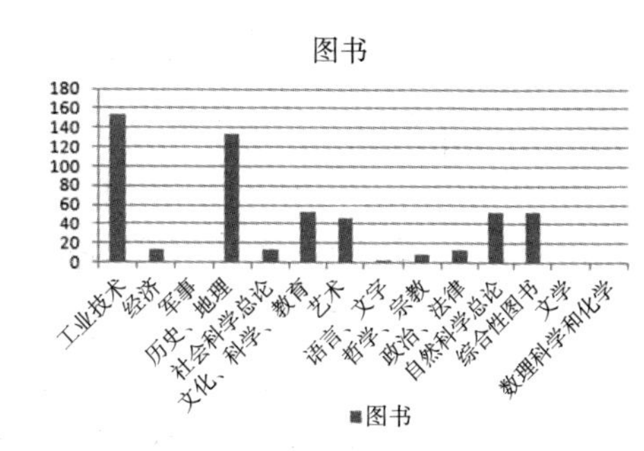

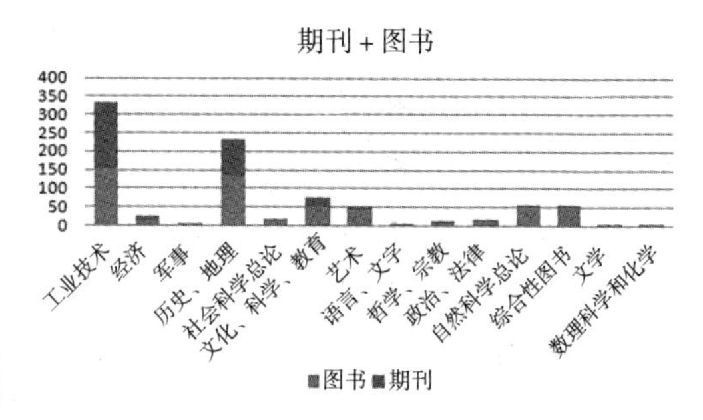

图 5-17 《营造法式》相关文献涉及学科门类分析图表（截至 2017 年 2 月）（资料来源：作者自绘）

通过在各大文献数据库检索，大致可见《营造法式》研究成果在各个领域的分布情况。其中，以登载相关成果较多的期刊和图书来看，期刊主要集中在工业技术、历史文化等领域，除各高校学报外，《古建园林技术》、《建筑史》（原名《建筑史论文集》）、《中国建筑史论汇刊》、《建筑师》、《建筑学报》、《文物》、《华中建筑》、《故宫博物院院刊》、《建筑创作》等刊物，承担了大多数《营造法式》研究成果的发表与推介任务；图书因既有学术大家的重量级著作，也有通俗易懂的科普类图书，故涉及的门类相对较多，如经济、军事、艺术、哲学、法律等，但仍以工业技术、历史文化为主（图 5-17）。

《营造法式》是中国古代文化发展过程中的物化表现，而这个意义自 1930 年代作为解读古建筑的重要典籍而触发中国建筑史学研究之后，正统的学术研究基本限定于建筑学界内，很少引起其他学科领域研究者的注意[①]，研究日益受到束缚和窄化。尽管英国学者李约瑟已经将《营造法式》纳入科学技术史的范畴，但总

① 需要指出的是，在已有研究的基础上，建筑学之外的其他学科领域对《营造法式》也形成了一定的认知，阅读人群涉及学生、工人、农民等。诸多现代图书，尤其是通史、科普、辞典类多有提及《营造法式》，除了严谨的学术研究文献外，其他主要以介绍《营造法式》基本情况和编者李诫为多，也有引用该书图样和文字，以知识普及和名词解释为主要形式。此外，《营造法式》作为最能体现中华民族文化特征的古籍之一，不仅成为高校教材的知识补充，甚至很早就出现在中小学生的课外读物里，可见其在诸多古籍文献中的重要地位。一些图书的评介或多或少加入了编著者的认识和观点，而有些则因所属学术领域不同，参考资料有限，相关介绍和评价有失精准，甚至错误。但是，今后如能对这些评介加以详细阅读和整理，或可得出不同学科的理解和判断，从而丰富《营造法式》的研究。

体来说，从建筑学角度或在建筑学领域认识和研究的现象更为突出。而且现阶段从事该项研究的学者大都是建筑专业出身、对历史有特别兴趣者[①]，对整体文化的理解相对薄弱。随着研究的逐渐深入，这种局限性不仅会影响学界对《营造法式》的全面认识，也将忽视该书对其他领域研究的意义。

从学科发展的趋势来看，今后若要寻求突破，研究者还应进一步开阔视野，将《营造法式》置于政治史、社会史、经济史、法制史、科技史、文化史、艺术史等多重背景中，在娴熟运用本学科领域研究方法的同时，对其他诸如历史哲学、考古学、社会学、文化人类学、图像学、解释学等学科领域的研究成果和方法也应该时时关注、了解和吸收，寻求多学科、多专业间的合作和融会贯通。在充分挖掘《营造法式》价值与潜力的同时，也为其他领域提供学术上的贡献。

例如，对《营造法式》窑作工艺和相关内容的研究就需要关于窑的烧制、材料、制作以及化学方面的相关知识，这些却是建筑学和文科专业的弱项。1927 年英国学者叶慈在《中国屋瓦考》一书中指出，有学者通过化验，发现清官窑琉璃釉的材料成分与《营造法式》所载琉璃做法大体符应[②]，是最早采用现代化学实验方法对《营造法式》展开的研究。1932 年刘敦桢在《汇刊》发表《玻璃窑轶闻》[③]，也是涉及琉璃制作、发展和演变的研究，这些都为后人提供了重要思路，但是当前在这个方面的研究仍然寥寥无几。

又如，中国古代很多行为活动都与宗教相关，众多研究若脱离了宗教问题根本无法解释。宋代佛教禅宗最为发达，道教也颇流行。且不说我国现存早期遗构大部分为宗教建筑，就是在《营造法式》文本中也有很多相关内容，如小木作制度中“佛道帐”、“转轮经藏”、“壁藏”等宗教器物，以及雕刻、彩画图案中与宗教相关的题材等。今后也可以基于更广阔的文化平台上，探讨宗教信息在《营造法式》中的反映，进而展开与宗教领域的互证研究。

---

① “他们在史学方法论上所接受的训练往往都不够完善，对于方法论的探索研究也多为在研究过程中一种自发性的体验和总结；或是根据其成长背景、专业教育、兴趣爱好等个人因素外延发展而来。”引自温玉清 . 二十世纪中国建筑史学研究的历史、观念与方法——中国建筑史学史初探 . 天津：天津大学，2006：3.

② “译者注：一九二七年至一九二八年东方陶瓦学会（The Oriental Ceramic Society）报告中，有英国叶慈博士（Dr. W.Perceval Yetts）中国屋瓦考（Note on Chinese Roof-Tiles）专刊一册。首段论中国陶瓦之起源，与瓦当文字。次述文字以外之花纹，如青龙白虎朱雀玄武四神，罗举典籍所载，详加疏论。末段题琉璃瓦，（Glazed Tiles）载布兰德理博士（Dr.H.J.Plenderleith）化验琉璃釉之结果，以科学方法比较清官窑琉璃釉之材料成分，与宋李氏《营造法式》琉璃做法大体符应。并分析德国万勒苛克博士（Dr.Albert Von Le Coq）得自东部土耳其斯坦之琉璃砖，证此法传自西方，可与我国史乘所载互相发明。其云深绿色光泽之釉，变成红褐色，尤疑为红色窑变，非受气候影响改变者。至于我国琉璃制法，历来匠师视为奇货，秘不示人，一二笃志之士，即欲潜心研求，苦无门径，斯业迄无进展，未始非积习使然。兹篇所举化学成分，不仅为留心古器物者之参考，且足供此项工业改良进步之助。”引自英叶慈博士琉璃釉之化学分析 . 瞿祖豫译 . 中国营造学社汇刊，1932，3（4）：88-89.

③ 刘敦桢 . 玻璃窑轶闻 . 中国营造学社汇刊，1932，3（3）：173-177.

《营造法式》到底能够在多大程度上为其他学科提供知识基础，目前尚无法得知。但可以肯定的是，不同学科背景的学者联合起来，展开跨学科的综合探讨，将会从更为广泛的视野和角度，以更为充分的话语解读《营造法式》乃至中国古代建筑，为当今的社会生活提供真知和借鉴。

附录

附录一
《营造法式》版本概况[①]

一、宋

1. 崇宁本

“崇宁本”即北宋崇宁二年（1103 年）钦准镂版海行的《营造法式》祖本，因其编修于绍圣四年至元符三年间（1097—1100 年），在南宋初年也称之为“绍圣本”。暂未见真本。

2. 绍兴本

南宋绍兴十五年（1145 年），王映[②]曾在平江府（今苏州）校勘崇宁本《营造法式》并重刊，学界简称为“绍兴本”或“平江本”。绍兴重刻版片至元、明两代已为残版，但目前国内外均未见此书原刻版或刻本。关于这次重刊，有故宫本、张蓉镜本等传世版本的附录题记为证，陶本亦有仿宋重刻收入（附图 1–1）。暂未见真本。

3. 绍定本

“绍定本”是仅存的《营造法式》宋代重刻本，但该重刻之事史籍未载，主要根据残卷刻工所在时代（南宋绍定间，1228—1233 年）推断而来。目前只余残卷，包括 1920 年前后傅增湘在清内阁大库废纸堆中检得的宋本残页和 1956 年在北京图书馆藏书中发现的残卷。

---

① 《营造法式》历代版本概况系在笔者博士学位论文的基础上，由华侨大学 2013 级硕士研究生李梦思协助整理、完善。与版本概况相关的历代藏书记录、题跋等，详见“附录二《营造法式》相关记载及评述”。

② 王映，字显道，华阳（今属四川）人，秦桧妻弟，绍兴十四年（1144 年）正月以工部侍郎充宝文阁直学士知平江府。学者们曾就绍兴本的背景和刊刻者王映作出研究和评价，参见绍兴重刊《营造法式》者之历史与旁证 . 中国营造学社汇刊，1930，1（2）；朱启钤辑，梁启雄校补 . 哲匠录 · 王映 . 中国营造学社汇刊，1932，3（2）：148；谢国桢 .《营造法式》版本源流考 . 中国营造学社汇刊，1933，4（1）：5-6；陈仲篪 .《营造法式》初探 . 文物，1962（2）：13-15；郭黛姮 . 中国古代建筑史（第 3 卷）. 北京：中国建筑工业出版社，2003：729.

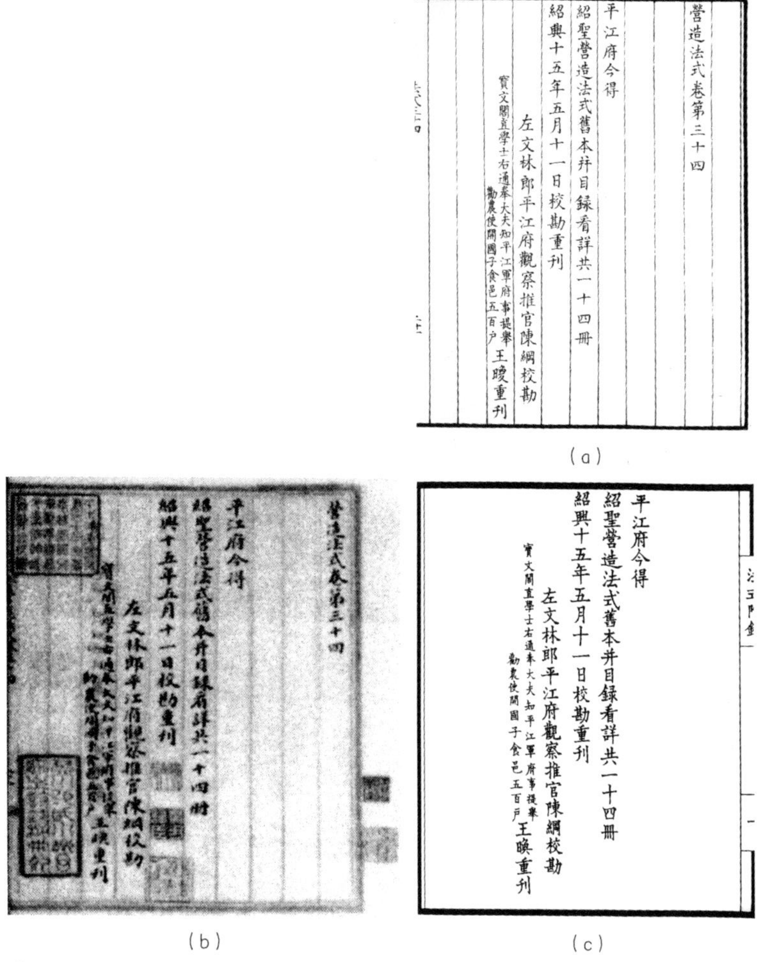
營造法式卷第三十四

平江府今得

紹聖營造法式舊本并目録看詳共一十四册

紹興十五年五月十一日校勘重刊

左文林郎平江府觀察推官陳綱校勘

寶文閣直學士右通奉大夫知平江軍府事提舉勸農使開國子食邑五百户王㬇重刊

(a)

(b)

(c)

附图 1-1　绍兴本重刊题记。(a) 故宫本书影 [资料来源：李诫编修，故宫博物院编．故宫藏钞本《营造法式》(13 册)．北京：紫禁城出版社，2009]；(b) 张蓉镜本书影 [资料来源：梁思成．梁思成全集(第七卷)．北京：中国建筑工业出版社，2001：521]；(c) 陶本书影 [资料来源：李诫编修．营造法式(8 册)．北京：中国书店，1989]

傅增湘记其检得残页行款格式为每半页 11 行，行 22 字，白口，左右双栏，现藏中华书局；北京图书馆藏书发现的残卷为卷十之第六、七、九、十共 4 页并卷十一至十三凡 3 卷，板框高 21.3 厘米，半页广 17.7 厘米，每半页 11 行，行 21 字、22 字不等，左右双栏，细黑口[1]，下口有刻工名，无藏书家的图章和题识，或为

---

① 关于版心样式，傅增湘记为“白口”，与北京图书馆“细黑口”的描述不同。参见莫友芝撰．傅增湘订补．傅熹年整理．藏园订补郘亭知见传本书目：第 1 册．北京：中华书局，2009：440-441；北京图书馆编．中国版刻图录：第 1 册．北京：文物出版社，1960：27.

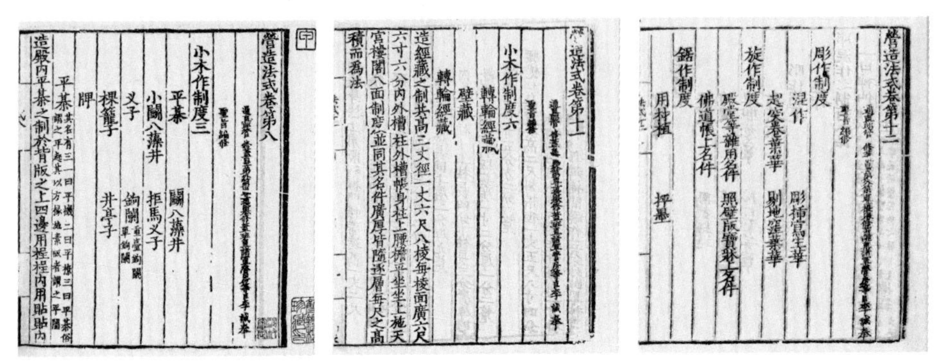
營造法式卷第八
聖旨編修
小木作制度三
平棊　鬭八藻井
小鬭八藻井　拒馬叉子
叉子　鉤闌 重臺鉤闌 單鉤闌
棵籠子　井亭子
牌
平棊 其名有三：一曰平機，二曰平橑，三曰平棊。俗謂之平起。其以方椽施素版者，謂之平闇
造殿內平棊之制：於背版之上四邊用桯，桯內用貼，貼內

營造法式卷第十一
聖旨編修
小木作制度六
轉輪經藏
壁藏
轉輪經藏
造經藏之制：共高二丈，徑一丈六尺，八棱，每棱面廣六尺
六寸六分。內外槽柱；外槽帳身柱上腰檐平坐，坐上施天
宮樓閣。八面制度並同，其名件廣厚皆隨逐層每尺之高
積而為法

營造法式卷第十二
聖旨編修
彫作制度
混作　彫插寫生華
起突卷葉華　剔地窪葉華
旋作制度
殿堂等雜用名件　照壁版寶牀上名件
佛道帳上名件
鋸作制度
用材植　抨墨

附图 1-2　绍定本书影（资料来源：古逸丛书三编之四十三影印宋本《营造法式》. 北京：中华书局，1992）

历代官书，现藏国家图书馆（附图 1-2）。[①] 因其中包括较为精良和较为粗略的两种版片，国家图书馆定该残卷为“宋刻元修本”。[②]

此外，从学者们的考证可知，宋刻本《营造法式》在明初内府和国子监均有存本；至明末清初文渊阁（缺六、七数卷）和翰林院（残存三册）亦有存。[③] 私家收藏宋刻本者，现知有明代毛晋汲古阁和钱谦益绛云楼。[④] 入清后，暂未见收藏宋刻本的记载。

二、明

1. 永乐大典本

明《永乐大典》所收《营造法式》源于绍定本。[⑤] 该本清初尚存内府，后散佚，仅剩第一万八千二百四十四卷残页，属《营造法式》第三十四卷，存 18 页。

---

① 相关出版物有：古逸丛书三编之四十三影印宋本《营造法式》. 北京：中华书局，1992.

② 傅熹年指出现存“绍定本”《营造法式》是以明代补刻版刷印的，与“元代补修”的观点不同。参见傅熹年 . 新印陶湘仿宋刻本《营造法式》介绍 . 见：李诫编修 . 新印陶湘仿宋刻本《营造法式》. 北京：中国建筑工业出版社，2006.

③ 参见阚铎 . 仿宋重刊《营造法式》校记·附录 . 中国营造学社汇刊，1930，1（1）：21；谢国桢 .《营造法式》版本源流考 . 中国营造学社汇刊，1933，4（1）：16；陈仲篪 .《营造法式》初探 . 文物，1962（2）：15.

④ 参见钱谦益撰，潘景郑辑校 . 绛云楼题跋 . 北京：中华书局，1958：38；阚铎 . 仿宋重刊《营造法式》校记·附录 . 中国营造学社汇刊，1930，1（1）:21；谢国桢 .《营造法式》版本源流考 . 中国营造学社汇刊，1933，4（1）:18；梁思成 .《营造法式》注释·序 . 见：梁思成全集（第七卷）. 北京：中国建筑工业出版社，2001：9；傅熹年 . 新印陶湘仿宋刻本《营造法式》介绍 . 见：李诫编修 . 新印陶湘仿宋刻本《营造法式》. 北京：中国建筑工业出版社，2006。毛晋（1599—1659 年），字子晋，号潜在，原名凤苞，字子文，别号汲古主人，江苏常熟人。明末著名藏书家、刻书家、文学家，早年曾师从钱谦益。汲古阁为其藏书楼号，多宋、元善本。钱谦益（1582—1664 年），字受之，号牧斋。江苏常熟人。明末清初文学家，藏书家。绛云楼为钱氏藏书之所，藏书家赵琦美卒后，其脉望馆藏书递传于钱谦益绛云楼。绛云楼于 1650 年不幸失火，赵灵均为钱谦益购得的宋刻本亦毁。焚后余书多系赵琦美脉望馆所藏旧本，后赠予钱谦益族曾孙钱曾。

⑤ 参见傅熹年 . 介绍故宫博物院藏钞本《营造法式》. 见：傅熹年 . 傅熹年建筑史论文选 . 天津：天津百花文艺出版社，2009：495.

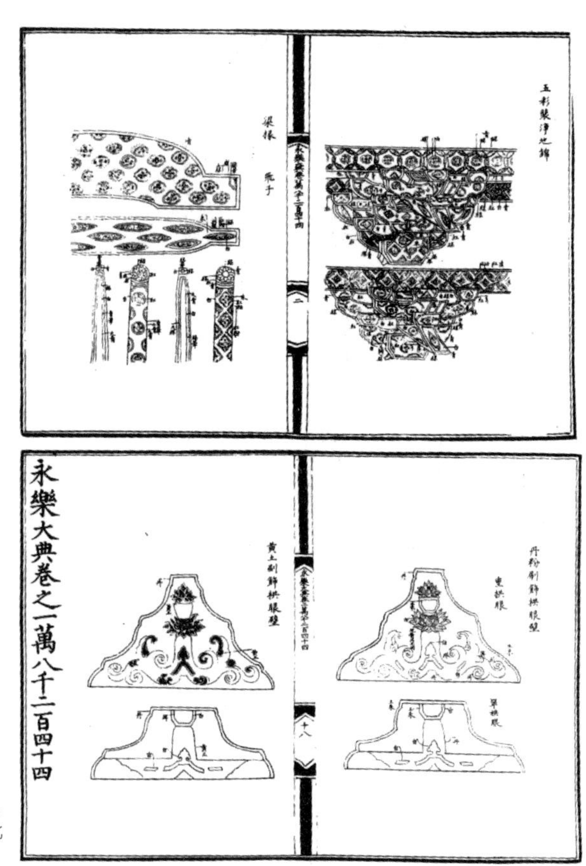

附图 1-3　永乐大典本书影（资料来源：永乐大典：卷之一万八千二百四十四．北京：中华书局，1960：7153，7161）

原件藏英国大英图书馆，丹麦女汉学家艾尔瑟·格兰曾将复印件赠予清华大学（附图 1-3）。[①]

2. 天一阁本

范氏天一阁[②]影宋钞本为《四库全书》所录《营造法式》底本之一，《天一阁进呈书目校录》有相关著录。[③]由《四库全书总目》可知其概况："此本前有诫所奏《札子》及进书《序》各一篇，其第三十一卷当为'木作制度图样上篇'，原本已缺，而以《看详》一卷错入其中"。《四库全书》修成后，此本下落不明，暂未见真本。陈仲篪按避讳学方法推断天一阁影钞宋绍兴本，傅熹年另据所摹天

① 参见郭黛姮．丹麦艾尔瑟·格兰女士赠给清华大学宋《营造法式》彩画作制度图样《永乐大典》本复印件．科技史文集·建筑史专辑（2），1980（5）：102。相关出版物有：永乐大典——卷之一万八千二百四十四．北京：中华书局，1960；解缙等辑．永乐大典．北京：中华书局，1986.

② 范懋柱（1721—1780 年），字汉衡，号拙吾，鄞州（今浙江宁波）人，著名藏书家范钦后人，藏书楼号"天一阁"。

③ 柳和成．《营造法式》版本及其流布述略．图书馆杂志，2005（6）：74.

宫壁藏图上的刻工名，推定天一阁本传钞自绍定本。[①]

3. 赵琦美本

曾在南京为官的明人赵琦美[②]在其《脉望馆书目》中记有《营造法式》一册，影钞自绍定本。[③]赵殁后，此钞本归钱谦益所有，后由钱曾购得[④]，故又称“述古堂本”。暂未见真本。

4. 赵灵均本

该本为明末清初赵灵均[⑤]影钞宋刻本《营造法式》而来。[⑥]钱谦益《绛云楼书目》记赵灵均为其购得前述宋刻本后，“尝手钞一本，亦言界画之难，经年始竣事云”。[⑦]暂未见真本。

5. 未知钞本

据邵渊耀跋语所记“顾君心尚有嗛者，谓向在都门见明人钞本十卷至二十四卷，俛得之矣，以议价不谐而罢”，可知时有明人另一钞本而不得，待考。[⑧]

三、清

1. 四库全书本

《四库全书总目》记《四库全书》所录《营造法式》由浙江范懋柱天一阁藏

---

① 陈仲篪 .《营造法式》初探 . 文物，1962（2）：15；傅熹年 .《营造法式》的流传历程 . 中国图书商报，2007-06-19（A03）.

② 赵琦美（1563—1624 年），原名赵开美，字玄度，一说字文度，又字如白，号清常道人。明藏书家。“脉望馆”为其藏书室名。

③ 参见傅熹年 . 介绍故宫博物院藏钞本《营造法式》. 见：傅熹年 . 傅熹年建筑史论文选 . 天津：天津百花文艺出版社，2009：493.

④ 参见钱谦益撰，潘景郑辑校 . 绛云楼题跋 . 北京：中华书局，1958：38；钱曾 . 述古堂藏书目 . 北京：中华书局，1985:41；钱曾 . 读书敏求记 . 北京：书目文献出版社，1984:38。另，陶湘曾指出“明赵美琦《脉望馆书目》有《营造正式》一册，赵氏殁后书归钱氏述古堂，目有《营造正式》一卷，殆赵氏所藏均未列撰人姓氏。《读书敏求记》有鲁班《营造正式》六卷。钱曾跋称规矩绳尺为千古良工模范，然非出于班手云云。未知与赵氏所藏是一是二。”引自陶湘 .《营造法式》附录·按语 . 见：李诫编修 .“陶本”营造法式，1925。钱曾（1629—1701 年），字遵王，号也是翁，又号贯花道人、述古主人，江苏常熟人，清藏书家、版本学家。藏书处名“述古堂”。

⑤ 赵均（1591—1640 年），字灵均。藏书甚富，室名“小宛堂”。

⑥ 参见陈仲篪 .《营造法式》初探 . 文物，1962（2）：15.

⑦ 钱谦益撰，潘景郑辑校 . 绛云楼题跋 . 北京：中华书局，1958：38.

⑧ 参见邵渊耀跋语 . 见：李诫编修 .“陶本”营造法式，1925.

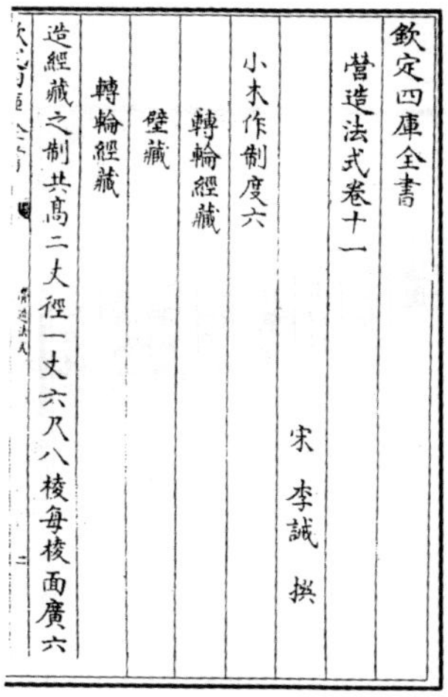

欽定四庫全書
營造法式卷十一
宋 李誡 撰
小木作制度六
轉輪經藏
壁藏
轉輪經藏
造經藏之制共高二丈徑一丈六尺八棱每棱面廣六

附图 1-4 四库全书本（文津阁）书影[资料来源：梁思成．梁思成全集（第七卷）．北京：中国建筑工业出版社，2001：522]

影宋钞本与《永乐大典》本撮合而成，简称“四库本”[①]。源出绍定本，但行格版式依《四库全书》统一改成每页 8 行。[②]

文渊阁四库本四周双栏，每半页 8 行，行 21 字，注文小字双行，字数同。版心白口，上有单鱼尾，鱼尾上记《钦定四库全书》，下记《营造法式》及卷次，版心下方记页次。全书前有《四库全书提要》，内容次序为《札子》、《序》、正文 34 卷及补遗（《看详》）1 卷，无《目录》卷。各卷首为《营造法式》及卷次，其后并无其他版本常见的“通直郎管修盖皇弟外第专一提举修盖班直诸军营房等臣李诫奉圣旨编修”等字（附图 1-4，1-5）。[③]

① 《四库全书》缮写共 7 部，其中四部分贮紫禁城内廷文渊阁、圆明园文源阁、沈阳故宫文溯阁、承德避暑山庄文津阁，合称“北四阁”或“内廷四阁”；又于扬州文汇阁、镇江文宗阁、杭州文澜阁各藏一部，合称“南三阁”或“江浙三阁”；另有副本一部藏于北京翰林院。文源、文宗、文汇三部及翰林院所藏副本已毁于战火。现存四部中，文渊阁本在台北故宫博物院；文津阁本藏国家图书馆，文溯阁本贮甘肃省图书馆，文澜阁本因战火影响有所残阙，后经补抄，基本完备，今藏浙江省图书馆。

② 参见傅熹年．介绍故宫博物院藏钞本《营造法式》．见：傅熹年．傅熹年建筑史论文选．天津：天津百花文艺出版社，2009：495.

③ 相关出版物有：李诫撰．营造法式（景印文渊阁四库全书：第六七三册）．台北：台湾商务印书馆，1983；李诫撰，李明整理．营造法式（四库家藏），济南：山东画报出版社，2004；商务印书馆四库全书工作委员会编．文津阁四库全书（史部·政书类：第 224 册）．北京：商务印书馆，2005；李诫编修．邹其昌点校．文渊阁《钦定四库全书》·《营造法式》．北京：人民出版社，2006；李诫撰．《营造法式》·文渊阁《钦定四库全书》．北京：人民出版社，2011.

欽定四庫全書　　史部十三

營造法式　　政書類六 考工之屬

提要

臣等謹案營造法式三十四卷宋通直郎試將作少監李誡奉勅撰初熙寧中勅將作監官編修營造法式至元祐六年成書紹聖四年以所修之本祇是料狀別無變造制度難以行用命誡別加撰輯誡乃考究羣書并與人匠講說分立類例以元符三年奏上之崇寧二年復請用小字鏤版頒行誡所作總看詳中稱今編修海行法式總釋總例共二卷制度十五卷功限十卷料例并工作等共三卷圖樣六卷目錄一卷總三十六卷計三百五十七篇內四十九篇係於經史等羣書中檢尋考究共三百八篇係自來工作相傳經久可用之法與諸作諳會工匠詳悉講究蓋

欽定四庫全書 營造法式 提要

673–399

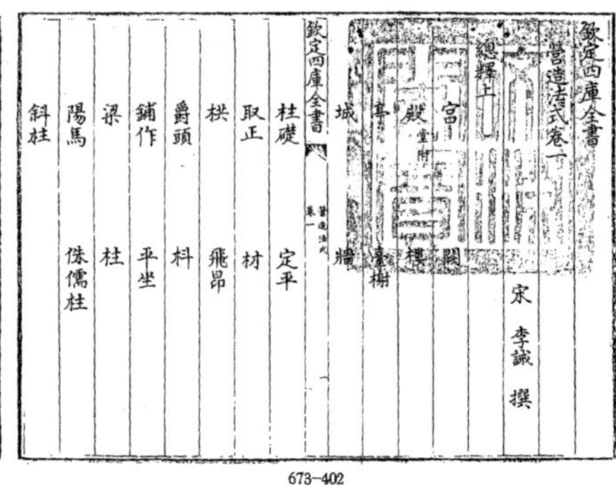
欽定四庫全書

營造法式卷一

宋 李誡 撰

總釋上

宮　闕
殿 堂附　樓
亭　臺榭
城　牆
柱礎　定平
取正　材
栱　飛昂
爵頭　料
鋪作　平坐
梁　柱
陽馬　侏儒柱
斜柱

欽定四庫全書 營造法式 卷一

673–402

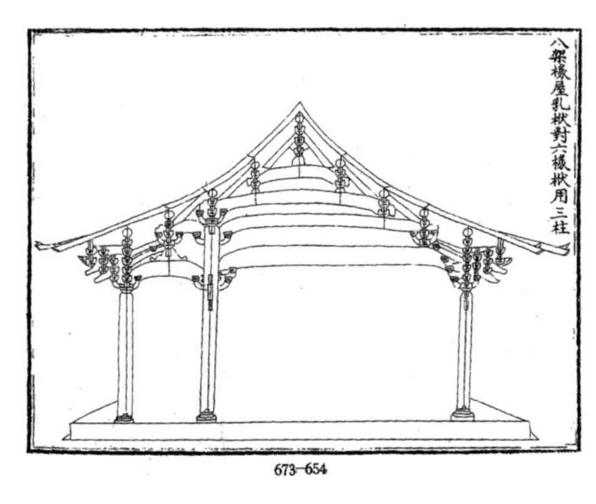

附图 1–5　四库全书本（文渊阁）书影 [资料来源：李诫撰．营造法式（景印文渊阁四库全书：第六七三册）．台北：台湾商务印书馆，1983]

2. 朱绪曾本

咸丰元年（1851 年），朱绪曾[①]据文澜阁四库本抄写《营造法式》一部[②]，后被翁同龢[③]购得，捐与国家图书馆，故又称“翁本”。

该本每半页 8 行，行 21 字；卷首有翁心存录刘喜海跋，后有“《营造法式》提要”；“提要”首页有“东武刘喜海燕庭所藏”、“北京图书馆藏”印，《看详》卷、卷五、卷十七等首页有“燕庭藏书”印，卷一首页有“清爱堂”、“文正曾孙文清从孙文恭冢子”、“刘喜海印”印（附图 1–6）。

① 朱绪曾（约 1796—1866 年），字述之，江苏上元（今南京市）人，清藏书家、目录学家。

② 傅熹年自藏丁本《营造法式》题识记：“传抄文澜阁四库本《营造法式》卷首识语：咸丰建元朱司马述之，自浙江文澜阁传抄邮寄，字尚清朗，界画亦颇精致，余购此书有年。朱述之札云：闻嘉禾有藏宋刊本者，物色经年竟未能得，兹先以此本见贻。良友之惠，深可感也，专此志之。闰八月十日　归巢老燕　此书有燕庭丈书片语夹副叶已断烂，先公手录之，今粘首册。同龢记。右北京图书馆藏刘喜海、翁同龢递藏本《法式》为朱述之咸丰元年据文澜阁“四库全书本”传抄者，半叶八行，行廿一字，取与文津阁“四库本”对勘，其每卷起首七八叶分行断字悉同，以后偶有差误，亦不过相错一二字而已。疑文津、文澜二文原即有小差，不然即朱氏传抄之误。”

③ 翁同龢（1830—1904 年），字声甫，号叔平，晚号松禅。江苏常熟人。清末大臣。

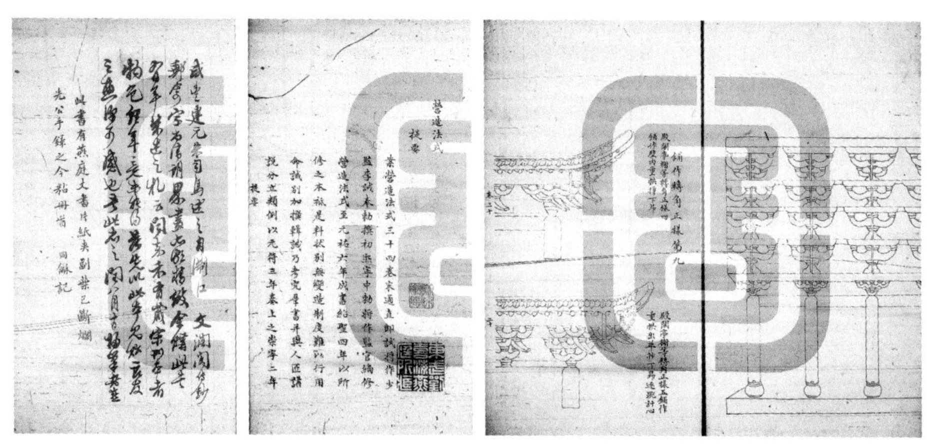
營造法式
提要
案營造法式三十四卷宋通直郎試將作少監李誡奉敕撰初熙寧中敕將作監官編修營造法式至元祐六年成書紹聖四年以所修之本祗是料狀別無變造制度難以行用命誡別加撰輯誡乃考究羣書并與人匠講說分立類例以元符三年奏上之崇寧二年
提要

附图 1-6　朱绪曾本书影（资料来源：中国国家图书馆藏品）

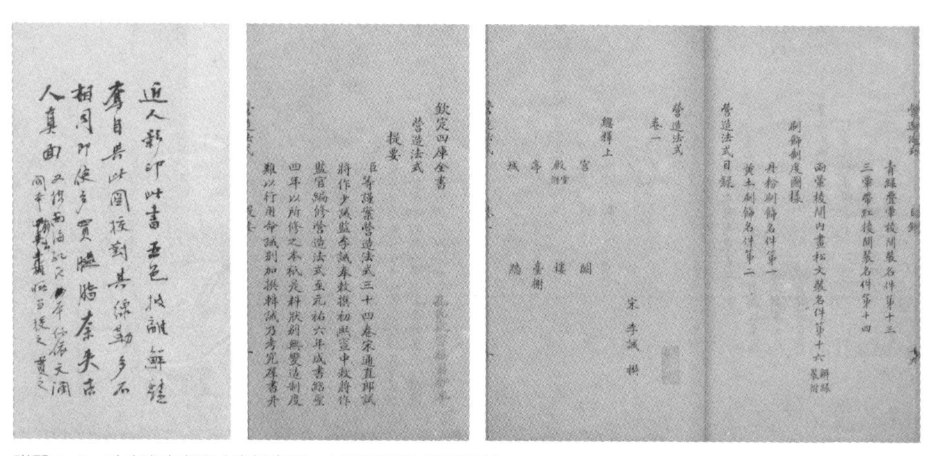
欽定四庫全書
營造法式
提要
臣等謹案營造法式三十四卷宋通直郎試將作少監李誡奉敕撰初熙寧中敕將作監官編修營造法式至元祐六年成書紹聖四年以所修之本祗是料狀別無變造制度難以行用命誡別加撰輯誡乃考究羣書并

附图 1-7　孔广陶本书影（资料来源：中国国家图书馆藏品）

3. 孔广陶本

该本为孔广陶[①]岳雪楼藏本，据文澜阁四库本影钞[②]，现藏国家图书馆。每半页 8 行，行 21 字（附图 1-7）。

4. 伊东忠太本

1905 年，日本学者伊东忠太、大熊喜邦在奉天（沈阳）手抄文溯阁四库本《营

① 孔广陶（1832—1890 年），字鸿昌、一字怀民，号少唐，别称少唐居士。广东南海人。清著名藏书家、刻书家。藏书处有“三十三万卷书堂”和“岳雪楼”。

② 参见陈仲篪 .《营造法式》初探 . 文物，1962（2）：16；郭黛姮 . 中国古代建筑史（第 3 卷）. 北京：中国建筑工业出版社，2003：730.

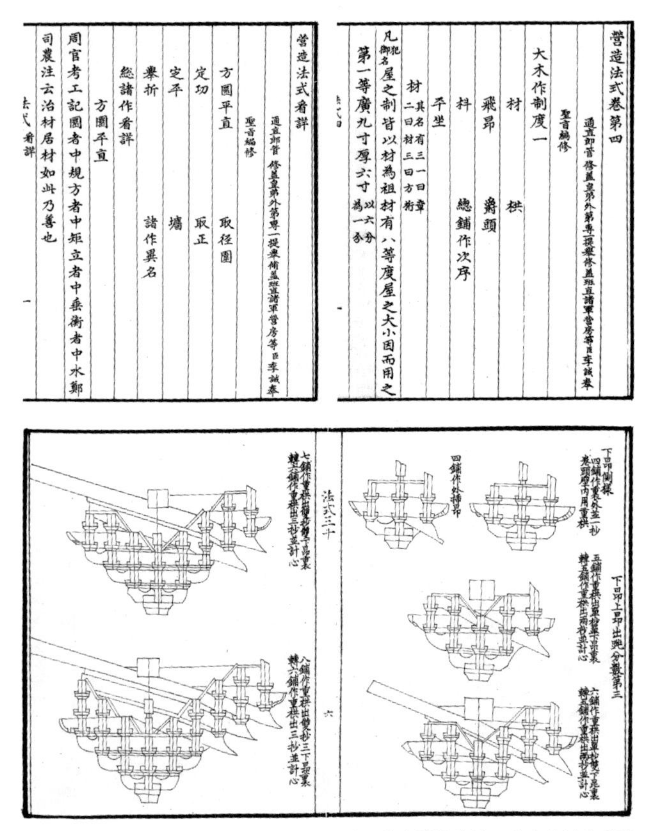

營造法式卷第四
通直郎管修蓋皇弟外第專一提舉修蓋班直諸軍營房等臣李誡奉
聖旨編修
大木作制度一
材　栱
飛昂　爵頭
枓　總鋪作次序
平坐
材（其名有三：一曰章，二曰材，三曰方桁）
凡（鉋名）屋之制，皆以材為祖。材有八等，度屋之大小，因而用之。
第一等，廣九寸，厚六寸。（以六分為一分）

營造法式看詳
通直郎管修蓋皇弟外第專一提舉修蓋班直諸軍營房等臣李誡奉
聖旨編修
方圜平直　取徑圍
定功　取正
定平　墻
舉折　諸作異名
總諸作看詳
方圜平直
周官考工記：圜者中規，方者中矩，立者中垂，衡者中水。鄭
司農注云：治材居材，如此乃善也。
法式看詳　一

附图 1-8　故宫本书影 [资料来源：李诫编修，故宫博物院编．故宫藏钞本《营造法式》(13 册)．北京：紫禁城出版社，2009]

造法式》，因后来收藏于东京大学工学部建筑系，故竹岛卓一在《〈营造法式〉の研究》中又称其为“东大本”。①

5. 述古堂钞本

按前述，钱曾在绛云楼失火前，已从钱谦益处购得赵琦美脉望馆影抄宋刊本《营造法式》②，之后则不见记载。③ 曾有传钞本流传，世人称之为“传抄述古堂本”，到清中叶已成稀见之本。④ 暂未见真本。

① 参见竹岛卓一.《营造法式》の研究：第 1 册. 东京：中央公论美术出版社，1970：14、20。东京大学工学系研究科唐聪博士曾至东大建筑系确认此本概况及下落，但暂未见真本，目前仍在查询中。

② 参见钱曾. 读书敏求记. 北京：书目文献出版社，1984：38.

③ 钱曾故后，其书尽归泰兴季振宜。季振宜（1630—1674 年），字诜兮，号沧苇，江苏泰兴人，清初著名藏书家、版本学家、校勘家。

④ 参见傅熹年. 新印陶湘仿宋刻本《营造法式》介绍. 见：李诫编修. 新印陶湘仿宋刻本《营造法式》. 北京：中国建筑工业出版社，2006.

6. 故宫本

傅熹年以纸质、书风、钤印等考证，推定故宫本属清前期据述古堂藏赵琦美钞本的精钞复制本，另据卷三十第九页中缝下方刻工名“金荣”二字，判断其亦源自绍定本。[①] 现藏北京故宫博物院。

该本凡二函，函六册，内图式三册。版框高 22.8 厘米，阔 18.8 厘米，细白纸，墨画阑格，每半页 11 行，行 21、22 字，白口，左右双栏，版心上方记卷次，下方记页次，与绍定本版面相同。首为《札子》、次《序》、《目录》、《看详》并正文 34 卷，卷末附绍兴本重刊题记。[②] 首册钤“虞山钱曾遵王藏书”朱文长方印（附图 1–8）。[③]

7. 张金吾本

据张蓉镜《营造法式》跋语，可知张金吾[④] 藏有一部述古堂钞本之影写本：“庚辰岁（1820 年），家月霄先生（张金吾）得影写述古本于郡城陶氏五柳居，重价购归，出以见示。以先祖想慕未见之书，一旦获此眼福，欣喜过望，假归手自影写，图样界画则毕仲愷高弟王君某任其事焉”[⑤]。暂未见真本。

8. 张蓉镜本

该本为道光元年（1821 年）张蓉镜[⑥] 据前述张金吾藏影写述古本《营造法式》工楷精钞而成，当时号称善本，后归翁同龢，2000 年由上海图书馆从翁家购得，现藏馆内。[⑦] 张蓉镜本仍辗转源自绍定本，但改变了版式[⑧]。

该本每半页 10 行，行 22 字，白口，四周双栏，版心双鱼尾间记卷次、页次，

---

① 参见傅熹年．介绍故宫博物院藏钞本《营造法式》．见：傅熹年．傅熹年建筑史论文选．天津：天津百花文艺出版社，2009：493.

② 相关出版物有：李诫编修，故宫博物院编．故宫藏钞本《营造法式》（13 册）．北京：紫禁城出版社，2009；李诫撰．中华再造善本·营造法式（2 函 12 册）．北京：国家图书馆出版社，2014.

③ 1933 年校勘时刘敦桢曾记“钱氏图章极不可靠，纸色质地亦多疑点，恐非《读书敏求记》以四十千购自绛云楼之真本。又此本卷六小木作版门脱落二十二行，卷三十二天宫楼阁、佛道帐与天宫壁藏后，无“行在吕信刊”及“武陵杨润刊”题名，仍系辗转重录，非直接影钞宋本者。”至 1965 年，又记“明末钱遵王处亦有抄本，清乾隆帝曾向他索取，但仅提供一副本（原存故宫，称“故宫本”，又称“乾隆本”）”。傅增湘也曾对该本钱曾印记表示怀疑：“钤有钱曾印记，恐不真，以字体风气观之，或是乾嘉间写本”。参见刘敦桢．故宫钞本《营造法式》校勘记．科技史文集·建筑史专辑（1），1979（2）：8；刘敦桢．宋《营造法式》版本介绍．见：刘敦桢．刘敦桢全集（第六卷），北京：中国建筑工业出版社，2007：229；莫友芝撰．傅增湘订补．傅熹年整理．藏园订补郘亭知见传本书目：第 1 册，北京：中华书局，2009：440.

④ 张金吾（1787—1829 年），字慎旃，别字月霄。昭文（今江苏常熟）人。清藏书家。

⑤ 转引自李诫编修．“陶本”营造法式·附录，1925.

⑥ 张蓉镜（1802—？），字伯元，别字芙川，昭文（今江苏常熟）人，清藏书家。娶姚氏名婉真，号芙初女史，亦精鉴别。室名有“双芙阁”、“萝摩亭”、“小琅嬛福地”等。

⑦ 参见陈先行．清张氏小琅嬛福地抄本《营造法式》．见：陈先行．打开金匮石室之门：古籍善本．上海：上海文艺出版社，2003：252.

⑧ 参见傅熹年．介绍故宫博物院藏钞本《营造法式》．见：傅熹年．傅熹年建筑史论文选．天津：天津百花文艺出版社，2009：494.

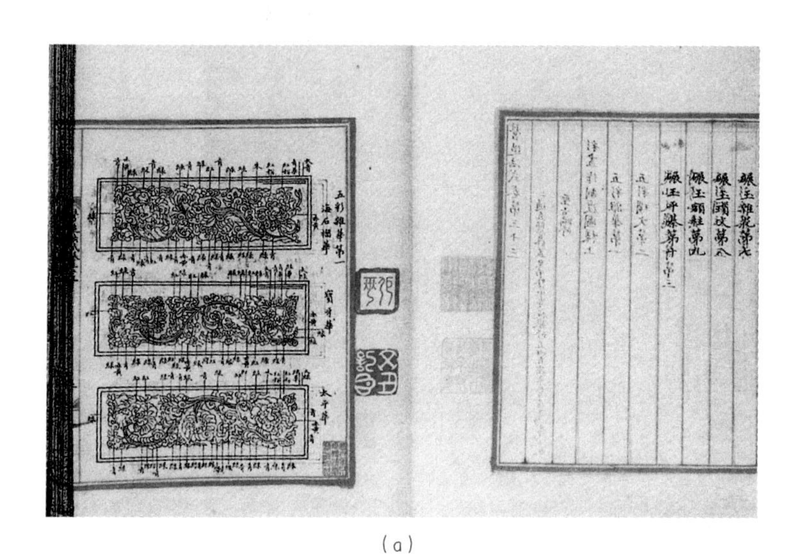

（a）

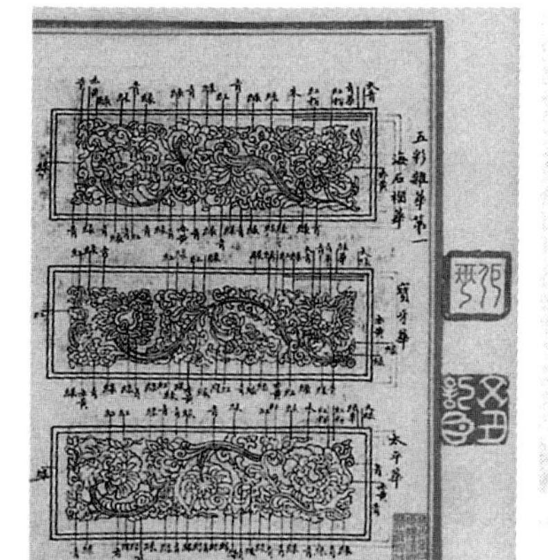

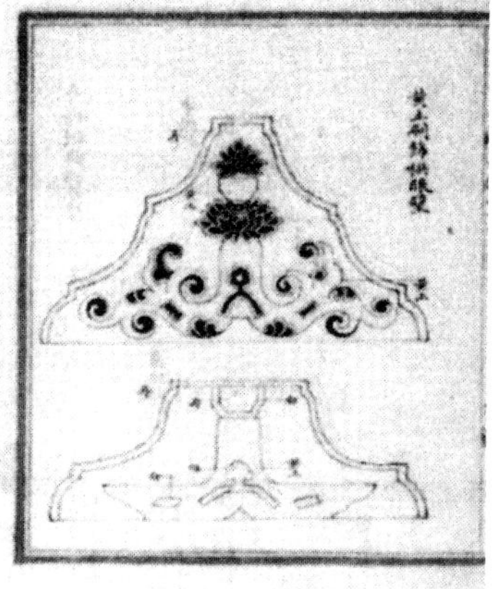

（b）

附图 1-9　张蓉镜本书影
（a）《打开金匮石室之门》所引书影（资料来源：陈先行．打开金匮石室之门——古籍善本．上海：上海文艺出版社，2003：251-252）；（b）《梁思成全集》第七卷所引书影［资料来源：梁思成．梁思成全集（第七卷）．北京：中国建筑工业出版社，2001：521］

横开散页未成本，后有张金吾、孙原湘、黄丕烈、陈銮、闻筝道人、邵渊耀、褚逢椿、钱泳题跋等人的题跋（附图 1-9）。

9. 蒋汝藻本

陶湘《识语》曾记蒋汝藻[①]藏《营造法式》钞本“字雅图工，首尾完整，可

① 蒋汝藻（1877—1954 年）：字元采，号孟苹，别号乐庵，浙江吴兴（今湖州）南浔人，著名藏书家，室名“乐庵”、“密韵楼”、“传书堂”等，其密韵楼藏书曾达数十万卷。清末民初，宁波范氏“天一阁”等著名故家遗藏散出，多为蒋氏购藏。

补丁氏脱误数十条，惟仍非张氏原书”。① 陈征芝 ②《带经堂书目》卷三跋云:“此从影宋本传钞”。陈征芝藏书后大半归周星诒 ③，周星诒后因挂误远戍，所藏之书遂归蒋汝藻”。④ 谢国桢推测蒋汝藻密韵楼藏本或亦源于述古堂本。现藏台湾 ⑤，暂未知版本概况。

10. 静嘉堂本

该本系由郁松年 ⑥ 转钞自张蓉镜本，藏于郁氏宜稼堂，后递藏于陆心源 ⑦ 皕宋楼。⑧ 岩崎氏于光绪三十三年（1907 年）六月从陆心源之子陆树藩处购得皕宋楼大部分藏书，收入静嘉堂文库 ⑨，陆氏所藏《营造法式》亦在其中，故此本又称“静嘉堂本”。

该本一函六册，书高 33.6 厘米，阔 24.5 厘米。白纸手抄线装本，开篇大字“景宋精钞营造法式三十四卷”，双钩填墨影写。正文无框无栏，每半页 10 行，行 22 字，小字双行，版心记篇目和页数；书后依次录有王唤重刊题记、吴廷飏观记、钱曾记文、张蓉镜识语及其他道光初期观书者题跋若干；每册开篇首页及第一册、第二册最末页钤有陆心源另一子陆树声之印，印文曰“归安陆树声叔桐父印”（附图 1-10）。

11. 台湾本（一）

据该本序跋内容及印章判断，应是张蓉镜本之钞本。⑩ 现藏台湾图书馆（台北），索书号编为 04883。⑪

该本共 8 册，版框高 24 厘米，宽 18.5 厘米。四周双栏，每半页 10 行，行 22

---

① 陶湘．识语．见：李诫编修．“陶本”营造法式，1925.

② 陈征芝（生卒年不详），字兰麟，一字世善，号韬庵，闽县（今福建福州）人，清嘉庆七年（1802 年）进士。清藏书家，藏书楼名“带经堂”。黄丕烈藏书散出后，归于王惕甫，后王惕甫藏书又归于陈征芝。陈氏卒后，藏书散出，大半归周星诒，陆心源亦得陈氏藏书数种。

③ 周星诒（1833—1904 年），字季贶，浙江山阴人。藏书甚富，室名有“书钞阁”、“瑞瓜堂”、“传忠堂”等。

④ 转引自谢国桢．《营造法式》版本源流考．中国营造学社汇刊，1933，4（1）：18.

⑤ 参见李路珂．传世两宋时期《营造法式》的残卷、摘录及著录钩沉——兼谈《营造法式》的作者姓名．中国建筑史论汇刊，2011（4）：44.

⑥ 郁松年（1799—1865 年），字万枝，号泰丰，一作泰峰，上海人。清藏书家，建藏书楼名“宜稼堂”。其藏书约于 1861—1863 年间逐渐散佚，所收汪氏“艺云书舍”的藏书大部归入山东杨氏“海源阁”，其他宋元旧本、名钞精校归丁氏“持静斋”，另余精帙散编归陆氏“皕宋楼”。

⑦ 陆心源（1834—1894 年），字刚甫，号存斋，浙江归安（今吴兴）人。清末著名藏书家。

⑧ 莫友芝撰．傅增湘订补．傅熹年整理．藏园订补郘亭知见传本书目：第 1 册．北京：中华书局，2009：440.

⑨ 日本静嘉堂文库是以三菱财阀岩崎弥之助及其子岩崎小弥太的藏书为基础设立的文库，成立于 1907 年，位于日本东京。岩崎弥之助（1851—1908 年）曾任三菱第二任社长，“静嘉堂”为其藏书室号；岩崎小弥太（1879—1945 年）曾任三菱第四任社长。本书所涉日本静嘉堂文库所藏《营造法式》钞本概况及相关书影，均由东京大学工学系研究科唐聪博士搜集提供，谨此表示感谢。另对日本静嘉堂文库授权本书引用、刊载相关书影表示诚挚谢意。

⑩ 参见陈先行．清张氏小琅嬛福地抄本《营造法式》．见：陈先行．打开金匮石室之门：古籍善本．上海：上海文艺出版社，2003：252.

⑪ “《营造法式三十四卷附看详一卷目录一卷八册》清嘉道间琴川张氏小琅环福地朱丝栏精钞本 04883 宋李诫撰。”引自台湾图书馆该版本的馆藏信息。

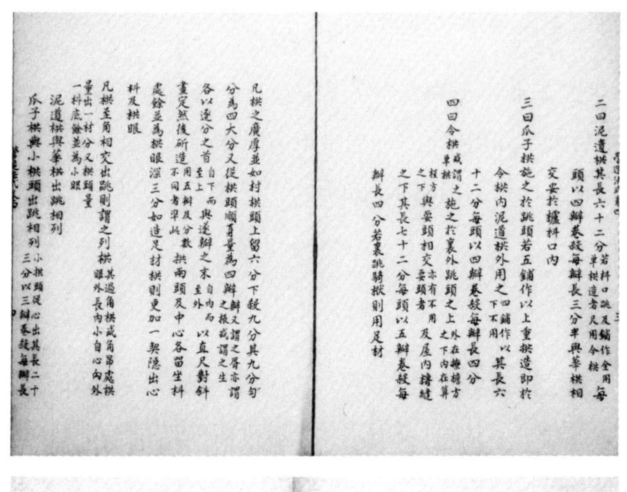

二曰泥道栱其長六十二分（若枓口跳及鋪作全用單栱造者只用令栱）每頭以四瓣卷殺每瓣長三分半與華栱相交安於櫨枓口內

三曰瓜子栱施之於跳頭若五鋪作以上重栱造即於令栱內泥道栱外用之（四鋪作以下不用）其長六十二分每頭以四瓣卷殺每瓣長四分

四曰令栱（或謂之單栱）施之於裏外跳頭之上（外在橑檐方之下內在算桯方之下）與耍頭相交（亦有不用耍頭者）及屋內槫縫之下其長七十二分每頭以五瓣卷殺每瓣長四分若裏跳騎栿則用足材

凡栱之廣厚並如材栱頭上留六分下殺九分其九分匀分為四大分又從栱頭順身量為四瓣（瓣又謂之胥亦謂之棖或謂之生）各以逐分之首（自下而至上）與逐瓣之末（自內而至外）以直尺對斜畫定然後斫造（用五瓣及分數不同者準此）栱兩頭及中心各留坐枓處餘並為栱眼深三分如造足材栱則更加一栔隱出心枓及栱眼

凡栱至角相交出跳則謂之列栱（其過角栱或角昂處栱眼外長內小自心向外量出一材分又栱頭量一枓底餘並為小眼）

泥道栱與華栱出跳相列

瓜子栱與小栱頭出跳相列（小栱頭從心出其長二十三分以三瓣卷殺每瓣長）

附图 1-10　静嘉堂本书影（资料来源：日本国立国会图书馆所藏微缩胶片）

字[①]，注文小字双行，字数同，版心花口，双鱼尾间记书名、卷次、页次；内容顺序为《札子》《序》各 1 篇、《看详》《目录》各 1 卷，正文 34 卷；卷首有清道光九年（1829 年）张蓉镜、道光戊子（1828 年）褚逢椿二篇手书题记，卷末亦有孙原湘、张金吾、黄丕烈、郑德懋、邵渊耀、陈銮、钱泳手书题记，以及王婉兰手书孙鋆题记；书中钤民国时期的“莚圃收藏”朱文长方印、“张蓉镜”朱白文方印、“芙川氏”朱白文方印、“渭仁借观”朱文方印、“蓉镜珍藏”朱文方印、“郁印松年”白文方印、“泰峯”朱文方印、“张蓉镜印”白文方印等共九种。[②]

12. 台湾本（二）

除前述张蓉镜本之钞本外，台湾图书馆（台北）还藏有另外一部《营造法式》，

① 台湾图书馆该版本的馆藏信息记为“行 23 字”，经翻阅比对，多为行 22 字，少数几处为行 23 字。

② 有关台湾地区馆藏两部《营造法式》的详细介绍，参见成丽，李梦思．台湾地区馆藏两部宋《营造法式》钞本考略．2016 年中国《营造法式》国际学术研讨会论文集．福州，2016.

版本信息暂不明确，图书馆记其为“影宋朱丝栏钞本”，索书号编为04882。[①] 该本卷十九至二十六以及卷三十三共计九卷的字迹与其他各卷不同，且版心仅有“营造法式”四字，并无卷次、页次等情况，故推测此部分内容或为后期补抄。从文字和图样两个方面来看，其与前述台湾本（一）存在一定的传抄关系，但孰先孰后暂无法判断。

该本共16册，版框高23.7厘米，宽18.6厘米，左右双栏，每半叶10行，行22字，注文小字双行，字数同，版心白口，双鱼尾（鱼尾相向）间有书名、卷次和页次；内容顺序为《札子》《序》各1篇、《看详》《目录》各1卷，正文34卷；正文后附钱曾跋语[②] 及《宋故中散大夫李公墓志铭》；书中钤“希古右文”朱文方印、“爱日精庐藏书”朱文方印、“曾藏张月霄处”朱文长方印、“不薄今人爱古人”白文长方印等。该本虽钤有张金吾相关印章（“爱日精庐藏书”印及“曾藏张月霄处”二印），但因其递藏信息尚不明确，故暂未敢臆断其版本来源，存疑待考。

13. 丁丙本

丁丙[③] 八千卷楼藏钞本《营造法式》影钞自张蓉镜本[④]，原为清藏书家李之郇[⑤]“瞿硎石室”藏书，抄者或为李之郇或其家人。[⑥] 现藏南京图书馆。

该本每半页10行，行22字，开本高24.8厘米，宽19厘米，小字双行字数同，四周双栏，白口，版心双鱼尾间记书名、卷次、页次；内容顺序为《札子》《序》各1篇、《看详》《目录》各1卷，正文34卷；首册附页有丁丙跋，卷末附南宋绍兴本重刊题记，录跋依次为：钱曾、张蓉镜、褚逢椿、孙原湘、黄丕烈、陈銮、张金吾、邵渊耀、王婉兰、闻筝道人、钱天树、钱泳等，共12则；首册封面钤“八千卷楼珍藏善本”朱印阳文一枚，另各卷内钤有“宛陵李之郇藏书印”、“臣之郇印”、“宣城李氏瞿硎石室图书印记”、“伯雨”及“钱唐丁氏藏书”、“八千卷楼藏书”、“嘉惠堂藏阅书”、“新若手未触”、“江苏第一图书馆善本书之印记”诸印。[⑦]

1919年，江南图书馆依此本缩付小本石印共7册，开本26×15厘米，署“民国八年九月二日印”，卷首附朱启钤、齐耀琳序各一，第七册卷末有山阴俞纪琦、宝

① “《营造法式三十四卷十六册》影宋朱丝栏钞本04882 宋李诫撰”。引自台湾图书馆该版本的馆藏信息。

② 所附钱曾跋语为：“《营造法式》三十四卷，《目录》《看详》二卷。牧翁得之天水长公，图样界画最为难事。己丑春，予以四十千从牧翁购归。牧翁又藏梁溪故家镂本，庚寅冬，不戒于火，缥囊缃帙，尽为六丁取去，独此本流传人间，真希世之宝也。诫字明仲，所著书有《续山海经十卷》、《古篆说文十卷》、《续同姓名录二卷》、《琵琶录三卷》、《马经三卷》、《六博经二卷》，今俱失传。附识此，以示藏书家互搜讨之。钱后人钱曾记。”

③ 丁丙（1832—1899年），字嘉鱼，别字松生，号松存，钱塘（今浙江杭州）人。清末著名藏书家。其藏书室始称“八千卷楼”，后辟“后八千卷楼”、“善本书室”等，总称“嘉惠堂”，藏书近20万卷。丁丙曾将其藏书中较珍贵的部分辑为《善本书室藏书志》。1907年江南图书馆成立时，曾收购丁氏嘉惠堂藏书为馆藏基础。

④ “光绪丁未戊申间，浭阳匋斋氏端方总督两江建图书馆，收钱唐丁氏嘉惠堂藏书，有钞本《营造法式》，称为张芙川（张蓉镜）影宋。”引自陶湘．识语．见：李诫编修．“陶本”营造法式，1925.

⑤ 李之郇：字伯雨，号莲隐，清安徽宣城人，藏书多善本，藏书处名“瞿硎石室”，后归丁丙八千卷楼继藏甚多。

⑥ 参见王英姿．南京图书馆馆藏清抄本《营造法式》考略．河南图书馆学刊，2005（5）：81-83.

⑦ 参见王英姿．南京图书馆馆藏清抄本《营造法式》考略．河南图书馆学刊，2005（5）：81.

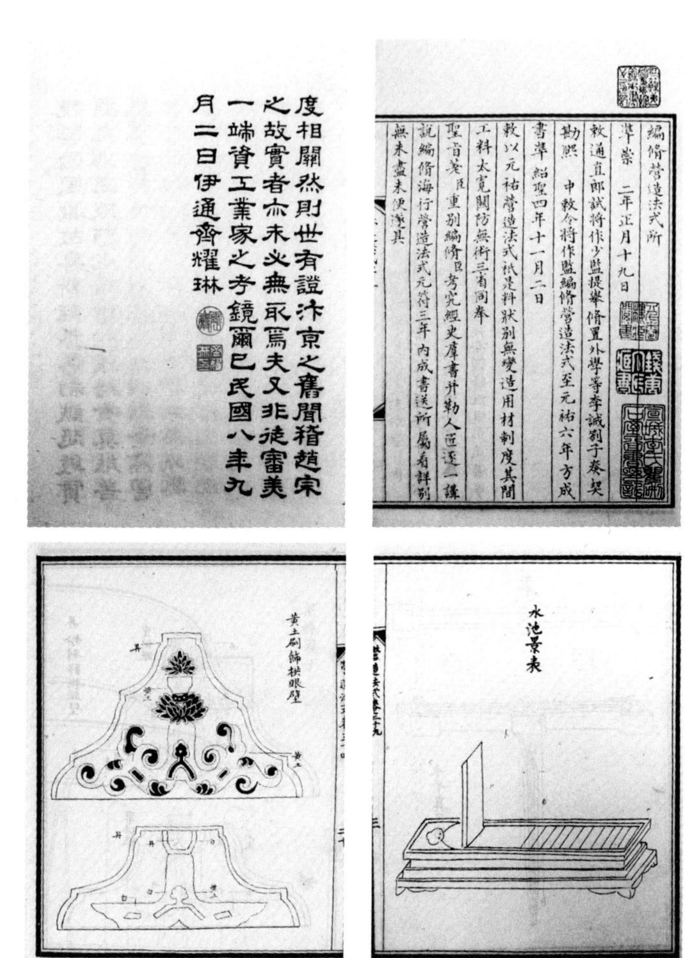
度相關然則世有證汴京之舊聞稽趙宋
之故實者亦未必無取焉夫又非徒雷美
一端資工業家之考鏡爾已民國八年九
月二日伊通齊耀琳

編修營造法式所
準崇寧二年正月十九日
敕通直郎試將作少監提舉修置外學等李誡劄子奏契
勘熙寧中敕令將作監編修營造法式至元祐六年方成
書準紹聖四年十一月二日
敕以元祐營造法式祇是料狀別無變造用材制度其間
工料太寬關防無術三省同奉
聖旨着臣重別編修臣考究經史羣書并勒人匠逐一講
說編修海行營造法式元符三年內成書送所屬看詳別
無未盡未便遂具

附图 1-11　石印丁本书影（资料来源：李诫编修．“丁本”营造法式．南京：江南图书馆，1919）

山金其照跋文各一；1920 年，上海商务印书馆依原书版式石印大本共 8 册，开本 33 × 22.5 厘米。这两种印本学界均简称“丁本”、“石印本”、“朱氏印本”（附图 1-11）。[①]

14. 朱学勤本

朱学勤[②]结一庐藏钞本封面题“影宋抄本”，有学者推断亦是据张蓉镜本传抄而来。[③]现藏上海图书馆。

15. 瞿镛本

瞿镛[④]铁琴铜剑楼藏钞本在太平天国战乱时失去后半部。[⑤]现在的卷十七至

① 参见朱启钤．石印《营造法式》前序．见：李诫编修．“丁本”营造法式．南京：江南图书馆，1919；陶湘．识语．见：李诫编修．“陶本”营造法式，1925；柳和成．《营造法式》版本及其流布述略．图书馆杂志，2005（6）：75.

② 朱学勤（1823—1875 年），字修伯，清仁和（今浙江杭州）人。藏书室名“结一庐”。

③ 参见陈先行．打开金匮石室之门——古籍善本．上海：上海文艺出版社，2003：250.

④ 瞿镛（约 1800—1864 年），字子庸，江苏常熟人。清藏书家，藏书处名“铁琴铜剑楼藏”。

⑤ 莫友芝撰．傅增湘订补．傅熹年整理．藏园订补郘亭知见传本书目：第 1 册．北京：中华书局，2009：440.

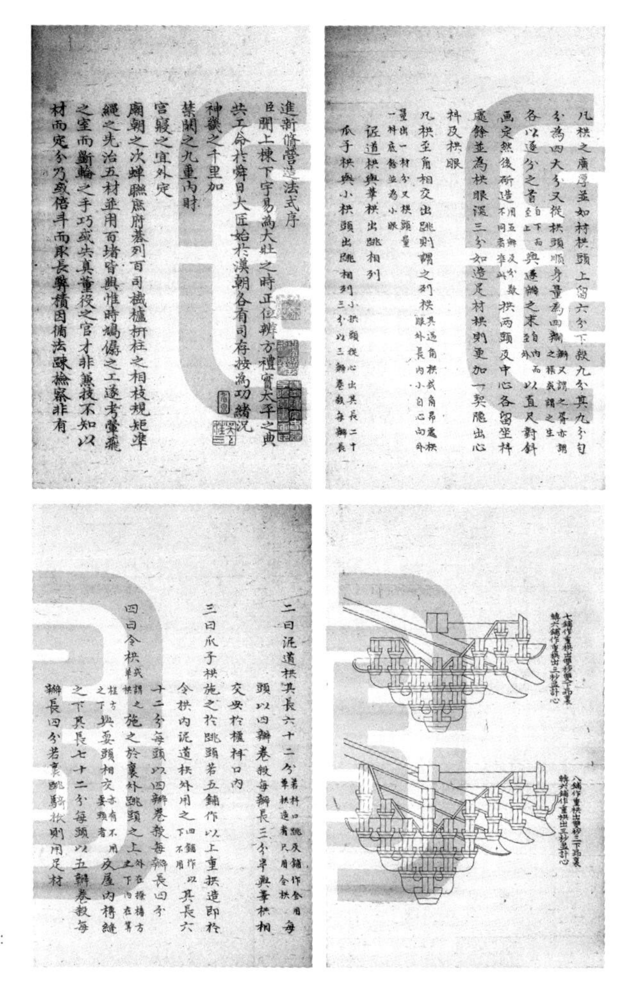
進新脩營造法式序
臣聞上棟下宇易爲大壯之時正位辨方禮實太平之典
共工命於舜日大匠始於漢朝各有司存按爲功緒況
神畿之千里加
禁闕之九重內財
宮寢之宜外定
廟朝之次蟬聯庶府棊列百司櫼櫨枅柱之相枝規矩準
繩之先治五材並用百堵皆興惟時鳩僝之工遂考翬飛
之室而斲輪之手巧或失真董役之官才非兼技不知以
材而定分乃或倍斗而取長弊積因循法疎檢察非有

凡栱之廣厚並如材栱頭上留六分下殺九分其九分勻
分爲四大分又從栱頭順身量爲四瓣（瓣又謂之胥亦謂之棖或謂之生）
各以逐分之首（自下而至上）與逐瓣之末（自內而至外）以直尺對斜
畫定然後斫造（用五瓣及分數不同者準此）栱兩頭及中心各留坐枓
處餘並爲栱眼深三分如造足材栱則更加一栔隱出心
枓及栱眼
凡栱至角相交出跳則謂之列栱（其過角栱或角昂處栱眼外長內小自心向外量出一材分又栱頭量一枓底餘並爲小眼）
泥道栱與華栱出跳相列
瓜子栱與小栱頭出跳相列（小栱頭從心出其長二十三分以三瓣卷殺每瓣長

二曰泥道栱其長六十二分（若枓口跳及鋪作全用單栱造者只用令栱）每
頭以四瓣卷殺每瓣長三分半與華栱相
交安於櫨枓口內
三曰瓜子栱施之於跳頭若五鋪作以上重栱造即於
令栱內泥道栱外用之（四鋪作以下不用）其長六
十二分每頭以四瓣卷殺每瓣長四分
四曰令栱（或謂之單栱）施之於裏外跳頭之上（外在橑檐方之下內在算桯方之下）
與耍頭相交（亦有不用耍頭者）及屋內槫縫
之下其長七十二分每頭以五瓣卷殺每
瓣長四分若裏跳騎栿則用足材

附图 1–12　瞿镛本书影（资料来源：中国国家图书馆藏品）

三十四为瞿家近代钞配，经傅熹年校核，发现其异处悉合于陶本，图样亦疑摹自陶本。现藏国家图书馆。

该本半页 10 行、11 行混合。卷一至十二、卷十四第七页以后至卷十七半页 10 行，行 21、22 字不等，行格同丁本，或与张蓉镜本同出一源；卷十三及卷十四首七页半页 11 行，行 21、22 字不等，行格同故宫本，与宋本微有不同，或与故宫本同源[①]；《序》首页有“铁琴铜剑楼”“汪士钟字春霆号朗园书画印”“眉泉”、“吴下汪三”“北京图书馆藏” 5 枚印记；《目录》首页有“汪士钟印”“三十六峰园主人”“铁琴铜剑楼”“平阳叔子”“振勋私印”“某泉父” 6 枚印记；卷一至十七有汪士钟藏印（附图 1–12）。

① 瞿本行格和对其源出的判断引自傅熹年.《营造法式》合校本（未刊本），2016. 傅增湘记该本行款为“存卷一至十七，十行二十一二字不等，内卷十三、十四半叶十一行，与宋本行格同”。莫友芝撰. 傅增湘订补. 傅熹年整理. 藏园订补郘亭知见传本书目：第 1 册. 北京：中华书局，2009：440.

16.《连筠簃丛书》本

清道光间有杨墨林[①]私家重刻“连筠簃丛书”本《营造法式》。[②]据傅熹年回忆，原中国建筑设计研究院建筑历史研究所的叶定侯（叶德辉之侄）曾见过该书，底本为四库本，有文无图。[③]或因流传极罕，至今未有关于此书的线索，待考。

四、近现代

朱启钤嘱陶湘主持校勘、于1925年付梓刊行的合校本《营造法式》，世称“陶本”或“陶氏仿宋刊本”、“仿宋本”，被学界广泛使用。

该本共8册，开本高33厘米，宽22.5厘米，左右双栏，每半页11行，行22字，注文小字双行，字数同，版心细黑口，记书名、卷次、页次；首册前有朱启钤《重刊〈营造法式〉后序》、阚铎《李诫补传》，末册附《宋故中散大夫李公墓志铭》、1920年发现的宋刊本卷八首页前半、“绍兴本”重刊题记、《营造法式》历代相关记载和评述22则[④]、齐耀琳《石印〈营造法式〉序》、朱启钤《石印〈营造法式〉前序》、陶湘《识语》等。

陶本经陶湘“涉园”初印发行1000部，刻版于1929年售与商务印书馆，但不久即毁于1932年上海的“一·二八”事变[⑤]。1932年，商务印书馆缩印陶本收入《万有文库》系列，1933年12月编入《万有文库初编》出版，平装

① 杨尚文（1807—1856年），字仲华，号墨林，山西灵石人。清藏书家，藏书楼名“连筠簃”。道光间曾收集文人书稿编辑刊印《连筠移丛书》。

② 参见莫友芝撰．傅增湘订补．傅熹年整理．藏园订补郘亭知见传本书目：第1册．北京：中华书局，2009：440-441；谢国桢．《营造法式》版本源流考．中国营造学社汇刊，1933，4（1）：9-10；梁思成．《营造法式》注释·序．见：梁思成．梁思成全集（第七卷）．北京：中国建筑工业出版社，2001：9.

③ 据笔者2009年4月24日对傅熹年院士的访谈。

④ 历代记载和评述包括《宋史·艺文志》二则、《宋史·职官志》、晁载之《续谈助》、晁公武《郡斋读书志》、陈振孙《书录解题》、陆友仁《研北杂志》、唐顺之《稗编》、钱曾《读书敏求记》、《四库全书总目》、《四库全书简明目录》各一则，以及张蓉镜（笔者注：“陶本”误刻为“张镜蓉跋”）、张金吾、孙原湘、黄丕烈、陈銮、闻笋道人、褚逢椿、邵渊耀、钱泳跋语共九则，还有瞿镛《铁琴铜剑楼书目》、丁丙《藏书志》各一则。

⑤ 上海“一·二八”事变：1932年1月28日晚，日本侵略者突然向闸北的国民党第十九路军发起攻击，随后又进攻江湾和吴淞。十九路军在军长蔡廷锴、总指挥蒋光鼐的率领下，奋起抵抗。

8册，高19厘米；1954年又缩小重印为32开普及本四册，颇便阅读。[①]此后，中国书店出版社、北京图书馆出版社、中国建筑工业出版社、浙江人民艺术出版社、中华书局等多家单位，曾以多种形式数次影印陶本，进一步促进了该本的流传。[②]

本书在综合前述《营造法式》各时期版本信息的基础上，参照前辈学者的相关成果，初步梳理了版本间的流传关系，绘制了源流示意图，详见附图1-13。

① 曹汛曾指出陶本所附“宋崇宁刻本残叶”首行题作“营造法式卷第八”，“万有文库本”卷八107页附“宋崇宁刻本残叶”的首行却作“营造法式卷第第八”，出现两个“第”字。而“宋崇宁刻本残叶”第八卷首页前半页原件只有一张，应该不会出现一作“卷第八”，一作“卷第第八”两种书影。另外陶大本和“万有文库本”首行文字“营造法式”的“式”也略有差异。参见曹汛.《营造法式》崇宁本——为纪念李诫《营造法式》刊行九百周年而作.建筑师，2004（2）：102。据笔者查证，中国国家图书馆藏“万有文库本”《营造法式》第八册所附“宋崇宁刻本残叶”首行仍为“营造法式卷第八”，并无两个“第”字，且1954年发行的两种“万有文库”缩印普及本此页亦为“营造法式卷第八”，或“万有文库本”《营造法式》有多种版本也未可知，存疑待考。

② 相关出版物有：李诫编修.营造法式（武进陶氏仿宋刻本，八册），1925；李诫编修.营造法式（万有文库本，八册）.上海：商务印书馆，1933；李诫编修.营造法式（万有文库本缩印普及本，四册）.上海：商务印书馆，1954；李诫编修.营造法式（八册）.北京：中国书店，1985；李诫编修.营造法式（八册）.北京：中国书店，1989；李诫编修.营造法式（八册）.北京：中国书店，1995；李诫编修.营造法式（八册）.北京：北京图书馆出版社，2003；李诫编修.营造法式（八册）.北京：方志出版社，2003；李诫编修.营造法式（上、下）.北京：中国书店出版社，2006；李诫编修.新印陶湘仿宋刻本《营造法式》（八册）.北京：中国建筑工业出版社，2006；李诫编修，中国建筑设计研究院建筑历史研究所选编.《营造法式》图样（上、下）.北京：中国建筑工业出版社，2007；李诫.营造法式（上、下）.北京：中国书店出版社，2008；李诫撰.《营造法式》（八册）.北京：国家图书馆出版社，2013；李诫.古刻新韵三辑·营造法式（上、下）.杭州：浙江人民美术出版社，2013；李诫编修.营造法式（八册）.北京：中华书局，2015.

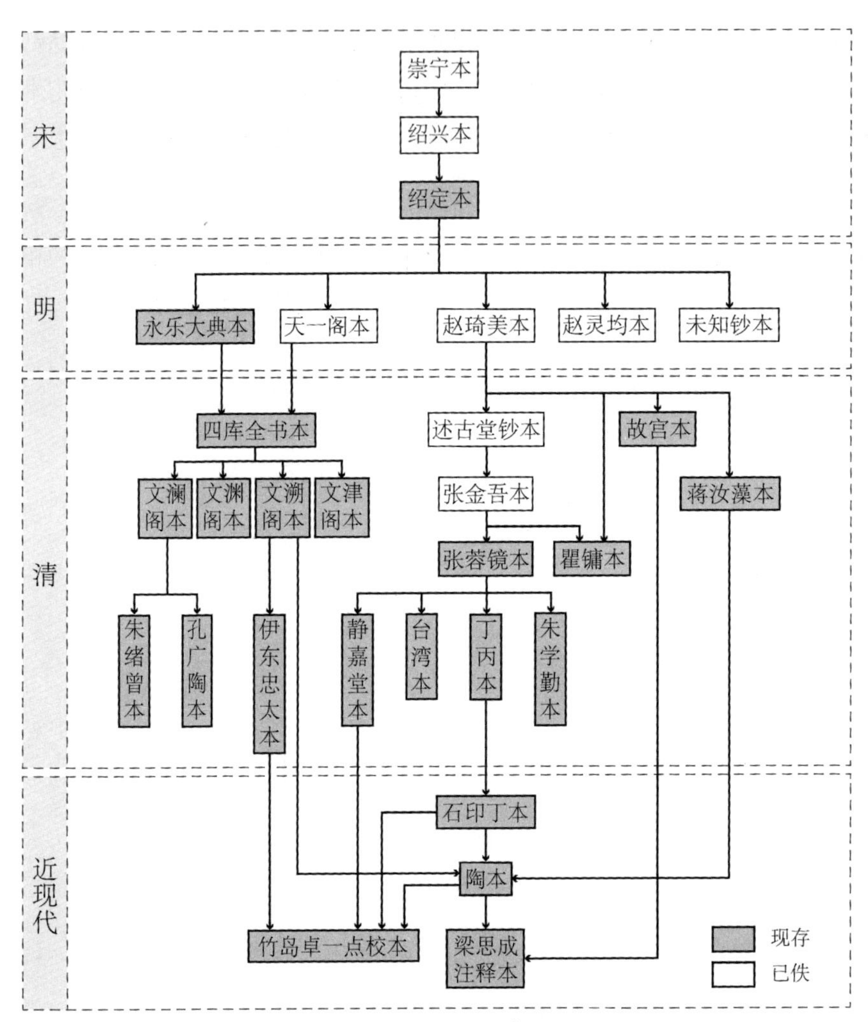

附图 1-13 《营造法式》源流示意图（资料来源：作者自绘）[①]

① 该版本源流示意图系华侨大学 2013 级硕士研究生李梦思、2015 级硕士研究生武超在笔者博士论文基础上，协助修改完善。图中"梁思成注释本"指梁思成的《〈营造法式〉注释》，"竹岛卓一点校本"指竹岛卓一的《〈营造法式〉の研究》。参见梁思成.《营造法式》注释.见：梁思成.梁思成全集（第七卷）.北京：中国建筑工业出版社，2001；竹岛卓一.《营造法式》の研究（第 1-3 册）.东京：中央公论美术出版社，1970-1972.

附录二
《营造法式》相关记载及评述

一、相关摘录及信息[①]

1.《续谈助》卷五（附图 2-1）[②]

《营造法式》李诫[③]

《说文》：堵，垣也；五版为一堵。壕，周垣也。埒，卑垣也。壁，垣也。垣蔽曰墙。栽[④]，筑墙长版也（今谓之膊版）；干，筑墙端木也（今谓之墙师）。

《义训》：庑（音毛），楼墙也[⑤]。穿垣谓之腔（音空），为垣谓之厽（累古字[⑥]），周谓之壕（音了），壕谓之寏（音垣）。

《说文》：槓（之日[⑦]切），柎也，柎，阑足也。楮（章移切），柱砥也。古用木，今以石。

《博雅》：础、磶（音昔）、磌（音真，又徒年切），礩也。镵（音谗），谓之铍（音

① 本书在梳理《营造法式》研究历史的过程中，利用当前较为便利的计算机电子检索功能，尽可能收集《营造法式》自北宋刊行以来相关的记载和评述列于本附录，力图呈现一个较为客观的文献背景，以期为后续研究提供史料基础。附录所收材料以朝代先后为序，截至 1930 年。每一朝代史料按撰成时间或作者生卒年先后排列，生卒年不可考者，则列入大致相当之处。各引文括号内为原文小字注。附录引举古籍文献未另外注明出处者，均出自天津大学图书馆《四库全书》数据库（文渊阁《四库全书》内联网版）。个别文献内容明知有误，但为保存原始信息起见，均照录未改。涉及《营造法式》原文，句读均参照《梁思成全集》第七卷《〈营造法式〉注释》。

②《续谈助》五卷，北宋晁载之撰。晁载之（1066 年—？），字伯宇，澶州清丰（今属河南）人，哲宗绍圣四年（1097 年）进士第，官封丘丞，曾任河南陈留县尉。崇宁五年（1106 年）节录《营造法式》收入《续谈助》。国家图书馆馆藏三部《续谈助》，分别为“明姚咨钞本”（简称“姚本”）、“《粤雅堂丛书》本”（简称“粤雅本”），“《十万卷楼丛书》本”（简称“十万本”）。1939 年商务印书馆出版的《丛书集成初编》收录据《十万卷楼丛书》本排印的《续谈助》，书中指出粤雅本及十万本并为姚咨从宋本抄出。参见晁载之. 续谈助. 见：王云五主编. 丛书集成初编. 长沙：商务印书馆，1939。本书以姚本为底，校以粤雅本、十万本、陶本《营造法式》。三部《续谈助》文字中均有留白，本校勘记录对无字留白不再列举，对本应有字却留白的情况，“粤雅本”延用其原文以“囗”标示的方式，“十万本”及“姚本”原文未有标示，以“〇”代替。校勘记录由华侨大学 2013 级硕士研究生李梦思协助校对、整理。

③ “李诫”，十万本为“李诫”。

④ “栽”，陶本为“栽”。

⑤ “《义训》：庑（音毛），楼墙也”，粤雅本为“庑（音毛），楼墙也。《义训》”。

⑥ “累古字”，陶本为“音累”。

⑦ “日”，十万本为“白”。

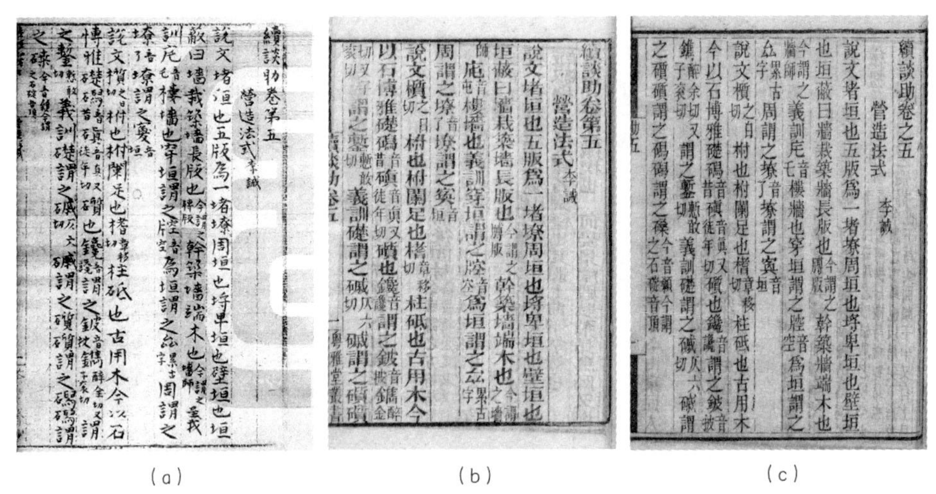

(a)　　(b)　　(c)

附图 2-1　《续谈助》所引《营造法式》书影。(a)明姚咨钞本;(b)清《粤雅堂丛书》本(c)清《十万卷丛书》本;(资料来源:中国国家图书馆藏品)

披)。镌(醉全[①]切,又子兖切),谓之錾(惭敢切)。

《义训》:础谓之碱(仄六切),碱谓之礩,礩谓之碣,碣谓之磉(今音颡[②],今谓之石锭,音顶)。

《字林》:欂(时钏切),垂臬望也。

《刊谬正俗·音字》:今山东匠人犹言垂绳视正为欂也。

《傅子》:構[③]大厦者,先择匠而后简材(今或谓之方桁,桁音衡;按構[④]屋之法,其规矩制度,皆以章为祖[⑤]。今语,人以举正失措者[⑥],谓之"失章失契"盖谓此也[⑦]。《史记》:山居千章之楸注。章,材也)。契(《说文》:契,刻也。音至)。[⑧]

栱

《尔雅》:閞谓之槉(柱上欂也,亦名枅[⑨],又曰楮。閞,音弁。槉,音疾)。

① "全",粤雅本为"金",十万本为"余"。
② "今音颡",陶本为"音颡"。
③ "構",粤雅本、陶本为繁体"构",应为避讳缺笔。
④ "構",粤雅本、陶本为繁体"构",应为避讳缺笔。
⑤ "皆以章为祖",陶本为"皆以章契为祖"。
⑥ "人以举正失措者",粤雅本为"人以举止失措者",陶本为"以人举止失措者"。
⑦ "谓之'失章失契'盖谓此也",陶本为"谓之'失章失契'盖此也"。
⑧ "契(《说文》:契,刻也。音至)",陶本为"《说文》:契,刻也(契音至)"。
⑨ "枅",粤雅本为"析"。

《苍颉篇》：枅，柱（古妍反又音鸡）上方木[1]。

《释名》：栾，挛也；其体上曲，挛拳然也。

飞昂

《说文》：櫼，楔也。

何晏《景福殿赋》：飞昂鸟踊。

又：櫼栌角落以相承（李善曰：飞昂之形，类鸟之飞。今人名名屋[2]四阿拱[3]曰櫼昂，櫼即昂也）。

《义训》：斜角谓之飞棉（今谓之下昂者[4]，以昂尖下指故也。下昂尖面䫜下半。又有上昂如昂程桃干者[5]，施之于屋内或平坐之下。昂字又作枊，或作棉者，皆吾郎切。䫜，于交切，俗作凹者，非是）。

爵头

《释名》：上入曰爵头，形似爵头也（今俗谓之耍头，又谓之胡孙头；朔方人谓之蜉蜙头。蜉，音勃，蜙，音纵）。

枓[6]

《语[7]》：山节藻棁（节，栭也）。

《尔雅》：栭谓之楶（即栌也）。

《说文》：栌，柱上柎也。栭，枅上标也。

《释名》：卢在柱端。都卢，负屋之重也。科[8]在栾两头，如斗，负上檼也。

《博雅》：楶谓之栌（节楶古文通用）。

《义训》：柱斗谓之楷（音沓）。

铺作

《景福殿赋》：桁梧复叠[9]（桁梧，斗拱[10]也，皆重叠而施[11]）。

李华《含元殿赋》：云薄万拱[12]。

---

① “枅，柱（古妍反又音鸡）上方木”，粤雅本为“枅（古妍反又音鸡），欂上方木”，陶本为“枅，柱上方木”。
② “今人名名屋”，粤雅本、十万本、陶本为“今人名屋”。
③ “拱”，陶本为“栱”。
④ “者”，十万本为“也”
⑤ “如昂程桃干者”，十万本为“如昂桯桃干者”，陶本为“如昂桯挑斡者”。
⑥ “枓”，十万本为“科”。
⑦ “语”，粤雅本为“论语”。
⑧ “科”，粤雅本、十万本、陶本为“枓”。
⑨ “桁梧复叠”，陶本为“桁梧复叠，势合形离”。
⑩ “斗拱”，十万本为“枓拱”，陶本为“枓栱”。
⑪ “皆重叠而施”，陶本为“皆重叠而施，其势或合或离”。
⑫ “拱”，陶本为“栱”。

又：千[1]栌骈凑（今以斗拱[2]层数相叠出跳多寡次[3]，谓之铺作）。

平坐

张衡《西都赋》：阁道穹隆（阁道，飞陛也）。

又：隥道逦倚以正东（隥道，阁道也）。

《灵光殿赋[4]》：飞陛揭孽，缘云上征；中坐垂景，俯视流[5]。

《义训》：阁道谓之飞陛，飞陛谓之墱（今俗谓之平坐，亦曰鼓坐）。

梁

《尔雅》：宋廇谓之梁（屋大梁也。宋，武方切；廇，力又切）。

《释名》：梁，强梁也。

《景福殿赋[6]》：双枚既修（两重作梁也）。

又：重桴乃饰（重桴，在外作两重牵也）。

《博雅》：曲梁谓之罶（音柳）。

《义训》：梁谓之欐（音礼）。

柱

《诗》：有觉其楹。

礼：天子丹[7]，诸侯黝垩[8]，大夫苍，士黈（黈：黄色也）。

又：三家视桓楹（柱曰[9]植，曰桓）。

《释名》：柱，住也。楹，亭也；亭亭然孤立，旁无所依也。鲁读曰轻[10]：轻，胜也。孤立独处，能胜任上重也。

《景福殿赋[11]》：金楹齐列，玉舄承跋（玉为碇以承柱下，跋，柱根也）。

阳马

《尔雅》：直不受檐谓之交（谓五[12]架屋际，椽不直上檐，交于檼上）。

《说文》：柧棱，殿堂上最高处也。

---

① “千”，陶本为“悬”。
② “斗拱”，陶本为“枓栱”。
③ “次”，陶本为“次序”。
④ “灵光殿赋”，陶本为“鲁灵光殿赋”。
⑤ “俯视流”，陶本为“俯视流星”。
⑥ “景福殿赋”，陶本为“何晏《景福殿赋》”。
⑦ “天子丹”，陶本为“楹，天子丹”。
⑧ “诸侯黝垩”，陶本为“诸侯黝”。
⑨ “曰”，粤雅本为“四”。
⑩ “鲁读曰轻”，粤雅本、陶本为“齐鲁读曰轻”。
⑪ “景福殿赋”，陶本为“何晏《景福殿赋》”。
⑫ “五”，十万本为“立”。

《景福殿赋[①]》：承以阳马（阳马，屋四角引出以承短[②]椽者）。

左思《魏都赋》：齐龙首以涌溜（屋上四角，雨水入龙口中，泻之于地也）。

张景阳《七命》：阴虬员[③]檐，阳马翼阿。

《义训》：阙角谓之柧棱（今俗谓之角梁。又谓之○抹者，乃谓轨[④]）。

侏儒柱

《语[⑤]》：藻棁[⑥]。

《尔雅》：梁上楹谓之棁（侏儒柱也）。

扬[⑦]雄《甘泉赋》：抗浮柱之飞榱（浮柱即梁上柱也）。

《释名》：掇，掇儒也[⑧]；梁上短柱也。掇[⑨]儒犹侏儒，短，故因以名之也。

《鲁灵光殿赋》：胡人遥集于上楹（今俗谓之蜀柱）。

斜柱

《长门赋》：离楼梧而相撑[⑩]（丑庚切）。

《说文》：撑[⑪]，衺柱也。

《释名》：迕[⑫]，在梁上，两头相触牾也。

《灵光殿赋[⑬]》：枝撑[⑭]杈枒而斜据（枝撑[⑮]，梁上交木也。杈枒相柱，而斜据其间也）。

《义训》：斜柱谓之梧（今俗谓之叉手）。

栋

《尔雅》：栋谓之桴（屋檼也）。

《仪礼》：序则物当栋，堂则物当楣（是制五架之屋也。正中曰栋，次曰楣，前曰庋，九伪切，又九委切）。

《西都赋》：列棼橑以布翼，荷栋桴而高骧（棼、桴，皆栋也）。

---

① “景福殿赋”，陶本为“何晏《景福殿赋》”。
② “短”，十万本为“矩”。
③ “员”，陶本为“负”。
④ “又谓之○抹者，乃谓轨”，粤雅本为“又谓之□抹者，乃谓轨”，陶本为“又谓之梁抹者，盖语讹也”。
⑤ “语”，粤雅本为“论语”。
⑥ “藻棁”，陶本为“山节藻棁”。
⑦ “扬”，十万本为“杨”。
⑧ “掇，掇儒也”，十万本、陶本为“棳，棳儒也”。
⑨ “掇”，十万本、陶本为“棳”。
⑩ “撑”，粤雅本、十万本为“樘”。
⑪ “撑”，粤雅本、十万本、陶本为“樘”。
⑫ “迕”，陶本为“梧”。
⑬ “灵光殿赋”，陶本为“鲁灵光殿赋”。
⑭ “撑”，粤雅本、十万本、陶本为“樘”。
⑮ “撑”，粤雅本、十万本、陶本为“樘”。

扬雄《方言》：甍谓之溜（即屋檼也）。

《说文》：极，栋也。栋，屋极也。檼，棼也。甍，屋栋也（徐锴曰：所以承瓦，故从瓦）。

《释名》：檼，隐也；所以隐桷[1]也。或谓之望，言高可望也。或谓之栋；栋，中也，居屋之中也。屋脊曰甍；甍，蒙也。在上蒙覆屋也。

《博雅》：檼，栋也。

《义训》：屋栋谓之甍（今谓之搏[2]，亦谓之檩，又谓之榜）。

两际

《尔雅》：桷直而遂谓之阅（谓五架屋际椽相正当）。

《甘泉赋》：日月才经于柍桭（柍于两切；桭，音真）。

《义训》：屋端谓之柍桭（今谓之废）。

搏风

《仪礼》：直于[3]东荣（荣，屋翼也）。

《甘泉赋》：列宿乃施于上荣。

《说文》：屋梠之两头起者为荣。

《义训》：搏风谓之荣（今谓之搏风版）。

柎

《说文》：棼，复屋栋也。

《灵光殿赋[4]》：狡兔跧伏于柎侧（柎，斗[5]上横木，刻兔形，致木于背也）。

《义训》：复栋谓之棼（今俗谓之替木）。

椽

《说文》：秦名为屋椽，周谓之榱，齐鲁谓之桷。

又：椽方曰桷，短椽谓之棟（耻绿切）。

《释名》：桷，确也；其形细而踈确[6]也。或谓之椽；椽，传也，传次而布列之也。或谓之榱，在檼旁下列，衰衰然垂也。

《博雅》：榱，橑（鲁好切）、桷、棟，椽也。

《景福殿赋》：爰有禁楄，勒分翼张（禁楄，短椽也。楄，蒲沔切）。

---

①“桷”，陶本为“桶”。
②“搏”，陶本为“榑”。
③“于”，十万本、陶本为“干”。
④“灵光殿赋”，陶本为“鲁灵光殿赋”。
⑤“斗”，陶本为“枓”。
⑥“踈确”，粤雅本为“𧾷确”，十万本为“○确”。

陆德明《左氏传音义》[①]：圜曰椽。

檐（余廉切，或作櫩，俗作檐者非是）

《尔雅》：檐谓之樀（屋梠也）。

《淮南子》：撩[②]檐榱题（檐，屋垂也）。

《方言》：屋梠谓之棂（即屋檐也）。

《说文》：秦谓屋联櫋曰楣，齐谓之檐，楚谓之梠。橝（徒含切），屋梠前也。房[③]（音雅），庑也。宇，屋边也（《易》：上栋下宇。[④]《仪礼》：宾升。主人阼阶上，当楣。注：楣，前梁也[⑤]）。

《释名》：楣，眉也，近前若面之有眉也。又曰梠，梠旅也，连旅旅也。或谓之槾；槾，绵也，绵连榱头使齐平也。宇，羽也，如鸟羽自蔽覆者也。

《西京赋》：飞檐钀钀[⑥]。

又：镂槛文㮰（㮰，连檐也）。

《景福殿赋》：㮰梠椽边[⑦]（连檐木，以承瓦也）。

《博雅》：楣，檐棂梠也。

《义训》：屋垂谓之宇，宇下谓之庑，步檐谓之廊，嵏廊谓之岩，檐㮰谓之庮（音由）。

举折

《周官·考工记》：匠人为沟洫，葺屋三分，瓦屋四分（各分其修，以其一为峻）。

《通俗文》：屋上平曰陠（必孤切）。

《刋谬证[⑧]俗·音字》：陠，今犹言峬[⑨]峻也。

宋祁[⑩]《笔录》：今造屋有曲折者，谓之庯峻。齐魏间，以人有仪矩可喜者，谓之庯峭，盖庯峻也（今谓之举折[⑪]。看详：[⑫]以前后撩[⑬]檐方心相去远近，分为

① "陆德明《左氏传音义》"，十万本为"〇德明《左氏传音义》"，陶本为"陆德明《春秋左氏传音义》"。
② "撩"，粤雅本、十万本、陶本为"橑"。
③ "房"，十万本、陶本为"庌"。
④ "《易》：上栋下宇"，陶本为"《易·系辞》：上栋下宇，以待风雨"。
⑤ "《仪礼》：宾升。主人阼阶上，当楣。注：楣，前梁也"，陶本为"《仪礼》：宾升。主人阼阶上，当楣（楣，前梁也）"。
⑥ "飞檐钀钀"，十万本为"飞檐钀〇"。
⑦ "边"，十万本、陶本为"櫋"。
⑧ "证"，十万本、陶本为"正"。
⑨ "峬"，陶本为"陠"。
⑩ "宋祁"，陶本为"皇朝景文公宋祁"。
⑪ "折"，十万本为"析"。
⑫ "看详"，十万本为"者详"，陶本为"看详：今来举屋制度"。
⑬ "撩"，十万本、陶本为"橑"。

四分；自撩[1]檐方背上至脊搏[2]背上，四分中举起一分。先以尺为丈[3]，以寸为尺，以分为寸，以厘为分，以毫为厘，侧画于壁上，定其宴慢[4]，折之圜和，然后可见屋内梁柱之高下，○○之远近[5]。今俗谓之“定侧样”，亦曰“点草架”。如屋深三丈即与○丈之类[6]。如甋瓦厅堂，○分[7]中举起一分，又通以四分所得丈尺，每一尺加八分。若 瓦瓦○○○瓦厅堂[8]，每一尺加五分；或瓪瓦廊屋之类，每一尺加三分。若两椽屋，○○○○阶或缠腰[9]，并二分，中举一分。法并是云式《看详》卷[10]）。

门

《尔雅》：祊[11]谓之门，正门谓之应门。柣谓之阈（阈，门限也。疏云：○谓之地○，千结切[12]）。枨谓之楔（门两旁木。李巡曰：捆上两旁木）。楣谓之梁（门户上横梁[13]）。枢谓之椳（门户扉枢）。枢达北方，谓之落时（门持枢者，或达北檼，以为固也）。落时谓之戺（道二名也）。橛谓之阑（门阃），阖谓之扉。所以止扇[14]谓之闳（门辞[15]旁长橛也。长杙即门橛也）。植谓之传；传谓之突（户持鐷植也，见《埤苍》）。

《说文》：合[16]，门旁户也，闺，特立之门[17]。

《博雅》：闼谓之门。閅（呼计切），扇，扉也。限谓之丞扶[18]，橜（巨月切）机，阑朱也（朱苦本切）[19]。

《义训》：门饰金谓之铺，铺谓之鏂（音欧，今俗谓之浮沤钉也）。门持关谓之键（音连）。户版谓之篇簾（上音牵，下音先[20]）。门上木谓之枅。扉谓之

① “撩”，十万本、陶本为“橑”。
② “脊搏”，十万本为“春搏”，陶本为“脊槫”。
③ “先以尺为丈”，陶本为“举折之制：先以尺为丈”。
④ “侧画于壁上，定其宴慢”，陶本为“侧画所建之屋于平正壁上，定其举之峻慢”。
⑤ “○○之远近”，粤雅本为“□之远近”，陶本为“卯眼之远近”。
⑥ “即与○丈之类”，粤雅本为“即与□丈之类”，陶本为“即举起一丈之类”。
⑦ “○分”，粤雅本为“□分”，陶本为“即四分”。
⑧ “若 瓦瓦○○○瓦厅堂”，粤雅本为“若 瓦瓦□□□瓦厅堂”，陶本为“若甋瓦廊屋及瓪瓦厅堂”。
⑨ “若两椽屋，○○○○阶或缠腰”，粤雅本为“若两椽屋，丁□□□阶或缠腰”，陶本为“若两椽屋，不加；其副阶或缠腰”。
⑩ “法并是云式看详卷”，十万本为“○○○○○看详卷”，陶本无此句。
⑪ 原文为繁体字“閍”，十万本、陶本为“闬”。
⑫ “○谓之地○，千结切”，粤雅本为“□谓之地□，千结切”，十万本、陶本为“俗谓之地柣，十结切”。
⑬ “梁”，陶本为“木”。
⑭ “扇”，陶本为“扉”。
⑮ “辞”，十万本、陶本为“辟”。
⑯ 原文为繁体字“閤”。
⑰ “闺，特立之门”，陶本为“闺，持立之门，上圜下方，有似圭”。
⑱ “扶”，十万本、陶本为“柣”。
⑲ “阑朱也（朱苦本切）”，陶本为“阑朱（苦本切）也”。
⑳ “先”，十万本为“见”。

户；户谓之閍。枭谓之柣[①]。限谓之阃；阃谓之阅。闳谓之扊（音琰）多（音移）[②]；扊扅谓之閪（音坦，《广韵》曰：所以止扉）。门上梁谓之楣（音冒[③]）；楣谓之阘（音沓）。键谓之扊[④]，开谓之闟（音伟）。阖谓之闔（音蛭）。外关谓之扃。外启谓之閮（音挺）。门次谓之阕。高门谓之闛（音唐）；闛谓阆[⑤]。荆门谓之荜。石门谓之庯（音孚）。

乌头门

《唐六典》：六品以上，仍通用乌头大门。

唐上官仪《投壶经》：第一箭入谓之初箭，再入谓之乌头，取门双表之义。

《义训》：表揭、阀阅也（揭音竭，今呼为棂星门）。

华表

《说文》：桓，亭邮表也。

《前汉书注》：旧亭傅于四角，面百步，筑土四方；上有屋，屋上有柱，出高丈余，有大版，贯柱四出，名曰桓表。县所治，夹两边各一桓。陈宋之俗，言"桓"声如[⑥]，今人犹谓之和表。颜师古曰[⑦]，即华表也。

窗

《考工记[⑧]》：四旁两夹窗（窗，助户为明，每室四户八窗[⑨]）。

《尔雅》：牖户之间谓之扆（窗东户西者云）。

《说文》：窗穿壁，以木为交窗。向北出牖也。在墙曰牖，在屋曰窗。棂，楯间子也，栊，房室之处[⑩]也。

《义训》：交窗谓之牖，棂窗谓之疏，牖牍谓之篰（音部）。绮窗谓之廲（音黎）。廔（音娄），房疏谓之栊。

平棊

《史记》：汉武帝建章后閤，平机中有驺牙出焉（今本作平乐者误）。

《山海经图》：作平橑[⑪]，云今之平棊也（古谓之承尘。今宫殿中，其上悉用

① "柣"，陶本为"扶"。
② "闳谓之扊（音琰）多（音移）"，粤雅本、十万本为"闳谓之扊（音琰）扅（音移）"，陶本为"闳谓之扊扅（上音琰下音移）"。
③ "冒"，陶本为"帽"。
④ "键谓之扊"，陶本为"键谓之扊（音及）"。
⑤ "闛谓阆"，粤雅本、十万本、陶本为"闛谓之阆"。
⑥ "如"，粤雅本为"和"。
⑦ "曰"，陶本为"云"。
⑧ "考工记"，陶本为"周官·考工记"。
⑨ "每室四户八窗"，陶本为"每室四户八窗也"。
⑩ "处"，粤雅本为"疏"。
⑪ "橑"，陶本为"橑"。

草架梁栿承屋盖之重，如攀、额、撑[1]、柱、敦、㮰[2]、方、搏[3]之类，及纵横固济之初[4]，皆不施斤斧。于明栿背上，架算桯方，以方椽施版，谓之平闇；以平版贴华[5]，谓之平棊；俗亦俗为[6]平起者，语讹[7]也）。

鬭八藻井

《西京赋》：蒂倒茄于藻井、披红葩之狎猎（藻井当栋中，交木如井，画以藻文，饰以莲茎，缀其根于井中，其华下垂，故云倒也）。

《灵光殿赋[8]》：圜渊方井，反植荷蕖[9]。

《风俗通义》：殿堂象东井形，刻作荷菱。菱，水物也，所以厌火。

沈约《宋书》：殿屋之为圜泉方井兼荷华者，以厌火祥（今以四方造者谓之鬭四）。

钩阑

《西都赋》：舍棂槛而却倚，若颠坠而复稽。

《灵光殿赋[10]》：长涂升降，轩槛蔓延（轩槛，钩阑也）。

《博雅》：阑、槛、櫳、梐，牢也。

《景复[11]殿赋》：棂槛披张，钩错矩成；楯类腾蛇，槢以琼英；如螭之蟠，如虬之停（棂槛，钩阑也，言钩阑中错为方斜之文。楯，钩阑上横木也）。

《汉书》：朱云忠谏攀槛，折[12]。及治槛，上曰："勿易，因而辑之，以旌直臣"（今殿钩阑，当中两洪[13]不施寻杖；○○谓之折槛[14]，亦谓之龙池）。

《义训》：阑楯谓之柃，阶槛谓之阑。

拒马叉子

《周礼[15]》：掌舍设梐枑再重（故书枑[16]为拒。郑司农云：梐，榱[17]梐也；拒，

---

① "撑"，陶本为"樘"。
② "㮰"，十万本为"搽"。
③ "搏"，陶本为"榑"。
④ "初"，陶本为"物"。
⑤ "华"，粤雅本、十万本为"革"。
⑥ "俗亦俗为"，粤雅本为"俗亦读为"，十万本为"俗亦为"，陶本为"俗亦呼为"。
⑦ "讹"，粤雅本、十万本为"误"。
⑧ "灵光殿赋"，陶本为"鲁灵光殿赋"。
⑨ "反植荷蕖"，陶本为"反植荷蕖（为方井，图以圜渊及芙蓉，华叶向下，故云反植）"。
⑩ "灵光殿赋"，陶本为"鲁灵光殿赋"。
⑪ "复"，十万本、陶本为"福"。
⑫ "折"，陶本为"槛折"。
⑬ "洪"，陶本为"栱"。
⑭ "○○谓之折槛"，粤雅本为"□□谓之折槛"，陶本为"谓之折槛"。
⑮ "周礼"，十万本、陶本为"周礼 · 天官"。
⑯ "枑"，十万本为"抵"。
⑰ "榱"，粤雅本为"櫰"。

受居溜水涑橐者[①]。行马再重[②],以周卫有内外列。杜子春读为梐枑,谓行马者也)。

《义训》:梐枑,行马也(今谓之拒马叉子也[③])。

屏风

《周礼》:掌次设皇邸(邸,后版也,其屏风邸染羽,象凤凰次为饰[④])。

《礼记》:天子当扆而立[⑤](扆,屏风也。斧扆为斧文屏风于户牖之间)。

《尔雅》:户牖[⑥]之间谓之扆,其内谓之家(今人称家,义出于此)。

《释名》:屏风,可以障风也。扆,倚也,在后所依倚也。

槏柱

《义训》:牖边柱谓之槏(苦减切,今梁或额及槫之下,施柱以安门窗者,谓之痞柱,盖语讹也。俗音蘸,字义不载[⑦])。

鸱尾

《汉纪》:柏梁殿灾后,越巫言海中有鱼虬,尾似鸱,激浪即降雨。遂作其象于屋,以厌火祥。时人或谓之鸱吻,非也。

《谭宾录》:东海有鱼虬,尾似鸱,鼓浪即降雨,遂设象于屋脊。

瓦

《说文》:瓦,土器已烧[⑧]之总名也。㼛,周家砖埴之工也(㼛,分两切)。

《古史[⑨]》:昆吾氏作瓦。

《博物志》:桀作瓦。

《义训》:瓦谓之甓(音皾[⑩])。半瓦谓之㼐(音浃),㼐谓之䙰(音爽)。牝瓦谓之瓪(音版),瓪谓之㼽(音还)。牡瓦谓之䍣(音皆),䍣谓之䨻(音雷)。小瓦谓之横(一作甋)。[⑪]

阶

《说文》:除,殿陛也。阶,陛也。阼,主[⑫]阶也。升[⑬],升高阶也。陔,阶次也。

---

① “受居溜水涑橐者”,陶本为“受居溜水涑橐者也”。
② “行马再重”,陶本为“行马再重者”。
③ “拒马叉子也”,陶本为“拒马叉子”。
④ “其屏风邸染羽,象凤凰次为饰”,粤雅本为“其屏风邸染羽,象凤皇次为饰”,十万本为“其屏风邸染羽,众凤凰次为饰”,陶本为“谓后版屏风与染羽,象凤凰羽色以为之”。
⑤ “天子当扆而立”,陶本为“天子当扆而立。又:天子负扆南乡而立”。
⑥ “户牖”,陶本为“牖户”。
⑦ “俗音蘸,字义不载”,陶本为“痞,俗音蘸,字书不载”。
⑧ “土器已烧”,十万本为“上器也烧”。
⑨ “古史”,陶本为“古史考”。
⑩ “皾”,粤雅本为“㲄”。
⑪ “小瓦谓之横(一作甋)”,陶本为“小瓦谓之甋(音横)”。
⑫ “主”,十万本为“土”。
⑬ “升”,十万本、陶本为“陛”。

《释名》：阶，陛也。陛，卑也，有高卑也[①]。天子殿谓之纳陛，以纳人之为言也[②]。阶，梯也，如梯有等差也。

《博雅》：阤（仕已切）、㙟[③]（力忍切），砌也。

《义训》：殿基设[④]之隚（音堂）。殿阶次序谓之陔。除谓之阶；阶谓之墒（音的）。阶下齿谓之城（七仄切）。东阶谓之阼。溜外谓之阤。[⑤]

砖

《尔雅》：瓴甋谓之甓（甗砖也。今江东呼为瓴甓）。

《博雅》：甂（音潘）瓳（音胡）、瓪（音亭）治、甄（音真）、甗[⑥]（力佳切）、瓵（夷耳切）、瓴（音零）甋（音的）、甓，甗，砖也。

《义训》：井甓谓之甗[⑦]，涂甓为[⑧]毂（音哭），大砖谓之甂瓳。

筑墙之制：每墙厚三尺，则高九尺；其上斜收，比厚减半。若增高三尺，则加厚一尺[⑨]；减亦如之。

凡露墙：每墙高一丈，则厚减高之半；其上收面之广，比高五分之一。若高增一尺，其厚加三寸；减亦如之（其用葽、橛[⑩]，并准筑城制度）。

凡抽纴墙：厚高同上[⑪]；其上收面之广，比高四分之一。若高增一尺，其厚加二寸五分（如在屋下，只加二寸）[⑫]。

造柱础之制：其方倍柱之径（谓柱径二尺，即础方四尺之类也[⑬]）。方一尺四寸已[⑭]下者，每方一尺，厚八寸；方三尺已[⑮]上者，厚减方之半；方四尺已[⑯]上者，以厚三尺为率。

造踏道之制：长随间之广。每阶高一尺作二踏；每踏厚五寸，广一尺。两边副子，各广一尺八寸（厚与第一层象眼同），两头象眼，如阶高四尺五寸至五尺者，三层（第一层与副子平，厚五寸，第二层厚四寸半，第三层厚

① “卑也，有高卑也”，十万本为“早也，有高早也”。
② “以纳人之为言也”，陶本为“以纳人之言也”。
③ “㙟”，陶本为“橉”。
④ “设”，陶本为“谓”。
⑤ “溜外谓之阤”，陶本为“溜外砌谓之阤”。
⑥ “甗”，粤雅本为“甗”。
⑦ “井甓谓之甗”，陶本为“井甓谓之甗（音洞）”。
⑧ “为”，陶本为“谓之”。
⑨ “若增高三尺，则加厚一尺”，陶本为“若高增三尺，则厚加一尺”。
⑩ “橛”，陶本为“橛”。
⑪ “厚高同上”，陶本为“高厚同上”。
⑫ “如在屋下，只加二寸”，陶本为“如在屋下，只加二寸。划削并准筑城制度”。
⑬ “即础方四尺之类也”，陶本为“即础方四尺之类”。
⑭ “已”，陶本为“以”。
⑮ “已”，陶本为“以”。
⑯ “已”，陶本为“以”。

四寸），高六尺至八尺者，五层（第一层厚六寸，每一层各近[①]减一寸），或六层（第一、第二层同上[②]，第三层以下，每一层各近[③]减半寸），皆以外周为第一层，其内深二寸又为一层（逐层准此），至平地施土衬石，其广内[④]踏（两头安望柱石坐）。

造马台之制：高二尺二寸，长三尺八寸，广二尺二寸。其面方，外余一尺八寸，下面分作两踏。身内或通素，或叠涩造；随宜雕镌华文（谓石）[⑤]。

凡铺作自柱头上栌枓口内出一拱或一昂，皆谓之一跳；传至五跳止。[⑥]

出一跳谓之四铺作（或用华头子，上仍出一昂[⑦]），

出两跳谓之五铺作（下出一卷头，上施一昂），

出三跳谓之六铺作（下出一卷头，上施两昂），

出四跳谓之七铺作（下出两卷头，上施二[⑧]昂），

出五跳谓之八铺作（下出两卷头，上施三昂）。

自四铺作至八铺作，皆于上跳之上，横施令拱与耍相接交[⑨]，以承撩[⑩]檐方；至桷[⑪]，各于角[⑫]昂之上，别施一昂，谓之由昂，以坐角神。

凡于阑额上坐栌枓安铺作者，谓之补间铺作（今俗谓之步间者非）。当心[⑬]须用补间铺作两朵，次间及梢间各用一朵。其铺作分布，令近远[⑭]皆匀（若逐间各[⑮]用双补间，则每间之广，丈尺皆同。如只心间用双补间者，假如心间用一丈五尺，则次间用一丈之类。或间广不匀，即每补间铺作一朵，不得过一尺）。

凡立柱，并令柱首微收向内，柱脚微出向外，谓之侧脚。每屋正面（谓柱首东西相向者），随柱之长，每一尺即侧脚一分；若侧面（谓柱首南北相向者），每长一尺即侧脚八厘。至角柱，其柱首相向各依本法（如长短不定，

---

① “近”，陶本为“递”。
② “第一、第二层同上”，陶本为“第一层、第二层厚同上”。
③ “近”，陶本为“递”。
④ “内”，陶本为“同”。
⑤ “随宜雕镌华文（谓石）”，陶本为“随宜雕镌华文”。
⑥ “凡铺作自柱头上栌枓口内出一拱或一昂，皆谓之一跳；传至五跳止”，陶本为“总铺作次序之制：凡铺作自柱头上栌枓口内出一栱或一昂，皆谓之一跳；传至五跳止”。
⑦ “上仍出一昂”，陶本为“上出一昂”。
⑧ “二”，陶本为“两”。
⑨ “横施令拱与耍相接交”，陶本为“横施令栱与耍头相交”。
⑩ “撩”，粤雅本、陶本为“橑”。
⑪ “桷”，陶本为“角”。
⑫ “角”，十万本为“桷”。
⑬ “当心”，陶本为“当心间”。
⑭ “近远”，陶本为“远近”。
⑮ “各”，陶本为“皆”。

随此加减）。

凡下侧脚墨，于柱十字墨心里再下直墨，然后截柱脚柱首，各令平正。

用椽之制：每架平不过六尺[①]。若殿阁，或加五寸至一尺五寸，径[②]九分至十分；若厅堂，椽径七分至八分，余屋，径六分至七分。长随架斜；至下架，即加长出檐。每槫上为缝[③]，斜批相搭釘[④]之（凡用椽，皆以头向下，尾向上[⑤]）。

凡布椽，其稀密以两椽心相去之广为法：殿阁，广九寸五分至九寸；副阶，广九寸至八寸五分；厅堂，广八寸五分至八寸；廊库屋，广八寸至七寸五分。

造檐之制：皆从撩檐方[⑥]心出，如椽径三寸，即檐出三尺五寸；椽径五寸，即檐出四尺至四尺五寸。檐外别加飞檐。每檐一尺，出飞子六寸。其檐自次角柱补间铺作心，椽头皆生出向外，渐至角梁：若一间生四寸[⑦]；三间生五寸；五间生七寸（五间以上，约度随宜加减）。其角柱之内，檐身亦令微杀向里（不尔恐檐圜而不直）。

凡飞子，如椽径十分，则广八分，厚七分（大小不同，约[⑧]此法量宜加减）。各以其广厚分为五分，两边各斜杀一分，底面上留三分，下杀二分；皆以三瓣卷杀，下[⑨]一瓣长五分，次二瓣长四分[⑩]（此瓣分谓广厚所得之分）。尾长斜随檐（凡飞子须两条通造[⑪]；先除出两头于飞檐魁内出者[⑫]，后量身内，令随檐长，结角解开。若近角飞子，随势上曲，令背与小连檐平）。

造板门之制：高七尺至二丈四尺，广与高方（谓门高一丈，则每扇之广不得过五尺类[⑬]）。如减广者，不得过五分之一（谓门扇合广五尺，如减不得过四尺之类）。

造破子棂窗之制[⑭]：高四尺至八尺。如间广一丈，用一十七棂。若增广[⑮]一尺，即更加二棂。相去空一寸（不以棂之广狭，只以空一寸为定法。板棂窗高二尺至

---

① “每架平不过六尺”，陶本为“椽每架平不过六尺”。
② “径”，十万本为“柱”。
③ “缝”，陶本为“缝”。
④ “釘”，十万本、陶本为“钉”。
⑤ “皆以头向下，尾向上”，陶本为“皆令椽头向下而尾在上”。
⑥ “撩檐方”，十万本为“橑槺方”，陶本为“橑檐方”。
⑦ “若一间生四寸”，十万本为“一间生四寸”。
⑧ “约”，陶本为“纳”。
⑨ “下”，陶本为“上”。
⑩ “次二瓣长四分”，陶本为“次二瓣各长四分”。
⑪ “凡飞子须两条通造”，十万本为“凡飞子酒两条近造”。
⑫ “于飞檐魁内出者”，陶本为“于飞魁内出者”。
⑬ “五尺类”，陶本为“五尺之类”。
⑭ “造破子棂窗之制”，陶本为“造破子窗之制”。
⑮ “增广”，陶本为“广增”。

六尺，如间广一丈用二十一棂，广增一尺更加二棂）。

破子棂：每窗高一尺，则长九寸八分（令上下入子桯内，深三分之二）。广五分六厘，厚二分二[①]厘（每用一条，方四分，结角解作两条，则自得上项广厚也）。每间以五棂出卯透子桯（凡安[②]，于腰串下高四尺至三尺。仍令窗额与门额齐平）。

造井屋子之制：自地至脊共高八尺。四柱，其柱外方五尺（乘[③]檐及两际皆在外）。柱头高五尺八寸。下施井匮，高一尺二寸。上用厦瓦[④]，内外护缝；上安压脊、垂脊；两际施垂鱼、惹草。

造胡梯之制：高一丈，拽脚长随高，广三尺；分作十二级[⑤]；拢颊榥桅促踏板[⑥]（侧立者谓之促板[⑦]，平者谓之踏板[⑧]）；上下并安望柱[⑨]。两颊随身各用钩阑，斜高三尺五寸，分作四间（每间内安卧棂三条为度[⑩]）。

造拒马叉子之制：高四尺至六尺。如间广一丈者，用二十一棂；每广增一尺，则加二棂，减亦如之（叉子首于上串上出者，每高一尺出二寸四分，挑瓣处下留三分）。

造叉子之制：高二尺至七尺，如广一丈，用二十七棂；若广增一尺，即更加二棂；减亦如之（叉子首于上串上出者，每高一尺，出一寸五分[⑪]；内[⑫]挑瓣处下留三分）。

造殿堂楼阁门亭牌之制[⑬]：长二尺至八尺。其牌首（牌上横出者）、牌带（牌两旁下垂者）、牌舌（牌面下两带之内横施者）每广一尺，即上边绰四寸向外。牌面每长一尺，则首、带随其长，外各加长四寸二分，舌加长四分（谓牌长五尺，即首长六尺一寸，带长七尺一寸，舌长四尺二寸之类，尺寸不等；依此加减；下同）。其广厚皆取牌每尺之长积而为法。

牌面：每长一尺，则广八寸，其下又加一分（令牌面下广，谓牌长五尺，即

① "二"，陶本为"八"。
② "凡安"，陶本为"凡安窗"。
③ "乘"，陶本为"垂"。
④ "上用厦瓦"，陶本为"上用厦瓦版"。
⑤ "分作十二级"，十万本为"分作○二级"。
⑥ "拢颊榥桅促踏板"，十万本为"拢颊榥桅促踏板"，陶本为"拢颊榥施促踏版"。
⑦ "促板"，粤雅本为"促板"，陶本为"促版"。
⑧ "板"，陶本为"版"。
⑨ "上下并安望柱"，粤雅本为"上下安望柱"。
⑩ "每间内安卧棂三条为度"，陶本为"每间内安卧棂三条"。
⑪ "出一寸五分"，粤雅本、十万本为"则出一寸五分"。
⑫ "内"，十万本为"由"。
⑬ "造殿堂楼阁门亭牌之制"，粤雅本为"造殿堂楼台阁门亭牌之制"，陶本为"造殿堂楼阁门亭等牌之制"。

上广四尺，下广四尺五分之类[①])。

首：广三寸，厚四分。

带：广二寸八分，厚同上。

舌：广二寸，厚同上。

凡牌面之后，四周皆用楅，其身内七尺以上者用三楅，四尺以上者二楅[②]，三尺以上者用一楅。其楅之广厚，皆量其所宜而为之。

卷九佛道帐无钞，卷十牙脚帐等、卷十一、十二并无钞。

○○之制[③]：

厅堂等用散瓪瓦者，五间[④]以上，用瓪瓦○○尺四寸[⑤]，广八寸。

三间以下[⑥]（门楼同），及廊屋六椽以上，用瓪瓦长一尺三寸，广七寸。或廊屋四椽及散屋，用瓪瓦长一尺二寸，广六寸五分。

垒[⑦]屋脊之制：

堂屋：若三间八椽或五间六椽，正脊高二十一层。

厅屋：若间、架[⑧]与堂等者，正脊减堂脊两层（余同堂法）。

门楼屋：一间四椽，正脊高二[⑨]十一层或一十三层；若三间六椽，正脊高一十七层（其高不过厅）[⑩]。

廊屋：或[⑪]四椽，正脊高九层。

常行散屋：若六椽用大当沟瓦者，正脊高七层；用小当沟瓦者，高五层。

营房屋：若两椽，脊高三层。

凡垒[⑫]屋脊，每增两间或两椽，则正脊加两层（殿阁加至三十层[⑬]止；厅堂二十五层止，门楼一十九层止；廊屋一十一层止；常行屋大当沟九层止；小当沟七层止；营房屋五层止[⑭]）。

---

① “令牌面下广，谓牌长五尺，即上广四尺，下广四尺五分之类”，陶本为“令牌面下广，谓牌长五尺，即上广四尺，下广四尺五分之类，尺寸不等，依此加减；下同”。

② “四尺以上者二楅”，陶本为“四尺以上者用二楅”。

③ “○○之制”，粤雅本为“□□之制”，陶本为“用瓦之制”。

④ “间”，粤雅本、十万本为“门”。

⑤ “○○尺四寸”，粤雅本为“□□尺四寸”，陶本为“长一尺四寸”。

⑥ “三间以下”，陶本为“厅堂三间以下”。

⑦ “垒”，粤雅本、十万本为“叠”。

⑧ “架”，陶本为“椽”。

⑨ “二”，粤雅本、陶本为“一”。

⑩ “其高不过厅”，陶本为“其高不过厅，如殿门者依殿制”。

⑪ “或”，陶本为“若”。

⑫ “垒”，粤雅本、十万本为“叠”。

⑬ “三十层”，陶本为“三十七层”。

⑭ “常行屋大当沟九层止；小当沟七层止；营房屋五层止”，陶本为“常行散屋大当沟者九层止；小当沟者七层止；营屋五层止”。

垒[①]墙之制：高广随间。每墙高四尺，则厚一尺。其上斜收六分（每面斜收向上各三分）[②]。若高增一尺，则厚加二尺二[③]寸；减亦如之。

造立灶之制：并台共高二尺五寸。其门、突之类，皆以锅口径一尺为祖加减之（锅径一尺者一斗；每增一斗，口径加五分，至一百止[④]）。

转烟连二灶：门与突并隔烟后。

门：高七寸，广五寸（每增一斗，高广各加二分五厘）。

身：方出锅口径四周各三寸（为定法）。

台：长同上，广亦随身，高一尺五寸至一尺二寸（一斗者高一尺五寸；每加一斗者，减二分五厘，减至一尺二分止[⑤]）。

腔内后项子：高同门、其广二寸，高广五分（项子内斜高向上入突，谓之抢烟；增减亦同门）。

隔烟：长同台，厚二寸，高视身出一尺（为定法）。

隔锅项子：广（一尺，心内虚，隔作两处，令烟分入突）[⑥]。

直拔立灶：门及台在前，突在烟匮之上（自一锅至连数锅）。

门、身、台等：并同前制（唯不用隔烟）。

烟匮子：长随身，高出灶身一尺五寸[⑦]，广六寸（为定法）。

山华子：斜高一尺五寸至二尺，长随烟匮子，在烟突两旁匮子之上。

凡灶突，高视屋身，出屋三尺[⑧]（如时暂[⑨]，不在屋下者，高三尺。突上作靴头出烟）。其方六寸。或锅增大者，量宜加之。加至一尺二寸[⑩]，并以石灰泥饰。

造茶炉之制：高一尺五寸。其方广等皆以高一尺为祖加减之。

面：方七寸五分。

口：圜径三寸五分，深四寸。

---

① “垒”，粤雅本为“叠”。
② “其上斜收六分（每面斜收向上各三分）”，陶本为“每高一尺，其上斜收六分（每面斜收向上各三分）。每用坯墼三重，铺襻竹一重”。
③ “二”，陶本为“五”。
④ “至一百止”，陶本为“加至一石止”。
⑤ “一尺二分止”，十万本为“一尺一分止”，陶本为“一尺二寸五分止”。
⑥ “广（一尺，心内虚，隔作两处，令烟分入突）”，粤雅本为“广一尺（心内虚，隔作两处，令烟分入突）”陶本为“广一尺，心内虚，隔作两处，令烟分入突”。
⑦ “高出灶身一尺五寸”，粤雅本为“高出灶身尺一尺五寸”。
⑧ “出屋三尺”，陶本为“出屋外三尺”。
⑨ “如时暂”，陶本为“如时暂用”。
⑩ “加至一尺二寸”，陶本为“加至方一尺二寸止”。

吵眼：高六寸，广三寸（内抢[①]风斜高向上八寸）。

凡茶炉，底方六寸，内用铁燎枝[②]八条。其泥饰同立灶[③]。

垒射垛之制：先筑墙，以长五丈，高二丈为率（墙心内长二丈，两边墙各长一[④]丈五尺；两头斜收向里各三尺）。上垒作五峰。其峰之高下，皆以墙每一丈之长积而为法。

中峰：每墙长一丈，高二尺。

次中两峰：各高一尺二寸（其心至中峰心各一丈）。

两外峰：各高一尺六寸（其心至次中两峰各一丈五尺）。

子垛：高同中峰（广减高一尺，厚减高之五[⑤]）。

两边踏道：斜高视子垛，长随垛身（厚减高之半，分作十二踏[⑥]；每踏高八寸三分，广一尺二寸五分）。

子垛上当心踏台：长一尺二寸，高六寸，面广四寸（厚减面之半，分作三踏，每一尺为一踏）。

凡射垛五峰，每中峰高一尺，则其下各厚三寸；上收令方，减下厚之半（上收至方一尺五寸止。其两峰之间，并先约度上收之广。相对垂绳，令纵至墙上，为两峰鰤内圜[⑦]势）。其峰上各安莲华坐瓦火珠各一枚。当面以青石灰，白石灰，上以青灰为缘泥饰之（合青灰：用石灰及软石炭各一半，如无软石炭，每石灰一十斤用麄墨一斤或墨煤一十一两，胶七钱。合破灰：每石灰一斤，用白篾土四斤八两，每用石灰十斤用麦麸九斤，收压两遍令泥面光泽）。

垒砌阶基之制：用条砖。殿堂、亭榭，阶高四尺以下者，用二砖相并；高五尺以上至一丈者，用三砖相并。楼台基高一丈以上至二丈者，用四砖相并，高二丈至三丈以上者，用五砖相并；高四丈以上者，用六砖相并。普拍方外阶头，自柱心出三尺至三尺五寸（每阶外细砖高十层，其内相并砖高八层）。其殿堂等阶，若平砌每阶高一尺，上收一分五厘；如露龈砌，每砖一层，上收一分（粗垒二分）。楼台、亭榭，每砖一层，上收二分（粗垒五分）。

铺砌地面殿堂等砖之制[⑧]：殿堂等[⑨]，每柱心内方一丈者，令当心高二分；方

---

① "抢"，十万本为"撩"。
② "枝"，陶本为"杖"。
③ "其泥饰同立灶"，陶本为"其泥饰同立灶之制"。
④ "一"，粤雅本为"二"。
⑤ "五"，陶本为"半"。
⑥ "分作十二踏"，陶本为"分作一十二踏"。
⑦ "圜"，陶本为"圆"。
⑧ "铺砌地面殿堂等砖之制"，陶本为"铺砌殿堂等地面砖之制"。
⑨ "殿堂等"，陶本为"殿堂等地面"。

三丈者高三分（如厅堂、廊舍等，亦可以两椽为计）。柱外阶广五尺以下[①]，每一尺令自柱心起至阶龈垂二分，广六尺以上者垂三分。

垒砌墙隔减之制：殿阁外有副阶者，其内墙下隔减，长随墙广（下同）。其广六尺至四尺五寸（自六尺以减五寸为法，减至四尺五寸止）。高五尺至三尺四寸（自五尺以减六寸为法，至三尺四寸而止[②]）。如外无副阶[③]（○堂同[④]），广四尺至三尺五寸，高三尺至二尺四寸。若廊屋之类，广三尺至二尺五寸，高二尺至○尺五寸[⑤]。其上收同阶制。[⑥]

造踏道之制：广随间广，每阶基高一尺，底长二尺五寸，每一踏高四寸，广一尺。两颊各广一尺二寸，两颊内线道各厚二寸。若阶基高○砖，其两颊内地○[⑦]，柱子等，平双转一周；以次单转○○，○入一寸[⑧]；又以次单转一周，当心为象眼。每阶○○○砖[⑨]，两颊内单转加一周；若阶基高二十砖以○○○，两颊内平双转○○周[⑩]。踏道亦如之。[⑪]

垒砌慢道之制：厅堂等，每阶高一尺[⑫]，拽脚斜长四尺；作三瓣蝉翅；中随间之广[⑬]（取宜约度，两颊及线道，同踏道之制[⑭]）。每斜长一尺，加四寸两侧翅瓣下之广[⑮]。若作五瓣蝉翅，其侧翅瓣下○斜长四分之三[⑯]，凡慢道面砖露龈，皆深三分[⑰]。

垒马台之制：高一尺六寸，作两踏[⑱]。上踏方二尺四寸，下踏广一尺，以为[⑲]。

---

① “柱外阶广五尺以下”，陶本为“柱外阶广五尺以下者”。
② “至三尺四寸而止”，陶本为“至三尺四寸止”。
③ “如外无副阶”，陶本为“如外无副阶者”。
④ “○堂同”，粤雅本为“□堂同”，陶本为“厅堂同”。
⑤ “高二尺至○尺五寸”，粤雅本为“高二尺至□尺五寸”，十万本为“高二尺至一尺五寸”，陶本为“高二尺至一尺六寸”。
⑥ “其上收同阶制”，陶本为“其上收同阶基制度”。
⑦ “若阶基高○砖，其两颊内地○”，粤雅本为“若阶基高□砖，其两颊内地□”，陶本为“若阶基高八砖，其两颊内地栿”。
⑧ “以次单转○○，○入一寸”，粤雅本为“以次单转□□，□入一寸”，陶本为“以次单转一周，退入一寸”。
⑨ “每阶○○○砖”，粤雅本为“每阶□□□砖”，陶本为“每阶基加三砖”。
⑩ “若阶基高二十砖以○○○，两颊内平双转○○周”，粤雅本为“若阶基高二十砖以□□□，两颊内平双转□□周”，陶本为“若阶基高二十砖以上者，两颊内平双转加一周”。
⑪ “踏道亦如之”，陶本为“踏道下线道亦如之”。
⑫ “厅堂等，每阶高一尺”，陶本为“厅堂等慢道，每阶基高一尺”。
⑬ “中随间之广”，陶本为“当中随间之广”。
⑭ “同踏道之制”，十万本为“周踏道之制”，陶本为“并同踏道之制”。
⑮ “加四寸两侧翅瓣下之广”，陶本为“加四寸为两侧翅瓣下之广”。
⑯ “其侧翅瓣下○斜长四分之三”，粤雅本为“其侧翅瓣下□斜长四分之三”，陶本为“其两侧翅瓣下取斜长四分之三”。
⑰ “凡慢道面砖露龈，皆深三分”，陶本为“凡慢道面砖露龈，皆深三分（如华砖即不露龈）”。
⑱ “作两踏”，陶本为“分作两踏”。
⑲ “以为”，陶本为“以此为率”。

〇马槽之制[①]:高二尺六寸,广二[②]尺,长随间广(或随听用之[③]),其上[④]以五砖相并,垒高六砖。其上四边叠[⑤]砖一周,高〇砖[⑥]。次于槽内四壁,〇〇方砖一周[⑦](其方砖后随斜分斫贴之次垒三重[⑧])。〇砖之上[⑨],铺条砖覆面一重,次于槽底铺方砖一重为槽底面(砖并宜用纯灰下之[⑩])。

自卷十六至二十五并土木等功限,自卷二十六至二十八并诸作用钉胶等料用例,自卷二十九至三十四并制度图样并无钞。

右钞崇宁二年(1103年)正月通直郎试将作少监李诫[⑪]所编《营造法式》。其宫殿、佛道龛帐非常所用者皆不敢取。五年(1106年)十一月二十三日,润州通判厅西楼北斋伯宇记(时蔡晋如通判润州事)。

2.《北山小集》卷三十三[⑫]

宋故中散大夫知虢州军州管句学事兼管内劝农使赐紫金鱼袋李公墓志铭

大观四年(1110年)二月丁丑,今龙图阁直学士李公譓对垂拱上问弟诫所在。龙图言,方以中散大夫知虢州。有旨趋召。后十日,龙图复奏事殿中,既以虢州不禄闻,上嗟惜久之,诏别官其一子。公之卒二月壬申也。越四月丙子,其孤葬公郑州管城县之梅山,从先尚书之茔。公讳某,字某,郑州管城县人。曾祖讳惟寅,故尚书虞部员外郎,赠金紫光禄大夫。祖讳惇裕,故尚书祠部员外郎,秘阁校理,赠司徒。父讳南公,故龙图阁直学士,太中大夫,赠左正议大夫。元丰八年(1085年),哲宗登大位,正议时为河北转运副使,以公奉表致方物,恩补郊社斋郎,调曹州济阴县尉。济阴故盗区,公至则练卒除器,明赏罚,广方略,得剧贼数十人,县以清净,迁承务郎。元祐七年(1092年),以承奉郎为将作监主簿。绍圣三年(1096年),以承事郎为将作监丞。元符(1098-1100年)中,建五王邸成,迁宣义郎。时公在将作且八年,其考工庀事,

① "〇马槽之制",粤雅本为"□马槽之制",陶本为"垒马槽之制"。
② "二",陶本为"三"。
③ "或随听用之",陶本为"或随所用之长"。
④ "上",陶本为"下"。
⑤ "叠",十万本、陶本为"垒"。
⑥ "高〇砖",粤雅本为"高□砖",陶本为"高三砖"。
⑦ "次于槽内四壁,〇〇方砖一周",粤雅本为"次于槽内四壁,□□方砖一周",陶本为"次于槽内四壁,侧倚方砖一周"。
⑧ "其方砖后随斜分斫贴之次垒三重",陶本为"其方砖后随斜分斫贴垒三重"。
⑨ "〇砖之上",粤雅本为"砖之上",陶本为"方砖之上"。
⑩ "砖并宜用纯灰下之",陶本为"砖并用纯灰下"。
⑪ "李诫",十万本为"李诚"。
⑫《北山小集》四十卷,程俱撰。程俱(1078—1144年),字致道,号北山,衢州开化(今属浙江)人,其《北山小集》收录所撰《李诫墓志铭》。

必究利害，坚窳之致，堂构之方，与绳墨之运，皆已了然于心，遂被旨著《营造法式》。书成，凡二十四卷，诏颁之天下。已而丁母安康郡夫人某氏丧。崇宁元年（1102 年），以宣德郎为将作少监。二年（1103 年）冬，请外以便养，以通直郎为京西转运判官。不数月，复召入将作为少监。辟雍成，迁将作监，再入将作又五年，其迁奉议郎，以尚书省；其迁承议郎，以龙德宫棣华宅；其迁朝奉郎，赐五品服，以朱雀门；其迁朝奉大夫，以景龙门九成殿；其迁朝散大夫，以开封府廨；其迁右朝议大夫，赐三品服，以修奉太庙；其迁中散大夫，以钦慈太后佛寺成，大抵自承务郎至中散大夫凡十六等，其以吏部年格迁者七官而已。大观（1107-1110 年）某年，丁正议公丧。初正议疾病，公赐告归，又许挟国医以行，至是上特赐钱百万。公曰："敦匠事治穿具力，足以自竭。"然上赐不敢辞，则以与浮屠氏为其所谓释迦佛像者，以侈上恩而报罔极云。服除，知虢州，狱有留系弥年者，公以立谈判，未几，疾作，遂不起。吏民怀之，如久被其泽者。盖享年若干。公资孝友，乐善赴义，喜周人之急，又博学多技能。家藏书数万卷，其手钞者数千卷，工篆籀草隶皆入能品。尝纂《重修朱雀门记》，以小篆书丹以进，有旨勒石朱雀门下。善画，得古人笔法，上闻之，遣中贵人谕旨，公以《五马图》进，睿鉴称善。公喜著书，有《续山海经》十卷、《续同姓名录》二卷、《琵琶录》三卷、《马经》三卷、《六博经》三卷、《古篆说文》十卷。公配王氏封奉国郡君子，男若干人，女若干人云云。某观虞舜命九官，而垂共工居其一，畴咨而后命之。盖其慎且重，如此诚以授法庶士，使栋宇器用不离于轨物，此岂小夫之所能知哉？及观周之《小雅·斯干》之篇，其言考室之盛，至于庭户之端，楹桷之美，且又嗟咏骞扬，涣散之状，而实本宣王之德政。鲁僖公能复周公之宇，作为寝庙，是断是度，是寻是尺，而奚斯实授法于庶工。方绍圣、崇宁中，圣天子在上，政之流行，德之高远，巍然沛然，与山川其侔大也。而后以先王之制，施之寝庙官寺栋宇之间。当是时地不爱材，工献其巧，而公独膺垂奚斯之任者十有三年，以结睿知，致显位，所谓君子攸宁，孔曼且硕者，视宣王僖公之世为甚陋，而公实尸其劳，可谓盛矣。某初为郑圃治中，始从公游，及代还京师，久困不得官遇，公领大匠遂见取为属，寖以微劳，窃资秩繁，公德是赖。既日夕后，先熟公治身临政之美，泣而为铭。铭曰：维仕慕君，不有其躬。何适非安，唯命之从。譬之庀材，唯匠之为。尔极而极，尔榱而榱。亦譬在镕，不竭而择。为利则断，为坚则击。垂在九官，世载厥贤。曰汝共工，没齿不迁。匪食之志，繄职则然。公为一尉，群盗斯得。公在将作，寝庙奕奕。为垂奚斯，以奂帝绩。仕无小大，必见其贤。无不自尽，以虔所天。帝以为能，世以为才。劳能实多，福禄具来。有生会终，公有贻宪。窾辞贞铭，尽力之劝。

3.《鸡肋编》卷下[①]

崇宁中，李诫编《营造法式》云：旧例以围三径一方五斜七为据，疏略颇多，今按《九章算经》，圆径七，其围二十有二；方一百，其斜一百四十有一；八棱径六十，每面二十五，其斜六十有五；六棱径八十有七，每面五十，其斜一百。圆径内取方，一百中得七十有一；方内取圆径，一得一。六棱、八棱取圆准此[②]。

又载名物之异曰：墙，名五（墙、墉、垣、缭、壁）。柱础，名六（础、碛、磶、碩、墄、磉，今谓之石碇，音顶）。材，名三（章、材、方桁）。栱，名六（閞、槉、薄、曲枅、栾、拱）。飞昂，名五（櫼、飞昻、英昂、斜角、下昂）。爵头，名四（爵头、耍头、胡孙头、哱蜓头）。枓，名五（楶、栌、 搭、璧、科）。平坐，名五（阁道、灯道、飞陛、平坐、鼓坐）。梁，名三（梁、宊廇、欐）。柱，名三（楹、楹、柱）。阳马，名五（觚棱、阳马、阙角、角梁、梁抹）。侏儒柱，名六（棁、侏儒柱、浮柱、棳、上楹、蜀柱）。斜柱，名五（斜柱、梧、迕、枝撑、叉手）。栋，名九（栋、桴、稳、棼、甍、极、搏、摽、櫋）。抟风，名二（荣、搏风）。柎，名三（柎、复栋、替木）。椽，名四（桷、椽、榱、撩）。短椽，名二（栋、禁楄）。檐，名十四（檐、宇、樀、楣、屋垂、梠、棂、联櫋、橝、房、庑、槾槐、廇）。举折，名三（陠、峻、陠峭、举折）。乌头门，名三（乌头大门、表楬、阀阅，今呼为棂星门）。平基，名三（平机、平撩、平基。俗谓之起。以方椽施素版者，谓之平阇）。鬬八藻井，名三（藻井、圆泉、方井，今谓之）。钩兰，名八（棂槛、轩槛、櫳、梐牢、栏楯、柃、阶槛）。拒马叉子，名四（梐枑、梐柜、桁马）。屏风，名四（皇邸、后板、扆、屏风）。露篱，名五（㰚、栅、据、藩、落，今谓之）。涂，名四（塓、墐、涂、泥）。阶，名四（阶、陛、陔、墒）。瓦，名二（瓦、甍）。砖，名四（甓、瓴甋、瑴、甗砖）。又云，《史记》"居千章之萩"（注：章，材也），

① 《鸡肋编》三卷，宋庄绰撰。庄绰（生卒年不详），字季裕，清源（今福建泉州）人，曾官顺昌（今安徽省阜阳县）、边州等处。据其《鸡肋编》和宋人相关记载，庄绰历经北宋神宗、哲宗、徽宗、钦宗和南宋高宗五代，约卒于南宋绍兴十三年至十九年（1143—1149 年）。庄绰在《鸡肋篇》中有绍兴三年（1133 年）摘录《营造法式》部分文字。较之陶本，其具体内容存在一定的简省和微差。

② 此段取自《看详》卷"取径围"条。

《说文》"椠"（阙。音至）。[①]

按构屋之法，皆以材为祖。材有八等，度屋之大小，因而用之。凡屋之高深，名物之长短，曲直举折之势，规矩绳墨之宜，皆以所用材之分以为制度。材上加椠者，谓之足材，其规矩制度，皆以章椠为祖。[②]今人以举止失措者谓之失章失椠，盖谓此也。[③]

宋祁《笔录》："今造屋有曲折者，谓之庯峻。齐魏间以人有仪矩可观者，谓之庯峭，盖庯峻也，今俗谓之举折"。[④]

4.《续资治通鉴长编》卷四百七十一[⑤]

哲宗元祐七年（1092年）三月……诏将作监编修到《营造法式》共二百五十一册，内净条一百一十六册，许令颁降。

5.《演繁露》卷十一[⑥]

徽宗朝李诫《营造法式》有殿陛螭首图，绘载极详。其言曰："螭首施之对柱及殿四角，随阶斜出，其长七尺。"

6.《文忠集》卷八十[⑦]

《麻姑山仙都观新殿记》："……庆元六年（1200年）庚申三月戊寅，融风告灾，栋宇夜烬。明年改元嘉泰，知观事李惟宾创正殿七间，博十丈，深六丈有奇。依《营造法式》容阁帐三间，分列三清及天帝，地示九位于上，其下则元君居中，东偏奉宣和二碑、三朝内禅诏，西为皇帝本命。殿宏壮华丽，殆过于旧群祠。"

7.《九家集注杜诗》卷三十六[⑧]

近体诗：……"丈人藉才地，门阀冠云霄。"（《杜补遗》："《前汉·朱博传》：

① 此段取自《看详》卷"诸作异名"。
② 此段取自卷四"大木作制度一·材"。
③ 此句取自卷一"总释上·材"。
④ 此段取自《看详》或卷二"举折"条。
⑤《续资治通鉴长编》原为九百八十卷，今存五百二十卷，南宋李焘撰。李焘（1115—1184年），字仁甫，一字子真，号巽岩，眉州丹稜（今属四川）人。
⑥《演繁露》十六卷，《续演繁露》六卷，南宋程大昌撰。程大昌（1123—1195年），字泰之，徽州休宁（今属安徽）人。
⑦《文忠集》二百卷，南宋周必大撰。周必大（1126—1204年），字子充，又字弘道，自号平园老叟，又号省斋居士，吉州庐陵（今江西吉安）人。
⑧《九家集注杜诗》三十六卷，宋郭知达编注。郭知达（生卒年不详），字充之，蜀人，曾知富顺监，宋孝宗淳熙间（1174–1189年）编《九家集注杜诗》。

‘赍阀阅诣府师’，古注曰：‘伐，功劳也。阅，所经历也。’《车千秋传》曰：‘千秋无阀阅劳。’注：‘阀，积功也。阅，所经也。’《营造法式》曰：‘唐六品以上，通用乌头大门。又曰表揭，又曰阀阅。’《义训》云：‘表揭，阀阅是也，俗呼为棂星门。是诗所谓门阀冠云霄者，盖言卢氏积日累功，而致表扬，高于云霄。’《赵云传》云：‘明其等曰阀’，如《后汉》有云‘声荣无晖于门阀’，又有《史》自序门阀也。《南史·王僧达传》云：‘僧达自负才地。’又《王劢传》云：‘王生才地，岂可游外府乎？’”）

8.《重校正地理新书》卷一（附图 2-2）[①]

取正[②]

《诗》：定之方中；又：揆之以日（诗见前）[③]。

《周礼·天官》：惟王建国，辨方正位。

《考工记》：置臬[④]以垂（“悬”犯圣祖名，改为“垂”，详见前[⑤]），视以景。为规识日出之景与日入之景；夜考之极星，以正朝夕（自日出而昼[⑥]其景端，以至日入既，则为规。则[⑦]景两丝[⑧]之内规之，规之交，乃审也。度两交之间，中

---

①《重校正地理新书》十五卷，金明昌三年（1192 年）张谦刊本。已知存世版本有北京大学图书馆藏金元刻本一部、台湾图书馆（台北）藏金元刻本和清影金元钞本各一部、国家图书馆藏清影金元钞本两部，共计五部。金身佳曾以北大藏本为底，与台湾集文书局的《图解校正地理新书》对校，整理出版了《地理新书校理》一书。相关出版物和研究成果参见王洙等撰．图解校正地理新书．台北：集文书局，1985；《续修四库全书》编纂委员会编．续修四库全书：第 1054 册（子部·术数类）．上海：上海古籍出版社，2002；王洙编撰．毕履道，张谦校正．金身佳整理．地理新书校理．湘潭：湘潭大学出版社，2012；刘未．宋元时期的五音地理书——《地理新书》与《茔元总录》．北方民族考古，2014（1）：259-263。本校勘记录以北大藏本为底（简称“北大本”），参照台湾图书馆（台北）藏金元刻本（简称“台刻本”）、陶本《营造法式》与《地理新书校理》（简称“《校理》”）互校，句读参照《梁思成全集》第七卷的《〈营造法式〉注释》和前述《地理新书校理》。经核对，《重校正地理新书》中的“取正”、“定平”文字应取自《营造法式·看详》卷一“总释上”及卷三“壕寨制度”的相关部分，“望筒”、“水平”、“水池景表”、“真尺”等图样取自《营造法式》卷二十九壕寨制度图样。此外，天津大学建筑学院的丁垚副教授与 2012 级本科生杨朝，曾就北大和台湾地区藏本的文字和图像进行比对，对三本的源流关系略作考证。

② “取正”，《校理》据该书目录补为“日影取正”。

③ 较之陶本《看详》，此处缺正文“注云：定，营室也；方中，昏正四方也；揆，度也。度日出日入以知东西；南视定，北准极，以正南北”一句，该句在“总释上”中为小字注“定，营室也；方中，昏正四方也；揆，度也。度日出日入以知东西；南视定，北准极，以正南北”，且陶本此处无小字注“诗见前”。

④ “臬”，陶本为“槷”。

⑤ “‘悬’犯圣祖名，改为‘垂’，详见前”小字注，陶本无，盖为《重校正地理新书》编者张谦所加。其“详见前”，应指此前《重校正地理新书》卷第一“四方定位”第三段原引《周礼》“匠人建国，水地以垂”所附小字注“悬，犯圣祖名”云。而按李焘《续资治通鉴长编》卷七十九载：大中祥符五年（1012 年）十月戊午，宋真宗赵恒曾推尊世俗传说中的赵玄朗（赵公明）为赵氏祖先，加封“圣祖上灵高道九天司命保生天尊大帝”等尊号，“圣祖”为庙号，其名“玄朗”二字因此避讳，如孔子封号“玄圣文宣王”改作“至圣文宣王”；“玄武”改“真武”；大将“杨延朗”改名“杨延昭”；等等。

⑥ “昼”，陶本为“画”。

⑦ “则”，陶本为“测”。

⑧ “丝”，陶本为“端”。

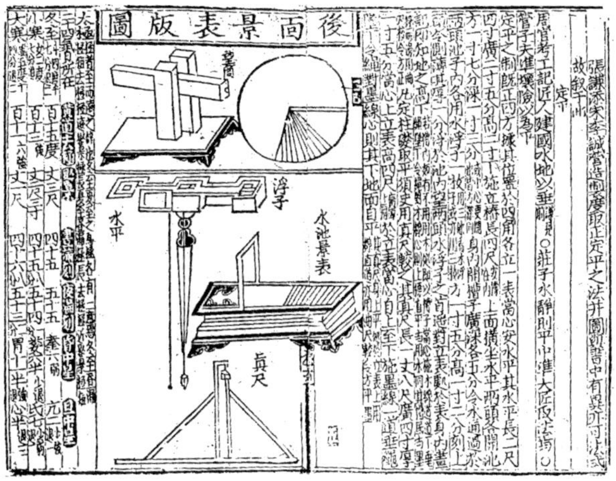

附图 2-2 《重校正地理新书》所涉《营造法式》书影，北京大学图书馆藏金元刻本 [资料来源 :《续修四库全书》编纂委员会编 . 续修四库全书 : 第 1054 册 (子部 · 术数类) . 上海 : 上海古籍出版社，2002 : 8-9]

见①之以指槷，则南北正，日中之景，最短者也。极星，谓北辰）②。

《管子》：夫绳，扶掇③以为正。

《字林》：揳④（时钏切），垂臬望也。

《刊谬证俗・音字》：今山东匠人犹言⑤垂绳视正为揳⑥。

取正之制：先于基址中央，日内置圜⑦板⑧，径一尺三寸六分；当心立表，高四寸，径一分。昼⑨表景之端，记日中最短⑩之景。次施望筒于其上，望日星⑪以正四方。

望筒长一尺八寸，方三寸（用板合造），两罨⑫头开圜眼，径五分。筒身当中两壁用轴，安于两颊之内⑬。其立颊自轴至地高三尺，广三寸，厚二寸。昼望以筒指南，令日景透北；夜望以筒指⑭北，于筒南望，令前后两窍内正见北辰极星。

---

① “见”，陶本为“屈”。
② 该小字注同陶本“总释上”，在《看详》中为正文“郑司农注云：自日出而画其景端，以至日入既，则为规。测景两端之内规之，规之交，乃审也。度两交之间，中屈之以指槷，则南北正，日中之景，最短者也。极星，谓北辰”。
③ “掇”，陶本为“拨”。
④ “揳”，台刻本为“抰”，陶本《看详》及“总释上”为“槸”。
⑤ “犹言”，《校理》为“犹疑言”。
⑥ “揳”，台刻本为“抽”，陶本《看详》为“揕”，“总释上”为“槸也”。
⑦ “圜”，《校理》为“圈”。
⑧ “板”，陶本为“版”，下同。
⑨ “昼”，陶本为“画”。
⑩ “短”，台刻本为“知”。
⑪ “星”，同陶本卷三“壕寨制度”，陶本《看详》中该句“星”作“景”，按下文“夜望……北辰极星”等语，后者应属误刻。
⑫ “罨”，《校理》为“晻”。
⑬ “两颊之内”，陶本为“两立颊之内”
⑭ “指”，台刻本为“拾”。

然后各垂绳坠下，记望筒两窍心于地以为南，则四方正。若地势偏衰[①]，既以景表、望筒取正四方，或有可疑处，则更以水池景表较之。其立表高八尺，广八寸，厚四寸，上齐，后斜向下三寸[②]，安于池板之上。其池板长一丈三尺，中广一尺，于一尺之内，随表之广，刻线两道；一尺之外，开水道环四周，广深各八分。用水定平，令日景两边不出刻线；以池板所指及立表心为南，则四方正（安置令立表在南，地[③]板在北。其景夏至顺景长三尺[④]，冬至长一丈二尺，其立表内向北顺[⑤]处，用曲尺较，令方正）。

张谦添宋李诚营造制度取正、定平之法并图，与书中有异，亦可法式，故叙于此。

定平[⑥]

《周官・考工记》：匠人建国，水地以垂（详见前）[⑦]。

《庄子》：水静则平中准，大匠取法焉。

《管子》：夫准，坏险以为平。

定平之制：既正四方，据其位置，于四角各立一表；当心安水平。其水平长二尺四寸，广二寸五分，高二寸；下施立桩，长四尺（安鑲[⑧]在内）。上面横坐水平，两头各开池，方一寸七分，深一寸三分（或中心更开池者，方深同）。身内开槽子，广深各五分，令水通过。于两头池子内，各用水浮子一枚（用三池者，水浮子或亦用三枚）。方一寸五分，高一寸二分；刻上头令侧薄，其厚一分，浮于池内。望两头水浮子之首，遥对立表处于表身内画记，即知地之高下（若槽内如有不用用木处[⑨]，即以桩子当心施木线道道[⑩]，下[⑪]垂绳坠下，令绳对木[⑫]线心，则上标直平[⑬]，与用水同。其槽底与墨线两边，用曲尺较，令方正）。凡定柱础取平，须史[⑭]

---

① "衰"，陶本为"袠"。
② "后斜向下三寸"，陶本为小字注。
③ "地"，陶本为"池"。
④ "景长三尺"，台刻本为"锦长三尺"，陶本为"线长三尺"。从字形上看，"线"的繁体字为"線"与"锦"的繁体字"錦"较为相似。
⑤ "北顺"，《校理》为"地顺"，陶本为"池版"。
⑥ "定平"，《校理》据该书目录补为"水地定平"。
⑦ 较之陶本《看详》，此处缺"郑司农注云：于四角立植而垂，以水望其高下，高下既定，乃为位而平地"一句，该句在陶本"总释上"中为小字注"于四角立植而垂，以水望其高下，高下既定，乃为位而平地"，且陶本此处无小字注"详见前"。
⑧ "据"，陶本为"鑲"。
⑨ "不用用木处"，陶本为"不可用水处"。
⑩ "即以桩子当心施木线道道"，陶本为"即于桩子当心施墨线一道"。
⑪ "下垂绳坠下"，陶本《看详》为"上垂绳坠下"；卷三"壕寨制度"为"垂绳坠下"。
⑫ "木"，陶本为"墨"。
⑬ "上标直平"，陶本为"上槽自平"。
⑭ "史"，台刻本、陶本为"更"。

用真尺较之。其真尺长一丈八尺，广四寸，厚一[1]寸五分；当心上立表，高四尺（广厚上同[2]）。于立表当心，自上至下施墨线一道，垂绳坠下，令绳对墨线心，则其下地面自平（其真尺身上平处，于立表上用线直道[3]，亦用曲尺较，令方平墨[4]）。

9.《古今源流至论》后集卷三[5]

盖汴京殿陛之制，不与唐同。汴地坦夷，殿级不越寻丈。若退居螭首，则不能俯陛听事，故难循唐之旧迹。今绍兴不立上前，而立于东南者，岂非存唐立螭之制欤？虽曰唐人之螭存于殿下，绍兴之螭存于殿角，然亦有遗焉耳（程大昌《演繁露》云本成《营造法式》螭首施之对柱及殿四角。今二史立东南隅，其并立殿角，随阶之螭欤？以其皆为石螭，遂认为唐螭非其地也）。

10.《皇宋通鉴长编纪事本末》卷一百二十五[6]

蔡绦云：先是，崇宁四年（1105年）七月二十七日，宰相蔡京等进呈库部员外郎姚舜仁请即国丙、巳之地建明堂绘图以献。上曰："先帝常欲为之，有图见在禁中，然考究未甚详。"京曰："明堂之制，见于《礼记》、《周官》之书，皆三代之制，参错不同，学者惑之。舜仁留心二十余年，始知《周官》、《考工记》所载三代之制，为文各互相备，故得其法。今有二图，其斋宫悉南向，一随四时方所向。"上曰："可随四时方所向。"仍令将作监李诫同舜仁上殿。八月十六，李诫、姚舜仁进《明堂图》。上谓诫等曰："圣人郊祀，后稷以配天，配以祖宗。祀文王于明堂，配以考。两者当并行。明堂之礼废已久，汉、唐卑陋不足法，宜尽用三代之制，必取巨材，务要坚完，以为万世之法。"遂诏依舜仁等所奏《明堂图》议，唯不得科率劳民。仍令学士院降此诏云。

11.《桐江续集》卷三十四[7]

今夫世之类书，七丝之琴，一先之奕，九章之算，五采之缋，射评印格，姓纂谥号，酒经茶录，金石香具，笔墨纸砚，花果竹笋，莫不有谱有诀。农有《齐

---

① "一"，陶本为"二"。
② "上同"，陶本为"同上"。
③ "于立表上用线直道"，台刻本为"于立表上墨线两道"，陶本为"与立表上墨线两边"。
④ "令方平墨"，台刻本为"令方平"，陶本为"令方正"。
⑤《古今源流至论》前集、后集、续集、别集各十卷，宋林駉撰。林駉（生卒年不详），字德颂，宁德（今属福建）人。
⑥《皇宋通鉴长编纪事本末》一百五十卷，南宋杨仲良撰。杨仲良（生卒年不详），约为南宋理宗朝前后人（1225—1264年），字明叔，号柳溪，眉州眉山（今属四川）人。
⑦《桐江续集》三十七卷，元方回撰。方回（1227—1307年），字万里，一字渊甫，号虚谷，别号紫阳山人，徽州歙县（今属安徽）人。

民要术》，工有《营造法式》，兵有《七书经武要略》，刑有《刑统律令格式》。

12.《河防通议》[①]

定平

定平之制：既正四方，据其位置，于四角各立一表；当心安置水平[②]。其制长[③]二尺四寸，广二寸五分，高二寸；先施立桩在下，高四尺[④]，安鑿在内[⑤]。桩上[⑥]横坐水平。两头各开小池[⑦]，方一寸七分，深一寸三分。注水于中，以取平，或中心又开池者，方深同[⑧]。身内开槽子，广深各五分，令水通过。于两头池子内，各用水浮子一枚。用三池者，水浮亦用三枚[⑨]。水浮子方一寸五分[⑩]，高一寸二分；刻上头令侧薄，其厚一分；浮于池内。望两头水浮[⑪]之首，参直遥对立表处于表身画记[⑫]，即知地形高下[⑬]。

13.《研北杂志》卷上[⑭]

李明仲，诚，所著书有《续山海经》十卷，《古篆说文》十卷，《续同姓名录》二卷，《营造法式》廿四卷，《琵琶录》三卷，《马经》三卷，《六博经》三卷。

14.《说郛》[⑮]

（1）《说郛》卷二十二下

李明仲，诚，所著书有《续山海经》十卷，《古篆说文》十卷，《续同姓名录》

---

①《河防通议》为宋、金、元三代治理黄河的工程规章制度。北宋沈立曾在宋庆历八年（1048年），搜集治河史迹撰著《河防通议》，原书失传已久。后由元代色目人赡思（清代改译为沙克什）于至治元年（1321年），根据当时流传的“汴本”（包括沈立原著和宋建炎二年即1128年周俊所编《河事集》）和金代都水监所编另一《河防通议》即“监本”，加以整理删节改编而成（《元史·赡思传》称作“重订河防通议”），分上、下二卷。

②“当心安置水平”，陶本为“当心安水平”。

③“其制长”，陶本为“其水平长”。

④“先施立桩在下，高四尺”，陶本为“下施立桩，长四尺”。

⑤“安鑿在内”，陶本为小字注。

⑥“桩上”，陶本为“上面”。

⑦“小池”，陶本为“池”。

⑧“注水于中，以取平，或中心又开池者，方深同”，陶本为小字注“或中心又开池者，方深同”。

⑨“用三池者，水浮亦用三枚”，陶本为小字注“用三池者，水浮子或亦用三枚”。

⑩“水浮子方一寸五分”，陶本为“方一寸五分”。

⑪“水浮”，陶本为“水浮子”

⑫“参直遥对立表处于表身画记”，陶本为“遥对立表处于表身内画记”。

⑬“即知地形高下”，陶本为“即知地之高下”。

⑭《研北杂志》二卷，元陆友仁撰。陆友仁（约1330年前后在世），字辅之，号研北生，吴郡（今苏州）人。

⑮《说郛》一百二十卷，元末明初陶宗仪撰。陶宗仪（1329—约1412年），字九成，号南村，又号泗滨老人，浙江黄岩人（今清陶乡）。

二卷，《营造法式》廿四卷，《琵琶录》三卷，《马经》三卷，《六博经》三卷。

（2）《说郛》卷一百零九上

《木经》[1]　李诫

取正

取正之制：先于基址中央，日内置圜版，径一尺三寸六分；当心立表，高四寸，径一分。画表景之端，记日中最短之景。次施望筒于其上，望日星以正四方。望筒。长一尺八寸。方三寸（用版合造）；两罨头开圜眼。径五分。筒身当中两壁用轴，安于两立颊之内。其立颊自轴至地高三尺，广三寸，厚二寸。昼望以筒指南，令日景透北，夜望以筒指北，于筒南望，令前后两窍内正见北辰极星；然后各垂绳坠下，记望筒两窍心于地以为南，则四方正。

若地势偏衺，既以景表，望筒取正四方，或有可疑处，则更以水池景表较之。其立表高八尺，广八寸，厚四寸，上齐（后斜向下三寸）。安于池版之上。其池版长一丈三尺，中广一尺，于一尺之内，随表之广，刻线两道；一尺之外，开水道环四周，广深各八分。用水定平，令日景两边不出则线；以池版所指及立表心为南，则四方正（安置令立表在南，池版在北，其景夏至顺线长三尺，冬至长一丈三尺，其立表内向池版处，用曲尺较，令方正）。

定平

定平之制：既正四方，据其位置，于四角各立一表；当心安水平。其水平长二尺四寸，广二寸五分，高二寸；下施立桩，长四尺（安簪在内）。上面横坐水平。两头各开池，方一寸七分，深一寸三分（或中心更开池者，方深同）。身内开槽子，广深各五分，令水通过。于两头池子内，各用水浮子一枚（用三池者，水浮子或亦用三枚）。方一寸五分，高一寸二分；刻上头令侧薄，其厚一分；浮于池内。望两头水浮桩子之首，遥对立表处于表身内画记，即知地之高下（若槽内如有不可用水处，即于桩子当心施墨线一道，上垂绳坠下，令绳对墨线心，则上槽自平，与用水同。其槽底与墨线两边，用曲尺较，令方正）。

---

[1] 误作《木经》，实为摘抄《营造法式·看详》部分，后有沈括跋语，但该跋语内容似是针对真正的《木经》而言。《中国营造汇刊》第三卷第二期所载《哲匠录·喻皓》曾就此事展开讨论，但未有定论："《说郛》有《木经》'取正'，'定平'，'举折'，'定功'四篇，附沈括跋，题曰'宋李诫撰'。惟肇勘其文，则与《法式·看详》全同，但删削原文数条，及颠倒其排次耳！岂李诫著《法式》时，刺采喻皓之《木经》数节，而为"看详"一卷，而后传抄《木经》者，遂缘是而讹其撰者主名耶？抑缘李诫本有《新集木书》一卷（见《宋史·艺文志》），而《说郛》所收录之四条又确出自诫手，陶宗仪未加细察，遂因之而致名实互纽，且讹其书名耶？二说确否；未敢武断也。"引自朱启钤辑，梁启雄校补．哲匠录（续）．中国营造学社汇刊，1932，3（2）：135–136．

凡定柱础取平，須更用贞尺较之。其贞尺长一丈八尺，广四寸，厚二寸五分；当心上立表，高四尺（广厚同上）。于立表当心，自上至下施墨线一道，垂绳坠下，令绳对墨线心，则其下地面自平（其贞尺身上平处，与立表上墨线两边，亦用曲尺较，令方正）。

举折

举折之制：先以尺为丈，以寸为尺，以分为寸，以厘为分，以毫为厘，侧画所建之屋于平正壁上，定其举之，峻慢，折之圜和，然后可见屋内梁柱之高下，卯眼之远近（今俗谓之“定侧样”亦曰“点草架”）。

举屋之法：如殿阁楼台，先量前后橑檐方心相去远近，分为三分（若余屋柱头作或不出跳者，则用前后檐柱心）。从橑檐方背至脊槫背举起一分（如屋深三丈即举起一丈之类）。如甋瓦厅堂，即四分中举起一分，又通以四分所得丈尺，每一尺加八分。若甋瓦廊屋及瓪瓦厅堂，每一尺加五分；或瓪瓦廊屋之数，每一尺加三分（若两椽屋，不加；其副阶或缠腰，并二分中举一分）。

折屋之法：以举高尺丈，每尺折一寸，每架自上递减半为法。如举高二丈，即先从脊槫背上取平，下屋橑檐方背其，上第一缝折二尺；又从上第一缝槫背取平。下至橑檐方背，于第二缝折一尺；若椽数多，即逐缝取平，皆下至橑檐方背，每缝并减上缝之半（如第一缝二尺，第二缝一尺，第三缝五寸，第四缝二寸五分之类）。

簇角梁之法：用三折，先从大角背自橑檐方心，量向上至枨杆卯心，取大角梁背一半，并上折簇梁，斜向枨杆举分尽处（其簇角梁上下并出卯，中下折簇梁同）；次从上折簇梁尽处，量至橑檐方心，取大角梁背一半，立中折簇梁，斜向上折簇梁当心之下；又次从橑檐方心立下折簇梁，斜向中折簇梁当心近下（令中折簇角梁上一半与上折簇梁一半之长同），其折分并同折屋之制（唯量折以曲尺于弦上取方量之，用瓪瓦者同）。

定功

唐六典：凡役有轻重，功有短长。注云：以四月、五月、六月、七月为长功；以二月、三月、八月、九月为中功；以十月、十一月、十二月、正月为短功。看详：夏至日长，有至六十刻者。冬至日短，有止于四十刻者。若一等定功，则在弃日刻甚多。今谨按《唐六典》修立下条。诸称“功”者，谓中功，以十分为率，长功加一分，短功减一分。

沈括跋

营舍之法，谓之《木经》，或云喻皓所撰。凡屋有三分，自梁以上为上分，地以上为中分，阶为下分。凡梁长几何，则配极几何以为榱等。如梁长八尺，配极三尺五寸，则厅法堂也，此谓之上分。楹若干尺，则配堂基若干尺以为榱等。若楹一丈一尺，则阶基四尺五寸之类，以至承拱、榱、桷皆有定法，谓之中分。阶级有峻、平、慢三等，宫中则以御辇为法。凡自下而登，前竿垂尽臂，后竿展尽臂为峻道（荷辇十二人，前三人曰前竿，次二人曰前绦，又次曰前会，后三人曰后胁，又后曰后绦，末后曰后竿，辇前队长一人曰传唱，后一人曰报赛）。前竿平肘，后竿平肩为慢道。前竿垂手，后竿平肩为平道。此之为下分。其书三卷，近岁土木之工益为严善，旧《木经》多不用，未有人重为之，亦良工之一业也。

15.《丹铅余录》[①]

（1）《丹铅余录·续录》卷十一

琼涩：蔡衡仲一日举温庭筠《华清宫诗》"涩浪浮琼砌，晴阳上彩游"之句，问予曰："涩浪，何语也？"予曰："子不观《营造法式》乎？宫墙，基自地上一丈余，叠石凹入，如崖隒状，谓之叠涩；石多作水纹，谓之涩浪。"衡仲叹曰："不通《木经》，知'涩浪'为何等语耶？"因语予曰："古人赋景福、灵光、含元者，一一皆通《木经》，以郭熙界画楼阁知之耳。"

（2）《丹铅余录·续录》卷二十一

涩浪：蔡衡仲一日举温庭筠《华清宫诗》"涩浪浮琼砌，晴阳上彩游"之句，问予曰："涩浪，何语也？"予曰："子不观《营造法式》乎？宫墙，基自地上一丈余，叠石凹入，如崕险状，谓之叠涩；石多作水文，谓之涩浪。"衡仲叹曰："不通《木经》，知'涩浪'为何等语耶？"因语予曰："古人赋景福、灵光、含元者，一一皆通《木经》，以郭熙界画楼阁知之耳。"

16.《奇字韵》卷五[②]

舄（音托，大也。《集韵》引《诗》"松桷有舄"。徐邈读。又《营造法式》有云"斗舄楔"）。

---

①《丹铅余录》十七卷、《续录》十二卷、《摘录》十三卷、《总录》二十一卷，明杨慎撰。杨慎（1488—1559年），字用修，号升庵，新都（今属四川）人。

②《奇字韵》五卷，明杨慎撰。

17.《转注古音略》卷三①

水（式允切。《白虎通》:“水之言准也。”《释名》:“水，平也，准平物也。”《周官》“辀注则利准”，故书准作水，声之误。《营造法式》、《梓人》有平水，以水定准也）。

18.《荆川稗编》卷四十六②

《营造法式》　李诫

方圆平直

《周官·考工记》:圜者中规，方者中矩，立者中垂，衡者中水。郑司农注云：治材居材，如此乃善也。

《墨子》: 子墨子言曰：天下从事者；不可以无法仪。虽至百工从事者，亦皆有法。百工为方以矩，为圜以规，直以绳，衡以水，正以垂。无巧工不巧工，皆以此五者为法。巧者能中之，不巧者虽不能中，依放以从事，犹愈于已。

《周髀算经》: 昔者周公问于商高曰：数安从出？商高曰：数之法出于圜方。圜出于方，方出于矩，矩出于九九八十一。万物周事而圜方用焉；大匠造制而规矩设焉。或毁方而为圜，或破圜而为方。方中为圜者谓之圜方，圜中为方者谓之方圜也。韩子曰：无规矩之法、绳墨之端，虽班亦不能成方圜。

看详:诸作制度,皆以圜方直平为准。至如八棱之类,及攲、斜、羡(《礼图》云:“羡”为不圜之貌。璧羡以为量物之度也。郑司农云：“羡”犹延也，以善切；其袤一尺而广狭焉）、陊（《史记索隐》云:“陊”谓狭长而方去其角也。陊，下果切；俗作“隋”，非）亦用规矩取法。今谨按《周官·考工记》等修立下条。

诸取圜者以规，方者以矩，直者抨绳取则，立者垂绳取正，横者定水取平。

取径围

《九章算经》: 李淳风注云，旧术求圜，皆以周三径一为率。若用之求圜周之

---

①《转注古音略》五卷，明杨慎撰。

②《荆川稗编》一百二十卷。明唐顺之撰。唐顺之（1507—1560年），明代散文家，字应德，一字义修，号荆川，人称“荆川先生”，武进（今属江苏常州）人。《荆川稗编》摘抄《营造法式·看详》部分内容，篇、条次序与陶本略有出入。如“定功”条移置此段最后，中缺“墙”条等。末有“屋楹数”一条，为今本所无。最末附“《木经》沈括”一项，基本同《说郛》卷一百零九所载“沈括跋”语，可推知唐顺之对陶宗仪《说郛》中以《营造法式》为《木经》之误做了更正。陶湘曾疑《稗编》中“屋楹数”一条可能来自北宋神宗熙宁间所修“元祐《营造法式》”。还有学者认为此条可能摘自“崇宁本”，至“绍兴本”已有删节。参见陶湘. 识语. 见:李诫编修. “陶本”营造法式，1925;柳和成.《营造法式》版本及其流布述略. 图书馆杂志，2005（6）: 73。徐怡涛在《“屋楹数”与〈营造法式〉关系考》中，通过考证明人唐顺之《裨编》和南宋程大昌《演繁露》中所共有的“屋楹数”一条,以及“屋楹数”与《营造法式·看详》行文风格的差异,证明《裨编》中的“屋楹数”是唐顺之抄自《演繁露》，而非《营造法式》固有。参见徐怡涛. “屋楹数”与《营造法式》关系考. 华中建筑，2002（6）: 97-98.

数，则周少而径多。径一周三，理非精密。盖术从简要，略举大纲而言之。今依密率，以七乘周二十二而一即径，以二十二乘径七而一即周。

看详：今来诸工作已造之物及制度，以周径为则者，如点量大小，须于周内求径，或于径内求周，若用旧例，以“围三径一、方五斜七”为据，则疏略颇多。今谨按《九章算经》及约斜长等密率，修立下条。

诸径、围、斜、长依下项：圜径七，其围二十有二；方一百，其斜一百四十有一；八棱径六十，每面二十有五，其斜六十有五；六棱径八十有七，每面五十，其斜一百。圜径内取方，一百中得七十有一；方内取圜径，一得一（八棱、六棱取圜准此）。

取正

《诗》：定之方中；又，揆之以日。注云：定，营室也；方中，昏正四方也。揆，度也，度日出日入以知东西；南视定，北准极，以正南北。

《周礼·天官》：惟王建国，辨方正位。

《考工记》：置以槷垂，视以景，为规，识日出之景，与日入之景；夜考之极星，以正朝夕。郑司农注云：自日出而画其景端以至日入既，则为规，测景两端之内规之，规之交，乃审也。度两交之间，中屈之以指槷，则南北正。日中之景，最短者也。极星，谓北辰。

《管子》：夫绳，扶掇以为正。

《字林》：棲（时钏切），垂臬望也。

《刊谬证俗·音字》：今山东匠人犹言垂绳视正为棲。

看详：今来凡有兴造，既以水平定地平面，然后立表测景、望星，以正四方，正与经传相合。

取正之制：先于基址中央，日内置圜版，径一尺三寸六分；当心立表，高四寸，径一分。画表景之端，记日中最短之景。次施望筒于其上，望日星以正四方。

望筒，长一尺八寸，方三寸（用版合造），两罨头开圜眼，径五分。筒身当中两壁用轴，安于两立颊之内。其立颊自轴至地高三尺，广三寸，厚二寸。昼望以筒指南，令日景透北，夜望以筒指北，于筒南望，令前后两窍内正见北辰极星；然后各垂绳坠下，记望筒两窍心于地以为南，则四方正。

若地势偏衺，既以景表、望筒取正四方，或有可疑处，则更以水池景表较之。其立表高八尺，广八寸，厚四寸，上齐（后斜向下三寸），安于池版之上。其池版长一丈三尺，中广一尺，于一尺之内，随表之广，刻线两道；一尺之外，开水道环四周，广深各八分。用水定平，令日景两边不出则线；以池版所指及立表心为南，则四方正（安置令立表在南，池版在北。其景夏至顺线长三尺，冬至长一丈三尺，其立表内向池阪处，用曲尺较，令方正）。

定平

《周官·考工记》：匠人建国，水地以垂。郑司农注云：于四角立植而垂，以水望其高下；高下既定，乃为位而平地。

《庄子》：水静则平中准，大匠取法焉。

《管子》：夫准，坏险以为平。

《尚书·大传》：非水无以准万里之平。

《释名》：水，准也；平，准物也。

何晏《景福殿赋》：惟工匠之多端，固万变之不穷。雠天地以开基，并列宿而作制。制无细而不协于规景，作无微而不违于水臬。五臣注云：水臬，水平也。

看详：今来凡有兴建，须先以水平望基四角所立之柱，定地平面，然后可以安置柱石，正与经传相合。

定平之制：既正四方，据其位置，于四角各立一表；当心安水平。其水平长二尺四寸，广二寸五分，高二寸；下施立桩，长四尺（安鐏在内）。上面横坐水平。两头各开池，方一寸七分，深一寸三分（或中心更开池者，方深同）。身内开槽子，广深各五分，令水通过。于两头池子内，各用水浮子一枚（用三池者，水浮子或亦用三枚）。方一寸五分，高一寸二分；刻上头令侧薄，其厚一分，浮于池内。望两头水浮子之首，遥对立表处于表身内画记，即知地之高下（若槽内如有不可用水处，即于桩子当心施墨线一道，上垂绳坠下，令绳对墨线心，则上槽自平，与用水同。其槽底与墨线两边，用曲尺较，令方正）。

凡定柱础取平，须更用贞尺较之。其贞尺长一丈八尺，广四寸，厚二寸五分；当心上立表，高四尺（广厚同上）。于立表当心，自上至下施墨线一道，垂绳坠下，令绳对墨线心，则其下地面自平（其贞尺身上平处，与立表上墨线两边，亦用曲尺较，令方正）。

举折

《周官·考工记》：匠人为沟洫，葺屋三分，瓦屋四分。郑司农注云：各分其修，以其一为峻。

《通俗文》：屋上平曰陠（必孤切）。

《刊谬证俗·音字》：陠，今犹言陠峻也。

皇朝景文公宋祁《笔录》：今造屋有曲折者，谓之"庯峻"，齐魏间以人有仪矩可喜者，谓之“庯峭”。盖庯峻也（今谓之“举折”）。

看详：今来举屋制度，以前后撩檐方心相去远近，分为四分；自撩檐方背上至脊槫背上，四分中举起一分。虽殿阁与厅堂及廊屋之类，略有增加，大抵皆以四分举一为祖，正与经传相合。今谨按《周官·考工记》修立下条。

举折之制：先以尺为丈，以寸为尺，以分为寸，以牦为分，以毫为牦，侧画所建之屋于平正壁上，定其举之峻慢，折之圜和，然后可见屋内梁柱之高下，卯眼之远近（今俗谓之“定侧样”，亦曰“点草架”）。

举屋之法：如殿阁楼台，先量前后撩檐方心相去远近，分为三分（若余屋柱头作或不出跳者，则用前后檐柱心），从撩檐方背至脊槫背举起一分（如屋深三丈即举起一丈之类）。如甋瓦厅堂，即四分中举起一分，又通以四分所得丈尺，每一尺加八分。若甋瓦廊屋及瓪瓦厅堂，每一尺加五分；或瓪瓦廊屋之数，每一尺加三分（若两椽屋，不加；其副阶或缠腰，并二分中举一分）。

折屋之法：以举高尺丈，每尺折一寸，每架自上递减半为法。如举高二丈，即先从脊槫背上取平，下屋撩檐方背，其上第一缝折二尺；又从上第一缝槫背取平，下至撩檐方背，于第二缝折一尺；若椽数多，即逐缝取平，皆下至撩檐方背，每缝并减上缝之半（如第一缝二尺，第二缝一尺，第三缝五寸，第四缝二寸五分之类）。如取平，皆从槫心抨绳令为则。如架道不匀，即约度远近，随宜加减（以脊槫及撩檐方为准）。

若八角或四角斗尖亭榭，自橑檐方背举至角梁底，五分中举一分，至上簇角梁，即两分中举一分（若亭榭只用瓪瓦者，即十分中举四分）。

簇角梁之法：用三折，先从大角背自橑檐方心，量向上至枨杆卯心，取大角梁背一半，并上折簇梁，斜向枨杆举分尽处（其簇角梁上下并出卯，中下折簇梁同）；次从上折簇梁尽处，量至橑檐方心，取大角梁背一半，立中折簇梁，斜向上折簇梁当心之下；又次从橑檐方心立下折簇梁，斜向中折簇梁当心近下（令中折簇角梁上一半与上折簇梁一半之长同），其折分并同折屋之制（唯量折以曲尺于上取方量之，用瓪瓦者同）。

定功：

《唐六典》：凡役有轻重，功有短长。注云：以四月、五月、六月、七月为长功；以二月、三月、八月、九月为中功；以十月、十一月、十二月、正月为短功。

看详：夏至日长，有至六十刻者。冬至日短，有止于四十刻者。若一等定功，则在弃日刻甚多。今谨按《唐六典》修立下条。

诸称“功”者，谓中功，以十分为率；长功加一分，短功减一分。

屋楹数

《王盈孙传》:"僖宗还,议立太庙,盈孙议曰:'故庙十一室二十三楹,楹十一梁,垣墉广袤称之。'《礼记》两楹,知为两柱之间矣。然楹者,柱也。自其奠庙之所而言,两楹则间于庙两柱之中,于义易晓。后人记屋室,以若干楹言之,其将通数一柱为一楹耶?抑以柱之一列为一楹也,此无辨者。"据盈孙此议,则以柱之一列为一楹也。

《木经》 沈括

营舍之法,谓之《木经》,或云喻皓所撰。凡屋有三分(去声),自梁以上为上分,地以上为中分,阶为下分。凡梁长几何,则配极几何以为榱等。如梁长八尺,配极三尺五寸,则厅法堂也,此谓之上分。楹若干尺,则配堂基若干尺以为榱等。若盈一丈一尺,则阶基四尺五寸之类,以至承拱、榱、桷皆有定法,谓之中分。阶级有峻、平、慢三等,宫中则以御辇为法。凡自下而登,前竿垂尽臂,后竿展尽臂为峻道(荷辇十二人,前二人曰前竿,女二人曰前绦,又次曰前会,后三人曰后胁,又后曰后绦,末后曰后竿,辇前队长一人曰传唱,后一人曰报赛)。前竿平肘,后竿平肩为慢道。前竿垂手,后竿平肩为平道。此之为下分。其书三卷,近岁土木之工益为严善,旧《木经》多不用,未有人重为之,亦良工之一业也。

19.《全蜀艺文志》卷三十六[1]

《庙学门记》鲜瑨

庙学三门之制,《礼经》无明文。瑨尝踰巴蜀,浮荆襄汉沔,适梁宋郑卫,历赵代晋蒲,秦陕之学,周咨弗能得。元贞初,职教成都,视绵州学,瓦砾中得宋故石碑《修学门记》,磨灭殆半,而门制可考云。古《营造法式》以上天帝座前三星曰灵星,王者之居象之,故以名门。先圣为万世绝尊,古今通祀衮冕。南面用王者礼乐,庙门之制,悉如之世所谓棂星,及凌霄者,承误也。今总府命大建此门,凡柱础、门槸、丹雘陛,暨石墙陶甓,黝垩之饰,具如法经。历夏从仕,实赞襄之。厥功告成,复请书其义于石,以昭示永久,俾无惑云。

①《全蜀艺文志》六十四卷,明周复俊撰。周复俊(1496–1574年),初名复辰,字子枢,一字子吁,号木泾子,江苏昆山人。

20.《唐音癸签》卷十七[1]

琼涩:蔡衡仲一日举温庭筠《华清宫诗》“涩浪浮琼砌,晴阳上彩游”之句,问予曰:“涩浪何语也?”予曰:“子不观《营造法式》乎?宫墙,基自地上一丈余,叠石凹入,如崖隒状,谓之叠涩,石多作水纹,谓之涩浪。”衡仲叹曰:“不通《木经》,知涩浪为何等语耶?”因语予曰:“古人赋景福、灵光、含元者,一一皆通《木经》也。”

21.《历代诗话》卷七十二[2]

《释名》云:“罘罳在门外,臣将入请事于此,复重思也,今之照墙也。”李长吉诗“寒入罘罳殿影昏”,吴正子笺云:“以木为门扉,而刻为方目,如罗网之状,今人谓之隔亮也。”杨升庵云:“罘罳,花蒂囱也,象天上棂星,《选》诗‘层牖御棂轩’。”《营造法式》名柿蒂窗。

22.《御定月令辑要》卷二十二[3]

望筒(增《营造法式》望筒:“长一尺八寸,方三寸,用版合造。两罨头开圜眼,径五分,筒身当中两壁用轴,安于两立颊之内。其立颊自轴至地高三尺,广三寸,厚二寸。昼望以筒指南,令日景透北。夜望以筒指北,于筒南望,令前后两窍内正见北辰极星,然后各垂绳坠下,记望筒两窍心于地以为南,则四方正”)。

23.《格致镜原》[4]

(1)《格致镜原》卷十九

殿……,《演繁露》:“按《唐志》,天子御正殿,则郎舍人分左右立,有命则俯陛以听,退而书之。若伏在紫宸内阁,则夹香案分立殿下,直第二螭首,和墨濡笔,皆即坳处,时号螭头。徽宗朝李诫《营造法式》有殿陛螭首图,绘载极详,其言曰:‘螭首施之对柱,及殿四角,随阶斜出其长七尺。’”

(2)《格致镜原》卷二十

墙……,《杨慎外集》:“蔡衡仲一日举温庭筠《华清宫诗》‘涩浪浮琼砌,

---

① 《唐音癸签》三十三卷,明胡震亨撰。胡震亨(1569—1645年),字孝辕,号遁叟,一号赤诚山人,浙江海盐人。
② 《历代诗话》八十卷,清吴景旭撰。吴景旭(1611—1695年),字又旦,一字旦生,号仁山,归安(今浙江湖州市)人。
③ 《御定月令辑要》二十四卷、《图说》一卷。清李光地撰。李光地(1642—1718年),字晋卿,号厚庵,别号榕村,福建泉州安溪湖头人。
④ 《格致镜原》一百卷,清陈元龙撰。陈元龙(1652—1736年),字广陵,海宁(今属浙江)人。

晴阳上彩游’之句，问予曰：‘涩浪，何语也？’予曰：‘子不观《营造法式》乎？宫墙，基自地上一丈余，叠石凹入，如崖隒状，谓之叠涩；石多作水纹，谓之涩浪。’……窗，……天上棂星，《营造法式》名柿蒂。窗，《韵会》鹿廔绮窗也。”

24.《四川通志》卷四十二[①]

鲜璠《庙学门记》(庙学三门之制，《礼经》无明文。璠尝踰巴蜀，浮荆襄汉沔，适梁宋郑卫，历赵代晋蒲，秦陕之学，周咨弗能得。元贞初，职教成都，视绵州学，瓦砾中得宋故石碑《修学门记》，磨灭殆半，而门制可考云。古《营造法式》以上天帝座前三星曰灵星，王者之居象之，故以名门。先圣为万世绝尊，古今通祀褒冕。南面用王者礼乐，庙门之制，悉如之世所谓棂星，及凌霄者，承误也)[②]。

25.《钦定续文献通考》卷五十六[③]

将作监……宋哲宗元祐七年(1092年)，诏颁将作监修成《营造法式》。八年(1093年)，又诏本监营造检计毕，长、贰随事给限，丞、簿覆检。

26.《钦定历代职官表》卷十五[④]

宋史职官志：将作监……元祐七年(1092年)，诏颁将作监修成《营造法式》。八年(1093年)，又诏本监营造检计毕，长、贰随事给限，丞、簿覆检。

27.《艺林汇考》[⑤]

(1)《艺林汇考·栋宇篇》卷一

《弹雅》："高皇帝定鼎金陵，胜国工部尚书以《营造法式》进上，不纳。按：此书图志有天宫楼阁，瓦上作小屋数十楹，初不知何意，及读古诗云‘西北有高楼，上与浮云齐。交疏结绮牕，阿阁三重阶。上有弦歌声，音响一何悲’，方解

①《四川通志》四十七卷，清黄廷桂修。黄廷桂(1691—1759年)，字丹崖，辽阳人，隶汉军镶红旗。
② 此段与前《全蜀艺文志》卷三十六所录内容大致相同。
③《钦定续文献通考》二百五十卷，清乾隆十二年(1747年)官修，多取材于明王圻所撰《续文献通考》。
④《钦定历代职官表》七十二卷，清乾隆间官修，纪昀续纂。纪昀(1745—1805年)，字晓岚，一字春帆，号石云，献县(今属河北)人。
⑤《艺林汇考》二十四卷，清沈自南撰。沈自南(生卒年不详)，字留侯，江苏吴江市人。

前图乃阿阁以栖乐工者，欲令八音如天乐从空中来耳。今惟楼船之鼓棚，似之秦人建宫殿，谓之阿房城，上营卫室，谓之阿铺，皆取名于此。"

（2）《艺林汇考·栋宇篇》卷四

《丹铅录》："罘罳，籀文'罘罳'同。按籀文出周宣王时，则三代已有此制矣。罘罳，花蒂囱也，象天上棂星，《选》诗'层牖御棂轩'，《营造法式》名柿蒂窗，籀文'罳'，又作'蘆'。"

（3）《艺林汇考·栋宇篇》卷八

《丹铅录》："蔡衡仲举温庭筠《华清宫诗》'涩浪浮琼砌，晴阳上彩游'之句，曰：'涩浪，何语也？'予曰：'子不观《营造法式》乎？宫墙，基自地上一丈余，叠石凹入，如崖隒状，谓之叠涩；石多有水纹，谓之涩浪。'"

二、书目著录及题跋[①]

1.《郡斋读书志·后志》卷一[②]

将作《营造法式》三十四卷

右皇朝李诫撰。熙宁初，敕将作监编修《营造法式》，诫以为未备，乃考究经史，询访匠氏，以成此书，颁于列郡，世谓喻皓《木经》极为精详，此书盖过之。

2.《直斋书录解题》卷七[③]

《营造法式》三十四卷，《看详》一卷。

将作少监李诫编修。初，熙宁中，始诏修定，至元祐六年（1091 年）成书。绍圣四年（1097 年），命诫重修，元符三年（1100 年）上，崇宁二年（1103 年）颁印。前二卷为总释，其后曰制度，曰功限，曰料例，曰图样，而壕寨、石作、

① 除本附录所收《营造法式》相关书目著录及题跋外，还有谢国桢在《〈营造法式〉版本源流考》中举列的《南雍志经籍考》、《天一阁书目》、《也是园书目》、《带经堂书目》、《秦汉十砚斋书目》、《归安陆氏旧藏宋元本书目》、《观古堂藏书》，《古籍版本题记索引》中举列的《宋元本书目行格表》以及《脉望馆书目》等文献，亦涉及《营造法式》。参见谢国桢.《营造法式》版本源流考. 中国营造学社汇刊，1933，4（1）：8；罗伟国，胡平编. 古籍版本题记索引. 上海：上海书店出版社，1991：696–697。因这些古籍资料的获取较为困难，目前尚无力收集，有待今后进一步完善。

②《郡斋读书志》四卷、《后志》二卷、《考异》一卷、《附志》一卷，南宋晁公武撰。晁公武（约 1105—1180 年），字子止，人称"昭德先生"，澶州清丰（今属河南，一说山东巨野）人，南宋藏书家、目录学家。

③《直斋书录解题》二十二卷，南宋陈振孙撰。陈振孙（约 1183—1261 年），字伯玉，号直斋，浙江安吉人。南宋藏书家、目录学家。

大小木、雕、镟、锯作、泥瓦、彩画、刷饰，又各分类，匠事备矣。

3.《玉海》卷九十一[①]

宋朝《营造法式》

李诫，绍圣三年（1096年）为将作监丞，元符中（1098—1100年）被旨著《营造法式》二十四卷（晁公武志云三十四卷），诏颁之天下（熙宁初，敕将作监编修《营造法式》，诫以为未备，考究经史，询访匠氏，成此书，颁于列郡，世谓喻皓《木经》精详，此书盖过之）。元祐七年（1092年）三月，诏将作监编修到《营造法式》共二百五十一册，内净条一百一十六册，许令颁降。

4.《文献通考》卷二百二十九[②]

将作《营造法式》三十四卷，《看详》一卷。

晁氏曰："皇朝李诫撰。熙宁中，敕将作监编修《法式》。诫以为未备，乃考究经史，并询讨匠氏，以成此书，颁于列郡。世谓喻皓《木经》极为精详，此书殆过之。"

陈氏曰："熙宁初，始诏修定，至元祐六年（1091年）书成。绍圣四年（1097年）命诫重修，元符三年（1100年）上，崇宁二年（1103年）颁印。前二卷为总释，其后曰制度，曰功限，曰料例，曰图样，而壕寨、石作、大小木、调、镟、锯作、泥瓦、彩画、刷饰，又各分类，匠事备矣。"

5.《宋史》[③]

（1）《宋史·职官五》卷一百六十五

将作监……元祐七年（1092年），诏颁将作监修成《营造法式》。八年（1093年），又诏本监营造检计毕，长、贰随事给限，丞、簿覆检。

（2）《宋史·艺文三》卷二百零四

《营造法式》二百五十册（元祐间，卷亡）。

---

①《玉海》二百卷，南宋王应麟辑。王应麟（1223—1296年），字伯厚，号厚斋、深宁居士，南宋学者、政治家。

②《文献通考》三百四十八卷，宋末元初马端临撰。马端临（约1254—1323年），字贵与，号竹州，饶州乐平（今属江西）人。宋末元初史学家、目录学家、文献学家。

③《宋史》四百九十六卷，元脱脱等主修。脱脱（1314—1355年），字大用，蒙古族，元朝大臣。

(3)《宋史·艺文五》卷二百零六

五行类……李戒《营造法式》三十四卷。

(4)《宋史·艺文六》卷二百零七

杂艺术类……李诫《新集木书》一卷

6.《文渊阁书目》卷十八[①]

《营造法式》六册

《营造法式·撮要》一册

《营造法式·看详》七册

……

《营造法式》六册

《营造大木法式》一册

7.《国史经籍志》卷三[②]

《营造法式》三十四卷(宋李诫)。

8.《内阁藏书目录》卷七[③]

技艺部……《营造法式》二册不全。

宋崇宁间将作李诫等奉敕编，凡三十四卷，阙第十二卷以下。

又五册不全。

9.《绛云楼书目》卷一[④]

宋板《营造法式》一册(三十六卷，李诫，政和间人，官将作监)。

---

① 杨士奇等编．文渊阁书目(三册)．北京:中华书局，1985:228。《文渊阁书目》，明杨士奇等撰。杨士奇(1365—1444年)，名寓，号东里，以字行，江西泰和人。明代目录学家、藏书家。正统六年(1441年)与马愉、曹鼎等人编成《文渊阁书目》。

② 焦竑辑．国史经籍志．上海:商务印书馆,1939:75。《经籍志》六卷,明焦竑撰。焦竑(1540年—1620年),字弱侯,号漪园，又号澹园，江宁(今江苏南京)人，明代思想家、史学家、藏书家、目录学家。

③ 孙能传，张萱．内阁藏书目录．台北：艺文印书馆，1970。《内阁藏书目录》八卷，明万历孙能传、张萱等撰。孙能传(1590—1665年)，字一之，号心鲁，宁波(今浙江宁波)人，明目录学家；张萱(1557—1641年)，字孟奇，号九岳山人，别号西园，博罗(今广东惠州)人，明目录学家、书法家。

④ 钱谦益撰，陈景云注．绛云楼书目．北京：中华书局，1985：25-26。《绛云楼书目》四卷，清钱谦益撰。

10.《有学集》卷四十六[①]

《营造法式》三十六卷。予得之天水长公。长公初得此书，惟二十余卷，遍访藏书家，罕有蓄者，后于留院得残本三册，又于内阁借得刻本，而阁中却阙六、七数卷，先后搜访，竭二十余年之力，始为完书。图样界画，最为难事，用五十千购长安良工，始能厝手。长公尝为余言，购书之难如此。长公殁，此书归于予。赵灵均又为予访求梁溪顾家镂本，首尾完好，始无遗憾。恨长公之不及见也。灵均尝手钞一本，亦言界画之难，经年始竣事云。

11.《因树屋书影》卷一[②]

近人著述，凡博古、赏鉴、饮食、器具之类，皆有成书，独无言及营造者。宋人李诫之有《营造法式》卅卷，皆徽庙宫室制度，如艮岳华阳诸宫法式也。闻海虞毛子晋家有此书，凡六册，式皆有图，欵识高妙，界画精工，竟有刘松年等笔法，字画亦得欧、虞之体，纸板黑白之分明，近世所不能及。子晋翻刻宋人秘本甚多，惜不使此书一流布也。

12.《读书敏求记》卷二[③]

李诫《营造法式》三十六卷

李诫《营造法式》三十四卷，《目录》、《看详》二卷，牧翁得之天水长公，图样界画，最为难事。己丑春，予以四十千从牧翁购归。牧翁又藏梁溪故家镂本，庚寅冬，不戒于火，缥囊缃帙，尽为六丁取去，独此本流传人间，真希世之宝也。诫，字明仲，所著书有《续山海经》十卷，《古篆说文》十卷，《续同姓录》二卷，《琵琶录》三卷，《马经》三卷，《六博经》二卷，今俱失传。附识此，以示藏书家互搜讨之。

13.《述古堂藏书目》卷四[④]

李诫《营造法式》三十六卷十本（阁宋本抄）。

---

① 钱谦益撰，潘景郑辑校．绛云楼题跋．北京：中华书局，1958：38。《有学集》五十卷，清钱谦益撰。

② 周亮工著，朱天曙编校整理．周亮工全集（03）·因树屋书影（上），南京：凤凰出版社，2008：189-190。《因树屋书影》十卷，明末清初周亮工撰。周亮工（1612—1672年），字元亮，一字缄斋，号栎园，河南祥符（今开封）人。

③ 钱曾．读书敏求记．北京：书目文献出版社，1984：38-39。《读书敏求记》四卷，清钱曾著。

④ 钱曾．述古堂藏书目．北京：中华书局，1985：41。《述古堂藏书目》四卷，宋版书目一卷，清钱曾撰。

14.《浙江采集遗书总录》丁集[①]

掌故类八　营造

《营造法式》三十四卷（写本）

右宋通直郎李诫撰。陈振孙曰："前二卷为总释，其后曰制度，曰功限，曰料例，曰图样。而濠寨、石作、大小木、调、镟、锯作、泥瓦、彩画、刷饰，又各分类。"据《读书志》谓，"熙宁初，敕将作监编修《营造法式》，诫以为未备，乃考究经史，询访匠氏，以成此书，颁之列郡"者。按《通考》作"李诚"。未知孰是。

15.《钦定续通志》卷一百五十八[②]

工政

《营造法式》三十四卷（宋李诫奉敕修）。

以上见文渊阁著录。

16. 文渊阁《四库全书》[③]

（1）文渊阁《四库全书总目》[④]

《营造法式》三十四卷（浙江范懋柱家天一阁藏本）[⑤]

宋通直郎试将作少监李诫奉敕撰。初，熙宁中，将作监官编修《营造法式》，至元祐六年（1091年）成书。绍圣四年（1097年），以所修之本只是料状，别无变造制度，难以行用，命诫别加撰辑。诫乃考究群书，并与人匠讲说，分立类例，以元符三年（1100年）奏上之。崇宁二年（1103年）复请用小字镂版颁行。诫所作"总看详"中称：今编修海行《法式》，总释、总例共二卷，制度十五卷，功限十卷，料例并工作等共三卷，图样六卷，《目录》一卷，总三十六卷，计三百五十七篇。内四十九篇系于经史等群书中检寻考究，其三百八篇系自来工作

---

① 沈初等撰．浙江采集遗书总录（上）．上海：上海古籍出版社，2010：229.《浙江采集遗书总录》十一集十二卷，亦称《浙江采进遗书总录》，清沈初等修纂。沈初（1735—1799年），字景初，号萃岩，又号云椒，浙江平湖人。

②《钦定续通志》五百二十七卷，清乾隆三十二年（1767年）修纂。

③《四库全书》：清乾隆三十八年（1773年）开馆修书，四十七年（1782年）第一部告成，五十八年（1793年）全部完成。皇六子永瑢等二十六人为正、副总裁，纪昀、陆锡熊、孙士毅为总纂官，陆费墀为总校官，以下纂修官、分校官至监造官等共三百六十人。

④《四库全书总目》两百卷，清官修书目。乾隆三十八年（1773年）纂修《四库全书》，凡收录和存目书籍都由馆臣撰写提要，由总纂修官纪昀、陆锡熊据乾隆旨意加以修改，乾隆四十六年（1781年）汇辑成《四库全书总目》，乾隆五十八年（1793年）由武英殿刊行。

⑤"《营造法式》三十四卷　宋通直郎李诫撰。抄本。是书系诫于崇庆初奉敕编纂，元祐间表进。《四库全书》收录，总目提要称'范氏天一阁影钞宋本'"。引自骆兆平编著．新编天一阁书目·天一阁进呈书目校录．北京：中华书局，1996：215.

相传，经久可用之法，与诸作谙会工匠详悉讲究。盖其书所言，虽止艺事，而能考证经传，参会众说，以合于古者，饬材庀事之义。故陈振孙《书录解题》，以为远出喻皓《木经》之上。考陆友仁《砚北杂志》载，诫所著尚有《续山海经》十卷,《古篆说文》十卷,《续同姓名录》二卷,《琵琶录》三卷,《马经》三卷,《六博经》三卷，则诫本博洽之士，故所撰述，具有条理。惟友仁称“诫，字明仲”，而书其名作“诚”字，然范氏天一阁影抄宋本及《宋史・艺文志》、《文献通考》俱作“诫”字，疑友仁误也。此本前有诫所奏《札子》及进书《序》各一篇，其第三十一卷当为“木作制度图样上篇”，原本已缺，而以《看详》一卷错入其中，检《永乐大典》内亦载有此书，其所缺二十余图并在，今据以补足，而仍移《看详》于卷首。又《看详》内称书总三十六卷，而今本制度一门较原目少二卷，仅三十四卷。《永乐大典》所载不分卷数，无可参校，而核其前后篇目，又别无脱漏，疑为后人所并省，今亦姑仍其旧云。

（2）文渊阁《四库全书简明目录》

《营造法式》三十四卷（宋李诫奉敕撰，原本颠舛失次，今从《永乐大典》校正。是书初修于熙宁中，哲宗又诏诫重修，据所作“总看详”中称，总释、总例共二卷，制度十五卷，功限十卷，料例并功作等共三卷，图样六卷,《目录》一卷，当为三十六卷。此本无所佚脱，而止三十四卷，似为后人所并。其书共三百五十七篇，内四十九篇，皆根据经史，讲求古法，余三百八篇则自来工师所传也。）

（3）文渊阁《四库全书・营造法式》提要

臣等谨案 :《营造法式》三十四卷，宋通直郎试将作少监李诫奉敕撰。初熙宁中，敕将作监官编修《营造法式》，至元祐六年（1091 年）成书。绍圣四年（1097 年），以所修之本只是料状，别无变造制度，难以行用，命诫别加撰辑。诫乃考究群书，并与人匠讲说，分立类例，以元符三年（1100 年）奏上之。崇宁二年（1103 年）复请用小字镂版颁行。诫所作“总看详”中称，今编修海行《法式》，总释、总例共二卷，制度十五卷，功限十卷，料例并工作等共三卷，图样六卷，《目录》一卷，总三十六卷，计三百五十七篇。内四十九篇，系于经史等群书中检寻考究，其三百八篇系自来工作相传，经久可用之法，与诸作谙会工匠详悉讲究。盖其书所言，虽止艺事，而能考证经传，参会众说，以合于古者，饬材庀事之义。故陈振孙《书录解题》以为远出喻皓《木经》之上。考陆友仁《砚北杂志》载，诫所著尚有《续山海经》十卷，《古篆说文》十卷，《续同姓名录》二卷，《琵琶录》三卷，《马经》三卷，《六博经》三卷，则诫本博洽之士，故所撰述，具有条理。惟友仁称“诫，字明仲”而书其名作“诚”字，然范氏天一阁影抄宋本及《宋史・艺文志》、《文献通考》俱作“诫”字，疑友仁误也。此本前有诫所奏《札子》及进书《序》各一篇，其第三十一卷当为“木作制度图样上篇”，原本已缺，而以《看详》一卷错入其中，检《永乐大典》内亦载有此书，其所缺二十余图并在，今据以补足，而仍附《看详》于卷末，又《看详》内称书总三十六卷，而今本制度一门较原目少二卷，仅三十四卷。《永乐大典》所载不分系卷数，无可参校，而核其前后篇目，又别无脱漏，疑为后人所并省，今亦姑仍其旧云。

（4）文渊阁《四库全书》·《营造法式》全三十四卷（略）

（5）文渊阁《四库全书》·《营造法式》补遗（《看详》一卷，略）

（6）文渊阁《四库全书考证・史部》[①] 卷四十五

《营造法式》条又各分类匠事备矣，原本各讹名，据《文献通考》改。

17.《荛圃藏书题识》卷三[②]

《营造法式》三十六卷（影宋钞本）

余同年张子和有嗜书癖，故于余订交尤相得。犹忆乾隆癸丑间（1793 年）在京师琉璃厂耽读玩市，一时有“两书淫”之目。既子和成进士，由翰林改部曹，出为观察，偶相聚首，必以搜访书籍为分内事。余亦因子和之有同嗜也，乘其乞假及奉讳之归里时，辄呼舟过访，信宿盘桓。盖我两人之作合由科名，而订交则实由书籍也。子和有二丈夫子，皆能继其家声，所谓能读父书者。今其冢孙伯元以手钞《营造法式》见示，属为跋尾。余谓此书世鲜传本，而今得此精钞之本，自娱固为美事，然人所难得者，最在“世守”一语，语云:“莫为之前，虽美弗彰；莫为之后，虽盛弗传。”今伯元少年勤学，不但世守楹书，而又能搜罗缮写，以广先人所未备，得不谓之有后乎？余年已及耆，嗜好渐淡，所有不能自保，安问子孙？兹读伯元所藏之书并其题识，知其精进不已，于古书源流及藏弆诸家之始

①《四库全书考证》一百卷，四库馆王太岳、王燕绪、曹锡宝等编，针对《四库全书》中之一千一百多种书进行考证。

② 黄丕烈著，屠友祥校注．荛圃藏书题识．上海：上海远东出版社，1999：213–214。《荛圃藏书题识》十卷，补遗一卷，附刻书题识一卷，补遗一卷，清黄丕烈撰。黄丕烈（1763–1825 年），字绍武，号荛圃，或题荛夫，又号复翁。清藏书家、版本目录学家，室名“士礼居”。

末，明辨以晰，子和有文孙矣！他日当续泛琴川之棹，以冀博观清秘，其可乐何如邪？道光元年（1821年）正月十有二日，宋廛一翁。

18.《士礼居藏书题跋补录》[1]

《营造法式》三十六卷（张芙川景宋本）

19.《爱日精庐藏书志》卷十九[2]

《营造法式》三十四卷　影写宋刊本

宋通直郎管修盖皇弟外第专一提举修盖班直诸军营房等臣李诫奉圣旨编修。

编修《营造法式》所准崇宁二年（1103年）正月十九日敕。通直郎试将作少监提举修置外学等李诫札子奏，契勘熙宁中敕令，将作监编修《营造法式》，至元祐六年（1091年）方成书。准绍圣四年（1097年）十一月二日敕,以元祐《营造法式》只是料状，别无变造用材制度，其间工料太宽，关防无术。三省同奉圣旨，著臣重别编修。臣考究经史群书，并勒匠人逐一讲说，编修海行《营造法式》，元符三年（1100年）内成书，送所属看详，别无未尽未便，遂具进呈。奉圣旨依续准都省指挥，只录送在京官司。窃缘上所法式，系营造制度、工限等，关防功料，最为要切，内外皆合通行。臣今欲乞用小字镂版，依海行敕令颁降取进止。正月十八日，三省同奉圣旨：“依奏。”

臣闻上栋下宇，《易》为《大壮》之时；正位辨方，《礼》实太平之典。共工命于舜日，大匠始于汉朝，各有司存，按为功绪。况神畿之千里，加禁阙之九重，内财宫寝之宜，外定庙朝之次，蝉聊庶府，棋列百司。欂栌枅柱之相枝，规矩准绳之先治，五材并用，百堵皆兴。惟时鸠僝之工，遂考翚飞之室，而斲轮之手，巧或失真。董役之官，才非兼技，不知以材而定分，乃或倍斗而取长。弊积因循，法疏检察。非有治三宫之精识，岂能新一代之成规。温诏下颁，成书入奏。空靡岁月，无补涓尘。恭惟皇帝陛下仁俭生知，睿明天纵，渊静而百姓定，纲举而众目张，官得其人，事为之制。丹楹刻桷，淫巧既除。菲食卑宫，淳风斯复。乃诏百工之事，更资千虑之愚。臣考阅旧章，稽参众智。功分三等，第为精粗之著；役辨四时，用度长短之晷。以至木议刚柔而理无

① 国家图书馆分馆编. 国家图书馆藏古籍题跋丛刊：第9册. 北京：北京图书馆出版社，2002：169。《士礼居藏书题跋补录》一卷，黄丕烈撰，李文绮辑。

② 张金吾撰，柳向春整理，吴格审定. 爱日精庐藏书志（上）. 上海：上海古籍出版社，2014：314-315。《爱日精庐藏书志》三十六卷，张金吾撰。

不顺，上评远迩而力易以供。类例相从，条章俱在。研精覃思，顾述者之非工；按牒披图，或将来之有补。通直郎管修盖皇弟外第专一提举修盖班直诸军营房等编修臣李诫谨昧死上。

平江府今得绍圣《营造法式》旧本并《目录》、《看详》共一十四册。绍兴十五年五月十一日校勘重刊。

20.《铁琴铜剑楼藏书目录》卷十二[①]

《营造法式》三十六卷（旧钞本）

题“通直郎管修盖皇弟外第专一提举修盖班直诸军营房等臣李诫奉圣旨编修”，前有进书序，又请镂版札子。《书录解题》云“崇宁二年（1103 年）颁印此本”，序后有“平江府今得绍圣《营造法式》旧本并《目录》、《看详》共一十四册。绍兴十五年五月十一日校勘重刊”。盖始刻于崇宁，继刻于绍兴也。案：《目录》为三十四卷，而《看详》内称书总三十六卷，或疑制度一门阙二卷，当为后人所并。其实《目录》一卷《看详》中已言之。《敏求记》亦言《目录》、《看详》各一卷，合之正三十六卷也。《看详》中制度十五卷，“五”当作“三”，传钞致误。此书虽展转影钞，实祖宋本，图样界画，最为清整，遵王所见之本，当不是过也。

21.《仪顾堂题跋》卷四[②]

影宋抄《营造法式》跋

《营造法式》三十四卷，题曰“通直郎管修盖皇弟外第专一提举修盖班直诸军营房臣李诫奉圣旨编修”，前有营造式法所奏，及诫进书自序、《看详》十三页，后有“平江府今得绍圣《营造法式》旧本，《目录》、《看详》共十四册”二行，“绍兴十五年五月十一日校勘重刊”一行，“文林郎平江府观察推官陈纲校勘，宝文阁直学士右通奉大夫知平江军府事提举劝农使开国子食邑五百户王映重刊”二行。每页二十行，行二十二字，影写宋刊本。

四库所收据天一阁范懋柱所进缺第三十一卷，从《大典》补全，此则犹原本也。案：诫，字明仲，郑州管城人，以文南公荫补郊社斋郎，调曹州济阴尉，元祐七年（1092 年）为将作监主簿，绍圣三年（1096 年）为将作监丞，崇宁元年（1102 年）

① 瞿镛编纂，瞿果行标点．铁琴铜剑楼藏书目录．上海：上海古籍出版社，2000：314-315。《铁琴铜剑楼藏书目录》二十四卷，清瞿镛撰。
② 陆心源撰．仪顾堂题跋·续跋．北京：中华书局，1990：58。《仪顾堂题跋》十六卷，清陆心源撰。

为将作少监，二年为京西转运判官，迁将作监，大观（1107—1110 年）初知虢州，四年卒。诫博学多艺能，藏书数万卷，手抄者数千卷，工篆籀草隶，又工画，尝画《五马图》以进，著有《续山海经》十卷、《续同姓名录》二卷、《琵琶录》三卷、《马经》三卷、《六博经》三卷、《古篆说文》十卷及此书，见《北山小集》李君墓志。《看详》称总释二卷，制度一十五卷，功限一十卷，料则三卷，图样六卷，《目录》一卷，总三十六卷。今本三十四卷，《目录》一卷，首尾完具，并无缺佚。与《墓志》所云三十四卷合，总例、功限、料则、图样亦与《看详》合，惟制度十五卷，今实十三卷，乃知"五"字盖"三"字之讹，非有所合并也。除《目录》计之，则为三十四卷，合《目录》计之，则为三十五卷，"六"盖"五"之讹耳。《看详》引《通俗文》云"屋上平曰陠，必孤切"，可以补臧镛堂辑本《通俗文》之缺；引《周髀算经》云"矩出于九九八十一，万物周事而圆方用焉，大匠造制而规矩设焉，或毁方而为圜，或破圜而为方，方中为圜者谓之圜方，圜中为方者谓之方圜焉"。今本《周髀算经》"九九八十一"之下脱"万物周事"云云四十九字，可据此书补之。

22.《善本书室藏书志》卷十三[①]

《营造法式》三十六卷，（影宋钞本　李伯雨藏书）

通直郎管修盖皇弟外第专一提举修盖班直诸军营房等臣李诫奉圣旨编修。

诫，字明仲，试将作少监，著《续山海经》、《古篆说文》等书，乃博洽之士。先是熙宁中（1068—1077 年）编《营造法式》，绍圣四年（1097 年）以所修本，别无变造制度，命诫别加撰辑。乃考究群书，并与人匠讲说，分别类例，于元符三年（1100 年）奏上，请用小字镂版颁行。奏旨诫自序二篇，总释、总例二卷，制度十五卷，功限十卷，料例并工作等三卷，图样六卷，《目录》一卷。陈氏《书录解题》称其远出喻皓《木经》之上。《敏求记》云："雨山得之天水长公，予从鱼山购归，鱼山又藏梁溪故家镂本，忽六丁取去，独此本流传人间，真希世之宝。"后张金吾得述古影写本，张蓉镜又从而影出者，卷末有"平江府今得绍圣《营造法式》旧本，并《目录》、《看详》共一十四册，绍兴十五年五月十一日校勘重刊。左文林郎平江府观察推官陈纲校勘王�重刊"四行，殆即所谓镂本也。长洲褚逢椿跋云："明仲于徽宗朝官至中散大夫，于时艮岳台榭之观，侈靡日甚，戎马北来，铜驼荆棘，南渡偏安，而临安又新土木，

① 丁丙．善本书室藏书志（5）．江苏：广陵古籍刻印社，1986。《善本书室藏书志》四十卷，清丁丙撰。

再度宏规。绍兴间，平江即镂此书。读者可作《东京梦华》观也。有宛陵李之郇藏书一印。"

23. 石印《营造法式》朱启钤序[①]

制器尚象，由来久矣，凡物皆然，而于营造则尤要。我中华文明古国，宫室之制，创自数千年以前，踵事增华，递演递进，蔚为大观。溯厥原始，要不外两大派别，黄河以北，土厚水深，质姓坚凝，大率因土为屋，由穴居制度进而为今日之砖石建筑。迄今山陕之民，犹有太古遗风者是也。长江流域上古洪水为灾，地势卑湿，人民多栖息于木树之上，由巢居制度进而为今日之楼榭建筑。故中国营造之法，实兼土木石三者之原质而成。泰西建筑则以砖石为主，而以木为骨干者绝稀，此与东方不同之点也。惟印度天方参用中式而变其结构，佛教东来我国，庙宇殿阁亦间取法焉。然积习轻艺，士夫弗讲，仅赖工师私相授受，借以流传，书间有阙习焉，不察识者憾焉。自欧风东渐，国人趋尚西式，弃旧制，若土苴不复措意。乃欧美来游中土者，睹宫阙之轮奂，栋宇之翚飞，惊为杰构。于是群起研究，以求所谓东方式者，如飞瓦复檐，蝌斗藻井诸式，以为其结构之精奇美丽，迥出西法之上。竞相则仿，特苦无专门图籍可资考证，询之工匠亦识其当然而不知其所以然。夫以数千年之专门绝学，乃至不能为外人道，不惟匠氏之羞，抑亦士夫之责也。启钤专使南下，道出金陵，承震岩省长约观江南图书馆，获见影宋本《营造法式》一书，都三十四卷，为绛云楼劫余，展转流传，归嘉惠堂丁氏，经湮阳端匋斋收入图书馆。此书系宋李诫奉敕编进，内容分别部居，举凡木石工作以及彩绘各制，至纤至悉，无不详具，并附图样，颜色尺寸，尤极明晰。惜系钞本，影绘原图，不甚精审，若能再得宋时原刻校正，或益以近今界画比例之法，重加彩绘，当必更有可观。至卷首释名一篇，引证翔碻，允为工学词典之祖。自宋迄今，虽形势不无变革，然大辂椎轮模范俱在，洵匠氏之准绳、考工之秘籍也。爰商之震岩省长，缩付石印，以广其传，世有同好者，倘于斯编之外旁求博采，补所未备，参互考证，俾一线绝学发挥光大，蕲至泰西作者之林，尤所忻慕焉。书印成，震岩省长来索弁言，启钤喜古籍之弗湮，而工业之将日以发皇也，因不辞而为之序。中华民国八年（1919 年）三月紫江朱启钤。

① 朱启钤．石印《营造法式》序．见：李诫编修．"丁本"营造法式．南京：江南图书馆，1919．

24. 石印《营造法式》齐耀琳序[①]

宋李明仲《营造法式》，刊本未见。今江苏图书馆所藏为张蓉镜氏手钞本，卷帙完整，致称瑰宝。紫江朱桂辛先生奉使过宁，浏览图籍，深以尊藏秘笈不获流播人间为憾，存古诏后之意盖汲汲焉。窃惟栋宇之作，权舆邃古，匠人设官，周兴益备，顾《考工》所记，朝市涂轨经制粲然，而辨器饬材诸法独从阙略。岂当时工皆世习，知作巧述无取辞费，抑书缺有间官司之失守使然耶？明仲仕宋徽宗朝前后十六阶，咸以营造叙进，维时太庙、辟雍、龙德、九成、尚书省、京兆廨，国家大工皆出其手，故能本所亲历著录成书，将作专家斯为巨制，印传饷世，容可忽诸，矧工业之敝久矣。海通以来，高闳大厦，竞袭欧风，厌故喜新，轻訾旧制，诚恐殷质周文，倕工般巧之所留，贻后将有莫能善其事者。夫伎术宜图嬗进，规矩难弃高曾，古今中外形式虽有不同，法守并无或异，是则此书之传之，尤不容缓也。抑又闻之不通，夫朝庙宫室之制者，不可以说礼观于明堂太室，聚讼辄累万言，乐栱芝栭图象必求备物，一朝建设何在不与典章法度相关。然则世有证汴京之旧闻，稽赵宗之故实者亦未必无取焉。夫又非徒审美一端资工业家之考镜尔已。民国八年（1919年）九月二日伊通齐耀琳。

25.《传书堂藏书志》[②]

《营造法式》三十六卷（影宋钞本）

通直郎管修盖皇弟外第专一提举修盖班直诸军营房等臣李诫奉圣旨编修

编修《营造法式》所公文（崇宁二年）

进书序

张芙川手跋：《营造法式》自宋椠既佚，世间传本绝稀。相传吾邑钱氏述古堂有影宋钞本，先祖观察公求之二十年，卒未得见。庚戌岁（1790年），家月霄先生得影写述古本于郡城陶氏五柳居，重价购归，出以见示。先祖想慕未见之书，一旦获此眼福，心喜过望，假归手自影写。图像界画，则毕仲恺高弟王君某任其事焉。自来政书之属，能罗括众说，博洽详明，深悉夫饬材辨器之义者，无踰此书。陈振孙《直斋书录解题》，以为超越乎喻皓《木经》者也。谨案《四库全书》本，系浙江范懋柱天一阁所进，内缺三十一卷“木作制度图样”，赖有《永乐大典》

① 齐耀琳. 石印《营造法式》序. 见：李诫编修.“丁本”营造法式. 南京：江南图书馆，1919.

② 王国维撰. 传书堂藏书志（上）. 上海：上海古籍出版社，2014：444–446。传书堂为浙江南浔蒋氏私家藏书楼，王国维曾为其编撰书目，名曰《传书堂藏书志》。王国维（1877—1927年），字静安，号观堂。浙江海宁人。中国近代思想家、史学家、文学家。

所载以补其缺，则是书之罕觏益可征焉。至若《看详》内称书凡三十六卷，而此本仅三十四卷。余所藏宋本《续谈助》亦载是书卷数，与是本同，盖自宋时已合并矣。吾邑藏书家自五川杨氏以来，递有继起，至汲古、述古为最盛，百余年来其风寖微。今得月霄之爱素好古，搜访秘笈不遗余力，储蓄之富，几与钱、毛两家抗衡。以蓉有同好，每得奇籍，必以相示，或假传钞，略无吝色，其嘉惠同志之雅，尤世俗所难。录竣，因书数语，以志欣感，而又以伤感先祖之终不获见也。道光元年（1821 年）辛未夏六月，琴川张蓉镜识于小琅嬛福地，时年二十岁（下有“张蓉镜印”一印）。

（王国维按：）“二十下当夺一字。宋刊《后村集》后有‘道光戊子（1826 年）芙初女史姚畹真跋’，云‘时年二十六岁’。戊子为道光六年，时芙初已二十六，明芙川于道光九年不得年二十也。或指钞书之岁，则此书钞于嘉庆二十五（1820 年）年，理亦近之。”

孙子潇手跋（嘉庆二十五年）

黄复翁手跋（道光元年）

闻筝道人手跋（道光丙戌）

张月霄手跋（道光七年）

邵渊耀手跋（道光四年）

褚逢椿隶书手跋（道光戊子）

孙鋆题诗王婉兰书（道光戊子）

钱梅溪手跋

原书三十四卷，加《看详》一卷、《目录》一卷，共三十六卷。卷末有“平江府今得绍圣《营造法式》旧本并《目录》、《看详》，共一十四册。绍兴十五年五月十一日校勘重刊。左文林郎平江府观察推官陈纲校勘。宝文阁直学士右通奉大夫知平江军府事提举劝农使开国子食邑五百户王唤重刊”四行。

每半叶十行，行二十二字，张芙川手钞宋本。尝见宋刊残叶，每半叶十一行，板心亦较狭小，则是本乃照宋钞本，非影写也。书中图样出王君某手，特为精绝。张月霄跋此本，推为出原本之上。钱唐丁氏藏本又从此本出，而图样五卷逊此本远甚。丁本又多钱遵王一跋，及邵渊耀致芙川札。案此本，祖本载于《爱日精庐藏书志》者，本无钱跋，盖后人取《读书敏求记》为之，邵札则在此本中，今亡之矣。按爱日本出于钱遵王，遵王得之东涧翁，东涧翁又得之赵元度。《有学集》中有此书跋云“《营造法式》三十六卷，予得之天水长公。长公初得此书惟二十余卷，遍访藏书家罕蓄者，后于留院得残本三册，又于内阁借得刻本，而阁本却缺六、七数卷。先后搜访，竭二十年之力始为完书。图样界画最为难事，用五十千购长安良工，始能措手。长公殁，此书归于予。赵灵均又为予访求梁溪故家镂本，首尾完好，始无余憾。恨长公之不及见也。灵均尝手钞一本，亦言界画书之难，经年始竣事”云云。案东涧翁所藏宋椠，据《敏求记》已毁于绛云之火，而内阁藏本缺六、七数卷者，余仅见其卷八首一叶，全书盖已久佚，而赵元度、赵灵均二家本亦不知存亡。此外惟瞿氏尚有钞帙，亦不及此本之工。今日此书当以此为第一善本矣。有“张蓉镜”、“芙川氏”、“蓉镜珍藏”、“郁松年”、“泰峰”诸印。

26. 陶本相关附录

（1）重刊《营造法式》后序[①]

李明仲《营造法式》三十六卷，己未之春（1919年）曾以影宋钞本付诸石印。庚辛之际远涉欧美，见其一艺一术，皆备图案，而新旧营建，悉有专书，益矍然于明仲此作为营国筑室不易之成规。还国以来，搜集公私传本，重校付梓。良以三代，损益文质，相因周礼，体国经野。《冬官・考工记》有世守之工，辨器饬材，侪于六职，匠人所掌，建国营国为沟洫三事，分别部居，目张纲举。晚周横议，道器分涂，士大夫于名物象数阙焉。不讲秦火以降，将作匠监虽设专官，而长城、阿房、西京、东都，千门万户，以及洛阳伽蓝开河迷楼，徒于词人笔端，惊其钜丽，而制作形状绝鲜，贻留近古记载亦鲜。专门讲求此学者，若柳宗元，亲见都料匠画宫于堵，盈尺而曲尽其制，计其毫厘而构大厦，作《梓人传》而不著匠人姓字。欧阳修、沈括，见都料将喻皓《木经》而叹其用心之精，此则较可征信者也。明仲身任将作，奉敕修书，适丁北宋全盛，土木繁兴之际，书称工作相传经久可用，又复援据经史，研精诂训，故其完善精审，足以继往开来。启钤学殖朽落，无当绍述，铅椠既葳，用敢标举要义，以念读者。列朝营缮皆取办于赋役，故营造之良窳恒视国家之财力以为衡。宋代功限、料例，当与晚近官价有别。按《汴故宫记》、《东京艮岳记》诸书所载，竭天下之富以成伟观。靖康劫后，输来幽燕，伊古帝王，兼并侵略，迁人重器，夸耀武功，巨制宏工，散亡摧毁，再过为墟。有古今同慨者，重以金革相寻，释道互哄，无妄之虐，文物荡然。幸有明仲此书于制度、功限、

① 朱启钤. 重刊《营造法式》后序. 见：李诫编修. “陶本”营造法式，1925.

料例集营造之大成。古物虽亡，古法尚在，后人有志追求，舍此殆无途径。《法式》所举准之辽、金塔寺，元、明故宫造法，固多符合。按之明、清会典档案，及则例做法亦复无殊，益信南宋迄今之营造靡不由此书衍绎而出。譬诸良史以《春秋》为不刊之书，法家以尉律为令甲之祖，其义一也。书，数为六艺之一，取准、定平非有比例不足以穷其理而神其用。方今欧式东来，奇觚日出，然工匠就其图样以比例推求，仍可得其理解《法式》所引《周髀》、《九章》诸家算经，实为工师之钤键，故《看详》有与诸谙会经历造作工匠，详悉讲究规矩，比较诸作厉害，随物之大小有增减之法云云。书中于高、广、深、厚，均准积寸、积分以为法。学者先明读法，析以数理，自当迎刃而解，其义二也。《看详》及总释各卷于古今名物，皆援引经史逐类详释，尤于诸作异名再三致意，诚以工匠口耳相传，每易为方言所限。然北宋以来，又阅千载，旧者渐佚，新者渐增，世运日新，辞书林立，学者亟应本此义例，合古今中外之一物数名及术语名词，续为整比，附以图解，纂成营造辞典，庶几博关群言，用祛未寤，其义三也。图样各卷所以发凡举证，而操觚之士仍以隅反为难，或谓原书简略，应设补图，或因变化所生，宜增新样。例如大木作制度图样为匠氏绳墨所寄，钞本易有毫厘千里之差，爰就现存宫阙之间架结构附撰今释，又彩画作制度图样繁缛恢诡，仅注色名，恐滋谬误。兹复按注敷采，以符原书，晕素相宜，深浅随宜之旨，盈尺之堵，后素之绘，瞭如视掌，一旦豁然，其义四也。抑更有进者，上古民风朴僿，不相往来，而言语嗜欲，天赋从同，夫制作者自然心理所表著也。仓颉佉庐，始制文字，象形会意，声教以通，而宫室器服亦嗜欲之大端，居气养体，习俗移人互相则效，心同此理。是知茅茨土阶，不胜其质；雕墙峻宇，不厌其文，乃至宝刹精蓝，丹楹刻桷，或取则于遐方，或滥觞于邃古，斗角钩心，标新领异，于是五洲万国营造之方式乃由隔阂而沟通，由沟通而混一，气运所趋，不可遏也。营巢构干，有开必先西竺，环奇随象，教而东渐。汉晋六朝，天方景教之制作，灿然满目。至石赵之营邺都，胡匠蕃材乃盛行于中土。宋承五季之后，明仲折衷众制，奄有群材，上下千年，纵横万里，引而申之，触类而长之，文轨大同，庶几有豸。况乎海通以来，意匠殊绝，材美工巧，借镜尤多。究其进化之所由，不外质文之递嬗，盖考古博物系统为先，本末始终无征不信，而国势之污隆，民力之消长系焉。如希腊、埃及、罗马、波斯、印度固为世界艺术之原，而欧亚变迁亦可因此而推寻其迹。至于今日流沙石窟坠简遗文，橐载西行，珍逾球璧，质诸汉唐之通西域，举国若狂，项背相望者，渐被不同壤地，未改易位以观，殆可相视而笑。夫居今而稽古，非专有爱于一名一物也。萃古英杰之宫室器服，比类具陈，下至断础颓垣，零缣败楮，一经目击而手触即可，流连感叹，想象其为人。较之图史诗歌，兴起尤切，而浚发智巧，抱残守阙，犹其细焉者也。我国历算绵邈，事物繁赜，数典恐贻忘祖之羞，问礼更滋求野之惧，正宜及时理董，刻意搜罗，庶俾文质之源流秩然不紊，而营造之沿革，乃能阐扬发挥前民而利用。明仲此书，特其羔雁而已，来轸方遒，此启钤所以有无穷之望也。中华民国十四年(1925年)岁次乙丑孟夏中浣紫江朱启钤序。

（2）《李诫补传》[①]

李诫字明仲,郑州管城县人。曾祖惟寅,尚书虞部员外郎,赠金紫光禄大夫。祖惇裕，尚书祠部员外郎，秘阁校理赠司徒。父南公（傅冲益《李诫墓志铭》）字楚老，进士及第，神宗时累官户部尚书，历知永兴军成都真定河南府郑州擢龙图阁直学士，为吏六十年，干局明锐。(《南宋李南公传》）大观□年疾病，赐子诫告归，许挟国医以行。及卒，赠左正议大夫。兄谌（《墓志铭》)，字智甫,绍圣间知章邱县累任鄜延帅徒永兴,(《南宋李南公传》)大观四年(1110年）二月，官龙图阁直学士。对垂拱（《墓志铭》）后，历数郡卒。(《南宋李南公传》）元丰八年（1085年），哲宗登大位，父南公时为河北转运副使，遣诫奉表致方物，恩补郊社斋郎。(《墓志铭》、《宋史·职官志》及《选举志》大臣子弟荫官，初试郊祀斋郎，年逾二十始补官）调曹州济阴县尉。济阴故盗区，诫至，则练卒除器，明赏罚，广方略，得剧贼数十人，县以清净，迁承务郎。元祐七年（1092年）以承奉郎为将作监主簿。绍圣三年（1096年）以承事郎为将作监丞。元符（1098-1100年）中建五王邸成，迁宣义郎，于是官将作者且八年。崇宁元年（1102年）以宣德郎为将作少监。二年冬，请外以便养，以通直郎为京西转运判官。不数月，复召入将作，为少监。辟雍成，迁将作监。再入将作者又五年，其迁奉议郎，以尚书省；其迁承议郎，以龙德宫棣华宅；其迁朝奉郎，赐五品服，以朱雀门；其迁朝奉大夫，以景龙门九成殿；其迁朝散大夫，以开封府廨；其迁右朝议大夫，赐三品服，以修奉太庙；其迁中散大夫，以钦慈太后佛寺成，大抵自承务郎至中散大夫凡十六等，其以吏部年格迁者七官而已。元符（1098—1100年）中，官将作，建五王邸成。其考工庀事，必究利害坚窳之制，堂构之方与绳墨之运皆已了然于心，遂被旨著《营

① 阚铎．李诫补传．见：李诫编修．“陶本”营造法式，1925．

造法式》，书成诏颁之天下。(《墓志铭》。《营造法式·看详》：绍圣四年(1097年)十一月二日，奉敕以元祐《营造法式》，只是料状，别无变造用材制度，其间工料太宽，关防无术，敕诫重别编修。诫乃考究群书，并与人匠讲说，分明类例，以元符三年（1100年）成书奏上）崇宁四年（1105年）七月二十七日，宰相蔡京等进呈库部员外郎姚舜仁请即国丙巳之地建明堂，绘图献上，上曰："先帝常欲为之，有图见在禁中，然考究未甚详，仍令将作监李诫同舜仁上殿。"八月十六日诫与姚舜仁进明堂图。(杨仲良《续资治通鉴长编纪事本末》)诫性孝友，乐善赴义，喜周人之急。丁父丧，上赐钱百万，诫曰："敦匠事治穿具力，足以自竭，然上赐不敢辞，则以与浮屠氏为其所谓释迦佛像者，以侈上恩而报罔极。"服除，以中散大夫知虢州。狱有留系弥年者，诫以立谈判。大观四年（1110年）二月壬申，卒。吏民怀之，如久被其泽者。时方有旨趋召，其兄谌以上闻，徽宗嗟惜久之，诏别官其一子。葬于郑州管城县之梅山。诫博学多艺能，家藏书数万卷，其手钞者数千卷，工篆籀草隶皆入能品。尝纂《重修朱雀门记》，以小篆书丹以进，有旨勒石朱雀门下。善画，得古人笔法，上闻之，遣中贵人谕旨，诫以《五马图》进，睿鉴称善。喜著书，有《续山海经》十卷，《续同姓名录》二卷，《琵琶录》三卷，《马经》三卷，《六博经》三卷，《古篆说文》十卷。(《墓志铭》)

案：李明仲起家门荫，官将作者十余年，身立绍圣、元符文物全盛之朝。营国建国，职思其忧。奉敕重修《营造法式》，镂版海行，而绝学之延，遂能继往开来，为不朽之盛业。自余所著如《续山海经》等书，虽已亡佚，而覃精研思亦可概见。夫薄技片长，一经衍绎，靡不有薪尽火传之义。况审曲面埶，智创巧述，皆圣人之作，士大夫之事乎？明仲迁官，悉以资劳年格，盖一心营职，不屑诡随，以希荣利。《宋史》囿于义例，斤斤于道器之分，不为立传，亦何所讥？彼梁师成，朱勔之徒，长恶逢君，列名《佞幸》，更不可同年而语矣！方今科学昌明，各有条贯，明仲此书类例相从，条章具在，官司用为科律，匠作奉为准绳，其事其人皆有裨于考镜，故剌取群书所纪事迹，汇而书之，论世知人，固不止怀铅握椠者，心向往之也。乙丑十月合肥阚铎

(3)张蓉镜跋

《营造法式》自宋椠既轶，世间传本绝稀。相传吾邑钱氏述古堂有影宋钞本，先祖观察公求之二十年，卒未得见。庚辰岁，家月霄先生得影写述古本于郡城陶氏五柳居，重价购归，出以见示。以先祖想慕未见之书，一旦获此眼福，欣喜过望，

假归手自影写，图样界画则毕仲恺高弟王君某任其事焉。自来政书考工之属，能罗括众说，博洽详明，深悉夫饬材辨器之义者，无踰此书。陈振孙《直斋书录解题》以为超越乎喻皓《木经》者也。谨按《四库全书》本，系浙江范懋柱天一阁所进，内缺三十一卷木作制度图样，赖有《永乐大典》所载，以补其缺，则是书之罕觏益可微焉。至《看详》内称书凡三十六卷，而此本仅三十四卷，余所藏宋本《续谈助》亦载是书，卷数与是本同，盖自宋时已合并矣。吾邑藏书家自明五川杨氏以来，递有继起，至汲古、述古为极盛，百余年来其风寝微。今得月霄之爱素好古，搜访秘籍不遗余力，储蓄之富几与钱、毛两家抗衡，以蓉有同好，每得奇籍，必以相示，或假传钞，略无吝色，其嘉惠同志之雅，尤世俗所难。录竣，因书数语，以识欣感，而又以伤先祖之终不获见也。道光元年（1821 年）辛巳夏六月琴川张蓉镜识于小琅环福地，时年二十岁。

（4）张金吾跋

《营造法式》图样界画，工细致密，非良工不易措手，故流传绝少。同里家子和先生购访二十年不获。文孙芙川见金吾藏本，惊为得未曾有，假归手自缮录，画绘之事王君某任之。既竣事，出以见示，精楷远出金吾藏本上。语云“莫为之先，虽美弗彰；莫为之后，虽盛弗传”，子和先生于是乎有孙矣！夫祖宗之手泽，子孙或不知世守，况能以先人之好为好乎？且嗜好之不同如其面焉，祖父所好者在是，子孙所好者或不在是，不能强而同也。孝子贤孙慎守先泽，一物之微，罔敢失坠，如是者盖已不数觏矣，而必责以仰承先志，搜罗未备，其亦尝一察其所好何如，而强之以素未究心者哉！虽然，旷百世而相感者，同气之求也；越千里而相通者，同声之应也，况一体相承，曾无间隔；家学渊源，渐染有素，而必谓继志述事，不能必之子若孙者，非通论也。芙川好学嗜古，吾邑中盖不多见，而金吾所心折者，尤在善成先志。岁时道光七年（1827 年）八月上澣张金吾书。

（5）孙原湘跋[①]

从来制器尚象，圣人之道寓焉。规矩准绳之用，所以示人以法天象地，邪正曲直之辨。故作为宫室台榭，使居其中者，寓目无非准则，而匪僻淫荡之心以遏，匪直为示巧适观而已。宋李明仲《营造法式》，绍圣中奉敕重修，内

① 孙原湘（1760—1829 年），字子潇，晚号心青，昭文（今江苏常熟）人，清诗人。

四十九篇原本经传，讲求成法，深合古人饬材庀事之义，其三百八篇亦皆自来工作相传经久可用之法。明仲固博洽之士，故所述虽艺事而不诡于道如此。顾宋椠既不可得，《四库全书》本亦范氏天一阁所进影钞宋本，内缺三十一卷木作制度图样，从《永乐大典》中补入。至人间传本绝少，向闻钱遵王家有影宋完本，渊如观察兄尝寓书子和及余属为购求，遍访不得，事阅二十余稔矣。今年秋，子和孙伯元以此本见示，云假之张月霄，月霄新得之郡城陶氏书肆者，伯元手自钞录，并倩名手王生为之图样界画，从此人间秘籍，顿有两分，为之欢喜庆幸，惜渊如、子和之不得见也！《述古堂书目》称赵元度得《营造法式》，中缺十余卷，先后搜访借钞，竭二十余年之力，始为完书；图样界画，费钱五万，命长安良工始能措手，前人一书之艰得如此。今伯元年甚少，爱素好古，每得奇籍，辄自钞写，即此书之图样界画，费已不赀，故精妙迥出月霄本上，以余与子和积愿未见之书，伯元能以勇猛精进之心成此善举，子和为有孙矣。为识于卷尾，以告后之读是书者。嘉庆二十五年（1820 年）七月望后，心青居士孙原湘跋。

（6）黄丕烈跋

余同年张子和，有嗜书癖，故与余订交尤相得。犹忆乾隆癸丑间（1793 年），在京师琉璃厂耽读玩市，一时有“两书淫”之目。既子和成进士，由翰林改部曹，出为观察，偶相聚首，必以搜访书籍为分内事。余亦因子和之有同嗜也，乘其乞假及奉讳之归里，时辄呼舟过访，信宿盘桓，盖我两人之作合由科名，而订交则实由书籍也。子和有二丈夫子，皆能继其家声，所谓能读父书者，今其冢孙伯元，以手钞《营造法式》见示，属为跋尾，余谓此书世鲜传本，而今得此精钞之本，自娱固为美事，然人所难得者，最在“世守”一语。语云：“莫为之前，虽美弗彰；莫为之后，虽盛弗传。”今伯元少年勤学，不但世守楹书，而又能搜罗缮写，以广先人所未备，得不谓之有后乎！余年已及耆，嗜好渐淡，所有不能自保，安问子孙？兹读伯元所藏之书，并其题识，知其精进不已，于古书源流及藏弆诸家之始末，明辨以晳，子和为有文孙矣！他日当续泛琴川之棹，以冀博观清秘，其乐又何如邪？道光元年（1821）正月十有二日，宋廛一翁。

（7）陈銮跋[①]

张君芙川持示其所藏影钞宋李诫《营造法式》三十四卷，是书宋椠久亡，旧

① 陈銮（1786—1839 年），字仲和，号芝楣，蕲州人（今湖北蕲春，一说江夏人）。

钞亦鲜传本，好古之士一见为幸。芙川令祖子和观察尝购之不获，芙川借得而手钞之，摹观察像于卷首，于此见芙川不惟善读书，且善继志也。自昔共工命于虞，考工记于周，后世设官，工居六部之一，营造之事，君子所当用心。按诫生平，恒领将作，前后晋十六阶，咸以营造叙勋，其以吏部年格迁者七官而已，当时太庙、辟雍、龙德、九成、尚书省、京兆廨，国家大役事，皆出其手。故度材程功，详审精密，非文人纸上谈可比。今读其经进札子，有仁俭生知，睿明天纵，渊静而百姓定，纲举而众目张，官得其人，事为之制。丹楹刻桷，淫巧既除，菲食卑宫，淳风斯复，殆亦有见于徽庙之侈心，而意存规讽乎？诫殁于大观四年（1110 年），自后神霄艮岳之役起，童贯领局制，朱勔运花石，宋亦由是南渡！是书之存，足以考鉴得失，乌得以都料匠视之哉？时道光庚寅（1830 年）花朝，鄂州陈銮跋于琴川之石梅仙馆。

（8）闻筝道人跋

右李诫《营造法式》三十四卷，《看详》一卷，《目录》一卷，小琅环福地影宋写本，小琅环主人之所藏也。《周官・考工》遗意，具见于此。其中援引典籍，至为赅博，颇足以资考订。即如《看详》卷内，引《通俗文》云："屋上平曰陠，必孤切。"按臧镛堂刊辑本《通俗文》，止举《御览》所引"屋加椽曰橑"一条、《广韵》所引"屋平曰屠苏"一条，今当以"屋上平曰陠"一条增入。又，《看详》卷内，引《尚书大传》注云："贲，大也，言大墙正道直也。"今本《尚书大传》注云："贲，大也；牆，谓之牆，大牆，正直之牆。"其文微异，当两存之。又，《看详》卷内，引《周髀算经》云："矩出于九九八十一，万物周事而圜方用焉，大匠造制而规矩设焉，或毁方而为圜，或破圜而为方，方中为圜者谓之圜方，圜中为方者谓之方圜也。"今本《周髀算经》九矩"矩出于九九八十一"之下，无"万物周事"至"谓之方圜也"四十九字，是则可补今本《周髀》之脱佚者矣！以上数端，若无李诫斯编，安所据以证明之？宜小琅环主人之珍秘之也！道光丙戌（1826 年）重阳后三日，闻筝道人识后。

（9）褚逢椿跋[①]

右琴川张君芙川所藏影宋椠李明仲《营造法式》三十四卷，《目录》、《看详》二卷，缮写工正，界画细密，盖倩名手从月霄先生借钞。月霄邃于经学，爱日精

① 褚逢椿（1787 年—？），字锡唐，字仙根，江苏长洲（今苏州）人。擅书法，精隶书。

庐藏书万卷，皆手自校勘，经其鉴定必为善本，而自谓此更精妙出其上，洵希世之珍矣！是书刊于绍兴年，明仲绍圣中以通直郎奉敕编修，徽宗朝官至中散大夫，于时艮岳台榭之观，侈靡日甚，戎马北来，铜驼荆棘。南渡偏安，临安土木，增饰崇丽，再度宏规，洪忠宣谓无意中原，不亦信乎？读是书者，当与孟元老《梦华》，离黍有同慨也！若芙川之好学嗜古，善承先志，则尤足钦仰者。道光戊子（1828年）季冬，长洲褚逢椿题跋。

（10）邵渊耀跋[①]

宋李明仲《营造法式》一书，考古证今，经营惨淡，允推绝作。宋椠本不可得矣，其影宋传录者在前代已极珍贵，张君芙川善承祖志，不惜重赀，勒成是编，缮写摹缋，一一精妙，诚艺林盛事也。顾君心尚有嗛者，谓向在都门，见明人钞本十卷至二十四卷，伲得之矣，以议价不谐而罢，至今犹劳梦想。予独以为君之所见，虽属旧钞，而图样全阙，未审其工拙若何，即如此书从爱日精庐传写，而工致转居其上，夫安知今之不逾于昔耶？书之可贵者，无过宋本，亦以校订之善，雕造之精耳，岂专尚其时代乎？以是解于君，其或非謷言也。道光八年（1828年）春分后一日，隅山邵渊耀跋。

（11）钱泳跋[②]

右影钞宋椠李明仲《营造法式》三十四卷，《目录》、《看详》二卷，吾乡张上舍芙川所藏也。余尝论图书金石诸物，虽聚于所好，而其间废兴得失，亦有关乎世运，世运昌则万宝毕呈，不仅文籍也。此书海内稀见，尚愿芙川付之剞劂氏，以传不朽，不亦大快事耶？梅华溪居士钱泳记。

（12）陶湘《识语》[③]

右《营造法式》三十六卷，宋将作少监李诫奉敕编。初修于熙宁中，元祐六年（1091年）成书。再修于绍圣四年（1097年），元符三年（1100年）成书。崇宁二年（1103年）镂版颁行，是为“崇宁本”。绍兴十五年（1145年）知平江府王唤得绍圣旧本，校勘重刊，是为“绍兴本”。晁载之《续谈助》、庄季裕《鸡肋编》，各摘钞《法式》若干条。一在崇宁五年（1106年），一在

---

① 邵渊耀（1788—1858年），字充有，号环林，清江苏常熟人。
② 钱泳（1759—1844年），原名钱鹤，字立群，号台仙，一号梅溪，清金匮（今江苏无锡）人。
③ 陶湘．识语．见：李诫编修．“陶本”营造法式，1925．

绍兴三年（1133年）。当时已互相传抄，足征是书之珍重。陈振孙《书录解题》称李诫（“诫”作“诚”,陆友仁《研北杂志》同《四库总目》已证明其误）编修《营造法式》三十四卷,《看详》一卷，未及《目录》。晁公武《郡斋读书志》作三十四卷，未及《目录》、《看详》。陶宗仪《说郛》摘抄《法式·看详》诸条而题李诫《木经》。唐顺之《稗编》摘抄《看详》条目,末有“屋楹数”一条，为今书所无，岂熙宁初修本欤？钱氏述古堂藏《法式》二十八卷，图样六卷,《看详》一卷,《目录》一卷，总三十六卷，前有李诫进书表序。崇宁二年（1103年）镂版颁行劄子,后有绍兴十五年（1145年）王映校刊衔名,每叶二十行,行二十二字。书中如“桓”字注曰:“犯渊圣御名”;“构”字注曰:“犯御名”,即绍兴本也。钱曾跋称是书牧翁得之天水长公,己丑春从牧翁购归,牧翁又藏梁溪故家镂本，庚寅不戒于火，独此本流传人间。孙原湘跋称述古堂谓赵元度得《营造法式》缺十余卷，先后搜访借钞，竭二十余年之力始为完书，图样界画，费钱五万。道光辛巳（1821年），琴川张芙川氏蓉镜手钞跋曰：“《营造法式》自宋椠既轶，世间传本绝稀。相传钱氏述古堂有影宋钞本，求之不得，庚辰岁家月霄得影写述古本于郡城陶氏五柳居，假归手自影写图样界画，则毕仲恺高弟王君某任其事。”光绪丁未、戊申间（1907–1908年），浭阳匋斋氏端方总督两江，建图书馆，收钱唐丁氏嘉惠堂藏书，有钞本《营造法式》，称为张芙川影宋。民国八年（1919年）己未，紫江朱桂辛氏启钤过江南，获见是书，缩印行世。上海商务印书馆，踵之尺寸，照钞本原式，惟以孙、黄诸跋证之，知丁本系重钞张氏者，亥豕鲁鱼，触目皆是。吴兴蒋氏密韵楼藏有钞本，字雅图工，首尾完整，可补丁氏脱误数十条，惟仍非张氏原书。常熟瞿氏铁琴铜剑楼所藏旧钞亦绍兴本,《四库全书》内《法式》系据浙江范氏天一阁进呈影宋钞本录入，缺第三十一卷，馆臣以《永乐大典》本补全。明《文渊阁书目》《法式》有五部,未详卷数,撰名《内阁书目》,有《法式》二册又五册，均不全，注曰“宋崇宁间李诫等奉敕编，凡三十四卷，阙十二卷以下”。清季迁内阁大库书于国子监南学，民国初年由南学再迁于午门楼，旋又迁于京师图书馆（即南学旧址),《法式》残本七册因之荡然。江安傅沅叔氏曾于散出废纸堆中,检得《法式》第八卷首叶之前半（李诫衔命具在，“诚”字之误更不待辨），又八卷内第五全叶，宋椠宋印，每叶二十二行，行二十二字，小字双行，字数同，殆即崇宁本欤？桂辛氏以前影印丁本，未臻完善，属湘搜集诸家传本，详校付梓。湘按馆本据天一阁钞宋录入，范氏当有明中叶依宋椠过录在述古之先，复经馆臣以《大典》本补正，尤较诸家传钞为可据。惟四库书分度七阁，文源、文宗、文汇已遭兵燹，杭州文澜亦毁其半，文渊藏大内，盛京之文溯储保和殿，热河之文津储京师图书馆，今均完整。以文渊、文溯、文津三本互勘，复以晁、庄、陶、唐摘刊本，蒋氏所藏旧钞本对校，丁本之缺者补之，误者正之，伪字纵不能无脱简，庶几可免（《四库总目》云，《看详》称总三十六卷，今本制度门较原目少二卷，仅三十四卷，核其篇目又无脱漏，疑为后人并省，非也。晁载之《续谈助》称卷十六至二十五并土木作等功限，卷二十六至二十八并诸作料钉胶料用例，卷二十九至三十四并制度图样，核以卷一卷二为总释、总例，卷三至卷十五并诸作制度，是制度止十三卷，而云十五，"五"实"三"字之笔误，瞿氏言之审矣。今书总三十六卷，篇目三百五十八，与《看详》所载相符，并无残缺并省）。间有文意难通，明知伪误，而各本相同，不敢臆改，则仍之，而存疑焉。至于行款、字体，均仿崇宁刊本精缮锓木。书中篇目仿《大观本草》体例照刊阴文，以清眉目。图样依绍兴本重绘，因界画不易分明，镂版难于纤密，则将版框照原本放大两倍绘成，影石缩印如原式，又因图样传写无可校勘，如石作、雕作、小木作诸制度图样，均可因时制宜，大木作制度图样为工师绳墨比例所依据，毫厘之差，凿枘立见。今北京宫殿建于明永乐年间（1403—1424 年），地为金元故址，而规模实宋代遗制。八百年来工用相传，名式不无变更，稽诸《会典》事例、工部档案，均有源流可溯，惟图式缺如，无凭实验，爰倩京都承办官工之全匠师贺新赓等，就现今之图样，按《法式》第三十、三十一两卷大木作制度名目详绘，增附并注今名于上，俾与原图对勘，觇其同异，观其会通，既可作依仿之模型，且以证名词之沿革。又《法式》第三十三、三十四两卷，为彩画作制度图样，原书仅注色名，深浅向背，学者瞢焉。今按注填色五彩套印少者四五版，多者十余版。定兴郭世五氏夙娴艺术于颜料纸质，覃精极思，尤有心得，董督斯役殆尽能事（近年来彩印工艺，精益求精，而合色之外，端赖纸料。我国产纸之区泾宣最著，然棉连夹贡，屡受机轴之砑压，则伸缩参差，套色不能整齐；频经石印之浸润，则纤维黏脱，再版即将破碎，所以彩印图本鲜有用我国纸者。是书选闽纸中改良瑜版，质坚理密，印次愈多，纸质转练着色不浮洵。我国美术精进之一端，为郭君初次发明者。特附识之）。崇宁本残叶及绍兴重刻之题名，均影印附后，以存宋本之真。诸家记载题跋有关考订者，亦附录之。昔周栎园亮工谓近人箸述，凡博古、赏鉴、饮食、器具之类，均有成书，独无言及营造者。宋李诫《营造法式》皆徽庙宫室制度，闻海虞毛子晋家有此书，式皆有图，界画精工，有刘松年等笔法，字画得欧、虞之体，纸版黑白分明，近世所不能及。子晋翻刻宋人秘本甚多，惜不使此书一流布也云云（见《书影》卷一）。今距栎园时又将三百年矣，宋椠固不可得，述古初影亦不能得，再写于张氏又不能得，仅得张氏一再传写之本，校字绘图，增式彩印，时阅七年，稿经十易，视钱氏所称费钱五万者，奚啻什百！惜不得栎园一见之也。书成，爰叙颠末。参校者为江安傅沅叔氏增湘、上虞罗叔言氏振玉、大兴祝读楼氏书元、定兴郭世五氏葆昌、合肥阚鹤初氏铎、仁和吴印丞氏昌绶、昆明吕寿生氏铸、元和章式之氏钰，家裔如兄珙、星如弟洙、仲眉侄毅。他山之助，用志不忘，匡谬正伪，更俟来者。中华民国十有四年（1925年）岁次乙丑闰四月武进陶湘识。

右录以外，无关考订者，概无取焉。钱曾所称牧翁藏梁溪故家镂本，未详所自。孙从添《藏书纪要》[①]称：近时钱遵王有白描《营造法式》、《营造正式》，明赵美琦《脉望馆书目》[②]有《营造正式》一册，赵氏殁后，书归钱氏述古堂，目有《营造正式》一卷，殆赵氏所藏均未列撰人姓氏。《读书敏求记》有鲁班《营造正式》六卷，钱曾跋称：规矩绳尺，为千古良工模范，然非出于班手云云。未知与赵氏所藏是一是二？曾既赞美其规矩绳尺，必有图样，所以孙氏称为白描，惜未见是书耳！道光间杨氏《连筠簃丛刊》目录中有李诫《营造法式》三十六卷，刊未毕工。莫《郘亭见知书目》[③]即据以录入，实未见印行也，均并识之，以俟博雅。武进陶湘。

27.《藏园订补郘亭知见传本书目》卷六[④]

《营造法式》三十四卷 宋李诫奉敕撰。○山西杨氏新刻丛书本。○昭文张氏有影宋刻本，末有“平江府今得绍圣《营造法式》旧本并《目录》、《看详》共一十四册，绍兴十五年五月十一日校勘重刻”一条。

[附]○路（小洲）有精钞本（邵氏）[⑤]。

[补]○宋刊本，十一行二十二字，白口，左右双阑。余收得卷八首叶前半，为宋刊。别见残叶三数番，为补刊叶，均明时黄纸印。陶湘重刊此书，即据以定版式，

---

① 《藏书纪要》，清孙从添撰。孙从添，生卒年不详（大致生活在康熙至乾隆年间），字庆增，号石芝，江苏常熟人。

② 《脉望馆书目》，明赵琦美撰。

③ 应为莫友芝所撰《郘亭知见传本书目》。

④ 莫友芝撰．傅增湘订补．傅熹年整理．藏园订补郘亭知见传本书目：第1册．北京：中华书局，2009：440-441。《藏园订补郘亭知见传本书目》为傅增湘以莫友芝《郘亭知见传本书目》为底本，补入自己数十年观书记录和自藏善本，并增补《四库全书简明目录》成书之后新出的主要著作，加入版本特征、行款、序跋等，是一部重要的版本目录学工具书。经傅熹年整理后，于1993年由中华书局出版，2009年再版。书中在傅增湘订补各条前均冠以“[补]”字。莫友芝（1811—1871年）字子偲，号郘亭，晚号眲叟，贵州独山人。晚清金石学家、目录版本学家、书法家。

⑤ 傅增湘1912年曾过录《邵氏书目偶钞》于所藏清末钞本《郘亭书目》，此条即为《邵氏书目偶钞》所录。

乃侈言崇宁刊本，则未敢许也。以雕工风气考之，或是南宋中期所刊。〇影写宋刊本，十一行二十二字，白口，左右双阑。钤有钱曾印记，恐不真，以字体风气觇之，或是乾嘉间写本。故宫藏书。〇清写本，存卷一至十七，十行二十一二字不等，内卷十三、十四半叶十一行，与宋本行格同。钤有汪士钟藏印。原为完书，瞿氏避兵时失去后半部。海虞瞿氏藏。〇清写本，十行二十二字，白口，左右双阑。后传写张蓉镜、黄丕烈诸跋，是自张氏写本传录者。江南图书馆藏，朱君启钤已影印行世。〇清写本，十行二十二字，自张蓉镜写本出。日本静嘉堂文库藏陆心源皕宋楼遗书。郁松年《宜稼堂书目》稿本有馆钞《营造法式》一匣。蒋凤藻跋郁氏目，云书名上加一圈一墨点者均归陆心源，此书正在其中，则此本出于郁氏转钞，非张蓉镜原本明矣。〇清朱绪曾传钞文澜阁《四库全书》本，八行二十一字。翁心存录刘喜海跋，盖朱氏为刘氏传钞者也。刘跋云，朱氏谓嘉禾有宋刊本，物色经年，竟未能得，则道咸间江南尚有宋刊也。翁克齐藏。〇清道光间杨墨林刊《连筠簃丛书》本。此书见杨氏刊书目，而世咸以为未刻，余阅肆四十年，迄未见之。惟同年叶奂彬之侄启勋，坚云亲见其书，有文无图。记此以俟博考。〇民国十四年（1925 年）陶湘仿宋重刊本。

28.《藏园群书经眼录》卷六[①]

《营造法式》三十四卷（宋李诫撰，存卷八首叶前半）

宋刊本，半叶十一行，行二十二字。余收得此残叶，为卷八首叶前半。陶兰泉重刻此书，即据此叶以定版式，真零玑断璧，可贵也。

《营造法式》三十四卷（宋李诫撰）

影写宋刊本，十行二十二字。按：此书钞手甚新，是光绪时重录者，决非张芙川影写之本也（日本静嘉堂文库藏书，己巳（1929 年）十一月十五日阅）。

29.《静嘉堂文库观书记》[②]

《营造法式》三十四卷

影宋钞本，半叶十行，每行二十二字。

按：此书钞手甚新，是光绪时重录者，决非张芙川影写之本也。

① 傅增湘. 藏园群书经眼录. 北京：中华书局，1983：486。《藏园群书经眼录》十九卷，目录一卷，傅增湘撰，傅熹年整理。

② 傅增湘. 静嘉堂文库观书记. 据复旦大学图书馆藏本（出版年不详）：17-18.

附录三

《营造法式》研究论著目录[1]

1919 年（2）

·朱启钤．石印《营造法式》序．见：李诫编修．“丁本”营造法式．南京：江南图书馆，1919.

·齐耀琳．石印《营造法式》序．见：李诫编修．“丁本”营造法式．南京：江南图书馆，1919.

1925 年（4）

·朱启钤．重刊《营造法式》后序．见：李诫编修．“陶本”营造法式，1925.

·陶湘．识语．见：李诫编修．“陶本”营造法式，1925.

·宣颖．工程书籍绍介与批评——宋本李明仲《营造法式》．工程（中国工程学会会刊），1925，1（4）.

·书林从讯——影宋本李明仲《营造法式》．甲寅周刊．1925，1（15）：24–25.

1926 年（1）

·孙福熙．中国的建筑——李明仲的《营造法式》．北新，1926（5）：15–24.

1928 年（1）

·重刊宋李明仲《营造法式》．文字同盟，1928（18–20）：5–12.

1929 年（1）

·倪庆穰．李明仲《营造法式》中举折之法．中华工程师学会会报，1929，16（1–2）.

1930 年（10）

·朱启钤．李明仲八百二十周忌之纪念．中国营造学社汇刊，1930，1（1）：1–24.

·李明仲先生墓志铭．中国营造学社汇刊，1930，1（1）：1–3.

·阚铎．李明仲先生补传．中国营造学社汇刊，1930，1（1）：4–6.

·英叶慈博士论中国建筑（内有涉及《营造法式》之批评）．中国营造学社汇刊，

[1] 本附录所收《营造法式》相关论著，1945 年及其前的文献按出版时间先后为序；1945 年以后的文献因数量较多，且出版月份较难确认，故首以公开出版年、次以作者姓氏拼音为序。年份后括号内为当年文献总量。

1930，1（1）：1–14.

·英叶慈博士《营造法式》之评论 . 中国营造学社汇刊，1930，1（1）：1–2.

·阚铎 . 仿宋重刊《营造法式》校记 . 中国营造学社汇刊，1930，1（1）：1–28.

·《营造法式》印行消息 . 中国营造学社汇刊，1930，1（1）：1–2.

·英叶慈博士以永乐大典本《营造法式》花草图式与仿宋重刊本互校之评论 . 中国营造学社汇刊，1930，1（2）：1–6.

·社事纪要·李明仲之纪念会 . 中国营造学社汇刊，1930，1（2）：4–5.

·王观堂先生涉及《营造法式》之遗札 . 中国营造学社汇刊，1930，1（2）：插画 .

1931 年（2）

·法人德密那维尔评宋李明仲《营造法式》. 中国营造学社汇刊，1931，2（2）：1–36.

·梁任公先生题识《营造法式》之墨迹 . 中国营造学社汇刊，1931，2（3）：插画 .

1932 年（1）

·《营造法式》板本之一大劫 . 中国营造学社汇刊，1932，3（1）.

1933 年（3）

·刘敦桢. 故宫钞本《营造法式》校勘记（作于 1933 年）. 科技史文集·建筑史专辑（1），1979（2）：8.

·谢国桢 .《营造法式》版本源流考 . 中国营造学社汇刊，1933，4（1）：1–14.

·本社纪事·校勘故宫本及文津阁本《营造法式》. 中国营造学社汇刊，1933，4（1）：148–149.

1934 年（1）

·陶湘 .《营造法式》校勘记 . 国立奉天图书馆季刊，1934（1）：57–70.

1935 年（5）

·蔡祚章 . 宋李明仲《营造法式》中之取径围法 . 中国建筑，1935，3（5）：50–51.

·陈仲篪 . 识小录 . 中国营造学社汇刊，1935，5（3）：139–150.

·本社纪事·仿宋《营造法式》校勘表 . 中国营造学社汇刊，1935，5（3）：156.

·陈仲篪 . 识小录（续）. 中国营造学社汇刊，1935，5（4）：153–164.

·陈仲篪 . 识小录（续）. 中国营造学社汇刊，1935，6（2）：158–168.

1945 年（1）

· 梁思成 . 中国建筑之两部“文法课本”. 中国营造学社汇刊,1945,7(2):1-8.

1948 年（1）

· 卢绳 . 李明仲 . 国民政府内政部《公共工程》，1948 专刊（2）.

1950 年（1）

· 清华大学建筑系编 . 宋《营造法式》图注 . 北京：清华大学内部刊行，1950.

1951 年（2）

· 刘敦桢,汪定曾 . 中国的建筑秘典——《营造法式》. 工程建设,1951(17):5.

· 刘敦桢，汪定曾 . 中国的世界第一——《营造法式》. 上海大公报，1951-03-23（E11）.

1955 年（2）

· 陈明达 . 名词解答 . 文物参考资料，1955（4）：100-102.

· 高汉，陈干 . 论“法式”的本质和梁思成对“法式”的错误认识 . 新建设，1955（12）：18-26.

1956 年（3）

· 陈从周 . 柱础述要 . 考古通讯，1956（3）：91-114.

· 吕佛庭 . 宋李诫《营造法式》. 大陆杂志（台），1956，13（7）：6-11.

· 杨烈 . 学习《营造法式》一点心得 . 古建筑通讯，1956（1）：60-67.

1961 年（1）

· 周到 . 宋代建筑家——李诫 . 河南日报，1961-10-12.

1962 年（2）

· 陈仲篪 .《营造法式》初探 . 文物，1962（2）：12-17.

· 儼 . 中国古代正多边形的实用做法 . 数学通报，1962（4）：18-19.

1964 年（1）

· 梁思成 . 宋《营造法式》注释·序（未定稿）. 建筑史论文集,1964（1）:1-9.

1965 年（1）

· 刘敦桢 . 宋《营造法式》版本介绍(作于 1965 年). 见:刘敦桢 . 刘敦桢全集：第 6 卷 . 北京：中国建筑工业出版社，2007：229.

1977 年（1）

· 陈明达，杜拱辰 . 从《营造法式》看北宋的力学成就 . 建筑学报，1977（1）：42-46.

1978 年（2）

· 祁英涛 . 中国古代建筑的脊饰 . 文物，1978（3）：62–71.

· 杨宝顺 . 李诫和他的《营造法式》. 中原文物，1978（3）：32–33.

1979 年（3）

· 李先登 . 试论《营造法式》的编修 . 河南文博通讯，1979（3）：54–56.

· 梁思成 .《宋〈营造法式〉注释》选录 . 科技史文集 · 建筑史专辑（1），1979（2）：1–8.

· 徐伯安，郭黛姮 . 雕壁之美，奇丽千秋——从《营造法式》四种雕刻手法看我国古代建筑装饰石雕 . 建筑史论文集，1979（2）：127–142.

1980 年（2）

· 郭黛姮 . 丹麦艾尔瑟 · 格兰女士赠给清华大学宋《营造法式》彩画作制度图样《永乐大典》本复印件 . 科技史文集 · 建筑史专辑（2），1980（5）：102.

· 潘谷西 .《营造法式》初探（一）. 南京工学院学报，1980（4）：35–51.

1981 年（8）

· 陈明达 .《营造法式》大木作研究 . 北京：文物出版社，1981.

· Else Glahn. 十二世纪的中国建筑规范 . 科学，1981（9）：85–95.

· 郭黛姮 . 论中国古代木构建筑的模数制 . 建筑史论文集，1981（5）：31–47.

· 李永辉 .《营造法式》及作者其人 . 河南图书馆季刊，1981（1）：36–37.

· 潘谷西 .《营造法式》初探（二）. 南京工学院学报，1981（2）：43.

· 萧默 . 屋角起翘缘起及其流布 . 建筑历史与理论，1981（2）：17–32.

· 徐伯安，郭黛姮 .《营造法式》的雕镌制度与中国古代建筑装饰的雕刻 . 科技史文集 · 建筑史专辑（3）.1981（7）：34–42.

· 郁文郁 . 宋代最杰出的建筑工程专家李诫 . 中原文献，1981，13（1）.

1982 年（2）

· 龙非了 . 中国古建筑上的“材分”的起源 . 华南理工大学学报（自然科学版），1982（1）：134–144.

· 王世襄 .“束腰”和“托腮”——漫话古代家具和建筑的关系 . 文物，1982（1）：78–80.

1983 年（4）

· 程万里 . 形式多样的古建窗格 . 住宅科技，1983（1）：21–23.

· 海峰 . 图边札记（六）北宋李诫《营造法式》中关于圆和正方、六棱、八棱形的论述 . 工程图学丛刊，1983（1）：62–63.

· 何俊寿 . 万栱与慢栱新证——古代大式大木构件名称研讨 . 古建园林技术，1983（1）：58–59.

· 梁思成 .《营造法式》注释（上）. 北京：中国建筑工业出版社，1983.

1984 年（4）

· 曹弃疾 . 宋代建筑学家李诫及其《营造法式》. 中州今古，1984（2）：31–32.

· 郭黛姮，徐伯安 .《营造法式》大木作制度小议 . 科技史文集 · 建筑史专辑（4），1984（11）：104–125.

· 王贵祥 . $\sqrt{2}$与唐宋建筑柱檐关系 . 建筑历史与理论（1982–1983 年度），1984（3–4）：137–144.

· 徐伯安，郭黛姮 . 宋《营造法式》术语汇释——壕寨、石作、大木作制度部分 . 建筑史论文集，1984（6）：1–79.

1985 年（2）

· 潘谷西 .《营造法式》初探（三）. 南京工学院学报，1985（1）：1–20.

· 徐伯安 .《营造法式》斗拱型制解疑、探微 . 建筑史论文集，1985（7）：1–35.

1986 年（4）

· 陈明达 . 抄？杪？ . 建筑学报，1986（9）：65.

· 石子政 . 我国古代最完善的建筑标准——《营造法式》. 标准与质量，1986（1）：17–18.

· 王贵祥 . 关于唐宋建筑外檐铺作的几点初步探讨（一）. 古建园林技术，1986（4）：8–13.

· 张广立 . 宋陵石雕纹饰与《营造法式》的“石作制度”. 见：《中国考古学研究》编委会编 . 中国考古学研究——夏鼐先生五十年纪念论文（2）. 北京：科学出版社，1986：254–280.

1987 年（3）

· 程建军 . 辨方正位研究（二）. 古建园林技术，1987（4）：25–28.

· 王贵祥 . 关于唐宋建筑外檐铺作的几点初步探讨（二）. 古建园林技术，1987（1）：43–46.

· 王贵祥 . 关于唐宋建筑外檐铺作的几点初步探讨（三）. 古建园林技术，1987（2）：39–43.

1988 年（2）

· 曹汛 .《营造法式》的一个字误 . 建筑史论文集，1988（9）：54–57.

· 徐振江 . 清式建筑与宋代建筑名词对照 . 古建园林技术，1988（3）：

63–64.

1989 年（7）

· 程建军 .“数理设计”中国古代建筑设计理论与方法初探 . 华中建筑，1989（2）：16–22.

· 程建军 . 南海神庙大殿复原研究（三）——南北古建筑木构架技术异同初论 . 古建园林技术，1989（4）：41–47.

· 管成学 . 宋代的科技与改革初探 . 汕头大学学报（人文社会科学版），1989（3）：105–108.

· 李会智 .《营造法式》“举折之制”浅探 . 古建园林技术，1989（4）：3–9.

· 牧舟 . 建筑工程的法令——营造法式 . 科技史志，1989（1）：78.

· 汪永平 . 我国传统琉璃的制作工艺 . 古建园林技术，1989（2）：18–21.

· 王贵祥 . 唐宋单檐木构建筑平面与立面比例规律的探讨 . 北京建筑工程学院学报，1989（2）：49–70.

1990 年（8）

· 陈军 . 中国古代建筑模数制成因与发展初探 . 南京：东南大学，1990.

· 姜舜源 . 禊赏亭畔话流觞 . 紫禁城，1990（4）：41–43.

· 潘谷西 . 关于《营造法式》的性质、特点、研究方法——《营造法式》初探之四 . 东南大学学报（自然科学版），1990（5）：1–7.

· 王惠民 . 从《营造法式 · 赑屃鳌座碑》看凤阳明皇陵碑的石作 . 文物研究，1990（6）：348–353.

· 王其亨 .《营造法式》材分制度的数理含义及审美观照探析 . 建筑学报，1990（3）：50–54.

· 王其亨 . 探骊折札——中国建筑传统及理论研究杂感 . 建筑师，1990（37）：10–20.

· 萧新祺 .《营造法式》述要 . 古籍整理出版情况简报，1990（236）：18–19.

· 张十庆 .《营造法式》变造用材制度探析 . 东南大学学报（自然科学版），1990（5）：8–14.

1991 年（10）

· 何建中 .《营造法式》材份制新探 . 建筑师，1991（43）：118–127.

· 蒋剑云 . 浅谈殿堂与厅堂 . 古建园林技术，1991（2）：38–42.

· 刘克明 . 宋代工程图学的成就 . 文献，1991（4）：238–247.

· 潘德华 . 安勘、绞割、展拽 . 古建园林技术，1991（4）：3–6.

· 徐振江 . 唐风建筑与仿唐工程预算定额（上）. 古建园林技术，1991（2）：56–60.

· 徐振江 . 唐风建筑与仿唐工程预算定额（下）. 古建园林技术，1991（3）：60–62.

· 张十庆 .《营造法式》变造用材制度探析（Ⅱ）. 东南大学学报（自然科学版），1991（3）：1–8.

· 张十庆 . 古代建筑的尺度构成探析（一）——唐代建筑的尺度构成及其比较 . 古建园林技术，1991（2）：30–34.

· 张十庆 . 古代建筑的尺度构成探析（二）——辽代建筑的尺度构成及其比较 . 古建园林技术，1991（3）：42–46.

· 张十庆 . 古代建筑的尺度构成探析（三）——宋代建筑的尺度构成及其比较 . 古建园林技术，1991（4）：11–13.

1992 年（9）

· 程万里 . 宋、清建筑特点对照 . 古建园林技术，1992（1）：53–55.

· 杜启明 . 宋《营造法式》今误十正 . 中原文物，1992（1）：51–57.

· 高潮 .《〈营造法式〉材分制度的数理含义及审美观照探析》一文质疑 . 建筑学报，1992（7）：18–22.

· 李致忠 . 影印宋本《营造法式》说明 . 见：古逸丛书三编之四十三影印宋本《营造法式》. 北京：中华书局，1992：1–10.

· 史爱君 . 我国最早的建筑学著作《营造法式》. 历史大观园，1992（11）：64.

· 王鲁民 ."材分八等" 在建筑史上的意义 . 同济大学学报（人文社会科学版），1992（2）：42–47.

· 王其亨 .《营造法式》材份制度模数系统律度谐和问题辨析 . 第二届中国建筑传统与理论学术研讨会论文集 . 天津，1992.

· 王天 . 古代大木作静力初探 . 北京：文物出版社，1992.

· 张十庆 . 略论山西地区角翘之做法及其特点 . 古建园林技术，1992（4）：47–50.

1993 年（6）

· 陈彦堂，辛革 . 斗口跳斗拱及相关问题 . 中原文物，1993（4）：101–107.

· 何建中 .《营造法式》安装工限——也谈安勘、绞割、展拽 . 古建园林技术，1993（3）：31–32.

· 何建中 . 东山明代住宅小木作 . 古建园林技术，1993（1）：3–8.

·陶宗震．研究中国传统建筑的重要文献——陶本《营造法式》校勘出版末记．南方建筑，1993（4）：22-25.

·王春波．唐—北宋木结构建筑“平面尺寸”之分析．文物季刊，1993（1）：27-30.

·王其亨．宋《营造法式》石作制度辨析．古建园林技术，1993（2）：16-23.

1994年（5）

·春晓．宋代建筑学家——李诫．平顶山工学院学报，1994（Z2）：9.

·罗安琪．李诫与《营造法式》．中学历史教学参考，1994（6）：37.

·孙祥斌．宋代建筑屋面举折的简便确定法——数学计算法与传统作图法的比较．古建园林技术，1994（2）：6.

·徐振江．唐代彩画及宋《营造法式》彩画制度．古建园林技术，1994（1）：40-44.

·张十庆．古代建筑象形构件的形制及其演变——从驼峰与蟇股的比较看中日古代建筑的源流和发展关系．古建园林技术，1994（1）：12-15.

1995年（1）

·龙非了．论中国古建筑之系统及营造工程．华中建筑，1995（4）：62-69.

1996年（3）

·曹汛．中国建筑史基础史学与史源学真谛．建筑师，1996（2）：63-69.

·王鲁民．说“昂”．古建园林技术，1996（4）：37-40.

·吴玉敏，张景堂等．殿堂型建筑木构架体系的构造方法与抗震机理．古建园林技术，1996（4）：32-36.

1997年（4）

·王其明．中国古代建筑史中几个常用字读音的探讨．古建园林技术，1997（1）：26-27.

·吴玉敏．从唐到宋中国殿堂型建筑铺作的发展．古建园林技术.1997（1）：19-25.

·张十庆．古代楼阁式建筑结构的形式与特点——缠柱造辨析．建筑师，1997（2）：70-77.

·张十庆．睒电窗小考．室内设计与装修，1997（2）：24-25.

1998年（7）

·都铭．试论“材分八等”的数理渊源．时代建筑，1998（3）：89-91.

·杜启明．宋《营造法式》诠误十勘．见：朱光亚，周光召主编．中国科学技术文库·普通卷·建筑工程、水利工程（下）. 北京：科学技术文献出版社，1998：1613-1615.

·韩寂，刘文军 . 材份制构成思疑 . 西北建筑工程学院学报（自然科学版），1998（4）：43-47.

·何建中 .《营造法式》斗尖亭榭簇角梁的应用——苏南小亭的启发 . 古建园林技术，1998（2）：14-16.

·王文奇 .《营造法式》中的“转轮经藏”. 工程建设标准化，1998（2）：47.

·杨宝顺 . 宋代建筑学家李诫和他的《营造法式》. 见：河南博物院编 . 河南博物院落成暨河南省博物馆建馆七十周年纪念论文集 . 郑州：中州古籍出版社，1998：192-196.

·赵春斌 . 李诫与《营造法式》. 建筑工人，1998（1）：43.

1999 年（13）

·陈从周 .《营造法式》非法家著作 . 见：陈从周 . 梓室余墨——陈从周随笔 . 北京：生活·读书·新知三联书店，1999：390.

·陈明达 . 关于《营造法式》的研究 . 建筑史论文集，1999（11）：43-52.

·杜启明 . 关于宋《营造法式》中建筑与结构设计模数的研究 . 见：河南省古代建筑保护研究所编 . 古建筑石刻文集 . 北京：中国大百科全书出版社，1999：37-49.

·杜启明 . 宋《营造法式》大木作设计模数论 . 古建园林技术，1999（4）：39-47.

·杜启明 . 宋《营造法式》设计模数与规程论 . 中原文物，1999（3）：66-77.

·顾孟潮 .《营造法式》、营造学社、技术中介 . 南方建筑，1999（3）：87.

·韩一城 .《营造法式》中的“哥德巴赫猜想”探析——宋式斗栱型制的“总铺作数”觅踪 . 见：中国文物学会传统建筑园林委员会第十二届学术研讨会会议文件 . 成都，1999：253-266.

·徐振江 .《营造法式》瓦作制度初探 . 古建园林技术，1999（1）：6-8.

·杨宝顺 . 宋代建筑学家李诫及其著作《营造法式》. 见：河南省古代建筑保护研究所编 . 古建筑石刻文集 . 北京：中国大百科全书出版社，1999：518-521.

·于倬云，周苏琴 . 中国古建筑抗震性能初探 . 故宫博物院院刊，1999（2）：1-8.

·张十庆 . 古代建筑的设计技术及其比较——试论从《营造法式》至《工程做法》建筑设计技术的演变和发展 . 华中建筑，1999（4）：92-98.

·张十庆．古代建筑生产的制度与技术——宋《营造法式》与日本《延熹木工寮式》的比较．华中建筑，1992（3）：48–52.

·张十庆．中日佛教转轮经藏的源流与形制．建筑史论文集，1999（11）：60–71.

2000 年（8）

·陈明达．读《〈营造法式〉注释》（卷上）札记．建筑史论文集，2000（12）：25–31.

·陈明达．读《〈营造法式〉注释》（卷上）札记·附录《营造法式》研究札记（节选）．建筑史论文集，2000（12）：31–41.

·杜启明．面壁亭与簇角梁制度．建筑历史与理论 .2000（6、7）：69–75.

·韩寂，刘文军．对《营造法式》八等级用材制度的思考．古建园林技术，2000（1）：18–21.

·韩一城．斗栱的结构、起源与《营造法式》——“铺作”与“跳、铺之作”辨析．古建园林技术，2000（1）：14–17.

·李华东．韩国高丽时代木构建筑和《营造法式》的比较．建筑史论文集，2000（12）：56–67，229.

·马炳坚．铺作、出跳、枓科及其他——《营造法式》学习扎记．古建园林技术，2000（2）：15–18.

·吴葱．旋子彩画探源．故宫博物院院刊，2000（4）：33–36.

2001 年（15）

·陈晓丽．对宋式彩画中碾玉装及五彩遍装的研究和绘制．北京：清华大学，2001.

·杜仙洲．中国建筑之两部“文法课本”——《工程做法》与《营造法式》. 见：清华大学建筑学院编．梁思成先生百岁诞辰纪念文集．北京：清华大学出版社，2001：20–22.

·顾迩素．《营造法式》成书时间及其编者（英文）．营造，2001（1）：185–192.

·郭黛姮．宋《营造法式》五彩遍装彩画研究．营造，2001（1）：204–209.

·国庆华．中国木工中的“材分”制度——八等材之间的疑点．营造，2001（1）：222–225.

·何建中．疑义相与析——读《斗栱的结构、起源与〈营造法式〉》．古建园林技术，2001（1）：27–30 .

· 梁思成 .《营造法式》注释 . 见：梁思成 . 梁思成全集（第七卷）. 北京：中国建筑工业出版社，2001.

· 綦伟琦 . 中国古代“材分八等”探究 . 见：第二届中国建筑史国际研讨会论文辑 . 杭州，2001.

· 田中淡 .《营造法式》“材分°”制度来源之历史背景 . 营造，2001（1）：193–203.

· 王贵祥 . 唐宋单檐木构建筑比例探析 . 营造，2001（1）：226–247.

· 王辉 .《营造法式》与江南建筑——《营造法式》中江南木构技术因素探析 . 南京：东南大学，2001.

· 王文奇 . 古代建筑名词释义 . 工程建设标准化，2001（1）：43.

· 王昕，刘先觉 . 从《建筑十书》与《营造法式》的比较看中西文化的不同 . 华中建筑，2001（5）：4–6.

· 吴梅 . 宋《营造法式》垒造窑制度初探 . 华中建筑，2001（5）：73–75.

· 张俊湖，石川 . 最古老的建筑专著——《营造法式》. 建筑工人，2001（3）：51.

2002 年（19）

· 陈薇 . 用多媒体技术演绎唐宋建筑 . 东南大学学报（自然科学版），2002（3）：383–386.

· 陈晓丽 . 明清彩画中“旋子”图案的起源及演变刍议 . 建筑史论文集，2002（15）：106–114.

· 傅熹年 . 宋式建筑构架特点与“减柱”问题 . 见：《宿白先生八秩华诞纪念文集》编辑委员会编 . 宿白先生八秩华诞纪念文集（上）. 北京：文物出版社，2002：291–306.

· 高大峰，赵鸿铁，薛建阳等 . 中国古建木构架在水平反复荷载作用下的试验研究 . 西安建筑科技大学学报（自然科学版），2002（4）：317–319.

· 郭黛姮 .《营造法式》新注（光盘）. 北京：中国建筑工业出版社，2002.

· 郭黛姮 . 伟大创造时代的宋代建筑 . 建筑史论文集，2002（15）：42–49.

· 王贵祥 . 关于唐宋单檐木构建筑平立面比例问题的一些初步探讨 . 建筑史论文集，2002（15）：50–64.

· 吴梅，濮东璐 . 立灶——读解宋《营造法式》之立灶制度 . 华中建筑，2002（1）：64–66.

· 徐怡涛 .“屋楹数”与《营造法式》关系考 . 华中建筑，2002（6）：97–98.

· 扬之水 . 宋人居室的冬和夏（上）. 文物天地，2002（9）：50–55.

· 张立柱 . 把握时代精神 再现昔日辉煌——纪念宋《营造法式》刊布 900 年 . 文物春秋，2002（1）：45–50.

· 张鹏程，赵鸿铁，薛建阳等 . 中国古代大木作结构振动台试验研究 . 世界地震工程，2002（4）：35–42.

· 张十庆 .《营造法式》研究札记——论“以中为法”的模数构成 . 建筑史论文集，2002（14）：111–118.

· 张十庆 . 古代营建技术中的“样”、“造”、“作” . 建筑史论文集，2002（15）：37–41.

· 张十庆 . 南方上昂与挑斡做法探析 . 建筑史论文集，2002（16）：31–45.

· 张雪伟 . 从“材分七等”到“材分八等” . 福建建筑，2002（4）：47–48.

· 赵琳 . 释欢门 . 室内设计与装修，2002（6）：84–86.

· 左满常，张大伟 .《营造法式》雏议 . 安徽建筑，2002（2）：22–23.

· 左满常，张大伟 . 李诫与《营造法式》. 古建园林技术，2002（2）：31–34.

2003 年（47）

· 宾慧中，路秉杰 . 浅识宋材份制与清斗口制 . 安徽建筑，2003（3）：1–2.

· 蔡军，张健《营造法式》与《工程做法则例》构成及建筑用语的比较研究 . 见：纪念宋《营造法式》刊行 900 周年暨宁波保国寺大殿建成 990 周年国际学术研讨会论文集 . 宁波，2003：57–64.

· 陈先行 . 清张氏小琅嬛福地抄本《营造法式》. 见：陈先行 . 打开金匮石室之门：古籍善本 . 上海：上海文艺出版社，2003：250–252.

· 从保国寺大殿到《营造法式》——我市将举行纪念宋《营造法式》刊行 900 周年暨保国寺大殿建成 990 周年国际学术研讨会 . 宁波日报，2003–08–11（12）.

· 丁建华 .《营造法式》——古典建筑之规范 . 宁波日报，2003–08–11（12）.

· 高大峰，赵鸿铁，薛建阳等 . 中国古代大木作结构斗栱竖向承载力的试验研究 . 世界地震工程，2003（3）：56–61.

· 高大峰，赵鸿铁，薛建阳等 . 中国古建木构架在水平反复荷载作用下变形及内力特征 . 世界地震工程，2003（1）：9–15.

· 国庆华 . 缠柱造、叉柱造、永定柱造——东亚楼阁式木塔的特点、技术和类型 . 见：纪念宋《营造法式》刊行 900 周年暨宁波保国寺大殿建成 990 周年国际学术研讨会论文集 . 宁波，2003：69–91.

· 何建中 . 何谓《营造法式》之“槽” . 古建园林技术，2003（1）：41–43.

· 何建中 . 如何正确理解“以材为祖” . 见：纪念宋《营造法式》刊行 900

周年暨宁波保国寺大殿建成 990 周年国际学术研讨会论文集 . 宁波，2003：200-215.

· 河南纪念《营造法式》颁行 900 周年 . 光明日报,2003-08-10（教科文卫）.

· 纪念宋《营造法式》出版 900 周年 . 中国建设报，2003-10-24.

· 李斌 .《营造法式》彩画制度浅析 . 见：纪念宋《营造法式》刊行 900 周年暨宁波保国寺大殿建成 990 周年国际学术研讨会论文集 . 宁波，2003：65-68.

· 李灿 .《营造法式》中的翼角构造初探 . 古建园林技术，2003（2）：49-56.

· 李容准 . 大木作"补间"与"步间"——从尺度构成角度的探讨 . 华中建筑，2003（3）：89-91.

· 李容准 . 唐宋大木模数基准现象的探讨 . 南京：东南大学，2003.

· 刘畅 ."旋子"、"和玺"与《营造法式》彩画作 . 见：纪念宋《营造法式》刊行 900 周年暨宁波保国寺大殿建成 990 周年国际学术研讨会论文集 . 宁波，2003：40-54.

· 刘叙杰 . 哲匠薪传 千秋宝笈——纪念宋〈营造法式〉颁行九百周年 . 纪念宋《营造法式》刊行 900 周年暨宁波保国寺大殿建成 990 周年国际学术研讨会论文集 . 宁波，2003：22-25.

· 马未都 . 中国古代的门与窗（一）. 百年建筑，2003（C1）：92-95.

· 马晓 . 缠柱造与通柱造 . 见：纪念宋《营造法式》刊行 900 周年暨宁波保国寺大殿建成 990 周年国际学术研讨会论文集 . 宁波，2003：167-177.

· 马晓 . 附角斗的缘起 . 华中建筑，2003（5）：104.

· 马晓 . 附角斗的缘起（续）. 华中建筑，2003（6）：106-109.

·潘谷西 .《营造法式》的性质、特点与研究方法（修订稿）. 见:纪念宋《营造法式》刊行 900 周年暨宁波保国寺大殿建成 990 周年国际学术研讨会论文集 . 宁波，2003：1-11.

· 王辉 . 试从北宋少林寺初祖庵大殿分析江南技术对《营造法式》的影响 . 华中建筑，2003（3）：104-107.

· 王晓帆 . 材分制与斗口制 . 纪念宋《营造法式》刊行 900 周年暨宁波保国寺大殿建成 990 周年国际学术研讨会论文集 . 宁波，2003：163-166.

· 肖旻 .《营造法式》"材分制"研究综述 . 见：纪念宋《营造法式》刊行 900 周年暨宁波保国寺大殿建成 990 周年国际学术研讨会论文集 . 宁波，2003：178-192.

· 肖旻 . 唐宋古建筑尺度规律研究 . 广州：华南理工大学，2003.

· 肖旻 . 唐宋古建筑尺度规律研究 . 新建筑，2003（3）：80.

· 徐怡涛 . “抄”、“杪” 辨 . 建筑史论文集，2003（17）：30–39.

· 徐怡涛 . 唐代木构建筑材份制度初探 . 建筑史论文集，2003（18）：59–64.

· 徐振江 . “《营造法式》小木作” 几种门制度初探 . 建园林技术，2003（4）：15–19.

· 杨柳青 . 中国古代木构体系完型之正果——纪念《营造法式》刊印 900 周年 . 华中建筑 .2003（3）：92–94.

· 杨永生 . 宋《营造法式》是怎样一部书——《营造法式》出版 900 年系列谈之一 . 中国建设报，2003–10–24.

· 杨永生 . 李诫是谁——《营造法式》出版 900 年系列谈之二 . 中国建设报，2003–10–31.

· 杨永生 . 为什么要编修《营造法式》——《营造法式》出版 900 年系列谈之三 . 中国建设报，2003–11–14.

· 杨永生 .《营造法式》的重要版本——《营造法式》出版 900 年系列谈之四 . 中国建设报，2003–11–21.

· 杨永生 . 梁思成与《营造法式》——《营造法式》出版 900 年系列谈之五 . 中国建设报，2003–11–28.

· 喻维国 . 李诫与《营造法式》. 中国建设报，2003–09–19.

· 喻维国 .《营造法式》900 年祭 . 建筑创作，2003（11）：112–124.

· 张鹏程，赵鸿铁，薛建阳等 . 斗栱结构功能试验研究 . 世界地震工程，2003（1）：102–106.

· 张鹏程 . 中国古代木构建筑结构及其抗震发展研究 . 西安：西安建筑科技大学，2003.

· 张十庆 .《营造法式》的技术源流及其与江南建筑的关联探析 . 建筑史论文集，2003（17）：1–11.

· 张驭寰 . 直棂窗与版棂窗 . 中华建筑报，2003–07–18.

· 赵辰 . “普利兹克奖”、伍重与《营造法式》. 读书，2003（10）：109–115.

· 钟晓青 .《营造法式》篇目探讨 . 建筑史论文集，2003（19）：149.

· 朱光亚 . 法内之式与法外之法——宋《营造法式》内外 . 见：纪念宋《营造法式》刊行 900 周年暨宁波保国寺大殿建成 990 周年国际学术研讨会论文集 . 宁波，2003：27.

· 专家建言——成立 “唐宋建筑研究论坛” ——从更广阔的视角研究保国寺

和《营造法式》. 宁波日报，2003-08-21（10）.

2004 年（24）

· 蔡军，张健 . 根据史料分析比较中日殿堂建筑设计中的木割基准寸法 . 建筑史论文集，2004（20）: 26-33.

· 曹汛 .《营造法式》崇宁本——为纪念李诫《营造法式》刊行九百周年而作 . 建筑师，2004（2）: 100-105.

· 傅熹年 . 关于唐宋时期建筑物平面尺度用“分”还是用尺来表示的问题 . 古建园林技术，2004（3）: 34-38.

· 郭黛姮 .《营造法式》研究回顾与展望 . 建筑史论文集，2004（20）: 1-6

· 何建中 . 唐宋单体建筑之面阔与进深如何确定 . 古建园林技术,2004（1）:3-9.

· 黄存慧 .《营造法式》大木之虚拟构建 . 广东 : 华南理工大学，2004.

· 贾贵荣 . 古代建筑科技百科全书——评影印本《营造法式》. 建筑知识，2004（1）: 52.

· 李灿 . “杪栱”“抄栱”探析 . 古建园林技术，2004（4）: 10-12.

· 李以康 . 信息化时代的《营造法式》. 见 : 东亚建筑文化国际研讨会论文集 . 南京，2004.

· 李以康著，殷丽娜译 . 十二世纪中国的建筑准则《营造法式》. 建筑史论文集，2004（20）: 6-7.

· 廖生训 . 追寻古典的美丽——《营造法式》图例释略 · 牟言 . 建筑知识，2004（2）: 59.

· 刘克明 .《营造法式》中的图学成就及其贡献——纪念《营造法式》发表 900 周年 . 华中建筑，2004（2）: 127-130.

· 马晓 . 附角斗的流变——元明清时期附角斗的功能及其演化 . 华中建筑，2004（2）: 131-134.

· 马晓 . 附角斗与缠柱造 . 华中建筑，2004（3）: 117-122.

· 潘德华 . 斗栱（上、下）. 南京 : 东南大学出版社，2004.

· 沈克 . 北宋《营造法式》中的木雕艺术 . 南京林业大学学报（人文社会科学版），2004（1）: 67-70.

· 王放 .《营造法式》——中国木构架体系经典 . 中州建设，2004（2）: 73.

· 王贵祥 . 唐宋时期建筑平立面比例中不同开间级差系列探讨 . 建筑史，2004（20）: 12-25.

· 王辉 . 试从初祖庵大殿分析江南技术对《营造法式》的影响 . 古建园林技术，

2004（4）：13–17.

·吴梅.《营造法式》彩画作制度研究和北宋建筑彩画考察.南京：东南大学，2004.

·薛建阳，赵鸿铁，张鹏程.中国古建筑木结构模型的振动台试验研究.土木工程学报，2004（6）：6–11.

·殷丽娜.《营造法式》研究文献（中文，1919–2002）.建筑史论文集，2004（20）：7–11.

·张亦文.《〈营造法式〉注释》卷上“乌头门与灵星门”误作同类门的献疑.古建园林技术，2004（4）：18–19.

·朱永春.阁的源流小考.见：中国文物学会传统建筑园林委员会第十五届学术研讨会会议文件.承德，2004.

2005年（25）

·白志宇.善化寺大雄宝殿脊槫增长构造与《营造法式》制度之比较.古建园林技术，2005（2）：4–6.

·陈薇.宋式建筑推衍——宋《营造法式》多媒体教学研究.见：东南大学建筑学院编.2003建筑教育国际论坛（中英文本）——全球化背景下的地区主义.南京：东南大学出版社，2005：115–118.

·都建立.中国古代石材加工和制品分类.石材，2005（8）：51–52.

·杜仙洲.宋《营造法式》勘误记.中国营造学研究，2005（1）：83–90.

·葛鸿鹏.中国古代木结构建筑榫卯加固抗震试验研究.西安：西安建筑科技大学，2005.

·胡正旗.《营造法式》建筑用语研究.成都：四川师范大学，2005.

·胡正旗.从《营造法式》看古代科技典籍在辞书编纂中的价值.四川师范大学学报（社会科学版），2005（S1）：101–103.

·李灿.《营造法式》中椽材间广屋深的模数初探.古建园林技术，2005（1）：18–30.

·李茂，唐渝宁.浅谈宋清两代建筑之比较.四川建筑，2005（5）：27–29.

·柳和成.《营造法式》版本及其流布述略.图书馆杂志，2005（6）：73–76.

·马彩祝.关于《营造法式》研究的几点思考.经济师，2005（1）：279–280.

·潘谷西，何建中.《营造法式》解读，南京：东南大学出版社，2005.

·乔迅翔.宋代建筑营造技术基础研究.南京：东南大学，2005.

·石宏超.《营造法式》中的窗何以如此“简陋”？.室内设计与装修，2005

（6）：16–18.

·司丽霞．北宋建筑装饰艺术研究．郑州：河南大学，2005.

·王英姿．南京图书馆馆藏清抄本《营造法式》考略．河南图书馆学刊，2005（5）：81–83.

·徐怡涛．公元七至十四世纪中国扶壁栱形制流变研究．故宫博物院院刊，2005（5）：86–101.

·杨国忠，王东涛，陶冶．《营造法式》材分制科学意义研究．中国营造学研究，2005（1）：98–104.

·杨国忠，王东涛．《营造法式》"材分八等"科学意义研究．古建园林技术，2005（3）：13–17.

·张十庆．部分与整体——中国古代建筑模数制发展的两大阶段．建筑史论文集，2005（21）：45–50.

·张驭寰．《营造法式》门窗简释．中国建材报，2005–08–01（B04）.

·赵冰．《营造法式》解说．城市建筑，2005（1）：78–82.

·周宇．《营造法式》中几个名词辨析．建筑史，2005（21）：117–122.

·邹其昌．《营造法式》艺术设计思想研究论纲．北京：清华大学，2005.

·左满常．有关《营造法式》及其作者的几个史实辨析．中国营造学研究，2005（1）：91–97.

2006 年（20）

·陈明达．《营造法式》研究札记（续一）．建筑史，2006（22）：1–19.

·傅宏明．六和塔南宋台座砖雕与《营造法式》．杭州文博，2006（2）：31–36.

·傅熹年．新印陶湘仿宋刻本《营造法式》介绍．见：李诫编修．新印陶湘仿宋刻本《营造法式》．北京：中国建筑工业出版社，2006.

·李灿．《营造法式》中厦两头造出际制度释疑．古建园林技术，2006（2）：16–19.

·李灿．《营造法式》中翼角檐细部处理及起翘探讨．古建园林技术，2006（3）：8–9.

·李路珂．《营造法式》彩画色彩初探．见：李砚祖主编．艺术与科学：卷 2. 北京：清华大学出版社，2006：45–61.

·李路珂．《营造法式》彩画研究．北京：清华大学，2006.

·乔迅翔．试论《营造法式》中的定向、定平技术．中国科技史杂志，2006（3）：247–254.

· 乔迅翔 . 宋代建筑基础营造技术 . 古建园林技术，2006（4）：3-8.

· 王兆祥 .《考工记》、《营造法式》、《工程作法》——城市建筑科学技术的发展与进步 . 中国房地产，2006（4）：75-77.

· 武存虎 . 山西忻州地区传统凿石工序（一）——兼谈与《营造法式》、《工程做法则例》所述工序的对应关系 . 古建园林技术，2006（2）：13-15.

· 武存虎 . 试谈传统凿石工序与现代石料加工方法 . 古建园林技术，2006（3）：10-12.

· 肖旻 . 唐宋古建筑尺度规律研究 . 南京：东南大学出版社，2006.

· 殷力欣 .《〈营造法式〉注释》中的几处疏漏 . 建筑史，2006（22）：20-24.

· 于业栓 . 古建筑榫卯节点加固试验研究 . 西安：西安建筑科技大学，2006.

· 张十庆 .《营造法式》栱长构成及其意义解析 . 古建园林技术，2006（2）：30-32.

· 朱永春 .《营造法式》殿阁地盘分槽图新探 . 建筑师，2006（6）：79-82.

· 邹其昌 .《营造法式·看详》诠释 . 见：李砚祖主编 . 艺术与科学（卷 2）. 北京：清华大学出版社，2006.

· 邹其昌 . 经典诠释与当代中国建筑设计理论体系建构——兼论潘谷西先生的《〈营造法式〉解读》的学理价值 . 美与时代，2006（6）：96.

· 邹其昌 . 文渊阁本《四库全书》·《营造法式》校勘说明 . 见：《文渊阁〈钦定四库全书〉·〈营造法式〉》，北京：人民出版社，2006.

2007 年（22）

· 陈望衡 .《营造法式》中的建筑美学思想 . 社会科学战线，2007（6）：1-7.

· 陈仲先 .《建筑十书》与《营造法式》建筑色彩体系的比较 . 见：宁绍强 . 设计历史与理论研究——传承与发展 . 重庆：重庆出版社，2007：316-319.

· 杜启明 . 宋材三问——兼及认知李诫 . 文物建筑 .2007（1）：44-51.

· 费海玲 . 中国古代经典建筑典籍——《营造法式》善本原貌再现 . 中国建设报，2007-02-12.

· 傅熹年 .《营造法式》的流传历程 . 中国图书商报，2007-06-19（A03）.

· 高大峰 . 中国木结构古建筑的结构及其抗震性能研究 . 西安：西安建筑科技大学，2007.

· 梁思成 .《营造法式》注释 . 北京：清华大学出版社，2007.

· 刘敦桢批注 . 刘叙杰整理 . 宋·李明仲《营造法式》校勘记录，见：刘敦桢 . 刘敦桢全集（第十卷）. 北京：中国建筑工业出版社，2007：1-84.

· 潘谷西.《营造法式》小木作制度研究.见：刘先觉，张十庆主编.建筑历史与理论研究文集（1997—2007）.北京：中国建筑工业出版社，2007：75-98.

· 乔迅翔.《营造法式》功限、料例的形式构成研究.自然科学史研究，2007（4）：523-536.

· 乔迅翔.宋代建筑台基营造技术.古建园林技术，2007（1）：3-7.

· 乔迅翔.宋代建筑地面与墙体营造技术.古建园林技术，2007（2）：3-3.

· 乔迅翔.宋代建筑瓦屋面营造技术.古建园林技术，2007（3）：3-9.

· 乔迅翔.宋代营造工程管理制度.华中建筑，2007（3）：165.

· 沈济黄，王歆.宋代建筑文化的镜子——崇宁《营造法式》.古建园林技术，2007（3）：12-13.

· 汪兴毅，杨智良.殿堂型木构架古建筑的抗震构造研究.合肥工业大学学报（自然科学版），2007（10）：1349-1352.

· 王辉.从社会环境因素分析古代江南建筑技术对《营造法式》的影响.见：中国建筑学会2007年学术年会论文集，西安，2007

· 王其亨，刘江峰.《营造法式》文献编纂成就探析.建筑师，2007（5）：78-82.

· 王天航.建筑与环境——唐长安木构建筑用材定量分析.西安：陕西师范大学，2007.

· 王吴军.《营造法式》郑州人写.大河报，2007-01-08（C08）.

· 谢启芳.中国木结构古建筑加固的试验研究及理论分析.西安：西安建筑科技大学，2007.

· 张鹏程，赵鸿铁.中国古建筑抗震，北京：地震出版社，2007.

2008年（23）

· 安伟强，郝赤彪.研讨型课堂教学模式探索——“宋代营造法式”课堂教学改革心得.见：全国高等学校建筑学学科专业指导委员会，华侨大学，厦门大学编.中国建筑教育2008全国建筑教育学术研讨会论文集.北京：中国建筑工业出版社，2008：380-384.

· 陈明达.《营造法式》研究札记（续二）.建筑史，2008（23）：10-32.

· 都铭.中国古建筑构件尺度的控制原则——从《营造法式》“重台勾栏”构件数值谈起.见：2008中国民间建筑与园林营造技术学术会议论文集.扬州，2008：5983-5987.

·何建中.唐宋木结构建筑实例的基本尺度与《〈营造法式〉大木作研究》.古

建园林技术，2008（4）：14–16.

· 李海娜，翁薇．古建筑木结构单铺作静力分析．陕西建筑，2008（2）：10–12.

· 李路珂．初析《营造法式》中的装饰概念．中国建筑史论汇刊，2008（1）：100–116.

· 李路珂．甘肃安西榆林窟西夏后期石窟装饰及其与宋《营造法式》之关系初探（上）．敦煌研究，2008（3）：5–12.

· 李路珂．甘肃安西榆林窟西夏后期石窟装饰及其与宋《营造法式》之关系初探（下）．敦煌研究，2008（4）：12–20.

· 林方．由《营造法式》等文献看古建筑装饰题材及部位．见：中国工艺美术学会理论委员会 2007 年年会论文集．济南，2008：236–248.

· 孟超，刘妍．晋东南歇山建筑的梁架做法综述与统计分析——晋东南地区唐至金歇山建筑研究之一．古建园林技术，2008（2）：3–9.

· 刘妍，孟超．晋东南歇山建筑与《营造法式》殿堂造做法比较——晋东南地区唐至金歇山建筑研究之二．古建园林技术，2008（4）：8–13.

· 苏军，高大峰．中国木结构古建筑抗震性能的研究．西北地震学报，2008（3）：239–244.

· 苏军．中国木结构古建筑抗震性能的研究．西安：西安建筑科技大学，2008.

· 粟永辉．北宋建筑法规——《营造法式》．建筑工人，2008（5）：38–40.

· 孙红梅．亭之源及宋《营造法式》中的造亭制度探秘．见：河南省古代建筑保护研究所编．河南省古代建筑保护研究所三十周年论文集（1978—2008）．郑州：大象出版社，2008：91–102.

· 谢启芳，赵鸿铁，薛建阳等．中国古建筑木结构榫卯节点加固的试验研究．土木工程学报，2008（1）：28–34.

· 殷丽娜．《营造法式》石作制度与圆明园西洋楼建筑．圆明园学刊（纪念圆明园建园 300 周年特刊），2008（7）：133–138.

· 于业栓，薛建阳，赵鸿铁．碳纤维布及扁钢加固古建筑榫卯节点抗震性能试验研究．世界地震工程，2008（3）：112–117.

· 张驭寰．《营造法式》一书门窗简释．见：张驭寰．张驭寰文集（第 12 卷）．北京：中国文史出版社，2008：30–32.

· 张远灵，史爱君．《营造法式》——我国最早的建筑学著作．才智，2008（7）：182.

· 中国古代的建筑标准著作 . 世界标准信息，2008（9）：26.

· 钟晓青 . 关于“材”的一些思考 . 建筑史，2008（23）：33–41.

· 邹其昌 .《营造法式》理论体系浅说 . 见：朱瑞熙等主编 . 宋史研究论文集 . 上海：上海人民出版社，2008：556–562.

2009 年（30）

· Andrew I-kang Li（李以康）著，袁博译 .《营造法式》的运算解析 . 见：李大夏名誉主编，陈寿恒等主编 . 数字营造——建筑设计 · 运算逻辑 · 认知理论 . 北京：中国建筑工业出版社，2009：113–126.

· 成丽 . 宋《营造法式》研究史初探 . 天津：天津大学，2009.

· 傅熹年 . 对唐代在建筑设计中使用模数问题的探讨 . 见：傅熹年 . 傅熹年建筑史论文选 . 北京：文物出版社，2009：262–275.

· 傅熹年 . 介绍故宫博物院藏钞本《营造法式》. 见：傅熹年 . 傅熹年建筑史论文选 . 天津：天津百花文艺出版社，2009：492–495.

· 顾孟潮 . 中国营造学社与《营造法式》——纪念中国营造学社成立 80 周年 . 重庆建筑，2009（9）：56.

· 贺从容 .《建筑十书》与《营造法式》中的建筑模数 . 建筑史，2009（24）：152–159.

· 李大平 . 中国古代建筑举屋制度研究 . 吉林艺术学院学报，2009（6）：7–14.

· 李路珂 . 初析《营造法式》的装饰材料观 . 建筑师，2009（3）：45–54.

· 李路珂 . 始于营造学社的《营造法式》彩画作研究——回顾及最新发展 . 见：中国营造学社成立 80 周年学术研讨会论文集 . 北京，2009.

· 李士桥 . 重构中国营造传统——20 世纪初期的《营造法式》. 见：李士桥 . 现代思想中的建筑 . 北京：中国水利水电出版社，2009：69–94.

· 李士桥 . 20 世纪初期的《营造法式》——国家、劳动和考据 . 见：李士桥 . 现代思想中的建筑 . 北京：中国水利水电出版社，2009：113–122.

· 刘娟 . 中国传统建筑营造技术中砖瓦材料的应用探析 . 太原：太原理工大学，2009.

· 刘书芳 .《营造法式》内砖作技术初探 . 平顶山工学院学报，2009（2）：76–78.

· 乔迅翔 .《营造法式》大木作功限研究 . 建筑史，2009（24）：1–14.

· 乔迅翔 . 宋代官方建筑营造机构的沿革 . 见：中国营造学社成立 80 周年学术研讨会论文集 . 北京，2009.

·沈伊瓦．文本类名中的中国古代结构观念探析—以《梦溪笔谈》、《营造法式》为例．新建筑，2009（5）：110–114.

·束林．材分制形成原因的思考．山西建筑，2009（34）：10–11.

·隋粪．中国古代木构耗能减震机理与动力特性分析．西安：西安建筑科技大学，2009.

·孙晓洁．殿堂型木构古建筑抗震机理分析——斗栱演化隔震的有限元动力分析．成都：西南交通大学，2009.

·谭秀江．法式的符号构造——《营造法式·大木作制度图样》的另一种读法．古建园林技术，2009（4）：27–30.

·王辉．从社会因素分析古代江南建筑技术对《营造法式》的影响．西安建筑科技大学学报（社会科学版），2009（1）：48–53.

·王平．宋朝李诫编修《营造法式》对古代建筑标准化的贡献．标准科学，2009（1）：13–17.

·王其亨，成丽．传世宋《营造法式》是否完本？——《营造法式》卷、篇、条目考辨．建筑师，2009（3）：106–114.

·项隆元．《营造法式》与江南建筑．杭州：浙江大学出版社，2009.

·徐怡涛．从公元七至十六世纪扶壁栱形制演变看中日建筑渊源．故宫博物院院刊，2009（1）：37–43.

·杨楠．论中国古代建筑设计理念中的礼乐思想．美苑，2009（6）：82–84.

·张十庆．《营造法式》八棱模式与应县木塔的尺度设计．建筑史，2009（25）：1–9.

·张昕，陈捷．《梓人遗制》小木作制度释读——基于与《营造法式》相关内容的比较研究．建筑学报，2009（S2）：82–88.

·赵慧．宋代室内意匠研究．北京：中央美术学院，2009.

·钟晓青．斗栱、铺作与铺作层．中国建筑史论汇刊，2009（1）：3–26.

2010 年（24）

·曹汛．李诫本名考正．中国建筑史论汇刊，2010（3）：4–37.

·曹汛．李诫《五马图》考定．中国建筑史论汇刊，2010（3）：38–64.

·曹汛．李诫研究．中国建筑史论汇刊.2010（3）：65–94.

·陈峰．约恩·伍重与中国传统建筑文化．山西建筑，2010（34）：18–20.

·陈明达著，丁垚等整理补注，王其亨、殷力欣审定，《建筑创作》杂志社承编．《营造法式》辞解．天津：天津大学出版社，2010.

· 陈涛 . 平坐研究反思与缠柱造再探 . 中国建筑史论汇刊，2010（3）：164-180.

· 范久江 . 嵊州民间大木作做法与《营造法式》的比照研究 . 杭州 ：中国美术学院，2010.

· 葛鸿鹏，周鹏，伍凯等 . 古建木结构榫卯节点减震作用研究 . 建筑结构，2010（A2）：30-36.

· 黄复山 . 进新修《营造法式》. 见：龚鹏程主编 . 改变中国历史的文献 . 北京：中国工人出版社，2010 ：454-457.

· 李合群，梁春航 . 北宋李诫《营造法式》中的"井屋子"复原研究 . 开封大学学报，2010（4）：1-2.

· 李天华 . 殿堂型古建筑木结构试验及力学性能研究 . 西安 ：长安大学，2010.

· 李颖，朱张文，李焱 . 建筑宗师李诫是咱郑州人——他编纂的《营造法式》在中国建筑史上具有划时代意义 . 郑州日报，2010-11-23（7）.

· 吕变庭 .《营造法式》的技术哲学思想探析 . 井冈山大学学报（社会科学版），2010（6）：44-51.

· 裘振宇 . 伍重的中国——中国传统艺术与建筑对尤恩 · 伍重建筑创作的启示 . 中华读书报，2010-06-02（23）.

· 尚新娇 .《营造法式》的编纂者原来是咱郑州人 . 郑州晚报，2010-11-22（A19）.

· 宋旸 . 宋代勾栏形制复原 . 上海 ：上海戏剧学院，2010.

· 孙克强，欧纯智 . 鉴于往事资于治道——工程造价的昨天 . 中国水运（下半月刊），2010（12）：157-159.

· 王继秀 . 古建筑木结构抗震性能试验与理论研究 . 西安 ：长安大学，2010.

· 王其亨，成丽 . 宋《营造法式》版本研究史述略 . 建筑师，2010（4）：71-78.

· 王文亮 . 宋代室内界面研究 . 太原 ：太原理工大学，2010.

· 温静 . 辽金木构建筑的补间铺作与建筑立面表现 . 营造，2010（5）：463-471.

· 吴翔艳 . 定鼎门钢结构仿古建筑组成及力学性能研究 . 西安 ：长安大学，2010.

· 张江波 . 两宋时期的隔扇研究 . 太原 ：太原理工大学，2010.

· 赵春晓 . 宋代歇山建筑研究 . 西安 ：西安建筑科技大学，2010.

2011年（27）

· JackJin. 梁思成《〈营造法式〉注释》校勘 . 兰州理工大学学报，2011（37）：5–14.

· 陈捷，张昕 .《梓人遗制》小木作制度考析 . 中国建筑史论汇刊，2011（4）：198–223.

· 陈涛 .《营造法式》小木作帐藏制度反映的模数设计方法初探 . 中国建筑史论汇刊，2011（4）：238–252.

· 陈薇 .《营造法式》图样研究（中英文）. 见：马克·卡森斯，陈薇 . 建筑研究 . 北京：中国建筑工业出版社，2011：250–277.

· 陈永明，张无暇 ."平坐"沿革 . 见：2011 世界建筑史教学与研究国际研讨会论文集 . 天津，2011：352–363.

· 成丽 . 李诫？李诚？——南宋"绍定本"《营造法式》所刻作者名辨析 . 中国建筑史论汇刊，2011（4）：23–30.

· 顾大勇 . 李诫与《营造法式》. 中国文物报，2011–03–11（6）.

· 侯军伟 . 宋代安全生产研究 . 郑州：河南大学，2011.

· 胡正旗 ."阁道"不等于"复道". 西南民族大学学报（人文社会科学版），2011（3）：109.

· 焦媛媛 . 金代重彩壁画颜料与施色技法的探索及复原临摹实验——以朔州崇福寺弥陀殿壁画为例 . 北京：首都师范大学，2011.

· 金在雄 . 宋代《营造法式》与朝鲜时代《营建仪轨》大木作用语的比较研究 . 南京：东南大学，2011.

· 李诫撰，王海燕注译，袁牧审定 .《营造法式》译解 . 武汉：华中科技大学出版社，2011.

· 李路珂 .《营造法式》彩画研究 . 南京：东南大学出版社，2011.

· 李路珂 . 传世两宋时期《营造法式》的残卷、摘录及著录钩沉——兼谈《营造法式》的作者姓名 . 中国建筑史论汇刊，2011（4）：31–46.

· 李乾朗 . 禊赏亭 . 紫禁城，2011（9）：27–29.

· 刘叙杰 . 纪念李诫 缅怀先哲 . 古建园林技术，2011（1）：5–8.

· 刘妍，孟超 . 晋东南歇山建筑"典型"做法的构造规律——晋东南地区唐至金歇山建筑研究之四 . 古建园林技术，2011（2）：7–11.

· 吕变庭 .《营造法式》五彩遍装祥瑞意象研究 . 北京：中国社会科学出版社，2011.

·吕变庭 . 北宋河洛之学在《营造法式》中的应用 . 吉林省教育学院学报，2011（3）：111–113.

·孟超 . 晋东南歇山建筑“典型”做法的构造规律——晋东南地区唐至金歇山建筑研究之三 . 古建园林技术，2011（1）：20–25.

·覃十六 .《营造法式》的风水观 . 深圳特区报，2011–03–04（E10）.

·吴兴文 .“陶本”《营造法式》. 东方早报，2011–09–25（B12）.

·肖东 . 李诫墓园筹建与纪念李诫活动记 . 古建园林技术，2011（1）：9–12.

·余剑峰 .《营造法式》与《建筑十书》中建筑彩绘装饰观的比较研究 . 装饰，2011（8）：137–138.

·张风亮 . 中国木结构古建筑屋盖梁架体系力学性能研究 . 西安：西安建筑科技大学，2011.

·长北 . 宋人典籍中髹饰工艺读解 . 中国国家博物馆馆刊，2011（11）：115–120.

·赵明星 .《营造法式》营造模数制度研究 . 建筑学报，2011（S2）：72–75.

2012 年（30）

·白成军，王其亨 . 宋《营造法式》测量技术探析 . 天津大学学报（社会科学版），2012（5）：417–421.

·曹雪 . 襻间考 . 天津：天津大学，2012.

·柴静 . 朱启钤、梁思成及中国古典建筑专著《营造法式》的故事 . 科技导报，2012（19）：15–18.

·陈彤 . 木衣锦绣——关于中国建筑彩画的思考 . 中国建筑装饰装修，2012（1）：224–227.

·成丽，丁垚 . 宋《营造法式》术语及文本研究史述略 . 建筑创作，2012（12）：190–197.

·成丽，王其亨 .《营造法式》“看详”的意义 . 建筑师，2012（4）：66–69.

·成丽 . 梁思成对《营造法式》的研究——纪念梁思成先生诞辰 110 周年 . 华中建筑，2012（2）：1–4.

·成丽 . 宋《营造法式·序》语境解析 . 华中建筑，2012（12）：24–26.

·贾洪波 . 也论中国古代建筑的减柱、移柱做法 . 华夏考古，2012（4）：96–113.

·姜铮 .《营造法式》与唐宋厅堂构架技术的关联性研究——以铺作构造的演变为视角 . 南京：东南大学，2012.

· 姜铮 . 唐宋木构中襻间的形制与构成思维研究 . 建筑史，2012（28）：83–92.

· 刘培爽 . 檐之有理——对《营造法式》中檐出、斗拱、举折的研究及其对建筑实践的启示 . 北京：北京大学，2012.

· 刘瑜，张凤梧 . 陶本《营造法式》大木作制度图样补图小议 . 建筑学报，2012（S1）：61–65.

· 卢小慧 . 转轮藏始创之缘由——兼论《营造法式 · 小木作》转轮经藏 . 中国建筑文化遗产，2012（8）：25–31.

· 马晓，周学鹰 . 闪电窗研究 . 建筑史，2012（29）：24–35.

· 孟涛，沈小璞 . 带有关键榫卯节点的有限元分析 . 安徽建筑工业学院学报（自然科学版），2012（6）：28–30.

· 亓艳芝 . 李诫考略 . 文物建筑，2012（5）：199–203.

· 乔迅翔 .《营造法式》大木作料例研究 . 建筑史，2012（28）：74–82.

· 乔迅翔 . 宋代官式建筑营造及其技术 . 上海：同济大学出版社，2012.

· 唐聪 . 两宋时期的木造现象及其工匠意识探析——从保国寺大殿与《营造法式》的构件体系比较入手 . 南京：东南大学，2012.

· 王茂华，姚建根，吕文静 . 中国古代城池工程计量与计价初探 . 中国科技史杂志，2012（2）：204–221.

· 谢鸿权 ."冲脊柱"浅考 . 建筑史，2012（28）：25–42.

· 许慧，李士太 . 宋代工程管理概况——读李诫《营造法式》. 安徽文学（下半月），2012（6）：158–159.

· 杨建江，杨明 . 材份制形成之探讨 . 华中建筑，2012（12）：138–141.

· 张风亮，赵鸿铁，薛建阳等 . 古建筑木结构屋盖梁架体系动力性能分析 . 工程力学，2012（8）：184–188.

· 张毅捷 . 比较《营造法式》与《匠明》. 见：张毅捷 . 中日楼阁式木塔比较研究 . 上海：同济大学出版社，2012：160–170.

· 赵守江 . 古建木结构及其内陈文物地震反应分析 . 哈尔滨：中国地震局工程力学研究所，2012.

· 钟晓青 . 椽头盘子杂谈 . 建筑史，2012（29）：1–10.

· 邹其昌 .《进新修〈营造法式〉序》研究——《营造法式》设计思想研究系列 . 创意与设计，2012（1）：17–26.

· 邹其昌 .《营造法式》设计理论体系的当代建构 . 创意与设计，2012（4）：

40–48.

2013 年（36）

·曹汛 . 草架源流 . 中国建筑史论汇刊，2013（7）：3–35.

·柴琳 . 晋东南宋金建筑大木作与宋《营造法式》对比探析 . 太原：太原理工大学，2013.

·成丽 . 中国营造学社对宋《营造法式》的研究 . 建筑学报，2013（2）：10–14.

·顾明智 . 从《营造法式》看李诫建筑理论与成就 . 兰台世界，2013（30）：91–92.

·洪宇，蒋玉川 . 从李诫的《营造法式》看宋朝建筑文化 . 兰台世界，2013（17）：12–13.

·姜铮 . 唐宋歇山建筑转角做法探析 . 见：宁波保国寺大殿建成 1000 周年学术研讨会暨中国建筑史学分会 2013 年会论文集 . 宁波，2013：60–72.

·李丽霞 . 中国古建筑的“场所精神”与地缘或方位释义 . 重庆建筑，2013（12）：4–6.

·梁思成 .《营造法式》注释 . 北京：生活·读书·新知三联书店，2013.

·林琳 . 初论《营造法式》与日本禅宗样佛堂大木结构的源流及分类 . 见：宁波保国寺大殿建成 1000 周年学术研讨会暨中国建筑史学分会 2013 年会论文集 . 宁波，2013.

·刘畅 . 侧脚 . 紫禁城，2013（1）：42–51.

·刘畅 . 平推刨南宋起源说献疑 . 建筑史，2013（31）：97–103.

·刘海瑞，张歆 . 从《营造法式》到《清工部工程做法则例》屋面坡度设计方法比较 . 城市建筑，2013（24）：54–55.

·龙萧合 . 传统木作营造中梁栿拼合技术探析 . 古建园林技术，2013（2）：46–50.

·孟庆鹏 . 建筑法律制度视角下的《营造法式》研究 . 见：宁波保国寺大殿建成 1000 周年学术研讨会暨中国建筑史学分会 2013 年会论文集 . 宁波，2013.

·宁鹏 . 宋《营造法式》厅堂型木构架及透榫节点力学性能研究 . 厦门：厦门大学，2013.

·沈伊瓦 . 古代中国建筑技术的文本情境——以《考工记》、《营造法式》为例 . 南方建筑，2013（2）：35–38.

·沈源，常清华 . 迭代算法——中国古建屋顶曲线的生成机制 . 世界建筑，

2013（9）：110–115.

·史箴，张宇 . 宋《营造法式》材份制度的数理含义及律度协和的审美意象探析——纪念《营造法式》刊行 910 周年 . 建筑师，2013（3）：58–74.

·唐聪 . 北方辽宋木构梢间斗栱配置与转角构造的演变关系研究 . 古建园林技术，2013（1）：59–62.

·王其亨，成丽 . 金刻《重校正地理新书》所引宋《营造法式》刍议 . 宁波保国寺大殿建成 1000 周年学术研讨会暨中国建筑史学分会 2013 年会论文集 . 宁波，2013：395–403.

·魏宏 .《营造法式》中的标准化智慧（英文）. 中国标准化（英文版），2013（2）：93–96.

·魏丽丽 . 羽觞随波，九曲流音——流杯渠与中国传统文化 . 见：宁波保国寺大殿建成 1000 周年学术研讨会暨中国建筑史学分会 2013 年会论文集 . 宁波，2013：158–160.

·许干臣 . 浅论《营造法式》和建筑法规 . 科技视界（学术刊），2013（4）：56.

·喻梦哲 . 晋东南地区五代宋金木构建筑与《营造法式》技术关联性研究 . 南京：东南大学，2013.

·张风亮 . 中国古建筑木结构加固及其性能研究 . 西安：西安建筑科技大学，2013.

·张十庆 .《营造法式》材比例的形式与特点——传统数理背景下的古代建筑技术分析 . 建筑史，2013（31）：9–14.

·张十庆 . 保国寺大殿的材栔形式及其与《营造法式》的比较 . 中国建筑史论汇刊，2013（7）：36–51.

·张十庆 . 保国寺大殿厅堂构架与梁额榫卯——《营造法式》梁额榫卯的比较分析 . 见：保国寺古建筑博物馆编 . 东方建筑遗产（2013 年卷）. 北京：文物出版社，2013：81–94.

·张锡成 . 地震作用下木结构古建筑的动力分析 . 西安：西安建筑科技大学，2013.

·张玉霞 .《营造法式》营造模数制度研究 . 中原文物，2013（6）：73–77.

·钟晓青 .《营造法式》研读笔记二则 . 建筑史，2013（31）：15–19.

·钟晓青 .《营造法式》研读札记 . 见：宁波保国寺大殿建成 1000 周年学术研讨会暨中国建筑史学分会 2013 年会论文集 . 宁波，2013.

·朱永春 .《营造法式》中的“骑枓栱”辨析 . 中国建筑史论汇刊，2013（8）：

280–285.

· 朱永春 . 闽浙宋元建筑遗存所见的《营造法式》中若干特殊铺作 . 见：宁波保国寺大殿建成1000周年学术研讨会暨中国建筑史学分会2013年会论文集 . 宁波，2013.

· 卢小慧 .《营造法式 • 坛》建筑探源——兼论礼仪用玉之由 . 建筑与文化，2013（5）：90–93.

· 喻梦哲 . 论晋东南早期遗构扶壁栱中的特异现象 . 见：宁波保国寺大殿建成1000周年学术研讨会暨中国建筑史学分会2013年会论文集 . 宁波，2013：25–29.

2014 年（28）

· 陈黎 . 建筑古书《营造法式》. 深圳晚报，2014–01–29（A15）.

· 陈诗宇 . 风透湘帘花满庭——唐宋时期装修中的帘、帐、格子门、窗、亮隔组合 . 中华民居（上旬版），2014（3）：109–121.

· 成丽，王其亨 . 陈明达对宋《营造法式》的研究——纪念陈明达先生诞辰100周年 . 建筑师，2014（4）：106–116.

· 董伯许 . 基于宋《营造法式》大木作制度的宋代楼阁复原设计研究 . 北京：清华大学，2014.

· 方振宁 .《营造法式》在威尼斯 . 东方艺术，2014（13）：136–139.

· 黄滨 ."珠窗网户"的意义——宋代建筑门窗功能研究 . 上海：上海师范大学，2014.

· 蒋帅，蔡军 . 基于古典建筑文献中"亭"的分类体系研究 . 华中建筑，2014（5）：169–173.

· 李合群，李丽 . 试论中国古代建筑中的梭柱 . 四川建筑科学研究，2014（5）：243–245.

· 梁婷 . 库哈斯低调亮相"深双展"——"解读《营造法式》"项目将赴威尼斯参展 . 深圳 • 特区报，2014–01– 22（B01）.

· 廖珊珊 . 平棊在现代室内空间设计中的传承 . 美与时代（上旬刊），2014（2）：78–80.

· 刘星 . 宋朝建筑家李诫《营造法式》始末及贡献 . 兰台世界，2014（14）：137–138.

· 沈源，常清华 . 迭代算法——《营造法式》中"举折之制"的生成机制 . 见：黄蔚欣，刘延川，徐卫国主编 ."数字渗透"与"参数化主义"DADA2013 系列活动数字建筑国际学术会议论文集（汉、英）. 北京：清华大学出版社，2014：556-563.

· 苏兵 . 解读《营造法式》将赴威尼斯展示 . 深圳商报，2014-01-24（C01）.

· 孙博文 . “栱斗 / 斗栱”——福建乡土工匠言语表达习惯与《营造法式》建构逻辑 . 建筑师，2014（3）：82-86.

· 孙博文 . 瓜？童？瓜童！——对不落地短柱的词源考证与异地匠作同源关系探讨 . 建筑师，2014（1）：67-74.

· 孙苏谊 . 宋式风格及其在江南地区建筑室内设计中的实践 . 南京：南京工业大学，2014.

· 王丹 . 传统木结构节点区摩擦耗能机理及力学模型化试验研究 . 昆明：昆明理工大学，2014.

· 王俊松 . 古代土木建筑家李诫的建筑艺术成就 . 兰台世界，2014（3）：52-53.

· 王其亨 . 宋《营造法式》材份制度的数理含义及律度协和的审美意象探析 . 见：王其亨 . 当代中国建筑史家十书——王其亨中国建筑史论选集 . 沈阳：辽宁美术出版社，2014：360-388.

· 王晴 .《营造法式》言象系统的教学价值研究——以高校室内设计专业为例 . 杭州：中国美术学院，2014.

· 谢启芳，向伟，杜彬等 . 残损古建筑木结构叉柱造式斗栱节点抗震性能退化规律研究 . 土木工程学报，2014（12）：49-55.

· 杨浩 .《营造法式》中的节约型设计思想研究 . 中华文化论坛，2014（12）：143-147.

· 杨慧 . 国际大师解读中国建筑古书——参照宋代《营造法式》搭建模型将亮相威尼斯双年展 . 深圳晚报，2014-01-22（B06）.

· 喻心麟 . 转轮藏——收存佛经的“微型图书馆”. 中国宗教，2014（7）：50-51.

· 张十庆《营造法式》厦两头与宋代歇山做法 . 中国建筑史论汇刊，2014（10）：188-201.

· 张兆平 .《营造法式 · 流杯渠图》赏析 . 文物天地，2014（3）.

· 郑珠，郑晓祎 .《营造法式》读后杂谈 . 古建园林技术，2014（3）：48-52.

· 周淼 . 五代辽宋金时期华北地区典型大木作榫卯类型初探 . 见：2014 年中国建筑史学年会暨学术研讨会论文集 . 福州，2014：336-342.

2015 年（27）

· 陈彤 . 故宫本《营造法式》图样研究（一）——《营造法式》斗栱榫卯探微 . 中国建筑史论汇刊，2015（11）：312–373.

· 陈彤 . 故宫本《营造法式》图样研究（二）——《营造法式》地盘分槽及草架侧样探微 . 中国建筑史论汇刊，2015（12）：312–373.

· 陈望衡，刘思捷 . 试论宋代建筑色调的审美嬗变——《营造法式》美学思想研究之一 . 艺术百家，2015（2）：144–149.

· 方琳 . 从《营造法式》探析中国古代土木工程知识及其思维方式 . 西安：西安建筑科技大学，2015.

· 国庆华 .《营造法式》八等材和材份制争议 . 中国建筑史论汇刊,2015（11）:183–191.

· 黄燕萍 . 宋《营造法式》殿堂构架地震作用下弹性抗侧移刚度研究 . 厦门：厦门大学，2015.

· 刘海林 . 中国古代建筑举屋制度中的物理学原理 . 中学物理（初中版），2015（5）：94–95.

· 马贝娟,李绍文 . 北宋建筑装饰主要内容与艺术特征 . 兰台世界,2015（15）:91–92.

· 裴琳娟 . 基于数字建构的《营造法式》制度研究 . 见：世界建筑史教学与研究国际研讨会论文集 . 哈尔滨，2015：261–264.

· 裘振宇 .《营造法式》与未完成的悉尼歌剧院——尤恩 · 伍重的成与败 . 建筑学报，2015（10）：18–25.

· 陶宗震 . 陶本《营造法式》校勘出版始末 . 中国建设报，2015–01–16（专题四版）.

· 万佳 . 宋式三等材和七等材单柱摩擦体系的静力、动力有限元分析 . 太原：太原理工大学，2015.

· 王俊伟 . 二、六等材木结构模型结构性能分析 . 太原：太原理工大学，2015.

· 王曦 .《营造法式》殿堂式柱础的参数化定位研究 . 城市建筑，2015（24）：199.

· 谢启芳,杜彬,李双等 . 残损古建筑木结构燕尾榫节点抗震性能试验研究 . 振动与冲击，2015（4）：165–170.

· 谢启芳，杜彬，向伟等 . 古建筑木结构燕尾榫节点抗震性能及尺寸效应试验研究．建筑结构学报，2015（3）：112–120.

・谢启芳，向伟，杜彬等．古建筑木结构叉柱造式斗栱节点抗震性能试验研究．土木工程学报，2015（8）：19–28.

・谢启芳，郑培君，崔雅珍等．古建筑木结构直榫节点抗震性能试验研究．地震工程与工程振动，2015（3）：232–241.

・徐怡涛．《营造法式》大木作控制性尺度规律研究．故宫博物院院刊，2015（6）：36–44，157–158.

・杨家强，程建军．斜项考．见：2015 中国建筑史学会年会暨学术研讨会论文集．广州，2015：752–757.

・尹国均，尹思桥．拓扑学与建筑场所精神的关联分析探讨．重庆建筑，2015（1）：61–63.

・钟晓青．《营造法式》缘何无“漆作”？．建筑史，2015（36）：11–16.

・周丽莎．北宋建筑装饰艺术风格考略．兰台世界，2015（6）：93–94.

・周乾，杨娜，闫维明．《营造法式》力学意义研究．广州大学学报（自然科学版），2015：64–70.

・朱永春，林琳．《营造法式》模度体系及隐性模度．建筑学报，2015（4）：35–37.

・朱永春．从南方建筑看《营造法式》大木作中几个疑案．见：2015 中国建筑史学会年会暨学术研讨会论文集．广州，2015：644–648.

・邹喆．《营造法式》中的设计美学初探．艺术教育，2015（4）：256–257.

2016 年（31）

・陈金永，师希望，牛庆芳等．宋式木构屋盖自重及材份制相似关系．土木建筑与环境工程，2016（5）：27–33.

・陈斯亮，林源，刘启波．《营造法式》探微——“分心斗底槽”及“金箱斗底槽”概念研究．建筑与文化，2016（10）：122–125.

・陈彤．《营造法式》与晚唐官式栱长制度比较．中国建筑史论汇刊，2016（13）：81–91.

・陈晓卫，王曦．《营造法式》参数化——殿堂式大木作的算法生形．华中建筑，2016（12）：41–43.

・成丽，李梦思．台湾地区馆藏两部宋《营造法式》钞本考略．2016 年中国《营造法式》国际学术研讨会论文集．福州，2016.

・冯凯，李铁英，康昆等．带缝燕尾榫构件抗震性能影响研究．工业建筑，

2016（增刊Ⅱ）：163-166.

·冯凯 . 残损古建筑抗震性能研究 . 太原：太原理工大学，2016.

·高赫 . 基于唐宋单檐建筑实例的《营造法式》立面尺度规律研究 . 厦门：华侨大学，2016.

·何建中 . 白璧微瑕——谈《营造法式》之“未尽未便”处 . 建筑史,2016(37)：1-7.

·康昆，乔冠峰，陈金永等 . 榫卯间缝隙对古建筑木结构燕尾榫节点承载性能影响的有限元分析 . 中国科技论文，2016（1）：38-42.

·康昆 . 构件之间的缝隙对八等材木构架承载性能影响分析 . 太原：太原理工大学，2016.

·李敖主编 . 古玉图考·营造法式·天工开物 . 天津：天津古籍出版社，2016.

·李合群，郭兆儒 .《营造法式》中的“拒马叉子”复原研究 . 古建园林技术，2016（2）：16-18.

·李梦思 . 宋《营造法式》传世版本比较研究（大木作部分）. 厦门：华侨大学，2016.

·林文俏 .《营造法式》到《中国建筑史》. 南方日报，2016-01-22（A26）.

·石云轩 . 浅谈《营造法式》理论体系中的创新意义 . 艺术科技，2016（7）：322.

·王颢霖 . 宋式营造技艺探析 . 北京：中国艺术研究院，2016.

·徐怡涛 . 对北宋李明仲《营造法式》镂版时间的再认识 .2016 年中国《营造法式》国际学术研讨会论文集 . 福州，2016.

·庸责 .《营造法式》陶刻本 . 今晚报，2016-09-05（16）.

·于志飞，王紫微 . 循墙绕柱觅栏槛 . 文史知识，2016（6）：58-68.

·俞莉娜，徐怡涛 . 晋东南地区五代宋元时期补间铺作挑斡形制分期及流变初探 . 中国国家博物馆馆刊，2016（5）：21-40.

·喻梦哲 . 论连架式厅堂与井字式厅堂的地域祖源——以顺栿串为线索 . 建筑史，2016（2）：90-96.

·喻梦哲 . 宋金之交的“接柱型”厅堂 . 华中建筑，2016（6）：143-146.

·张磊 . 明代转轮藏探析——以平武报恩寺和北京智化寺转轮藏为例 . 文物，2016（11）：64-71.

·张龙，李倩，谢竹悦等 . 聊城光岳楼与《营造法式》的关联初探 .2016 年中国《营造法式》国际学术研讨会论文集．福州，2016.

· 张十庆．关于《营造法式》大木作制度基准材的讨论．建筑史，2016（38）：73–81.

· 周龙，仪德刚．宋代测水平技术——“水平法”与“旱平法”辨析．广西民族大学学报（自然科学版），2016（2）：25–29.

· 周淼，朱光亚．唐宋时期华北地区木构建筑转角结构研究．建筑史，2016（38）：10–30.

· 朱永春．《营造法式》中“挑斡”与“昂桯”及其相关概念的辨析．见：2016 年中国《营造法式》国际学术研讨会论文集．福州，2016.

· 朱永春．《营造法式》中若干以尺度为标尺的特殊铺作．建筑师，2016（3）：90–93.

· 朱永春．关于《营造法式》中殿堂、厅堂与余屋几个问题的思辨．建筑史，2016（38）：82–89.

2017 年（9）

· 白瑞荣．现代语境下《营造法式》的美学形态研究．艺术科技，2017（2）：243，268，270.

· 常青．想象与真实——重读《营造法式》的几点思考．建筑学报，2017（1）：35–40.

· 贾珺．《营造法式》札记六题．建筑学报，2017（1）：41–44.

· 李诫著，赫长旭，兰海编译．营造法式．南京：江苏凤凰科学技术出版社，2017.

· 孟东生，李敏，曹龙凤．浅谈《营造法式》中的室内环境艺术．现代装饰（理论），2017（1）：34.

· 徐怡涛．宋金时期“下卷昂”的形制演变与时空流布研究．文物，2017（2）：89–96.

· 薛瑞．基于成果分析的宋《营造法式》术语研究综述．厦门：华侨大学，2017.

· 喻梦哲．晋东南五代、宋、金建筑与《营造法式》．北京：中国建筑工业出版社，2017.

· 赵辰．“天书”与“文法”——《营造法式》研究在中国建筑学术体系中的意义．建筑学报，2017（1）：30–34.

附录四

国内早期木构建筑概况及研究文献①

一、早期木构建筑概况及专题研究文献①

1. 南禅寺大殿②

唐（主体木构断代），山西省五台县城西南 22 公里李家庄（所在地），单檐歇山（屋顶形式），三间（面阔），三间（进深）

2. 广仁王庙正殿（五龙庙）③

唐，山西省芮城县城北 4 公里中龙泉村北侧，单檐歇山，五间，三间四椽

3. 佛光寺东大殿④

唐，山西省五台县城东北 25 公里佛光新村，单檐庑殿，七间，四间八椽

① 该附录系在笔者博士学位论文的基础上，由华侨大学 2016 级硕士研究生张陆青协助整理、完善。部分文献论及多座期建筑的，依照排序列于首栋建筑处，其余不再重复列出。建筑主体断代与所在地主要参照国家重点文物保护单位公布时的相关信息。

② 文物工作报导·山西五台县发现一千一百多年的唐代木构建筑——南禅寺 . 文物参考资料，1954（1）；祁英涛，柴泽俊 . 南禅寺大殿修复 . 文物，1980（11）；柴泽俊，刘宪武 . 全国重点文物保护单位——南禅寺 . 文物，1980（11）；柴泽俊 . 南禅寺大殿修缮工程竣工技术报告 . 文物保护技术，1982（1）；祁英涛，柴泽俊 . 五台南禅寺大殿修复工程报告 . 建筑历史研究，1982（1）；柴泽俊 . 五台南惮寺 . 山西文物，1983（1）；祁英涛 . 南禅寺大殿复原工程简介（作于 1986 年）. 见：祁英涛 . 祁英涛古建论文集 . 北京：华夏出版社，1992；柴泽俊 . 南禅寺大殿修缮工程技术报告 . 见：陆寿麟主编 . 文物保护技术（1981—1991）. 北京：科学出版社，2010；赵云旗 . 论南禅寺的雕塑艺术 . 五台山研究，1987（6）；谭树桐 . 敦煌唐塑和南禅寺彩塑艺术的比较研究 . 敦煌研究，1988（2）；负安志 . 中国古代建筑的瑰宝——南禅寺与佛光寺彩塑艺术分析 . 文博，1989(5)；张志兰 . 从南禅寺屋角部分做法分析其他的屋角部分的发展演变 . 古建园林技术，1993（2）；崔正森等编著 . 东方寺庙明珠南禅寺、佛光寺 . 太原：山西人民出版社，2002；段智钧 . 南禅寺大殿大木结构用尺与用材新探 . 中国建筑史论汇刊，2009（1）；陈涛 . 五台山南禅寺大殿建造年代辨析 . 建筑与文化，2010（06）；高天 . 南禅寺大殿修缮与新中国初期文物建筑保护理念的发展 . 古建园林技术，2011（2）；武丁，姚智泉 . 山西省南禅寺壁画年代研究 . 中国文房四宝，2014（2）；张献梅，史翔 . 唐代遗存南禅寺大佛殿的整体布局特点和历史价值 . 兰台世界，2014（12）.

③ 酒冠五 . 山西中条山南五龙庙 . 文物，1959（11）；贺大龙 . 山西芮城广仁王庙唐代木构大殿 . 文物，2014（08）；李制 . 山西芮城唐代五龙庙及其乐楼碑刻考述 . 中华戏曲，2015（2）.

④ 梁思成 . 记五台山佛光寺建筑 . 中国营造学社汇刊，1944，7（1）；梁思成 . 记五台山佛光寺建筑（续）. 中国营造学社汇刊，1945，7（2）；梁思成 . 记五台山佛光寺的建筑 . 文物参考资料，1953（5，6）；罗哲文 . 山西五台山佛光寺大殿发现唐、五代的题记和唐代壁画 . 文物，1965（4）；柴泽俊 . 五台佛光寺 . 山西文物，1982（3）；冯永谦 . 佛光寺和大云院唐、五代壁画 . 北京：文物出版社，1983；山西省古建筑保护研究所编 . 佛光寺 . 北京：文物出版社，1984；杨玉潭，王学斌编写 . 佛光寺 . 太原：山西人民出版社，1985；柴泽俊 . 佛光寺东大殿建筑形制初析 . 五台山研究，1986（1）；傅熹年 . 五台山佛光寺建筑 . 见：傅熹年建筑史论文集 . 北京：文物出版社，1998；金磊 . 重走五台山佛光寺的发现之路 . 建筑，2004（1）；陈薇主编 . 山西五台佛光寺——东大殿 . 北京：中国建筑工业出版社，2005；张荣，刘畅，臧春雨 . 佛光寺东大殿实测数据解读 . 故宫博物院院刊，2007（2）；赵婧，李瑞 . 浅谈山西唐、辽、元三代佛教建筑——五台山佛光寺、大同华严寺、洪洞广胜寺建筑结构之区别 . 科教文汇（上旬刊），2007（11）；吴保安 . 五台山佛光寺古建筑避雷原因探析 . 科学技术与辩证法，2008（4）；郑丽云 . 五台山佛光寺建筑艺术的科学思想 . 山西大同大学学报（社会科学版），2008（5）；高可主编 . 佛光寺 . 太原：三晋出版社，2008；张荣 . 佛光寺东大殿文物建筑勘察研究 . 古建园林技术，2010（03）；张映莹，李彦主编 . 五台山佛光寺 . 北京：文物出版社，2010；清华大学建筑设计研究院，北京清华城市规划设计研究院文化遗产保护研究所编著 . 佛光寺东大殿建筑勘察研究报告 . 北京：文物出版社，2011；祁伟成编 . 五台佛光寺东大殿 . 北京：文物出版社，2012；祁婵英 . 五台山佛光寺东大殿建筑技术研究新论 . 科技与创新，2014（17）；郭晓宁 . 从佛光寺东大殿诠释唐代建筑艺术特色 . 兰台世界，2014（06）；张荣，雷娴 . 大唐夕阳——佛光寺东大殿勘察研究记 . 世界遗产，2015（12）；丁垚，张思锐，刘翔宇等 . 佛光寺东大殿的建筑彩画 . 文物，2015（10）；符津铭，柏小剑，黄斐等 . 佛光寺东大殿彩画制作材料及工艺研究 . 文物世界，2015（04）；张荣 . 佛光寺东大殿历史沿革进展研究 . 中国文物报，2016-06-24（006）.

4. 敦煌 196 窟窟檐[①]

唐，甘肃省敦煌莫高窟

5. 开元寺钟楼[②]

唐，河北省正定县城大十字街以南路西，单檐歇山，三间（二层），三间

6. 天台庵正殿[③]

唐[④]，山西省平顺县城北 25 公里实会乡王曲村，单檐歇山，三间，三间四椽

7. 正定文庙大成殿[⑤]

五代，河北省石家庄市正定县城内民主街，单檐歇山，五间，三间

8. 龙门寺西配殿[⑥]

五代，山西省平顺县城东北 54 公里石城镇源头村龙门山麓，悬山，三间，四椽

9. 大云院弥陀殿[⑦]

五代，山西省平顺县城西北 23 公里石会村北龙耳山中，单檐歇山，三间，六椽

10. 镇国寺万佛殿[⑧]

五代，山西省平遥县城东北郝洞村，单檐歇山，三间，三间六椽

---

① 赵正之，莫宗江，宿白，余鸣谦勘察．陈明达整理执笔．敦煌石窟勘察报告．文物参考资料，1955（2）；辜其一．敦煌石窟宋初窟檐及北魏洞内斗栱述略．重庆建筑工程学院学报，1957（1）；肖旻．敦煌莫高窟窟前殿堂遗址及木构窟檐的尺度问题初探．见：2002 年麦积山石窟艺术与丝绸之路佛教文化国际学术研讨会论文集．兰州：兰州大学出版社，2002；萧默．敦煌建筑研究．北京：机械工业出版社，2003.

② 聂连顺，林秀珍，袁毓杰．正定开元寺钟楼落架和复原性修复（上）．古建园林技术，1994（1）；聂连顺，林秀珍，袁毓杰．正定开元寺钟楼落架和复原性修复（下）．古建园林技术，1994（2）；樊瑞平，刘友恒．正定开元寺唐三门楼石柱初步整理与探析（上）．文物春秋，2014（6）；樊瑞平，刘友恒．正定开元寺唐三门楼石柱初步整理与探析（下）．文物春秋，2015（1）．

③ 徐振江．平顺天台庵正殿．古建园林技术，1989（3）；王春波．山西平顺晚唐建筑天台庵．文物，1993（6）；张帆．山西平顺天台庵．天津：天津大学出版社，2016；帅银川，贺大龙．平顺天台庵弥陀殿修缮工程年代的发现．中国文物报，2017-03-03（08）．

④ 大部分学者根据建筑形制等信息，将山西平顺天台庵弥陀殿暂定为唐代遗构，但因缺乏直接证据，学界对其年代的讨论一直未停，有唐代说、晚唐说和五代说几种。2014 年 11 月弥陀殿保护修缮施工期间，在椽条构件上发现了该殿建于五代后唐时期的题字。参见帅银川，贺大龙．平顺天台庵弥陀殿修缮工程年代的发现．中国文物报，2017-03-03（08）．

⑤ 林秀珍．河北正定县文庙大成殿．文物春秋，1995（1）；张剑玺．古建筑特点及旅游价值开发研究——以正定县文庙大成殿为例．中国商论，2016（24）．

⑥ 耿昀．平顺龙门寺及浊漳河谷现存早期佛寺研究．天津：天津大学，2017.

⑦ 酒冠五．大云院．文物参考资料，1958（3）；李春江．山西省平顺大云院的壁画与彩画．文物，1963（7）；郭兰莹．大云院五代壁画浅探．文物世界，2010（05）；梁瑞强．平顺大云院五代壁画略述．山西档案，2012（02）；贾珺，廖慧农．山西平顺大云院营建历史纪略．建筑史，2013（02）；长北．大云院龙门寺考察记行．创意与设计，2015（01）；武洁．山西平顺大云院弥陀殿五代壁画艺术研究．太原：山西大学，2015；赵建中．山西平顺大云院五代壁画山水之“南宗”图式探微．山西档案，2016（04）．

⑧ 姚雅欣．山西平遥镇国寺三佛楼佛传故事壁画考略——兼谈山西佛传故事壁画发展脉络．古建园林技术，2004(4)；姚亮．平遥镇国寺万佛殿五代彩塑探微．太原：山西大学，2010；刘梦雨，雷雅仙．平遥镇国寺万佛殿椽头彩画初探．建筑史，2012（30）；刘畅，刘梦雨，王雪莹．平遥镇国寺万佛殿大木结构测量数据解读．中国建筑史论汇刊，2012（5）；刘畅，廖慧农，李树盛．山西平遥镇国寺万佛殿与天王殿精细测绘报告．北京：清华大学出版社，2013；程博，刘畅．平遥镇国寺万佛殿室内壁画之建筑表现探究．中国建筑史论汇刊，2015（11）．

11. 华林寺大殿 [①]

北宋，福州市鼓楼区华林路 78 号，单檐歇山，三间，四间

12. 元妙观三清殿 [②]

北宋，福建省莆田市内兼济河畔，重檐歇山，五间，十椽

13. 敦煌 427 窟窟檐

北宋，甘肃省敦煌莫高窟，单檐庑殿

14. 敦煌 431 窟窟檐

北宋，甘肃省敦煌莫高窟，单檐庑殿

15. 敦煌 437 窟窟檐

北宋，甘肃省敦煌莫高窟，单檐庑殿

16. 敦煌 444 窟窟檐

北宋，甘肃省敦煌莫高窟，悬山

17. 潮州开元寺天王殿 [③]

北宋，广东省潮州市开元路，单檐歇山，十一间，四间

18. 梅庵大雄宝殿 [④]

北宋，广东省肇庆市端州区城西梅庵岗上，单檐歇山，五间，三间

19. 隆兴寺慈氏阁 [⑤]

北宋，河北省正定县城东门里街，单檐歇山，三间（前出副阶，二层），

---

① 林钊．福州华林寺大雄宝殿调查简报．文物参考资料，1956（7）；王贵祥．福州华林寺大殿．北京：清华大学，1981；钟晓青．福州华林寺大殿复原．北京：清华大学，1981；祁英涛．福州华林寺大殿．福州历史与文物，1983（1）；钟晓青．华林寺大殿以不迁为好．福州文物，1983（1）；杨秉纶，王贵祥，钟晓青．福州华林寺大殿．建筑史论文集，1988（9）；孙闯，刘畅，王雪莹．福州华林寺大殿大木结构实测数据解读．中国建筑史论汇刊，2010（3）；孙闯．华林寺大殿大木设计方法探析．北京：清华大学，2010.

② 林钊．莆田元妙观三清殿调查记．文物参考资料，1957（11）；程建军．莆田元妙观东岳殿彩绘研究．考古与文物，1991（5）；陈文忠．莆田元妙观三清殿建筑初探．文物，1996（7）；郑军．福建莆田元妙观三清殿及山门彩绘的保护．文物保护与考古科学，2001（2）；刘元妹．莆田元妙观．群文天地，2010（21）；宁小卓．莆田元妙观的评估与保护利用策略研究．华中建筑，2015（3）；黄林生．福建莆田元妙观调查与研究．厦门：华侨大学，2015.

③ 吴国智．开元寺天王殿建筑构造（一）．古建园林技术，1987（3）；吴国智．开元寺天王殿建筑构造（二）．古建园林技术，1987（4）；吴国智．广东潮州开元寺天王殿落架大修工程的勘测设计．古建园林技术，1989（1）；曾秋潼．潮州开元寺天王殿的特点及其历史价值．广东史志，1998（01）；达亮．潮州开元寺天王殿建筑艺术．世界宗教文化，2005（2）；李哲扬．潮州开元寺天王殿与先秦门塾制度．见：海南地域建筑文化（博鳌）研讨会论文集．博鳌，2008；李哲扬．潮州开元寺天王殿大木构架建构特点分析．建筑历史与理论，2009（10）；李哲扬．潮州开元寺天王殿大木构架建构特点分析之一．四川建筑科学研究，2010（01）；李哲扬．潮州开元寺天王殿大木构架建构特点分析之二．四川建筑科学研究，2010（02）.

④ 邓其生．梅庵初探．广东文博，1983（2）；吴庆洲．肇庆梅庵．建筑史论文集，1987（8）.

⑤ 祁英涛．正定隆兴寺慈氏阁复原工程一方案及说明、正定隆兴寺慈氏阁复原工程二方案及说明（作于 1955 年）．见：祁英涛．祁英涛古建论文集．北京：华夏出版社，1992；祁英涛．正定隆兴寺简介（作于 1984 年）．见：祁英涛．祁英涛古建论文集．北京：华夏出版社，1992；河北省正定县文物保管所编．中国古代建筑——正定隆兴寺．北京：文物出版社，2000；张秀生等编．正定隆兴寺．北京：文物出版社，2000；刘友恒．我国现存最早的转轮藏——正定隆兴寺宋代转轮藏浅析．文物春秋，2001（3）；刘友恒，杜宁．河北正定隆兴寺转轮藏阁慈氏阁修缮始末——新中国成立后全国首批古建筑维修项目．档案天地，2015（12）.

三间

20. 隆兴寺摩尼殿①

北宋，河北省正定县城东门里街，重檐十字歇山，七间（四面各出抱厦一间），七间

21. 隆兴寺天王殿②

北宋，河北省正定县城东门里街，单檐歇山，五间，两间

22. 隆兴寺转轮藏阁③

北宋，河北省正定县城东门里街，单檐歇山，三间（前出副阶，二层），三间

23. 初祖庵大殿④

北宋，河南省登封市少林寺西北 2 公里五乳峰下，单檐歇山，三间，三间

24. 济渎庙寝宫⑤

北宋，河南省济源老县城西北庙街村，单檐歇山，五间，三间四椽

25. 岳阳文庙大成殿⑥

北宋，湖南省岳阳市（郭亮街学道岭二中校园内），重檐歇山，五间（带前廊），三间

26. 天宁寺大雄宝殿

北宋，江苏省南通市中学堂街 11 号，单檐歇山，三间，四间

---

① 祁英涛．摩尼殿新发现的题记的研究（作于 1979 年）．见：祁英涛．祁英涛古建论文集．北京：华夏出版社，1992；河北省正定隆兴寺摩尼殿修缮委员会．河北正定隆兴寺摩尼殿发现宋皇祐四年题记．文物，1980（3）；李士连．浅谈摩尼殿的建筑构造与修缮原则．古建园林技术，1985（1）；孔祥珍．牟尼殿主要木构件承载能力和节点榫卯研究．古建园林技术，1985（3）；祁英涛．隆兴寺摩尼殿修缮工程简介（作于 1986 年）．见：祁英涛．祁英涛古建论文集．北京：华夏出版社，1992；聂金鹿．正定隆兴寺摩尼殿斗栱修配与安装纪实．古建园林技术，1987（2）；韩昌凯．摩尼殿修缮施工油活操作纪实．古建园林技术，1985（1）；刘友恒，郭玲娣，樊瑞平．隆兴寺摩尼殿壁画初探（上）．文物春秋，2009（05）；刘友恒，郭玲娣，樊瑞平．隆兴寺摩尼殿壁画初探（下）．文物春秋，2010（01）；任晔．河北隆兴寺摩尼殿壁画研究．北京：首都师范大学，2014；倪春林．河北正定隆兴寺摩尼殿壁画艺术特征初探．美术，2016（08）；孙继梅．河北正定隆兴寺摩尼殿壁画造型研究．沈阳：沈阳大学，2016.

② 王素辉，崔伟丽．正定隆兴寺天王殿建造年代再认识．文物春秋，2016（Z1）.

③ 罗将．文物工作报导・河北正定隆兴寺转轮藏殿修缮完工．文物参考资料，1956（1）；余鸣谦．河北正定隆兴寺转轮藏殿建筑的初步分析．历史建筑，1958（1，2）；刘友恒，杜平．我国现存最早的转轮藏——正定隆兴寺宋代转轮藏浅析．文物春秋，2001（3）.

④ 祁英涛．对少林寺初祖庵大殿的初步分析．科技史文集，1979（2）；王辉．试从北宋少林寺初祖庵大殿分析江南技术对《营造法式》的影响．华中建筑，2003（3）；张十庆．北构南相——初祖庵大殿现象探析．建筑史，2006（22）；刘畅，孙闯．少林寺初祖庵实测数据解读．中国建筑史论汇刊，2009（02）.

⑤ 李震．济渎庙建筑研究．西安：西安建筑科技大学，2001；李震，徐千里，刘志勇．济渎庙寝宫建筑研究．华中建筑，2003（6）；余晓川，朱春平．济渎庙考略．山西建筑，2004（19）；张家泰．《济渎北海庙图志碑》与济渎庙宋代建筑研究．中国营造学研究，2005（1）；余晓川，曹国正．济渎庙．郑州：河南文艺出版社，2014.

⑥ 杨东昱．浅析岳阳文庙大成殿．福建建筑，2006（03）；张迎冰．岳阳文庙的建筑规制与特色初探．岳阳职业技术学院学报，2005（03）；湖南岳阳文庙大成殿维修加固设计方案．文物保护工程勘察设计方案案例，2010（1）.

27. 玄妙观三清殿 [①]

北宋，江苏省苏州市，重檐歇山，九间，六间

28. 崇庆寺千佛殿 [②]

北宋，山西省长子县城东南22公里紫云山腰下，单檐歇山，三间，三间六椽

29. 法兴寺圆觉殿 [③]

北宋，山西省长子县东南15公里慈林山，悬山，三间，六椽

30. 定襄关王庙无梁殿 [④]

北宋，山西省定襄县城北关定襄二中，单檐歇山，三间，两间

31. 游仙寺毗卢殿 [⑤]

北宋，山西省高平市城南10公里宰李村西游仙山南腰间，单檐歇山，三间六椽

32. 开化寺大雄宝殿 [⑥]

北宋，山西省高平市东北20公里陈堰镇王村舍利山腰，单檐歇山，三间，三间六椽

33. 崇明寺中佛殿 [⑦]

北宋，山西省高平市南郊15公里圣佛山东麓，单檐歇山，三间，六椽

---

① 任俊臣．苏州玄妙观三清殿和老子像碑．中国道教，1999（4）；郁永龙．江南名观玄妙观．中国道教，2000（5）；董寿琪，薄建华编著．苏州玄妙观．北京：中国旅游出版社，2005.

② 杨烈．长子县崇庆寺千佛殿．历史建筑，1959（1）；清华大学建筑学院国家遗产中心，山西省长子县文物旅游发展中心编．国之瑰宝——长子法兴寺崇庆寺．北京：中国建筑工业出版社，2011；柯秉飞，谭静，孟婷等．崇庆寺本体环境营造和保护研究．文物世界，2015（04）.

③ 酒冠五．山西慈林山法兴禅寺．文物参考资料，1958（11）；田素兰．山西法兴寺新考．北方文物，1995（3）；朱向东，王峰．法兴寺的建筑空间布局特征研究．文物世界，2010（04）.

④ 李有成．定襄县关王庙构造浅探．古建园林技术，1995（04）；任青田．山西省定襄县关王庙大殿建筑．古建园林技术，2006（04）；王子奇．山西定襄关王庙考察札记．山西大同大学学报（社会科学版），2009（04）；史晓霞．定襄关王庙彩绘初探．文物世界，2010（02）.

⑤ 李会智，李德文．高平游仙寺建筑现状及毗卢殿结构特征．文物世界，2006（05）；赵林红．山西高平游仙寺寺庙建筑选址及空间布局形态分析．太原大学学报，2007（03）.

⑥ 梁济海．开化寺的壁画艺术．文物，1981（5）；山西省古建筑保护研究所编．开化寺宋代壁画．北京：文物出版社，1983；王宝库．高平市开化寺．五台山研究，1995（4）；赵魁元，常四龙主编．高平开化寺．北京：中国文联出版社，2001；金维诺主编．山西高平开化寺壁画．石家庄：河北美术出版社，2001；常四龙．开化寺．北京：大众文艺出版社，2009；孙文艳．高平开化寺大雄宝殿宋代壁画的艺术特色．山西档案，2012（03）；徐岩红．宋代壁画中的纺车与织机图像研究——以山西高平开化寺北宋壁画认定为例．山西大学学报（哲学社会科学版），2012（06）；张博远，刘畅，刘梦雨．高平开化寺大雄宝殿大木尺度设计初探．建筑史，2013（32）；崔玉．高平开化寺宋代壁画研究．临汾：山西师范大学，2013；谷东方．高平开化寺北宋上生经变和华严经变壁画内容解读．焦作师范高等专科学校学报，2015（03）；纪春明．宋代高平开化寺壁画艺术设计研究．兰台世界，2015（12）；刘国芳．高平开化寺壁画山水的艺术风尚．美术观察，2015（03）.

⑦ 徐扬，刘畅．高平崇明寺中佛殿大木尺度设计初探．中国建筑史论汇刊，2013（08）.

34. 北吉祥寺前殿 ①

北宋，山西省陵川县城西 15 公里礼义镇西街村，单檐歇山，三间，六椽

35. 北吉祥寺中殿

北宋，山西省陵川县城西 15 公里礼义镇西街村，悬山，三间，六椽

36. 南吉祥寺过殿

北宋，山西省陵川县城西 17 公里礼义镇平川村，单檐歇山，三间，六椽

37. 小会岭二仙庙正殿 ②

北宋，山西省陵川县城西南 17 公里附城镇小会村，单檐歇山，三间，六椽

38. 原起寺大雄宝殿 ③

北宋，山西省潞城市东北 22 公里下黄乡辛安村，单檐歇山，三间，四椽

39. 龙门寺大雄宝殿（中殿） ④

北宋，山西省平顺县城东北 54 公里石城镇源头村龙门山麓，单檐歇山，三间，三间

40. 九天圣母庙圣母殿 ⑤

北宋，山西省平顺县城西北 15 公里北社乡河东村，单檐歇山，三间，六椽

41. 佛头寺佛殿 ⑥

北宋，山西省平顺县阳高乡车当村，单檐歇山，三间，四间

42. 兴梵寺大雄宝殿

北宋，山西省祁县东观镇东观村，单檐歇山，五间，六椽

43. 沁县大云院后殿

北宋，山西省沁县郭村乡郭村，悬山，三间，六椽

44. 芮城城隍庙大殿

北宋，山西省芮城县永乐南街小西巷，单檐歇山，五间，三间

---

① 马吉宽．陵川北吉祥寺前殿维修设计综述．文物世界，2007（05）；马吉宽．陵川北吉祥寺前殿维修工程概述．古建园林技术，2010（02）．

② 小会岭二仙庙．见：王贵祥，贺从容，廖慧农主编．中国古建筑测绘十年——2000—2010 清华大学建筑学院测绘图集（下）．北京：清华大学出版社，2011.

③ 岳树明．原起寺．沧桑，1996（3）；贺大龙．潞城原起寺大雄宝殿年代新考．文物，2011（01）．

④ 郭黛姮，徐伯安．平顺龙门寺．科技史文集·建筑史专辑（2），1980（5）；吉宽．平顺龙门寺大雄宝殿勘察报告．文物季刊，1992(04)；陈蔚，王轶楠．时代更迭下的平顺龙门寺历代建筑格局推演研究．西部人居环境学刊，2016(02).

⑤ 卢宝琴，史国亮，陈海荣等．平顺九天圣母庙修缮设计方案．文物保护工程典型案例，2009（2）；纪伟．山西平顺九天圣母庙保护修缮工程．古建园林技术，2010（03）；李东锋．物是人非，风华依在——平顺九天圣母庙建筑选址及空间布局形态分析．安徽建筑，2010（04）．

⑥ 褚奕爽．文物保护单位价值评价的思考——以山西省佛头寺保护规划为例．城乡建设，2009（12）；苏乾．佛头寺壁画艺术浅谈．美术大观，2013（04）．

45. 普光寺正殿 ①

北宋，山西省寿阳县西 45 公里西洛镇白道村，三间，三间

46. 安禅寺藏经殿

北宋，山西省太谷县旧城内西南隅安禅寺巷太师附小院内，单檐歇山，三间，三间四椽

47. 晋祠圣母殿 ②

北宋，山西省太原市西南 25 公里悬翁山麓晋水源头，重檐歇山，七间，六间八椽

48. 金洞寺转角殿 ③

北宋，山西省忻府区合索乡西呼延村西 1.5 公里山坡上，单檐歇山，三间，三间

49. 关王庙正殿 ④

北宋，山西省阳泉市郊东北 5 公里白泉乡林里村玉泉山腰，单檐歇山，三间，三间六椽

50. 榆社寿圣寺山门 ⑤

北宋，山西省榆社县城东南 15 公里郝壁村，悬山，三间，三间

51. 北义城玉皇庙玉皇殿

北宋，山西省泽州县北义城镇北义城村西北，单檐歇山，三间，三间六椽

52. 晋城二仙庙中殿 ⑥

北宋，山西省泽州县东 25 公里金村乡南村，单檐歇山，三间，三间

---

① 王春波，刘宝兰，肖迎九．寿阳普光寺修缮设计方案．文物保护工程典型案例，2009（2）．

② 柴泽俊编．晋祠．北京：文物出版社，1958；刘永德．晋祠风光．太原：山西人民出版社，1961；高寿田．晋祠圣母殿宋、元题记．文物，1965（12）；晋祠文物保管所编．晋祠．北京：文物出版社，1978；柴泽俊．太原晋祠．山西文物，1982（2）；朱希元．太原晋祠．古建园林技术，1985（2）；祁英涛．晋祠圣母殿研究．文物世界，1992（1）；任毅敏．晋祠圣母殿现状及其变形原因．文物世界，1994（1）；常文林．浅论晋祠圣母殿的建筑结构．城市研究，1994（2）；彭海．晋祠圣母殿勘测收获——圣母殿创建年代析．文物，1996（1）；彭海．文化的烙印——晋祠文物透视．太原：山西文物出版社，1997；柴泽俊等编著．太原晋祠圣母殿修缮工程报告．北京：文物出版社，2000；杨连锁．晋祠胜境．太原：山西人民出版社，2000；张德一．晋祠揽胜．太原：山西古籍出版社，2000；陈凤．晋祠．太原：山西经济出版社，2002；牛慧彪．晋祠圣母殿建筑年代考．文物世界，2005（5）；李钢，董晓阳主编．中国晋祠（中英文）．太原：山西人民出版社，2005；陈薇主编．山西太原晋祠——圣母殿、鱼沼飞梁、献殿．北京：中国建筑工业出版社，2005；李晋芳．晋祠圣母殿创建年代考．文物世界，2012（05）；姚远．浅谈晋祠圣母殿的倾斜和曲线建筑艺术．古建园林技术，2014（04）；揭沐桥．从晋祠圣母殿格局看宋代建筑艺术特征．兰台世界，2015（12）．

③ 李艳蓉，张福贵．忻州金洞寺转角殿勘察简报．文物世界，2004（6）．

④ 史国亮．阳泉关王庙大殿．古建园林技术，2003（2）．

⑤ 李会智．榆社郝壁村寿圣寺山门时代考．文物世界，1996（1）．

⑥ 贺婧，朱向东．山西东南地区宋代建筑特色探析——以晋城二仙庙为例．文物世界，2010（03）．

53. 玉皇庙玉皇殿[①]

北宋，山西省泽州县东南 13 公里府城村，悬山，三间，三间

54. 青莲寺释迦殿[②]

北宋，山西省泽州县东南 17 公里硖石山麓，单檐歇山，三间，三间六椽

55. 泽州岱庙天齐殿[③]

北宋，山西省泽州县南村镇冶底村西隅，单檐歇山，三间，三间六椽

56. 周村东岳庙关帝殿

北宋，山西省泽州县周村镇周村北门，悬山，三间，四椽

57. 周村东岳庙正殿

北宋，山西省泽州县周村镇周村北门，单檐歇山，三间，六椽

58. 昭仁寺大殿

北宋，陕西省长武县城东街，单檐歇山，三间，三间六椽

59. 云岩寺飞天藏[④]

北宋，四川省江油市窦圌山，重檐歇山，三间，三间

---

① 殷理田主编．府城玉皇庙．太原：山西人民出版社，2006；赵琦．浅谈晋城市府城玉皇庙建筑格局的历史发展．太原城市职业技术学院学报，2013（05）；燕飞．府城玉皇庙碑所记宋代求雨仪式“信马”初探．文物世界，2014（04）；赵琦．府城玉皇庙彩塑亢金龙造型艺术的研究．太原：山西大学，2014.

② 高寿田．山西晋城青莲寺塑像．文物，1963（10）；常亚平，卢宝琴．晋城市古青莲寺大佛殿设计构想．古建园林技术，1997（1）；李会智，高天．山西晋城青莲寺史考．文物世界，2003（1）；山樵．青莲寺名称与创建年代考．太行日报，2011-11-20（004）；樊萍萍．初探青莲寺古建筑．南昌教育学院学报，2011（09）；肖迎九．晋城青莲寺保护规划编制理念与方法初探．山西建筑，2011(26)；郭华瞻，温玉清．晋城青莲寺环境景观的园林意匠浅析．新建筑，2012（06）；廖林灵．山西晋城古青莲寺释迦殿双面编壁背光保护修复方案．西安：西北大学，2014；徐诺．山西晋城青莲寺彩绘泥塑制作工艺分析及虚拟修复初探．西安：西北大学，2014.

③ 邓保平．冶底的岱庙与岱庙的冶底．古建园林技术，2003（1）.

④ 辜其一．江油县圌山云岩寺飞天藏及藏殿勘查记略．四川文物，1986（4）；黄石林．四川江油窦圌山云岩寺飞天藏．文物，1991（4）；李云生．窦圌山道教飞天藏探究——兼谈佛教转轮经藏．北京：清华大学，1991；左拉拉．云岩寺飞天藏及其宗教背景浅析．建筑史，2005（21）.

60. 保国寺大雄宝殿[①]

北宋，浙江省宁波市江北区洪塘镇安山村灵山山腰，重檐歇山[②]，三间，三间

61. 平遥慈相寺正殿[③]

北宋、金，山西省平遥县沿村堡乡冀郭村东北隅，悬山，三间，六椽

① 窦学智，戚德耀，方长源调查．窦学智执笔．余姚保国寺大雄宝殿．文物参考资料，1957（8）；宁波市文管会．谈谈保国寺大殿的维修．文物与考古，1979（102）；浙江宁波保国寺大殿．文物，1980（2）；林士民．保国寺．文物，1980（2）；杨新平．保国寺大殿建筑形制分析与探讨．古建园林技术，1987（2）；董益平，竺润祥，任茶仙．宁波保国寺大殿静力分析．见：唐锦春主编．第十一届全国工程建设计算机应用学术会议论文集．北京：中国建材工业出版社，2002；余如龙．保国寺．北京：文物出版社，2002；董益平，竺润祥，俞茂宏等．宁波保国寺大殿北倾原因浅析．文物保护与考古科学，2003（4）；郭黛姮，宁波保国寺文物保管所编著．东来第一山——保国寺．北京：文物出版社，2003；余如龙．保国寺大雄宝殿的构造与价值．见：纪念宋《营造法式》刊行900周年暨宁波保国寺大殿建成990周年国际学术研讨会论文集．宁波，2003；林浩，林士民．保国寺大殿现存建筑之探索．出处同上；符映红．试论保国寺古建筑的科技保护．出处同上；肖金亮．宁波保国寺大殿复原研究．出处同上；王贵祥．宁波保国寺大殿礼赞．浙东文化，2003（1）；项隆元．宁波保国寺大殿的时代特征与浙江宋元时期建筑的地方特色．出处同上；项隆元．宁波保国寺大殿建筑的历史特征与地方特色分析．东方博物，2004（1）；戚德耀．近半个世纪前调查保国寺的回忆．建筑意，2005（4）；郭黛姮．"海上丝绸之路系列讲座"之保国寺的价值与地位．见：保国寺古建筑博物馆编．东方建筑遗产．北京：文物出版社，2007；徐炯明，沈惠耀．试探保国寺大殿建筑墙体原型与瓜棱柱子变化因子．出处同上；郭黛姮，肖金亮．必须重视保国寺周边环境的保护．见：余如龙主编．东方建筑遗产（2008年卷）．北京：文物出版社，2008；余如龙．构建科技保护监测体系，加强文物建筑保护力度——浅析浙江宁波保国寺大殿科技保护项目及其应用．出处同上；沈惠耀．浅谈北宋保国寺大殿的测绘与工作体会．出处同上；林浩，娄学军．江南瑰宝保国寺大殿—从遗存看演变脉络．出处同上；余如龙．论保国寺北宋大殿的特点与价值．见：保国寺古建筑博物馆编．东方建筑遗产（2009年卷）．北京：文物出版社，2009；王天龙，姜恩来，李永法．宁波保国寺大殿木构件含水率分布的初步研究．见：保国寺古建筑博物馆编．东方建筑遗产（2010年卷）．北京：文物出版社，2010；沈惠耀．宁波地区地震活动性特征及对保国寺古建筑的影响探讨．出处同上；符映红．保国寺大殿材质树种配置及分析．出处同上；符映红．无损检测技术在保国寺文物保护中的应用．见：文物出版社编．东方建筑遗产（2011年卷）．北京：文物出版社，2011；曾楠．保国寺晋身"国保"年五十，宋遗构甬城"国宝"传千载．出处同上；胡占芳．保国寺大殿制材试析．见：保国寺古建筑博物馆编．东方建筑遗产（2012年卷）．北京：文物出版社，2012；喻梦哲．保国寺大殿举屋制度再探讨．出处同上；沈惠耀．勘析保国寺北宋木结构大殿的歪闪病害及其修缮对策．出处同上；符映红，毛江鸿．光纤传感技术在保国寺结构健康监测中的应用．出处同上；邹姗．从保国寺大殿看宋辽时期的藻井与佛殿空间意向．出处同上；唐聪．宁波保国寺大殿的丁头拱现象试析——略论两宋前后丁头拱的现象与流变．出处同上；张十庆．保国寺大殿厅堂构架与梁额榫卯——《营造法式》梁额榫卯的比较分析．见：保国寺古建筑博物馆编．东方建筑遗产（2013年卷）．北京：文物出版社，2013；余如龙．宁波保国寺大殿构造特点与地理环境研究．出处同上；李永法，张殿发．试论保国寺"七朱八白"的建筑文化内涵．见：保国寺古建筑博物馆编．东方建筑遗产（2014年卷）．北京：文物出版社，2014；沈惠耀．保国寺观音殿的石质莲花覆盆柱础略考．出处同上；符映红．保国寺大殿价值发现60周年保护研究文章综述．出处同上；刘畅，孙闯．保国寺大殿大木结构测量数据解读．中国建筑史论汇刊，2009（1）；王天龙，刘秀英，姜恩来等．宁波保国寺大殿木构件属种鉴定．北京林业大学学报，2010（04）；陈勇平，王天龙，李华等．宁波保国寺大殿瓜棱柱内部构造初探．林业科学，2011（04）；胡占芳．保国寺大殿木构营造技术探析——斗栱的斗纹、尺度及制材研究．南京：东南大学，2011；张十庆．保国寺大殿复原研究——关于大殿瓜楞柱样式与构造的探讨．中国建筑史论汇刊，2012（05）；张十庆主编．宁波保国寺大殿勘测分析与基础研究．南京：东南大学出版社，2012；张十庆．斗拱的斗纹形式与意义——保国寺大殿截纹斗现象分析．文物，2012（09）；张十庆．保国寺大殿复原研究（二）——关于大殿平面、空间形式及厦两头做法的探讨．中国建筑史论汇刊，2012（06）；唐聪．两宋时期的木造现象及其工匠意识探析——从保国寺大殿与《营造法式》的构件体系比较入手．南京：东南大学，2012；邹姗．宋辽时期藻井营造意匠研究——以保国寺大殿藻井营造为基本线索．南京：东南大学，2012；淳庆，喻梦哲，潘建伍．宁波保国寺大殿残损分析及结构性能研究．文物保护与考古科学，2013（02）；张十庆．保国寺大殿的材栔形式及其与《营造法式》的比较．中国建筑史论汇刊，2013（07）；张十庆．江南宋元扶壁栱形制的分析比较——以保国寺大殿为坐标和线索．建筑史，2014（34）；张十庆．江南厅堂井字型构架的解析与比较——以保国寺大殿为主线．中国建筑史论汇刊，2015（11）；符映红．现代技术在保国寺大殿保护中的应用．科教导刊（下旬）．2016（04）；王武优．保国寺建筑空间与装饰艺术研究．杭州：杭州师范大学，2016.

② 原为单檐歇山，清增为重檐。

③ 郭步艇．平遥慈相寺勘察报告．文物季刊，1990（01）；孙荣芬．山西平遥慈相寺的建筑特征．文物春秋，2004（5）；杨丽燕．平遥慈相寺．文物世界，2006（01）；塞尔江·哈力克，刘畅，刘梦雨．平遥慈相寺大殿三维激光扫描测绘述要．建筑史，2015（35）．

62. 开善寺大雄宝殿 [①]

辽，河北省高碑店市东北 15 公里，单檐庑殿，五间，三间六椽

63. 阁院寺文殊殿 [②]

辽，河北省涞源县城中部，单檐歇山，三间，三间六椽

64. 奉国寺大雄殿 [③]

辽，辽宁省义县城内东北隅东街路北，单檐庑殿，九间，五间

65. 善化寺大雄宝殿 [④]

辽，山西省大同市城区南隅，单檐庑殿，七间，五间

---

① 祁英涛．河北省新城县开善寺大殿．文物参考资料，1957（10）；刘智敏．新城开善寺大雄宝殿修缮原则及工程做法．文物春秋，2004（5）；刘智敏．开善寺大雄宝殿修缮工程设计深化与现场实施．古建园林技术，2005（3）；刘智敏编著．新城开善寺．北京：文物出版社，2013.

② 涞源发现辽代建筑——阁院寺文殊殿．光明日报，1960-08-20；冯秉其，申天．新发现的辽代建筑——涞源阁院寺文殊殿．文物，1960（8，9）；莫宗江．涞源阁院寺文殊殿．建筑史论文集，1979（2）；王宏印．阁院寺文殊殿壁画复盖考．文物春秋，1995（03）；徐怡涛．河北涞源阁院寺文殊殿建筑年代鉴别研究．建筑史论文集，2002（16）；河北涞源阁院寺文殊殿壁画修复加固方案与工程实施．见：河北省古代建筑保护研究所编．文物保护工程设计方案集．石家庄：花山文艺出版社，2007；郭钊摄，苗卫钟，郭建永．阁院寺文殊殿．河北画报，2009（03）；刘翔宇，丁垚．阁院寺文殊殿正面的门窗．建筑师，2015（04）．

③ 义县奉国寺调查报告．文物参考资料，1951（9）；于倬云．辽西省义县奉国寺勘查简况．文物参考资料，1953（3）；杜仙洲．义县奉国寺大雄殿调查报告．文物，1961（2）；王晶辰．奉国寺．辽宁文物，1980（1）；沈滨，关魁武．奉国寺．辽宁大学学报（哲学社会科学版），1980（5）；邵福玉．奉国寺．文物，1980（12）；曹汛．义县奉国寺无量殿实测及整治图说．文物保护技术，1981（1）；张连义．解读《大元国大宁路义州重修大奉国寺碑》．北方文物，2007（3）；张连义．义县奉国寺无量殿建筑年代浅析．辽宁省博物馆馆刊，2007（2）；白鑫．辽宁义县奉国寺大雄殿建筑彩画调查与研究．北京：北京大学艺术学院，2007；建筑文化考察组编．义县奉国寺．天津：天津大学出版社，2008；白鑫．辽宁义县奉国寺大雄殿辽代建筑彩画飞天初探．装饰，2008（04）；温玉清．奉国寺大雄殿平面建构与大木体系．紫禁城，2008（12）；温玉清．"以材为祖"——奉国寺大雄殿大木构成探赜．中国建筑史论汇刊，2009（1）；白鑫．辽宁义县奉国寺大雄殿建筑彩画．中国书画，2009（03）；丁垚，成丽．义县奉国寺大雄殿调查报告．建筑史，2009（02）；刘畅，孙闯．也谈义县奉国寺大雄殿大木尺度设计方法——与温玉清先生讨论．故宫博物院院刊，2009（04）；刘振陆，王亚平．辽宁奉国寺大雄殿建筑年代问题．文物建筑，2010（4）；张晓东．奉国寺大雄殿的元、明时期壁画．边疆考古研究，2010（9）；王剑，赵兵兵．奉国寺中轴线院落复原的空间构成．华中建筑，2010（12）；王飞．奉国寺与世界文化遗产之比较．见：辽金历史与考古国际学术研讨会论文集（上）．辽宁省辽金契丹女真史研究会，沈阳，2011；赵兵兵，王剑．辽代奉国寺中院布局探析．辽金历史与考古，2011（3）；辽宁省文物保护中心，义县文物保管所编．义县奉国寺．北京：文物出版社，2011；刘畅，刘梦雨，张淑琴．再谈义县奉国寺大雄殿大木尺度设计方法——从最新发布资料得到的启示．故宫博物院院刊，2012（2）；赵兵兵，王剑．关于《义县奉国寺建筑遗址勘探与发掘报告》的几点思考．建筑史，2012（01）；刘畅，孙闯．奉国寺大雄殿维修方法初探．见：中国文化遗产研究院编．文物保护工程与规划专辑 1——体系与方法．北京：文物出版社，2013；孙晶鑫，胡卫军．义县奉国寺"大雄殿"所体现的辽代历史文化特征．兰台世界，2014（27）；赵兵兵，王剑，刘思铎．义县奉国寺山门复原初探．华中建筑，2015（5）；赵兵兵．义县奉国寺弥陀阁复原初探．建筑史，2015（36）．

④ 员海瑞，唐云俊．善化寺．文物，1979（11）；云冈石窟文物保管所编．善化寺．北京：文物出版社，1987；赵一德．大同善化寺史话．太原：山西人民出版社，2000；昝凯编著．华严寺、善化寺、九龙壁．太原：山西人民出版社，2002；丛燕丽．唐风古韵善化寺．沧桑，2005（1）；白志宇．善化寺大雄宝殿脊榑增长构造与《营造法式》制度之比较．古建园林技术，2005（2）；李晨．试析善化寺大雄宝殿金代彩塑彩绘莲花纹的美学内涵．太原：山西大学，2008；张明远．论善化寺大雄宝殿壁画图像的时代性．山西大学学报（哲学社会科学版），2008（06）；王丽明．善化寺大雄宝殿《弥陀法会图》壁画研究．太原：山西大学，2009；何莉莉．善化寺．五台山研究，2010（03）；张佃生．善化寺．太原：山西人民出版社，2010；陈志勇主编．彩塑艺术研究——善化寺大雄宝殿．北京：人民美术出版社，2011；张明远．善化寺大雄宝殿彩塑艺术研究．北京：人民美术出版社，2011；韩锐．大同善化寺大雄宝殿天王彩塑艺术研究．晋中学院学报，2011（05）；张卫东编．善化寺二十四诸天彩塑技法初探．北京：中国社会科学出版社，2012；宋莉莉．论善化寺大雄宝殿壁画的色彩艺术．美与时代（中），2012（12）；李宏刚．品味思考山西大同善化寺辽金建筑装饰风格．太原：山西大学，2013；张光远，张乐阁．大同华严寺、善化寺建筑刻件造型艺术特色．艺术教育，2013（06）；乔建奇．善化寺大雄宝殿金代彩塑的整体布局与塑造语言．美术研究，2014（02）；刘旭峰．辽金时期大同善化寺建筑特色分析．吉林建筑工程学院学报，2014（03）；牛志远．论辽金寺院彩塑的时代特征——以大同善化寺大雄宝殿内二十四诸天为例．大众文艺，2015（12）；张兵，白雪峰．大同善化寺．文史月刊，2016（07）．

66. 华严寺薄伽教藏殿（下寺）①

辽，山西省大同市区西南隅，单檐歇山，五间，八椽

67. 佛宫寺释迦塔（应县木塔）②

辽，山西省应县城西北佛宫寺内，斗尖，十椽八面三间五重楼

---

① 山西云冈石窟文物保管所．华严寺．北京：文物出版社，1980；员海瑞，唐云俊．华严寺．文物，1982（9）；杨爱珍．大同辽代华严寺东向的原因及其题记和造像．见：陈述主编．辽金史论集．上海：上海古籍出版社，1987；张丽．西京华严寺概论．北方文物，1998（1）；王银田，曹彦玲．大同华严寺研究．文物世界，1999（2）；赵一德．大同华严寺史话．太原：山西人民出版社，2004；金维诺主编．大同下华严寺．太原：山西人民出版社，2004；张丽．大同华严寺薄伽教藏殿的壁藏建筑艺术．山西大同大学学报（社会科学版），2007（02）；杨俊芳．大同华严寺的历史考察．沧桑，2008（3）；白志宇．大同华严寺薄伽教藏殿梁架结构分析．见：宁波保国寺大殿建成1000周年学术研讨会暨中国建筑史学分会2013年会论文集．宁波，2013；刘旭峰．大同华严寺建筑特色分析．太原大学学报，2013（04）；杨俊芳．大同华严寺薄伽教藏殿辽代彩塑服饰研究．美育学刊，2014（02）；许韶华．下华严寺菩萨造像的艺术特点．雕塑，2014（04）；刘翔宇．大同华严寺及薄伽教藏殿建筑研究．天津：天津大学，2015；王宝库撰文，王永先图版说明，王昊，青榆摄影．中国精致建筑100——大同华严寺．北京：中国建筑工业出版社，2015；张海啸，宁波，吴志群．基于三维激光扫描技术的华严寺薄伽教藏殿合掌露齿菩萨塑像数字化研究探讨．文物世界，2015（03）；尹言，李志．浅析华严寺建筑构件鸱吻的艺术特色．艺术教育，2015（07）；聂磊．大同华严寺始建年代与寺院布局朝向探索．美术界，2015（11）；马巍，李宁，杨宝．大同下华严寺薄伽教藏殿辽代彩塑艺术赏析．文物世界，2016（06）．

② 梁思成．山西应县佛宫寺辽释迦木塔（作于1935年）．建筑创作，2006（4）；杨鸿勋，傅熹年．优秀的古典建筑之一——应县佛宫寺释迦塔．建筑学报，1957（1）；刘敦桢．对《佛宫寺释迦塔》的评注（约作于1964年）．见：刘敦桢全集（第五卷）．北京：中国建筑工业出版社，2007；陈明达．应县木塔．北京：文物出版社，1966；孟繁兴．略谈应县木塔的抗震性能．文物，1976（11）；晋文．应县木塔．文物，1976（11）；祁英涛，李世温，张畅耕．山西应县释迦塔牌题记的探讨．文物，1979（4）；文物出版社编辑．应县木塔——图集．北京：文物出版社，1980；祁英涛．应县木塔几项碳十四年代测定（作于1981年）．见：祁英涛．祁英涛古建论文集．北京：华夏出版社，1992；马良．应县木塔建筑年代与始因疑问．晋阳学刊，1982（1）；陈国莹．应县佛宫寺释迦塔的自重估算．古建园林技术，1983（3）；山西省古建筑保护研究所．佛宫寺释迦塔和崇福寺辽金壁画．北京：文物出版社，1983；张畅耕等．应县木塔后加构件的装设年代．山西省考古学会论文集，1994（2）；金良生．山西应县佛宫寺释迦塔实测记．北京建筑工程学院学报，1995（1）；焦玉强．应县木塔营建始因有重大发现——可能为契丹仁懿皇后倡建．中国文物报，1996-01-21；陈国顺，郭文生，贾蕾．山西应县木塔损坏的原因及其环境地质研究概述．山西地震，1998（Z1）；陈国顺，贾蕾．山西应县木塔周围的自然环境概况．同上；随坤，郭文生，陈国顺．用工程测量方法研究应县木塔损坏的原因．同上；郭文生，李喜和，陈国顺．用工程物探方法研究应县木塔西北侧活动断层及塔基土和地下水的分布．同上；陈国顺，贾蕾，郭文生．山西应县木塔环境地质及活动断层的研究．同上；贾蕾，陈国顺，郭文生等．用工程地质方法分析应县木塔塔基土的稳定性．同上；张永权．应县木塔台基年代考．见：孙进己等主编．中国考古集成（华北卷）第16册．哈尔滨：哈尔滨出版社，1998；刘光勋．山西应县木塔变形原因之浅见．山西地震，1999（2）；孟繁兴，张畅耕．应县木塔维修加固的历史经验．古建园林技术，2001（4）；张畅耕，宁立新，支配勇．契丹仁懿皇后与应州宝宫寺释迦塔．见：韩世明主编．辽金史论集．北京：社会科学文献出版社，2001；徐桑，李子剑，刘鲁．高效的建筑动态建模方法研究——在应县木塔三维复原中的应用与分析．华中建筑，2003（1）；马良编著．应县木塔．太原：山西人民出版社，2003；李铁英．应县木塔现状结构残损要点及机理分析．太原：太原理工大学，2004；肖旻．山西应县木塔的尺度规律．西南交通大学学报，2004（6）；洪海军．佛宫寺释迦塔与中国楼阁建筑．文物世界，2005（2）；杜成辉．山西应县木塔建于辽代的又一佐证——元好问的几首吟应县木塔诗．北方文物，2005（2）；李振明．应县佛宫寺释迦塔漫说．科教文汇（中旬刊），2007（03）；王林安．佛宫寺释迦塔（应县木塔）若干结构问题浅析及其结构监测体系概略．世界遗产论坛，2009（3）；程乃莲，张敏．应县佛宫寺释迦塔艺术探微．山西大同大学学报（社会科学版），2010（06）；周予希．浅谈宋式斗拱特征——以同期辽代天津蓟县独乐寺观音阁与山西应县佛宫寺释迦木塔为例．大众文艺，2010（24）；程乃莲，张敏．应县佛宫寺释迦塔图像解析．美术大观，2011（02）；王林安，祝思淳，陈志勇等．佛宫寺释迦塔（应县木塔）斗栱节点静动力力学性能试验研究．见：中国文化遗产研究院编．文物保护工程与规划专辑（2）——技术与工程实例．北京：文物出版社，2013；黄小殊．山西应县佛宫寺释迦塔整体性保护研究．北京：北京建筑大学，2013；武丽，彭景跃．山西应县佛宫寺释迦塔辽金佛造像服饰艺术浅析．艺术评论，2014（12）；侯卫东．应县木塔保护的世纪之争．世界建筑，2014（12）；俞正茂．应县木塔结构图解．厦门：厦门大学，2014；永昕群．应县木塔科学价值及其现实意义的思考．中国文物报，2015-04-10（006）；王瑞珠等．卸荷存真——应县木塔介入式维护方案研究．建筑遗产，2016（01）；张兵．应县木塔．文史月刊，2016（05）；彭胜男．应县木塔的纠偏方案及结构性能研究．扬州：扬州大学，2016；白杨．浅谈宋式塔林与哥特式教堂的差异——以应县木塔与科隆大教堂为例．美术教育研究，2016（17）．

68. 独乐寺观音阁 ①

辽，天津蓟县城内西大街，单檐歇山，五间，四间

69. 独乐寺山门 ②

辽，天津蓟县城内西大街，单檐庑殿，三间，两间

70. 陈太尉宫正殿 ③

南宋，福建省罗源县中房镇乾溪村，重檐歇山，三间，五间十椽

71. 泉州府文庙大成殿 ④

南宋，福建省泉州市鲤城区中山中路泮宫内，重檐庑殿，七间，五间

72. 武都广严院大殿 ⑤

南宋，甘肃省陇南市武都区东南 22 公里柏林寺村，单檐歇山，五间，三间六椽

73. 光孝寺大雄宝殿 ⑥

南宋，广东省广州市越秀区光孝路 109 号，重檐歇山，七间，五间

---

① 梁思成．蓟县独乐寺观音阁山门考．中国营造学社汇刊，1932，3（2）；文展．记新剥出的蓟县观音阁壁画．文物，1972（6）；蓟县文物保管所．独乐寺．文物，1976（1）；罗哲文．谈独乐寺观音阁建筑的抗震性能问题．文物，1976（10）；曹汛．独乐寺认宗寻亲——兼论辽代伽蓝布置之典型格局．建筑师，1984（21）；张家骥．独乐寺观音阁的空间艺术．建筑师，1984（21）；祁英涛．高度防震性能的天津独乐寺观音阁（作于 1984 年）．见：祁英涛．祁英涛古建论文集．北京：华夏出版社，1992；陈明达．千年木构——独乐寺建筑布局研究．见：中国建筑科技发展中心．中国建筑文选（英文版）．北京：中国建筑工业出版社，1985（3）；宿白．独乐寺观音阁与蓟州玉田韩家．文物，1985（7）；纪烈敏．独乐寺观音阁壁画．天津史志，1986（1）；韩嘉谷．独乐寺史迹考．北方文物，1986（2）；陈明达．独乐寺观音阁、山门建筑构图分析．见：文物出版社编辑部编．文物与考古论集．北京：文物出版社，1986；杨泓．蓟县独乐寺观音阁辽塑十一面观音像．文物天地，1988（2）；王令强．千年古刹独乐寺．中国文物报，1988-11-11；郭黛姮．独乐寺观音阁在建筑史的地位．建筑史论文集，1988（9）；张威．中国古代楼阁暨天津蓟县独乐寺观音阁建筑研究．天津：天津大学，1995；陈明达．独乐寺观音阁、山门的大木作制度（上）．建筑史论文集，2002（15）；陈明达．独乐寺观音阁、山门的大木作制度（下）．建筑史论文集，2002（16）；陈明达著．王其亨，殷力欣增编．蓟县独乐寺．天津：天津大学出版社，2007；杨新．蓟县独乐寺．北京：文物出版社，2007；朱力元．宋式与清式楼阁建筑平坐层比较——以独乐寺观音阁与曲阜奎文阁为例．建筑与文化，2009（09）；蒋雪峰，杨大禹．中国古建筑传统数字观念分析——以河北蓟县独乐寺观音阁为例．华中建筑，2011（02）；段传峰．蓟县独乐寺观音阁十六罗汉图像学研究．今日中国论坛，2014（Z2）；孙立娜，丁垚．独乐寺观音阁旧料及其所见观音阁辽代以前的修建史．建筑史，2016（02）．

② 丁垚．蓟县独乐寺山门新发现的榫卯痕迹调查．中国文物报，2013-06-14（008）；丁垚．独乐寺山门主梁构造节点的新发现．中国文物报，2014-04-18（008）；丁垚．独乐寺山门建筑研究．天津：天津大学，2016.

③ 张十庆．罗源陈太尉宫建筑．文物，1999（1）．

④ 吴艺娟．略述泉州府文庙祭孔礼乐器及对相关问题的探讨．福建文博，2012（03）．

⑤ 李婧．甘肃武都广严院建筑调查与研究．天津：天津大学，2008；李婧，丁垚．甘肃武都广严院及陇东南古建筑考察记略．建筑创作，2009（01）；吕军辉，杨东昱．甘肃省陇南市武都区福津广严院勘测及修缮设计简报．文物建筑，2014（07）．

⑥ 王在民．广州光孝寺．文物参考资料，1951（12）；王在民．文物工作报导・广州光孝寺大殿修葺工程开工．文物参考资料，1954（12）；徐续．光孝寺大殿．文物参考资料，1956（7）；广州文管会．关于徐续“光孝寺大殿”内容的几点更正．文物参考资料，1957（1）；粤博．广州光孝寺．文物，1982（4）；邓其生．广州光孝寺年代考．广州研究，1985（6）；程建军．广州光孝寺修复规划管窥．南方建筑，1992（3）；曹劲．广州光孝寺建筑与文化研究．广州：华南理工大学，2000；胡巧利．光孝寺．广州：广东人民出版社，2005；程建军，李哲扬著．广州光孝寺建筑研究与保护工程报告．北京：中国建筑工业出版社，2010；陆琦．广州光孝寺．广东园林，2014（06）．

74. 广饶关帝庙正殿 [①]

南宋，山东省广饶县城内西北隅，单檐歇山，三间，三间

75. 成汤庙山门

金，河北省涉县井店镇井店村，悬山，三间，三间

76. 清凉寺大殿

金，河南省登封市西 10 公里少室山南麓清凉峰下，单檐歇山，三间，三间

77. 奉仙观三清殿 [②]

金，河南省济源市荆梁北街东侧，悬山，五间，三间七椽

78. 风穴寺中佛殿（白云寺） [③]

金，河南省临汝县城东北 9 公里，单檐歇山，三间，三间

79. 灵山寺大雄殿

金，河南省宜阳县城西 8 公里凤凰山北麓，单檐庑殿，五间，三间

80. 灵山寺毗灵殿

金，河南省宜阳县城西 8 公里凤凰山北麓，单檐歇山，三间，三间

81. 孔庙金代碑亭（一）

金，山东省曲阜市，单檐歇山

82. 孔庙金代碑亭（二）

金，山东省曲阜市，单檐歇山

83. 正觉寺后殿

金，山西省长治县城北 10 公里司马乡看寺村，单檐歇山，五间，六椽

---

① 颜华．山东广饶关帝庙正殿．文物，1995（1）；赵正强．广饶关帝庙大殿．见：张晔主编．山东省政协文史资料委员会编．山东重点文物保护纪实．济南：泰山出版社，1999；赵正强．广饶关帝庙大殿探考．东营文史 .2000（9）；赵正强，申宝柱．广饶关帝庙大殿．见：由少平，常兴照等编著．建筑．济南：山东友谊出版社，2002；肖旻．试析山东两座古代建筑的尺度规律．广东工业大学学报，2003（4）；田茂磊．山东广饶关帝庙大殿维修工程．中国文物报，2013-02-22（008）；东营市历史博物馆，山东建筑大学．广饶关帝庙大殿维修实录．北京：中国建筑工业出版社，2014；东营市历史博物馆，山东建筑大学．广饶关帝庙大殿保护与研究．北京：中国建筑工业出版社，2016.

② 杨焕成．济源奉仙观纪胜．见：河南省文物局编．河南文物丛谈．郑州：中原农民出版社，1993；曹国正．济源奉仙观三清大殿浅析．古建园林技术，2004（2）.

③ 李健永．文物工作报导·临汝风穴寺．文物参考资料，1957（10）；尤翰青．《临汝风穴寺》一文读后．文物参考资料，1958（1）；古代建筑修整所．临汝白云寺．文物，1961（2）；常法定．千年古刹风穴寺．河南城建高专学报，1997（2）；周昆叔．考察风穴寺古建筑环境——中国环境考古随笔之三．中国文物报，2002-07-19；常法亮．汝州风穴寺始建年代探赜．中原文物，2011（06）；殷振峰．汝州风穴寺建筑艺术研究．郑州：郑州大学，2013；尚自昌．风穴寺探密．郑州：河南人民出版社，2013；李鼎．风穴寺历史研究．郑州：河南大学，2014；焦雷，李振华，于露．汝州风穴寺的风水文化景观格局及其文化遗产保护研究．中外建筑，2014（12）；赵刚，李鑫．试论汝州风穴寺总体布局的文化内涵．中原文物，2016（01）.

84. 天王寺后殿[①]

金，山西省长子县城南大街，悬山，五间，三间

85. 天王寺中殿

金，山西省长子县城南大街，单檐歇山，三间，三间

86. 善化寺普贤阁

金，山西省大同市城区南隅，单檐歇山，三间（二层），三间

87. 善化寺三圣殿

金，山西省大同市城区南隅，单檐庑殿，五间，四间

88. 善化寺山门（天王殿）

金，山西省大同市城区南隅，单檐庑殿，五间，两间

89. 华严寺大雄宝殿（上寺）[②]

金，山西省大同市区西南隅，单檐庑殿，九间，五间

90. 洪福寺大雄宝殿[③]

金，山西省定襄县宏道镇北社村，悬山，五间，三间

91. 岩山寺文殊殿[④]

金，山西省繁峙县城东南 40 公里五台山北麓天岩村，单檐歇山，五间，三间

92. 太符观昊天玉皇上帝殿

金，山西省汾阳市杏花镇上庙村，单檐歇山，三间，三间

93. 中坪二仙宫正殿

金，山西省高平市北诗镇中坪村西北翠屏山南麓，单檐歇山，三间，三间

---

① 张智．山西长子县天王寺．历史建筑，1959（1）；吴锐，李小青，简莉等．山西省长子县天王寺文物建筑修缮保护工程设计方案．见：中国文物学会编著．建筑文化遗产的保护与利用论文集．天津：天津大学出版社，2012.

② 文物工作报导・山西大同上华严寺大雄宝殿的建筑年代已得到有力证据．文物参考资料，1954（1）；柴泽俊．大同华严寺大雄宝殿结构形制研究．见：张驭寰，郭湖生主编．中华古建筑．北京：中国科学技术出版社，1990；大同市古建筑勘察组．大同华严寺大雄宝殿实测．出处同上；焦春兰．从大同上华严寺大雄宝殿的抢修看古建筑保护的现实意义．城建档案，2004（4）；李玉明．大同上华严寺大雄宝殿壁画内容浅析．文物世界，2005（5）；大同市上华严寺修缮工程指挥部修缮工程资料编辑委员会编．大同华严寺・上寺．北京：文物出版社，2008.

③ 李有成．山西定襄洪福寺．文物世界，1993（1）．

④ 张亚平，赵晋樟．山西繁峙岩山寺的金代壁画．文物，1979（2）；傅熹年．山西省繁峙县岩山寺南殿金代壁画中所绘建筑的初步分析．建筑历史研究，1982（1）；山西省古建筑保护研究所．岩山寺金代壁画．北京：文物出版社，1983；李有成，廉考文．繁峙县岩山寺文殊殿．古建园林技术，1986（4）；柴泽俊，张丑良．繁峙岩山寺．北京：文物出版社，1990；品丰，苏庆编著．繁峙岩山寺壁画．重庆：重庆出版社，2001；陈蓉．略论岩山寺文殊殿西壁界画．美术观察，2011（09）；胡潇泓．山西繁峙县岩山寺文殊殿西壁壁画色彩初探．美术大观，2012（03）；王岩松．岩山寺文殊殿金代壁画中所表现的山水画．湖南工业大学学报（社会科学版），2012（05）；张丹．壁画艺术的瑰宝——繁峙岩山寺文殊殿金代壁画．山西档案，2012（06）；魏卞梅．晋北辽金建筑壁画的社会风貌美学探究——以山西繁峙岩山寺文殊殿壁画为例．包装世界，2015（06）．

94. 西李门二仙庙中殿①

金，山西省高平市城东南西李门村，单檐歇山，三间，六椽

95. 游仙寺三佛殿

金，山西省高平市城南 10 公里宰李村西游仙山南腰间，悬山，五间，六椽

96. 开化寺观音阁

金，山西省高平市东北 20 公里陈塸镇王村舍利山腰，悬山，三间，六椽

97. 二郎庙戏台②

金，山西省高平市寺庄镇王报村，单檐歇山，一间，四椽

98. 三嵕庙正殿

金，山西省壶关县城南 12 公里黄家川南阳护村，悬山，三间，六椽

99. 荆庄大云寺大雄宝殿③

金，山西省浑源县荆庄乡荆庄村，单檐歇山，三间，四椽

100. 太阴寺南殿④

金，山西省绛县城东南 7 公里卫庄镇张上村，悬山，五间，三间六椽

101. 西溪二仙庙东、西梳妆楼⑤

金，山西省陵川县城关镇西溪村，单檐歇山，三间（副阶周匝，二层），三间

102. 西溪二仙庙后殿⑥

金，山西省陵川县城关镇西溪村，单檐歇山，三间，六椽

103. 龙岩寺过殿⑦

金，山西省陵川县城西 10 公里礼义镇梁泉村，悬山，三间，三间

104. 崔府君庙山门⑧

金，山西省陵川县城西 20 公里礼义镇北街，重檐歇山，三间（二层），六椽

---

① 王沐琪 . 高平市西李门二仙庙露台拆后记 . 戏剧之家（上半月），2014（03）；王潞伟 . 高平西李门二仙庙方台非“露台”新证 . 戏剧（中央戏剧学院学报），2014（03）；杨澍 . 山西高平西李门二仙庙的历史沿革与建筑遗存 . 中国建筑史论汇刊，2016（13）；李沁园 . 山西西李门二仙庙测绘图 . 中国建筑史论汇刊，2016（13）.

② 乔云飞 . 山西高平市二郎庙戏台保护与修复对策初探 . 山西建筑，2005（20）；常四龙 . 二郎庙，高平，山西，中国 . 世界建筑，2014（12）.

③ 学文，孙书鹏 . 浑源荆庄大云寺大雄宝殿勘测报告 . 文物世界，2004（06）.

④ 滑辰龙 . 太阴寺大雄宝殿修缮设计 . 古建园林技术，2000（4）.

⑤ 李会智，赵曙光，郑林有 . 山西陵川西溪真泽二仙庙 . 文物世界，1998（2）；李会智 . 山西陵川西溪真泽二仙庙 . 文物季刊，1998（2）；师振亚 . 陵川西溪二仙庙 . 文物世界，2003（5）.

⑥ 刘畅，张荣，刘煜 . 西溪二仙庙后殿建筑历史痕迹解析 . 建筑史，2008（23）.

⑦ 张驭寰 . 陵川龙岩寺金代建筑及金代文物 . 文物，2007（03）；肖迎九，王春波，张藕莲 . 陵川龙岩寺修缮设计方案 . 文物保护工程典型案例，2009（2）；刘畅，姜铮，徐扬 . 山西陵川龙岩寺中央殿大木尺度设计解读 . 建筑史，2016（37）；朱向东，王寅君 . 山西陵川龙岩寺中央殿建筑特征源流探析 . 安徽建筑，2011（02）；高鹏翔，康占成 . 村落式建筑遗产的环境整治——以山西省陵川县龙岩寺为例 . 山西大同大学学报（自然科学版），2014（06）.

⑧ 李杰 .“崔府君”的演化及陵川县崔府君庙初探 . 沧桑，2013（01）.

105. 玉泉东岳庙正殿 ①

金，山西省陵川县附城镇玉泉村，单檐歇山，三间，六椽

106. 白玉宫正殿

金，山西省陵川县潞城镇郊底村，单檐歇山，三间，六椽

107. 南神头二仙庙正殿

金，山西省陵川县潞城镇石圪峦村，单檐歇山，三间，六椽

108. 石掌玉皇庙正殿

金，山西省陵川县潞城镇石掌村，单檐歇山，三间，六椽

109. 寺润三教堂 ②

金，山西省陵川县杨村镇寺润村，重檐歇山，三间，三间

110. 香严寺大雄宝殿 ③

金，山西省柳林县城东北隅小山岗上，单檐歇山，五间，六椽

111. 东邑龙王庙正殿 ④

金，山西省潞城市东南 5 公里成家川办事处东邑村，悬山，三间，六椽

112. 龙门寺山门（天王殿） ⑤

金，山西省平顺县城东北 54 公里石城镇源头村龙门山麓，悬山，三间，四椽

113. 回龙寺佛殿 ⑥

金，山西省平顺县阳高乡侯壁村，悬山，三间，四椽

114. 淳化寺正殿

金，山西省平顺县阳高乡阳高村，单檐歇山，三间，六椽

---

① 陵川玉泉东岳庙发现金代题记．太行晚报，2014-12-01（02）．

② 张君梅．晋城地区的三教堂考．沧桑，2014（05）．

③ 展海强．山西柳林香严寺保护与修缮初探．太原：太原理工大学，2003；乔云飞．柳林香严寺及其保护初探．科技情报开发与经济，2005（17）；展海强．浅谈柳林香严寺古建筑的文物价值及保护．山西建筑，2006（21）；山西省古建筑保护研究所．山西柳林香严寺修缮设计．文物保护工程典型案例，2006（1）；香严寺研究课题组．香严禅院自唐来——全国四大香严寺考察报告．吕梁高等专科学校学报，2010（01）；杨继平．香严寺砖雕艺术初考．吕梁高等专科学校学报，2010（01）；乔云飞．柳林香严寺研究与修缮报告．北京：文物出版社，2013．

④ 申丹莉．潞城市东邑村龙王庙及迎神赛社考．文物世界，2008（02）；徐焕娣．潞城市东邑龙王庙古建及赛社文化．戏剧之家，2016（15）．

⑤ 冯冬青．龙门寺保护规划．古建园林技术，1994（1）；马晓，张晓明．平顺龙门寺——深山里的古建博物馆．中国文化遗产，2010（02）；宋文强．平顺龙门寺历史沿革考．文物世界，2010（03）；宋文强．中国古代建筑修缮“修旧如旧”的范例——由平顺县龙门寺《重修天王殿记》碑载述谈起．文物世界，2011（01）．

⑥ 徐怡涛．山西平顺回龙寺测绘调研报告．文物，2003（4）．

115. 平遥文庙大成殿[①]

金，山西省平遥县城内东南隅云路街北侧，单檐歇山，五间，五间十椽

116. 普照寺大雄宝殿[②]

金，山西省沁县城西 7.4 公里开村，单檐歇山，三间，六椽

117. 清源文庙大成殿[③]

金，山西省清徐县清源镇赵家街西北隅，单檐歇山，三间，三间

118. 大悲院献殿

金，山西省曲沃县曲村镇中心，单檐歇山，三间，三间

119. 兴东垣东岳庙大殿

金，山西省石楼县城东北 20 公里兴东垣村，单檐歇山，三间，六椽

120. 崇福寺弥陀殿[④]

金，山西省朔城区东大街北侧，单檐歇山，七间，四间

121. 崇福寺观音殿[⑤]

金，山西省朔城区东大街北侧，单檐歇山，五间，三间

122. 真圣寺正殿

金，山西省太谷县城东 40 公里范村镇蚍蜉村，硬山，三间，三间

123. 晋祠献殿[⑥]

金，山西省太原市西南 25 公里悬翁山麓晋水源头，单檐歇山，三间，四椽

124. 则天庙则天圣母殿[⑦]

金，山西省文水县城北 5 公里南徐村，单檐歇山，三间，六椽

---

① 刘爱琴．平遥文庙的历史文化内涵及价值．沧桑，2009（06）；董培良编著．平遥文庙．太原：山西经济出版社，2004.

② 滑辰龙．普照寺大殿修复设计．古建园林技术，1993（3）；滑辰龙．沁县普照寺大殿勘察报告．文物季刊，1996（1）.

③ 肖迎九．清源文庙大成殿建筑特征分析．文物世界，2011（04）.

④ 李良娇．山西朔县崇福寺弥陀殿建筑初步分析．历史建筑，1959（1）；山西省古建筑保护研究所．朔州崇福寺弥陀殿修缮工程报告．北京：文物出版社，1993；柴泽俊编．朔州崇福寺．北京：文物出版社，1996；林哲．以管窥豹，犹有一得——山西朔州崇福寺弥陀殿木大作营造尺及比例初探．古建园林技术，2002（3）；王时敏，李国华．朔州崇福寺弥陀殿壁画内容浅探．文物世界，2011（01）；李国华．朔州崇福寺弥陀殿壁画研究．太原：太原理工大学，2011；焦媛媛．金代重彩壁画颜料与施色技法的探索及复原临摹实验——以朔州崇福寺弥陀殿壁画为例．北京：首都师范大学，2011；李丽媛．朔州崇福寺弥陀殿壁画考察分析．艺术教育，2012（10）；焦媛媛．山西朔州崇福寺弥陀殿壁画浅析．美术大观，2014（02）；龚思超．朔州崇福寺建筑装饰艺术研究．太原：太原理工大学，2015；刘京婧．从朔州崇福寺探究金代建筑艺术特征．太原：山西大学，2015.

⑤ 王剑，赵兵兵．梁架独特的金代朔州崇福寺观音殿．辽宁工学院学报，2007（06）.

⑥ 祁英涛．山西太原晋祠献殿修缮工程的设计工作．古建筑通讯，1957（1）；赵怀鄂．晋祠献殿．文物世界，1996（1）.

⑦ 李会智．文水则天圣母庙后殿结构分析．古建园林技术，2000（2）；阎雅娟．则天圣母庙的悬塑走龙．文物世界，2000（3）；李春耕．无字碑前说女皇——拜谒则天庙．今日山西，2003（4）.

125. 佛光寺文殊殿 ①

金，山西省五台县城东北 25 公里佛光新村，悬山，七间，四间八椽

126. 延庆寺大佛殿

金，山西省五台县阳白乡善文村，单檐歇山，三间，六椽

127. 会仙观三清殿 ②

金，山西省武乡县城东 25 公里监漳镇监漳村，单檐歇山，五间，三间

128. 武乡大云寺大雄宝殿 ③

金，山西省武乡县城西 25 公里故城镇故城村，悬山，五间，三间

129. 洪济院正殿

金，山西省武乡县东良乡东良候村，悬山，五间，三间

130. 乡宁寿圣寺正殿

金，山西省乡宁县城内东北部，悬山，三间，两间

131. 灵泽王庙灵泽王大殿

金，山西省襄垣县夏店镇太平村，悬山，三间，四椽

132. 白台寺释迦殿

金，山西省新绛县泉掌乡光马村，单檐歇山，三间，三间

133. 开福寺大雄宝殿 ④

金，山西省阳城县城内，悬山，五间，六椽

134. 不二寺大雄宝殿 ⑤

金，山西省阳曲县城首邑西路 74 号，悬山，三间，三间

135. 净土寺大雄宝殿 ⑥

金，山西省应县城内东北隅，单檐歇山，三间，三间

136. 大王庙寝宫

金，山西省盂县城北，悬山，三间，四椽

---

① 滑辰龙．佛光寺文殊殿的现状及修缮设计．古建园林技术，1995（4）．

② 刘群．浅析会仙观古建群．山西建筑，2007（20）；叶建华．武乡会仙观三清殿修缮工程研究．洛阳大学学报，2007（04）；叶建华．山西武乡会仙观建筑研究．西安：西安建筑科技大学，2008；林源．山西武乡会仙观初步勘察研究报告．建筑与文化，2008（10）；叶建华，王雅丽．山西武乡会仙观保护规划研究．华中建筑，2011（11）；林源．山西武乡会仙观．文物，2013（09）；叶建华．对地方性道教建筑群选址特点的勘察研究——以山西武乡会仙观建筑群为例．四川建筑科学研究，2013（05）．

③ 叶建华，刘元．山西武乡大云寺保护规划研究．四川建筑科学研究，2012（05）．

④ 郑敏．由阳城开福寺保护规划谈古建筑的保护．山西建筑，2012（19）．

⑤ 李小涛．不二寺大雄宝殿迁建保护与研究．文物，1996（12）；胡文英，张明远．论太原市阳曲县不二寺彩塑的创建年代．晋阳文化研究，2009（3）．

⑥ 村田治郎．山西省应县净土寺．佛教艺术，1948（1）；温静．雕工巧细的天宫楼阁——山西应县净土寺．中国民族报，2006-04-25（007）；朱向东，田悦．山西应县净土寺大雄宝殿营造技术特色分析．古建园林技术，2008（04）．

137. 福祥寺大雄宝殿

金，山西省榆社县城西 25 公里河峪乡岩良村，悬山，五间，三间

138. 玉皇庙成汤殿[①]

金，山西省泽州县东南 13 公里府城村，悬山，三间，三间

139. 万荣稷王庙大殿[②]

金，元[③]，山西省万荣县城西北 7.5 公里稷王山麓太赵村北隅，单檐庑殿，五间，六椽

二、早期木构建筑综合研究文献[④]

· 梁思成 . 正定调查纪略 . 中国营造学社汇刊，1933，4（2）.

· 梁思成，刘敦桢 . 大同古建筑调查报告 . 中国营造学社汇刊，1933，4（3、4）.

· 林徽因，梁思成 . 晋汾古建筑预查纪略 . 中国营造学社汇刊，1935，5（3）.

· 刘敦桢 . 河北省西部古建筑调查纪略 . 中国营造学社汇刊，1935，5（4）.

· 刘敦桢 . 河北古建筑调查笔记（作于 1935 年）. 见：刘敦桢 . 刘敦桢全集（第三卷）. 北京：中国建筑工业出版社，2007.

· 刘敦桢 . 河南古建筑调查笔记（作于 1936 年）. 见：刘敦桢 . 刘敦桢全集（第三卷）. 北京：中国建筑工业出版社，2007.

· 刘敦桢 . 河北、河南、山东古建筑调查日记（1936 年）. 见：刘敦桢 . 刘敦桢全集（第三卷）. 北京：中国建筑工业出版社，2007.

· 刘敦桢 . 河南、陕西两省古建筑调查笔记（作于 1937 年）. 见：刘敦桢 . 刘敦桢全集（第三卷）. 北京：中国建筑工业出版社，2007.

---

① 尹振兴 . 晋城玉皇庙成汤殿木质神龛形制简介 . 文物世界，2014（02）.

② 张国维 . 太赵稷王庙 . 见：王大高主编 . 河东名胜 . 太原：山西古籍出版社，1996；贾红艳 . 浅析万荣稷王庙正殿的建筑特点及价值 . 文物世界，2010（02）；徐怡涛 . 仅存的北宋庑殿顶建筑 . 中国文物报，2011-07-15（004）；徐怡涛 . 论碳十四测年技术测定中国古代建筑建造年代的基本方法——以山西万荣稷王庙大殿年代研究为例 . 文物，2014（09）；张梦遥，徐怡涛 . 宋至民国时期山西万荣稷王庙建筑格局研究 . 故宫博物院院刊，2015（03）；俞莉娜，徐怡涛 . 山西万荣稷王庙大殿大木结构用材与用尺制度探讨 . 中国国家博物馆馆刊，2015（06）；徐新云，徐怡涛 . 试论建筑形制考古类型学研究成果对碳十四测年数据分析的关键性作用——以山西万荣稷王庙大殿为例 . 故宫博物院院刊，2016（03）；徐怡涛 . 山西万荣稷王庙建筑考古研究 . 南京：东南大学出版社，2016.

③ 山西万荣稷王庙是第五批全国重点文物保护单位（公布年代为金代）。自 2007 年始，北京大学考古文博学院师生对万荣稷王庙进行了持续的考察、测绘和建筑考古研究，并于 2011 年发现了万荣稷王庙庑殿顶大殿北宋题记，将该殿的营建年代由金提前到北宋。

④ 除前述早期建筑专题研究文献外，还有涉及多个早期建筑的综合性研究成果。近十几年来，随着交通的便捷和信息的发达，很多论文和著述对以往学界关注较少，尤其是偏僻地区的早期建筑做出了记录和研究，填补了以往的空白，但也存在良莠不齐的情况。本书经筛选、比较，适量举列主要文献，以便读者参看。

·刘敦桢．川、康古建调查日记（作于1939年）．见:刘敦桢．刘敦桢全集（第三卷）．北京：中国建筑工业出版社，2007.

·梁思成．华北古建调查报告（作于1940年）．见：梁思成．梁思成全集（第三卷）．北京：中国建筑工业出版社，2001.

·刘敦桢．西南古建筑调查概况（作于1940年）．见:刘敦桢．刘敦桢全集（第四卷）．北京：中国建筑工业出版社，2007.

·刘敦桢．云南古建筑调查记（未完稿,作于1940—1942年）．见:刘敦桢．刘敦桢全集（第四卷）．北京：中国建筑工业出版社，2007.

·肖离．大同文物调查．文物参考资料，1950（6）.

·雁北文物勘察团编著．雁北文物勘察团报告．北京：中央人民政府文化部文物局出版，1951.

·陈明达．略述西南区的古建筑及研究方向．文物参考资料，1951（11）.

·罗哲文．雁北古建筑的勘察．文物参考资料，1953（3）.

·祁英涛．河北省南部几处古建筑的现状介绍．文物参考资料，1953（3）.

·陈明达．山西——中国古代建筑的宝库．文物参考资料，1954（11）.

·祁英涛、杜仙洲、陈明达．两年来山西省新发现的古建筑．文物参考资料，1954（11）.

·郎凤岐、白焕采．对五台县几处古建筑的补充资料和问题．文物参考资料，1955（12）.

·杜仙洲．晋东南最近发现几座古建筑的报告．古建筑通讯，1956（1）.

·黄湧泉．浙江省的纪念性建筑调查概况．文物参考资料，1956（4）.

·古代建筑修整所．晋东南潞安、平顺、高平和晋城四县的古建筑．文物参考资料，1958（3）.

·古代建筑修整所．晋东南潞安、平顺、高平和晋城四县的古建筑（续）．文物参考资料，1958（4）.

·陈明达．建国以来所发现的古代建筑．文物参考资料，1959（10）.

·杨烈．山西平顺县古建筑勘察记．文物，1962（2）.

·张驭寰编著．上党古建筑（作于1962年）．天津：天津大学出版社，2009.

·陈从周．浙江古建筑调查记略．文物，1963（7）.

·傅熹年．福建的几座宋代建筑及其与日本镰仓“大佛样”建筑的关系．建筑学报，1981（1）.

·柴泽俊．三十年来山西古建筑及其附属文物调查保护纪略．文物资料丛刊，

1981（4）.

·刘致平 . 内蒙、山西等处古建筑调查纪略（上）. 建筑历史研究，1982（1）.

· 柴泽俊 . 山西古建筑概述 . 山西文物，1982（1）.

· 刘恩惠 . 山西的辽金建筑 . 山西文物，1983（2）.

· 祁英涛 . 中国早期木结构建筑的时代特征 . 文物，1983（4）.

· 刘致平 . 内蒙、山西等处古建筑调查纪略（下）. 建筑历史研究，1984（2）.

· 柴泽俊 . 山西几处精巧的古代楼阁（作于 1984 年）. 见：柴泽俊 . 柴泽俊古建筑文集 . 北京：文物出版社，1999.

· 柴泽俊 . 山西几处重要古建筑实例（作于 1984 年）. 见：柴泽俊 . 柴泽俊古建筑文集，北京：文物出版社，1999.

· 祁英涛 . 山西五台的两座唐代木构大殿（作于 1984 年）. 见：祁英涛 . 祁英涛古建论文集，北京：华夏出版社，1992.

· 吕江 . 唐宋楼阁建筑研究，建筑史论文集，1988（10）.

· 张驭寰 . 太行古建筑 . 见：张驭寰 . 古建筑勘查与探究，南京：江苏古籍出版社，1988.

· 杨焕成 . 河南宋代建筑浅谈 . 中原文物，1990（4）.

· 张驭寰 . 山西佛寺初析 . 见：张驭寰，郭湖生主编 . 中华古建筑 . 北京：中国科学技术出版社，1990.

· 林秀珍、聂金鹿 . 从斗栱的演变试论我省几座古代建筑 . 文物春秋，1992(2).

· 傅熹年 . 日本飞鸟、奈良时期建筑中所反映出的中国南北朝、隋唐建筑特点 . 文物，1992（10）.

· 陈明达 . 唐宋木结构建筑实测记录表 . 见：贺业钜 . 建筑历史研究 . 北京：中国建筑工业出版社，1992.

· 张十庆 . 中日古代建筑大木技术的源流与变迁 . 天津：天津大学出版社，1992.

·《山西文史资料》编辑部编 . 山西文史资料 · 文物古迹专辑 .1992（3）.

· 杨子荣 . 试论山西元代以前木构建筑的保护 . 文物季刊，1994（1）.

· 唐云俊 . 东南地区的早期佛教建筑 . 东南文化，1994（1）.

· 杨昌鸣，方拥 . 闽南古建筑木构梁架的基本类型 . 古建园林技术，1995（4）.

· 蒋惠 . 宋代亭式建筑大木构架型制研究 . 南京：东南大学，1996.

· 柴泽俊 . 山西寺观壁画 . 北京：文物出版社，1997.

· 程建军 . 广东古代殿堂建筑大木构架研究 . 广州：华南理工大学，1997.

· 赵琳 . 宋元江南佛教建筑初探 . 南京：东南大学，1998.

· 林源 . 中国建筑的早期特征 . 西安：西安建筑科技大学，1998.

· 傅熹年 . 试论唐至明代官式建筑发展的脉络及其与地方传统的关系 . 文物，1999（1）.

· 柴泽俊 . 辽、金寺院主殿与中殿、配殿台基比较表 . 见：柴泽俊 . 柴泽俊古建筑文集，北京：文物出版社，1999.

· 杨焕成 . 河南古建筑概述 . 见：河南省古代建筑保护研究所编 . 古建筑石刻文集，北京：中国大百科全书出版社，1999.

· 杨焕成 . 济源古建筑调查记 . 见：河南省古代建筑保护研究所编 . 古建筑石刻文集，北京：中国大百科全书出版社，1999.

· 李开然 . 春别江右 月落中原——10 世纪后之中国建筑南北比较 . 南京：东南大学，2000.

· 傅熹年 . 中国古代城市规划、建筑群布局及建筑设计方法研究 . 北京：中国建筑工业出版社，2001.

· 李玉明 . 山西古建筑通览 . 太原：山西人民出版社，2001.

· 肖旻，庄雪芳 . 试析山东两座古代建筑的尺度规律 . 广东工业大学学报，2003（4）.

· 张十庆 . 江南殿堂间架形制的地域特色，建筑史，2003（19）.

· 张立柱主编 . 河北省文物保护单位通览 . 北京：科学出版社，2003.

· 徐怡涛 . 长治、晋城地区的五代、宋、金寺庙建筑 . 北京：北京大学，2003.

· 李会智 . 山西现存早期木结构建筑区域特征浅探（上）. 文物世界，2004（2）.

· 李会智 . 山西现存早期木结构建筑区域特征浅探（中）. 文物世界，2004（3）.

· 李会智 . 山西现存早期木结构建筑区域特征浅探（下）. 文物世界，2004（4）.

· 杨焕成 . 河南古代建筑概况与研究 . 中国营造学研究，2005（1）.

· 杨焕成 . 河南古建筑地方特征举例（上）——兼谈关注地方手法建筑研究 . 古建园林技术，2005（2）.

· 杨焕成 . 河南古建筑地方特征举例（下）——兼谈关注地方手法建筑研究 . 古建园林技术，2005（3）.

· 薛林平，王季卿 . 山西传统戏场建筑 . 北京：中国建筑工业出版社，2005.

· 倪峰 . 宋代建筑艺术探微 . 河南教育学院学报（自然科学版），2006（1）.

· 冯俊杰 . 山西神庙剧场考 . 北京：中华书局，2006.

· 孟繁兴，陈国莹 . 古建筑保护与研究 . 北京：知识产权出版社，2006.

· 建筑文化考察组 . 河北涞水、易县、涞源、涉县等地历史建筑遗存考察纪略——刘敦桢、莫宗江、陈明达等前辈留下的启示和思考 . 建筑创作，2007（3）.

· 殷力欣，温玉清 . 天津蓟县、辽宁义县等地古建筑遗存考察纪略（一）. 建筑创作，2007（7）.

· 罗德胤 . 中国古戏台建筑 . 南京：东南大学出版社，2009.

· 王书林 . 四川宋元时期的汉式寺庙建筑 . 北京：北京大学，2009.

· 徐新云 . 临汾、运城地区的宋金元寺庙建筑 . 北京：北京大学，2009.

· 王峰 . 山西中部宋金建筑地域特征分析——以经济、政治与文化等因素影响为主线 . 太原：太原理工大学，2010.

· 葛水平，赵宏伟编著 . 绽放的华栱 . 北京：文物出版社，2011.

· 晋城市旅游文物局编 . 晋城文物通览 · 寺庙观堂卷 . 太原：山西经济出版社，2011.

· 王敏 . 河南宋金元寺庙建筑分期研究 . 北京：北京大学，2011.

· 朱向东，赵青，王崇恩编著 . 宋金山西民间祭祀建筑 . 北京：中国建材工业出版社，2012.

· 崔金泽 . 河北省中南部地区明以前寺庙建筑研究 . 北京：北京大学，2012.

· 王琼 . 山西滹沱河流域宋金寺庙建筑营造技术探析 . 太原：太原理工大学，2012.

· 郝彦鑫 . 山西平顺浊漳河流域宋金建筑营造技术探析 . 太原：太原理工大学，2012.

· 刘晓丽 . 山西陵川县域宋金建筑营造技术探析 . 太原：太原理工大学，2012.

· 张伯仁 . 山西沁河流域宋金木构建筑营造技术特征分析，太原：太原理工大学，2013.

· 刘婧 . 山西汾河流域宋金建筑地域营造技术研究框架探析 . 太原：太原理工大学，2013.

· 郭庆 . 试析唐、五代至宋山西地区木构建筑的传承与演变 . 太原：太原理工大学，2013.

· 佟雅茹 . 山西桑干河流域辽金建筑营造技术探析 . 太原：太原理工大学，2013.

· 屈宇轩 . 宋金建筑营造技术对后世的影响 . 太原：太原理工大学，2014.

·蔡良瑞 . 探秘中国古建筑 . 北京：清华大学出版社，2015.

·喻学才，贾鸿雁，张维亚等 . 中国历代名建筑志（上）. 武汉：湖北教育出版社，2015.

·张梦遥 . 南宋时期江浙地区府州治所建筑规制研究 . 北京：北京大学，2015.

·李毅 . 晋城地区玉皇庙建筑特征研究 . 西安：西安建筑科技大学，2015.

·王南 . 营造天书 . 北京：新星出版社，2016.

·谢鸿权 . 福建宋元建筑研究 . 北京：中国建筑工业出版社，2016.

参考文献

B

白寿彝 . 中国史学史论集 [M]. 北京：中华书局，1999.

北京市政协文史资料研究委员会，中共河北省秦皇岛市委统战部编 . 蠖公纪事——朱启钤先生生平记实 [M]. 北京：中国文史出版社，1991.

C

柴泽俊 . 柴泽俊古建筑文集 [M]. 北京：文物出版社，1999.

陈春生编著 . 中国古建筑文献指南（1900—1990）[M]. 北京：科学出版社，2000.

陈明达 . 陈明达古建筑与雕塑史论 [M]. 北京：文物出版社，1998.

陈明达 . 中国古代木结构建筑技术（战国—北宋）[M]. 北京：文物出版社，1990.

崔勇 . 中国营造学社研究 [M]. 南京：东南大学出版社，2004.

陈薇 . 当代中国建筑史家十书・陈薇建筑史论选集 [M]. 沈阳：辽宁美术出版社，2015.

D

东北师大古籍整理研究所辞书编辑室编著 . 中国古籍整理研究论文索引（清末—1983 年）[M]. 南京：江苏古籍出版社，1990.

东南大学建筑历史与理论研究所编 . 中国建筑研究室口述史（1953—1965）[M]. 南京：东南大学出版社，2013.

F

樊康主编 . 中国建筑设计研究院成立五十周年纪念丛书(1952—2002 论文篇）[M]. 北京：清华大学出版社，2002.

傅熹年 . 傅熹年建筑史论文集 [M] . 北京：文物出版社，1998.

傅熹年 . 傅熹年建筑史论文选 [M]. 天津：天津百花文艺出版社，2009.

傅熹年 . 中国古代城市规划建筑群布局及建筑设计方法研究 [M]. 北京：中国建筑工业出版社，2001.

傅熹年 . 中国科学技术史・建筑卷 [M]. 北京：科学出版社，2008.

G

郭黛姮 . 南宋建筑史 [M]. 上海：上海古籍出版社，2014.

国家文物局编 . 中华人民共和国文物博物馆事业纪事 [M]. 北京：文物出版社，2002.

M

马瑞田 . 中国古建彩画 [M]. 北京：文物出版社，1996.

马瑞田 . 中国古建彩画艺术 [M]. 北京：中国大百科全书出版社，2002.

L

赖德霖 . 中国近代建筑史研究 [M]. 北京：清华大学出版社，2007.

李大钊 . 史学要论 [M]. 上海：上海古籍出版社，2014.

李玉安，陈传艺编 . 中国藏书家辞典 [M]. 武汉：湖北教育出版社，1989.

李约瑟 . 中国科学技术史：第 4 卷，物理学及相关技术 . 第 3 分册 . 土木工程与航海技术 [M]. 北京：科学出版社，2008.

李允鉌 . 华夏意匠——中国古典建筑设计原理分析 [M]. 天津：天津大学出版社，2005.

梁思成 . 清式营造则例 [M]. 北京：中国建筑工业出版社，1981.

梁思成 . 梁思成全集：第 1–10 卷 [M]. 北京：中国建筑工业出版社，2001.

梁思成 . 中国建筑史 [M]. 天津：百花文艺出版社，1998.

梁思成主编，刘致平编纂 . 中国建筑艺术图集 [M]. 天津：百花文艺出版社，1999.

梁思成著，费慰梅编 . 图像中国建筑史 . 梁从诫译 [M]. 天津：百花文艺出版社，2001.

林洙 . 叩开鲁班的大门——中国营造学社史略 [M]. 北京：中国建筑工业出版社，1995.

刘敦桢 . 刘敦桢全集：第 1–10 卷 [M]. 北京：中国建筑工业出版社，2007.

刘敦桢主编 . 中国古代建筑史 [M]. 北京：中国建筑工业出版社，1980.

刘致平 . 中国建筑类型及结构 [M]. 北京：建筑工程出版社，1957.

罗伟国，胡平 . 古籍版本题记索引 [M]. 上海：华东师范大学出版社，2011.

吕思勉 . 白话本国史（上）[M]. 上海：上海古籍出版社，2005.

P

潘谷西主编 . 中国建筑史 :7 版 [M]. 北京 : 中国建筑工业出版社，2015.
潘谷西 . 当代中国建筑史家十书·潘谷西中国建筑史论选集 [M]. 沈阳：辽宁美术出版社，2014.

Q

祁英涛 . 祁英涛古建论文集 [M]. 北京：华夏出版社，1992.

S

山西省古建筑保护研究所编 . 中国古建筑学术讲座文集 [M]. 北京：中国展望出版社，1986.
申畅等编 . 中国目录学家辞典 [M]. 郑州：河南人民出版社，1988.
宿白 . 中国古建筑考古 [M]. 北京：文物出版社，2009.
孙大章 . 中国古代建筑彩画 [M]. 北京：中国建筑工业出版社，2006.
孙大章 . 中国传统建筑装饰艺术（彩画艺术）[M]. 北京：中国建筑工业出版社，2013.

W

王军 . 城记 [M]. 北京：三联书店，2003.
王凯 . 现代中国建筑话语的发生 [M]. 北京：中国建筑工业出版社，2015.
王璞子 . 工程作法注释 [M]. 北京：中国建筑工业出版社，1995.
王其亨 . 当代中国建筑史家十书·王其亨中国建筑史论选集 [M]. 沈阳：辽宁美术出版社，2014
王其亨主编，吴葱，白成军编著 . 古建筑测绘 [M]. 北京：中国建筑工业出版社，2006.
文物编辑委员会 . 文物考古工作三十年（1949–1979）[M]. 北京：文物出版社，1979.

X

萧默主编 . 中国建筑艺术史 [M]. 北京：文物出版社，1999.
徐苏斌 . 近代中国建筑学的诞生 [M]. 天津：天津大学出版社，2010.
徐苏斌 . 日本对中国城市与建筑的研究 [M]. 北京：中国水利水电出版社，1999.

Y

严敦杰主编 . 中国古代科技史论文索引（1900–1982）[M]. 南京：江苏科学技术出版社，1986.
杨永生，王莉慧编 . 建筑史解码人 [M]. 北京：中国建筑工业出版社，2006.
杨永生编 . 建筑百家回忆录 [M]. 北京：中国建筑工业出版社，2000.
杨永生主编 . 建筑百家回忆录（续编）[M]. 北京：中国建筑工业出版社，2003.
杨永生主编 . 中国古建筑之旅 [M]. 北京：中国建筑工业出版社，2003.
袁镜身主编 . 中国建筑设计研究院成立五十周年纪念丛书 1952–2002（论文篇）[M]. 北京：清华大学出版社，2002.

Z

张家骥 . 中国建筑论 [M]. 太原：山西人民出版社，2003.
张驭寰主编 . 古建筑名家谈 [M]. 北京：中国建筑工业出版社，2010.
《中国大百科全书》总编委会 . 中国大百科全书 :2 版 [M]. 北京：中国大百科全书出版社，2009.
中国古代建筑史（第 1–5 卷）[M]. 北京：中国建筑工业出版社，2001–2003.
中国建筑设计研究院编 . 中国建筑设计研究院成立 50 周年纪念丛书（历程篇）[M]. 北京：清华大学出版社，2002.
《中国建筑史》编写组 . 中国建筑史 [M]. 北京：中国建筑工业出版社，1982.
中国科学院自然科学史研究所主编 . 中国古代建筑技术史 [M]. 北京：科学出版社，1985.
中国营造学社编 . 中国营造学社汇刊 [M]. 北京：知识产权出版社，2006.
竹岛卓一 .《营造法式》の研究（第 1–3 册）[M]. 东京：中央公论美术出版社，1970–1972.